DIE NATUR EUROPAS
BILDENZYKLOPÄDIE

Miloš Anděra

Text:
Miloš Anděra

Illustrationen:
Pavel Procházka, Jan Hošek, Jiří Hajný, Tomáš Řízek

DIE NATUR EUROPAS

BILDENZYKLOPÄDIE

Miloš Anděra

h.f.ullmann

Originaltitel: *Encyklopedie evropské přírody*
ISBN 80-7145-956-9

Illustrationen
Jiří Hajný, Jan Hošek, Pavel Procházka (Dioramen), Tomáš Řízek

Fotos
Miloš Anděra, Kateřina Anděrová, Marek Audy, Ivana Bufková, Petr Bürger, Alena Červená, Jaroslav Červený, Vojtěch Erban, Jan Fott, Jan Hájek, Milan Halčin, Josef Hlásek, Bohuslav Kloubec, Antonín Kůrka, Petr Macháček, Petra Málková, Zdeněk Martinovský, Sulo Norberg, Přemysl Pavlík, Jan Petrů, Vlastík Rybka, Roederic Riewe, Radek Skramoušský, Zdeněk Soldán, Aleš Soukup, Ivan Tichý, Vladimír Toufar, Danuše Turoňová, Jan Vaněk, Petr Velenský, Petr Zajíček, Archiv des Hussitenmuseums – Außenstelle Soběslav, Bibliothek der Akademie der Wissenschaften der Tschechischen Republik

Satellitenkarte
Gisat, GmbH

Grafische Gestaltung
Šimon Blabla

Redaktion
Jana Steinerová

7Hill ist ein Imprint der Tandem Verlag GmbH

Übersetzung aus dem Slowakischen:
Häusler Übersetzungsdienst, Viola Mrusek (für rheinConcept)
Lektorat: Christine Weidenweber (für rheinConcept)
Redaktion und Satz: rheinConcept, Wesseling
Projektkoordination: Swetlana Dadaschewa
Gesamtherstellung: Tandem Verlag GmbH, Potsdam

Printed in China

ISBN: 978-3-8331-5859-9

10 9 8 7 6 5 4 3 2 1
X IX VIII VII VI V IV III II I

INHALTSVERZEICHNIS

Zu diesem Buch:

Die bei den Großillustrationen am Anfang der einzelnen Kapitel angegebenen Artennamen sind mit Zahlen in einem Kreis versehen. Diese bezeichnen die Fundstelle auf der Zeichnung. In den einzelnen Kapiteln mit Großbuchstaben hervorgehobene Namen von Pflanzen und Tieren bedeuten, dass diese in der Großillustration zu Beginn des entsprechenden Kapitels abgebildet sind. Größenangaben zu den einzelnen Tieren bezeichnen die Körperlänge, nur bei Schmetterlingen kennzeichnen sie die Flügelspannweite (Symbol ✖).

Ich sitze auf dem umgefallenen Stamm einer hundertjährigen Buche und beobachte im Schein der Oktobersonne die aus 30 Meter Höhe auf die Erde fallenden, golden schimmernden Blätter der Urwaldriesen. Der Žofín-Urwald im Gratzener Gebirge, eines der ältesten Naturreservate in Europa, bereitet sich auf den Winter vor. Im Frühling singen hier viele Vögel, jetzt herrscht Stille, die nur hin und wieder durch das Klopfen des Spechtes unterbrochen wird. Die ersten Fröste haben den Farnbestand vernichtet. Die mächtigen Baumkronen haben sich gelichtet und geben den Blick auf einen azurblauen Himmel frei. Zeit zum Nachdenken über das weitere Schicksal dieser Gegend. Der Mensch hält zwar seit fast zwei Jahrhunderten seine schützende Hand darüber, aber auch hier blieb es – wie in vielen ähnlichen Fällen – nur bei einer halbherzigen Lösung. Schon lange wird hier kein Holz mehr gehauen; um den Wildverbiss an Buchensämlingen zu verhindern, wurde jedoch nichts unternommen. So wurde die natürliche Erneuerung des Urwalds nachhaltig gestört, und eine kürzlich erfolgte Umzäunung des Gebietes wird zum Wettlauf mit der Zeit, denn die aufgeforsteten Gebiete müssen rechtzeitig nachwachsen. Naturschutz erfordert ein globales Denken in Zusammenhängen, die nicht auf den ersten Blick erkennbar sind.

Trotz aller Probleme gibt der Žofín-Urwald ein Bild von der Unberührheit der Natur vor dem Eingriff des Menschen und hat dadurch einen unschätzbaren Wert. Ähnliche Orte gibt es viele in Europa – den Bialowieska-Urwald im Nordosten Polens, die Schlucht von Víkos-Aoos im griechischen Pindos-Gebirge, die ausgedehnten Deltas von Donau oder Rhône, die Alpen oder Pyrenäen, Moore und Höhlen, außerdem vielgestaltige Meeresufer und das Leben unter der Meeresoberfläche. Aber auch einige durch Menschenhand umgestaltete Gebiete, z.B. die malerische Teichlandschaft in Südböhmen, die ungarische Puszta, die holländischen Polder und natürlich die vielen Parks und Tiergärten haben ihren Reiz und landschaftlichen Wert.

Auch zum Beginn des 21. Jahrhunderts findet man in Europa herrliche Landschaften und Naturschönheiten, die es zu bewahren gilt. Naturschutz, Ökologie, Umwelt – diesen Begriffen begegnen wir ständig, aber immer weniger Menschen sind sich bewusst, wie wertvoll die Natur für unser Leben ist. Dabei geht es nicht nur um den Schutz einiger Pflanzen- und Tierarten, sondern um die Zukunft der Menschheit selbst.

Der starke Eingriff des Menschen in die Umwelt hat verheerende Folgen. Einige der daraus resultierenden Probleme sind von globalem Charakter und müssen auf internationaler Ebene gelöst werden, andere jedoch können wir selbst beeinflussen. Das Schicksal der Fluren, Sümpfe und Gewässer als Basis der Vielfalt unserer Landschaft hängt meist von Menschen ab, die – manchmal bewusst, manchmal aus Unwissenheit – den Pflanzen und Tieren die letzte Rückzugsmöglichkeit nehmen. Vor einigen Jahren, als wir in unserem Landhaus mit einem Pferdegespann Holz aus dem Wald holten, wurde mir bewusst, wie nachlässig wir mittlerweile mit der Natur umgehen. Das Pferdegespann hinterließ auf dem abschüssigen Weg tiefe Spuren im Schlamm, die ein Bächlein aus seinem natürlichen Bett ableiteten. Der alte Fuhrmann bemerkte das, hielt an, nahm einen trockenen Ast und brachte alles wieder in seinen ursprünglichen Zustand. Würden alle Menschen der Natur eine solche Wertschätzung entgegenbringen, hätten wir keine gravierenden Umweltprobleme. Aus Gewinnstreben werden die letzten Reste natürlicher Bergfichtenwälder vernichtet, um Platz für neue Pisten zu schaffen, die nur einige Monate im Jahr genutzt werden. Der bisher eingeschlagene Weg führt unweigerlich zu Baumfriedhöfen, Tagebaumondlandschaften und betonierten Flussbetten. Vielleicht kommen einige Menschen durch diese Entwicklung zu mehr Geld, die gesamte Menschheit leidet jedoch unter der Zerstörung der Umwelt.

Nur wer die Zusammenhänge erkennt, kann einschätzen, wie dramatisch die Situation bereits ist. Die uns überall begegnende Gleichgültigkeit zeigt, dass die ökologische Erziehung – trotz sichtbarer Fortschritte im letzten Jahrzehnt – noch in den Kinderschuhen steckt.

Dieses Buch soll kein allumfassendes Lehrbuch der Ökologie sein, sondern einen Einblick in die Vielgestaltigkeit und Einzigartigkeit der Natur ermöglichen, ohne dabei die Gesamtheit und Wechselwirkungen in der Natur zu vergessen. Anstelle einer genauen Aufzählung der Pflanzen- und Tierarten soll ein komplexes Bild einzelner Standorte, an denen die Schicksale der Organismen miteinander verknüpft sind, vermittelt werden. Bei den Begriffen Bergfichtenwald, Torfmoor oder Forellenbach kann man bereits vorher abschätzen, welche Lebensbedingungen, Tier- und Pflanzenarten man dort vorfinden wird.

Das Buch ist vor allem für Jugendliche, aber im Grunde für alle an der Natur Interessierten bestimmt. Während des Lesens wird manchem vielleicht klar, dass Naturschutz nichts mit einer romantischen Vorliebe für die „gute alte Zeit" zu tun hat. Wenn die Natur im Konkurrenzkampf gegen die sich ausbreitende menschliche Zivilisation wenigstens eine kleine Chance haben soll, dann geht es nicht mehr nur um passiven Schutz. Es geht darum, Pflanzen, Tiere und die Landschaft auf Dauer und nachhaltig zu bewahren.

Die Natur ist überall faszinierend, doch fehlt uns häufig das Verständnis für die Zusammenhänge. Lassen Sie sich deshalb zu einem Ausflug in die Wälder, Berge, Wiesen und Felder oder ans Meer entführen. Vergessen Sie einmal die Hektik des Tages und schauen Sie sich aufmerksam um. Vieles gibt es neu zu entdecken, viele Geheimnisse hält die Natur noch immer bereit. Wir müssen lernen, zu erkennen, wo sie unsere Hilfe braucht und uns dafür einsetzen.

Miloš Anděra
Prag, 1. Mai 2003

EUROPA

Fläche:	10 392 177 km²
Einwohnerzahl:	687 700 000
Durchschnittliche Bevölkerungsdichte:	66 EW/km²
Anzahl der Staaten:	43
Höchster Berg:	Mont Blanc (Frankr./Ital.) 4 807 m ü. NN
Tiefster Punkt:	Kaspische Senke (Russland) –28 m
Längster Fluss:	Wolga (Russland) 3 530 km
Größter Süßwassersee:	Ladogasee (Russland) 18135 km²
Größter Salzsee:	Kaspisches Meer 360 000 km²
Tiefster See:	Loch Morar (Großbritannien) 310 m
Größte Insel:	Großbritannien 215 325 km²
Größte Halbinsel:	Skandinavische Halbinsel 800 000 km²
Längste Höhle:	Optimisticheskaja Pechtchera (Ukraine) 191,5 km
Tiefste Höhle:	Lamprechtsofen (Österreich) –1 632 m
Niedrigste Temperatur:	Ust'-Schugor (Russland) –55 °C
Höchste Temperatur:	Sevilla (Spanien) 50 °C
Größter Gletscher:	Vatnajökull (Island) 8 456 km²

Satellitenaufnahme von Europa (Maßstab 1:14 700 000)

EUROPAS NATUR VERÄNDERT SICH

Der Name unseres Kontinents entstand in grauer Vorzeit, als die Menschen noch nichts über die wirkliche Gestalt der Erde wussten. Im Altertum bezeichneten die über das Mittelmeer segelnden Phönizier alle Gebiete westlich ihrer Heimat Vorderasien als „ereb" oder Land der Dunkelheit, in dem die Sonne untergeht. Die Griechen änderten später den ursprünglichen, vermutlich semitischen Namen in „európos", dessen lateinische Form Europa sich durchsetzte.

Statistisch gesehen ist Europa zwar der zweitkleinste Kontinent, seine gegliederte Küste ist jedoch dank vieler Buchten, Landzungen, Halbinseln und Inseln (die etwa ⅓ der Fläche ausmachen) viel größer als bei anderen Erdteilen (etwa 38 000 km). Auch mit seiner geographischen Grenze bildet Europa eine Ausnahme. Über den Verlauf der Ostgrenze ist man sich bis heute nicht einig, die Trennung zu Asien abhängig von völkerrechtlichen Verträgen (beide Kontinente bilden den zusammenhängenden Festlandblock Eurasien). Die vorherrschende und größtenteils anerkannte Meinung besagt, dass sie von den Inseln Nowaja Semlja über die östlichen Teile des Polarurals und des Südlichen Urals führt, weiter am Oberlauf des Emba, den Halbinseln Mangyshlak im Kaspischen Meer, dem nördlichen Fuß des Kaukasus, den Krimbergen, der Straße von Kertsch, dem Bosporus und den Dardanellen entlag. Teilweise wird der gesamte Emba als Grenze angesehen oder auch der Kaukasus einbezogen. Mit den übrigen Grenzen gibt es keine Probleme – der nördlichste Festlandspunkt liegt am Kap Nordkinn (71° 08' n. B.), der westlichste am Cabo da Roca in Portugal (9° 31' w. L.), der südlichste Punkt ist die Punta Marroqui in Spanien (35° 58' n. B.). Bezieht man auch die Inseln ein, liegt der nördlichste Punkt auf der Rudolf-Insel im Franz-Josef-Land (81° 51' n. B.), der westlichste auf den Blasket Islands vor der Küste Irlands (10° 37' w. L.), der südlichste auf der Insel Gaudos südlich von Kreta (34° 48' n. B.).

Die tatsächliche Grenze bilden jedoch die äußeren Ränder der unter dem Meer liegenden Kontinentalsockel (Schelfs). Im Norden erstreckt sich der Schelf bis hinter die Inselgruppe Spitzbergen und Nowaja Semlja, an der Westküste Skandinaviens ist er schmal (hier erheben sich die Inselgruppen Lofoten und Westeralen), eine größere Ausdehnung erreicht er in der Nordsee, von dort setzt er sich, vorbei an Irland, den Hebriden und den Orkney-Inseln bis in den Atlantik fort. Der breite Schelf des Ärmelkanals reicht nur bis in die nördlichen Teile der Biskaya. Die Pyrenäen und die Mittelmeerküste säumt ein schmaler Schelf, der in ein tiefes Meeresbecken übergeht (mit Ausnahme einiger kleinerer Inseln und des Ägäischen Meeres).

Neben der verhältnismäßig kleinen Fläche fällt Europa durch eine relativ arme Flora und Fauna auf. Mehrere Gründe sind dafür verantwortlich: Es hat als einziger Erdteil (außer der Antarktis) kein tropisches Gebiet, auch die subtropischen Bereiche sind nicht groß. Daneben trugen radikale Klimaveränderungen, vor allem die ausgedehnte Vereisung während der letzten Eiszeit, dazu bei. Nach den Eiszeiten verhinderte die überwiegend parallele Anordnung der meisten Gebirgszüge die Migration südlicher Arten in den Norden (in Nordamerika verlaufen die Bergkämme in Richtung der Meridiane). Außerdem beeinflus-

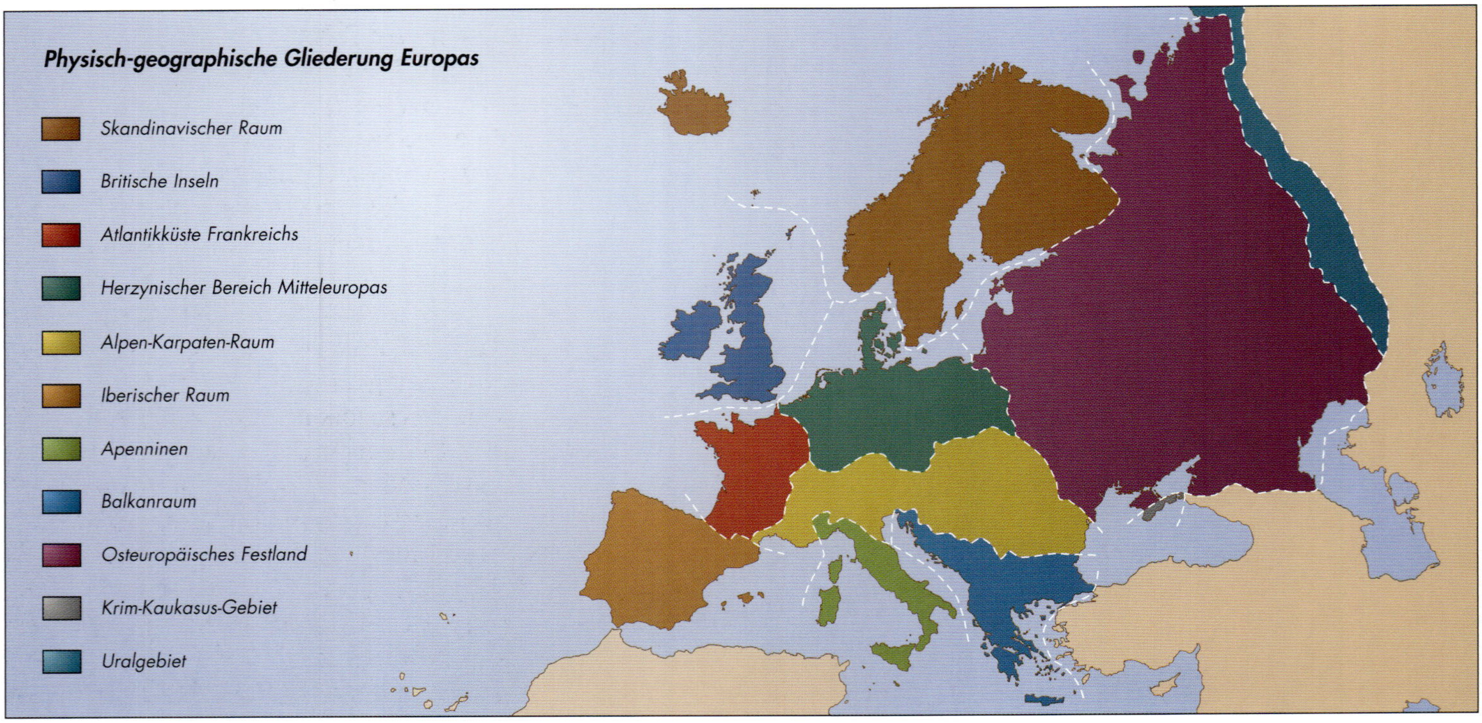

In Europa unterscheidet man elf Großlandschaftsräume, die durch eine lange, gleichartige Entwicklung und viele geographische Gemeinsamkeiten gekennzeichnet sind (z. B. geologischer Aufbau, Reliefform, Klima, Gewässer, Boden, Pflanzenwelt, Tierwelt). Ihre Grenzen decken sich nicht mit den Verwaltungsgrenzen.

Die durch alpine Faltung im Tertiär entstandenen Gebirge sind aus geologischer Sicht verhältnismäßig jung. Höhen und Reliefs mit ausgeprägten Bergkämmen und Gipfeln sind noch ohne deutliche Verwitterungserscheinungen erhalten. Typisch sind steile Hänge mit großen Höhenunterschieden und tiefen Flussläufen (Pyrenäen).

ste auch die frühzeitige dichte Besiedlung durch den Menschen die heutige Natur.

Obwohl der Mensch immer stärker von der Natur Besitz ergreift und immer mehr Platz beansprucht, gibt es auch in Europa noch interessante Lebensräume, die man als Wildnis bezeichnen kann. Weite Moorgebiete, majestätische Hochgebirge, tiefe Wälder, Reste von Steppen und Waldsteppen, saubere Bergbäche, Flüsse mit unüberschaubaren Deltas, Seen und Teiche, große Höhlen, unterirdische Räume mit verborgenen Flüssen, tiefe Schluchten, Sanddünen, vielfältige Küsten. Gerade diese vom Eingriff des Menschen weitgehend verschont gebliebenen Areale gewähren einen Blick auf unseren Kontinent zu Beginn der Menschheitsgeschichte. Die am wenigsten veränderten Gebiete befinden sich im Norden Europas mit Resten echter Tundra und ausgedehnten Taigaflächen. Je weiter man in den Süden kommt, desto deutlicher spürt man menschlich verursachte Veränderungen. Am meisten betroffen sind die Industriegebiete und dicht besiedelten Gegenden Mittel- und Westeuropas sowie der Süden, der schon im Altertum die Macht des Menschen über die Natur zu spüren bekam. Aber beginnen wir lieber am Anfang …

Die Natur vereint unbelebte (abiotische) und lebende (biotische) Elemente. Lange vor der Entstehung lebender Organismen gab es bereits die unbelebte Natur, zu der vor allem Gesteine zählen, aber auch der unbelebte Boden, Wasser und Luft. Der geologische Untergrund und die damit verbundenen physikalischen Eigenschaften der Gesteine und Böden sowie die Gliederung des Landschaftsreliefs verleihen jedem Gebiet seine Einzigartigkeit. Das heutige Landschaftsbild mit Flora und Fauna entstand nicht zufällig, sondern ist – vernachlässigt man den Eingriff des Menschen – das Ergebnis einer langen Entwicklung, die erst durch den Blick in die Vergangenheit sinnvoll erscheint. Während Geologen und Paläontologen bis zum Proterozoikum (Erdfrühzeit) zurückgehen, also in eine Zeit vor vielen Millionen Jahren, interessieren uns die letzten zwei Millionen Jahre – der Übergang vom Tertiär zum Quartär bis zur Gegenwart. Dabei ist vor allem das jüngere Quartär, also die letzten 12 000–15 000 Jahre, von Interesse.

Der Sumpf-Siegwurz wächst in West- und Mitteleuropa auf feuchten Wiesen und in hellen Auenwäldern.

Grundlage des geologischen Aufbaus Europas sind der Baltische Schild und die Russische Tafel. Der Baltische Schild ist der älteste Teil des europäischen Festlandes (etwa 3,5–3,8 Mrd. Jahre alt) – Festland seit dem Paläozoikum, nur einige Küstenteile waren durch Schwankungen der Meeresoberfläche vorübergehend überschwemmt. Durch Verwitterung entstanden in den Meeren Ablagerungen, die durch tektonische Kräfte gefaltet wurden und sich zu Gebirgen erhoben. Am markantesten waren die kaledonische und variskische Faltung im Paläozoikum. Die letzte große (die alpine) Faltung fand zum Übergang zwischen Mesozoikum und Tertiär statt und klingt in Form von Vulkantätigkeit, Erdbeben und sprudelnden Mineralquellen bis heute nach. Europas Relief ist abwechslungsreich geformt. Die meisten Gebiete liegen nur wenig über dem Meeresspiegel: 60 % der Oberfläche erreichen eine maximale Höhe von 200 m, Hochgebirge mit über 2 000 m Höhe ü. NN nehmen nur knapp 2 % ein.

Das Fundament der mitteleuropäischen Gebirge entstand durch herzynische Faltung zum Ende des Devons und Karbons im Paläozoikum. Die lange geologische Geschichte hat die heutige Gestalt mit abgerundeten Gipfeln und breiten Flusstälern mit geringem Gefälle (Riesengebirge) geprägt.

Der höchste Berg der Halbinsel Jütland ist Yding Skovhøj, 173 m über dem Meeresspiegel. Jütland ist ein anschauliches Beispiel für eine durch Kontinentalgletscher der Quartär-Eiszeit modellierte Landschaft, charakterisiert durch leicht gewelltes Hügelland.

Im Mittel ist die Höhe über dem Meeresspiegel, die zwischen 290 m und 340 m liegt, mit Australien vergleichbar. Alle anderen Erdteile liegen dagegen fast doppelt so hoch über dem Meeresspiegel. Der vorherrschende Tieflandcharakter Europas lässt sich gut an einem Modell darstellen, bei dem die Meeresoberfläche hypothetisch um 200 m erhöht wird – die Fläche des Kontinents würde sich um über 40 % verringern. Anstelle zusammenhängenden Festlandes würde Europa aus einigen großen Inseln (Skandinavien, Iberische Halbinsel, die Hochgebirge in Mittel- und Südeuropa und im Osten der Ural) und vielen kleinen Inseln bestehen.

Ähnlich einer „Sintflut" bedeckte im Tertiär das Mittelmeer den gesamten Südteil sowie die Alpen und Karpaten, während sich das Schwarze Meer nach Norden vom heutigen Rumänien bis nach England erstreckte. Die Fläche der tertiären Meere veränderte sich in den einzelnen Perioden, indem sich vom Meeresgrund schrittweise die Pyrenäen, Alpen, Karpaten und weitere Hochgebirge erhoben. Seine heutige Form erreichte Europa im jüngeren Tertiär durch Auffüllen der Meeresbecken mit Ablagerungen an den Rändern dieser Gebirge.

Der Schwalbenwurz-Enzian wächst von der Bergwald- bis zur Krummholzstufe, in Misch- und Nadelwäldern und auf Wiesen.

Die Überflutung im Tertiär war nicht die letzte Katastrophe, die Europa ereilte. In dieser Zeit herrschte auf einem großen Teil des Kontinents warmes Klima mit subtropischer bis tropischer Flora (Palmen, Akazien, Feigen, Zimtbäume, Korkbäume, Magnolien u. a.) und Fauna (Primaten, Tapire, Flamingos u. a.). Auch wenn es sich bereits in der zweiten Hälfte des Tertiärs leicht abkühlte, kam der wesentliche Klimawechsel erst am Ende des Tertiärs, als es in großen Teilen Europas kalt wurde, zu Stande.

In Skandinavien bildete sich ein Kontinentalgletscher, der mit fortschreitender Abkühlung des Klimas in den Süden vordrang. So begann das Quartär, und die gesamte nördliche Halbkugel stand am Beginn einer Eiszeit. Entgegen der landläufigen Vorstellung, dass es in dieser Zeit nur Schnee und Eis gegeben habe, wechselten sich in Wirklichkeit kalte Perioden mit einer Durchschnittstemperatur von –2 bis –4 °C, geringen Niederschlägen (100–200 mm im Jahr) und kurzen Vegetationszeiten (3–3,5 Monate) mit wärmeren (jährliche Durchschnittstemperatur 4–13 °C) und feuchten Phasen (800–1 000 mm Niederschlag im Jahr) ab, in denen sich die Eismassen zurückzogen. Solche Klimawechsel wiederholten sich etwa 12- bis 15-mal, so dass man von Eiszeit (Glaziale) und Zwischeneiszeit (Interglaziale) spricht.

Es ist strittig, wie viele Glaziale es gab – vier bis sieben stehen zur Debatte. Meist werden aber fünf große Eiszeiten genannt: Donau-Kaltzeit, Günz-Kaltzeit, Mindel-Kaltzeit, Riss-Kaltzeit und Würm-Kaltzeit.

In der Riss- und der Würm-Kaltzeit, als die Vereisung am stärksten war, bildeten die Gletscher einen zusammenhängenden Schild, der nicht nur Fennoskandia (Skandinavien und weitere Gebiete Nordeuropas bis zu den Flüssen Newa und Onega) bedeckte, sondern auch einen Teil Mitteleuropas und der Osteuropäischen Tiefebene. Gleichzeitig entstanden isolierte Gebirgsgletscher, die aber wieder verschwanden. Die vereiste Fläche war insgesamt etwa 5 Mio. km² groß (heute nehmen europäische Gletscher etwa 20 000 km² der Gesamtfläche ein).

Die riesige, stellenweise bis zu 2,5 km mächtige Eisdecke hatte Auswirkungen auf das Klima Europas und die Wetterlage des gesamten Planeten. Aber auch der Umfang des Festlandes war davon betroffen. Während die Oberfläche des Weltmeeres wegen der in den Gletschern angesammelten Wassermengen um fast 1,5 m sank, befanden sich große Teile Skandinaviens (verursacht durch den Druck der Eisdecke) unter der Meeresoberfläche. Erst nach den Kaltzeiten hob

Der bis zu 60 cm hohe Tüpfel-Enzian fällt zur Blütezeit (Juli bis Sept.) auf mitteleuropäischen Gebirgswiesen schon von weitem auf.

Geröllhalden oder Steinmeere im Berg- und Hügelland Mitteleuropas sind Ausdruck periglazialer Erscheinungen. Sie entstanden durch Kälteeinwirkung in der Nähe von Gletschern.

zeiten hob sich das Festland durch Abschmelzen des Gletschers schrittweise an. Dieser Prozess dauert im Norden noch bis heute an (etwa 7–8 mm pro Jahr), dadurch vergrößert sich die Fläche des Festlandes und der Inseln (einige erheben sich sogar aufs Neue) allmählich.

Den Umfang der Gletscher während der quartären Kaltzeiten kann man an den von ihnen hinterlassenen Spuren rekonstruieren. Die Bewegung des Nordgletschers war von Erosionstätigkeit begleitet, die sich durch Abschleifen und Glätten des Untergrundes *(Gletschererosion),* Verschiebung des frei gewordenen Materials und seine Anlagerung *(Gletscherablagerung)* äußerte. Nach ihrem Rückzug hinterließen die Gletscher eine Landschaft mit Tiefenrelief, ergänzt durch *Moränenwälle* (Ablagerungen von Verwitterungen und Steinblöcken), *Sander* (Schwemmablagerungen an den Mündungen der Gletscherflüsse) und *Drumlins* (ellipsenförmige Erhebungen mit Felskern und Aufschüttungen in Richtung der ehemaligen Gletscherbewegung) sowie *Gletscherseen.* Die Höhe der Moränen entspricht dabei der damaligen Ausdehnung der Gletscher. In Schweden und Finnland sind sie 4–5 m hoch, in Dänemark noch bis zu zehnmal mächtiger, und in Mittel- und Osteuropa erreichen sie sogar eine Höhe bis zu 250 m. Bedeutsame Spuren einer Vereisung sind neben Gletscherseen vor allem *Kare* (Gletscherkessel) und *Tröge* (Täler mit Steilwänden und flachem Grund).

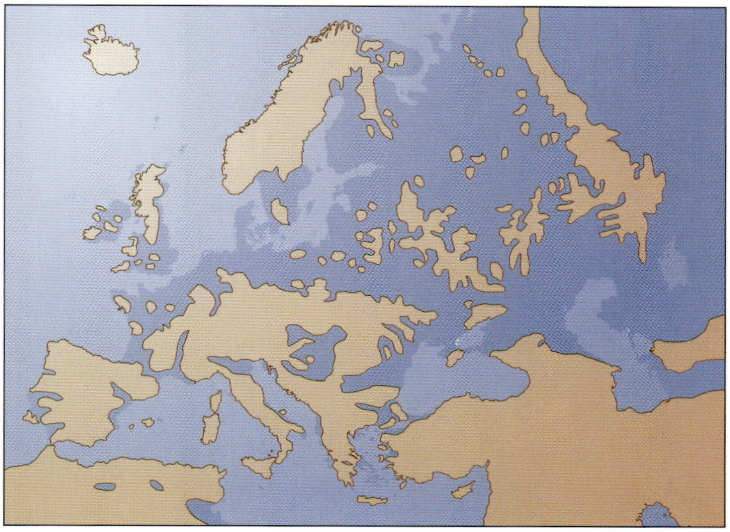

Hypothetisches Modell der Überflutung Europas bis zur Höhe von 200 m ü. NN.

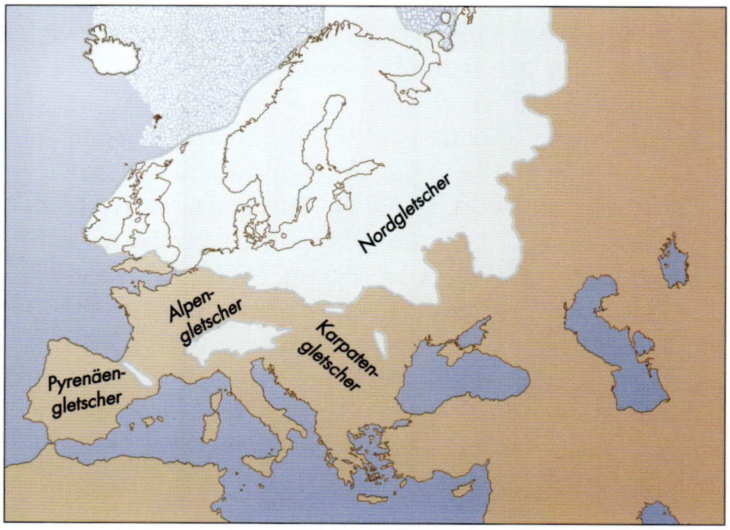

Der Nordgletscher reichte während seiner größten Ausdehnung bis nach Südengland, Leipzig und zum nördlichen Fuß der Sudeten und der Tatra. Eine zusammenhängende Eisschicht bedeckte auch Teile der Alpen, Pyrenäen und Karpaten.

Mit dem Klimawechsel veränderte sich auch die Natur. Die Abkühlung zu Beginn des Quartärs hatte den Rückzug wärmeliebender Pflanzen und Tiere des Tertiärs zur Folge, die nur noch in einigen geschützten Gebieten zu finden sind. In den Zwischeneiszeiten stieg zwar die Zahl der Pflanzen- und Tierarten immer wieder an, wurde jedoch in der nächsten Eiszeit wiederum dezimiert. Hierin liegt die Ursache für den starken Rückgang der Artenvielfalt in Mittel- und Südeuropa. Hauptrückzugsgebiet vieler tertiärer Arten ist der Mittelmeerraum, der im Norden durch Gebirge geschützt ist. Aber auch hier ist ein Rückgang zu verzeichnen.

In Mitteleuropa trug die Vegetation während der Eiszeiten Taigacharakter, in den jüngeren Kaltzeiten war sie durch Waldsteppen oder Steppen, in höheren Lagen durch Tundra gekennzeichnet. Vertreter der Tierwelt waren Arten aus dem Norden oder der Steppe – Mammut, Bisam, Rentier, Polarfuchs, Bärenmarder, Schneehase, Wildpferd, Antilope, Sajga, Murmeltier und große, kälteliebende Raubtiere wie Höhlenbär, Höhlenhyäne und Höhlenwolf. In den Zwischeneiszeiten zogen kälteliebende Arten mit den Gletschern in den Norden, ihren Platz nahmen Arten aus dem Südosten und Osten ein (eine Migration aus dem Süden wurde durch die Gebirge verhindert). Flora und Fauna erreichten jedoch nie mehr solche Vielfalt wie im Tertiär. Es blieben nur Arten erhalten, die sich schnell aus südlichen Refugien verbreiten oder sich den geänderten Klima- und Bodenverhältnissen anpassen konnten (Weißtanne, Hasel, Fichte, Eiche, Hainbuche u.a.).

Entwicklung der mitteleuropäischen Natur im Holozän

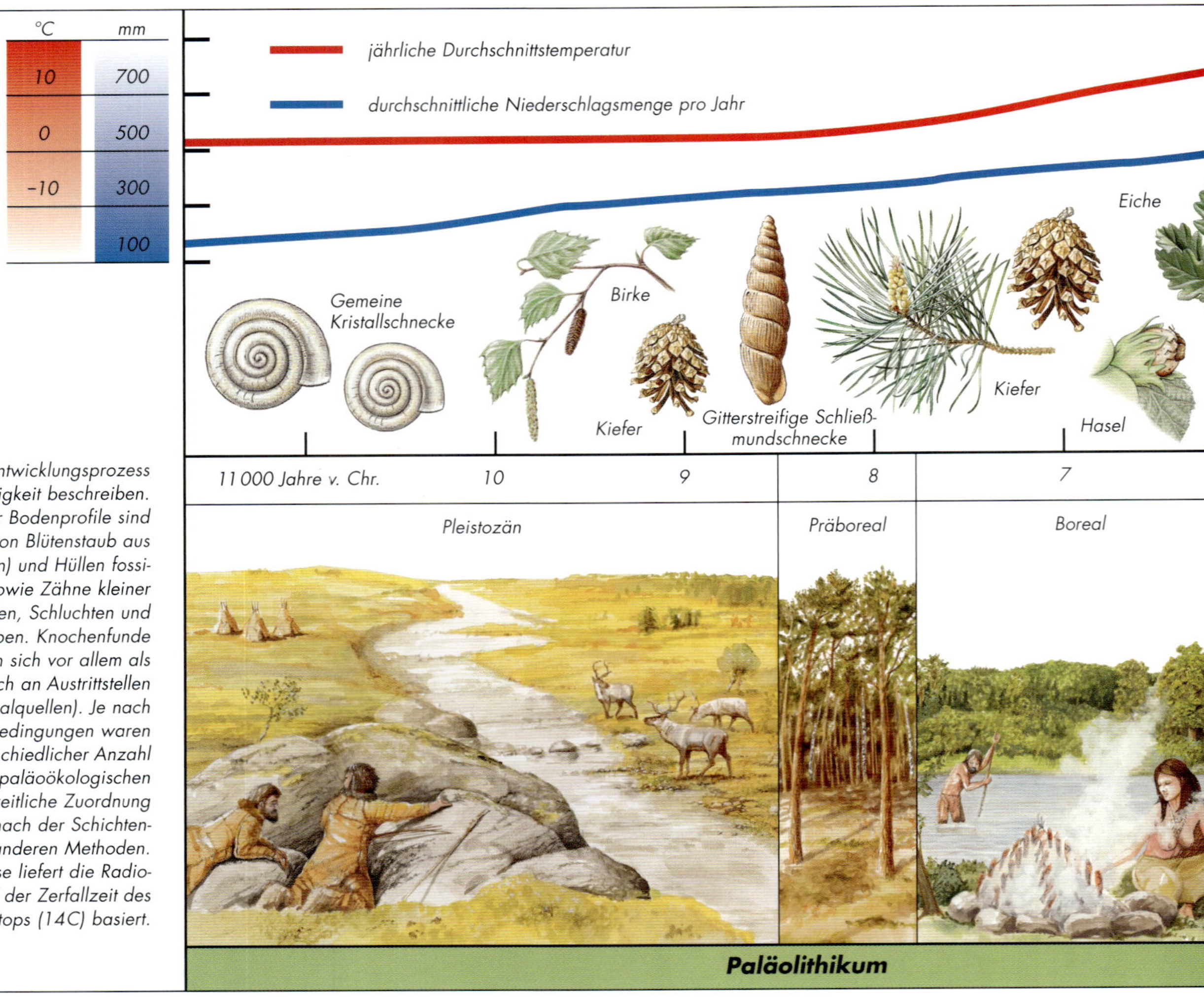

Paläontologen können den Entwicklungsprozess der Natur mit großer Genauigkeit beschreiben. Neben Untersuchungen der Bodenprofile sind vor allem Analyseergebnisse von Blütenstaub aus Torfablagerungen (Sedimenten) und Hüllen fossiler Weichtiere wesentlich sowie Zähne kleiner Säugetiere, die sich in Höhlen, Schluchten und Felsspalten angesammelt haben. Knochenfunde größerer Säugetiere finden sich vor allem als Reste menschlicher Beute, auch an Austrittstellen von Stickgasen (z. B. an Mineralquellen). Je nach den herrschenden Lebensbedingungen waren verschiedene Arten in unterschiedlicher Anzahl vertreten. Grundlage der paläoökologischen Forschung ist die korrekte zeitliche Zuordnung der Funde (Stratigraphie) nach der Schichtenfolge am Fundort oder mit anderen Methoden. Relativ genaue Ergebnisse liefert die Radiokarbonmethode, die auf der Zerfallzeit des Kohlenstoffisotops (14C) basiert.

Von den wärmeliebenden Arten starben zuerst Mammutbäume und Zypressen aus, am längsten widerstanden Nussbaum, Königsnuss, Buchsbaum und Korkbäume. Ausschlaggebend für die heutige Flora und Fauna war die letzte Eiszeit, während der der Kontinentalgletscher etwa das heutige Berlin und die südliche Ostseeküste erreichte.

Als der Gletscher vor etwa 11 000 Jahren nach Norden zurückwich, endete das *Pleistozän* und begann das *Holozän*. Im Norden waren kälteliebende Pflanzen beheimatet, deren Verbreitung abhängig war von den nun folgenden Klimaschwankungen (die allerdings weniger gravierend als die der Eiszeiten waren). Der Einfluss des Menschen zeigte sich hier später als im Süden.

Das mitteleuropäische Klima zu Beginn des Holozäns ist mit dem heutigen vergleichbar; Abweichungen gibt es hauptsächlich bei der Niederschlagsmenge. Im *Präboreal* (vor etwa 10 500–9 800 Jahren) und im *Boreal* (vor 9 800–8 000 Jahren) förderte eine plötzliche Erwärmung die Entwicklung wärmeliebender Arten, vor allem von Kiefern- und später auch gemischten Eichenwäldern.

Hauptsächlich an Südhängen traten häufig Laubwälder zusammen mit Steppen- und Waldsteppeninseln auf, in kalten Höhenlagen wuchsen dagegen Fichtenwälder. Zum Ende des Boreals war es in Mitteleuropa mit einer Durchschnittstemperatur von etwa 13 °C bereits relativ warm, aber noch sehr trocken (300–500 mm Niederschlag im Jahr). Zu dieser Zeit wurde die Ostsee durch die Anhebung des entlasteten Festlandes vorübergehend vom Weltmeer abgeschnitten, und es entstand ein riesiger Süßwassersee.

Regenzeiten zu Beginn des *Atlantikums* (vor etwa 8 000–6 000 Jahren) führten zur Ausbreitung gemischter Eichenwälder mit reicher Krautschicht, die damals 200–400 m höher lagen als heute. Zum Ende des Atlantikums setzte trockeneres Klima ein, das sich auch während des *Epiatlan-*

In Mittel- und Südeuropa sind natürliche Bergfichtenwälder das Pendant zur nördlichen Taiga.

tikums (vor 6 000–3 200 Jahren) fortsetzte und in einem Niederschlagsminimum im *Subboreal* (vor 3 200–2 700 Jahren) gipfelte. Die Entwicklung im Atlantikum brachte keine wesentlichen Änderungen – Wälder breiteten sich weiter aus und es bildeten sich bereits erste Vegetationsstufen.

Während dieser Zeit fand jedoch eines der wichtigsten Ereignisse statt – die Ankunft der ersten Bauern aus dem Südosten. Die ältesten Siedlungsspuren in Mitteleuropa stammen vom Ende des Pleistozäns und vom Beginn des Holozäns (ältere Steinzeit). Die Jäger, Fischer und Sammler beeinflussten aber kaum ihre Umwelt, da sie noch nicht sesshaft waren. Erst der Ackerbau brachte Veränderungen, feste Wohnsitze, Weiden und Felder gingen zu Lasten der Wälder. War der Boden erschöpft, wanderten die Siedler weiter. Die landwirtschaftliche Lebensweise verbreitete sich vom Nahen Osten in mehreren Strömungen und erreichte vor 7 000–6 000 Jahren Mitteleuropa. Die ersten neolithischen Siedlungen entstanden in warmen Gegenden mit fruchtbaren Böden, ihre Bewohner bauten vor allem Weizen und Erbsen an, später folgte Viehzucht. Im Epiatlantikum besiedelten Ackerbauer weitere Gebiete und nutzten größere Flächen. Durch das Anlegen von Feldern und Weiden schufen sie die Grundlagen der Kultursteppe und bewirkten eine Wende in der Entwicklung der Natur. Im feuchteren *Subatlantikum* (vor 2 700–400 Jahren) wurde der Einfluss der Menschen auf die Vegetation noch größer. Waldrodungen gab es schon zur Zeit der Kelten, ihren Höhepunkt erreichten sie im Mittelalter und in der Neuzeit. In England wurden die meisten Wälder im 12. und 13. Jahrhundert in Ackerboden umgewandelt, im Norden und in den Karpaten war der Höhepunkt zwischen dem 15. und 17. Jahrhundert erreicht. Der jüngste Abschnitt des Subatlantikums (etwa ab dem 7. Jahrhundert) wird als eigenständiger Zeitraum – subrezente Periode – betrachtet.

Laub- und Mischwälder bedeckten ursprünglich einen großen Teil Mitteleuropas.

Gebirgs- und Hochgebirgsvegetation verdeutlichen die zonale Anordnung (Totes Gebirge, Österreich).

Vegetationsstufen Europas

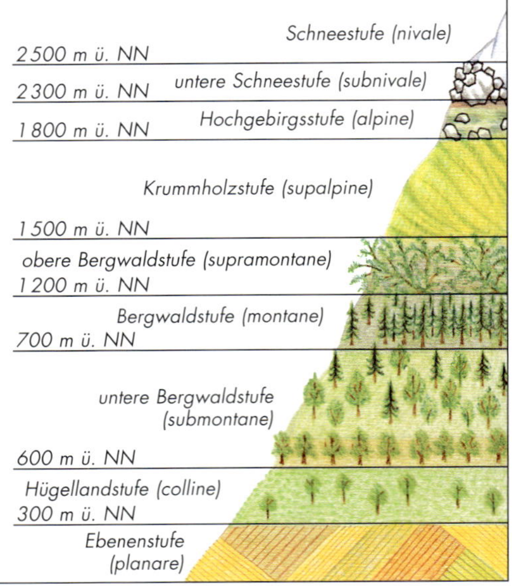

Im Mittelmeerraum bewirkten Ziegen- und Schafzucht und das Nomadenleben bereits vor 10 000–8 000 Jahren eine ökologische Katastrophe. Die Entwicklung der Zivilisation im Altertum verschlimmerte die Situation noch – der hohe Holzbedarf führte zur großflächigen Vernichtung vor allem der Hartlaubwälder, zur Degradation und zur Zersetzung der damaligen Ökosysteme. Bereits im 1. Jahrtausend v. Chr. wurde aus vielen Gebieten der Iberischen Halbinsel und des Balkans eine öde, waldlose Landschaft. Als das Römische Reich zerfiel, waren auf der Apenninen-Halbinsel die Wälder in niederen und mittleren Lagen stark zerstört.

Bedeutend für das heutige Klima war die westliche Strömung feuchter Ozeanluft, beeinflusst durch den warmen Golfstrom (Nordatlantischer Strom), der oft bis tief ins Innere des Kontinents vordrang. Darüber hinaus hatte die Verteilung der Bergmassive einen entscheidenden Einfluss auf das europäische Klima. In Europa unterscheidet man nach Wärme- und Niederschlagsregime vier Klimazonen – arktische, subarktische, gemäßigte und subtropische Klimazone.

Die Blauelster wird häufig als Beispiel für eine Art mit unzusammenhängendem Verbreitungsgebiet angeführt, da sie auf den Pyrenäen, in Ostsibirien und im Fernen Osten vorkommt. Wahrscheinlich wurde ihr Verbreitungsgebiet während der Kaltzeiten getrennt.

Während im Westen Küstenklima mit geringen Temperaturunterschieden zwischen Sommer und Winter herrscht, liegen Mittel- und Nordosteuropa im Übergangsgebiet vom Küsten- zum Kontinentalklima. Das bringt erhebliche saisonale Schwankungen mit sich.

Die europäische Flora und Fauna ist, je nach vorherrschendem Klima, äußerst verschiedenartig. Um diese Verschiedenartigkeit möglichst genau zu klassifizieren, wurden die europäischen Gebiete in *Vegetationszonen* eingeteilt (Zonen, Typen, Provinzen, Biome). Im äußersten Norden befinden sich die arktische und subarktische Tundra, die im Süden an eine breite Zone *borealen Nadelwaldes* (Taiga) grenzt. Ohne den Eingriff des Menschen wäre der europäische Kontinent zu einem Großteil mit Laub- und Mischwäldern bewachsent. Diese Wälder waren ehemals in Regionen mit ausreichend Niederschlägen (750–1 500 mm pro Jahr) von den Britischen Inseln bis zum südlichen Ural verbreitet. Kontinentalsteppen dagegen entstehen in einem Klima mit geringen Niederschlägen (bis zu 450 mm), ihr Zentrum liegt in Südosteuropa. Typisch für den Mittelmeerraum sind *Hartlaubwälder*, die größtenteils durch sekundä-

Vegetationszonen Europas

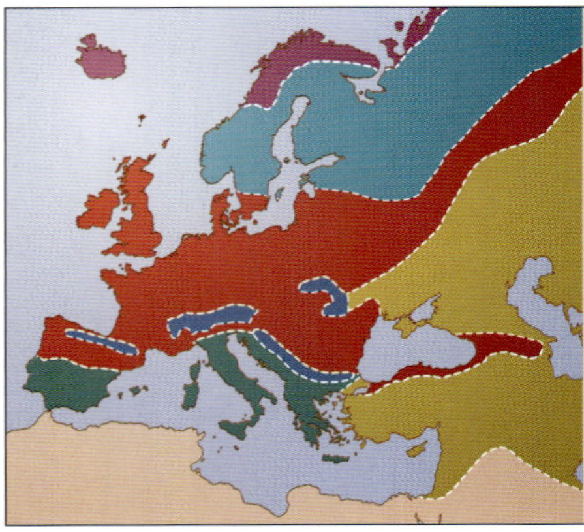

Das Hermelin ist Bewohner eines zusammenhängenden Makroareals, das weite Teile Eurasiens (von Westeuropa bis Japan) und Nordamerikas (Alaska bis New Mexico) umfasst.

re Formationen vom Typ Macchie, Garrigue u.a. ersetzt wurden. Ein wiederum andersartiges, ganz eigenes Schema besitzen die *Bergregionen*, in denen die Höhe über dem Meeresspiegel entscheidend ist.

Bis zum Gipfel sinkt die Temperatur durchschnittlich alle 100 Höhenmeter um mehr als 0,5 °C.

Die Verbreitungsgebiete *(Areale)* von Pflanzen- und Tierarten unterscheiden sich in Form und Größe zum Teil erheblich. Man unterscheidet *geschlossene Areale*, mit deutlicher Umgrenzung der Fundorte, und *disjunkte Areale*, die aus mehreren Teilflächen bestehen. Das Artareal ist dabei die kleinste Einheit; Arten mit *kosmopolitischer Verbreitung* kommen in großen Teilen der Erde vor. Oft spricht man von *zirkumpolarer Verbreitung*, die die Polarregionen einer Halbkugel umfasst, oder von *bipolarer* bei Verbreitung auf beiden Halbkugeln. Nach der Verbindung der Areale spricht man von *zusammenhängenden* und *unzusammenhängenden Arealen*.

Ein Artenareal bildet sich über lange Zeit heraus, ist aber auch kurzfristig (also auf einige Jahrzehnte oder Jahrhunderte hinweg betrachtet) nicht unveränderlich. Die Arealgrenzen, vor allem bei Tierarten, können sich durchaus wechselseitig verschieben *(pulsieren)*. Manchmal ändern sich Areale ohne ersichtlichen Grund. So drang aus bisher ungeklärtem Grund zu Beginn des 19. Jahrhunderts der Girlitz aus dem Mittelmeerraum nach Mitteleuropa und Südskandinavien vor. Etwa 100 Jahre später folgte die Türkentaube. Die Schellente begann im 20. Jahrhundert im Binnenland zu nisten. Und in den vergangenen Jahren erlebte Mitteleuropa eine wahre „Invasion" der Möwen. Nach der Schwarzkopfmöwe aus Ost- und Südosteuropa kommen nun auch Arten von der Küste, darunter die Sturmmöwe und die Silbermöwe. Auch kälteliebende Arten, z.B. die Nordfledermaus, Wacholderdrossel und Tannenhäher, siedeln verstärkt in Mitteleuropa. Dagegen werden wärmeliebende Arten, wie der Europäische Ziesel, der Steppeniltis, die Kleine Hufeisennase, das Kleine Mausohr, der Rotkopfwürger und verschiedene Insektenarten, immer seltener. Eine ähnliche Verschiebung der Areale findet man auch in den Meeren, wo sich nördliche Arten langsam in den Süden verlagern, was paradox anmuten mag.

Obwohl sich also das Klima auf der Erde erwärmt, verbreiten sich dennoch einige kälteliebende Arten recht eifrig bei uns.

Das gesamte Festland kann in biogeographische Regionen mit unterschiedlichen Umweltverhältnissen unterteilt werden, in denen jeweils eine ganz bestimmte, distinktive Flora und Fauna vorherrscht.

Europa gehört zur *paläarktischen Region*. Diese umfasst einen Großteil Eurasiens nördlich vom Himalaja sowie den Norden Afrikas. In Europa teilt sie sich wiederrum in die *eurosibirische* und die *mediterrane* Region.

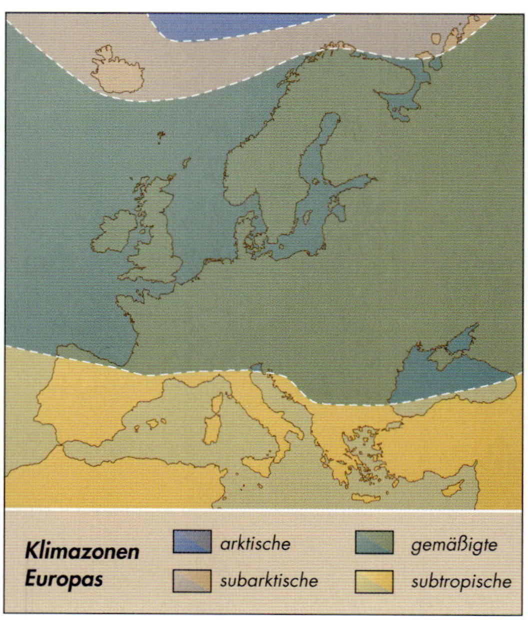

Untrennbarer Bestandteil der Natur Europas ist das Ökosystem Meer, dessen Vielfalt vor allem von der geographischen Lage abhängt.

Ökosystem Fluss (in Lappland, Norwegen). Auch Wiese, Nadel- oder Laubwald, Teich und Moor sind Ökosysteme.

Im Meer gelten dagegen etwas andere Regeln als auf dem Festland – anstelle geographischer Grenzen sind hier eher ökologische Kriterien maßgebend. Die europäischen Meere gehören zur *borealen Zone* mit *arktischer, atlantisch-borealer, baltischer, atlantisch-mediterraner* und *sarmatischer* Unterzone (Schwarzes und Asowsches Meer).

Die wärmeliebende Wespenspinne trat Ende des 20. Jahrhunderts in Mittel- und Westeuropa auf. Warum sie sich auf den Weg nach Norden begab, weiß bis heute niemand.

Pflanzen und Tiere werden nach ihren Standortansprüchen in zwei Hauptgruppen eingeteilt: Anspruchslose *eurytope* Arten besiedeln verschiedene Biotope und sind meist sehr verbreitet.

Stenotope Arten haben dagegen spezifische Ansprüche an ihren Standort und sind weniger verbreitet. Standortveränderungen – plötzliche oder allmähliche, kurzzeitige oder lang andauernde, natürliche oder durch Menschenhand hervorgerufene – haben Einfluss auf Verbreitung und Häufigkeit der einzelnen Arten.

Verschiedene Pflanzen und Tiere bilden an ihrem spezifischen Standort (in einem Biotop) Lebensgemeinschaften, so genannte *Biozönosen*. Zusammen mit ihrer Umwelt setzen sie sich zu einem lebendigen, dynamischen Ökosystem mit einem selbstregulierenden Faktor zusammen, wobei jedes Element Einfluss auf die anderen hat.

Je vielfältiger und konstanter ein Biotop ausfällt, desto artenreicher ist dann auch die Zusammensetzung der entsprechenden Biozönose. Je spezifischer ein Standort ist, desto artenärmer ist wiederum die dort vorherrschende Lebensgemeinschaft, auch wenn die vertretenen Arten sehr zahlreich sein können (was sich nach so genannten *biozönotischen Prinzipien* richtet). Werden nur die Pflanzen betrachtet, spricht man von einer *Phytozönose*, bei Tieren von einer *Zoozönose*.

In dem Fall, dass eine Organismenart an einem bestimmten Ort häufiger anzutreffen ist, handelt es sich um ein so genanntes *Ökotop*.

Ökosysteme gliedern sich nach verschiedenen Gesichtspunkten. Es gibt Festland und Wasser, Süß- und Salzwasser, Wald und Nicht-Wald, künstlich angelegte oder natürliche Ökosysteme. Künstliche Ökosysteme entstehen durch Menschenhand oder werden durch sie verändert. Sie entsprechen oft nicht den natürlichen Bedingungen, wie Fichtenwälder im Tiefland oder Getreidefelder in den Bergen.

Solche Systeme sind häufig instabil und erfordern weiterhin das ständige Eingreifen des Menschen. *Natürliche* oder kaum gestörte Ökosysteme dagegen befinden sich in ausgeglichenem Gleichgewicht.

Die Höhe über dem Meeresspiegel ist für *zonale* Ökosysteme ausschlaggebend, während *azonale* von lokalen Bedingungen abhängig sind, aber in verschiedenen Zonen auftreten können.

Im Neolithikum (Jungsteinzeit) entstanden erste Siedlungsgemeinschaften und die Menschen begannen mit Ackerbau und Viehzucht. In kurzer Zeit ist es durch massive Eingriffe in die Natur zu größeren Veränderungen gekommen als in

Der Kranich ist im Norden heimisch, breitet sich aber langsam nach Süden aus. Er braucht ausgedehnte Sümpfe und völlige Ruhe, deshalb kommt er in Mitteleuropa nur selten vor.

den einzelnen geologischen Etappen. Ein Beispiel soll diese Behauptung bekräftigen: Während im Pleistozän die allmähliche Wanderung der Steppenflora und -fauna nach Mitteleuropa durch Eiszeiten bestimmt wurde, wurde dies im Neolithikum in 1–2 Jahrtausenden möglich, indem der Mensch die ursprüngliche Komplexität der Wälder zerstörte und so den Weg für neue Pflanzen- und Tierarten, vor allem Steppenarten, frei machte.

Ein Känguru in einem Buch über die Natur Europas? Tatsächlich wurde das Rotnackenwallaby um 1940 auf den Britischen Inseln ausgesetzt und lebt bis heute in England und Schottland in der freien Natur – allerdings in kleinen, isolierten Populationen.

Feldmaus, Ziesel, Feldhamster, Feldhase, Rebhuhn, Haubenlerche und Wechselkröte sind einige Beispiele der bekanntesten in Mitteleuropa mittlerweile heimischen Arten, darunter auch viele Insektenarten wie Falter, Grillen und Heuschrecken. Einige davon sind in der „Ersatzsteppe" völlig heimisch geworden, andere haben sich nur teilweise angepasst.

Windmühlen und Kanäle sind bis heute typisch für die holländische Landschaft.

In vielen Fällen hat der Mensch selbst für die Verbreitung neuer Arten gesorgt, bewusst oder unbewusst durch Einschleppen (z. B. von Hausratte, Wanderratte oder Hausmaus), durch Aussetzen (vor allem von Jagdwild und Ziertieren) sowie durch Auswilderung von Tieren aus Pelzfarmen (Nutria, Mink) oder durch das Freilassen von Tieren (Mähnenspringer).

Viele Arten haben sich in Europa so gut eingelebt, dass wir uns ihrer fremden Herkunft gar nicht mehr bewusst sind, so etwa geschehen beim Fasan oder dem Wildkaninchen.

Auch die Flora Europas wird etwa zu einem Fünftel durch vom Menschen eingeschleppte oder verbreitete Arten *(Anthropophyten)* bereichert. Die meisten stammen aus der gemäßigten Region Asiens und aus Nordamerika. Die bekanntesten werden im weiteren Verlauf des Buches näher besprochen, von den weniger bekannten seien hier nur Schwarzfrüchtiger Zweizahn, Kanadisches Berufkraut, Zarte Binse, Gelbe Gauklerblume und Aufrechter Sauerklee genannt.

Einen großen Fehler begeht, wer anhand einer Rangliste „Wichtiges" und „Ersetzbares" aus der Natur kategorisieren will. In der Natur hat nämlich jeder Organismus – ob klein oder groß, häufig oder selten – seinen eigenen, bedeutsamen Platz, der sich kaum einem Prinzip der Ersetzbarkeit beugen kann oder sollte.

Dieses Buch soll die Zusammenhänge in der Natur und deren Komplexität verdeutlichen. Nur so können wir lernen, der Natur sensibler gegenüberzutreten. Denn auch die nächsten Generationen sollen auf diesem Planeten noch ein zufriedenes, ausgewogenes Leben führen dürfen!

In Holland gewinnt man schon seit dem Mittelalter landwirtschaftliche Flächen, indem man einen Teil der Meere, Seen und Sümpfe trockenlegt. Diese Flächen (genannt Polder) werden zum Anbau von Feldfrüchten oder zur Viehzucht genutzt. Ähnlich verfährt man in Dänemark und Deutschland.

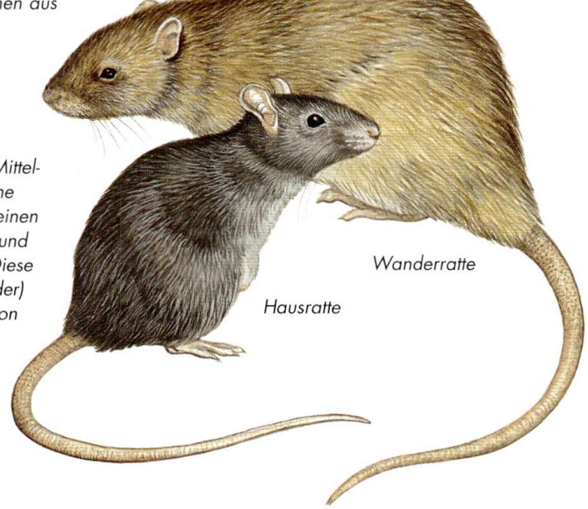

Hausratte und Wanderratte besiedelten mithilfe des Menschen fast die ganze Welt. Beide Arten stammen aus Südostasien.

1

TUNDRA UND POLARGEBIETE

Die Tundra erstreckt sich über die nördlichsten Gebiete Europas von der Mitte Norwegens über den Ural bis nach Asien und Nordamerika. Die Bezeichnung „Tundra" leitet sich von „tunturi" ab, dem finnischen Ausdruck für eine flache Landschaft ohne Wälder. Fügt man noch Wasser, Kälte, Wind und Dauerfrostboden hinzu, hat man die richtige Vorstellung von der Tundra. Echte Tundra finden wir auch in Island und auf den südlichen Inseln des Nordpolarmeeres.

1. Polarfuchs
2. Nordische Wühlmaus
3. Schneehase
4. Prachttaucher
5. Eisente
6. Zwergstrandläufer
7. Moorschneehuhn
8. Küstenseeschwalbe
9. Ohrenlerche
10. Schneeammer
11. Braunfleckiger Perlmutterfalter
12. Becherazurjungfer
13. Starre Segge
14. Moor-Reitgras
15. Silberweide
16. Zwergbirke
17. Krähenbeere
18. Rauschbeere
19. Gewimpertes Bleichmoos
20. Stängelloses Leimkraut
21. Lappland-Alpenrose
22. Quirlblättriges Läusekraut
23. Gegenblättriger Steinbrech
24. Strauchflechte (Stereocaulon alpinum)
25. Flechte (Pleopsidium chlorophanum)

Die europäische Tundra zum Sommeranfang

Lange Winter, wenig Schnee

In der Tundra endet der Winter im Mai, und schon im August kündigt er seine Rückkehr mit Schneeschauern an. Der Schnee liegt hier nicht sehr hoch, maximal 0,5 m. Das meiste wird vom Wind verweht, der Rest gefriert. Während der Polarnacht sinkt die monatliche Durchschnittstemperatur bis auf –30 °C. Auch während der kurzen Sommer, in denen die tief stehende Sonne fast 24 Stunden täglich scheint, erwärmt sich die Luft kaum. Wenn einmal 10 °C herrschen, ist in der Tundra Hochsommer.

Temperaturen und Niederschläge – Nordnorwegen

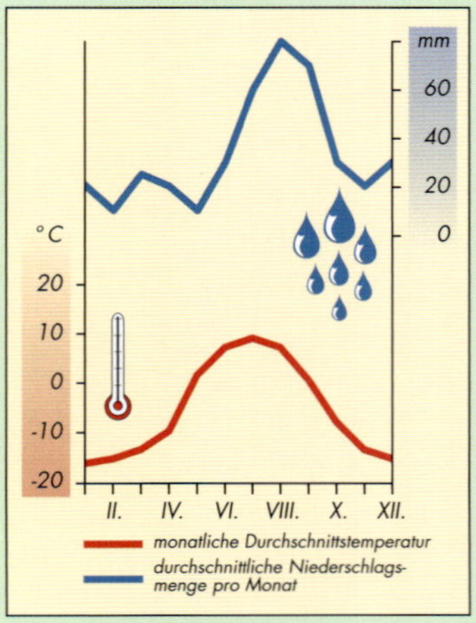

Der Dauerfrostboden

Das wenig markante Bodenprofil der Tundra besteht aus einer dünnen Schicht Humus (A-Horizont) und Mutterboden (C-Horizont). Im Sommer taut der Boden nur an der Oberfläche auf (50–60 cm), die unteren Schichten bleiben ständig gefroren (Permafrost), was das Eindringen von Tauwasser oder gelegentlicher Regenfälle verhindert. Wegen der geringen Wasserverdunstung bilden sich im Sommer Sümpfe und eine Vielzahl stehender Gewässer. Durch den langen Bodenfrost findet man mit Moos bewachsene, zumeist kleine Torfhügel *(Palsas)*, die bis zu einigen Metern hoch werden können.

Im Sommer besteht die Tundra fast nur aus Sümpfen, Morast, Pfützen und ausgedehnten Se

Die Nordwüste

Die Tundra mit ihrer Vegetationszeit von höchstens 60 Tagen ist eine der unwirtlichsten Gegenden der Erde. Die Jahresproduktion an pflanzlicher Biomasse liegt bei etwa 320 g/m², das ist weniger als die Hälfte im Vergleich zur südlicher gelegenen Taiga und knapp ein Fünfzehntel dessen, was im im tropischen Regenwald wächst. Die Produktivität gleicht etwa der in den Wüstengebieten, deshalb ist es nicht übertrieben, wenn Ökologen die Tundra als „arktische Wüste“ bezeichnen. Niederschläge (vor allem Schnee) fallen höchstens 250–300 mm pro Jahr.

Vergleich der Jahresproduktion pflanzlicher Biomasse in den wichtigsten Bioregionen

Pflanzliche Biomasse in g/m²

Die verschiedenen Arten der Tundra

Die *arktische Tundra* mit ihrem rauen, typischen Kontinentalklima liegt nördlich der Sommer-Isotherme von 5 °C. Mit Ausnahme von Flechten und Gras oder Riedgras ist sie kahl. In südlicheren Breiten schließt sich die *subarktische Tundra* an. Sie wird vom Küstenklima beeinflusst und verfügt deshalb über eine reichere Vegetation. Am südlichen Rand geht die Tundra in die *Waldtundra* über, in der sich bereits einzelne Bäume finden.

Auf die Tundra folgt Birkenwaldtundra, erst weiter südlich gibt es auch Nadelbäume. Die Waldtundra erstreckt sich über 100–150 km.

Die Blüten der Silberwurz sind 2–4 cm breit und haben 7–9 (meist jedoch 8) Kronblätter.

ANSPRUCHSLOSE STEINGARTENPFLANZE

Beim Anblick der Silberwurz, die viele Steingärten schmückt, ist sich kaum jemand bewusst, dass ihre wahre Heimat die arktischen Gebiete der nördlichen Halbkugel sind. Als wahre Pionierart besiedelt sie steinige Standorte oder Steilwände und bildet darauf immergrüne Kissen oder Teppiche, die im Frühling mit unzähligen herrlichen weißen Blüten auf 10–15 cm langen Stängeln erstrahlen.

Das Lappland-Läusekraut ist eine Staude und gehört zu den Halbschmarotzern.

DIE PFLANZENWELT DER TUNDRA

Die tundrische Pflanzenwelt ist artenarm, in Spitzbergen etwa wachsen nur ca. 150 Arten höherer Pflanzen. Es überwiegen Gräser und Riedgras, ergänzt durch die frischen Farben von blühendem Steinbrech, Läusekraut, Hahnenfußgewächsen und arktischem Mohn. Außer den allgegenwärtigen Moosen und Flechten gehören auch strauchartige Zwerggehölze zur typischen Tundravegetation. Zum Sommerende findet hier ein herrliches Farbenspiel von Krähenbeere, Moltebeere, Preiselbeere und anderen statt.

Rosenwurz

Wolliges Alpen-Hornkraut

Fetthennen-Steinbrech

Gämsheide

Im hohen Norden gibt es keinen Frühling. Die polaren Pflanzen erwachen fast gleichzeitig aus der Winterruhe, sobald sich die Temperatur oberhalb des Gefrierpunktes stabilisiert, also Ende Mai bis Anfang Juni. Dann beginnt der kurze arktische Sommer.

EINE UNWIRTLICHE GEGEND

Die nördliche Tundra besticht durch ihre raue Schönheit, herrliche Landschaft und faszinierende Flora und Fauna. Das Leben in der Tundra ist jedoch beschwerlich. Die winterlichen Witterungsunbilden werden im Sommer durch Fliegen- und Mückenschwärme abgelöst, die Menschen und jeden Warmblüter auf Schritt und Tritt verfolgen. Tundraartige Gegenden kommen auch in der gemäßigten Klimazone vor, insbesondere im Hochgebirge (alpine Tundra). Statt Dauerfrostboden gibt es dort felsigen Grund.

Netz-Weide

Die Blätter der Netz-Weide sind relativ groß (2–3 cm) und rund, um so viel Licht wie möglich aufzunehmen. Wie viele andere Tundrapflanzen sind sie mit Härchen bedeckt, die eine übermäßige Wasserverdunstung verhindern.

ZWERGGEHÖLZE

In der echten Tundra wachsen keine Bäume, denn ihre Wurzeln können den Dauerfrostboden nicht durchdringen. Sie werden durch Zwerggehölze ersetzt, die flach an der Erdoberfläche wurzeln und nur einige Zentimeter hoch werden. Stamm und Zweige können dagegen mehrere Meter lang werden. Diese Kriechgehölze können problemlos starken Winden widerstehen und verstecken sich im Winter unter einer dünnen Schneeschicht. Der nährstoffarme Boden und das raue Klima verzögern ihr Wachstum, und sie werden sehr alt. Am Stamm einer Lappland-Alpenrose findet man unter dem Mikroskop bis zu 400 Jahresringe!

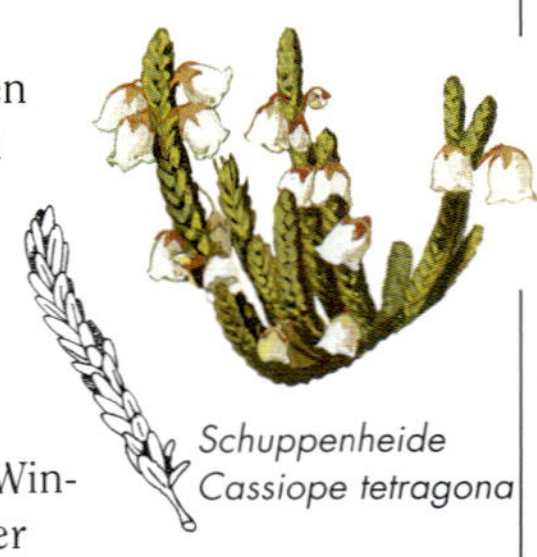

Schuppenheide
Cassiope tetragona

Schuppenheide
Cassiope hypnoides

Moosheide
Phyllodoce caerulea

Die einzelnen Heidekrautarten sind nicht leicht zu unterscheiden – man muss die Form der Zweige und Blättchen mit der Lupe untersuchen.

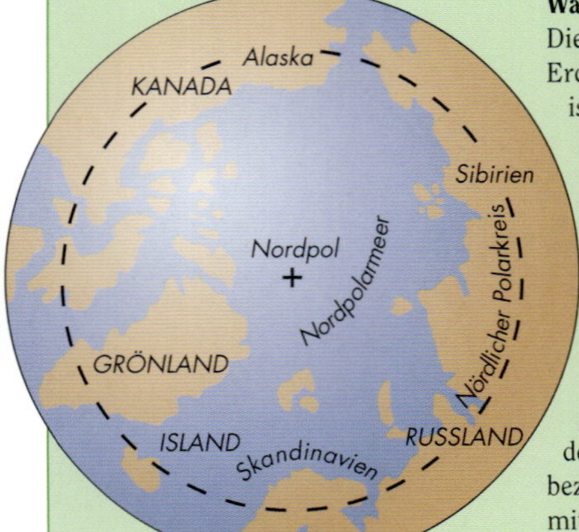

Ausdehnung der Arktis

Was ist die Arktis?

Die Arktis ist kein selbstständiger Erdteil, und wo ihre Grenzen liegen, ist umstritten. Die sich um den Nordpol erstreckende arktische Zone wird als Gebiet nördlich des Polarkreises bezeichnet, das von Packeis und Dauerfrostboden umgeben ist und im Sommer Durchschnittstemperaturen von unter 10 °C aufweist. Gegenwärtig wird als Arktis das Gebiet jenseits der polaren Baumgrenze definiert. Als subarktische Region bezeichnet man das Übergangsgebiet mit Waldtundra-Charakter.

Das Reich des ewigen Eises

Durch das sehr kalte Klima (die Temperaturen sinken im Winter bis auf –70 °C) ist ein großer Teil der Arktis fast das ganze Jahr über mit einer Eisschicht bedeckt, deren Stärke zwischen wenigen Metern und 2–3 km liegt. Im Sommer brechen Eisschollen von den Eisbergen ab und begeben sich auf die Reise durch den Ozean. Über den Eisfeldern sammelt sich kalte, trockene und saubere arktische Luft, die bei plötzlichem Vordringen in niedrigere Breitengrade eine starke Abkühlung bewirkt.

Die Arktis besteht zu 70 % aus dem Nordpolarmeer und angrenzenden Meeren.

Bei Gefahr bilden die erwachsenen Moschusochsen einen Schutzwall, hinter dem sich die Jungtiere verstecken. So schützen sie sich beispielsweise vor Schneestürmen und Wölfen.

Die Heimat der Trauerblume und vieler anderer arktischer Pflanzen- und Tierarten ist der Norden von Eurasien und von Nordamerika (hier die zirkumpolare Art).

Der Wolf ist einer der wenigen natürlichen Feinde der Moschusochsen.

VORSINTFLUTLICHES WESEN

Moschusochsen, *Ovibos moschatus*, wurden früher als Wildrinder angesehen, werden heute aber den Ziegenverwandten zugeordnet. Der untersetzte Körper ist von dichtem, bis zu 90 cm langem Fell umgeben, den unförmigen Kopf ziert ein abwärts geschwungenes Gehörn. Wenn zwei männliche Tiere miteinander kämpfen, rennen sie aufeinander zu und stoßen ihre Stirn mit ganzer Kraft zusammen. Ohne die Hörner, die den Aufprall dämpfen, wäre für beide schon das erste Kräftemessen tödlich. In Europa gibt es heute nur noch an drei Orten Moschusochsen: in Spitzbergen, Südnorwegen und Schweden; insgesamt 100 Tiere.

DIE BLUMEN DER TUNDRA

In der Tundra gibt es fast keine Sommerblumen, da ihre Samen während des kurzen Sommers entweder nicht ausreifen können oder durch die Trockenheit noch vor dem Keimen absterben. Da es nur sehr wenige Insekten zur Bestäubung gibt, sind viele Polarpflanzen Selbstbestäuber. Die zuverlässigste und im Norden am weitesten verbreitete Methode zur Arterhaltung ist deshalb die vegetative (ungeschlechtliche) Vermehrung mithilfe von Wurzeln, Absenkern und Stecklingen oder Zwiebeln. Einige Arten, wie der Gletscher-Hahnenfuß, wachsen auch an Stellen, die jahrelang ständig schneebedeckt waren.

Nordische Pflanzen, wie die Arktische Brombeere, versuchen, mit ihren bunten Blüten wenigstens einige Insekten anzulocken.

DIE FAUNA DER TUNDRA

Auch die Fauna zeichnet sich nicht durch eine übermäßige Artenvielfalt aus, dafür ist die Häufigkeit einiger Arten überwältigend. Fast 90 % der Biomasse wird von Kleinlebewesen produziert, im Boden leben auf 1 m² bis zu 4 Mio. kleiner Würmer und auf einer gleich großen, mit Riedgras bewachsenen Fläche wimmeln bis zu 18 000 Springschwänze. Typische Wirbeltiervertreter sind Wasservögel (Enten, Gänse, Schwäne) und Sumpfvögel, kleinere Pflanzenfresser (Lemminge, Mäuse, Schneehase) sowie deren natürliche Feinde (Polarfuchs, Schneeeule).

Die Spornammer fliegt im Winter bis Mitteleuropa. Sie ist auf der Erde flink, sitzt aber nicht auf Bäumen, die es in der Tundra nicht gibt.

Scharfer Beobachter

Die Schneeeule hat eine Flügelspannweite von 1,5 m und ist nach dem Uhu der größte europäische Eulenvogel. Von den anderen Eulenarten unterscheidet sie sich außer durch ihre Färbung auch durch ihre Lebensweise, denn sie jagt als einzige am Tag. In den kurzen Sommernächten im hohen Norden ist das ihre einzige Chance. Mit ihrem zehnmal schärferen Sehvermögen als der Mensch kann sie einen Lemming auf einige hundert Meter Entfernung erspähen.

Die Schneeeule muss in der Tundra auf der Erde nisten, denn Bäume findet sie dort nicht.

Die lange Reise der Eisbären

Die Heimat des Eisbären – des größten europäischen Raubtiers – sind die nördlichsten Landzungen des Kontinents und die arktischen Inseln. Auf ihrem Lebensweg lassen sich Eisbären über weite Strecken von Eisschollen tragen. Manche „umrunden" so in 20–30 Lebensjahren auch einige Male den Nordpol. Eisbären sind gute Schwimmer (sie haben sogar Schwimmhäute). Sie ernähren sich überwiegend von Robben, denen sie an den Atemlöchern im Eis auflauern oder deren Jungen sie aus den Schneehöhlen holen. Bei Nahrungsmangel nehmen sie auch mit Kadavern vorlieb.

Einige Eisbären graben sich Schneehöhlen für den Winter und leben während ihres Winterschlafs von ihren Fettreserven. Trächtige Weibchen bringen in dieser Zeit meist zwei, höchstens vier bis zu 30 cm kleine Junge zur Welt, die bei der Geburt etwa 500 g wiegen. Sie sind blind und teilbehaart. Wenn sie im Frühjahr erstmals ihr Winterquartier verlassen, haben sie ein Gewicht von 10–15 kg erreicht. Das verdanken sie vor allem der nahrhaften Muttermilch. Mit 5–10 Jahren sind sie ausgewachsen.

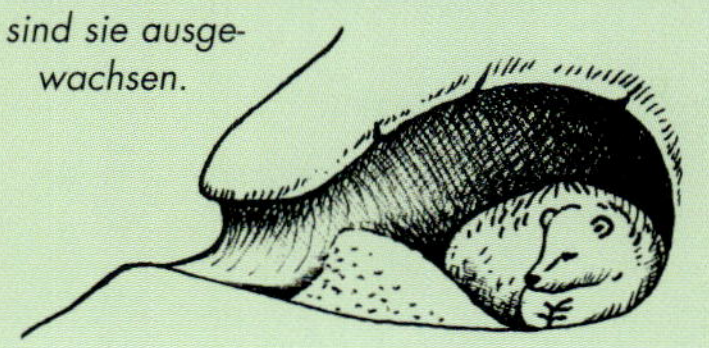

Das Nest der Eiderente ist nicht abgedeckt, die Brut nur durch die Nestauskleidung aus feinen Federn geschützt.

FEDERKISSEN

Das Eiderentenweibchen kleidet das Nest sorgfältig mit feinen Daunen aus, die es sich aus Brust und Flügeln ausreißt. Wegen ihrer wärmenden Eigenschaften waren die Federn früher ein gefragter Rohstoff. Sie wurden zu Beginn der Brutzeit aus den Nestern geholt, weil dann die Qualität am besten ist. Für ein Kissen müssen 50 Nester geplündert werden.

IM WINTER WEISS, IM SOMMER BRAUN

Der SCHNEEHASE ist in der Tundra und auch in der Taiga häufig anzutreffen. Er ist kleiner als der Feldhase und hat kürzere Ohren. Im Winter dient der dichte, schneeweiße Pelz als Tarnung. Nur die Ohrenspitzen bleiben schwarz. Im Sommer nimmt er eine Braunfärbung an und nur die weiße Blume zeugt noch von seiner Wandlungsfähigkeit.

Der Schneehase lebt außer in Nordeuropa in Schottland, Irland und den Alpen.

Berglemminge kann man in der Tundra auch tagsüber finden. Die 8–15 cm großen Tiere erkennt man leicht an ihrem durchdringenden Quieken.

WANDERUNG DER LEMMINGE

Lemminge sind typische Bewohner der nördlichen Regionen Eurasiens und Nordamerikas. Seit dem 20. Jahrhundert verbreitete sich die eng mit der Wühlmaus verwandte Art auch über weite Teile Europas. Neben dem auffällig gefärbten Berglemming gibt es noch zwei weitere Arten. Alle 3–4 Jahre vermehren sich Lemminge so stark, dass sie ihre Biotope verlassen müssen, um auf Nahrungssuche zu gehen. Viele fallen bei dieser Wanderung Feinden zum Opfer, enden an Steilwänden, in Flüssen oder im Fjord. Aber sicher handeln sie nicht in selbstmörderischer Absicht, wie ihnen das noch bis vor kurzem nachgesagt wurde.

Das Geweih des Rens ist stark verzweigt und hat zahlreiche Sprossen, von denen die vorderen weit über den Kopf ragen.

Rentiere sind die einzige Hirschart, bei der männliche und weibliche Tiere ein Geweih tragen.

EINGEBÜRGERTER HIRSCH

Rentiere sind eine Hirschart, die in den waldlosen Tundren des Nordens beheimatet ist. Aufgrund des hohen Luftanteils in den Haaren besitzt ihr dichtes Fell hervorragend isolierende Eigenschaften. Diese Luftschicht trägt sie auch beim Schwimmen durch kalte Gewässer. Außerdem sind die Tiere mit breiten, spreizbaren Hufen ausgestattet und mit Afterklauen, so dass sie nicht so leicht im Schnee oder Sumpf versinken. In Europa leben heute nur noch wenige Rentiere: in Südnorwegens Bergwelt, in Russland und Spitzbergen.

UNTER DER LUPE

Die Tundra ist ein Paradies für widerstandsfähige Flechten. Auf den ersten Blick erscheinen sie vielleicht fade, aber unter der Lupe kann man sehen, dass sie in Formen- und Farbenvielfalt den Samenpflanzen in nichts nachstehen.

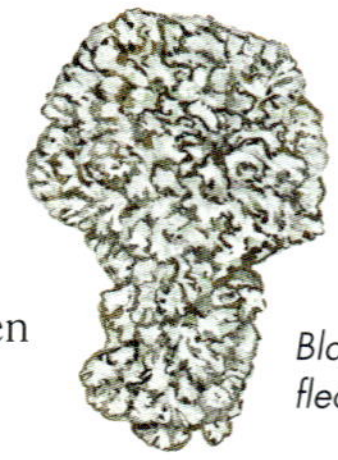

Blasenflechte

Totengebeinsflechte

Echte Rentierflechte

Krustenflechte Acarospora sinopica

Wo ist der nördlichste Ort Europas?

Die nördlichste Landzunge des europäischen Festlandes ist das Nordkinn (71° 08' n. B.). Als nördlichster Punkt Europas gilt das Nordkap (71° 10' n. B.) auf der Insel MagerŊya (287 km²). Noch etwas nördlicher liegt allerdings das Kap Knivskjellodden. Da kein Weg dorthin führt, ist es aber nur Kennern ein Begriff. Den Rekord hält jedoch das Kap Fligeli (81° 51' n. B.) auf der Rudolf-Insel im zu Russland gehörenden Franz-Joseph-Land.

Das Nordkap ist eine Touristenattraktion – bis 1999 war es nur mit der Fähre zu erreichen, heute verbindet es ein knapp 7 km langer Tunnel mit dem Festland.

Die Mitternachtssonne

Wegen der schiefen Erdachse kommt es im Sommer nördlich des Polarkreises zu den Polartagen, an denen die Sonne überhaupt nicht untergeht. Direkt am nördlichen Polarkreis ist das nur an einem Tag (zur Sommersonnenwende) zu beobachten. Je nördlicher, desto mehr Tage scheint die Sonne rund um die Uhr. Am Nordpol dauert diese Phase ein halbes Jahr und wird dann von der ebenso langen Polarnacht abgelöst. Der Polartag ist nicht mit dem Polarlicht zu verwechseln, einer Leuchterscheinung, die durch Auftreffen der Sonnenstrahlen auf die Erdatmosphäre entsteht.

Winter- und Sommerschuhe

Die Pfoten des Schneehasen sind mit besonders dichtem Fell besetzt. Sie schützen ihn vor Kälte, erleichtern ihm das Laufen über Eis und verhindern ein Einsinken im Schnee. Das Moorschneehuhn ist ebenso gut ausgerüstet.

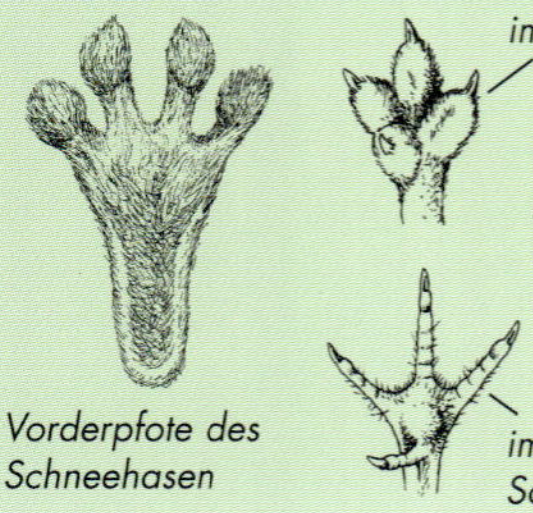

Vorderpfote des Schneehasen

Fuß des Moorschneehuhns

Der Bruchwasserläufer wird etwa 19–21 cm groß. Wie alle Sumpfvögel brütet er auf der Erde, er legt vier Eier. Beide Eltern brüten abwechselnd etwa 21–24 Tage.

PARADIES FÜR SUMPFVÖGEL

In den nördlichen Regionen Europas brüten mehr Sumpfvogelarten als anderswo auf dem Festland. Im seichten Wasser, im Sumpf und am Meeresufer finden sie genug Nahrung und Ruhe zum Nisten. Zu den Zeiten ihrer Wanderung über Mittel- und Westeuropa ist ihre Färbung meist unauffällig (das Winterkleid).

DIE NORDISCHEN RAUBVÖGEL

In der echten europäischen Tundra leben nur fünf Raubvögelarten. Die größte ist der Seeadler mit einer Flügelspannweite von knapp 2,5 m. Der Merlin, der im Flug einer Schwalbe ähnelt, ist mit nur 60 cm Flügelspannweite der kleinste.

Der größte Falke der Tundra ist der Gerfalke mit einer Flügelspannweite von etwa 135 cm. Er nistet am felsigen Meeresufer.

Die Trottellumme wird häufig zur Beute des Gerfalken.

HERRSCHAFT DER MÜCKEN

In der Tundra sind Mücken und verschiedenen Fliegenarten in unglaublichen Mengen vertreten. Sie machen etwa 50 % aller ermittelten Arten aus (in Spitzbergen sogar bis zu 70 %). In anderen Teilen der Welt beträgt der Anteil an der Gesamtpopulation nur 10–20 %. Dagegen gibt es im hohen Norden nur wenig Käfer, höchstens 10 %. Viele Insektengruppen kommen in der Arktis überhaupt nicht oder nur sehr selten vor, z.B. Gleichflügler und Netzflügler. Die Zahl der Wanzen- und Zikadenarten ist ebenfalls gering.

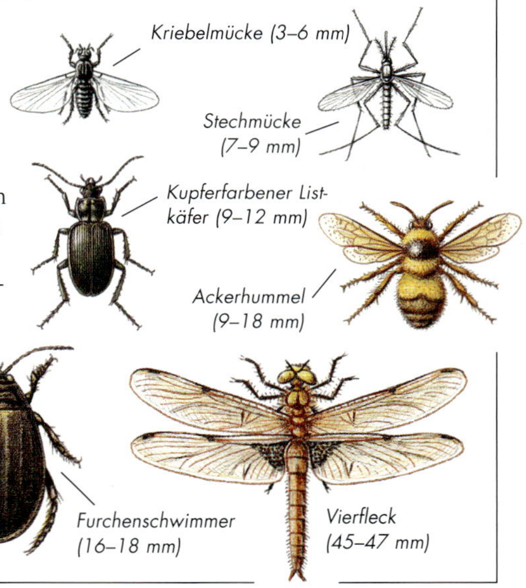

AUSFLUGSTIPPS

Der Urho-Kekkonen-Nationalpark

Der zweitgrößte Nationalpark Finnlands wurde 1983 gegründet und nach dem beliebten finnischen Präsidenten benannt. Auf einer Fläche von 2538 km² ist die bedeutenste Flora und Fauna Lapplands, des nördlichsten Teils Skandinaviens, vertreten. Der von Kulturwäldern bedeckte Südwestteil des Parks ist zum Wandern und für sportliche Aktivitäten bestimmt. Haupteingangstor ist das Städtchen Tankavaara mit einem Goldgräbermuseum, in dem jeder Besucher im nahe gelegenen Fluss sein Glück beim Goldwaschen versuchen kann.

Im Urho-Kekkonen-Nationalpark findet man echte Tundra neben unberührter Taiga.

Der Abisko-Nationalpark

Der am nördlichsten gelegene schwedische Nationalpark wurde bereits 1909 gegründet und gehört zu den ältesten Europas. Er liegt etwa 250 km hinter dem nördlichen Polarkreis in einem niederschlagsarmen Gebiet (330 mm im Jahr). Tundra bedeckt die Bergkämme, die selten über 1100 m ü. NN hoch sind. Das Touristenzentrum, ein guter Ausgangspunkt für den Parkbesuch, befindet sich am See Torneträsk.

Loch Mulch Wildlife Reserve – Das nach dem See benannte schottische Reservat mit Tundravegetation ist ein bedeutender ornithologischer Standort.

Die Tundra zum Greifen nah

Um die besondere Tundraatmosphäre kennen zu lernen, muss man nicht hoch in den Norden reisen. Einige Regionen in Nordschottland bieten anschauliche Beispiele.

2

TAIGA

Auf der Nordhalbkugel dominieren natürliche Nadelwälder, die sich südlich der Tundra über Eurasien und Nordamerika ziehen. Obwohl der Mensch auch hier stark in die Natur eingegriffen hat, sind bis heute große Flächen erhalten geblieben. Die Taiga umfasst Flachland, Sümpfe, Flusstäler und Berge und hat trotz der unwirtlichen Landschaft einen ganz besonderen Charme. Man kennt diese Landschaft auch unter der Bezeichnung borealer Nadelwald.

1. Elch
2. Braunbär
3. Kiefernkreuzschnabel
4. Unglückshäher
5. Hakengimpel
6. Bergfink
7. Sperbereule
8. Kleiner Wasserfrosch
9. Kleine Zangenlibelle
10. Pilzschnegel
11. Rothalsbock
12. Hainlaufkäfer
13. Krummzähniger Tannenborkenkäfer
14. Gemeine Fichte
15. Hängebirke
16. Weißtanne
17. Zitterpappel
18. Moosglöckchen
19. Breitblättriger Dornfarn
20. Waldschachtelhalm
21. Sumpfporst
22. Norne
23. Sibirischer Goldkolben
24. Sumpf-Reitgras
25. Sparrige Evernie
26. Besen-Gabelzahnmoos

In der Taiga ist auch der Sommerbeginn etwas schwermütig.

Ein Meer von Holz

Die Taiga ist mit ihren fast 15 Mio. km² die größte zusammenhängende Waldfläche unseres Planeten. Sie zieht sich etwa zwischen dem 60. und 70. Breitengrad in einem stellenweise bis zu 1000 km breiten Band über die Erde.

Dieses Gebiet war in den letzten Phasen des Pleistozäns, vor 23000–16000 Jahren, über seine gesamte Breite mit einem Festlandgletscher bedeckt. Die Taiga verfügt über ein Drittel der Weltholzreserven, die etwa 60 % der pflanzlichen Biomasse bilden.

Im Norden ist die Taiga nicht deutlich abgegrenzt, sondern geht über die Waldtundra in die Tundra über.

Die Kälte der Taiga

Tiefe Temperaturen und enorme Temperaturunterschiede zwischen Sommer und Winter kennzeichnen das Klima der Taiga. Nur an 30 Tagen im Jahr steigt die Durchschnittstemperatur über 10 °C, deshalb ist die Vegetationszeit nur kurz (3–4 Monate). Auch im Sommer fallen die Sonnenstrahlen in einem Winkel von höchstens 63,5 ° auf die Erde. Im Winter friert der Boden 50–80 cm tief, etwa fünf Monate liegt Schnee. Die Niederschlagsmenge ist mit 200–550 mm gering.

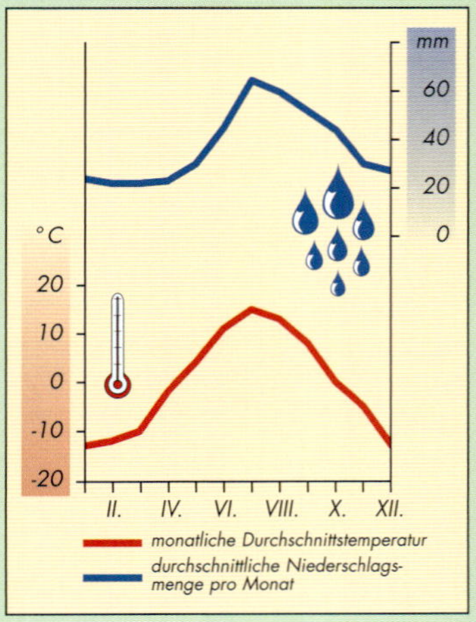

Temperaturen und Niederschläge – Nordwestrussland

Die Bäume der Taiga

Eine geringe jährliche Wachstumsrate bei Gehölzen prägt die Taiga – Fichten erreichen ihre volle Höhe z. B. erst nach 200–400 Jahren, ihre Jahresringe sind schmaler als 0,1 mm. Kurze Vegetationszeit und wenig fruchtbarer Boden sind die Ursachen hierfür. Die sich langsam zersetzenden Nadeln der Nadelbäume führen der Erde nur wenig Nährstoffe zu, die außerdem meist in die unteren Bodenschichten ausgewaschen werden. Das Holz der Taiga-Bäume ist jedoch außerordentlich widerstandsfähig gegen Pilzerkrankungen und Insektenbefall und gleichzeitig ein wertvoller Rohstoff.

Das ganze Jahr über werfen die Nadelbäume Schatten und gewähren so nur wenigen Pflanzen der Strauch- und Krautschicht Überlebenschancen.

Stachelige Blätter

Üblicherweise unterscheidet man Laub- und Nadelbäume, obwohl die Koniferen auch (nadelförmige) Blätter tragen. Nadeln haben eine geringe Oberfläche, eine starke Kutikula, der noch eine Wachsschicht aufgelagert ist und eingesenkte Spaltöffnungen, die eine übermäßige Wasserverdunstung verhindern. Sie erneuern sich nicht jedes Jahr, sondern in größeren Intervallen, so dass sich an einem Zweig immer mehrere Generationen Nadeln befinden.

Die Europäische Lärche wirft als einziger Nadelbaum Europas ihre Nadeln ab.

Das Bild der eher monotonen Taiga wird in der Umgebung von Seen und Flüssen, in Mooren und Sümpfen vielfältiger (Nordfinnland).

Gleithörnchen

DIE FLORA DER TAIGA

Laubbäume – vor allem Birken, Ebereschen, Espen und Weiden – wachsen in der europäischen Taiga nur auf Lichtungen. In feuchteren Fichtenwäldern trifft man überwiegend auf Heidelbeeren, Bärlapp, Drahtschmiele, Reitgras und Adlerfarn. Dafür findet man auf Ästen und abgestorbenen Baumstämmen aber unzählige Moos- und Flechtenteppiche – die häufigsten Pflanzen der Taiga. Himbeeren, Brombeeren und Kräuter gedeihen auf Kahlschlägen und am Waldrand.

EINTÖNIGE TAIGA

Die Weitläufigkeit und Eintönigkeit der Taiga ist beeindruckend und beängstigend zugleich. Grenzenloser Wald über Hunderte von Kilometern, ein Baum am anderen, manchmal ein umgefallener Stamm, kein Weg und kein Steg. Außerdem herrschen Grabesstille und Halbdunkel, das erst der Schnee zu erhellen vermag.

Steinpilze wachsen in Nadelwäldern der gemäßigten Breiten auf der Nordhalbkugel.

Die Blätter des Blattlosen Widerbarts sind kaum sichtbare Schuppen, die eng am Stängel liegen.

PILZE – SCHÖN UND NÜTZLICH

Die unzähligen Pilzarten, die man in der Taiga findet, sind ein wichtiger Bestandteil des Ökosystems – während Holzschwämme zur Humifizierung abgestorbener Bäume beitragen, leben andere Pilze in Symbiose mit Kräutern oder Gehölzen und erleichtern so deren Nährstoffzufuhr. Zahlreich in der Taiga sind Porlinge, Edelpilze, Täublinge und Reizker.

Der Rotrandige Baumschwamm ist auch an intakten Bäumen zu finden.

Die bodennahe Vegetation besteht zu einem Drittel aus Moos.

DIE NORDISCHEN ORCHIDEEN

Eine echte Zierde borealer Wälder sind widerstandsfähige Orchideenarten, z.B. KAPPENSTÄNDEL, Kleines Zweiblatt, Grüne Hohlzunge und Korallenwurz. Meist handelt es sich um spezialisierte Arten, die den Nährstoffmangel durch Symbiose mit bestimmten Pilzarten (*Mykorrhiza*) kompensieren.

Blattstellung: bodenständige Rosette.

Das Netzblatt, im Moos oder im Halbschatten zu finden, besitzt einen 30 cm langen Stängel.

Die Anatomie der Bäume

Bäume zählen zu den Gehölzen. Sie bilden einen *Stamm* und eine *Krone*, die aus *Ästen* (ältere, mehr oder weniger stark verholzte Triebe) und dünneren *Zweigen* besteht. Stamm und Äste sind von einer *Rinde* umgeben, deren obere abgestorbene und oft rissige Schicht *Borke* genannt wird. Am Querschnitt des Stammes kann man das ältere Holz in der Mitte (*Kern*) und das hellere Randholz (*Splint*) gut unterscheiden. Die *Jahresringe* entstehen durch die schwankende Aufnahme von Wasser und Nährstoffen, Ruhe und Wachstum während des Jahres.

Die Überlebenstechniken

Fichten und Tannen sind gut an die Kälte und die fehlende Winterfeuchtigkeit der Taiga angepasst, wenn der Boden bis in die Tiefe gefriert. Ihre regelmäßigen *kegelförmigen Kronen* verhindern übermäßige Schneelasten und damit das Brechen der Äste, die Nadeln verringern die Wasserverdunstung. Die *immergrüne Form* ermöglicht den Nadelbäumen die volle Ausnutzung der sehr kurzen Vegetationszeit. Sie können im Frühling gleich mit der Photosynthese beginnen, ohne Zeit und Energie für die jährliche Blatterneuerung zu verschwenden.

Die zwei häufigsten Nadelbäume der Taiga sind leicht zu unterscheiden. Während die Borke der Gemeinen Fichte bräunlich-schuppig ist, ist die der Weißtanne glatt und grau.

Gemeine Fichte

Weißtanne

Die Fiederblätter des Adlerfarns sind sehr groß und kahl bis leicht behaart.

ZWERGSTRAUCH

MOOSGLÖCKCHEN wachsen in Nadelwäldern verstreut im Moos. Der wissenschaftliche Name des etwa 15 cm hohen, kriechenden Zwergstrauchs *Linnaea borealis* erinnert an den berühmten schwedischen Naturwissenschaftler Carl von Linné, der diese Pflanze so liebte, dass er sie in sein Wappen aufnahm. Die weißen Blüten des Moosglöckchens riechen stark nach Vanille und hängen wie Glockenpaare an den langen Sprossen.

Ein segelndes Gleithörnchen hat eine Spannweite von etwa 20 cm und „steuert" mit dem Schwanz.

Der giftige Adlerfarn bildet auf wenig fruchtbaren Böden ausgedehnte Bestände und kann zum schwer bekämpfbaren Unkraut werden.

RIESENFARN

Der Adlerfarn kann bis zu 2 m hoch wachsen. Jede Pflanze besteht nicht etwa aus Stängel und Blättern, sondern ist selbst ein gefiedertes Blatt, das aus einem unterirdisch kriechenden Spross entspringt. Dieser Farn ist ein richtiger Kosmopolit – man findet ihn in Nordeuropa sowie in Südamerika.

DIE PFLANZEN DER FEUCHTGEBIETE

Vor allem im Frühling, nach dem Auftauen der riesigen Schneemassen, entstehen überall Rinnsale, Sümpfe und Morast. Schneeweiße, wollige Fruchtschöpfe der Wollgräser sind typische Kennzeichen von Torfmooren, ebenso wie Dickichte von Sumpfporst. An Zwergsträuchern findet man dieselben Arten wie in der Tundra einschließlich der unauffälligen Moltebeere. Die freien Wasserflächen werden von Riedgras und Sumpf-Calla gesäumt, an der Oberfläche schwimmen die Blätter der Laichkrautgewächse.

Beim Anblick der blühenden Schlangenwurz denkt man unweigerlich an die beliebte Calla. Die Form ist nicht zufällig, beide Arten gehören zur Familie der Aronstabgewächse.

FICHTEN

In Nordeuropa kommt neben der Gemeinen Fichte auch die Sibirische Fichte vor, deren Verbreitungsgebiet früher nur nordöstlich bis ins Uralvorland reichte. Heute findet man sie auch an anderen Standorten.

Die Sibirische Fichte unterscheidet sich von der Gemeinen Fichte vor allem durch ihre kleineren Zapfen und die Form der geflügelten Samen.

Moltebeeren, Preiselbeeren und Moosbeeren gehören im Norden zu den beliebtesten Gaben der Natur.

Braunfrösche

In Europa gibt es wenige Braunfroscharten, die durch einen großen braunen Fleck hinter den Augen gekennzeichnet sind. Am weitesten nördlich leben Grasfrosch und Moorfrosch, weiter südlich ist der Springfrosch verbreitet. In Mitteleuropa überschneidet sich das Vorkommen dieser Arten in einigen Gebieten (ein so genanntes *sympatrisches Vorkommen*).

Braunfrösche haben verschieden lange Hinterbeine. Beugt man ein Bein vorsichtig am Körper nach vorn, ist die Lage des fünften Gelenks ausschlaggebend für die Bestimmung der Art.

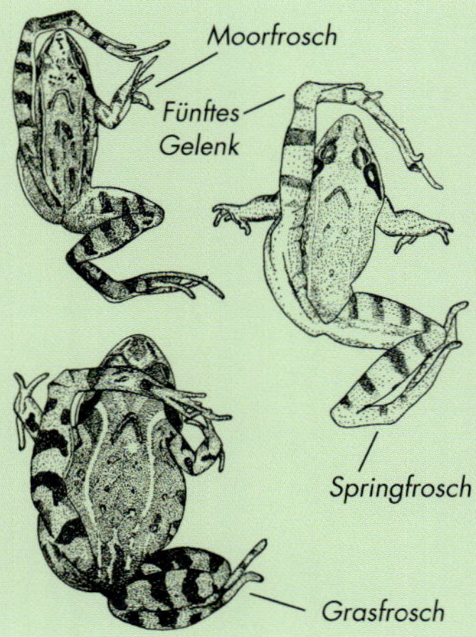

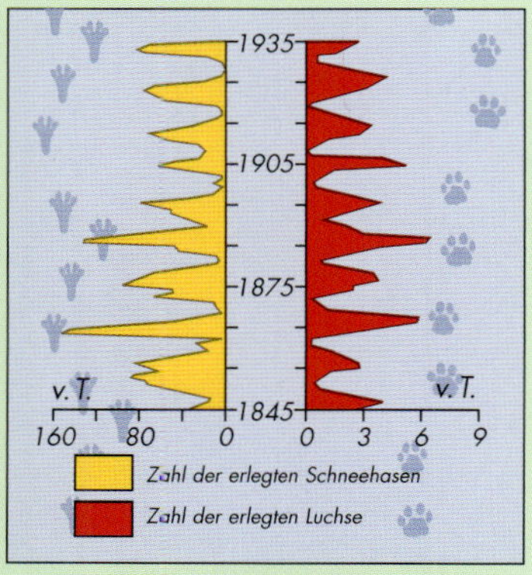

Die Populationsstärke der Schneehasen schwankt in zehn- bis elfjährigem Zyklus und bedingt so auch die Zahl der Räuber.

Natürliches Gleichgewicht

Raubtiere sind Fleischfresser und sowohl unter den Vertretern der Säugetiere (z.B. Luchs, Wolf) als auch bei den Vögeln (z.B. Adler, Falke) zu finden. Die Aasfresser unter ihnen ernähren sich von Aas, Raubtiere jagen lebende Beute. Das können Raubkatzen sein, Raubvögel, Eulen, Fische und auch Käfer. In natürlichen Populationen ist die Zahl der Raubtiere und ihrer Hauptbeutetiere ganz stark voneinander abhängig, der Mensch kann durch übermäßige Jagd dieses Gleichgewicht ernsthaft stören.

Der Sibirische Winkelzahnmolch soll bis zu 90 Jahre alt werden können.

ABGEHÄRTET

Der Lebensraum des Sibirischen Winkelzahnmolchs erstreckt sich bis 1 000 km westlich vom Ural bis zum Unterlauf der Dvina. Für eine Amphibie ist er ungewöhnlich abgehärtet; er überlebt Frost bis –40 °C. Man findet ihn auch in Gebieten mit Dauerfrostboden. Vor Sonnenstrahlen verkriecht er sich dagegen.

Ein ähnliches Verbreitungsgebiet wie der Winkelzahnmolch haben auch andere Tiere aus der asiatischen Taiga.

GEFLÜGELTE RÄUBER

Rabenvögel wie Eichelhäher, Tannenhäher und Nebelkrähe, aber auch Saatkrähe und Kolkrabe zählen zu den stetigsten Taigabewohnern. Die Zahl der Unglückshäher geht in letzter Zeit allerdings zurück. Hinsichtlich ihrer Ernährung sind Rabenvögel anspruchslos. Als Nesträuber ernähren sie sich jedoch gerne von Eiern anderer Vögel.

Die Nebelkrähe ist ein gefürchteter Nesträuber. In Osteuropa ist sie vor allem in grauer Färbung vertreten, weiter westlich leben eher schwarze Krähen.

Gleithörnchen im Sprung

HYÄNE DES NORDENS

Der Vielfraß ist das größte europäische wieselartige Raubtier; mit Schwanz misst er etwa 1 m. Täglich legt der Vielfraß auf seinen Streifzügen 40–70 km zurück und erbeutet dabei auch Tiere, die größer sind als er selbst, z. B. Rehe oder kleinere Rentiere. Er frisst auch Aas. Mit scharfen Zähnen zerlegt er die Beute komplett und verwertet alles. Der kanadische Biologe E. T. Seton nannte ihn deshalb die „Hyäne des Nordens".

DIE FAUNA DER TAIGA

Obwohl boreale Wälder einer Wildnis gleichen, ist ihre Fauna infolge der eintönigen Umgebung weder abwechslungs- noch artenreich. Die meisten Taigabewohner – Waldlemminge, Wühlmäuse, Eichhörnchen, Zeisige, Kreuzschnäbel, Finken, Seidenschwanz, Eichelhäher und andere – ernähren sich von den Samen der Nadelbäume oder von Waldbeeren. Auch die Insekten fressenden Meisen und Dreizehenspechte finden in der Taiga reichlich Nahrung. Hühnervögel wie Auerhahn, Birkhuhn und Haselhuhn findet man überall, Elche halten sich dagegen vor allem in sumpfigen Gebieten auf.

Zwischen den Zehen der breiten Pfoten befindet sich eine dünne Haut, so dass der Vielfraß auch im tiefen Schnee gut vorwärts kommt.

Der Vielfraß versteckt sich unter Baumresten, in Felsen und gräbt sich Löcher in die Erde oder den Schnee.

Das Birkhuhn ist beim Vielfraß ein beliebte Beute.

Ungewöhnliche Erscheinung

Der Elch erreicht als größter Vertreter der Familie der Hirsche ein Gewicht von etwa 600 kg und wird bis zu 2 m groß. Seine unförmige Gestalt, der lederartige Lappen am Hals und der vorgezogene Kopf mit dem Höcker auf der Schnauze und der überhängenden Oberlippe machen ihn zu einer ungewöhnlichen Erscheinung. Elche ernähren sich von Blättern und Trieben weicher Gehölze, in Sümpfen fressen sie Wasserpflanzen. Sie wechseln oft ihren Standort und legen in kurzer Zeit Hunderte von Kilometern zurück.

Breite und auseinander gezogene Klauen und große Afterklauen (zwei verkümmerte Klauen) erleichtern dem Elch die Bewegung im sumpfigen Terrain.

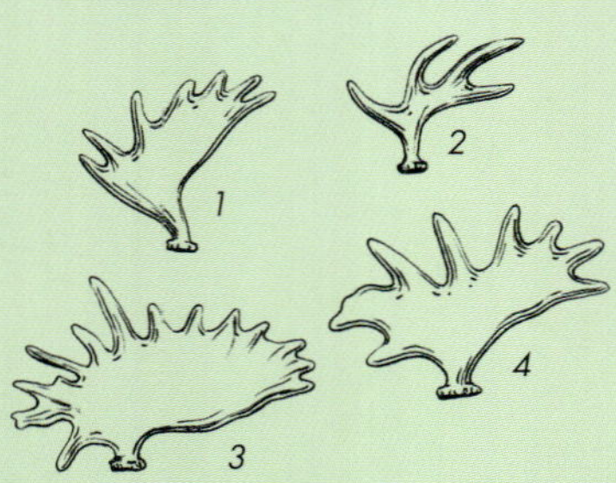

Das Geweih europäischer Elche (1,2) ist stangenförmig. Schaufelgeweihe haben Elche in Sibirien und Nordamerika (3,4).

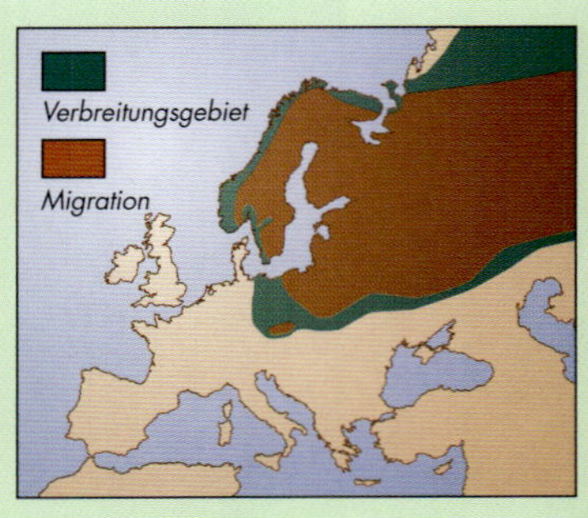

In den letzten 30 bis 40 Jahren sind Elche bis nach Mitteleuropa vorgedrungen und haben hier neue Lebensräume gefunden (z. B. in Tschechien in der teich- und waldreichen Gegend Südböhmens).

UNAUFFÄLLIGE INSEKTEN

Auch die Insektenwelt der Taiga ist recht unauffällig. Nur widerstandsfähige Arten können überleben, die unter den ungünstigen Bedingungen nur 1–2 Generationen hervorbringen. Für ihre Nahrung sind die meisten Arten auf Holz angewiesen, z.B. die Nonne oder verschiedene Borkenkäfer. In ihrem natürlichen Lebensraum richten sie – im Gegensatz zu künstlich angelegten Monokulturen – kaum Schaden an.

Schmetterlinge findet man in der Taiga am häufigsten auf Lichtungen, an Wasserflächen oder in Torfmooren und Sümpfen.

Großer Gabelschwanz (✖ 45–70 mm)

Saumspanner (✖ 20–25 mm)

Wegerichbär (✖ 32–38 mm)

Pappelzahnspinner (✖ 45–55 mm)

Gefleckter Schmalbock(15–20 mm)

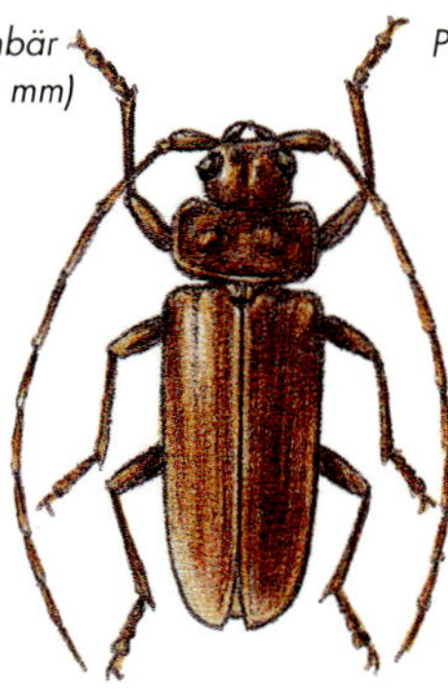

Mulmbock (40–60 mm)

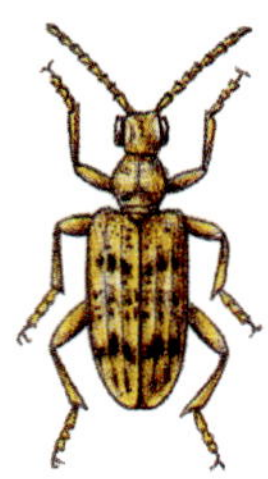

Kleiner Zangenbock (10–22 mm)

Bockkäfer fehlen in keinem Wald, sie sind allerdings vorwiegend nachtaktiv, so dass man auch die häufigsten Arten selten antrifft. Erwachsene Bockkäfer haben einen lang gezogenen Körper und lange Fühler. Die dunkelköpfigen weißen Larven entwickeln sich im Holz, selten in der Erde. Alle Entwicklungsstadien sind Pflanzenfresser.

Der überwiegend Insekten fressende Blauschwanz mag im Herbst auch Beeren und Samen.

Blauschwänze (14–15 cm) haben sich in den letzten Jahrzehnten von Sibirien nach Nordeuropa ausgebreitet. Im Unterschied zu den Männchen sind die Weibchen unauffällig olivbraun.

Die recht scheue Lasurmeise (13 cm) verirrt sich im Winter manchmal bis ins Binnenland Europas und hält sich dann im Schilf auf. Ihr Verbreitungsgebiet reicht bis in den Fernen Osten.

GÄSTE AUS SIBIRIEN

In den Wäldern Nordeuropas sind mittlerweile viele Tiere und Pflanzen beheimatet, die eigentlich aus Sibirien stammen. Einige Arten haben sich dauerhaft in Europa angesiedelt (z.B. HAKENGIMPEL, Bindenkreuzschnabel, Sibirisches Streifenhörnchen, Gleithörnchen oder der fast ausgestorbene Zobel), andere kommen nur vorübergehend (z.B. Lasurmeise oder Schieferdrossel).

Das mit dem Eichhörnchen verwandte Gleithörnchen nistet in Baumhöhlen.

Das Sibirische Streifenhörnchen ist von China und Korea bis nach Ostfinnland verbreitet. An einigen Stellen West- und Südeuropas (Frankreich, Deutschland, Holland, Italien) wurde es ausgewildert. In kälteren Gegenden hält das Streifenhörnchen Winterschlaf.

FLIEGENDES EICHHÖRNCHEN

Gleithörnchen sind von der Natur mit einer Besonderheit ausgestattet, die es ihnen ermöglicht sich von Baum zu Baum zu bewegen. An den Seiten zwischen Vorder- und Hinterbeinen befindet sich eine mit feinen Härchen bedeckte Gleitflughaut, die beim Springen von einem Baum wie eine Tragfläche wirkt und 20–30 m weite Sprünge ermöglicht.

AUSFLUGSTIPPS

Der Skuleskogen-Nationalpark

Einer der kleineren schwedischen Nationalparks (295 km²) befindet sich am nordwestlichen Ufer des Bottnischen Meerbusens. Seit 1948 schützt er die Küstenlandschaft mit ihren ausgedehnten Nadelwäldern. Eine der Hauptattraktionen des Parks ist die 40 m tiefe und 200 m lange Slattdalsskrevan-Schlucht, welche durch die Erosion des Diabasgesteins entstanden ist.

Auf trockenem Felsuntergrund übernehmen in der Taiga Kiefern die Vorherrschaft.

Der Jotunheimen-Nationalpark

Zu diesem Naturschutzgebiet, das 1980 gegründet wurde, gehört auch der höchste Berg Norwegens – der Galdhøpiggen (2469 m ü. NN). Der Jotunheimen ist der drittgrößte norwegische Nationalpark (1145 km²). In anschaulicher Weise kann man hier die allmähliche Veränderung der Natur in Abhängigkeit von der Höhe über dem Meeresspiegel nachvollziehen. An einem einzigen Tag kann man Taiga und Tundra durchqueren und gelangt bis zum Gletscher Jostedalsbreen, dem größten des europäischen Festlandes (60 km lang). Der Park liegt etwa 500 km nordwestlich von Oslo.

Der Wasserfall Vettisfossen, inmitten alter Kiefernbestände, ist der größte in ganz Norwegen (275 m).

3

BUCHENWÄLDER UND BUCHEN-TANNENWÄLDER

Wenige Wald-Ökosysteme machen im Lauf eines Jahres so gravierende Veränderungen durch wie Buchenwälder. Im Frühling erscheinen frische Blätter, dann werden die Kronen der Buchen dunkel, und im Herbst schimmern sie golden. Buchenwälder und gemischte Buchen-Tannenwälder kommen in der ganzen gemäßigten Zone Europas vor.

1. *Eurasischer Luchs*
2. *Rothirsch*
3. *Gelbhalsmaus*
4. *Waldspitzmaus*
5. *Zwergschnäpper*
6. *Habichtskauz*
7. *Haselhuhn*
8. *Mönchsgrasmücke*
9. *Feuersalamander*
10. *Goldglänzender Laufkäfer*
11. *Alpenbock*
12. *Nagelfleck*
13. *Rote Wegschnecke*
14. *Rotbuche*
15. *Weißtanne*
16. *Bergahorn*
17. *Bergulme*
18. *Eberesche*
19. *Seidelbast*
20. *Schwarze Heckenkirsche*
21. *Weiße Pestwurz*
22. *Quirlblättrige Zahnwurz*
23. *Einbeere*
24. *Wald-Bingelkraut*
25. *Wurmfarn*
26. *Orangeroter Helmling*

Bergwald aus Tannen und Buchen

Wo wachsen Buchenwälder ?
In West- und Mitteleuropa bildeten Laub- oder Mischwälder, in denen Buchen überwiegen, die natürlichen Ökosysteme der unteren (*submontanen*) Bergwaldstufe von 400–1 000 m Höhe. Hier fallen jährlich 700–1 000 mm Niederschläge, die Durchschnittstemperatur liegt bei 4–7 °C, die Vegetationszeit dauert 100–150 Tage. An der unteren Grenze schaffen Buchen-Eichenwälder den Übergang zu wärmeliebenden Eichenwäldern, in höheren Lagen sind eher Buchen-Tannenwälder zu finden.

Temperaturen und Niederschläge – Mitteleuropa

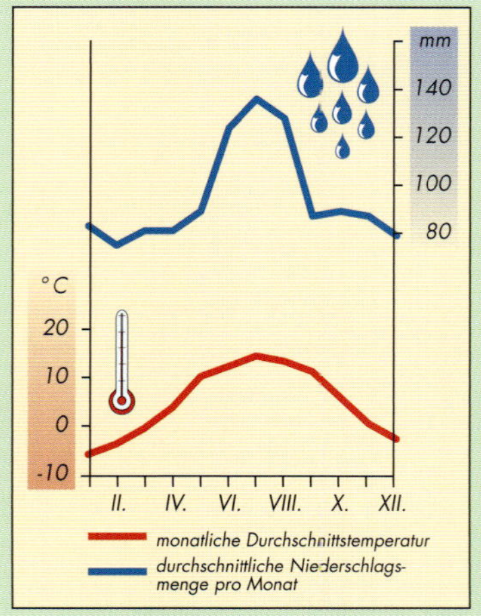

Lichtfilter
Das Laub der Bäume schwächt die Kraft der Sonnenstrahlen ab. Bei Bewölkung gelangt dagegen mehr Licht ins Unterholz als an Sonnentagen, weil Streulicht die Kronen leichter durchdringt als direkte Sonneneinstrahlung. Das Blattgrün verändert auch die spektrale Zusammensetzung des weißen Sonnenlichts – es wirft den grünen Teil zurück und nimmt blaues und rotes Licht auf, das es zur Photosynthese nutzt. Damit gelangen mehr Strahlen der mittleren Wellenlängen und weniger der schädlichen langen und kurzen Wellenlängen auf den Boden.

Wie viel Licht dringt zur Erde?

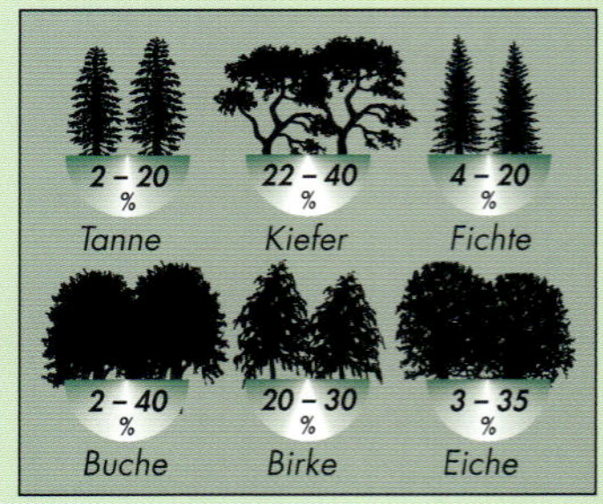

Die Lichtverhältnisse im Wald sind abhängig von Gehölzart, Alter und Dichte des Bewuchses. In Extremfällen gelangen im Nadel- und Mischwald nur 2–4 % des einfallenden Lichts auf den Boden.

Die Herbstfärbung der Blätter
Das auch als Blattgrün bezeichnete Pigment Chlorophyll ermöglicht den Pflanzen die Umwandlung von Lichtenergie in chemische Energie und ist ein lebenswichtiger Bestandteil. Nimmt im Herbst die Lichteinstrahlung ab, wird das Blattgrün in den Blättern in andere Farbstoffe zerlegt, die die spezielle Herbstfärbung bedingen. Außerdem bildet sich in den Blattstielen eine dünne Korkschicht, welche die Wasserzufuhr unterbricht – die Blätter trocknen ein und fallen ab.

Verschiedene Buchenwälder
Je nach Klima- und Bodenverhältnissen unterscheidet man mehrere Typen natürlicher Waldbestände, in denen Rotbuchen überwiegen. *Kalkbuchenwälder* wachsen in niedrigeren Lagen auf kalkhaltigem Untergrund, meist an Nordhängen. Die weit verbreiteten *mesophilen Buchenwälder* mit WEISSTANNE, BERGAHORN und BERGULME zeichnen sich durch eine reiche Krautschicht aus. *Hainsimsen-Buchenwälder* haben ihren Namen von einer Grasart – der Weißlichen Hainsimse. Sie wachsen auf nährstoffarmen Böden und fallen durch eine schwache Krautschicht auf. Nicht einmal in *Buchen-Fichtenwäldern* ist das Unterholz sehr ausgeprägt, in der Baumschicht gesellt sich die Gemeine Fichte zu Buchen und Tannen, in geringerem Maß kommen auch Bergahorn und EBERESCHE vor. In Talmulden, auf Geröll und steinigem Boden mit einem anderen Mikroklima wachsen auf kleinen Flächen auch *Eschen-Buchenwälder, Ahorn-Buchenwälder* oder *Eschen-Ahornwälder*. In ihnen werden die Buchen neben Bergahorn und Bergulme auch von Spitzahorn, Esche und Sommerlinde begleitet.

Mesophiler Buchenwald

Kalkbuchenwald

Bunter Herbst im Buchenwald

RÜHR-MICH-NICHT-AN

Das Springkraut trägt seinen Namen zu Recht, denn die heranreifenden Kapselfrüchte verfügen über einen besonderen Schleudermechanismus. Bei Berührung, durch Wind oder einfach bei Vollreife der Samen schnellt dieser heraus und springt bis zu 2 m weit. Das ist der Grund für die großen Bestände, die die Pflanze bildet.

Das Echte Springkraut bevorzugt feuchte Laubwälder und Auenwälder.

ORCHIDEEN DES WALDES

In Kalkbuchenwäldern findet man häufig verschiedene Arten kalkliebender Orchideen, z.B. Rotes Waldvögelein, Weißes Waldvögelein oder Frauenschuh. Ihre außergewöhnlichen Blüten sind äußerst ausdauernd.

Das Rote Waldvögelein blüht nur bei optimalen Lichtverhältnissen.

Die Blüten der Weißen Pestwurz erscheinen schon im März. Erst im Mai folgen die großen, stehenden, herzförmigen Blätter und bilden eine dichte Decke, unter der kaum noch etwas wachsen kann.

DIE FLORA DER BUCHENWÄLDER UND BUCHEN-TANNENWÄLDER

Zwischen 40 und etwa 90 Pflanzenarten sind je nach Waldtyp anzutreffen. Die Mehrzahl ist unauffällig, bildet dafür jedoch ausgedehnte Bestände, z.B. Waldmeister, WALD-BINGELKRAUT, Bärlauch, Wald-Sauerklee oder Wald-Frauenfarn. Stickstoffliebende *(nitrophile)* Pflanzen – WEISSE PESTWURZ oder Springkraut – sind häufige Vertreter der Krautschicht, bunte und große Blüten sieht man dagegen im Buchenwald selten. In Bergbuchenwäldern auf sauren Böden wachsen eher fichtenwaldtypische Pflanzen, vor allem Heidelbeere, Drahtschmiele oder Wald-Reitgras. Die feuchte Atmosphäre der Buchen-Tannenwälder begünstigt den Wuchs von Moos, Schachtelhalmen und Farnen. Die Strauchschicht fehlt im Buchenwald fast völlig, bestenfalls wachsen hier SCHWARZE HECKENKIRSCHE oder SEIDELBAST.

VORBEREITUNG AUF DEN WINTER

Die prächtigen Herbstfarben der Bäume sind Vorboten des nahenden Winters und der damit verbundenen Ruhezeit. Stoffwechselvorgänge und Wachstum werden auf ein Minimum reduziert, um die kurzen Tage und die Kälte überstehen zu können. Die meisten Bäume verlieren ihre Blätter schnell, manchmal bedarf es aber auch starker Stürme, um die letzten Blattreste herunterzureißen. An jungen Bäumchen halten sie sich jedoch bis zum Frühling und schützen so die Stämme vor direkter Sonneneinstrahlung.

Bärlauch

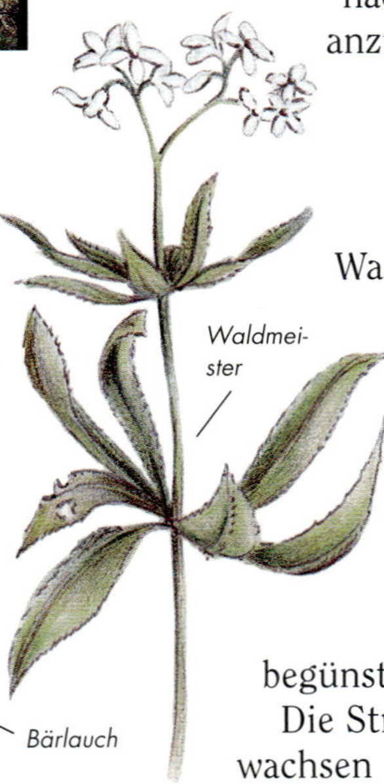
Waldmeister

Die Fruchtbarkeit der Buche

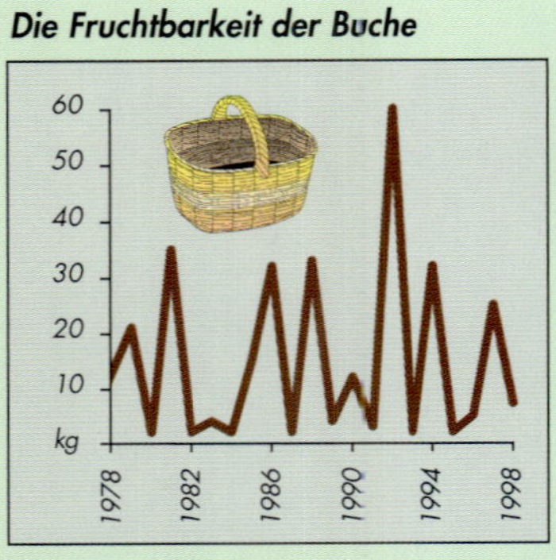

Die Buche blüht erstmals mit etwa 50 Jahren. Mannbare Jahre wiederholen sich dann in fünf- bis zehnjährigen Abständen.

Bucheckern

Ein Fruchtstand von Buchen enthält je zwei braune Nüsse, die Bucheckern. Die geschälten Früchte enthalten etwa 45–50 % nährstoffreiches Öl und sind eine beliebte Nahrung für viele Waldbewohner. Ist die Ernte groß, vermehren sich Kleinnager sogar im Winter.

Hilfreiche Tiere

Die schweren Buchensamen bleiben meist dort liegen, wo sie hinfallen, um die Ausbreitung kümmern sich die Waldtiere. Eichhörnchen und Häher verstecken die Bucheckern im Herbst für schlechtere Zeiten, und wenn sie sie nicht wieder finden oder vergessen, keimt der Vorrat im Frühjahr.

Der Eichelhäher trägt zur Erneuerung der Laubwälder bei.

Ein Pilzparadies

Alte Buchenwälder und Buchen-Tannenwälder sind ein Refugium für Porlinge, mit auffälligen, teilweise schön geformten Fruchtkörpern, die einzeln oder in Kolonien am Baumstamm wachsen. Ihr Pilzgeflecht dringt in den Baum ein und verursacht das Vermodern des Holzes. Die Stämme verlieren ihre Festigkeit und brechen leichter unter der Schneelast. In Europa gibt es zahlreiche Arten, Buchen werden oft vom Löwengelben Stielporling, dem Eichenfeuerschwamm, dem Zunderschwamm oder dem Schuppigen Schwarzfußporling befallen.

MESOPHILE BUCHENWÄLDER

Auch Buchenwälder der mittleren Standorte zählen nicht zu den bevorzugten Gebieten blütenreicher Pflanzen. Ein treuer Begleiter ist jedoch die Zahnwurz. Die 15–30 cm hohen Pflanzen aus der Familie der Kreuzblütler gehören zur gleichen Gattung wie das Schaumkraut. Weitere typische, in Buchenwäldern wachsende Arten sind CHRISTOPHSKRAUT, Spring-Schaumkraut, Sanikel, Knoten-Beinwell, Goldnessel und Hasenlattich.

Die Zwiebel-Zahnwurz trägt in den Blattachseln zwiebelähnliche Brutsprossen.

Die etwa 10 cm langen Zapfen der Weißtanne stehen aufrecht am Baum. Wenn sie ausreifen, gehen die Schuppen schon am Baum auf, bis nur noch die leere Spindel übrig bleibt.

VON BUCHEN UND TANNEN

ROTBUCHEN werden bis zu 40 m hoch und entwickeln, vor allem im Freistand, eine breite gewölbte Krone. Die glatte und dünne hellgraue Rinde platzt bei direkter Sonneneinstrahlung, weshalb Buchen Schatten und dichte Wälder bevorzugen, ebenso wie nährstoffreichen lockeren Boden und feuchtes Klima mit gleichmäßigen Regenfällen. Auch WEISSTANNEN haben anfangs eine glatte, weißgraue Rinde, die im Alter allerdings schuppig wird. Die dunkelgrün glänzenden kurzen Nadeln (bis 3 cm) sind flach, am Ende stumpf und haben unten zwei weiße Wachsbändchen. An günstigen Standorten werden Tannen bis zu 50 m hoch. Sie blühen zur selben Zeit wie Buchen. Männliche und weibliche Blüten befinden sich auf einem Baum (monözisch). Die empfindlichen Tannen sind in ihrem Bestand immer mehr gefährdet, da sie empfindlich auf Luftverschmutzung reagieren.

Die Rotbuche blüht von April bis Mai mit unauffälligen eingeschlechtlichen Blüten.

Žofín-Urwald (Gratzener Gebirge)

DER ŽOFÍN- UND BOUBÍN-URWALD

Der wenig bekannte Žofín-Urwald im Gratzener Gebirge (Tschechien) ist eines der ältesten Naturschutzgebiete Europas. Bereits 1836 erklärte ihn Graf Georg Buquoy zum Reservat, zehn Jahre vor dem angeblich ältesten Schutzgebiet – Park Fontainebleau bei Paris. Der bekanntere Boubín-Urwald im Böhmerwald wurde 1858 zum Reservat erklärt und umfasst eine siebenmal größere Fläche als der Žofín-Urwald. Zehntausende Besucher jährlich hinterließen sichtbare Spuren. Deshalb ist er seit 1979 für die Öffentlichkeit gesperrt.

VERRÄTERISCHE SCHÖNHEIT

Die ersten herrlichen Blüten des SEIDELBAST erscheinen im Buchenwald bereits Ende Januar. Sie duften so intensiv, dass sie mitunter Kopfschmerzen und Übelkeit hervorrufen können. Gefährlicher sind allerdings die saftigen Früchte. Auf den ersten Blick scheinen sie schön und verlockend, aber ihr Verzehr löst Krämpfe und Koliken aus!

Die purpur- bis karminroten, seltener auch weißen, röhrenförmigen Blüten des Seidelbast wachsen aus den Achseln der abgefallenen Blätter vom Vorjahr. Zeitig im Frühjahr sind sie eine der ersten Nahrungsquellen für Bienen. Der geschützte Strauch wächst gern in Laubmischwäldern und Staudenfluren vor allem im Bergland.

Alle Teile des Seidelbast sind außerordentlich giftig. Schon 10–12 Beeren sind für Menschen tödlich. Die Hauptwirkstoffe – Daphnetoxin und Mezerin – wirken vor allem auf Gesicht, Nervensystem und Blutkreislauf.

„Rauchende" Buchen

Auch scheinbar uninteressante Porlinge können Überraschungen bereiten, wie der Mykologe Dr. Jan Holec sein bemerkenswertes Erlebnis auf einer Forschungsreise schildert: „In einem nahen Buchenwald stieg über dem umgefallenen Stamm einer Buche eine Rauchwolke auf. Im Wald war niemand, und ich wunderte mich, wer hier wohl Feuer schwelen lassen würde. Als ich näher kam, sah ich, dass der Rauch aus einer Ritze unter der Rinde kam. Ich zog ein Stück ab und fand den riesigen Fruchtkörper eines Porlings, der einige Quadratmeter des Stamms bedeckte. Der Pilz bildete gerade Sporen, die in Millionenzahl als Rauchwolke aufstiegen. Bei seinem intensiven Metabolismus gab der Pilz Wärme ab, und die aufsteigende Warmluft trug die Sporen in die Höhe. Da fühlte ich, dass der Pilz wirklich lebt."

Gebogene Möbel sind weltweit berühmt und beliebt. Die Zeichnung zeigt einen Thonet – Grundmuster Nr. 14.

Der Thonet-Stuhl

Das feste Holz der Rotbuche lässt sich nach dem Dämpfen leicht biegen. Diese Eigenschaft nutzte im 19. Jahrhundert der Österreicher Tischler Michael Thonet (1796–1871) für eine besondere Idee. 1857 gründete er im mährischen Koryčany, inmitten ausgedehnter Buchenwälder, eine Möbelfabrik. Bald darauf folgten weitere in Bystřice pod Hostýnom, Velké Uherce und Moravském Halenkově. Dort stellte er aus Buchenholz gebogene Möbel her und wurde mit Kleiderständern, Schaukelstühlen und Stühlen weltbekannt.

Leuchtender Regenwurm

In alten Baumstümpfen und unter umgefallenen Stämmen lebt eine überaus interessante Regenwurmart *(Eisenia lucens)*. Reizt man dieses kleine Tier, z.B. durch Drücken zwischen den Fingern, scheidet es einen in der Dunkelheit grünblau leuchtenden Schleim aus. Dafür verantwortlich ist das Enzym Luciferase. Dieses bemerkenswerte Tier ist in den Karpaten, vor allem in natürlichen Bergwäldern und den angrenzenden Gebirgen zu Hause. Der Wurm erreicht eine Gesamtlänge von 9–17 cm. Der mit ihm verwandte Kompostwurm hat diese Eigenschaft nicht.

DIE FAUNA DER BUCHENWÄLDER UND BUCHEN-TANNENWÄLDER

Es ist nicht ganz einfach, die Tierwelt der Laub- und Mischwälder in den Bergen mit wenigen Sätzen zu beschreiben. Die meisten Tiere des Waldes leben am Boden. Am zahlreichsten sind Würmer, Schnecken, Milben, Käfer, Spinnen, Hundertfüßler, Springschwänze und Insektenlarven vertreten. Trotz der zum Teil geringen Größe wurden auf 1 ha bis zu 2,5 t Lebendmasse gewogen! Diese für das menschliche Auge schwer zu erfassende Miniaturwelt hat jedoch eine erhebliche Bedeutung, denn sie setzt Nährstoffe aus abgestorbenen Pflanzen- und Tierkörpern um, gibt sie wieder an den Boden ab und ermöglicht so den Kreislauf des Lebens. Die Hauptrolle spielen dabei die *Reduzenten* – sie zerkleinern Blätter, die so noch kleineren Tierarten zugänglich gemacht werden.

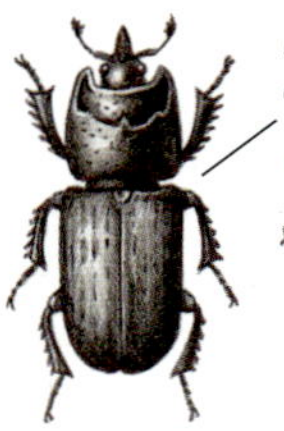

Kopfhornschröter – Männchen (12–16 mm)

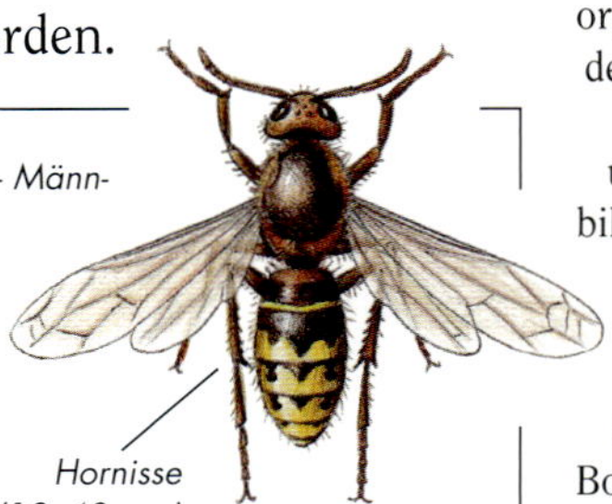

Hornisse (18–40 mm)

Scharlachkäfer (11–15 mm)

INSEKTEN

Bei genauer Beobachtung des Waldes stellt man schnell fest, dass Insekten in jedem noch so kleinen Winkel zu finden sind. Auf gesunden und morschen Stämmen, in der Rinde und darunter, auf Blättern und im abgefallenen Laub, überall bewegt sich etwas. Manche entgehen trotz ihrer Größe der Aufmerksamkeit, denn sie besitzen in ihrem Lebensraum perfekte Tarnung. Der bunte ALPENBOCK verschmilzt förmlich mit der Buchenrinde. Andere Arten verstecken sich unter Steinen (GOLDGLÄNZENDER LAUFKÄFER) oder in der Dunkelheit (NAGELFLECK).

DER KLEINSTE VOGEL

Der Zaunkönig ist mit höchstens 9 g einer der kleinsten europäischen Vögel. Was ihm an Größe fehlt, macht er mit seinem Gesang wett, der Lautstärken von bis zu 90 db erreicht. Als Resonanzboden dienen dabei Luftröhre und Lungensäcke.

Der Zaunkönig bevorzugt feuchte Gebiete. Er lebt an Bächen, im Wald und in Parks.

Das Haselhuhnweibchen ist perfekt an seine Umgebung angepasst und kaum zu finden.

VERTRAUENSVOLLER VOGEL

Das Haselhuhn ist ein kleiner unauffälliger Hühnervogel, der am Rand von Mischwäldern lebt. Es nistet auf der Erde und verlässt sich beim Brüten so sehr auf seine Tarnfarbe, dass es Menschen oft bis in Reichweite heranlässt.

BODENLEBEN

Die Zahl der Bodenorganismen, die für den Abbau organischer Substanz und die Humusbildung im Boden verantwortlich sind, ist groß und indirekt proportional zu ihrer Körpergröße. Auf 1 m^2 Boden leben bis in 30 cm Tiefe geschätzt: 1 Billion Geißeltierchen, 40 000 Milben, 20 Mio. Fadenwürmer, 800 Regenwürmer, um nur einige der nützlichen Organismen zu nennen.

Der Gürtel dient dem Regenwurm zur Übertragung der Spermien und zum Schutz der Eier.

Regenwürmer, aber auch Asseln, Schnurfüßer und Kohlschnakenlarven sind die effektivsten Zersetzer abgestorbener Substanz. Regenwürmer graben bis zu 8 m tiefe Gänge und lockern so den Boden und reichern ihn mit Nährstoffen an.

SCHARFER MEISSEL

Der lange, feste Schnabel des Spechts ist an den Seiten eingedrückt und endet in einer scharfen Spitze, der auch hartes Buchenholz nicht widersteht. Spüren die Vögel beim Klopfen Larven auf, machen sie sich mit heftigen Schlägen an die Arbeit. Ihr ungewöhnlich kompakter Schädel dämpft die schnellen und heftigen Kopfbewegungen und schont so das Gehirn. Mit ihrer klebrigen Zunge ziehen sie ihre Beute aus dem Loch. Mithilfe besonderer Muskeln, die im Ruhezustand den Kopf umspannen, können sie die Zunge einige Zentimeter über die Schnabelspitze hinausstrecken.

Querschnitt durch Schnabel und Kopf eines Spechts.

Populationserfassung

Um die Zahl der Vögel in einem bestimmten Gebiet zu ermitteln gibt es verschiedene Möglichkeiten. Bei der *Kartierung der Brutreale* werden alle beobachteten Vögel, vor allem singende Männchen, eines bestimmten Gebietes in eine Karte eingetragen. Die *Linientaxierung* basiert auf einer Zählung der Vögel auf einer abgesteckten Linie (Transekt). Bei der *Punktzählung* werden die Vögel eingetragen, die über einen bestimmten Zeitraum auf einem festen Punkt gezählt werden. In der Brutzeit werden die Zählungen max. 3,5 Stunden nach Sonnenaufgang vorgenommen.

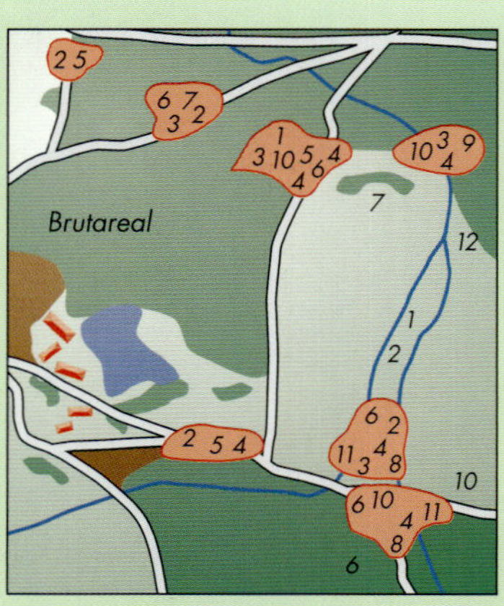

Arbeitskarte mit Brutarealen des Fitis (1–12 laufende Kontrollnummer)

Anpassung der Arten

Eine der grundlegenden Eigenschaften lebender Organismen ist ihre Verschiedenartigkeit – die sich im Aussehen (Körperform, Größe, Färbung) und in der Lebensweise (z. B. Gesang, Winterschlaf, Nahrung) äußert. Das Studium über die Anpassung der Arten führte Darwin zur Theorie der „natürlichen Auslese". Wir kennen z. B. *geschlechtliche, saisonale* und vor allem *geographische* Unterschiede (*Variabilität*).

Während der Feuersalamander in Mitteleuropa meist schwarz-gelb gefleckt ist, zeigen Populationen der Pyrenäen oder anderer Gebieten Südeuropas oft Längsstreifen.

SIGNALFARBE

Während man Blindschleiche, Grasfrosch oder Bergmolch kaum wahrnimmt, ist der FEUERSALAMANDER nicht zu übersehen. Als nachtaktives Tier verlässt er sein Versteck aber nur selten tagsüber, außer nach langen Regenfällen. Seine Färbung tarnt nicht sondern warnt. Die Haut sondert einen giftigen Stoff ab, der an Augen, Nase oder Mund starkes Brennen und Entzündungen hervorruft.

Molche brauchen für ihre Entwicklung sauberes Wasser. Mit dem Verschwinden klarer Quellen aus den Wäldern wird ein Ökotop zerstört.

BAUMUNTERSCHLUPF

Höhlen dienen vielen Tieren als Unterschlupf oder zur Aufzucht der Nachkommen. Aus diesem Grund ist der Specht ein nützlicher Waldbewohner, der durch seine Tätigkeit Nistplätze und Höhlen schafft. Vor allem morsche Bäume bieten für Insekten, Vögel und Säugetiere Unterschlupfmöglichkeiten. Einige nutzen ihre Schlupfwinkel über mehrere Jahre, andere wechseln jährlich. Unterschiede gibt es auch in der Lebensweise – manche Tiere leben allein oder paarweise, andere in Kleingruppen (Fledermäuse) oder größeren Verbänden (Hornissen).

VERSTECKTE SCHÖNHEIT

Unbemerkt im Waldlaub leben zahlreiche Arten von Weichtieren. Auf 1 m² findet man 800–2000 Individuen. Sie sind meist nur einige Millimeter groß, so dass erst die Vergrößerung mit einer Lupe zeigt, wie vielfältig ihre Gehäuseformen sind.

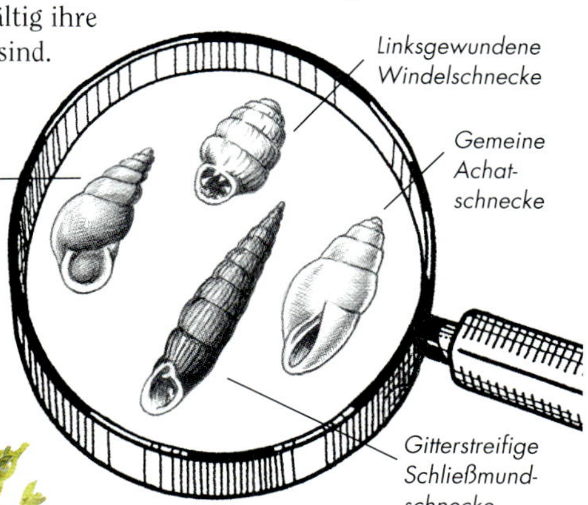

BEWOHNER DES BUCHENWALDES

Ausreichende Nahrung und Unterschlupfmöglichkeiten ziehen vielfältige Wirbeltiergemeinschaften in Buchenwälder und Buchen-Tannenwälder. Von etwa 40 Brutvogelarten sind traditionsgemäß Buchfink und Fitis, Rotkehlchen, Zaunkönig, Kleiber und Baumläufer am zahlreichsten vertreten, regelmäßig findet man auch Schwarzspecht, Hohltaube, einige Eulenarten und Raubvögel. Die Zahl der Säugetiere ist dagegen bei geringerem Artenaufkommen größer. In Buchen-Tannenwäldern liegt die Populationsdichte kleiner Säugetiere – vor allem bei Waldspitzmaus, Rötelmaus und Gelbhalsmaus – im Herbst bei bis zu 60 Exemplaren pro Hektar. Reichlich Nahrung finden auch Wildschwein und Rothirsch, reiche Beute zieht die Raubtiere an – Fuchs, Baummarder, Dachs und Luchs.

Gelbhalsmaus und Rötelmaus sind die im Buchenwald am zahlreichsten vertretenen Säugetiere. Man findet sie fast nur dort.

AUSFLUGSTIPPS

Kočevje, Slowenien

In der Umgebung der Stadt Kočevje, etwa 55 km südöstlich von Ljubljana, zwischen den Flüssen Krka und Kolpa, befindet sich ein ausgedehntes natürliches Waldgebiet. Etwa 82 % des Territoriums beanspruchen reine Buchenwälder und Buchen-Tannenwälder. Die bergige Landschaft am nordöstlichen Rand des Dinargebirges (höchster Berg ist der Goteniški Snežnik mit 1290 m ü. NN) konnte trotz langer Siedlungsgeschichte wertvolle Naturelemente bewahren (bis heute leben hier Bären, Luchse und Wölfe). Das Gebiet soll Nationalpark werden.

Ausgedehnte natürliche Buchenwälder wie in Kočevje gibt es sonst nicht in Slowenien.

Calabria-Nationalpark, Italien

Der Nationalpark befindet sich in einem bergigen Gebiet Süditaliens, etwa 60 km westlich von Cosenza. Er wurde 1968 gegründet und ist fast 160 km² groß. In dem gegliederten Relief mit einer durchschnittlichen Höhe von 1300 m ü. NN (höchster Berg ist der Monte Botte Donato mit 1929 m ü. NN) überwiegen Schwarzkieferbestände, in höheren Lagen befinden sich reine Buchenwälder oder mit Fichten gemischte Buchenwälder.

Die Buchenwälder im Mittelmeerraum findet man in 600–700 m höheren Regionen als in Mitteleuropa (Calabria-NP, 1400 ü. NN).

4

WÄRMELIEBENDE WÄLDER

Vor der Besiedlung Europas durch den Menschen bedeckten wärmeliebende Wälder, vor allem Eichen- und Hainbuchenwälder, einen Großteil des Territoriums in Lagen bis 500 m ü. NN. Heute sind sie größer nur noch im Süden erhalten, ansonsten findet man eher kleine Areale. Mehr Licht und Wärme dringt durch die Baumkronen, so dass eine artenreiche Flora und Fauna existieren kann.

1. Waldmaus
2. Wespenbussard
3. Pirol
4. Wendehals
5. Gartenrotschwanz
6. Halsbandschnäpper
7. Kernbeißer
8. Schlingnatter
9. Lederlaufkäfer
10. Gemeiner Rosenkäfer
11. Waldwolfsspinne
12. Weißfleckwidderchen
13. Blaugras
14. Fieder-Zwenke
15. Stieleiche
16. Flaumeiche
17. Elsbeere
18. Kornelkirsche
19. Gemeine Zwergmispel
20. Diptam
21. Pannonische Platterbse
22. Blauroter Steinsame
23. Rotes Waldvögelein
24. Aufrechter Ziest
25. Ästige Graslilie
26. Blutroter Storchschnabel
27. Türkenbundlilie

Mitteleuropäischer Flaumeichenwald zum Sommerbeginn

Eichenwälder
In den wärmeliebenden Eichenwäldern findet man viele Traubeneichen, deren Überschirmungsgrad durch die Baumkronen geringer ist, so dass sie die Sonnenstrahlen besser bis zum Waldboden durchdringen können. Bedeutsam sind vor allem auch die Flaumeichenwälder, deren Baumschicht durch Mehlbeeren, Elsbeeren, Feldahorn, Eschen und Bergulmen bereichert wird. Nur in den wärmsten europäischen Regionen gibt es *Eichenwälder mit Felsenkirschen.*

In *Eichen-Hainbuchenwäldern* sind neben der zahlreich vertretenen Traubeneiche auch Stieleichen und Hainbuchen zu finden. Dagegen beheimaten saure *(azidophile)* Eichenwälder auch Nadelbäume, vor allem Weißtannen und Waldkiefern. Die schweren und nährstoffreichen Böden Polens und Weißrusslands sind optimale Standorte für Eichenmischwälder mit Linden und Hainbuchen, in denen Winterlinden vorherrschen. Außerdem findet man dort Fichten, Zitterpappeln und Ebereschen.

Eichen-Hainbuchenwald

Widerstandsfähiges Holz
Das Holz der langsam wachsenden Eichen ist hart und beständig und wird noch heute zu Balken und Dachgerüsten verarbeitet. Auch Möbel und Parkett aus Eichenholz sind dauerhaft. Früher wurden auch Fässer daraus gemacht, da Eichenholz widerstandsfähig gegen Feuchtigkeit ist. Das Holz des Weißdorns galt als bestes Material für Hacken- und Schaufelstiele. Ähnliche Verwendung fand auch das Holz der Hainbuche, außerdem nutzte man es im Wagenbau, zur Herstellung von Werkzeugen und von Wellen und Zahnrädern für Mühlen.

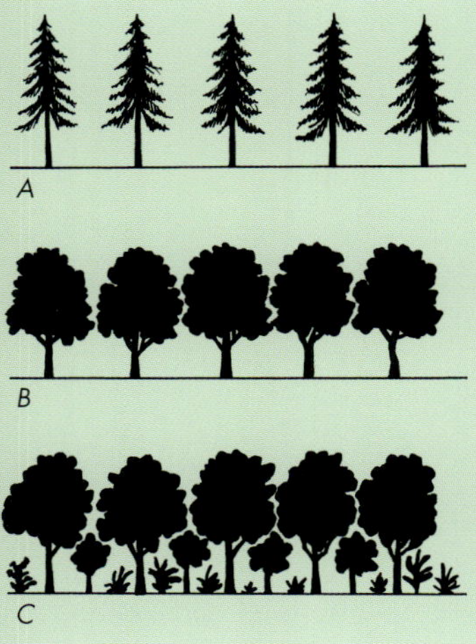

Ein grüner Vorhang
Der Kronenaufbau hat großen Einfluss auf die Lichtverhältnisse und damit den Charakter des Waldbestandes.

A – Bei geringem Überschirmungsgrad berühren sich die Baumkronen nicht und lassen genug Licht durch (z. B. Flaumeichenwälder, Kiefernwaldrelikte, Fichtenwälder an der oberen Baumgrenze).
B – In gleichaltrigen, dicht stehenden Beständen bilden die Kronen eine horizontale Überschirmung, die wenig Licht durchlässt (z. B. Buchenwälder, Kulturwälder).
C – In Baumbeständen unterschiedlicher Höhe und dichter Strauchschicht entsteht eine vertikale bis stufenförmige Überschirmung, die nach oben und den Seiten undurchdringbar erscheint (z. B. Auenwald).

Die Standorte
Eichenwälder findet man außer auf der Pyrenäen-Halbinsel in Regionen mit einer durchschnittlichen Jahrestemperatur von mindestens 7–9 °C und einer Vegetationszeit von 150–165 Tagen. Flaumeichenwälder wachsen nur an den wärmsten Berghängen mit Kalkstein- oder Vulkangesteinuntergrund. Eichenwälder mit mittleren Temperaturansprüchen sind im Flachland beheimatet, und widerstandsfähigere Eichen-Hainbuchenwälder gibt es bis in Höhen von 450–500 m ü. NN. Saure Eichenwälder findet man erst in der unteren Bergwaldstufe (700 m ü. NN).

In der vom Menschen unbeeinflussten Natur schlossen sich Flaumeichenwälder an niedriger gelegene Waldsteppen an.

Mitteleuropäischer Eichenwald

DIE FLORA WÄRMELIEBENDER WÄLDER

Das Rauhaarige Veilchen ist ein typischer Vertreter des warmen Eichenwaldes. Die großen Blüten duften kaum. Ameisen verbreiten die Samen.

Die Große Sternmiere stellt kaum Ansprüche an die Lichtverhältnisse. Sie blüht in dichteren Eichen-Hainbuchenwäldern.

Flaumeichenwälder zählen zu den interessantesten Eichenwaldgesellschaften, da sie eine ungeheure Vielfalt an Pflanzen bieten. Die Strauchschicht der Eichen-Hainbuchenwälder ist bestimmt von Hasel, Zweikern-Weißdorn, Heckenkirsche, Dirndlstrauch, Liguster u. a. Vor allem FIEDER-ZWENKE, BLAUGRAS, Schafschwingel, Leberblümchen, Wald-Labkraut, Frühlings-Platterbsen, Wald-Bingelkraut, Maiglöckchen und neben Blaugras auch Hain-Rispengras bilden in wärmeliebenden Wäldern die Krautschicht. Seltener findet man TÜRKENBUNDLILIE, Immenblatt, Gemeine Akelei oder Weißes Waldvögelein. Die Moosschicht ist mit nur 3 % Bedeckung schwach ausgebildet.

BEDEUTUNG DES BODENS

Die Beschaffenheit des Bodens bedingt die unterschiedliche Erscheinungsform eines Waldes. Auf fruchtbareren Böden bilden die Kronen wärmeliebender Eichenwälder ein überwiegend dichtes Blätterdach, so dass die meisten dort wachsenden Kräuterarten im Frühjahr blühen, wenn genügend Licht durch die Äste fällt. An trockenen Hängen mit flacheren Böden ist der Wald lichter, die Gehölze bleiben niedriger und im Unterholz überwiegen licht- und wärmebedürftige Gräser und Kräuter.

Die bis zu 3 cm großen Gallen der Eichengallwespe (Galläpfel) findet man von Juni bis Oktober an Eichenzweigen. Im Herbst fallen sie ab, später entwickelt sich daraus das Weibchen, das im Frühjahr Eier legt.

Die parasitär lebende Feuergoldwespe bohrt ein Loch in die Gallen und legt ihre Eier darin ab. Ihre Larven ernähren sich dann von den Larven der Eichengallwespe.

Die Eichengallwespe misst nur 2–4 mm. Zwei Generationen werden im Sommer und im Winter hervorgebracht.

GALLWESPEN

Gallwespen gehören zur Gruppe der Hautflügler. Durch Ausscheidung spezieller Stoffe wird das üppige Wachstum des Pflanzengeflechts angeregt. Je nach Art unterscheiden sich die Gallen leicht voneinander, in jeder Galle befindet sich aber mindestens eine Kammer mit jeweils einer Larve.

Die Früchte der Laubbäume

Bäume werden nach folgenden Merkmalen bestimmt: Silhouette, Rinde, Blätter, Blüten und Früchte. Die vielfältige Gestalt der Früchte hängt eng mit der Art ihrer Verbreitung zusammen. Während vom *Wind verbreitete* Früchte Flügel oder Härchen haben (Esche, Ahorn, Pappel, Weide, Birke), sind durch *Tiere verbreitete* Früchte durch eine feste Fruchthülle geschützt (Haselstrauch, Buche, Eiche). Vom *Wasser übertragene* Früchte halten sich durch ein schwimmendes Luftgeflecht (Erle) an der Oberfläche. Die aus einem Blütenstand entstehenden Früchte nennt man Fruchtstand.

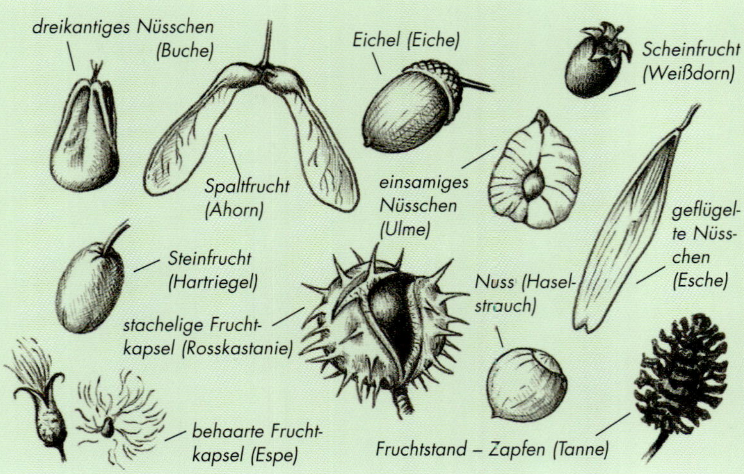

Dornige Krone

Der etwa 3 m hoch wachsende Christusdorn hat überhängende Zweige und kurze, schwarzbraune Dornen.

Der widerstandsfähige Christusdorn kommt von Italien über Kleinasien bis China vor. Daraus soll Christus' Dornenkrone geflochten worden sein.

BUNTES STRÄUCHERGEMISCH

An Waldrändern und auf Lichtungen in eher spärlicheren Flaumeichenbeständen bilden verschiedene Sträucher ein undurchdringliches Dickicht. Bereits im März blühen die gelben Kornelkirschen, sie werden von den stark duftenden Blüten des Weißdorns abgelöst. Im Spätsommer reifen seine roten Früchte, und die herbstlichen Farben werden durch Früchte und Blätter von Hartriegel und Mispel dominiert.

Der Europäische Hundszahn (10–30 cm) blüht gleich nach den Schneeglöckchen. Der Name ist abgeleitet von der zahnartig geteilten Zwiebel.

SELTENE PFLANZE

Im zeitigen Frühjahr beginnt in den Laubwäldern Süd- und Südosteuropas die Suche nach den Blüten einer sehr seltenen Pflanze – des Hundszahns. In Europa befindet sich der nördlichste Standort im Slowakischen Paradies und in Mittelböhmen am Zusammenfluss von Berounka und Moldau, wo er wahrscheinlich im Mittelalter von Mönchen ausgepflanzt wurde. Diese höchstens 35 cm hohe Staude aus der Familie der Liliengewächse verlangt tiefen, humusreichen Boden (meist auf Kalkstein), am wohlsten fühlt sie sich in hellen Eichen-Hainbuchenwäldern oder Buchenwäldern.

SECHSBEINIGE WELT

Käfer, Schmetterlinge, Ameisen und andere Insekten verfügen über drei Beinpaare. In wärmeliebenden Wäldern fühlen sie sich besonders wohl, vor allem im Sommer. Vertreten sind überwiegend Blattwanzen, Schmetterlinge, Gleichflügler, Hautflügler, Netzflügler und einige Käfergruppen (Blattkäfer, Rüsselkäfer). Die Zahl der Arten geht sicher in die Hunderte.

Der Große Wollschweber (10–15 mm) fliegt von März bis Mai über Lichtungen und Wege in Laubwäldern. Mit seinem Rüssel saugt er den Nektar aus den Blüten.

DIE FAUNA WÄRMELIEBENDER WÄLDER

Die artenreiche Fauna der Flaumeichenwälder findet man in allen Vegetationsschichten, an trockenen und felsigen Stellen sind jedoch Laubstreu und Boden schwächer besiedelt. Charakteristisch sind Arten der Steppe und des Mittelmeerraums, deren nördliche Verbreitungsgrenze bis Mitteleuropa reicht (z. B. Bergzikade, Ohrzikade, Eichenprachtkäfer). Neben Insekten findet man vor allem Spinnen und auf kalkhaltigem Untergrund Weichtiere. In Eichen-Hainbuchenwäldern sinkt die Zahl der Tierarten, vor allem in Kraut- und Strauchschicht, am Boden lebende Tiere gibt es jedoch mehr als in Flaumeichenbeständen. Wirbeltiere sind vor allem durch Vögel und einige Kriechtierarten vertreten.

Der Grünrüssler (5–10 mm) ernährt sich von den Knospen und Blättern verschiedener Laubbäume, die Larven fressen die Wurzeln an.

Zerbrechliche Schönheit

Die bunten, filigran anmutenden Flügel der Schmetterlinge sind ebenso schön wie empfindlich. Sie dienen entweder der Geschlechterfindung oder der Tarnung. Unter dem Mikroskop erkennt man unzählige winzige, sich gegenseitig überlappende Schuppen, die an Dachschindeln erinnern. Einige enthalten eingelagerte Pigmente, andere verleihen den Flügeln den typischen Glanz durch Brechen der Lichtstrahlen.

Schmetterlingsflügel unter dem Mikroskop: oben 10 000-fach, unten 50 000-fach vergrößert.

Gehölze südlicher Wälder

Von den in Mitteleuropa üblichen Laubbäumen findet man im Süden häufig verwandte Arten.

DIE FLAUMEICHE

Die auch als „Weiße Eiche" Südfrankreichs bekannte Flaumeiche benötigt viel Licht und warme Temperaturen. Die Blattunterseiten, Stiele und jungen Triebe des mittelgroßen, oft krummschaftigen Baumes sind flaumig behaart, was ihr zu dem Namen verholfen hat. An den Blättern mancher Flaumeichen laufen die runden Blattlappen zu einer stumpfen Spitze aus. Insgesamt findet man verschiedene Blattformen, die auch auf Einkreuzung mit anderen Eichen (vor allem mit der Traubeneiche) zurückzuführen sind. Zu den auffälligen Merkmalen gehört auch der leicht schuppige Fruchtbecher, der eine kleine Eichel teilweise umschließt.

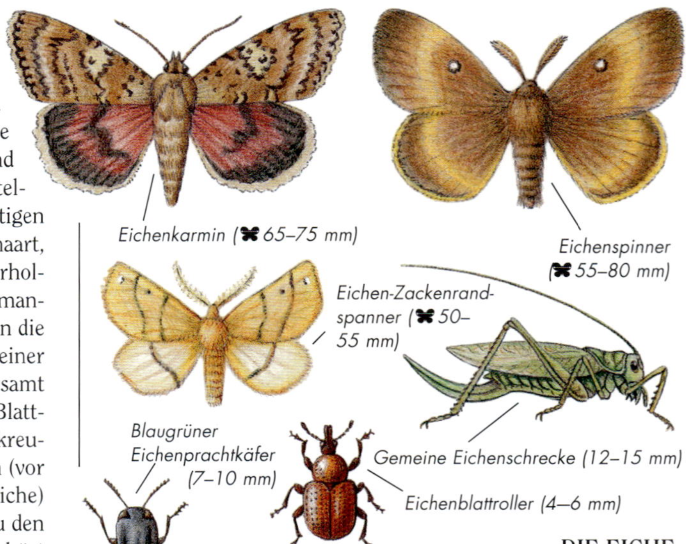

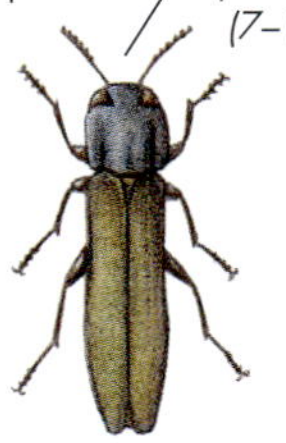

DIE EICHE

Viele Insekten – und andere Wirbellose – kommen nur auf bestimmten Gehölzen vor. Eichen bieten einer Vielzahl an Tieren Unterschlupf und Nahrung.

VERWECHSLUNGSGEFAHR

Die kleine Schlingnatter (50–70 cm) bewohnt helle Wälder und sonnige, strauchbewachsene Hänge. Sie ernährt sich von Eidechsen, Blindschleichen und anderen kleineren Schlangen (wahrscheinlich auch den eigenen Jungen), machmal von Kleinsäugern. Erst verbeißt sie sich in ihre Beute, dann wickelt sie sich darum und erstickt sie. Schlingnattern werden wegen der dunklen Zeichnung auf Kopf und Rücken oft mit Kreuzottern verwechselt, sind aber ungiftig.

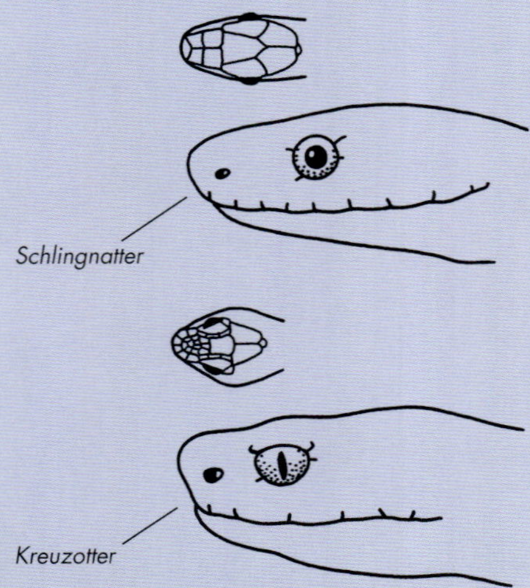

Schlingnatter und Kreuzotter haben unterschiedliche Kopf- und Pupillenformen und eine unterschiedliche Anzahl kleiner Schilde auf dem Kopf.

Kopfbrust und Hinterteil sind bei Spinnen durch den Hinterleibsstiel miteinander verbunden. In den Spinndrüsen wird die so genannte Spinnseide produziert, die zur Herstellung der Netze oder Kokons dient.

Die Kopfbrust des Weberknechts ist höchstens 9 mm lang, mit Beinen misst er etwa 5 cm.

Die Vierfleck-Kreuzspinne hält sich am Rand wärmeliebender Wälder vor allem in Kraut- oder Strauchschicht auf. Sie wird bis zu 2 cm lang.

Kopfbrust und Hinterleib der Weberknechte bilden ein Ganzes, Spinndrüsen haben sie nicht. Die langen dünnen Beine bewegen sich getrennt vom Körper noch bis zu einer halben Stunde. Weberknechte sind eine Ordnung der Spinnentiere und der Kieferklauenträger.

SPINNE ODER WEBERKNECHT?

Spinnen und Weberknechte werden oft den Insekten zugeordnet, haben in Wirklichkeit aber gar nicht viel mit ihnen gemein. Zu den Spinnentieren gehören auch etwa Milben und Skorpione. Die Unterschiede zu den Insekten sind bei genauerem Hinsehen deutlich zu erkennen: Der Spinnenkörper ist statt in drei nur in zwei Teile geteilt: die von Kopf und Brust gebbildete Kopfbrust und den Hinterleib. Außerdem verfügen Spinnentiere über vier Paar Gliedmaßen, aber keine Flügel. Aber auch zwischen Spinnen und Weberknechten gibt es morphologische Unterschiede.

AUSFLUGSTIPPS

Riesen-Urwald

An der Grenze zwischen Polen und Weißrussland befindet sich der Białowieża-Nationalpark (über 1500 km²), der als größtes natürliches Vorkommen im Tiefland liegender Laubwälder angesehen wird (Linden-Eichen-Hainbuchenwald) in Europa (150–200 m ü. NN). Etwa ein Zehntel des Gebietes ist derzeit auf beiden Seiten der Grenze geschützt. Das Alter des Bestandes wird auf 250–400 Jahre geschätzt, einige Gebiete sollen bis heute vollkommen unberührt geblieben sein. Der Białowieża-Nationalpark ist vor allem berühmt für seine Wisente, die im Gegensatz zum Auerochsen bis heute überlebt haben. Die Geschichte ihrer Zucht in Białowieża ist jedoch nicht ungetrübt: Im Jahr 1919 wurde das damals letzte Exemplar von Wilderern getötet. Nach dem Zweiten Weltkrieg lief das Wisent-Schutzprojekt aber wieder an und derzeit leben hier 300 Tiere, weitere Exemplare wurden in den Tierpark Topoľčianky in der Slowakei gebracht.

Wisente lebten in den Wäldern von den Alpen bis zum Baltikum, wurden dort jedoch teilweise schon im 1. Jahrtausend n. Chr. ausgerottet.

Im Białowieża-Nationalpark sind 26 Gehölzarten beheimatet, am zahlreichsten vertreten sind Winterlinde, STIELEICHE, Hainbuche, Spitzahorn, Esche, Schwarzerle und Birke, bei den Nadelbäumen überwiegen Waldkiefer und Weißtanne.

EINE ARTENREICHE VOGELWELT

In Eichenwäldern oder Eichen-Hainbuchenwäldern ist das vielstimmige Vogelgezwitscher vor allem im Frühling kaum zu unterscheiden. Buchfink, HALSBANDSCHNÄPPER, Rotkehlchen, Mönchsgrasmücke oder Gartengrasmücke, Star, Gelbspötter, Singdrossel und Fitis sollen stellvertretend genannt sein. Dazu erklingen von verschiedenen Seiten der Kuckuck, das Klopfen der Spechte und die Schreie von WENDEHALS, Grün- und Grauspecht. Hoch oben in den Baumkronen ertönt die flötengleiche Stimme des PIROLS, den man aber nur selten sieht. Verschiedene Meisen, der KERNBEISSER und manche Baumläufer können dagegen nur von geschulten Ohren wahrgenommen werden. Auch Raubvögel sind verteten, wie z. B. Mäusebussard, WESPENBUSSARD, Habicht, Sperber und Waldkauz. In südlichen Regionen Europas wird dieser durch die Zwergohreule ersetzt.

Der Pirol – ein begnadeter Sänger – wird oft mit den Spechten verwechselt.

Zecken parasitieren vor allem Säugetiere, Eidechsen und am Boden lebende Vögel. Man unterscheidet dreiwirtige Zecken, die nach jedem Entwicklungsstadium den Wirt wechseln, bei zweiwirtigen haben Larven und Nymphen den gleichen Wirt und einwirtige Zecken. Der Saugvorgang dauert meist mehrere Stunden bis Tage..

von zwei Zecken befallene Feldmaus

DER HOLZBOCK

Zecken gehören zur Ordnung der Milben und diese wiederum zur Klasse der Spinnentiere. Eine Zeckenart ist die Schildzecke, zu der auch der Holzbock zählt. Er kommt in Misch- und Laubwäldern vor, meist in Eichenwäldern, sogar im Stadtpark. Die braun-schwarzen Tiere befallen bevorzugt Hunde, Katzen und Menschen.

RAUPENFRESSER

Der Puppenräuber ist ein Verwandter der Laubkäfer. Er ist bekannt für seine Langlebigkeit – Adulte können bis zu vier Jahre alt werden. In dieser Zeit konsumieren sie bis zu 400 Raupen – am liebsten Nonnen.

Der Puppenräuber wird 2,5–3,5 cm groß.

SCHUTZ GEGEN ZECKEN

Am besten schützt man sich gegen Zecken, indem man zweckmäßig gekleidet (d. h. lange Hose, langärmelige Oberbekleidung, feste Schuhe, Hut) in den Wald geht – vor allem im Frühjahr und Herbst, denn zu dieser Zeit sind die Tiere aktiv und vermehren sich. Spezialsprays, mit denen die Haut und die Kleidung eingesprüht wird, sollen die Tiere ebenfalls von einem Befall abschrecken. Eine Impfung schützt vor der gefährlichen Hirnhautentzündung, der Borreliose kann man bisher noch nicht vorbeugen. Findet man eine Zecke am Körper, sollte sie mithilfe einer Spezialpinzette schnellstmöglich entfernt werden. Auf keinen Fall sollte man das Tier mit Öl oder Salbe beträufeln. Dadurch erstickt die Zecke zwar, vorher scheidet sie aber ihren Darminhalt aus, was die Ansteckungsgefahr erhöht. Man muss sie auch nicht gegen den Uhrzeigersinn herausdrehen, der Aufbau ihres Mundorgans bestätigt das nicht. Nach ihrer Entfernung ist eine Behandlung mit einem Desinfektionsmittel ratsam.

Ein Gebirge – zwei Nationalparks
Mitten in Deutschland, nämlich im Harz, befinden sich in zwei Bundesländern zwei Nationalparks – der NP Harz (Niedersachsen) ist 158 km² groß, der NP Hochharz (Sachsen-Anhalt) umfasst 59 km². Der Harz ist ein bedeutendes Tourismusgebiet (einige Millionen Besucher pro Jahr) mit einer langen Geschichte. Beide Parks besitzen ein gegliedertes Relief mit mannigfaltigen natürlichen Bedingungen, großen Schwankungen im Mikroklima und trotz der geringen Höhenunterschiede (270–1142 m ü. NN) auch mehrere Vegetationsstufen. Während die felsigen Hänge wärmeliebende Fauna und Flora beherbergen, überwiegen in den Fluss- und Bachtälern kälteliebende Arten. Auf dem höchsten Berg im Harz – dem Brocken – herrscht raues Klima, das in etwa den Bedingungen entspricht, welche in den Alpen in 2000 m Höhe herrschen. Hier findet man ein dichtes Netz von Wasserläufen, Torfmooren, Felsenbiotopen und ausgedehnten Waldbeständen (mehr als 90 % des Gebietes).

Die Wildkatze hat in dem riesigen Waldgebiet des Harzes überdauert.

Vor allem wärmeliebende Eichen-Hainbuchenwälder bestimmen das Bild der Nationalparks Harz und Hochharz.

5

IMMERGRÜNE HARTLAUBWÄLDER

In den südlichsten Regionen Europas entlang der Mittelmeerküste sind Waldgesellschaften angesiedelt, deren Bewuchs – im Gegensatz zu den Wäldern der gemäßigten Zonen – immergrün ist. Diese Gehölze haben sich in besonderer Weise an das Klima angepasst, sei es durch einen spezifischen Aufbau der Blätter, durch eine starke Rinde oder lange, bis in große Tiefen reichende Wurzeln.

1. Waldmaus
2. Zwergohreule
3. Eichelhäher
4. Weißbart-Grasmücke
5. Blassspötter
6. Gelbgrüne Zornnatter
7. Hirschkäfer
8. Grüne Eicheneule
9. Wiener Nachtpfauenauge
10. Holzbiene
11. Rotstirnige Dolchwespe
12. Sägebock
13. Beintaster
14. Grunzschnecke
15. Steineiche
16. Echter Lorbeer
17. Erdbeerbaum
18. Olivenbaum
19. Stechpalme
20. Zedernwacholder
21. Stechender Mäusedorn
22. Efeu
23. Lianen-Spargel
24. Gelber Gamander
25. Geschweiftblättriges Alpenveilchen
26. Spitzer Streifenfarn

Immergrüner Wald der Mittelmeerregion

Lange, trockene Sommer

In Regionen mit immergrünen Laubwäldern sind die Sommer heiß und trocken, die Winter sind mild und regenreich, in dieser Zeit fallen 90 % der Gesamtniederschläge. Anstelle von vier Jahreszeiten unterscheidet man hier nur die Zeit der Blüte und Reife (März bis April), der Trockenheit (Juni bis Sept.) und der Regenzeit (Okt. bis Feb.). Die jährliche Durchschnittstemperatur liegt bei 14–18 °C, die jährliche Niederschlagsmenge bei 500–800 mm. Der typische Boden ist die Mediterrane Roterde *(terra rossa)*.

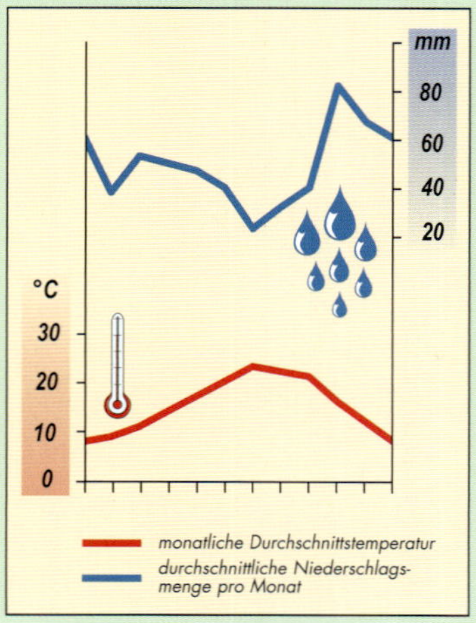

Temperaturen und Niederschläge (Perpignan, Frankreich).

Schutzmechanismen

In Regionen mit ständiger Sonneneinstrahlung und saisonalem Wassermangel wachsende Bäume schützen sich vor dem Austrocknen durch einen besonderen Blattaufbau *(sklerophyll)*. Sie haben kleinere, lederartige Blätter mit einer glänzenden Oberfläche, manche Blätter sind mit einer matten Wachs- oder Harzschicht überzogen (Olive, Oleander). Vorwiegend sind die Blätter ganzrandig und am Rand eingerollt. Ihre Struktur zeichnet sich durch eine feste Oberhaut, kleine Zellzwischenräume und Widerstandsfähigkeit aus.

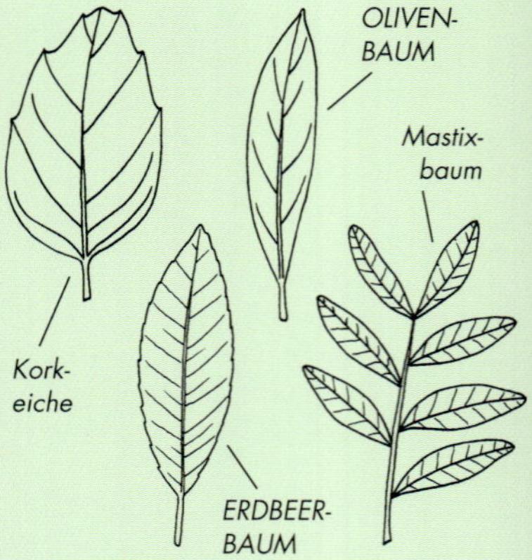

Die Blätter sklerophyller Gehölze sind meist oval bis lanzenförmig.

Lorbeerkränze

Der ECHTE LORBEER ist überall im Mittelmeerraum anzutreffen und wird auch in vielen gemäßigten Regionen Europas (bis nach England) angepflanzt. Im Altertum wurden Dichter, siegreiche Feldherren und vor allem auch die Sieger sportlicher Wettkämpfe mit Lorbeerzweigen umkränzt; und wir sprechen noch heute von den „Lorbeeren, auf denen man sich nicht ausruhen sollte“. Die mit aromatischen Ölen gesättigten Lorbeerblätter werden zum Würzen von Suppen und Soßen verwendet. Durch Pressen der reifen schwarzen Beeren gewinnt man ein angenehm duftendes Öl.

Der Echte Lorbeer wächst als Strauch oder kleiner Baum mit kegelförmiger Krone 7–18 m hoch.

Korkgewinnung

Die Rinde der Korkeiche liefert den Kork, der traditionell zur Herstellung von Korken, Isolierungen, Fliesen und Bodenbelägen und vielem mehr verwendet wird, wenn ihn auch heute Kunststoffe zunehmend verdrängen. Die einzige Zentimeter dicke Rinde am Stamm der Korkeiche wird alle 7–10 Jahre geschält. Spezielle Korkzellen, die im Kambium entstehen, dichten ihre Zellwände mit einem undurchlässigen Stoff (*Suberin*) ab. Kork wurde bereits im Altertum von den Ägyptern, Griechen und Römern als feuchtigkeitsabweisendes Material geschätzt.

Die Korkernte erfolgt im Sommer an über 25 Jahre alten Korkeichen und wird alle 7–10 Jahre wiederholt; erst beim zweiten Abziehen gewinnt man Kork von guter Qualität.

Heute wechseln sich an vielen Stellen immergrüne Wälder mit gerodeten Flächen und Macchie-Dickicht ab.

SÜNDEN DES ALTERTUMS

Heute sind immergrüne Wälder in ihrer natürlichen Form nur noch vereinzelt erhalten, der überwiegende Teil wurde bereits in der Antike gerodet. Das hatte großen Einfluss auf die natürlichen Bedingungen des Mittelmeerraums und förderte vor allem die Bodenerosion. Den hoch entwickelten Zivilisationen des Altertums hat das mit Sicherheit sehr geschadet.

DIE ESSKASTANIE

Die bis zu 25 m hoch wachsende Esskastanie mit breiter Krone stammt ursprünglich aus dem Süden Europas und aus den Bergen Nordafrikas. Im Mittelmeerraum wächst sie in Höhen bis zu 900 m ü. NN in der Gesellschaft von Eichen, Buchen und Kiefern, wird aber auch in Monokultur angepflanzt. Die als Esskastanien oder Maronen bekannten Früchte haben einen hohen Stärkegehalt und waren schon im Altertum ein wichtiger Nahrungsbestandteil. Das mittelharte Holz wird in der Möbel- und Bauindustrie verwendet.

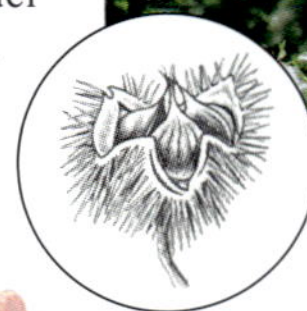

Die Esskastanie blüht im Frühsommer, die Früchte reifen ab Ende September. Dann öffnen sich die stachligen Fruchthüllen, fallen auf den Boden und zerplatzen.

Das Herbstalpenveilchen wächst in Laubwäldern, unter Sträuchern und zwischen Felsen.

DIE FLORA IMMERGRÜNER HARTLAUBWÄLDER

Immergrüne Wälder bilden die unterste Waldvegetationszone in den Bergen Südeuropas, in höheren Lagen schließen sich Flaumeichenwälder und Eichen-Hainbuchenwälder an. Außer STEINEICHEN und Korkeichen wachsen ECHTER LORBEER, ERDBEERBAUM und OLIVENBAUM in die Höhe, die übrigen Gehölze bleiben strauchhoch. Ergänzt werden sie von Nadelgehölzen, vor allem Kiefern und Wacholder. Die Bäume haben kurze, knorrige Stämme, der Überschirmungsgrad ist gering. In der wenig artenreichen, bodennahen Flora sind zahlreiche Knollen- und Zwiebelgewächse vertreten. Die Moosschicht ist schwach ausgebildet.

GIFTIGE KNOLLE

Das Alpenveilchen ist ein ausdauerndes Primelgewächs mit nach hinten gebogenen, verschiedenfarbigen Blüten. Die fleischigen Blätter bilden eine bodenständige Rosette. Aus der großen, runden, abgeflachten Knolle wachsen rundherum Wurzeln (s. Detailzeichnung). Im Altertum verwendete man das in der Knolle enthaltene Gift Cyclamin auf Lanzen- und Pfeilspitzen. Es gibt etwa 20 bekannte Cyclamen-Arten, vor allem im Mittelmeerraum. Das Verbreitungsgebiet des Wilden Alpenveilchens reicht bis nach Mitteleuropa.

Ein schuppiger Fruchtbecher umschließt mehr als die Hälfte der 2–3 cm langen Steineichenfrüchte.

BISSIGER HUNDERTFÜSSLER

In Südeuropa lebende Hundertfüßler können mitunter schmerzhaft zubeißen und bei ihren Opfern echte Wunden verursachen. Der größte unter ihnen ist der 8–10 cm lange Gürtelskolopender. Er versteckt sich unter Steinen oder in Spalten und greift an, sobald eine Beute in seine Nähe kommt. Käfer, Schaben, Heuschrecken, aber auch Hunde, Katzen und Nager werden vorrangig angegriffen.

Der Gürtelskolopender hat höchstens 21–23 Paar Füße und starke Beißwerkzeuge. Er kann sich auch parthenogenetisch aus unbefruchteten Eiern vermehren.

Bestimmung der Hirscharten
Die Bestimmung von Hirschen und Rehen in der freien Wildbahn ist nicht einfach. Farbe und Zeichnung am Hinterteil liefern aber exakte Hinweise. Einige Arten heben bei der Flucht den Schwanz und zeigen so die helle Farbe um ihre Analöffnung (so genannte Spiegel) als Signal für die anderen Rudelmitglieder.

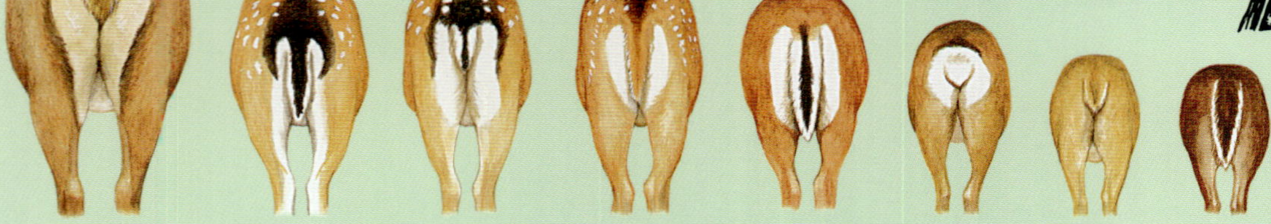

Fliege, Hummel oder Biene?
Die HOLZBIENE ist nicht nur durch die auffällige Farbe und ihre Größe (3 cm) leicht zu erkennen, sondern auch durch das laute und tiefe Summen. Wer sie nicht kennt, hält sie für eine seltsame behaarte Fliege oder eine dunkel glänzende Hummel. In Wirklichkeit handelt es sich um einzeln lebende Bienen. Sie bewohnen helle Wälder und mit Sträuchern bewachsene Hänge, vor allem im Mittelmeerraum; an wärmeren sonnigen Orten findet man sie auch in West- und Mitteleuropa.

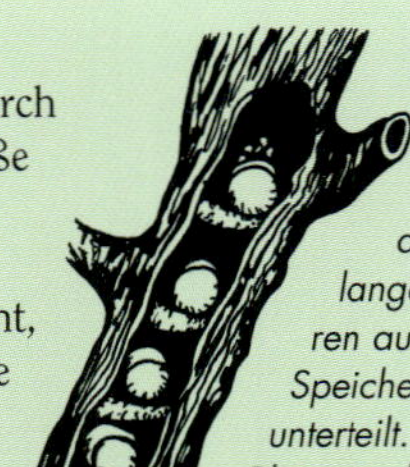

Das Weibchen der Holzbiene gräbt mit seinen starken Beißwerkzeugen im morschen Holz der Bäume bis zu 30 cm lange Gänge, die es mit Sperren aus Spänen, gemischt mit Speichel, in 10–15 Kammern unterteilt. In jede legt es etwa 2 g Blütenstaub und 1 Ei.

DIE FAUNA IMMERGRÜNER HARTLAUBWÄLDER

Die Tierwelt immergrüner Wälder ist ausgesprochen vielfältig. Zum einen findet man Arten, die auch in anderen Waldgebieten Europas vorkommen, z. B. EICHELHÄHER, Pirol, Rötelmaus, WALDMAUS, Fuchs, Blindschleiche oder Erdkröte. Daneben gibt es Tiere, die höhere Temperaturen bevorzugen und deren Verbreitungsgebiet höchstens bis Mitteleuropa reicht (Schlangenadler, ZWERGOHREULE, Blauracke) oder die ausschließlich im Mittelmeerraum verbleiben (Orpheusspötter, BLASSSPÖTTER, Orpheusgrasmücke).

Die winzige Geburtshelferkröte lebt in hellen Wäldern und in der Kulturlandschaft von Spanien bis Westdeutschland.

VATER STATT MUTTER

Auch im Tierreich übernehmen Väter die Aufzucht der Jungen. Bekannt ist das beispielsweise von einigen Sumpfvögeln, bei den Fischen tauschen die Stichlinge die Elternrollen. Die Geburtshelferkröte kümmert sich in ähnlicher Weise um ihre Nachkommen. Nach der Paarung nimmt das Männchen die befruchteten Eier auf die Hinterbeine und taucht sie regelmäßig in Pfützen, bis aus ihnen die Kaulquappen schlüpfen.

Gartenschläfer fallen oft der Ginsterkatze zum Opfer.

In Tiergärten sieht man oft Damhirsche mit verschiedenen Zeichnungen. Die ursprüngliche fleckige Färbung kann sich verändern.

HIRSCH MIT FLECKEN

Mit Ausnahme der Elche haben alle ursprünglich europäischen Vertreter aus der Familie der Hirsche weiß gefleckte Jungen, aber nur der Damhirsch behält seine Zeichnung. Im dunkleren Winterfell sind die Flecken nicht so ausgeprägt. Den Damhirsch erkennt man außerdem an den charakteristischen „Schaufeln". Der aus Ostasien stammende Axishirsch und der Sikahirsch sind ebenfalls gefleckt.

Der Damhirsch bewohnte ursprünglich nur Wälder im Mittelmeerraum, wurde jedoch als Jagdwild an vielen Orten Europas und anderswo ausgewildert. Die Brunftzeit in der ersten Novemberhälfte wird von heftigen Kämpfen der männlichen Tiere begleitet.

ABGESANDTER AUS AFRIKA

Einige im Süden Europas beheimatete Tiere stammen ursprünglich aus Afrika. Die Kleinfleck-Ginsterkatze erinnert z. B. zwar an einen gefleckten Marder, gehört aber zu den Zibetkatzen. Die 1 m lange Katze (0,5 m davon nimmt der Schwanz ein) bewohnt Wald- und Strauchgebiete, kann gut klettern und springen, schlüpft dank ihres schlanken Körpers durch jede Ritze und behilft sich auch im Wasser. Als Allesfresser ernährt sie sich von Früchten und Kleintieren.

Die Kleinfleck-Ginsterkatze findet man in Baumhöhlen und Felsspalten.

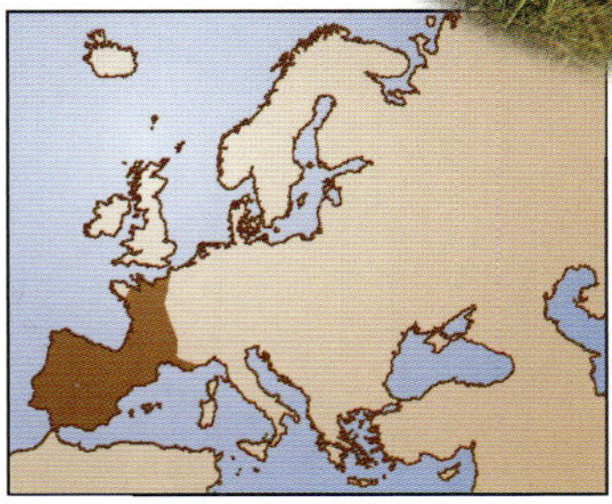

Vorkommen der Kleinfleck-Ginsterkatze

AUSFLUGSTIPPS

Cres und Losinj

Die kroatischen Inseln Cres und Losinj in der Kvarner Bucht liegen südöstlich von Istrien. Sie nehmen eine Fläche von etwa 480 km² ein und erreichen eine Länge von über 80 km. Die Reise von Norden nach Süden über die Inseln, die in Osor mit einer Hebebrücke verbunden sind, bietet eine einmalige Gelegenheit, den Übergang wärmeliebender Wälder in immergrüne Hartlaubwälder zu verfolgen. In der Gegend um die Stadt Cres kann man Gänsegeier beobachten.

Die früher bewaldete Insel Cres ist heute halb mit Gras und Felsen bedeckt.

Naturpark Los Alcornocales

Am südlichsten Zipfel Andalusiens, unweit von Gibraltar, an den südwestlichen Landzungen der Sierra de Grazalema befindet sich eines der interessantesten spanischen Reservate – Los Alcornocales. Hier haben sich auf etwa 1700 km² Fläche die größten zusammenhängenden Korkeichenbestände in Europa erhalten. Nur hier findet man eine besondere Art des Sonnentaus (endemisch). Im Frühjahr und Herbst nutzen Zugvögel das Waldgebiet zum Ausruhen.

Weinkorken aus echtem Kork stammen wahrscheinlich aus Los Alcornocales.

6

AUENWÄLDER

Auenwälder erscheinen zum Sommerbeginn als grünes Halbdunkel in stickiger Hitze, mit Tümpeln, hohen Brennnesseln, undurchdringlichem Dickicht, lautem Vogelgesang und endlosen Schwärmen summender Mücken. Doch obwohl das durchaus nach „Urwald" klingt, befindet sich kein europäischer Auenwald mehr in seinem natürlichen Zustand. Menschen haben erhebliche Eingriffe vorgenommen und große Veränderungen bewirkt.

1. Biber
2. Schwarzstorch
3. Schwarzmilan
4. Nachtigall
5. Star
6. Nachtreiher
7. Beutelmeise
8. Moschusbock
9. Gekörnter Laufkäfer
10. Großer Eisvogel
11. Baumschnecke
12. Teichläufer
13. Wiesenmücke
14. Feldulme
15. Winterlinde
16. Schmalblättrige Esche
17. Stieleiche
18. Schwarzpappel
19. Schwarzerle
20. Roter Hartriegel
21. Brennnessel
22. Gundermann
23. Hopfen
24. Knotige Braunwurz
25. Springkraut
26. Gemeines Hexenkraut
27. Echtes Lungenkraut

Flora und Fauna der Auenwälder sind beeindruckend.

Kein Auenwald ohne Wasser

Auenwälder wachsen im Einzugsgebiet größerer Bäche und Flüsse mit hohem Grundwasserstand von Südskandinavien bis Frankreich, Norditalien und Rumänien. Jahresdurchschnittstemperaturen um 9 °C bewirken eine lange Vegetationszeit (220–240 Tage) und eine ausgesprochen üppige Vegetation. In Bezug auf ihre Holzproduktion brauchen Auenwälder durchaus nicht den Vergleich mit tropischen Regenwäldern zu scheuen.

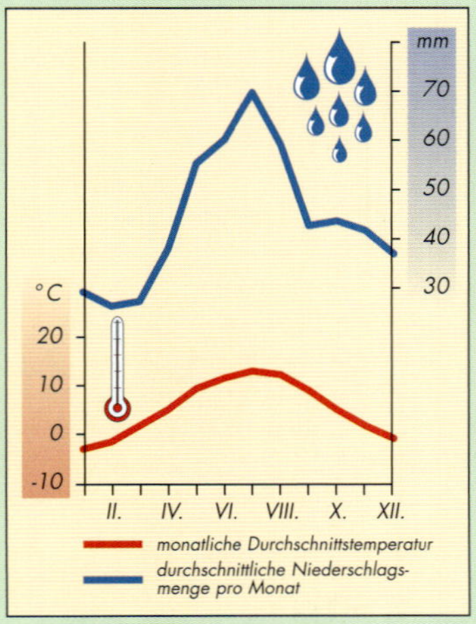

Temperaturen und Niederschläge (Mitteleuropa)

Die Stauwasserböden

In Böden mit einem ständig hohen Grundwasserstand kommt es zu Sauerstoffmangel, der wiederum im Bodenprofil chemische Reduktionsprozesse in Gang setzt, bei denen Verbindungen entstehen, welche dem versumpften unteren Horizont eine blaugrüne Farbe und einen besonderen Geruch verleihen. Solche Böden nennt man *Gley*. Bei ähnlichen, so genannten *Pseudogleyböden* kommt es im Prozess der Bodenbildung abwechselnd zu Vernässung durch Niederschlagswasser und starker Austrocknung.

Bodenprofil eines Gleys

I – humusreiche Schicht, II – humusarme Schicht, III – Gleyschichten, IV – Grundwasser

Überschwemmungen
Flüsse tragen Kies, Sand, Erde und zersetzte Organismen in die Niederungen. Diese lagern sich in den Überschwemmungsgebieten an und bilden nährstoffreichen Boden. Im letzten Jahrtausend gab es in Europa als Folge der Besiedlung nachweislich häufiger Überschwemmungen als vorher. Durch die Rodung der Wälder im Berg- und Hügelland zerstörte man die Möglichkeit zur Regenwasserspeicherung. Der Wasserspiegel großer Flüsse stand im 10. Jahrhundert 4–6 m tiefer als heute.

Archäologische Fundstätten in Mikulčice in Südmähren (Tschechien).

Formenvielfalt des Auenwaldes
Die Vegetation der Auenwälder ist abhängig vom Grundwasserspiegel und der Intensität der Überschwemmungen. Die ufernahe *Weichholzaue* ist Standort für Weiden und Erlen. Etwas weiter entfernt, wo das Grundwasser nicht unter 50 cm sinkt und der Boden 60 Tage im Jahr überschwemmt ist, kommen Pappeln hinzu. Auf höher gelegenen Augebieten mit einem Grundwasserstand von 0,5–1,5 m und wenig Überschwemmungen befindet sich die produktive *Hartholzaue* mit Eichen, Eschen und anderen langsam wachsenden Gehölzen.

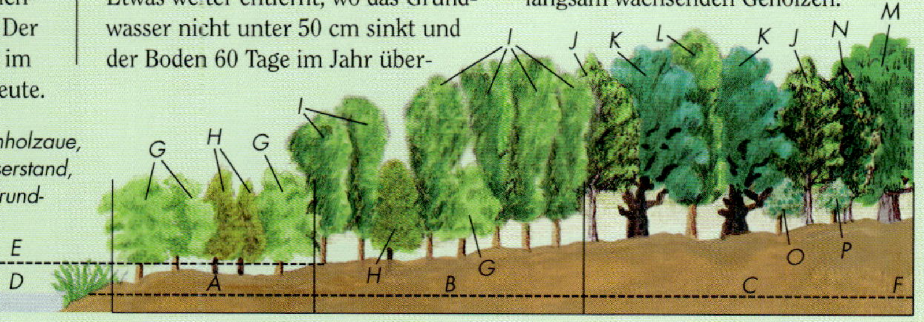

A – Weiden und Erlene, A,B – Weichholzaue, C – Hartholzaue, D – normaler Wasserstand, E – Wasserstd. bei Überschw., F – Grundwasserstd., G – Weide, H – Erle, I – Pappel, J – Esche, K – Eiche, L – Ulme, M – Linde, N – Ahorn, O – Traubenkirsche, P – Hartriegel

Überschwemmter Auenwald

DIE FLORA DER AUENWÄLDER

Die verschiedenartige, urwaldähnliche Vegetation der Auenwälder ist mit keiner anderen europäischen Waldgesellschaft vergleichbar. Der hohe Überschirmungsgrad durch die Baumkronen schafft ein dämmriges Licht. Sträucher – meist Traubenkirsche, Heckenkirsche, ROTER HARTRIEGEL, Erle, Wasser-Schneeball und Holunder – wuchern an Standorten mit mehr Sonneneinstrahlung. Daneben breitet sich überall ein schwer durchdringbares Schlingpflanzendickicht aus HOPFEN, GUNDERMANN und Kletten-Labkraut aus. Die Krautschicht ist an trockeneren Stellen artenreicher als auf überschwemmten Flächen. Nach dem Abblühen der lichtbedürftigen Frühlingsarten kommen Pflanzen zum Zug, die die Beschattung durch das Blätterdach besser vertragen. An schattigen Stellen wachsen Gräser – Wald-Zwenke, Knäuelgras oder Wald-Flattergras.

HOCHWASSER

Für Menschen bedeutet Hochwasser Schaden, für Auenwälder ist es lebensnotwendig. Ihre Böden sind selbst nicht sehr fruchtbar, erst durch die Überschwemmungen werden Nährstoffe geliefert.

FARBENSPIEL

Ende März werden im Auenwald die weißen Blüten von Schneeglöckchen und Märzenbecher durch die gelben Blüten des Scharbockskrauts und des Waldgoldsterns abgelöst. Bald beginnen auch Lungenkraut und der angenehm duftende Lerchensporn zu blühen, der Auenwald färbt sich rot bis violett. In den Sommermonaten bestimmen eher grüne Töne von Büschen und Sträuchern das Bild, bunte Blüten sind nur schwer zu sehen.

Die schwarzen, glänzenden Samen des Hohlen Lerchensporn werden von Ameisen verbreitet.

DIE HÄUFIGSTEN ARTEN

Frühlingsblüher F

Märzenbecher, Schneeglöckchen, Scharbockskraut, Waldgoldstern, Große Sternmiere, Echtes Lungenkraut, Waldveilchen und vor allem Hohler Lerchensporn sind die frühesten Blütenpflanzen. Da sie viel Licht zum Wachstum benötigen, müssen sie aufblühen, solange sich das Blätterdach der Baumschicht noch nicht voll entfaltet hat.

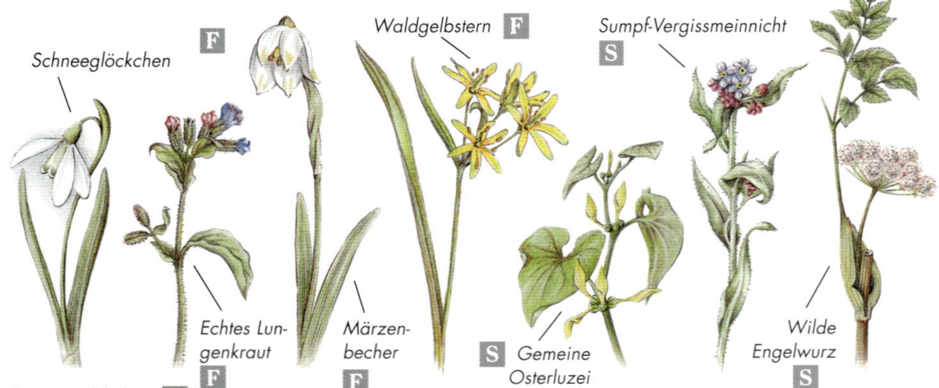

Sommerblüher S

Im Sommer gelangt nur noch wenig Sonne an die Strauch- und Krautschicht . Die standortspezifischen Schattenpflanzen blühen dann: Wilde Engelwurz, Sumpf-Vergissmeinnicht, Sumpf-Schwertlilie, Gemeines Hexenkraut, Osterluzei, Echter Beinwell, Rühr-mich-nicht-an, Brennnessel.

Die Schichten des Waldes

Die Vegetation des Waldes bildet mehr oder weniger sichtbare Etagen, die in vier Schichten eingeteilt werden. Die höchste ist die *Baumschicht*, darunter folgen *Strauchschicht* und *Krautschicht*, den Boden bedeckt die *Moosschicht*. Häufig sind aber nur drei Schichten sichtbar ausgebildet. Die einzelnen Schichten stehen in Wechselwirkung miteinander und überlappen sich in unterschiedlichem Maße.

Botaniker verwenden für die Vegetationsschichten Abkürzungen: V_3 – Baumschicht, V_2 – Strauchschicht, V_1 – Krautschicht, V_0 – Moosschicht

Vorsicht, Gift!

Das Scharbockskraut ist eine ausdauernde, 5–20 cm hohe Pflanze, die sich überwiegend vegetativ über Brutknöllchen in den Blattachseln vermehrt oder durch Wurzelknollen, die bei Nässe aus dem Boden geschwemmt werden. Aus den Blättern der Pflanze wurde früher wegen ihres hohen Vitamin-C-Gehalts ein Frühlingssalat zubereitet. Allerdings ist der Genuss dieser Mahlzeit nicht ganz ungefährlich, da Blüten und ausgewachsene Pflanzen giftig sind. Will man sichergehen, muss man die Blätter vor der Blüte pflücken. Der Saft des Scharbockskrauts wurde in der Vergangenheit sogar als Pfeilgift verwendet!

Der Vegetationszyklus der Pflanze ist kurz, schon Ende Mai vertrocknet sie.

Anhand der Blattform sind Flatter- und Feldulmen nicht zu unterscheiden. Während allerdings die Blattunterseiten der Flatterulme einen weichen Flaum aufweisen, sind die der Feldulme glatt. Auch Blüten und Früchte sind unterschiedlich.

DIE FAUNA DER AUENWÄLDER

Der Artenreichtum der Auenwälder zeigt sich ganz ausgeprägt auch in ihrer Tierwelt. In den verschiedenen Vegetationsschichten findet man einen enormen Artenreichtum. Auf dem Boden selbst leben aufgrund der häufigen Überschwemmungen nur wenige Tiere. Wirbeltiervertreter sind vor allem Insekten und Spinnentiere in größter Vielfalt, dagegen sind die Vertreter der Weberknechte und Regenwürmer auf nur einige Arten beschränkt. Auch Weichtiere gibt es nicht so viele wie in den Mischwäldern der Berge. In der Weichholzaue leben vor allem anspruchslose Arten, die sich schnell vermehren und so ihr Überleben durch viele Nachkommen sichern. Zahlenmäßig ist die Fauna der Weichholz- und der Hartholzaue vergleichbar, die Weichholzaue ist aber artenärmer.

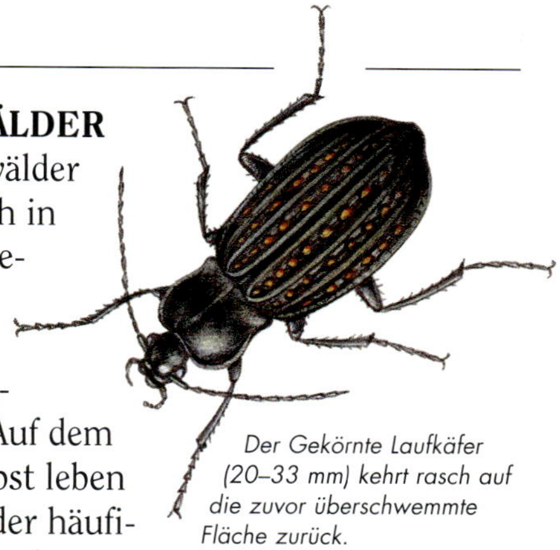

Der Gekörnte Laufkäfer (20–33 mm) kehrt rasch auf die zuvor überschwemmte Fläche zurück.

Die Spanische Fliege (12–21 mm) frisst Eschenblätter. Das Alkaloid des Käfers reizt die Schleimhäute.

Der Grüne Eichenwickler (✱ 18–23 mm) stellt in Auenwäldern fast ein Fünftel der gesamten Schmetterlingspopulation.

AUENWALDGEHÖLZE

Auenwälder beherbergen neben STIELEICHEN auch Eschen und SCHWARZPAPPELN. Darunter wachsen niedrigere Bäume, vor allem WINTERLINDE, Feldahorn, Hainbuche, FELDULME und Flatterulme. An überschwemmten oder sumpfigen Stellen gedeihen Erlen und Weiden.

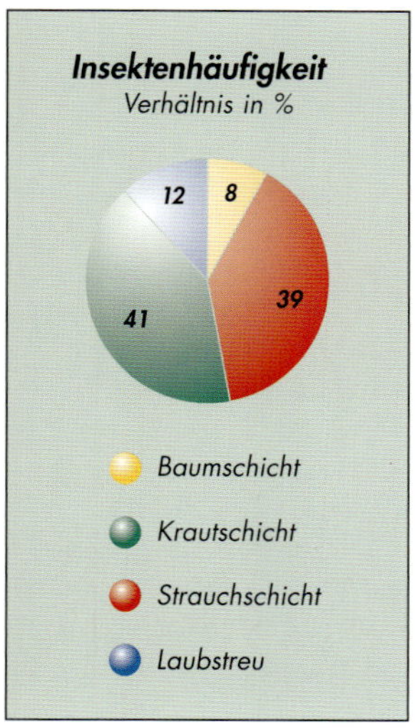

INSEKTENPARADIES

Eine ganze Reihe von Insekten halten sich gern in feuchten Gebieten auf, die der Auenwald in besonderem Maße bietet. Andere Insekten sind in ihrer Lebensweise auf bestimmte Gehölze – Ulmen, Pappeln, Weiden, Eichen und andere – angewiesen. Die meisten davon – etwa ein Drittel – sind Zweiflügler, vor allem Mücken, Schnaken und Fliegen, es folgen Käfer und Schmetterlinge. Zahlreich vertreten sind auch Hautflügler, Zikaden und Blattwanzen.

DAS ULMENSTERBEN

Ulmen sterben langsam aus. Schuld daran ist der Pilz *Ophiostoma ulmi*, der eine Tracheomykose hervorruft und durch den Ulmen-Splintkäfer verbreitet wird. Der Pilz siedelt sich in den Fraßgängen dieser Käfer an. Verlassen Jungkäfer die Fraßgänge und fressen an den Trieben der Ulme, tragen sie so zur Verbreitung der Krankheit bei. Der Pilz gibt toxische Substanzen ab, die zu Welkeerscheinungen bei den infizierten Ulmen führen.

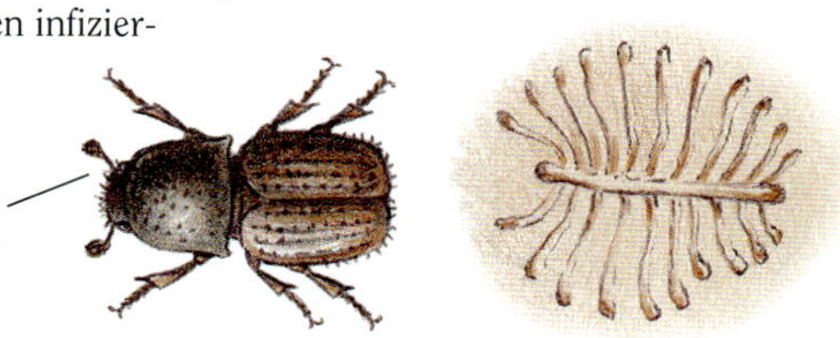

Großer Ulmensplintkäfer (4–6 mm) und Fraßgänge

Ulmen sind in ganz Europa bedroht.

Fliegende Watte

Eine Art fliegender Wattebäusche trifft man im April nicht selten in der Nähe von Auenwäldern an. Die aus den Kapselfrüchten der Pappeln entlassenen Samen können nämlich mithilfe ihrer langen, seidigen Behaarung sehr weit fliegen und bedecken den Boden über eite Strecken mit einem weißen Teppich.

Die Schwarzpappel hat eine hohe, sperrige Krone. Schlanke säulenartige Pappeln in Parks oder Alleen sind künstlich veredelte Züchtungen.

Stechende Weibchen

Im Sommer, vor allem nach einer Überschwemmungsperiode, wird der Aufenthalt in Auenwäldern für gleichwarme Wirbeltiere zur Qual. Überall steigen Mückenschwärme auf und suchen Opfer für ihren Blutsaugrüssel. Allerdings stechen nur die Weibchen, die Männchen bevorzugen Blütennektar. Mücken sind ungewöhnlich fruchtbar. Sie legen ihre Eier vom Frühjahr bis zum Herbst in halbtrockene Flussarme, Tümpel und Pfützen, solange es Luft- und Wassertemperatur erlauben. In mitteleuropäischen Auenwäldern existieren bis zu 30 verschiedene Mückenarten.

Die Gemeine Stechmücke steht parallel zum Untergrund. Ihre Larven hängen kopfüber unter der Oberfläche und holen mit einem Röhrchen am Körperende Luft.

Eine weitere Mückenart – die Fiebermücke Anopheles maculipennis – richtet ihr Hinterteil in der Ruhephase schräg nach oben, die Larven haben eine ähnliche Haltung.

Blätter und Früchte der Stieleiche

DIE STIELEICHE

In Auenwäldern findet man häufig STIELEICHEN. In zusammenhängenden Beständen bilden sie stattliche Stämme aus, die sich erst in etwa 20 m Höhe zu mächtigen Kronen verzweigen. Im Freistand hat dieser Baum meist einen niedrigeren Stamm und eine runde Krone mit weit verzweigten Ästen. Die Wurzel ist lang und kann den Baum optimal mit Nährstoffen versorgen.

EINWANDERER

Auch in Auenwäldern sind Arten heimisch geworden, die ursprünglich aus anderen Regionen stammen *(invasiv)*, sich aber häufig stark ausbreiten *(expansiv)*. Das Eingreifen des Menschen hat hierzu wesentlich beigetragen. Einige Arten verdrängen sogar heimische Pflanzen und verändern dadurch den ursprünglichen Charakter des Waldes.

Japanischer Staudenknöterich (Japan)

Lanzettblättrige Aster (Nordamerika)

SCHMAROTZER

Im Herbst werden in den Kronen mancher Bäume grüne Büsche sichtbar, die das ganze Jahr über vom Laub verdeckt waren. Es handelt sich um die halbparasitär lebende Mistelpflanze. Sie trägt das ganze Jahr über lederartige grüne Blätter und unauffällige, in Bündeln angeordnete Blüten. Meist wächst sie auf Pappeln, Weiden, Ulmen und anderen Laubbäumen, die Tannenmistel bevorzugt Kiefern und Tannen. Die kleinen Mistelsträucher haben zarte, zerbrechliche Stängel, bei starkem Wind fallen sie auf die Erde. Die Eichenmistel wächst nur auf Eichen und Birken. Sie verliert im Winter ihre Blätter.

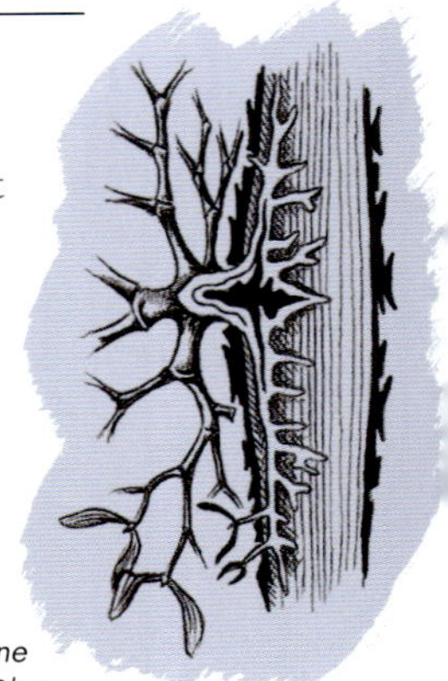
Jedes Jahr wächst eine Astgabel mit einem Blattpaar, so dass man exakt das Alter der Mistel bestimmen kann.

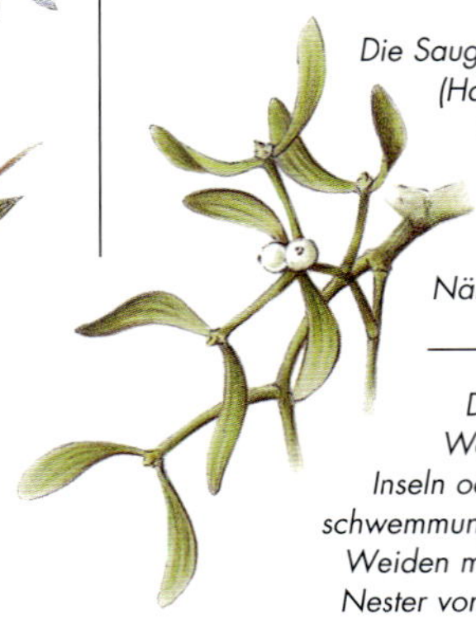
Die Saugwurzeln der Mistel (Haustorien) wachsen ins Holz hinein und entziehen der Wirtspflanze Wasser und Nährstoffe.

Die Graugans nistet in Wassernähe auf kleinen Inseln oder im Schilf. In Überschwemmungsgebieten sind auch Weiden mit breiten Kronen und Nester von Störchen oder Raubvögeln in bis zu 20 m Höhe zum Nisten geeignet.

Der Gesang von Gartengrasmücke und Mönchsgrasmücke ist ähnlich, am Federkleid kann man sie unterscheiden.

Mönchsgrasmücke – Männchen

Mönchsgrasmücke – Weibchen

Gartengrasmücke

DIE RÜCKKEHR DER BIBER

Bis zum 17. und 18. Jahrhundert bewohnte der BIBER fast ganz Europa, hundert Jahre später war er fast überall ausgerottet und kam nur noch vereinzelt in Südostskandinavien, an der unteren Rhône, am Mittellauf der Elbe und in Russland vor. In den letzten Jahrzehnten gelang es, diese Entwicklung durch Neuaussetzung in allen europäischen Staaten mit Ausnahme von Griechenland und Albanien umzukehren. Auch in Deutschland und Österreich sind Biber heimisch geworden, von wo aus sie über die Donau und deren Zuflüsse nun schon seit 30 Jahren Mitteleuropa besiedeln und erneut zum Konflikt zwischen Naturschützern und Forstwirtschaftlern beitragen. In Finnland, Polen und Russland ist der Kanadische Biber heimisch.

Angenagte Erlen-, Weiden- oder Pappelstämme an Flüssen zeugen von der Anwesenheit eines Bibers.

DIE VÖGEL DER AUENWÄLDER

Ausreichend Nahrung und Nistplätze locken viele Vögel in die Auenwälder.

Fast alle Arten von Waldvögeln findet man, sogar Nadelwaldbewohner. Zusammen sind es meistens über 70 Arten, etwa 30 Paare pro Hektar. Wie überall überwiegen Singvögel, vor allem Grasmücken und Laubsänger, Buchfink, Gelbspötter und Rotkehlchen. Dazu kommen Vögel, die sich gern am Wasser aufhalten, z. B. Schwirle, Bruchdrosseln, von den größeren Vögeln Störche, Reiher und NACHTREIHER.

Vogelstimmenimitatoren

In Auenwäldern nisten oftmals STARE in den Baumhöhlen. Wenn sie singen, scheinen gleichzeitig Drossel, Specht, Möwe und Grasmücke auf dem Baum zu sitzen, denn diese können sie hervorragend mit ihrem Lied imitieren. Auch Schreie der Sturmmöwe können dabei sein, die die Stare im Winterquartier am Meer aufgeschnappt haben. Nachtigall, Singdrossel, Sumpfrohrsänger, Gelbspötter und sogar Spatzen und viele Rabenvögel gehören ebenfalls zu den Arten, die mitunter Melodien anderer Vögel in ihr Lied aufnehmen.

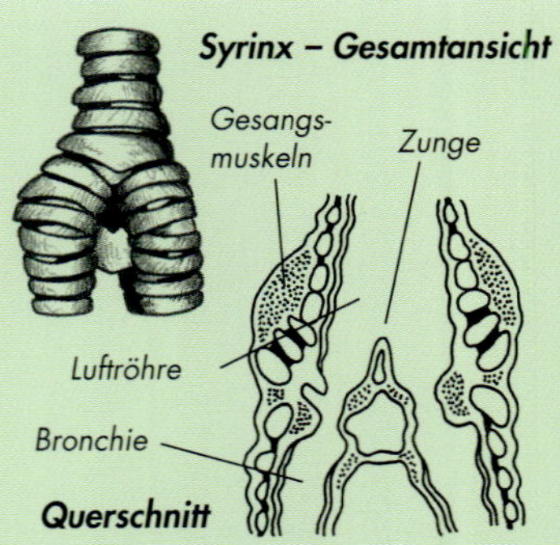

Der Stimmkopf der Vögel (Syrinx) befindet sich nicht im Kehlkopf wie bei Säugetieren, sondern am Ende der Luftröhre, wo diese sich in zwei Bronchien aufspaltet. Meist singen nur die Männchen.

Der Hundsfisch

Der Hundsfisch lebt in Auenwäldern in sehr warmen, bewachsenen, stehenden oder nur leicht fließenden, etwas übersäuerten Gewässern, auch in toten Flussarmen und in Tümpeln. Wenn er im Wasser nicht genügend Sauerstoff bekommt, schwimmt der Hundsfisch an die Oberfläche und holt ihn sich durch seine Kiemenspalten aus der Luft. Man trifft ihn auch am Mittellauf der Donau bis zum Quellgebiet des Dnjestr. Er bleibt sein ganzes Leben an einem Ort. Im Frühjahr bereitet das Weibchen für das Gelege ein Nest im Sand oder in Pflanzenresten.

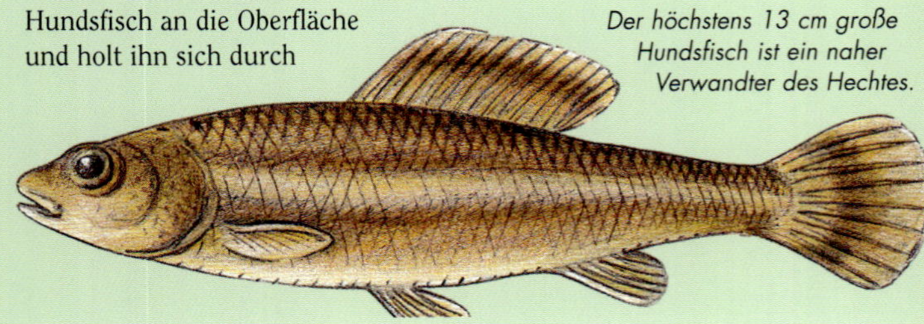
Der höchstens 13 cm große Hundsfisch ist ein naher Verwandter des Hechtes.

LANGE BEINE, LANGER HALS, LANGER SCHNABEL

Schreitvögel – Reiher und Störche – sind an die Bedingungen der Auenwälder gut angepasst. Auf ihren langen Beinen mit lang gezogenen, schlanken Zehen ohne Schwimmhäute, mit langem Hals und langem Schnabel können sie sich gut in überschwemmten Gebieten fortbewegen. Bei der Jagd verweilen sie unbeweglich an einer Stelle, bis sie die Beute – Fisch oder Frosch – im richtigen Augenblick mit dem langen Schnabel wie mit einer Harpune greifen. Vom Wasser verschont bleiben die Jungen, denn Schreitvögel brüten in Baumkronen.

Der Seeadler, einer der größten europäischen Raubvögel, hat eine Flügelspannweite von etwa 2,5 m. Im Flug erkennt man fingerartig gespreizte Schwungfedern an den Flügelspitzen. Er ernährt sich von Fischen, Wasservögeln und Tierkadavern. An großen Binnengewässern fühlt er sich ebenso wohl wie am Meer.

GESCHICKTE BAUMEISTER

Vögel sind besonders geschickte Nestbauer. Meist übernehmen die Weibchen diese verantwortungsvolle Aufgabe; bei einigen Arten, z. B. Storch oder Schwalbe, beteiligen sich beide Partner am Nestbau. Während Singvögel jedes Jahr ein neues Nest bauen, kehren Störche, Raubvögel, Eulen, Elstern oder Raben mehrere Jahre lang in dasselbe Nest zurück.

Dieses sackartige Nest aus flaumigen Pappel- und Weidenblüten, das auf Ästen in Wassernähe bis zum Herbst überdauern kann, gehört der Beutelmeise.

Im Auenwald nisten viele Raubvogelarten.

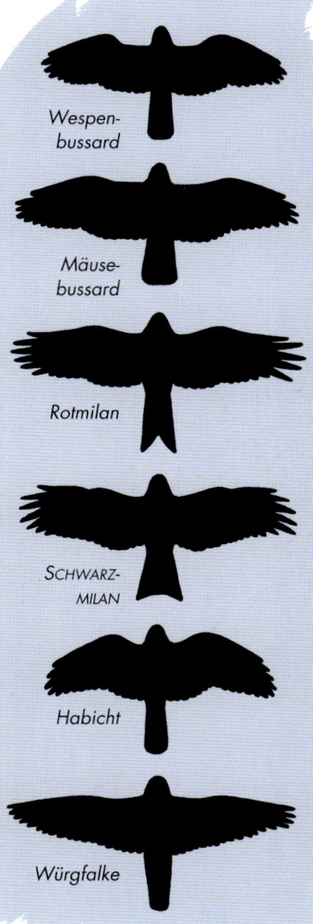

KÖNIG DER SÄNGER

Im Frühjahr ertönt im Auenwald ununterbrochen Vogelgesang, begleitet vom Quaken der Frösche. Unübertroffen ist jedoch der Gesang der NACHTIGALL. Entgegen der landläufigen Meinung singt sie nicht nur in der Nacht, sondern auch tagsüber. Es ist erstaunlich, wie viele Töne sie dabei in kurzer Zeit produziert. Bei genauem Hinhören merkt man, dass sich einige Strophen wiederholen – vor allem die lang gezogenen, immer schneller werdenden Töne. Höhepunkt ist der berühmte Nachtigallenschlag.

DER BAUMFROSCH

Im Frühjahr, wenn sich die Laubfrösche zur Paarung zusammenfinden, sind sie weit zu hören. Das monotone Gequake erklingt in der Dämmerung erst von einem, dann vom anderen Ende eines toten Flussarms oder Tümpels, und plötzlich ertönt die gesamte Wasseroberfläche! Im Frühsommer verlassen die Baumfrösche ihre Laichplätze und klettern mithilfe kissenartiger Saugnäpfe auf hohe Bäume, wo sie durch ihre grüne Farbe gut getarnt sind. Das Weibchen legt etwa 1 000 Eier in walnussgroßen Häufchen. Die Kaulquappen verwandeln sich im Sommer in 1,5 cm lange kleine Frösche, ein erwachsener Frosch misst 5 cm.

Männliche Laubfrösche nutzen zur Verstärkung ihrer Töne Resonanzschallblasen. Im Ruhezustand sind sie kaum sichtbar, erst beim Konzert füllen sie sich mit Luft.

AUSFLUGSTIPPS

Nationalpark Donau-Auen

Der im Jahr 1996 gegründete Nationalpark ist der größte Komplex natürlicher Auenwälder in Mitteleuropa. Derzeit hat er den Status eines UNESCO-Biosphärenreservats inne und ist einer der Standorte des Ramsar-Abkommens. Die bis zu 7 m hohen Schwankungen der Donau-Oberfläche bieten den dortigen Ökosystemen ideale Bedingungen. In den 80er-Jahren des 20. Jahrhunderts sollte das Gebiet durch ein großes Wasserkraftwerk geflutet werden, durch den Widerstand der Öffentlichkeit und des WWF gelang es jedoch, das zu verhindern.

Der Nationalpark Donau-Auen bietet ein gut zugängliches System von Lehrpfaden. Das Informationszentrum befindet sich im Schloss Eckartsau.

Nicht weniger wertvolle Auenwaldbestände findet man auch an der slowakischen Mündung der Morava in die Donau. Im NP Donau-Auen bildet die Donau mit ihren Zuflüssen und toten Armen eine Vielzahl an Sumpfökosystemen. Hier leben mindestens 5 000 Arten Wirbellose und mehr als 210 Arten Wirbeltiere, weitere Vogelarten halten machen auf ihrem Weg in den Süden Rast oder überwintern. Außerdem befinden sich Reste römischer Legionen und Denkmäler keltischer Siedlungen im Naturschutzgebiet. Bekannt ist außerdem das Barockschloss Eckartsau. Im 18. Jahrhundert legten die Habsburger in den Auenwäldern einen bekannten Tierpark an.

Der 93 km² große Nationalpark Donau-Auen erstreckt sich über 47 km entlang der Donau zwischen Wien und Hainburg.

7 KIEFERNWÄLDER

Die Waldkiefer ist eines der anspruchslosesten Gehölze und wächst auch an Extremstandorten, an denen die Vegetation ansonsten eher spärlich ist. Grundvoraussetzung ist allerdings Licht. Man findet sie überwiegend auf armen sandigen Böden, in Hochmooren, auf Kalkfelsen und Flussschottern. Aufgrund der großen Verbreitung haben sich Klimarassen gebildet.

1. Fuchs
2. Gartenschläfer
3. Ziegenmelker
4. Baumfalke
5. Rotkehlchen
6. Heidelerche
7. Waldbock
8. Gemeine Kiefernbuschhornblattwespe
9. Föhrengast
10. Steinhummel
11. Kiefernschwärmer
12. Fichtenrüsselkäfer
13. Kiefernspinner
14. Kiefernspanner
15. Waldkiefer
16. Traubeneiche
17. Hängebirke
18. Heidelbeere
19. Preiselbeere
20. Heidekraut
21. Wiesen-Wachtelweizen
22. Wald-Habichtskraut
23. Weißmoos
24. Schneeheide
25. Adlerfarn
26. Wildes Silberblatt
27. Gabelzahnmoos
28. Isländisches Moos
29. Ohrlöffelstacheling
30. Drahtschmiele

In Kulturkiefernwald übergehender Kiefernwaldrest

Natürliche Kiefernwälder
Die Waldkiefer ist in der Taiga am weitesten verbreitet, weiter südlich bildet sie ausgedehnte natürliche Bestände auf sandigen Böden im Tiefland Polens und Norddeutschlands. Weitere natürliche Kiefernwälder findet man in Mitteleuropa vor allem auf trockenen Felsen (*Reste von Felskiefernwald*), Kiessand-Flussterrassen (*Eichen-Kiefernwald*) oder in Mooren (*Moorkiefernwald*). In Südeuropa und im Mittelmeerraum ist die Vielfalt der Kiefernarten am größten.

Kiefernbestände auf felsigen Böden Mitteleuropas sind Reste vom Beginn des Holozäns vor 9000–11 000 Jahren.

Die Zapfen
Die Früchte der Nadelbäume sind Zapfen mit einer verholzten Spindel und Deck- und Samenschuppen. Sie brauchen einige Jahre zum Reifen, bei Kiefern etwa 2–3 Jahre. Die einzelnen Nadelbaumarten unterscheiden sich durch Form und Größe ihrer Zapfen.

Die geflügelten Samen der Nadelbäume wachsen auf der Innenseite der Samenschuppen (Fruchtblätter). Sie bleiben geschlossen im Zapfen, bis sie reif sind.

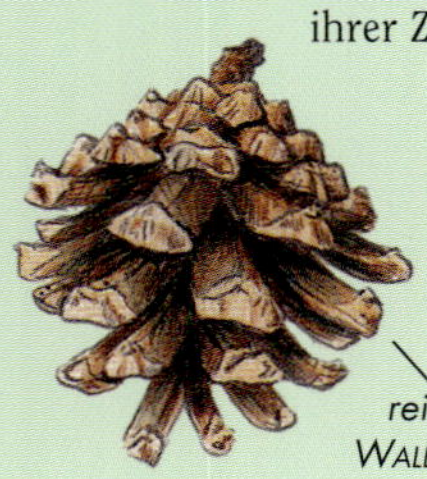

Querschnitt durch einen unreifen Waldkiefernzapfen

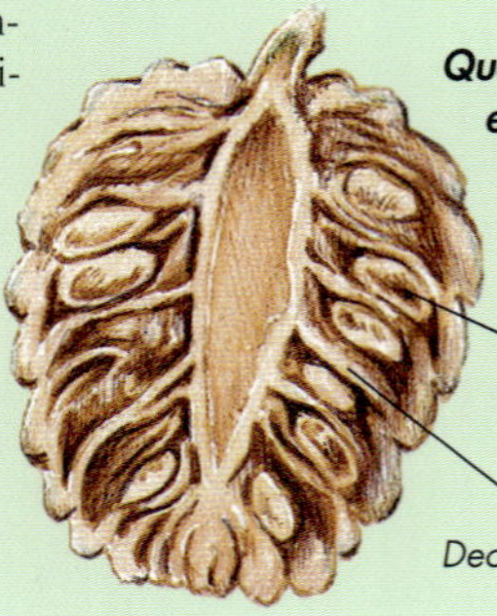

Anspruchsloser Baum

Die WALDKIEFER (Föhre) ist sehr anpassungsfähig und stellt keine Ansprüche an Boden oder Klima. Sie erreicht eine Höhe von etwa 30 m und hat kurze, krumme Äste. Während sie in wärmeren Niederungen schirmartige Kronen ausbildet, hat sie in den Bergen eine schmale, spitze Krone ausgebildet.

Die Rinde der Waldkiefer bildet unten am Stamm eine grobe, rissige Borke mit längsgefurchter Struktur.

Die paarweise wachsenden, 3–8 cm langen Nadeln der Waldkiefer erneuern sich nach 3–6 Jahren. Die Zapfen sind 5–8 cm lang und hängen an kurzen Stielen.

unreifer Zapfen

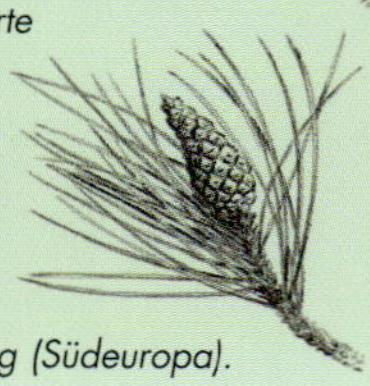

Die Schwarzkiefer bildet eine breite Krone, harte dunkle Nadeln (8–15 cm) paarweise angeordnet, ihre Zapfen sind 8 cm lang (Südeuropa).

Die Douglasie gehört zwar zu den Kieferngewächsen, bildet aber eine eigene Gattung. Sie hat 5–10 cm lange hängende Zapfen und kurze (2–3 cm), angenehm duftende Nadeln.

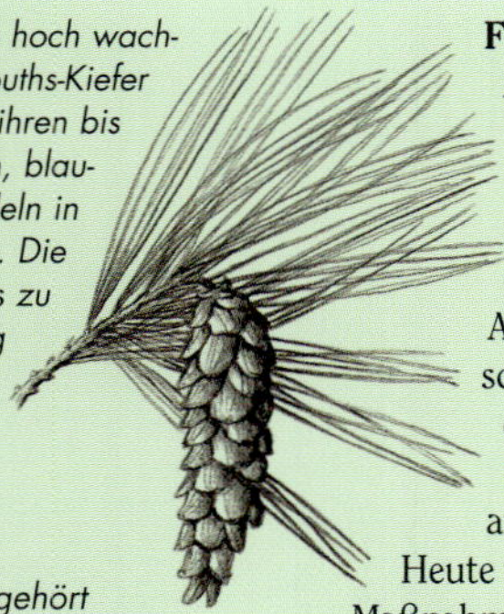

Die bis zu 40 m hoch wachsende Weymouths-Kiefer erkennt man an ihren bis zu 12 cm langen, blaugrünen Nadeln in Fünfergruppen. Die Zapfen sind bis zu 20 cm lang (USA).

Falsche Kiefern

Außer den hier beheimateten Kiefern findet man in Europa auch nicht standortspezifische Arten. Durch das Anpflanzen fremdländischer Kiefern wollte man eine größtmögliche Holzproduktion auch auf armen Böden erzielen. Heute weiß man, dass sich diese Maßnahme ungünstig auf die heimische Natur auswirkt – die Schwarzkiefer überlagert beispielsweise im Binnenland einzigartige Steppen- und Waldsteppengebiete.

In zusammenhängenden Kultur-Kiefernwaldbeständen verjüngt sich die WALDKIEFER kaum von selbst.

NATÜRLICHER KIEFERNWALD CONTRA KULTURFORM

In vielen Gegenden der gemäßigten Breiten Europas vom Baltikum über Rumänien bis Frankreich wachsen heute Kulturkiefernwälder. Man kann sie auf den ersten Blick an den gerade gewachsenen Stämmen erkennen, denn auf nährstoffreichen Böden wachsen Kiefern schneller als an ungünstigen Standorten. Sie werden gleichmäßiger und dichter gepflanzt. Die Bestände werden meist auf tiefgründigem Lehmboden ohne Sand und Steine angelegt.

EIN SCHÄDLING

Die Kiefern-Trieblaus saugt Pflanzensaft aus den Kiefernnadeln, so dass bei starkem Befall die Nadeln verkrüppeln. Außerdem ist sie Überträgerin von Viruserkrankungen und verklebt die Nadeln mit ihren süßen Ausscheidungen (so genannter Honigtau), auf denen sich dann wiederum Rußtaupilze ansiedeln.

DIE FLORA DER KIEFERNWÄLDER

In Kiefernwäldern ist das Unterholz sehr artenarm. Meist fehlt die Strauchschicht, oder sie besteht nur aus dünn wachsenden kleinen Sträuchern aus Ginster, Traubeneichen, Ebereschen oder Birken. In der Krautschicht überwiegen HEIDELBEERE, PREISELBEERE und HEIDEKRAUT, an helleren Stellen wachsen DRAHTSCHMIELE, Gewöhnliches Katzenpfötchen und WIESENWACHTELWEIZEN. Zu den selteneren Arten gehören SCHNEEHEIDE und Buchsblättriges Kreuzblümchen. Stark vertreten sind Moos- und Flechtengemeinschaften.

Nach dem Aufblühen erscheinen rötliche Blüten (Buchsblättriges Kreuzblümchen).

Die Ausscheidungen der Blattläuse sind reich an zuckerhaltigen Stoffen, die Ameisen anlocken. Zwischen beiden Arten besteht eine Art Symbiose. Einige Ameisenspezies „halten" sich sogar Blattläuse wie Haustiere in ihren Ameisenhaufen.

Blühende WALDKIEFERN setzen aus den männlichen Blüten große Mengen Blütenstaub frei.

WINDBESTÄUBUNG

Die Blüten der Nadelbäume sind eingeschlechtlich: In den männlichen Zapfen entstehen die Pollen, in den weiblichen entwickeln sich die Flügelfrüchte. Sitzen beide auf einem Baum spricht man von *einhäusigen Pflanzen*, befinden sie sich auf verschiedenen Bäumen handelt es sich um *Zweihäusigkeit*. Für die Bestäubung und Verbreitung der Samen ist der Wind zuständig.

Zum Hochzeitsflug des Ziegenmelkers gehören gefährliche Wendungen, lautes Zirpen und Schlagen der weiß gefleckten Flügel sowie fächerartiges Aufstellen des Schwanzes.

DER ZIEGENMELKER

Der ZIEGENMELKER ist so groß wie eine Amsel, mit seinen langen Flügeln wirkt er aber wuchtiger. Man sieht ihn selten, denn der nachtaktive Insektenjäger ruht tagsüber gut getarnt auf dem Boden oder längs auf einem Ast. Er sucht Waldränder, Kahlschläge und mit Sträuchern bewachsene Hänge auf und fängt täglich bis zu 50 g Insekten. Seinen Namen erhielt er, weil er Insekten in der Nähe von Weiden fängt und die Hirten ihn des Milchdiebstahls beschuldigten.

Wurzelsystem der Waldgehölze

Man unterscheidet drei Haupttypen von Waldwurzeln: *Flachwurzel* – keine Hauptwurzel, reich verzweigtes, oberflächliches Nebenwurzelsystem (Fichte, Birke, Hainbuche); *Pfahlwurzel* – eine oder mehrere Hauptwurzeln dringen tief in die Erde ein, während sich die Seitenwurzeln waagerecht an der Erdoberfläche verzweigen (Eiche, Tanne, Kiefer); *Herzwurzel* – aus dem Wurzelknoten, dem so genannten Herz, verlaufen mehrere Wurzeln in verschiedene Richtungen (übrige Gehölze).

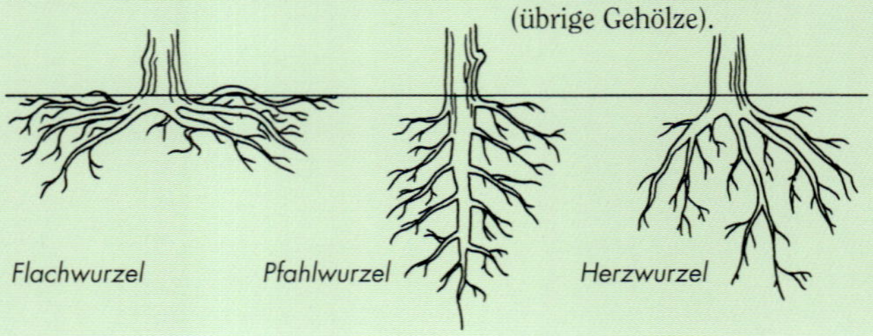

Der Aufbau einer Kiefer

Das Wurzelsystem der Pflanzen ist verantwortlich für die Aufnahme von Wasser und Nährstoffen und den Halt im Boden. Seine Entwicklung hängt vor allem vom Bodentyp ab. Auf tiefgründigen Böden entwickelt die Waldkiefer Pfahlwurzeln, auf Lehm- und Tonböden Herzwurzeln und auf felsigem Untergrund flache Seitenwurzeln. Im Vergleich zu Fichte und Tanne ist das Wurzelsystem der Kiefer bedeutend umfangreicher. Die Ausdehnung kann bis zu 9 m betragen.

	Anzahl der Wurzeln	Länge der Wurzeln (in mm)	Oberfläche Wurzeln (in mm²)
Tanne	134	992	2 452
Fichte	253	1 941	4 139
Kiefer	3 135	11 988	20 515

Die Waldkiefer bildet eine aus mehreren Etagen bestehende gerundete Krone aus. Auf Felsen entwickelt sie meist einen verdrehten Stamm.

Die Kieferneule (✱ 35–45 mm) erscheint im zeitigen Frühjahr, manchmal schon Ende März. Die Weibchen legen ihre Eier auf die Kiefernnadeln, die den Raupen als Nahrung dienen.

Die unauffälligen Raupen des Kiefernschwärmers (30–40 mm) bevorzugen Kiefernnadeln, setzen sich aber auch auf Fichten, Tannen oder Lärchen fest. Die nachtaktive Art ist ziemlich weit verbreitet.

Der Gartenschläfer misst 20–26 cm, die Hälfte davon entfällt auf den Schwanz.

Das Hauptverbreitungsgebiet des Gartenschläfers liegt in Westeuropa von Holland über Frankreich und Spanien bis nach Italien und der Schweiz.

DER GARTENSCHLÄFER

An felsigen und steinigen, von einzelnen Kiefern bewachsenen Stellen lebt eines der in Mittel- und Nordeuropa selten anzutreffenden Säugetiere – der GARTENSCHLÄFER. Das mit dem Siebenschläfer verwandte Tier findet man jedoch kaum in Gärten; lichte Laub- und Nadelwälder sind sein Lebensraum. In Nachbarschaft mit der Kreuzotter hat der Gartenschläfer eine gewisse Resistenz gegen Gift entwickelt. In kühleren Gegenden hält er Winterschlaf.

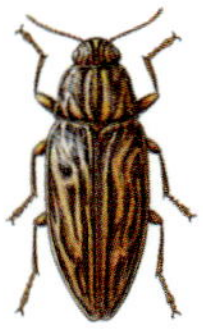

Den etwa 32 mm großen Kiefernprachtkäfer findet man in Kiefernwäldern. Bei hoher Populationsdichte kann man Trauben von Käfern sich auf Baumstümpfen sonnen sehen.

DIE FAUNA DER KIEFERNWÄLDER

Auch die Fauna der Kiefernwälder zeichnet sich nicht durch große Vielfalt aus. Seltene Wirbeltiere sind vor allem durch anspruchslose Arten vertreten, lediglich HEIDELERCHE und ZIEGENMELKER finden sich häufiger im Kiefernwald. Typische Bewohner der Kiefernwälder sind jedoch Insekten. KIEFERNSCHWÄRMER, KIEFERNSPINNER, Kieferneule, GEMEINE KIEFERNBUSCHHORNBLATTWESPE, FÖHRENGAST und FICHTENRÜSSELKÄFER sind in ihrer Lebensweise auf die Kiefer angewiesen.

Die Scharlach-Becherflechte wächst in natürlichen Kiefernwäldern schattig zwischen Felsen und auf Baumstümpfen. Sie bildet auffällige, 1–2 cm hohe Becher mit hellroten Fruchtkörpern.

EMPFEHLENSWERTE LEBENSGEMEINSCHAFT

Auch wenn Flechten vielleicht nicht die größte Anhängerschaft unter den Pflanzenliebhabern haben, ist ihre Artenvielfalt doch beeindruckend. Allein in Europa sind weit über 1000 Arten bekannt. Flechten sind Doppelorganismen aus Pilzen und/oder Cyanobakterien und Grünalgen, die in enger Symbiose leben. Die Grünalgen liefern mithilfe der Photosynthese Kohlenhydrate, der Pilz dient als Hülle und Schutzschild. Flechten werden in Krustenflechten, Laubflechten und Strauchflechten unterteilt.

HEIDEKRAUT UND SCHNEEHEIDE

Auf den nährstoffärmeren Böden lichter Kiefernwäldern wachsen kleine, immergrüne Sträucher mit violetten Blüten. Während das HEIDEKRAUT in fast ganz Europa zu finden ist und stellenweise dichten Bewuchs bildet, ist die SCHNEEHEIDE vor allem in den Kalkalpen Europas beheimatet. Die Blütezeit des Heidekrautes liegt im Spätsommer, die Schneeheide blüht im Vorfrühling. Zahlreiche Gartenzüchtungen sind im Handel erhältlich.

Trockenes Heidekraut hält sich lange in der Vase.

Die winzigen Blätter des Heidekrauts berühren sich und wachsen manchmal zusammen. Die längeren Blätter der Schneeheide stehen einzeln von den Zweigen ab.

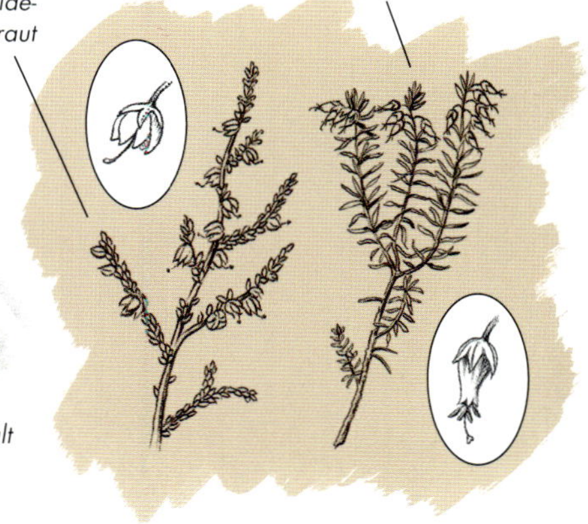

Versteck für Fledermäuse

Im harzreichen Kiefernholz bilden sich selten Hohlräume, deshalb haben die auf Bäumen lebenden Tiere in Kulturkiefernwäldern nur wenig natürliche Rückzugsmöglichkeiten. Nistkästen für Vögel und Fledermäuse schaffen Abhilfe.

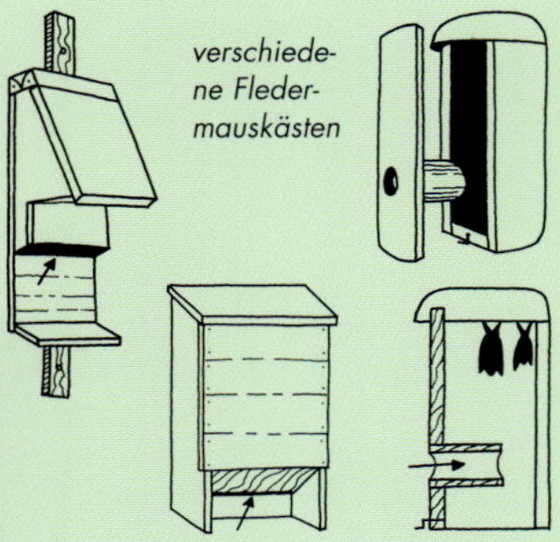

verschiedene Fledermauskästen

Häufiger Nutzer von Nistkästen ist eine der kleinsten europäischen Fledermäuse – die Zwergfledermaus. Sie ist etwa 4 cm lang und wiegt 4–6 g.

Verwendung des Kiefernholzes

Das Holz der Waldkiefer wird zur Herstellung haltbarer Bauelemente verwendet (Fenster, Zargen, Säulen für Elektroleitungen oder Stützen in Bergwerken). Dank seines hohen Harzgehaltes ist es äußerst wasserresistent. Schwedische Kiefern werden gerne in der Möbelindustrie verwendet. Der hohe Harzgehalt gibt dem Holz außerdem eine erhebliche Heizkraft. Das aus den Knospen gewonnene ätherische Öl und Vitamin C findet in der Pharmaindustrie Anwendung. Pinie und Zirbelkiefer liefern essbare Samen – Pinien- und Zirbelkerne.

Aus angeschnittenen Stämmen der Waldkiefer wird Harz gewonnen, um z. B. Terpentin herzustellen.

8

BERGFICHTEN-WÄLDER

Auf vielen europäischen Hoch- und Kammlagen prägen Bergfichtenwälder die Vegetation. Im Unterschied zum Mischwald, der vom Frühjahr bis in den Herbst hinein einen großen Artenreichtum bietet, herrscht in Bergfichtenwäldern Stille, Halbdunkel und kühles Klima. Sträucher und Kräuter fehlen fast völlig, dafür wachsen Moose, Farne, Blaubeeren, anspruchslose Gräser und zahlreiche Flechten.

1. Rothirsch
2. Auerhahn
3. Dreizehenspecht
4. Raufußkauz
5. Fichtenkreuzschnabel
6. Ringdrossel
7. Tannenhäher
8. Rundaugen-Mohrenfalter
9. Schusterbock
10. Schneiderbock
11. Großer Grabkäfer
12. Rote Waldameise
13. Gemeine Fichte
14. Eberesche
15. Alpenfrauenfarn
16. Rippenfarn
17. Wolliges Reitgras
18. Wald-Hainsimse
19. Stängelumfassender Knotenfuß
20. Heidelbeere
21. Siebenstern
22. Porling
23. Bartflechte
24. Keulenbärlapp
25. Geselliger Glöckchennabeling

Natürlicher Bergfichtenwald

Fichtenkronen

In den Bergen Mitteleuropas kommen Fichtenwälder als natürliches Ökosystem in Lagen von 950–1400 m ü. NN vor, weiter südlich auch etwas höher. Pro Jahr fällt hier 1000–1500 mm Niederschlag (vorwiegend als Nebel, Nieselregen und Schnee). Die durchschnittliche Jahrestemperatur liegt bei 3–5 °C, die Tagestemperaturen sinken im Winter weit unter den Gefrierpunkt und steigen im Sommer nicht über 20 °C. Fichtenkronen frei stehender Bäume werden vom Wind in die Form wehender Flaggen gezwängt.

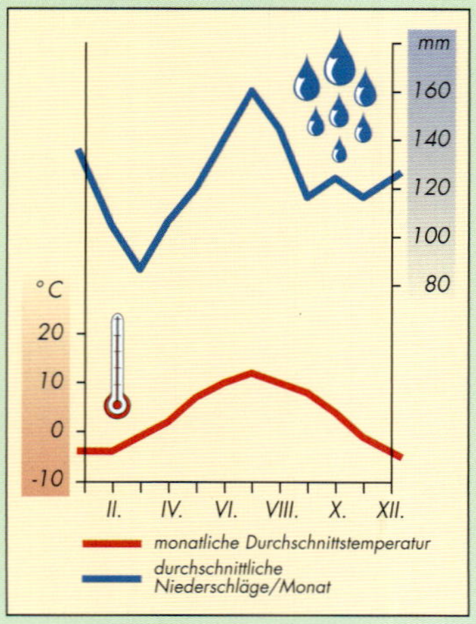

Temperaturen und Niederschläge (Mitteleuropa)

Unfruchtbarer Boden

Bergfichtenwälder wachsen überwiegend auf saurem *Podsolboden*, der dem Pflanzenwuchs nicht förderlich ist. Er enthält eine dünne Humusschicht an der Oberfläche, aus der die reichlichen Niederschläge Humus und Nährstoffe immer wieder in die unteren Schichten des Bodenhorizonts auswaschen und so schwer zugänglich machen. Nährstoffmangel wird auch dadurch hervorgerufen, dass sich die Nadeln in der Laubstreu langsamer zersetzen als Blätter.

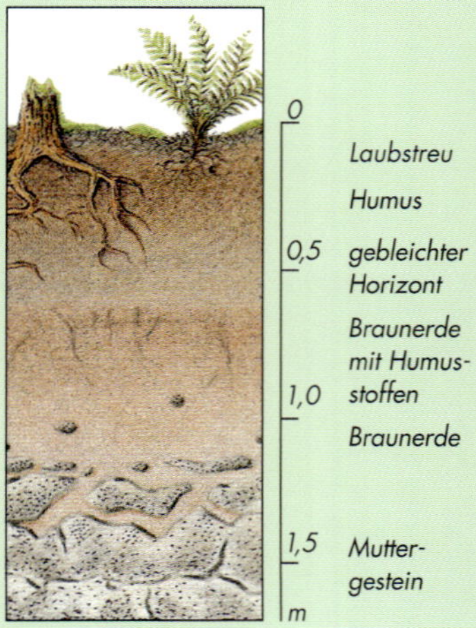

Bodenprofil eines Podsolbodens

Bergfichten im Winter

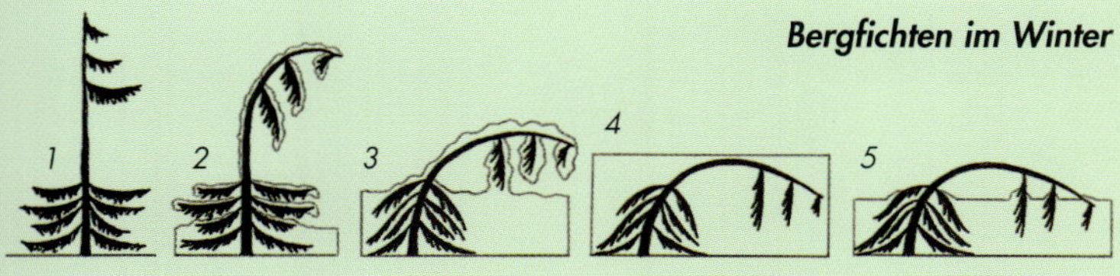

1 Bergfichte mit fahnenartiger Krone – die Äste wachsen überwiegend in Windrichtung.

2 Zum Winterbeginn wird die Krone vom Frost umhüllt, der die Angriffsfläche für den Schnee vergrößert.

3–4 Unter der Schneelast biegt sich der junge Baum, bis er völlig bedeckt ist.

5 Erst das Tauwetter im Frühling befreit die Bäume.

Unter der Last von Frost und Schnee können sich nur junge Bäume mit dünnen und noch elastischen Stämmen biegen. Bricht die Spitze eines älteren Baumes, bildet er zwar einen neuen Wipfel, gleichzeitig verstärkt sich jedoch auch sein Stamm. Bei wiederholtem Abbrechen der Spitze endet das Höhenwachstum ganz.

Feuchte Fichtenwälder

An eine bestimmte Höhe und deren klimatischen Bedingungen gebundene Ökosysteme nennt man *zonale Ökosysteme*. Sie sind nach Höhenstufen gegliedert. Bergfichtenwälder wachsen an der oberen Baumgrenze. Manchmal ermöglicht es aber auch das Zusammenspiel vieler Umstände – geologischer Untergrund und Bodentyp, Form des Terrains –, dass sich eine ähnliche Vegetation auch in niedrigeren Höhen ausbildet (*azonale Ökosysteme*). So wachsen feuchte Fichtenwälder stellenweise auch in 500 m ü. NN, also weit unter ihrer natürlichen Grenze.

Feuchte Fichtenwälder in den Niederungen

Der Winter kommt im Bergfichtenwald früh und schnell.

LANGE WINTER, KURZE SOMMER

An der oberen Baumgrenze fällt der erste Schnee oft schon Ende September. In schneereichen Jahren kann man teilweise noch im April oder Mai bis zu den Knien durch Schnee stapfen. Richtigen Sommer gibt es hier nur einige Wochen im Juli.

SCHATTENPFLANZEN

Neben zahlreichen Moosarten wachsen in Bergfichtenwäldern vor allem WOLLIGES REITGRAS, Feingliedriger Dornfarn, HEIDELBEERE und Wald-Sauerklee, vereinzelt begleitet von RIPPENFARN, Schattenblume, SIEBENSTERN, Gemeinem Alpenlattich, KNOTENFUSS, Quirlblättrigem Weißwurz oder Weißem Germer.

DIE FLORA DER BERGFICHTENWÄLDER

Der dichte Überschirmungsgrad in Fichtenwäldern lässt das ganze Jahr über nur wenig Licht auf den Boden. Die Artenvielfalt in der Krautschicht ist daher recht gering. In der Strauchschicht kommt außer schwächlichen Sämlingen der EBERESCHE auch die Schwarze Heckenkirsche vor. Dafür gibt es aber eine Vielfalt an Moosen, z. B. Etagenmoos, Großes Kranzmoos und *Schöner Runzelpeter*, Zypressen-Schlafmoos, *Schwanenhals-Sternmoos*, KEULENBÄRLAPP und Gabelzahnmoos. An der oberen Baumgrenze am Übergang zur subalpinen Stufe wird der Fichtenbestand dünner.

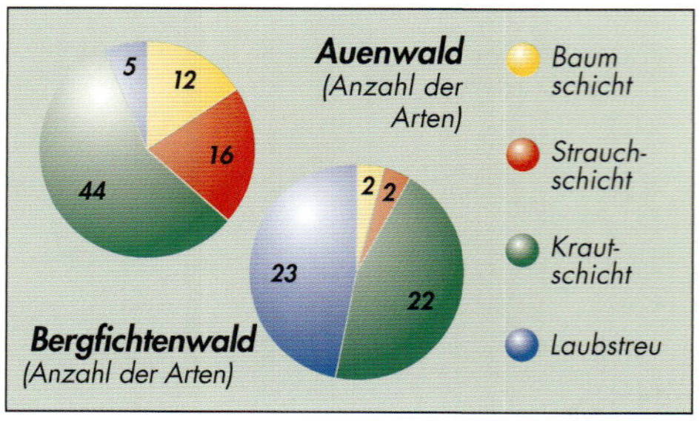

Sprossender Bärlapp

Berg-Alpenglöckchen blühen früh.

EIN FRÜHLINGSBOTE

Auf Lichtungen oder an Wegen in Bergfichtenwäldern und stellenweise auch im Gebirgsvorland blüht schon im April das auffällige Berg-Alpenglöckchen auf 10–20 cm langen Stielen mit 1–4 zarten Blüten. Das Alpenglöckchen wächst vereinzelt, kann aber auf feuchten, kalkhaltigen Böden Teppiche ausbilden.

ÜBERRESTE DES PALÄOZOIKUMS

Bärlappp war in den wärmeren Perioden zum Ende des Paläozoikums (vor etwa 250 Mio. Jahren) weit verbreitet und wurde baumhoch. Seine abgestorbenen Reste trugen später zur Entstehung der Steinkohleschichten bei. Heute erinnert der Bärlapp an größere Moose und bildet oft dichte Kissen. Er vermehrt sich durch winzige, vom Wind übertragene Sporen. Von derzeit etwa 400 Arten findet man vor allem Keulenbärlapp und Sprossenden Bärlapp.

Zeugen des Mittelalters

Im Vergleich zum Alter von Bäumen ist ein Menschenleben verschwindend kurz. Manche Baumriesen stammen aus dem Mittelalter, die ältesten Eiben könnten Wurzeln geschlagen haben, als die Kelten Europa eroberten.

Höchstalter von Bäumen	
Birke, Erle, Eberesche, Espe	100 – 150 J.
Feldahorn, Hainbuche, Esche	200 – 300 J.
Ulme, Ahorn, Kiefer	500 – 1 000 J.
Eiche	1 500 – 2 000 J.
Eibe	2 000 – 3 000 J.

Umgefallener Stamm des „Königs der Fichten", mit 57,6 m Höhe, und Stammumfang 5 m in 1,3 m Höhe. Geschätztes Alter: 440 Jahre.

Schattenliebendes Kraut

Der Alpen-Brandlattich mit einer bodenständigen Blattrosette erinnert auf den ersten Blick an den Huflattich. Seine Blüten sind jedoch karminrot. Er wächst in Bergwäldern, seltener auf Kahlschlägen, über 1 500 m. Die Pflanze bildet Wurzelausläufer und verbreitet ihre Samen durch den Wind oder über das Fell von Tieren. Ihre Blätter sind der Sage nach verwandelte Zwergenohren.

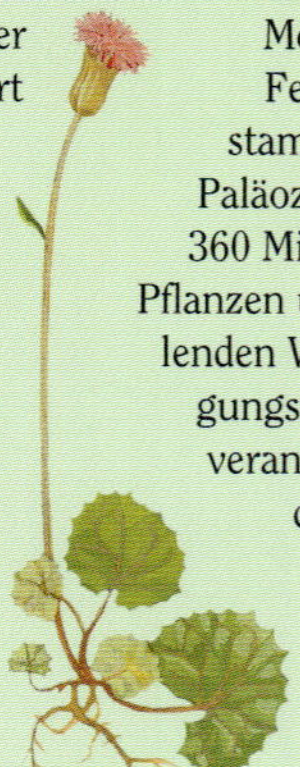

Der Alpen-Brandlattich ist etwa 30 cm hoch und wächst in den Bergen West-, Mittel- und Südeuropas.

Pflanzen vergangener Zeiten

Moose gehören zu den ältesten Festlandspflanzen, erste Funde stammen bereits aus dem frühen Paläozoikum (*Devon*) vor mehr als 360 Millionen Jahren. Von höheren Pflanzen unterschieden durch die fehlenden Wurzeln, sind sie mit Befestigungsfasern (*Rhizoiden*) im Boden verankert, Wasser nehmen sie mit der gesamten Oberfläche auf. Moose sind wichtig für das Wasserregime des Waldes. In Bergfichtenwäldern bedecken Moosteppiche stellenweise 90 % des Waldbodens.

Rippenfarn

FARN MIT ZWEIERLEI BLÄTTERN

In Bergwäldern oberhalb 800 m ü. NN wächst der RIPPENFARN. Die unfruchtbaren (sterilen) Blätter bilden eine bodenständige Rosette und überwintern, die fruchtbaren, bis zu 50 cm langen Sporenblätter (fertil) stehen aufrecht inmitten der Rosette. Der Rippenfarn bevorzugt schattige Standorte, ist ausdauernd und stellt hohe Ansprüche an die Luftfeuchtigkeit. Sein Wurzelstock ist höchstens 4–5 cm lang. Verbreitungsgebiete liegen in Südeuropa, aber auch in Nordafrika, im Kaukasus und im Nahen Osten, auf Kamtschatka, in Japan und sogar im Westen von Nordamerika. Außer in Fichtenwäldern gedeiht er in Buchenwäldern, Mooren und Erlenhainen und bevorzugt nährstoffreiche, mittlere bis saure Böden.

STACHLIGER RIESE

Die GEMEINE FICHTE ist einer der größten Nadelbäume. Unter günstigen Bedingungen wird sie bis zu 60 m hoch. Sie hat feste, 1–2 cm lange, scharfe, spitze, im Querschnitt vierkantige Nadeln, die sie nach 6–9 Jahren abwirft, um neue zu bilden. Fichten stammen aus den nördlichen Gebieten Eurasiens und sind in den Alpen und Mittelgebirgen heimisch geworden. Ihr Habitus macht die Fichte widerstandsfähig gegen das raue Klima; sie kommt bis 2000 m vor. Die Fichte ist ein wichtiger Forstbaum.

Die Zapfen der Gemeinen Fichte sind 12–16 cm lang.

FAUNA DER BERGFICHTENWÄLDER

Die Fauna der Bergfichtenwälder ist mit der der Taiga vergleichbar, viele der hier lebenden Tiere sind nordischen Ursprungs. Die bekanntesten sind RINGDROSSEL, TANNENHÄHER, FICHTENKREUZSCHNABEL, DREIZEHENSPECHT oder RAUFUSSKAUZ, bei den Insekten ROTGESTREIFTER RUNDAUGENFALTER, SCHUSTERBOCK oder SCHNEIDERBOCK.

Fichtenwurzeln, die nachdenklich machen.

Der Auerhahn hinterlässt im Schnee 8–12 cm lange Spuren.

FICHTE AUF STELZEN

In jahrhundertealten, vom Menschen unbeeinflussten Wäldern kann man Fichten mit hohen, stelzenartigen Wurzeln finden. Zuerst steht ein kleiner Sämling auf einem umgefallenen Stamm, Baumstumpf oder an einer Baumbruchstelle. Die Wurzeln des Bäumchens werden immer länger und wachsen, bis sie im Boden verankert sind. Der morsche Stamm darunter humifiziert, die stelzenartigen Wurzeln bleiben.

DER AUERHAHN

Eindrucksvoll ist die Balz des Auerhahns von Ende März bis Mitte Mai. Auerhähne suchen dafür ausgewählte Bäume auf, auf denen sie meist auch übernachten. Bei Tagesanbruch beginnt die Balz auf dem Baum, kurz vor Sonnenaufgang wird auf der Erde gebalzt, wo es zu erbitterten Kämpfen zwischen den Männchen kommt. Das Lied des Auerhahns besteht aus mehreren Teilen, die als Knappen, Triller, Hauptschlag und Wetzen bezeichnet werden. Auerhähne leben in festen Revieren, häufig an bestimmten Plätzen, sind aber nur schwer zu entdecken, denn sie sind unglaublich wachsam und haben ein hervorragendes Gehör.

In den Bergwäldern Europas lebt der Auerhahn heute nur noch vereinzelt. Seine bevorzugte Heimat bleibt die Taiga.

Bioindikatoren

Hohe Feuchtigkeit und niedrige Temperaturen im Bergfichtenwald fördern das Flechtenwachstum. Auffällige Bartflechten mit hängenden, faserigen Ausläufern wickeln manchmal Äste und Stamm der Fichten ein. Obwohl sie extreme Standorte besiedeln, sind Flechten gegen Umweltverschmutzung äußerst empfindlich und sterben in manchen Gegenden aus. Organismen, die sich verschlechternde Lebensbedingungen anzeigen, nennt man *Bioindikatoren*.

Die Unterscheidung der Bartflechtenarten ist auch für Spezialisten (Lichenologen) schwierig.

Zusammenleben von Fichte und Pilzen

Das Zusammenleben von Pilzen und Fichtenwurzeln (*Mykorrhiza*) ist vor allem an kargen Standorten von Bedeutung. Pilzfäden umschlingen als dichtes Geflecht die langsam wachsenden, dicken Kurzwurzeln und verbessern so deren Versorgung mit Wasser und Stickstoff. Der Rückgang von Mykorrhizapilzen, z. B. durch Luftverschmutzung, ist Anzeichen für den schlechten Gesundheitszustand des Waldes.

Im Nadelwald, vor allem unter Fichten, findet man den Porphyrröhrling.

Pilze

Pilze sind chlorophyllfreie Organismen, die im Unterschied zu grünen (autotrophen) Pflanzen nicht die Sonnenenergie zur Bildung organischer Stoffe nutzen können. Lebensnotwendige Stoffe werden in gelöster Form aus der Umgebung absorbiert. Pilze mit Fruchtkörpern über 1 mm Umfang sind *Makromyzeten*, *Mikromyzeten* sind nur unter dem Mikroskop erkennbar.

Der Mensch hat den Wolf in die Taiga, die Pyrenäen, Apenninen, Karpaten und den Balkan verdrängt. Ab und zu gelangen Wolfsrudel auch in dichter besiedelte Gebiete.

GEFÜRCHTETER RÄUBER

Der Wolf ist das größte hundeartige Raubtier. Er kann sich gut an seine Umgebung anpassen, und das Leben in Rudeln ermöglicht die Jagd auch auf größere Beute. Bevorzugt werden Huftiere (Rehe, Hirsche und Wildschweine) erbeutet, aber auch Hasen, Nagetiere, Vögel, Insekten und sogar Waldfrüchte gehören zu seiner Nahrung. Das Jagdgebiet eines Wolfsrudels ist etwa 20–40 km^2 groß, pro Nacht legt das Rudel 15–60 km zurück. Großen Schaden richten Wölfe vor allem an Schaf- und Rinderherden an. Allerdings werden hauptsächlich alte, kranke und sehr junge Tiere angegriffen, so dass die Überlebensfähigkeit dieser Populationen gestärkt werden.

UNTERSCHEIDUNGSMERKMALE

Einen Wolf von einem verwilderten Deutschen Schäferhund zu unterscheiden, ist gar nicht so leicht. Der Wolf hinterlässt aber schmalere und längere Spuren als der Hund, außerdem stehen die Mittelzehen des Wolfes näher beieinander. Die Art der Bewegung (Sprung und Lauf), das Alter des Tiers und die Bodenbeschaffenheit sind Faktoren, die das Spurbild verändern können. Eindeutige Unterscheidungsmerkmale findet man in der Schädelform, den Stirnknochen (laufen beim Hund stumpf aus) und dem kräftigeren Wolfsgebiss.

Wölfe haben einen breiten Kopf, schräg stehende Augen und kurze, dreieckige Ohrmuscheln. Den Schwanz tragen sie nach unten.

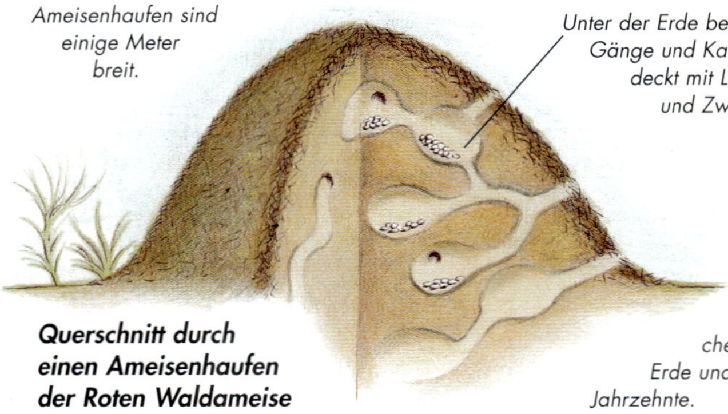

Querschnitt durch einen Ameisenhaufen der Roten Waldameise

LEBEN IM AMEISENHAUFEN

An sonnigen Waldrändern baut sich die ROTE WALDAMEISE hügelartige Nester aus Nadeln, Zweigen, Blättern und Sand. Trotz Hunderttausender Ameisen herrscht darin Ordnung. Die etwa 1 cm lange, gedrungene Königin ist hierbei von großer Bedeutung. Nach der Befruchtung kriecht sie in die Mutterkolonie zurück oder gründet eine neue Kolonie. Sie bleibt dort um viele Eier zu legen. Die daraus schlüpfenden Arbeiterinnen sieht man gewöhnlich an der Oberfläche. Sie haben verkümmerte Geschlechtsorgane und sind dafür bestimmt, sich um die Königin, die Larven, den Betrieb und Schutz des Ameisenhaufens zu kümmern. Die geflügelten Männchen sterben nach dem Hochzeitsflug.

Drei Formen der Roten Waldameise

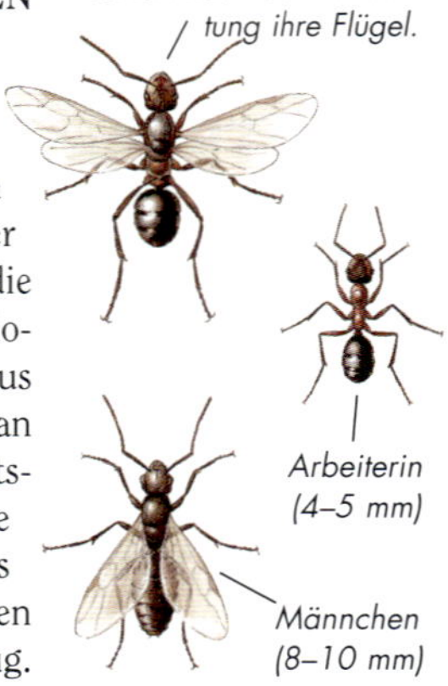

Wärmeentwicklung

Nestkuppeln der ROTEN WALDAMEISE sind wärmeisolierte Räume, wobei die Temperatur im Inneren etwa doppelt so hoch wie an der Oberfläche sind. Die Ameisen selbst erzeugen physiologische (3–12 %) Wärme, weitaus mehr wird durch Zersetzung des Pflanzenmaterials (88– 97 %) produziert. Die mikrobiell erzeugte Wärme sinkt bei nachlassender Feuchtigkeit schnell ab. Während die Temperatur im Inneren ziemlich konstant ist, ändert sie sich an der Oberfläche im Tagesverlauf. Bei Hitze öffnen die Arbeiterinnen die Lüftungsschächte, bei kühlerem Wetter schließen sie sie.

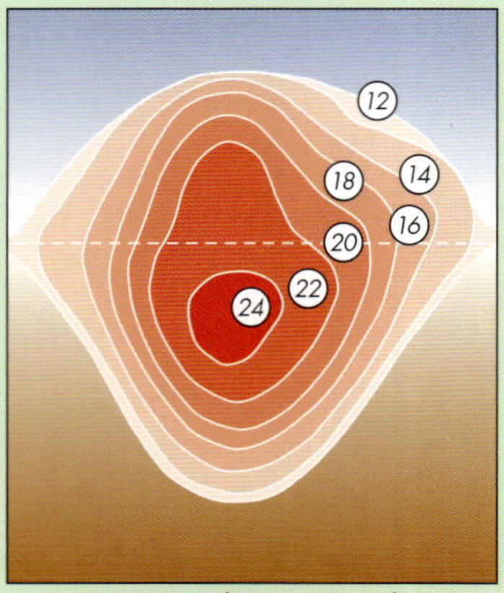

Wärmeverteilung im Nest der Roten Waldameise in Grad Celsius

Gutes Resonanzholz

Kaum ein Konzertbesucher ahnt, dass die wunderschönen Töne der Geige, Bratsche oder des Klaviers aus dem Holz der Bergfichten stammen. Bergfichten wachsen gleichmäßig und sehr langsam. Ihr Holz, voll von dichten, welligen Jahresringen (etwa 6–9 auf 1 cm, bei normalen Fichten ist es kaum die Hälfte) hat hervorragende Resonanzeigenschaften, deshalb wird es auch zum Bau von Saiteninstrumenten verwendet. Den besten Rohstoff liefern 200–300 Jahre alte Bäume, die zu den größten Kostbarkeiten eines Waldes zählen. Ihre Verarbeitung erfordert ein besonders sensibles Vorgehen, damit die Qualität des Holzes nicht beeinträchtigt wird.

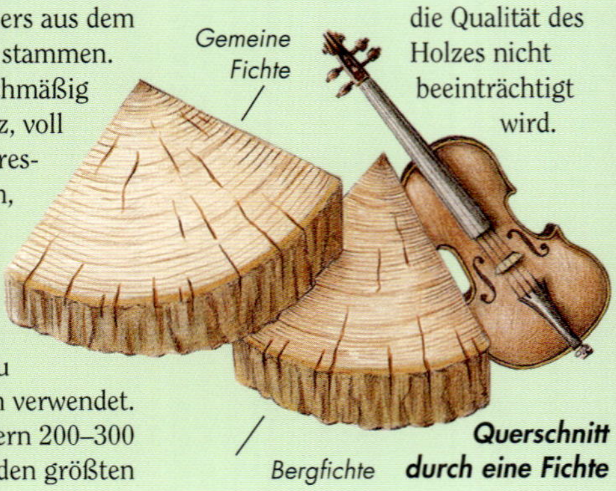

Querschnitt durch eine Fichte

Der Fichtenkreuzschnabel brütet in Baumkronen. Nur selten bekommt man auf einem verschneiten Ast ein Nest mit 3–4 Eiern zu sehen.

FICHTENSCHÄDLINGE

Viele Insekten sind auf das Vorhandensein von Fichten angewiesen. Während sie sich in natürlichen Wäldern harmonisch in das Ökosystem einordnen, vermehren sie sich in geschwächten Beständen und Monokulturen übermäßig und verursachen ernsthafte Schäden. Borken- und Rüsselkäfer bevorzugen Bast und Holz, Raupen von Nonne, Gemeiner Fichtengespinstblattwespe und Kleiner Fichtenblattwespe nagen die Nadeln an, und die Raupen des Fichtenzapfenzünslers zerfressen die Schuppen der Zapfen und vernichten die Samen. Die winzige Gelbe Fichtengallenlaus verursacht Gallenbildung an Jungtrieben.

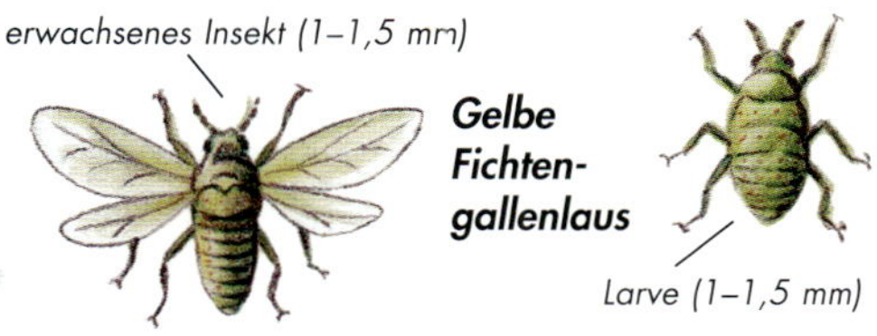

Die Gallen der Gelben Fichtengallenlaus erinnern an kleine Zapfen. Stark befallene Bäume trocknen aus.

Die Zwergspitzmaus kommt oft in Bergwäldern vor, ist aber fast nie zu sehen, man hört höchstens ihr schwaches Pfeifen. Wie alle anderen Spitzmäuse überlebt sie höchstens einen Winter, die meisten sterben sogar schon nach einigen Monaten. Die Zwergspitzmaus ist ein lebhaftes kleines Wesen, krabbelt über jede Ritze und klettert auf Sträucher und kleine Bäume.

VON ZWERGEN UND RIESEN

Zu den im Bergfichtenwald am zahlreichsten vertretenen Kleinsäugern gehören die Spitzmäuse (2,5–10 g), von denen es hier mehr gibt als Nagetiere. Während die Waldspitzmaus bei der Nahrungssuche auf weniger bewegliche Bodenlebewesen – Regenwürmer, Schnecken, Insektenlarven und Tausendfüßler – spezialisiert ist, kann die Zwergspitzmaus auch schnelle Beute erlegen. ROTHIRSCHE erreichen ein Gewicht von über 100 kg. Männliche Tiere tragen vom Sommer bis zum Ende des Winters ein über 1 m langes und mehrfach verzweigtes Geweih. Rothirsche flüchten vor allzu großer Sommerhitze in die Bergwälder.

BESONDERER SCHNABEL

In Bergfichtenwäldern nisten etwa 30 verschiedene Vogelarten, meist Buchfinken, Wintergoldhähnchen, Rotkehlchen, Zaunkönige und Tannenmeisen. Eine Besonderheit ist jedoch der FICHTENKREUZSCHNABEL. Neben der auffälligen ziegelroten Färbung der Männchen erregt auch der ungewöhnlich geformte Schnabel Aufmerksamkeit – die Spitzen sind umeinander gebogen und gekreuzt und ermöglichen so ein problemloses Öffnen der Zapfen. Kreuzschnäbel ernähren sich von Fichten- oder Tannensamen, von denen sie täglich Tausende verzehren. Je nach Zapfenanzahl ziehen Kreuzschnäbel von Ort zu Ort. Sie brüten oft schon trotz Schnee.

ÜBERLEBENSSTRATEGIE

In den höchsten Lagen verjüngt sich die Fichte nur selten durch Samen, denn kaum alle zehn Jahre regenerieren sich die Zapfen, und die Samen reifen in der Kälte selten aus. In diesem rauen Klima überleben die Bäume durch eine besondere Anpassungsstrategie – sie versenken ihre unteren Äste in die Erde, wurzeln und beginnen zu wachsen. Deshalb findet man an der oberen Baumgrenze oft verstreute Zwergfichteninseln.

Hirschgeweihtypen

Geweihe bestehen aus Knochensubstanz, sie erneuern sich jährlich. Die Bezeichnung Sechsender, Achtender usw. zeigt die Zahl der Enden an beiden Stangen.

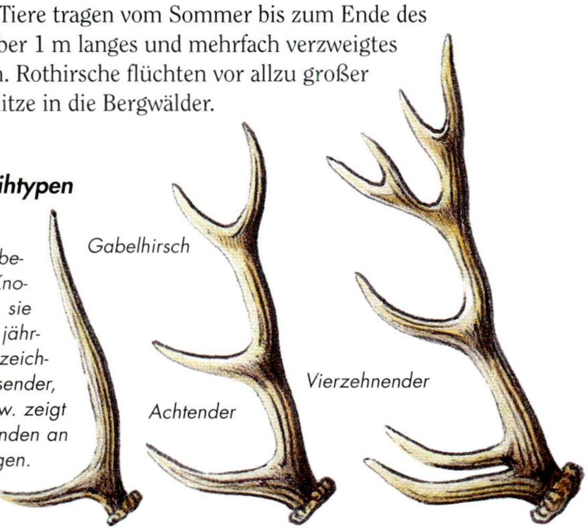

AUSFLUGSTIPPS

Nationalparks Bayerischer Wald und Böhmerwald

Die Gebirge Bayerischer Wald und Böhmerwald bilden den größten Waldkomplex Mitteleuropas. Auf bayrischer Seite wurde 1970 ein 24 km² großer Nationalpark gegründet (als erster in Deutschland). Ein kleiner botanischer Garten am Informationszentrum in Neuschönau (Hans-Eisenmann-Haus) zeigt eine Auswahl örtlicher Pflanzen. Die meisten Besucher zieht es jedoch in die Tiergehege mit Luchs, Wolf, Bär oder Auerhahn. Die Fläche des tschechischen NP Böhmerwald ist fast dreimal so groß (über 68 km²) und von einem ausgedehnten Schutzgebiet umgeben (fast 100 km²). Der Park wurde erst 1991 gegründet, seine wertvollsten Teile stehen aber im Wesentlichen schon seit den 1930er-Jahren unter Schutz. Dazu gehören hauptsächlich natürliche Bestände (Urwälder) von Bergfichtenwäldern und Buchen-Tannenwäldern, zahlreiche Moore und Sümpfe, Wasserläufe und Gletscherseen, ausgedehnte Steinmeere und Reste natürlicher Bergauen. Die Parkverwaltung hat ihren Sitz in Vimperk, Informationszentren befinden sich u.a. in Železná Ruda, Kašperské hory, Sušice und Horní Planá.

Auf dem Hauptkamm des südlichen Böhmerwaldes haben sich in 1090–1378 m ü. NN an der Grenze von Tschechien, Deutschland und Österreich einzigartige Urwaldbestände erhalten. Auf dem Weg vom Berg Plechý zum Třístoličník kommt man durch die schönsten Bergfichtenwälder Mitteleuropas.

9

KULTURWÄLDER

Den größten Teil heutiger Waldbestände bilden Kulturwälder. Hier findet man die verschiedensten Gehölzarten, vor allem Fichten, teilweise nicht standortgerecht und in untypischen Waldgesellschaften. Die Bäume sind weniger wuchsfreudig und anfälliger für Schädlinge. Neben ihrem wirtschaftlichem Wert helfen Kulturwälder jedoch auch, den Boden vor Erosion zu schützen, beeinflussen den Wasserkreislauf, mindern Wetterschwankungen, beherbergen regionale Flora und Fauna und sind nicht zuletzt eine wichtige Erholungsstätte für den Menschen.

1. Eichhörnchen
2. Baummarder
3. Eichelhäher
4. Schwarzspecht
5. Ringeltaube
6. Waldohreule
7. Tannenmeise
8. Riesenholzwespe
9. Nonne
10. Kleine Fichtenblattwespe
11. Fichtenbock
12. Mistkäfer
13. Schwarzer Rüsselkäfer
14. Bodentrichterspinne
15. Trauben-Holunder
16. Wald-Sauerklee
17. Gemeine Fichte
18. Wurmfarn
19. Wald-Wachtelweizen
20. Fuchsgreiskraut
21. Wald-Habichtskraut
22. Heidelbeere
23. Hallimasch
24. Maronen-Röhrling
25. Perlpilz
26. Rotstängelmoos

Mitteleuropäischer Kultur-Fichtenwald

Funktionen des Waldes

Ursprünglich war der überwiegende Teil des Kontinents von Wäldern bedeckt. Das hat sich durch den Eingriff des Menschen jedoch stark verändert. Derzeit findet man die größten Waldflächen in Finnland (73 %) und Schweden (57 %), in Österreich (38 %), der Slowakei (36 %) und Tschechien (33 %). Portugal, Holland und Dänemark besitzen nur noch 8 % Waldflächen, und am wenigsten Wald gibt es in Großbritannien (4 %). Neben seiner Nutzfunktion als Bauholz- und Papierlieferant hat der Wald sowohl Schutz- als auch Erholungsfunktion.

Um 900 **Entwicklung des Waldflächenanteils in Mitteleuropa** *um 1900*

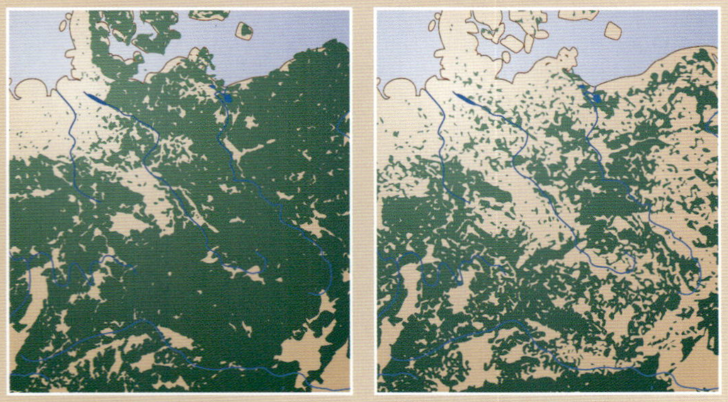

Wasserregulation

Ein gesunder Wald nimmt Niederschläge schnell auf und gibt Feuchtigkeit langsam ab.

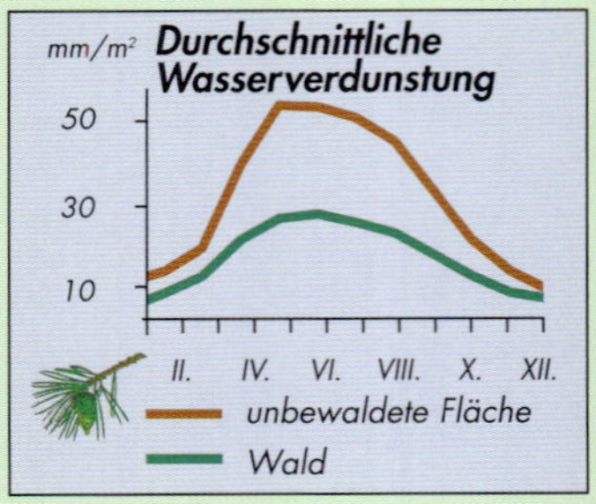

In Wäldern verdunstet das Wasser fast zweimal langsamer als auf Rodungsflächen.

Fichtenmonokulturen
Monokulturen bieten nur wenigen Arten Unterschlupf und Lebensräume. Vor allem im Jungwald, dem so genannten Stangenholz, gibt es nur wenig Unterholz. Man findet vor allem widerstandsfähige Torfmoose und kleine Heidelbeersträucher. Erst in älteren, lichteren Fichtenwäldern wird das Unterholz dichter. Dann wachsen Gräser (Drahtschmiele, Rasen-Schmiele, Rotes Straußgras, Schmalblättriges Rispengras oder Wald-Schwingel), Buschwindröschen, Rundblättriges Labkraut, Wald-Habichtskraut, Goldnessel und einige Farne. Stark vertreten sind Pilze, dagegen gibt es erheblich weniger Moose als in natürlichen Fichtenwäldern (unter 40 %).

Kleine Steinmauern und Felsblöcke deuten auf frühere Weideplätze hin.

Schäden durch Rehwild
Hirsche finden in Kultur-Fichtenwäldern oft nicht genug Nahrung. Ist die Population groß, muss zugefüttert werden. Trotzdem verursacht Rehwild große Schäden am Baumbestand – die Tiere nagen Sämlinge und neu gepflanzte Fichten an und verlangsamen oder verhindern die Erneuerung des Waldes. Im Winter fressen sie die Rinde von den Bäumen, die so für Krankheiten und Fäulnis anfällig werden.

von Rehwild angenagte Fichtenrinde

Beschädigte Gehölze sind weniger widerstandsfähig.

Birkenwälder wachsen vor allem auf feuchten Böden, größere Ausmaße erreichen sie im Norden und Nordosten des Kontinents.

DIE FLORA DER KULTURWÄLDER

Etwa 20–40 Baumarten sind in den Wäldern der gemäßigten und kalten Zonen Europas vertreten. Nur etwa zehn davon sind prägend und auffallend – neben der GEMEINEN FICHTE und der Waldkiefer handelt es sich bei den Nadelbäumen um die Weißtanne und die Europäische Lärche, bei den Laubbäumen sind es vor allem Rotbuche, Traubeneiche, Stieleiche, Hängebirke, Schwarzerle und Hainbuche. Reine Nadelwälder überwiegen. Das Unterholz ist nicht in jedem Wald gleich, seine Vielfalt hängt von der vorherrschenden Gehölzart, der Dichte der Baumschicht und dem Überschirmungsgrad ab.

In Buchenwäldern blühen die meisten Pflanzen im Frühling, ehe die Blattentwicklung beginnt.

HEXENBUTTER

Auch im Spätherbst gibt es im Wald Interessantes zu entdecken. Ein mit hellgelben Büscheln unbestimmten Materials geschmückter Baumstumpf gehört sicher dazu! Tasächlich handelt es um den Schleimpilz Lohblüte, auch Hexenbutter oder Drachendreck genannt, dessen sattgelbes Plasmodium ein aus nackten Einzelzellen bestehender Körper ist. Die Lohblüte ist auf Moderholz und totem Pflanzenmaterial zu finden. Das Plasmodium ergießt sich langsam über die Unterlage, nimmt Bakterien, Sporen und andere organische Teilchen auf und verdaut sie. Das Sporenpulver ist schwärzlich bis violett, die Sporen besitzen feine Stacheln. Je nach seinen Standortverhältnissen ist die Färbung des Schleimpilzes unterschiedlich.

Die Lohblüte leuchtet auch im dunklen Wald weithin sichtbar.

Fichten-Monokulturen neigen zum Baumbruch.

ANFÄLLIGKEIT

Nadelgehölze, vor allem Fichten mit flachen Wurzeln, sind anfälliger für Stürme, Fröste und Schneeverwehungen als Laubgehölze. In Monokulturen verstärken sich die Folgen von Naturkatastrophen auf alarmierende Weise.

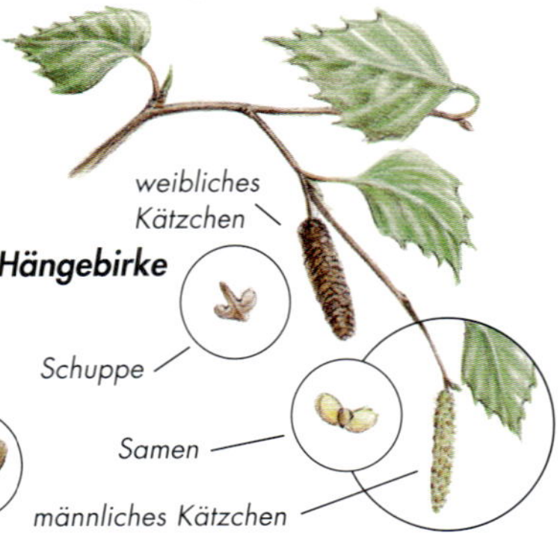

Geheimnisvolle Geräusche

In Fichtenwäldern gibt es eine große Anzahl Holz schädigender Insekten. Während sich Ameisen in der Regel auf totes Holz beschränken, benötigen die Larven anderer Insektenarten zu ihrer Entwicklung das Holz gesunder Bäume. Neben den Bockkäfern gilt das auch für die RIESENHOLZWESPE. Im Sommer legen die Weibchen bis zu einige Hundert Eier in kleinen Mengen im Holz der Bäume ab, das den Larven als Nahrungsquelle dient. Oft ist das Holz zum Ende der Entwicklungszeit schon verbaut, so dass es zu merkwürdigen Knarrgeräuschen kommen kann. Wenn ihre Entwicklung abgeschlossen ist, verpuppen sie sich und hinterlassen im Holz kreisförmige Bohrungen. Als natürlicher Feind der Riesenholzwespe parasitiert die Riesenschlupfwespe die im Holz lebenden Larven, die das Weibchen mit ihrem fein entwickelten Geruchssinn aufspürt. Sie legt die Eier in den Larven ab, und die daraus schlüpfenden Larven fressen die Larven der Riesenholzwespe von innen auf. Beide Arten gehören zu den Hautflüglern.

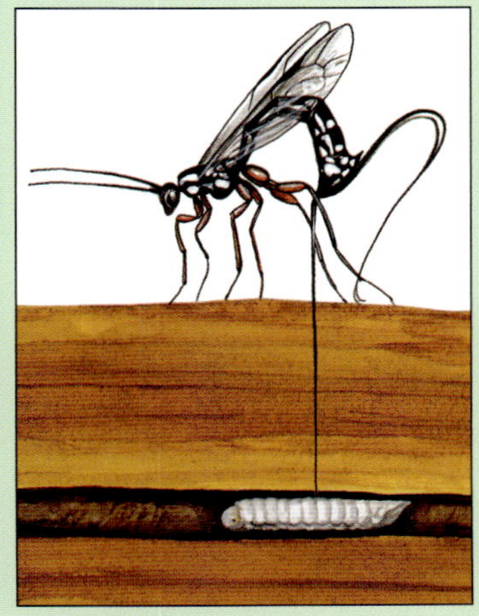

Die Riesenschlupfwespe misst etwa 9 cm, zwei Drittel entfallen auf den Legestachel.

Wie ein Wald entsteht

Forste nennt man von Menschen angelegte und bewirtschaftete Wälder. Wird ein neuer Wald angelegt, so werden dazu Jungpflanzen aus Baumschulen verwendet. Aus dem Jungwuchs wird zunächst *Stangenholz*, dann *Baumholz*. Die Pflege besteht aus *Auslichten*, später *Durchforsten*. Fällungen werden selektiv an einzelnen Bäumen durchgeführt oder als *Kahlschlag* auf einer größeren Fläche. Kleine Kahlschläge ermöglichen eine natürliche Erneuerung aus den Samen der am Standort belassenen Bäume. Laubwälder werden auch durch Schößlinge aus Baumstämmen erneuert *(Stockausschlag)*.

DER FRUCHTKÖRPER

Pilze stehen auch an den schattigsten Plätzen, da sie als chlorophyllfreie Organismen nicht auf Licht angewiesen sind. Sie benötigen vor allem Wärme und Feuchtigkeit. Die Fruchtkörper, die allgemein als Pilze bezeichnet werden, sind nur ein Teil der mehrzelligen Pilze. Das eigentliche Pilzgeflecht (Myzel) befindet sich unter der Erdoberfläche und wird deshalb von den meisten nicht wahrgenommen. Es besteht aus weit verzweigten, miteinander verwachsenen, mikroskopisch kleinen Fasern (Hyphen), deren Gerüststoff das Chitin ist. Fruchtkörper sind eigentlich die Fortpflanzungsorgane der Pilze. Bei Großpilzen werden Fruchtkörper bzw. ihre Sporen nach der Verschmelzung des Myzels zweier Pilze der gleichen Art gebildet (Meiose). Nicht jedes Jahr entwickelt sich ein Fruchtkörper, manchmal geschieht das erst nach mehrjähriger Pause. Wenn man Pilze zum Verzehr sammeln möchte, muss man unbedingt giftige von ungiftigen unterscheiden können.

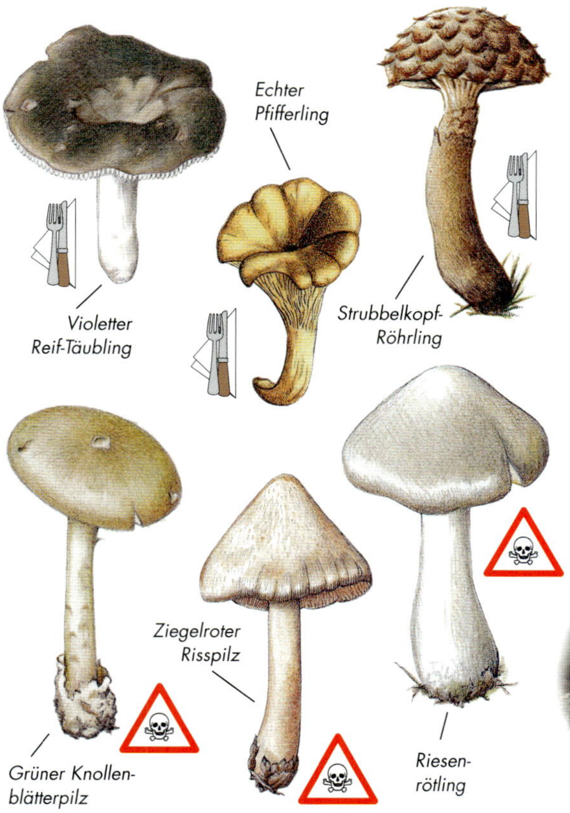

Wald-Sauerklee schmeckt wirklich sauer, sotte aber erst gar nicht probiert werden, da die Pflanze giftige Oxalsäure enthält. Größere Mengen können Vergiftungen hervorrufen.

SAURE BLÜTE

Auf humusreichem Boden in Nadel- und Mischwäldern wächst der 15 cm hohe, ausdauernde WALD-SAUERKLEE. Seine frischen grünen Blätter ähneln Kleeblättern, die Blüten erscheinen von April–Mai. Interessant ist, dass bei schlechtem Wetter oder auch in der Dämmerung seine Blätter plötzlich welken. Die einzeln stehenden Blüten sind weiß bis rosa, purpurn geadert, die Früchte sind etwa 1 cm lange Kapseln. Wenn sie platzen, schießen die Samen heraus und fliegen weit von der Mutterpflanze weg.

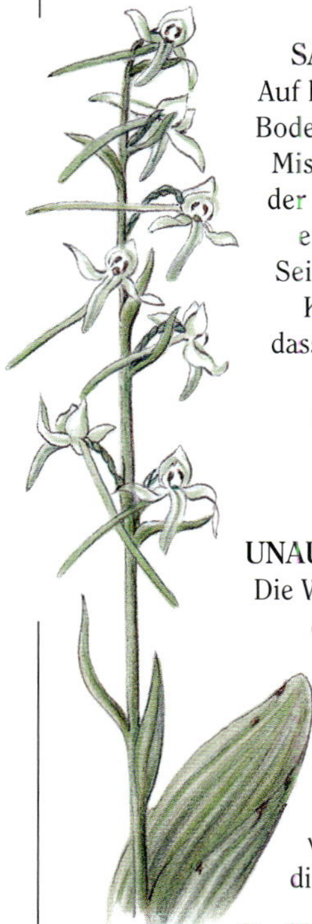

UNAUFFÄLLIGE ORCHIDEE

Die Weiße Waldhyazinthe ist auf den ersten Blick unscheinbar, fällt eher durch ihren starken Duft als durch ihre kleinen, zu einer dünnen Ähre angeordneten Blütenstände auf. Sie wächst auf Kahlschlägen und am Wegrand, bei genügend Licht auch in Fichtenwäldern. Die ihr ähnliche, aber nicht so intensiv duftende Berg-Waldhyazinthe mit grünlichen Blütenblättern wächst in Laubwäldern und kommt seltener vor. Die Waldhyazinthe duftet vor allem nachts und lockt damit Nachtfalter an, die die Blüten bestäuben.

Die 20–40 cm hohe Weiße Waldhyazinthe blüht im Sommer.

GEFÄHRLICHER PARASIT

Normalerweise unterstützt der HALLIMASCH die Verwitterung von Baumstümpfen im Wald. Er befällt jedoch auch lebende Bäume, vor allem Fichten. Sein weißes Pilzgeflecht wächst in das Holz hinein und beschädigt die Harzkanäle. An befallenen Bäumen erscheint unter der Rinde ein weißer filzartiger Belag, nach außen hin tritt Harz aus.

Der dem Hallimasch ähnliche Sparrige Schüppling wächst auf Baumstümpfen in Laubwäldern, Parks, Alleen und Gärten. Er ist mit braunen Schuppen bedeckt und an den Rändern des fleischigen Hutes hängen Schleierreste. Der leicht bittere Geschmack verliert sich beim Kochen.

Der Hallimasch ist essbar, verwendet werden aber nur die kleinen Fruchtkörper, die man in Essig einlegt.

Pheromonfallen

Um den Befall von Holzschädlingen zu kontrollieren, verwendet man Pheromonfallen, die männliche Borkenkäfer mit weiblichen Duftstoffen locken. Einige dieser Fallen dienen allerdings auch zur ganzflächigen Vernichtung der Schädlinge. Früher wurde eine gesunde Fichte gefällt und man beobachtete, in welchem Zeitraum und in welcher Stärke sich darin Borkenkäfer ansiedelten. Bei starkem Befall muss die Rinde geschlagener befallener Bäume schnellstmöglich beseitigt werden.

Pheromonfalle

Der Gallen-Röhrling ist leicht mit dem Steinpilz zu verwechseln.

Bittere Überraschung

Kein anderer der in Fichtenwäldern vorkommenden Pilze kann es an Farbe, festem Fruchtkörper und massenhaftem Vorkommen mit dem Gallen-Röhrling aufnehmen. Manch unerfahrener Pilzsammler hat sich sicher schon fälschlich über seine Entdeckung gefreut. Man sollte diesen Pilz meiden, er schmeckt scharfbitter und ist nicht zum Verzehr geeignet. Die rosa Röhren und der helle Pilzstamm mit einer Art braunem Netz sind typische Merkmale des Pilzes. Zur Sicherheit sollte man den Pilz an der Schnittstelle anlecken, das brennende Gefühl hält sich lange auf den Lippen.

Das von der Rossameise ausgehöhlte Totholz ist ein kleines Kunstwerk.

DIE GRÖSSTE AMEISE

Die Rossameise ist die größte heimische Ameisenart. Schon die Arbeiterinnen und die großköpfigen „Soldaten" messen 1,5 cm, die Königin bis zu 2 cm. Sie schwärmt Anfang Mai aus, meist am frühen Nachmittag. Die Arbeiterinnen werden bis zu 13 Jahre alt. Die Rossameise baut ihre Nester in Totholz oder unter Steine. Befallenes Holz erhält auf diese Weise eine typische ausgehöhlte Gestalt, denn um die Jahresringe herum wird es ausgehöhlt und darin ein kompliziertes System von Gängen und Kammern angelegt.

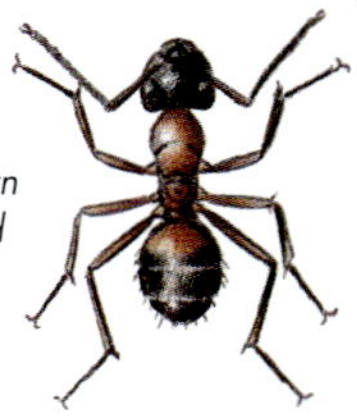

An sonnigen, trockenen Waldrändern und auf Kahlschlägen im Bergland kommt die Rossameise häufig vor.

Der Eurasische Luchs lebt in hohlen Bäumen oder Felsspalten.

ERFOLGREICHE RÜCKKEHR

Der Eurasische Luchs besiedelte früher große Teile Europas, in West- und Mitteleuropa war er jedoch im 18. und 19. Jahrhundert fast ausgestorben. Nur in Skandinavien, Russland, den Karpaten und auf dem Balkan konnte er überleben. Erst in den 1970er- und 1980er-Jahren wurde er erfolgreich in der Schweiz, Italien (NP Gran Paradiso), Slowenien und an der bayerisch-tschechischen Grenze wieder ausgewildert. Seitdem steigt die Zahl der Luchse und der von ihnen besiedelten Gebiete.

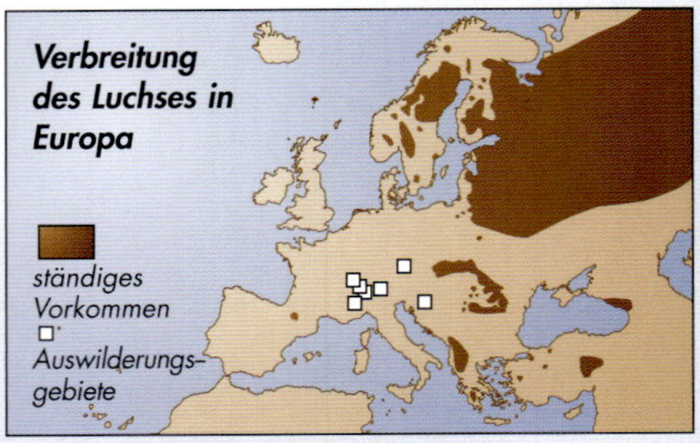

Das Nest eines Mäusebussards ist kaum zu finden, auch wenn es oft über 1 m groß ist. Es befindet sich meist in Stammnähe in 15–20 m Höhe.

GREIFVÖGEL

Habicht und Sperber leben versteckt und sind deshalb nur wenig bekannt. Der Mäusebussard dagegen ist häufig anzutreffen. Vom Frühling bis in den Herbst kreist er über Wäldern und Feldern. Trotz seiner Größe – seine Flügelspannweite beträgt 1,3 m – ernährt er sich von Kleintieren, vor allem Mäusen. Die Populationsstärke ist abhängig vom Landschaftstyp und ihrem Schutzgrad.

Im Schnee sind Tierspuren am besten zu erkennen. Luchsspuren sehen aus wie große, abgerundete Katzenspuren und sind kaum zu übersehen.

DIE FAUNA DER KULTURWÄLDER

In verschiedenen Waldgesellschaften leben artenreiche und interessante Tiergemeinschaften. Für Kulturwälder, vor allem reine Fichtenwälder, gilt das nicht, denn der einseitige Baumbestand hat ein begrenztes Nahrungsangebot zur Folge. Am Waldrand, auf Kahlschlägen und am Wegrand ist die Artenvielfalt größer. Im Waldesinneren bemerkt man häufig nur verschiedene Spinnen, Schnecken und Insekten. Unter Steinen, in Baumstümpfen und unter dem morschen Holz verstecken sich Borkenkäfer und Hundertfüßler. Die ebenfalls vorhandenen winzigen Milben sind ohne Lupe nicht erkennbar. Wirbeltiervertreter dieser Wälder sind Vögel. Bei den Säugetieren sind es EICHHÖRNCHEN, kleine, auf der Erde lebende Nager und Spitzmausarten. Raubtiere wie BAUMMARDER, Dachs oder Fuchs und große Pflanzenfresser – Rothirsch und Wildschwein – suchen in diesen Wäldern lediglich ein sicheres Versteck.

AUF ENTDECKUNGSREISE

Visitenkarten

Nur selten sieht man auf einem Spaziergang durch den Wald größere Tiere. Viele von ihnen sind in der Morgen- und Abenddämmerung aktiv oder gar nachts, die meisten ausgesprochen scheu. Auch Vögel entdeckt man kaum, sie bewegen sich weit oben im Schutz der Baumkronen. Mit etwas Beobachtungsgabe kann man im Wald dennoch eine Menge über die dort lebenden Tiere erfahren. Tierspuren, angenagte Bäume und Äste, Tierlosung, ausgehöhlte Baumstämme und vieles mehr berichten über die Bewohner des Waldes.

Der Schwarzspecht macht sich das ganze Jahr über durch lang gezogenes, lautes Rufen und starkes Hämmern bemerkbar. Wenn er im Holz nach Käferlarven sucht, hinterlässt er zum Teil große Hohlräume, in die der Raufußkauz sein Nest baut.

Spechte fressen gern Baumsamen. Um an diese heranzukommen stecken sie die Zapfen in Hohlräume der Rinde. Mit ihrem langen Schnabel können sie die Samen dann herauspicken. Häufig verwenden sie dafür nur einen Baum, den man Spechtschmiede nennt.

Zapfen, die den Eichhörnchen als Nahrung dienten, sehen völlig anders aus: Außer der Spitze bleibt vom Zapfen nur die zerzauste Spindel übrig, aus der die Schuppen herausgezogen wurden (links). Mäuse hingegen nagen die Zapfen vollständig ab. Eichhörnchen ernähren sich darüber hinaus von Nüssen, Beeren und Knospen, aber auch von Kleintieren und Vogeleiern.

„AFRIKANISCHE ODYSSEE“

Die Verbindung zwischen europäischen Kulturfichtenwäldern und Afrika liegt näher, als es auf den ersten Blick scheint. Der Schwarzstorch ist hierfür ein gutes Beispiel. Er nistet in Fichtenwäldern, vor allem im Hügel- und Bergland, den Winter verbringt er aber in Afrika. Um herauszufinden, wohin die Störche fliegen, wurden einige mit Miniatursendern versehen, deren Signale dann über Satellit verfolgt werden konnten. Von 1995–1999 markierte man so 17 Vögel, von denen die Störchinnen Zuzana und Kristína die bekanntesten sind.

WELT DER VÖGEL

Die Artenvielfalt der Vögel unterscheidet sich bei natürlichen und Kulturwäldern nur unerheblich. Für Kulturfichtenwälder führen Ornithologen etwa 30 Arten an, das ist nur ein Drittel weniger als in gemischten Beständen. Die am meisten vorkommenden Arten sind Goldhähnchen, Buchfink, Fitis, Singdrossel und Misteldrossel, verschiedene Meisen (vor allem TANNENMEISE, Blaumeise und Haubenmeise), Kleiber und natürlich auch EICHELHÄHER, RINGELTAUBE und Buntspecht. Raubvögel finden zwar gute Nistplätze, ihre Nahrung suchen sie jedoch meist in der offenen Landschaft. Eulen werden erst in alten Beständen mit genügend Hohlräumen zum Nisten heimisch.

Die Tannenmeise hält sich überwiegend an einem Ort auf. Im Winter entfernt sie sich mit anderen Meisen bis zu 5 km vom Nest.

UNRUHIGER FORSCHER

Die häufig vorkommende TANNENMEISE nistet in alten Fichtenwälder, in denen sie das ganze Jahr über bleibt. Lebhaft bewegt sie sich durch die Baumkronen und wechselt dabei ständig die Position. Mit ihrem dünnen Schnabel holt sie Insekten aus der Baumrinde und sammelt Schmetterlingsraupen und Larven anderer Insekten sowie Samen von den Zweigen ab.

Schwarzstörche fliegen im Winter bis nach Zentralafrika. Eine der interessantesten Erkenntnisse des Projekts, bei dem sie markiert wurden und ihre Flugroute erforscht wurde, war die Tatsache, dass jedes Tier mehrere Jahre hintereinander in dasselbe Winterquartier zurückkehrt (Kristína beispielsweise viermal).

Um die jungen Schwarzstörche mit Sendern auszustatten, muss man in 20 m hohe Baumkronen klettern.

Reiserouten der Schwarzstörche ins Winterquartier und zurück.

Die Störche in der afrikanischen Wildnis zu finden, war auch mithilfe der Sender nicht leicht. Tausende Kilometer in unübersichtlichem Terrain mussten abgesucht werden.

Bohrgänge des Buchdruckers: Aus der Hochzeitskammer (Z) bohren zwei Weibchen Muttergänge mit Seitennischen, in die sie Eier legen. Die Larven aus den zuerst gelegten Eiern bohren die längsten Gänge (L), an ihrem Ende verpuppen sie sich (K). Sind sie fertig, fliegen durch die Öffnungen am Ende die ausgeschlüpften Käfer davon.

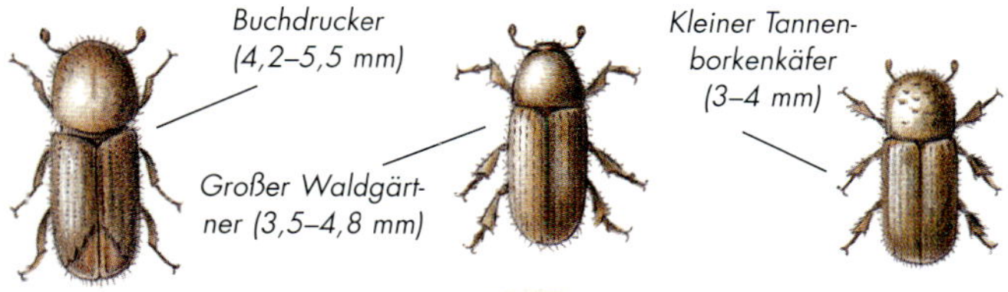

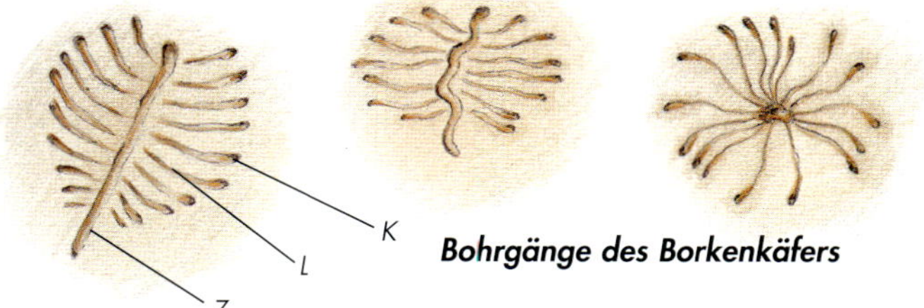

Bohrgänge des Borkenkäfers

SCHRECKEN DER FÖRSTER

Borkenkäfer zählen zu den größten Forstschädlingen. Obwohl sie kaum 5 mm groß sind, können sie bei übermäßiger Vermehrung eine Waldfläche von mehreren hundert Hektar zerstören. Die Weibchen legen ihre Eier unter die Rinde im unteren Teil der Bäume, wo die Larven Gänge graben. So zerstören sie das Harzgewebe und trocknen den Baum bei stärkerem Befall aus. Eine Abwehrmaßnahme gesunder Bäume ist das Ausfüllen der Gänge mit Harz. Wenn die Bäume durch Umweltverschmutzung geschwächt sind, bieten sie aber einen idealen Standort für die Käfer.

Wildschweine leben versteckt, nur der aufgewühlte Boden und die Suhlen im Wald zeugen von ihrer Anwesenheit. Die Wildschweine wälzen sich im Schlamm und reiben anschließend das Fell an Bäumen. So befreien sie sich von lästigen Parasiten. Gleichzeitig markieren sie so das Territorium optisch und durch den typischen Geruch.

Unterscheidung der Tierarten anhand des Kotes

Nicht nur Spuren und Bohrgänge dienen zur Unterscheidung der Tierarten. Größere Tiere wie Huftiere und Raubkatzen, aber auch Vögel sind an ihrem Kot zu erkennen. Zum Teil kann man auf diese Weise sogar das Geschlecht bestimmen. Während der Kot männlicher Hirsche an einem Ende spitz ist (s. Bild), hat weibliches Rotwild abgerundeten Kot. Eine genaue Beschreibung der Kotbeschaffenheit wichtiger Arten finden Sie in der Jagdfachliteratur.

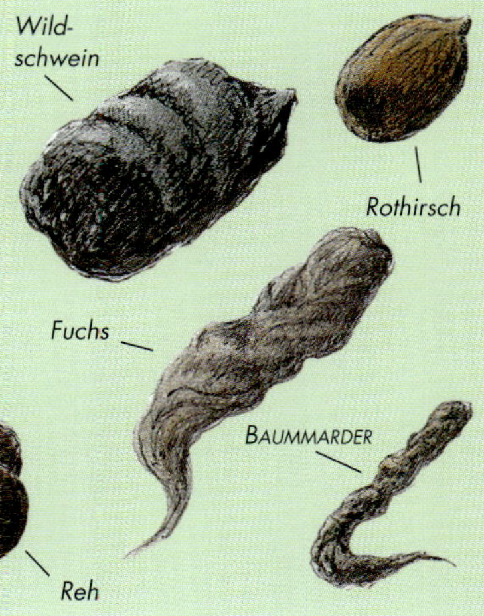

10

DIE SUBALPINE STUFE

Die Trennung zwischen der boralen und der subalpinen Stufe ist eindeutig durch die obere Baumgrenze festgelegt. Flora und Fauna verändern sich maßgeblich, denn im rauen Klima der Bergkämme, in dem Bäume nicht mehr existieren können, werden sie durch Krummholz ersetzt. Noch weiter oben findet man nur noch kurze Gräser und Geröll.

1. *Mornellregenpfeifer*
2. *Bergpieper*
3. *Alpenbraunelle*
4. *Waldspitzmaus*
5. *Feldlerche*
6. *Merlin*
7. *Hochmoorgelbling*
8. *Plumpschrecke*
9. *Schildlaus*
10. *Rotgelbe Kiefern-Buschhornblattwespe*
11. *Dammläufer*
12. *Riesengebirgsspanner*
13. *Arktische Zylinder-Windelschnecke*
14. *Schlangen-Knöterich*
15. *Sudeten-Stiefmütterchen*
16. *Böhmische Glockenblume*
17. *Arnika*
18. *Drahtschmiele*
19. *Orangerotes Habichtskraut*
20. *Borstgras*
21. *Einköpfiges Ferkelkraut*
22. *Gold-Fingerkraut*
23. *Weißer Germer*
24. *Sudeten-Zwergmispel*
25. *Berg-Nelkenwurz*
26. *Moschus-Steinbrech*
27. *Weiße Alpenanemone*
28. *Alpen-Habichtskraut*

Subalpine Wiese im Hochsommer

Kälte und Feuchtigkeit vorherrschend

Die Durchschnittstemperatur sinkt alle 100 Höhenmeter um 0,6 °C. Gleichzeitig sinkt der Luftdruck, wird das Sonnenlicht schwächer, nehmen Bewölkung, Wind, Regen oder Schnee, Nebel und Frost zu. In den Bergen ist der Boden oft über ein halbes Jahr lang mit Schnee bedeckt, die Vegetationszeit kürzer als 60 Tage. Die durchschnittliche Jahrestemperatur über der oberen Baumgrenze beträgt nur 1–2 °C, die Niederschlagsmengen übersteigen stellenweise 1200 mm.

Temperaturen und Niederschläge (Mitteleuropa, 1600 m ü. NN)

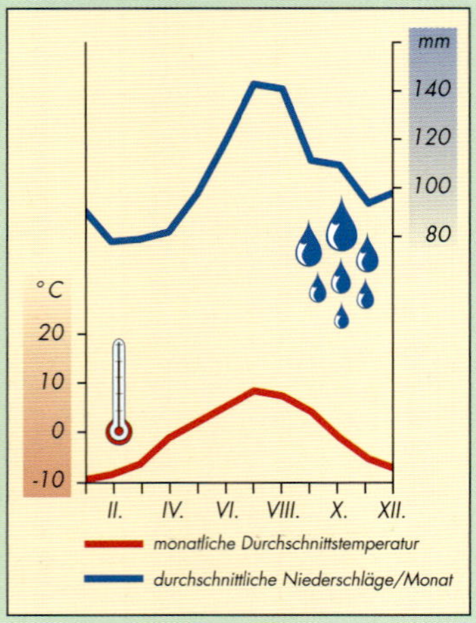

Die Baumgrenze

An der oberen Baumgrenze ändern sich die Vegetationsbedingungen erheblich. Die Fichtenwälder werden zunehmend lichter und gehen langsam in Krummholz über. Dieser Übergangsbereich liegt aber nicht überall auf gleicher Höhe – auch in demselben Gebirge kann die Grenze an Südhängen mit höherer Sonneneinstrahlung höher liegen als an schattigen Nordhängen. Von Bedeutung ist auch das Geländerelief.

In südlicher gelegenen Gebirgen liegt die obere Baumgrenze dreimal höher als in Skandinavien (Pirin, Bulgarien.)

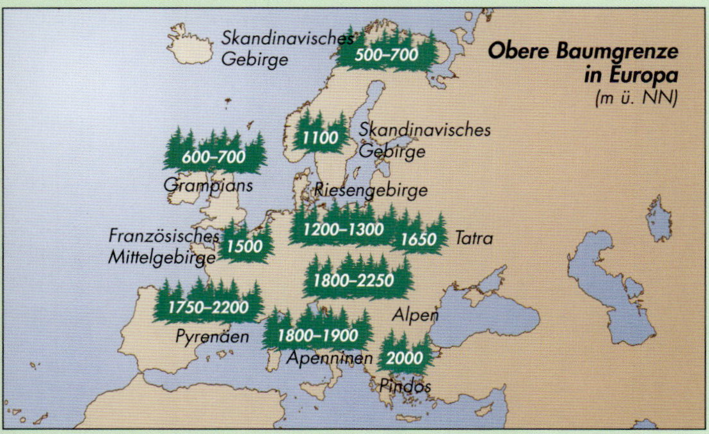

Der Verlauf der oberen Baumgrenze hängt von der geographischen Lage ab.

Gegliedertes Relief

Die quartäre (*pleistozäne*) Vereisung hinterließ an den Bergen zahlreiche Spuren. Am auffälligsten sind die *Gletscherkessel (Kare)* mit ihren steilen, bis zu einigen Hundert Meter hohen Wänden. In tieferen Lagen setzen sie sich als *Gletschertäler (Trogtäler)* mit *Endmoränen* fort. Das sind von den Gletschern aufgeschobene Geröll-, Sand- und Erdablagerungen. Gletscherkessel sind teilweise mit *Gletscherseen* gefüllt.

Die verschiedenen Lichtverhältnisse an den Hängen der Gletscherkessel sind Ursache einer artenreichen Flora.

Die Kaukasus-Fetthenne wächst an feuchten Stellen der Bergwald- und der Krummholzstufe in den Karpaten (Blüte Juli bis August).

Das Berghähnlein blüht von Mai bis August. Die ausdauernde Pflanze wird 20–50 cm hoch.

DIE FLORA DER SUBALPINEN ZONE

Auf den Berghängen wird der Wald von lockeren Zwergkiefernbeständen abgelöst (*subalpine Stufe*), zum Gipfel hin geht die Vegetation in Bergwiesen über – reichhaltige Fluren und artenarme Almen –, die anfangs noch niedrige Sträucher enthalten (*alpine Stufe*). Auf Krummholz und Wiesen folgen stellenweise Hochmoore, wo Torfmoose die niedrigen Sträucher, Heidekraut, Heidel- und Preiselbeeren und einige Gräserarten ergänzen. Sowohl in der Flora als auch in der Fauna sind *glaziale Relikte* zahlreich. Ewigen Schnee (*nivale Stufe*) gibt es nur im Hochgebirge.

DIE HOCHMOORE

Hochmoore sind verhältnismäßig jung – sie entstanden nach der Schmelze des viele Jahre alten Schnees (*Firn*) auf den Bergkämmen nach der letzten Kaltzeit. Seitdem bildete sich auf ihnen eine 0,6–1,2 m starke Torfschicht.

Hochmoore – Tundra mitten in Europa

AUSDAUERND

In der subalpinen Stufe wachsen fast keine einjährigen Pflanzen, die sehr kurze Vegetationszeit reicht meist nicht zum Reifen der Früchte. Die meisten Arten sind Stauden, die in allen Farben und Formen vertreten sind.

Gegenblättriger Steinbrech

Feuerlilie

Punktierter Enzian

Blauer Eisenhut

ZÄHER STRAUCH

Die Bergkiefer ist widerstandsfähiger als jedes andere Zwerggehölz. Im Unterschied zur Fichte trotzt sie auch Umweltverschmutzungen. In den subalpinen Ökosystemen ist eine Bodenbedeckung äußerst wichtig, denn sie schützt vor Erosion, verhindert das Entstehen von Lawinen und gibt vielen Tieren Unterschlupf. Die natürliche Erneuerung der Bestände ist langwierig, da dichte Stängel des Borstgrases oft verhindern, dass Samen zur Erde gelangen.

Die Bergkiefer wird im Bestand etwa 1–2 m hoch, an exponierten Stellen bleibt sie kleiner. Sie kann ein Alter von 200 Jahren und mehr erreichen. Die paarweise angeordneten Nadeln sind 3–8 cm lang. Die starken Stämme biegen sich am Boden, wo sich auch die breite Krone verzweigt. Im Unterholz wachsen nicht viele Pflanzen, höchstens 30 Arten höherer Pflanzen und einige Gräser.

Die Rötelmaus findet im Krummholz gute Verstecke und ausreichend Nahrung.

Steinwanderung

Auf den Bergkämmen findet man häufig große Granitblöcke mit aufgeschütteten Wällen davor und einer tiefen Furche dahinter. Während sie bei Abkühlung vom Nadeleis um ein paar Millimeter oder Zentimeter gehoben werden, bewegen sie sich, sobald der Boden ringsum auftaut, durch das eigene Gewicht langsam abwärts. Ähnliches passiert auch im Herbst und im Frühling auf den Wegen – vormittags sieht man auf dem Nadeleis aufgerichtete kleinere Steine, nachmittags setzen sie sich in Bewegung, abends frieren sie wieder an.

Immergrüner Strauch

Der Rhododendron ist eine typische Parkpflanze, die auch in vielen Gärten heimisch geworden ist. Meist handelt es sich um prächtige Kreuzungen asiatischer Arten. Rhododendren der subalpinen Stufe sind viel bescheidener – sie haben zwar ebenso auffällig gefärbte Blüten, diese sind jedoch verhältnismäßig klein, und die dicht verzweigten Sträucher werden höchstens 0,5–1 m hoch.

Die Myrtenblättrige Alpenrose wächst auf den felsigen Hängen der Ost- und Südkarpaten und in den Bergen Bulgariens und Mazedoniens.

Windige Gegend

Auf den Kämmen und Gipfeln der Berge weht das ganze Jahr über der Wind. So findet ein regelmäßiger Luftaustausch zwischen verschiedenen Luftdruckzonen statt, häufig handelt es sich auch um örtliche Luftzirkulationen. Die Windrichtung wird mit Himmelsrichtungen angegeben, die Windkraft nach der Beaufortskala mit 13 Stärken, z.B. 0 – windstill, 6 – starker Wind (39–49 km/h), 9 – Sturm (75–88 km/h) und 12 – Hurrikan (über 118 km/h). Wind modelliert die Erdoberfläche. Außerdem ist er eine zukunftsträchtige Energiequelle.

Die Zwergprimel wächst von den Alpen bis zum Balkan.

UNVERGLEICHLICHE BERGGÄRTEN

Im Frühsommer kann man an den Hängen der Gletscherkessel Oasen vielfarbiger Blüten und Pflanzen sehen. Mehrere Faktoren wie Landschaftsrelief, Luftströmung und mächtige schmelzende Schneeschichten, die für lange Zeit ausreichend Feuchtigkeit liefern, wirken hier zusammen. Solche waldlosen Gegenden – oft auf Lawinenstrichen – mit 300–500 verschiedenen Pflanzenarten werden als „Gärten" bezeichnet. Hier wachsen im Windschatten neben alpinen Arten auch solche aus dem Tiefland, die anderswo im rauen Bergklima nicht überleben könnten.

„Berggärten" mit seltenen Arten auf felsigen Hängen sind oft streng geschützt und Bergwanderern nicht zugänglich.

VERDRÄNGUNG

Der Mensch dringt bis in höchste Berglagen vor und verändert die natürlichen Verhältnisse. Vor allem die extensive Weidenutzung und das Fällen von Gehölzen richten große Umweltschäden an. Schwere Erosionsschäden sind die Folge. Nicht minder schwerwiegend ist die Erschließung für Tourismus und Wintersport. Wege, die bis auf die höchsten Berggipfel führen, ermöglichen die Verbreitung *synanthroper* Pflanzenarten, welche die ursprünglichen, oftmals hoch spezialisierten Vertreter der Hochgebirgsflora verdrängen.

Durch den Menschen verbreitete (synanthrope) Pflanzenarten gelangen bis in die höchsten Berglagen.

Kiefernbestandsrüssler (7–9 mm) entwickeln sich in der Kronenregion älterer Kiefern.

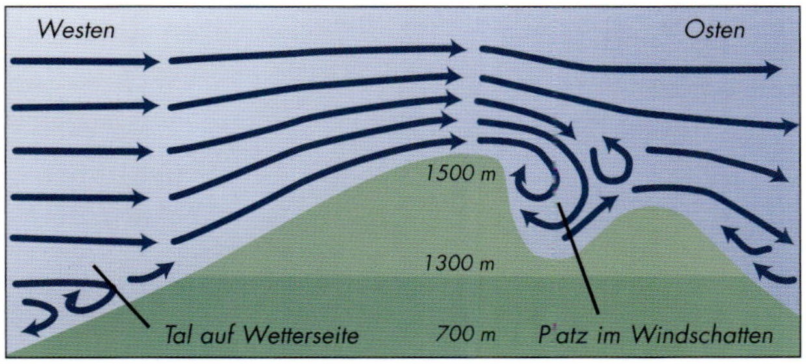

Im Windschatten der Gletscherkessel lagern sich infolge turbulenter Luftmassenbewegungen vom Wind angewehte fruchtbare Sedimente sowie Samen und vegetative Vermehrungsteile an.

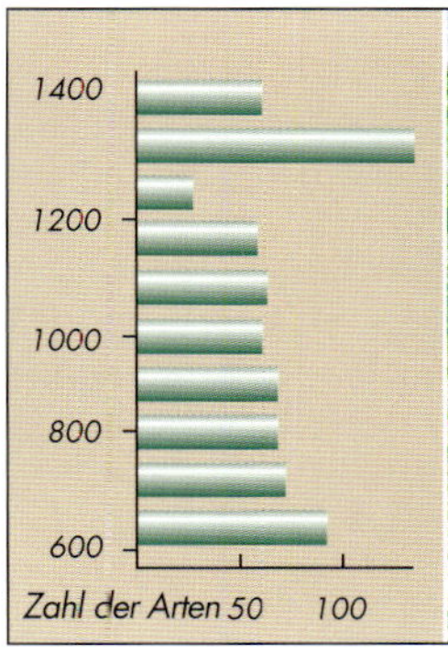

SYNANTHROPE PFLANZEN DER BERGE

Auf europäischen Bergkämmen findet man bereits verschiedene synanthrope Arten. Alle zeichnen sich durch verhältnismäßig geringe Ansprüche an die Bodenqualität sowie durch schnelles Wachstum, hohe Fruchtbarkeit und lange Lebensdauer der Samen aus.

Bergböden

Bergböden sind meist grob (*Skelettboden*) bis steinig. *Braune Podsolböden*, oft mit Torfanteil, ersetzen an manchen Stellen den schwachen Boden genannt Ranker, der nur aus zwei Horizonten – einer humusarmen Schicht und Silikatgestein – besteht. Ab 1400 m ü. NN findet man durch Frost geformten *Polygonboden* – das Gestein zerfällt durch abwechselndes Gefrieren und Auftauen der mit Wasser gesättigten Oberfläche *(Regelation)* in unregelmäßige Vielecke *(Polygone)* und sortiert sich der Größe nach (größere Steine schieben sich an die Oberfläche), die Zwischenräume füllen sich mit feiner Erde.

vom Frost geformte Böden

zugewachsene Polygonböden

Lawinengefahr!

An hohen waldlosen Berghängen und an den Kanten der Gletscherkessel bilden sich im Winter, bei 15 m hohen Schneeschichten, Lawinen. Lawinenstriche kann man leicht erkennen – auch in tieferen Lagen hält sich auf ihnen mitten im Wald eine untypische Vegetation wie in der subalpinen Tundra und im Krummholz. Auch Zwerggehölzbestände treten hier weit unter ihrer üblichen Vorkommensgrenze auf.

Schneelawinen fallen immer wieder an denselben Stellen. Sie reißen Steine, Bäume und ganze Pflanzenbestände mit.

WALDGÄMSEN

Der Lebensraum der Gämsen befindet sich kurz über der oberen Baumgrenze im Krummholz und auf den Bergwiesen. Von dort aus klettern sie im Sommer geschickt über die steilen Felshänge bis in 2500 m Höhe, im Winter dagegen ziehen sie sich in die Wälder und Täler zurück. Einige haben sich an das ganzjährige Leben im Wald gewöhnt, deshalb spricht man auch von „Waldgämsen". Gämsen leben in Herden von 10–20 Tieren.

Gämsen lebten ursprünglich im Hochgebirge von den Pyrenäen bis zum Kaukasus, später wurden sie an mehreren Stellen ausgewildert (Vogesen, Schwarzwald, Schwäbische Alb, Elbsandsteingebirge, Lausitz, Altvatergebirge, Niedere Tatra).

Birkenzeisig

TIERE IN VERSCHIEDENEN HÖHENLAGEN

Die Tiere der Berge werden nach ihrer Verbreitung in den verschiedenen Höhenlagen in drei Gruppen eingeteilt. Zur ersten zählen Arten, die in verschiedenen Höhenlagen zu finden sind (Zwergspitzmaus, Zilpzalp, Heckenbraunelle, Birkenzeisig, Grasfrosch u.a.). In der zweiten Gruppe werden alle Arten zusammengefasst, die ausschließlich über der oberen Baumgrenze leben (ALPENBRAUNELLE, BERGPIEPER, MORNELLREGENPFEIFER, PLUMPSCHRECKE u.a.). Schließlich bilden Arten, die von den Feldern und Auen der Niederungen auf die Bergkämme kommen, die dritte Gruppe (Feldmaus, FELDLERCHE, Hausrotschwanz, Turmfalke, Rauchschwalbe, Wiesenhummel u.a.). Mauersegler fliegen nur zur Nahrungssuche aus dem Gebirgsvorland auf die Berge.

Weißsterniges Blaukehlchen (Mitteleuropa)

Rotsterniges Blaukehlchen (Tundra)

Die nördliche Nominatform des Blaukehlchens, das Rotsternige Blaukehlchen, ist ausschließlich an die Zwerggehölze der Berge gebunden. Die Unterart Weißsterniges Blaukehlchen nistet in feuchter Umgebung in tieferen Lagen.

DIE FAUNA DER SUBALPINEN ZONE

Die spezifische Fauna der Bergwiesen und Felsen ist artenärmer als die Tierwelt im Nadel- und Mischwald. Dafür umfasst sie – ähnlich wie die Flora – auch zahlreiche Vertreter der arktischen und alpinen Fauna. Die Zahl der endemisch auftretenden Tierarten ist erheblich geringer als bei den Pflanzen. In der Bodenfauna überwiegen Spinnen, Weberknechte, Schnecken, Würmer und Hundertfüßler, bei den Insekten Schmetterlinge und Käfer. Wirbeltiere sind vor allem durch Vögel und Kleinsäugetiere vertreten, von den Lurchen und Kriechtieren halten nur wenige widerstandsfähige Arten das raue Bergklima aus. Im Winter verwaisen die Berglagen fast völlig.

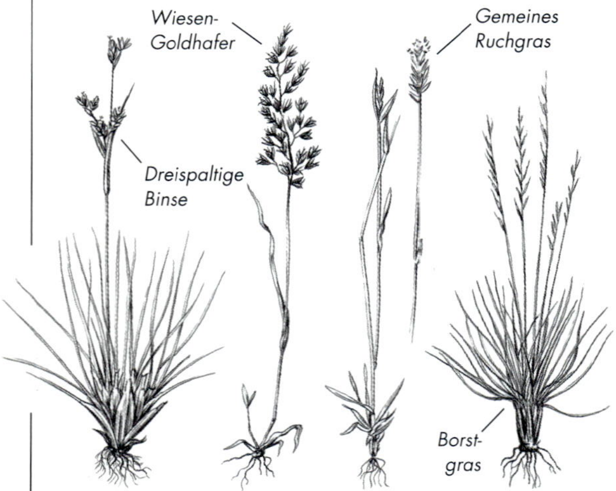

BERGWIESEN

Wiesen sind typische Pflanzenformationen hoher Berghänge und Ebenen. Auch hier ist die Artenzusammensetzung von bestimmten Faktoren abhängig. An nährstoffarmen Plätzen überwiegt *Grasbewuchs*, auf felsigem Untergrund weicht das BORSTGRAS dem Schilf und auf Berggipfeln der Dreispaltigen Binse. Auch Ruchgras und DRAHTSCHMIELE bilden Horste im Krummholz. *Goldhaferwiesen* bilden sich an Hängen mit stärkerer Humusschicht.

Polonina, die Einöde

Die baumlosen Gipfellagen der Waldkarpaten (Polonina) werden seit langem als Weiden genutzt. Durch die langfristigen Bemühungen der Hirten, die nach und nach die Wälder rodeten, um Weideland zu gewinnen, ist die Obergrenze der natürlichen Wälder zurückgedrängt worden. Weidende Schafe oder Rinder verhinderten neues Wachstum. Nur vereinzelt ist die niedrige kriechende Heidelbeere übrig geblieben.

Die kahlen Berggipfel verliehen den Wald- oder Ostkarpaten den Namen Polonina (abgeleitet aus dem Altslawischen Wort für Einöde, Wildnis).

Arbeitspferd

Das Huzulenpferd, kurz Huzul, hat eine gedrungene Gestalt, einen kräftigen Kopf und dichtes Fell am ganzen Körper. Als widerstandsfähiges Arbeitstier ist es für das gebirgige Terrain von enormem Wert. Seine ursprüngliche Heimat sind die Ostkarpaten in Rumänien und der Ukraine, wo es sich schon früh durch Domestizierung des Tarpans entwickelte. Seinen Namen hat es von Hirten rumänisch-russinischen Ursprungs, den Huzulen.

Gegenwärtig gehört der Huzul zu den bedrohten Rassen und wird nur noch in einigen Gestüten gezüchtet, z. B. in der Muran-Hochebene in der mittleren Slowakei.

DIE INSEKTEN DER BERGE

Hochgebirgsschmetterlinge und -käfer sind bei weitem nicht so farbenfroh wie ihre Verwandten aus den Niederungen. Viele von ihnen sind ausgesprochen selten.

Weißbindiger Mohrenfalter (✖ 33–40 mm)

Leistus montanus (8–9 mm)

Deliphrosoma prolongatum (4 mm)

Mohrbunteule (✖ 18–25 mm)

Deutscher Trägrüssler (10–15 mm)

Kiefernspinner (✖ 45–70 mm)

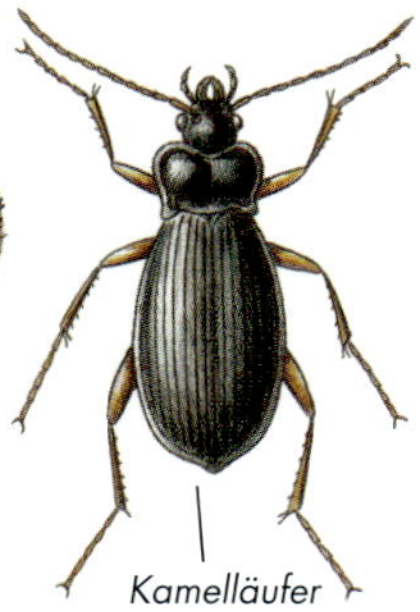

Kamelläufer Amara erratica (19–27 mm)

Der Steinadler hat eine Flügelspannweite von 2,2 m, seine Schwungfedern spreizt er wie Finger.

Apollofalter: Flügelspannweite 65–75 mm

Raupe des Apollofalters auf Weißem Mauerpfeffer

SCHÄTZE DER TIERWELT

Zu den wahren Schätzen der Natur in den europäischen Bergen gehört der Apollofalter. Dieser Schmetterling kommt von den Pyrenäen bis zu den Karpaten und weiter bis hinter den Baikal vor. Oft unterbricht er sein typisch langsames Flattern, um sich auf den Blüten der Bergwiesenblumen niederzulassen. Weil er leicht zu fangen ist, wurde er an einigen Stellen schon ausgerottet. Der Steinadler wurde durch die Zivilisation in die höheren Lagen verdrängt, optimale Brutstätten für ihn sind Waldgebiete mit Bergkesseln und Weiden. Er nistet auf unzugänglichen Felsen.

Das Aufkommen des Gletscherflohs (1 mm) ist zum Teil so erheblich, dass auf dem Schnee weit sichtbare schwarze Flecken entstehen.

Die etwa 5 mm große Schneeschnake gehört zu den Zweiflüglern und lebt in den Wäldern des Berglandes. Sie macht durch ihre ungewöhnliche Fortbewegungsart und die rosa Färbung im Schnee auf sich aufmerksam.

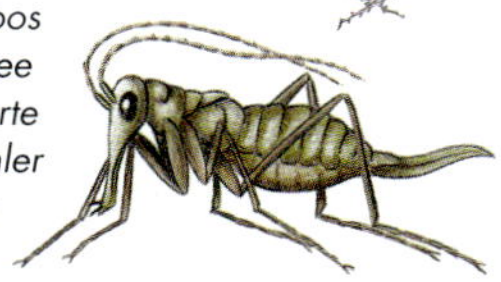

Der Schneefloh hält sich im Sommer im Moos auf, im Winter kann man ihn auch im Schnee sehen. Er ist 3–5 cm groß, hat verkümmerte Flügel und eine grünliche Farbe, nur Fühler und Beine sind rostfarben. Er kann bis zu 4 cm weite Sprünge machen.

GAST AUS DER TUNDRA

Die ursprüngliche Heimat des MORNELLREGENPFEIFERS ist die Tundra. Er brütet in der subalpinen Stufe, an anderen Orten sieht man ihn nur sporadisch. Im Sommer schmückt ihn ein deutlicher schwarzweißer Gürtel zwischen Brust und Bauch. Der Mornellregenpfeifer wird so groß wie eine Drossel.

Bei Mornellregenpfeifern brütet das Männchen. Es nimmt diese Aufgabe so ernst, dass es sogar Menschen auf Reichweite heranlässt, bevor es flüchtet.

SCHNEELIEBHABER

Verschneite Berghänge sehen verlassen aus, und nur selten sieht man vereinzelte Tierspuren von Hasen oder Hirschen. Dennoch ist auch ein Schneefeld nicht etwa ohne Leben. Auf der weißen Schneedecke und darunter existieren einige Insekten, die als *chionophile*, also schneeliebende Arten bezeichnet werden. Diese Arten sind äußerst selten: Sie gedeihen ausschließlich in einer Umgebung mit einer stärkeren, lang anhaltenden Schneedecke.

AUSFLUGSTIPPS

Riesengebirge

An der Grenze zwischen Tschechien und Polen bilden der tschechische und der polnische Nationalpark einen untrennbaren Komplex mit deutlicher subalpiner und angedeuteter alpiner Stufe. In den letzten 50 Jahren hat sich das Gesicht des Riesengebirges verändert – viele Wälder wurden durch Umweltverschmutzung vernichtet, auch die mehr als 10 Mio. Besucher jährlich hinterlassen unübersehbare Spuren. Aus diesem Grund wurde 1984 das Riesengebirge zu einem der elf meistgefährdeten Nationalparks der Welt erklärt. Zu den wertvollsten Bestandteilen gehören Eisgletscher, subalpine Hochmoore, ausgedehnte Krummholzbestände und auf polnischer Seite auch kleinere Gletscherseen. Hier entspringen Flüsse und andere Gewässer. Die Riesengebirgsflora ist Heimat vieler endemischer Pflanzen und bewahrt Relikte aus den Kaltzeiten.

Der Gipfel der Schneekoppe, des höchsten Bergs im Riesengebirge (1 602 m ü. NN), ist mit der Seilbahn (tschechische Seite) oder zu Fuß (polnische Seite) leicht erreichbar.

Der Übergang von subalpiner zu alpiner Stufe ist im Riesengebirge fließend.

11

HOCHGEBIRGE

Steile felsige Abhänge, Geröll, Zwerggehölze, kleine Grashorste, Bergseen und Gletscher prägen das Bild der Hochgebirge. Die Stille wird bisweilen vom Gepolter der Steine unterbrochen, die unter den Hufen von Gämsen oder Steinböcken wegrutschen. Nur während des kurzen Sommers kann man vielleicht den Ruf des Murmeltiers, die tiefe kehlige Stimme des Raben, die lauten Schreie eines Dohlenschwarms oder das raue Rufen des Steinadlers hören. Aber auch die Hochgebirge blieben nicht vom Einfluss des Menschen verschont, viele hier einst typische Arten wurden ausgerottet oder sind vom Aussterben bedroht.

1. *Gämse*
2. *Schneemaus*
3. *Kolkrabe*
4. *Steinadler*
5. *Hausrotschwanz*
6. *Schneesperling*
7. *Alpen-Apollofalter*
8. *Gewöhnliche Gebirgsschrecke*
9. *Faltenrandige Schließmundschnecke*
10. *Netz-Weide*
11. *Schnee-Enzian*
12. *Gletscher-Hahnenfuß*
13. *Alpen-Hauswurz*
14. *Herzblättrige Kugelblume*
15. *Edelweiß*
16. *Faltenlilie*
17. *Alpen-Aster*
18. *Berg-Spitzkiel*
19. *Knöllchen-Steinbrech*
20. *Alpen-Grasnelke*
21. *Zierliche Gelbflechte*

Flora und Fauna der Alpen zum Sommeranfang

Kurze Sommer, lange Winter

Pflanzen- und Tierwelt der Hochgebirge werden durch extreme Klimabedingungen geformt. Wie in der Tundra ist die Vegetationszeit hier kurz (bis zu 60 Tage), der Winter lang und hart, im Gegensatz zur Tundra allerdings schneereich. Die jährliche Durchschnittstemperatur liegt in Lagen über 2000 m ü. NN unter 2,5 °C, im Jahr fallen bis zu 1500 mm Niederschläge in Form von Regen oder Schnee. Das ganze Jahr über wehen starke Winde.

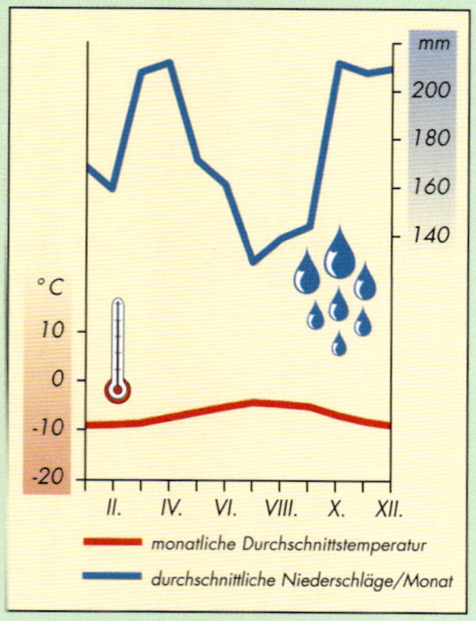

Temperaturen und Niederschläge – Alpen (St.-Bernhard-Pass, 2475 m ü. NN)

Gebirgstypen

Gebirge werden nach verschiedenen Kriterien eingeteilt. Nach der Ausprägung ihrer Gipfel unterscheidet man *Kammgebirge* mit einem deutlichen und scharfen Kamm, *Plateaugebirge* mit breiter Oberfläche, *Kettengebirge* mit mehreren, durch parallele Täler getrennten Kämmen und *Kuppengebirge* von unregelmäßiger Form mit mehreren Querteilungen. Von einem *Bergmassiv* spricht man, wenn sich das Gebirge ohne klar erkennbare Struktur in verschiedene Richtungen erstreckt.

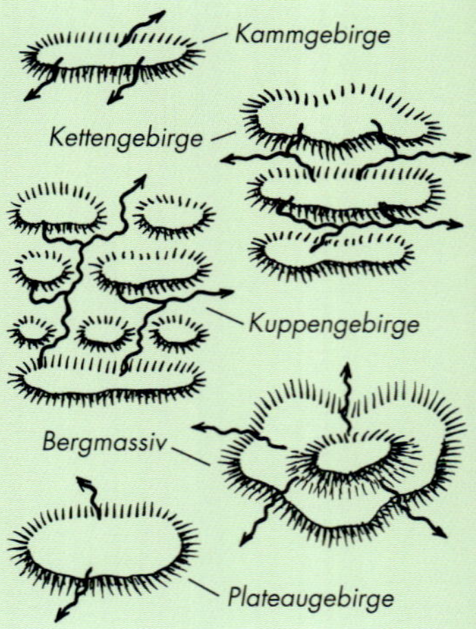

Schema verschiedener Gebirgstypen

Mittelgebirge und Hochgebirge
Nach dem relativen Höhenunterschied unterscheidet man *Tiefland* (mit Reliefunterschieden bis 30 m), *Hügelland* (30–200 m), *Bergland* (200–600 m) und *Mittelgebirge* (bis 1000 m). *Hochgebirge* sind nicht ganz so eindeutig definiert. Meist handelt es sich um Gebirge mit mehreren Gipfeln über 2500 m Höhe, manchmal aber auch nur mit 1500 m.

Die horizontale und vertikale Gliederung der Hochgebirge ist durch Reliefs mit scharfen Kämmen und Gipfeln deutlich erkennbar; Frostverwitterung (kryogene Prozesse) und Oberflächenmodellierung (Pyrenäen) sind maßgebliche Prozesse.

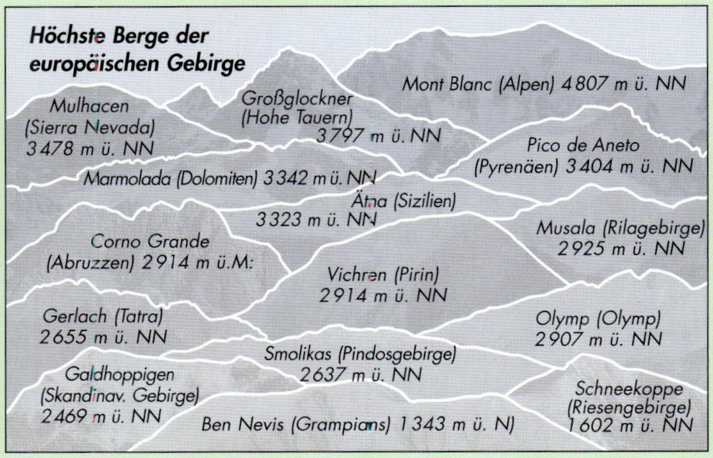

Die Vielfalt an Pflanzengesellschaften wird hervorgerufen durch große örtliche Unterschiede in Sonneneinstrahlung, Feuchtigkeit und Windeinflüssen (Pirin).

DIE FLORA DER HOCHGEBIRGE

Nur 2 % der Fläche Europas sind von Hochgebirgslagen über 2500 m ü. NN belegt. Mit steigender Höhe werden die subalpinen Wiesen zunehmend karger und machen Vegetationsinseln aus Kräutern Platz. Gehölzformationen lichten sich, bis in größerer Höhe nur noch kleine Weidensträucher vertreten sind. Auf Steinen und Felsen findet man sonnenverträgliche Moose und Flechten, die in der Schneestufe vorherrschen. Auf den felsigen Gipfeln der Berge fehlt jegliche Vegetation.

PFLANZENKISSEN

Typisch für viele Bergpflanzen, insbesondere Steinbrech oder Stängelloses Leimkraut, ist die Bildung von Kissen und Teppichen, in denen sie sich eng an den Boden schmiegen. Auf diese Weise können sie dem starken Wind widerstehen und Feuchtigkeit und Wärme erhalten. Die Innentemperatur der Pflanzenkissen kann die Außentemperatur um bis zu 20 °C übersteigen. Für viele Kleintiere bieten diese Pflanzen Schutz und Brutplätze. Organisches Material, das der Wind anweht, sammelt sich ebenfalls in den Kissen und fördert die Bodenfruchtbarkeit in unmittelbarer Nähe der Pflanzen. Dichte Härchen oder ein Wachsbelag an der Blattoberfläche sorgen für eine geringe Wasserverdunstung, bei einigen Steinbrecharten wird das Oberflächengeflecht sogar von Kalziumkarbonat verstärkt.

Stängelloses Leimkraut wächst in der Tundra und im europäischen Hochgebirge.

SCHUTZ VOR UV-STRAHLEN

Viele Hochgebirgskräuter zeichnen sich durch große, auffällig bunte Blüten aus. Diese scheinbare Spielerei der Natur ist ein wirksamer Schutz vor der starken ultravioletten Strahlung in den Bergen. Vor allem Blau und Rot absorbieren die schädlichen UV-Strahlen.

Der Frühlings-Enzian wächst in Gruppen auf Bergwiesen, Weiden und Felsen.

LEBEN AM GLETSCHER

Feuchtigkeit ist auch für viele Gebirgspflanzen eine unverzichtbare Grundvoraussetzung. Vor allem am Rand tauender Gletscher oder Schneefelder siedeln sie sich deshalb gerne an, obwohl gerade dort die Vegetationszeit besonders kurz ist. Im Frühling ist jeder Tag kostbar – viele Pflanzen zeigen deshalb ihre Blüten schon im Herbst –, denn einige sonnige Tage genügen, bis die ersten Blüten bereits im Schnee erscheinen. Bei schlechtem Wetter blühen die Pflanzen gar nicht.

Kälteliebende Pflanzen der europäischen Hochgebirge

Ewiges Eis

Auch die vereisten Flächen beeinflussen das Klima Europas. Diese umfassen insgesamt etwa 20400 km², der Hauptteil davon entfällt auf Island (etwa 11300 km²) mit dem größten europäischen Gletscher Vatna (8456 km²). Weitere Gletscher konzentrieren sich in den höchsten Lagen des Skandinavischen Gebirges (etwa 5000 km²). Die drittgrößte vereiste Fläche befindet sich in den Alpen (3600 km²) mit dem längsten Talgletscher (Aletschgletscher, 24 km). Der kleinste vereiste Bereich liegt in den Pyrenäen (30 km²) mit den südlichsten Gletschern Europas (42° 30' w.B.).

Die Alpengletscher werden durch die globale Erwärmung immer kleiner (Mont Dolent an der deutsch-frz. Grenze).

Schneekristalle

Schnee entsteht durch Kondensation von Wasserdampf in der Atmosphäre bei 0 °C und darunter. Die winzigen gefrorenen Wassertropfen bilden den Kondensationskern, die darauf wachsenden Eiskristalle verbinden sich zu einer *Schneeflocke*. Zuerst bilden sie eine lockere Schneedecke – mit zunehmender Dichte wird die Luft daraus verdrängt, die Eiskristalle bröckeln unter der eigenen Last und der Schnee nimmt eine grobkörnige Gestalt an. Er wird zum Firn. Als *Schneegrenze* bezeichnet man die Linie, über der der Schnee lange liegen bleibt (in den Alpen z.B. etwa 3000 m ü. NN).

Schneeflocken sind Eiskristalle mit einer sechsstrahligen Symmetrie.

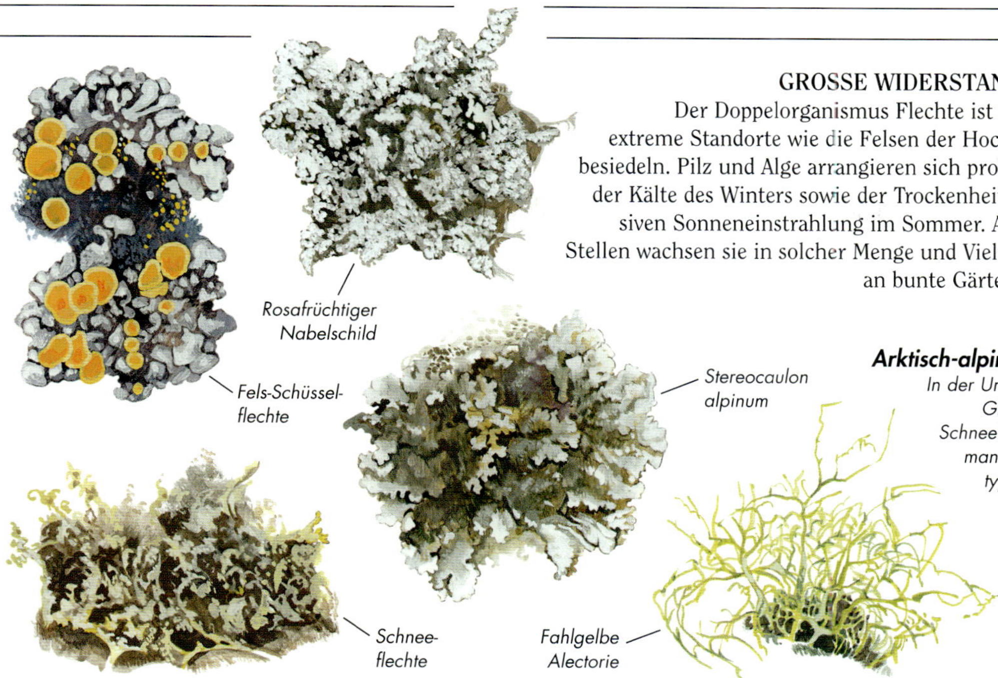

GROSSE WIDERSTANDSKRAFT

Der Doppelorganismus Flechte ist in der Lage, extreme Standorte wie die Felsen der Hochgebirge zu besiedeln. Pilz und Alge arrangieren sich problemlos mit der Kälte des Winters sowie der Trockenheit und intensiven Sonneneinstrahlung im Sommer. An manchen Stellen wachsen sie in solcher Menge und Vielfalt, dass sie an bunte Gärten erinnern.

Arktisch-alpine Flechten
In der Umgebung von Gletschern und Schneefeldern findet man viele tundratypische Arten.

Die Landkartenflechte wächst häufig an Silikatgestein von den nördlichsten Gebieten Europas bis zu den Alpen.

AUS DEN BERGEN IN DIE GÄRTEN

Zahlreiche Hochgebirgspflanzen, vor allem solche von niedrigem oder kissenartigem Wuchs sind als Steingartenpflanzen in unseren Gärten sehr beliebt. Zahlreiche Verkaufsausstellungen bieten heute in Spezialgärtnereien gezüchtete Bergpflanzen an. Leider werden aber auch immer noch Pflanzen aus ihrer natürlichen Umgebung gerissen und damit viele seltene Arten ausgerottet, obwohl mitgebrachte Alpenpflanzen die klimatische Umstellung meist ohnehin nicht überleben.

Primula auricula (Alpen-Aurikel, Alpenschlüsselblume, Petergstamm) wächst in Felsritzen von der montanen bis zur alpinen Stufe in Mittel- und Südeuropa.

DIE FAUNA DER HOCHGEBIRGE

Ebenso wie die subalpine ist auch die alpine Bergstufe relativ arm an Tierarten – starker Wind, Nahrungsmangel und lange, raue Winter erschweren das Überleben. Zahlreich vertreten sind Vögel, die die guten Bedingungen auf unzugänglichen Felsen für Brutplätze und zur Nahrungssuche nutzen, im Winter jedoch tiefere Lagen aufsuchen können (Kolkrabe, Dohle, Adler, Rötelschwalbe, Steinrötel u.a.). Pflanzenfresser verbringen den Winter im Winterschlaf (Murmeltier) oder weichen ebenfalls in tiefere Lagen aus. Große Raubtiere – sofern nicht ausgerottet – nutzen das Hochgebirge zeitweise als Jagdgebiet.

Der Bartgeier, einer der größten Raubvögel, lebt in Europa nur noch in den entlegensten Gebieten.

Gletscher

Gletscher bestehen aus homogen angeordneten Eiskristallen. Sie entstehen in den Polargebieten und in Hochgebirgen über der Schneegrenze durch allmähliche Umwandlung des *Firnschnees* (Dichte 0,55 g/cm³) zu *Firneis* (0,9 g/cm³). Man unterscheidet *Kontinentalgletscher* und *Gebirgsgletscher*, die entweder direkt unter Felshängen entstehen (*Kargletscher*) oder die Bergtäler füllen (*Talgletscher*). Bei einer Mächtigkeit von 30–50 m beginnt der Gletscher durch den Gravitationseinfluss zu rutschen und formt so die Landschaft. Alpengletscher bewegen sich täglich um 0,05–2 m.

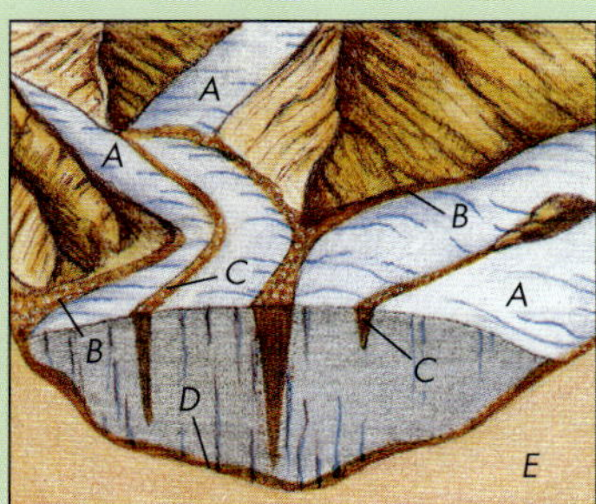

Querschnitt durch einen Berggletscher
A – Gletscherzungen
B – Seitenmoränen
C – Mittelmoränen
D – Grundmoränen
E – Nunatak (aufragender Felsen)

Scharfkantige Hufe

Das Leben im Gebirge ist nur durch spezifische morphologische Anpassungen und eine besondere Lebensweise möglich. Die muskulösen Beine der Gämse mit ihren langen, elastischen Hufen erleichtern die Fortbewegung auf steilen Felshängen. Die scharfen Kanten der Hufe halten sich auch an den kleinsten Felsvorsprüngen fest, die Unterseite haftet wie Gummi am Untergrund. An steilen Hängen verkeilen sich auch die Afterklauen im Untergrund, so dass die Gämse sofort gestützt ist. Außerdem ermöglicht die außergewöhnliche Skelettkonstruktion eine bessere Beweglichkeit – Gämsen haben spezielle Fortsätze an den Beinknochen, die ihnen beim Springen als Hebel dienen.

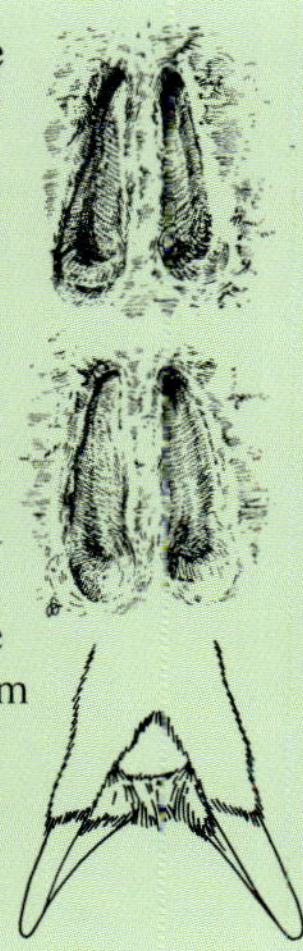

Die Spuren der Gämsenvorderläufe sind keilförmig mit scharfen Umrissen und einer breiten Lücke zwischen den Klauen (Länge 5–6 cm, Breite 3 cm), die Abdrücke der Hinterläufe sind fast oval.

Die Hautmembran zwischen den gespreizten Gämsenklauen dient als „Schneeschuh".

Gletscherfalter (✖ 50–60 mm)

Alpenweißling (✖ 35–40 mm)

Alpengelbling (✖ 35–45 mm)

HOCHGEBIRGS-SCHMETTERLINGE

Unter den Wirbellosen der alpinen Stufe findet man mehrere besonders seltene und interessante Arten. Darunter fesseln vor allem Schmetterlinge die Aufmerksamkeit ihrer Betrachter. Einige Arten kommen auch noch in großen Höhen vor. Den Rekord halten wohl *Gletscherfalter* und *Alpenwidderchen*, denen man in den Alpen noch in Höhen um 3000 m ü. NN begegnet.

Auffallend lange Tasthaare um die Schnauze (Vibrisse) ermöglichen der Schneemaus eine bessere Orientierung im Labyrinth der Felsen. Diese Tasthaare findet man auch bei der in den Bergen der Balkanhalbinsel lebenden Felsenmaus.

DIE MAUS DER BERGE

In Europa lebt die Schneemaus ausschließlich über der oberen Baumgrenze bis in 4700 m Höhe. Sie ist größer als andere Mäuse, hat eine ungewöhnliche Färbung und einen langen Schwanz. In freier Natur sieht man das scheue Tier selten, nur in den Alpen hat sie sich schon so an die Menschen gewöhnt, dass sie auch tagsüber um die Berghütten huscht.

In den Bergen ist die Schneemaus an ihrer silbergrauen bis bläulichen Färbung auf dem Rücken und an den Seiten zu erkennen. In tieferen Lagen würde das Fell bald braun.

Die Hörner des Iberischen Steinbocks sind gebogen wie eine Lyra.

Der Iberische Steinbock lebt in den hohen Lagen Mittel- und Südspaniens (Sierra Nevada, Sierra Morena, Sierra de Segura usw.) und auf den Pyrenäen. Im Norden Portugals war er zu Beginn des 20. Jahrhunderts ausgerottet. Vom Alpensteinbock unterscheidet er sich durch die hellere Färbung, dunklere Beine und die Form der Hörner.

ZWEI STEINBOCKARTEN IN EUROPA

Im Vergleich zur GÄMSE wirkt der Steinbock schwerfälliger, klettert aber genauso schnell und sicher an steilen Wänden entlang. Er bewohnt die Hochgebirge und gelangt im Sommer bis zu 3000 m ü. NN. Die Männchen haben fast 1,5 m lange Hörner, die vorn mit auffälligen Querhöckern besetzt sind. Steinböcke leben in Herden von 10–20 Tieren aus Weibchen, Jungtieren und jungen Männchen. Die alten Männchen leben getrennt in kleinen Rudeln oder einzeln.

Der Steinbock hat säbelförmige Hörner.

Der Steinbock hat nur in den norditalienischen Alpen überlebt, von wo aus er später in andere Gebiete seines ehemaligen Lebensraums ausgewildert wurde. Der heutige Bestand wird auf über 30000 Tiere geschätzt.

Steinbockgeißen sind fast so groß wie Böcke, haben aber kürzere Hörner.

Steinböcke bekommen je 1–2 Junge.

Bedrohte Bergwelt

Auch die abgelegenen Hochgebirge blieben vom Eingriff des Menschen nicht verschont. Bereits im Mittelalter, im Süden sogar noch eher, wurden die Weiden bis über die obere Baumgrenze für das Vieh genutzt und so die in den Bergen lebenden Huftiere von den reichen subalpinen und alpinen Wiesen auf karge Felsabhänge verdrängt. Einige Jahrhunderte später trugen Jäger mit ihren Schusswaffen zur drastischen Reduzierung der Tierbestände bei.

Größtes Problem in der Gebirgslandschaft ist heute der Massentourismus.

Steinhühner

Hoch in den Bergen Süd- und Südosteuropas leben Hühnervögel, die in Gestalt und Lebensweise an Rebhühner erinnern, allerdings etwas größer und bunter sind.

Sie leben an felsigen, mit Gras und Sträuchern bewachsenen Standorten und gelangen bis in 3500 m Höhe.

Schnell und wendig bewegen sie sich über das anspruchsvolle Terrain, beim Auffliegen flattern sie laut mit den Flügeln. Die Tiere leben in Scharen, und wenn man sie stört, stieben sie auseinander. Das Weibchen legt 9–14 rotbraun gesprenkelte Eier in eine Erdmulde und brütet diese dann 24–26 Tage aus. Um den Nachwuchs kümmern sich beide Eltern. Rebhühner wurden als Jagdwild auch im europäischen Binnenland ausgesetzt.

Die Heimat des Steinhuhns reicht von den Alpen bis Süditalien und Griechenland.

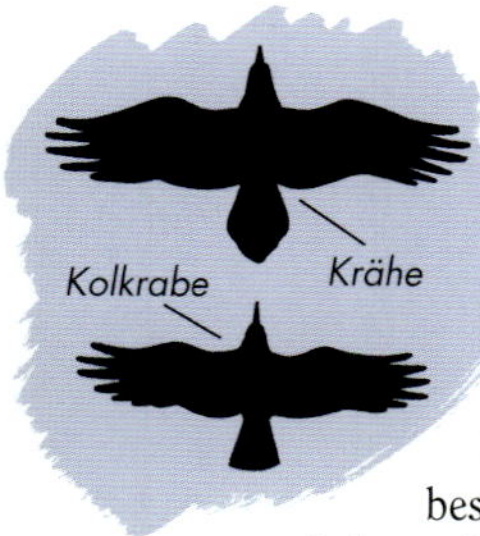

Oft werden Kolkraben mit Nebelkrähen oder Saatkrähen verwechselt. Dabei unterscheiden sie sich nicht nur in der Größe, sondern auch in Silhouette und Schwanzform.

FLUGAKROBATEN

Die Flugkünste des KOLKRABEN sind mit denen vieler Raubvögel vergleichbar – er kann segeln und in großen Höhen lange kreisen, ohne die Flügel zu bewegen. Während der Balz stellt er sein Können allerdings besonders unter Beweis, wenn er plötzlich hinabsinkt, wieder aufsteigt, sich dreht und sogar kopfüber fliegt. Der Gesang ähnelt einem „karronk", „grok" oder „kroar". Auch Dohlen sind Flugakrobaten. Im Unterschied zu den in Paaren lebenden Raben leben sie aber in Kolonien und sind keinesfalls scheu.

Alpendohle

Alpenkrähe

Alpendohlen sind typische Vertreter der alpinen Stufe, ins Gebirgsvorland fliegen sie nur im Winter. Alpenkrähen findet man auch in tieferen Lagen und an der Küste (Irland, Wales, Bretagne).

Der Kolkrabe ernährt sich von Aas, Abfällen,Nagetieren und anderen Kleintieren.

Der Bergmolch stammt aus den Pyrenäen. Seine Larven entwickeln sich innerhalb eines Jahres im Wasser zu Jungtieren.

SCHWANZ-LURCHE

Der Alpensalamander unterscheidet sich vom häufiger vorkommenden Feuersalamander nicht nur durch die einheitliche schwarze, seltener dunkelbraune Färbung, er ist auch etwas kleiner. Als einer der wenigen Lurche lebt er in den Alpen in Höhen bis zu 3000 m ü. NN. Er ist nachtaktiv und nur bei Regenwetter zu beobachten. Tagsüber versteckt er sich unter Steinen. Der Bergmolch lebt am Ufer von Gebirgsbächen und Seen mit sauberem, kaltem Wasser, in das er sich bei Gefahr sofort zurückzieht.

Der Alpensalamander ist eine lebend gebärende Art. 1–2 Jungen werden pro Wurf geboren. Die Tragzeit beträgt 2–3 Jahre. Durch diese für Lurche ungewöhnliche Fortpflanzungsweise haben sich Alpensalamander an die ungünstigen Bedingungen der Gebirgsregion angepasst.

SCHARFER BEOBACHTER

Das Murmeltier wacht den ganzen Tag vor seinem Bau auf steilen Hängen und meldet jede verdächtige Bewegung, die es bereits auf große Entfernungen wahrnimmt, mit einem scharfen Pfiff. Für Gämsen, Steinböcke und andere Tiere hat es so einen unschätzbare Wert, denn sie werden vor Gefahren sofort gewarnt. Allerdings funktioniert dieser Gratisalarm nur im Sommer, denn zwei Drittel des Jahres (von Oktober bis April oder Mai) hält das Murmeltier Winterschlaf.

Von Murmeltieren bewohnte Gebiete sind von unterirdischen Gängen durchzogen. Ihr Winterbau ist 10–20 m lang und über 1 m tief.

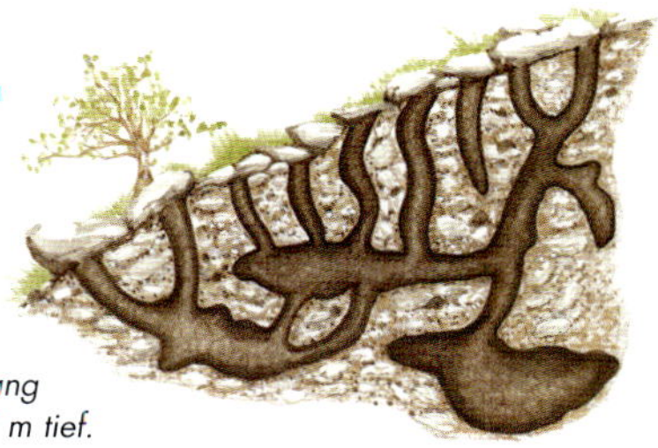

Das Murmeltier ist mit dem Eichhörnchen verwandt, es lebt in Kolonien zu je 3–18 Tieren. Die Tiere wiegen bis zu 8 kg, magern über den Winter aber völlig ab.

AUSFLUGSTIPPS

Nationalpark Ordesa

Der Nationalpark Ordesa befindet sich in der spanischen Provinz Huesca und erstreckt sich über mehr als 150 km². Er präsentiert eine typische Hochgebirgslandschaft mit gut entwickelten Vegetationsstufen von montanen Buchenwäldern bis zu alpinen und nivalen Ökosystemen auf den höchsten Kämmen und Gipfeln (Monte Perdido, 3355 m ü. NN). Hier gibt es alle für die Berge typischen Pflanzen- und Tierarten.

Der Ordesa-Nationalpark wurde bereits 1918 gegründet.

Tatra-Nationalpark

Die Tatra ist das höchste Gebirge der Karpaten, die die Ungarische Tiefebene wie ein Ring umspannen. Zum slowakischen TANAP (gegründet im Jahr 1948) gehören die Westtatra, die Hohe und die Belaer Tatra (mehr als 767 km²), hinter der Grenze schließt sich der polnische Teil des Nationalparks an. Er zeichnet sich durch erhabene Felsreliefs, mehr als hundert Gletscherseen, Moränen, Steinmeere und Steintäler aus, aber auch eine reiche Flora und Fauna ist dort zu finden. Ausgangspunkte sind die Städte Štrbské pleso, Starý Smokovec und Tatranská Lomnica, bzw. Zakopane.

In der Tatra liegt die obere Baumgrenze bei etwa 1500 m ü. NN, die Krummholzstufe bei etwa 1800 m ü. NN, die alpine Stufe endet bei 2300 m ü. NN.

12 KAHLSCHLÄGE

Kahlschläge unterbrechen zusammenhängende Waldbestände und entstehen auf verschiedene Weise – durch Baumfällungen, durch starken Schädlingsbefall des Bestandes, z.B. Borkenkäfer, oder aber durch Naturkatastrophen. Zunächst wirken Kahlschläge trostlos und unbewohnt, nach 2–3 Jahren siedeln sich jedoch Kräuter, später auch Sträucher an, je nach Vegetationszone. Erst nach einigen Jahrzehnten entsteht ein neuer Wald. Auf Kahlschlägen können sich neue Tier- und Pflanzenarten ansiedeln, außerdem bieten sie auch beheimateten Arten Nahrung und Unterschlupf.

1. Rehbock
2. Haselmaus
3. Baumpieper
4. Gimpel
5. Heckenbraunelle
6. Kreuzotter
7. Brauner Bär
8. Kaisermantel
9. Gefleckter Schmalbock
10. Gemeine Winterschwebfliege
11. Waldwespe
12. Himbeere
13. Zwerg-Holunder
14. Walderdbeere
15. Echtes Johanniskraut
16. Roter Fingerhut
17. Schmalblättriges Weidenröschen
18. Großblütige Königskerze
19. Genfer Günsel
20. Wilder Majoran
21. Land-Reitgras
22. Bärenschote
23. Fuchsgreiskraut

Bewachsener Kahlschlag einige Jahre nach der Rodung

Schnelle Anpassung der Vegetation
Auf Kahlschlägen verändern sich innerhalb kürzester Zeit die Lebensbedingungen – Sonne, Wind, direkter Regen und starke Temperaturschwankungen lösen ein eher stabiles Kleinklima ab. Doch die Vegetation passt sich schnell an, denn anspruchslose Waldpflanzen, die Sonne wie Schatten, Feuchtigkeit und Trockenheit tolerieren, besiedeln die Flächen zuerst.

Kahlschläge können durch Wiederaufforstung schneller in den ursprünglichen Zustand versetzt werden, ansonsten dauert es einige Jahrzehnte.

Wandel der Pflanzengesellschaften
Das umweltbedingte Ablösen einer Pflanzengesellschaft durch eine andere wird als Sukzession bezeichnet. Auf Ablagerungen an Bachufern oder auf Halden in der Nähe von Schächten, wo zuvor keine Vegetation vorhanden war, spricht man von *Primärsukzession*. Eine *Sekundärsukzession* findet man z.B. bei Kahlschlägen. Die klimatisch bedingte Schlussgesellschaft der Vegetationsentwicklung bezeichnet man als *Klimax*. Dieser Zustand bietet Pflanzen und Tieren die für diesen Standort optimalen Lebensbedingungen.

Wegbereiter des Waldes
In Kahlschlägen mit zunächst heftigen Wetterschwankungen siedeln sich zuerst widerstandsfähige Baumarten an, die Hitze und Fröste vertragen – Birken, Weiden, Espen und Ebereschen. Anspruchsvollere Gehölze kommen später nach.

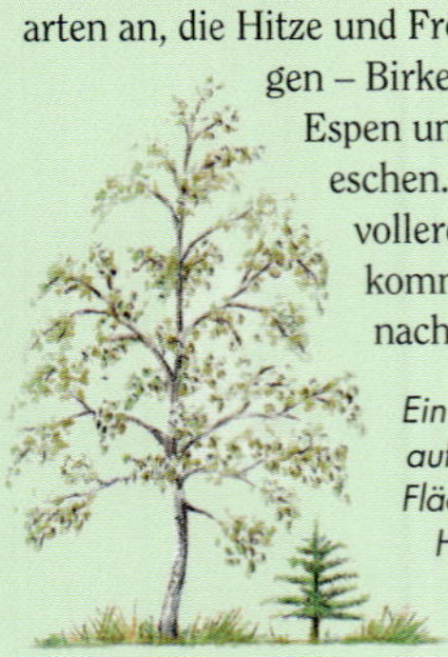

Ein Pionierbaum auf abgeholzten Flächen ist die Hängebirke.

Jahresringe
Jahresringe entstehen durch abwechselndes Wachstum von (hellem) Frühholz und (dunklem) Spätholz, wobei der Übergang vom Frühholz zum Spätholz fließend ist, der vom Spätholz des alten Jahres zum Frühholz des neuen aber eine markante Trennlinie zeigt. Nach der Anzahl der Jahresringe kann man das Alter eines Baumes schätzen. Die Breite des Holzzuwachses zeigt die jeweilige Menge der zugänglichen Nährstoffe, Krankheiten, Schädlingsfraß, trockene Jahre oder harten Frost an. Eine ungleichmäßige Entwicklung kann auf einseitigen Wind- oder Lichteinfall hindeuten.

Querschnitt durch Kiefernholz

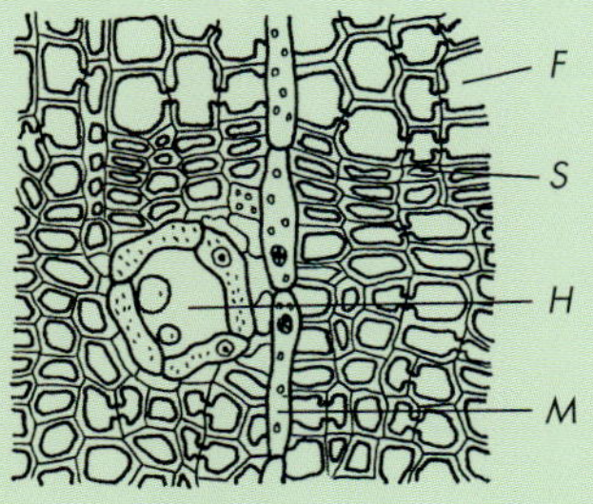

Das weichere Frühholz führt v. a. Wasser, das Spätholz macht den Stamm fester.
F – Frühholz mit größeren Zellen
S – Sommerholz mit kleineren Zellen
H – Harzkanal
M – Markstrahlen

Ungewöhnliche Meteorologie
Mit der Erforschung der Jahresringe befasst sich die *Dendrochronologie*. Am Beispiel einer nordamerikanischen Sequoia kann man eine Zeitreise in die Vergangenheit machen. Die unterschiedlichen Stärken der Jahresringe lassen auf kurzzeitige Wetterschwankungen und langfristige Klimaveränderungen schließen. Die Jahresringe alter Eichen aus Auenwäldern oder von Teichdämmen machen Forschungen bis ins Mittelalter (400–500 Jahre) möglich.

Während das Höhenwachstum der Bäume zeitlich begrenzt ist, wachsen sie bis ins hohe Alter in die Breite.

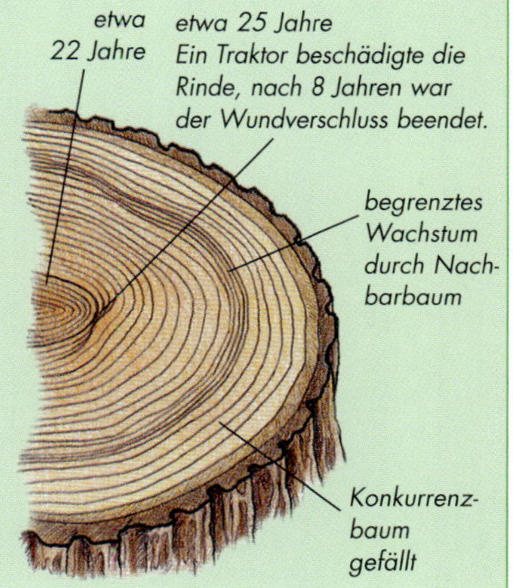

Die gelben Blüten des Fuchsgreiskrauts werden im Spätsommer durch weiße Flaumbüschel ersetzt. Die hellvioletten Stängel und Blätter sind kahl, beim Jakobsgreiskraut mit Härchen bewachsen.

NEUBESIEDLUNG

Zuerst fassen *nitrophile* (stickstoffliebende) Pflanzen auf Kahlschlägen Fuß, allen voran die ein- bis zweijährigen Greiskräuter. Wenn sie genügend Licht erhalten, entwickeln sich zusammenhängende Bestände. Auch andere Arten besiedeln das Areal, die nicht anpassungsfähigen unter ihnen gehen aber wieder zugrunde.

Die in Trauben angeordneten, nektarreichen Blüten des Wald-Weidenröschens sind eine regelrechte Bienenweide.

DIE ZWEITEN SIEDLER

Mit der Zeit gehen die Greiskrautbestände langsam zurück und weichen dem Schmalblättrigen Weidenröschen. Die über 1 m hoch wachsende Pflanze hat schmale lanzettliche Blätter und bildet behaarte Samen, die aus den aufgeplatzten Kapseln herausspringen. Die Wurzeln des Weidenröschens enthalten viele Gerbstoffe. Greiskraut und Weidenröschen werden an feuchten Stellen von einigen Distelarten begleitet.

WOHER DER FLIEGENPILZ SEINEN NAMEN HAT

Früher wurden Fliegenpilze tatsächlich zur Fliegenbekämpfung eingesetzt: Der Pilzhut wurde mit Zucker bestreut und auf eine freie Fläche gelegt. Die durch den süßen Saft angelockten Fliegen starben an der Wirkung der giftigen Alkaloide.

EINE FALSCHE GLOCKENBLUME

Fingerhut ist die Zierde von Kahlschlägen im Gebirgsvorland und in den Bergen. Er wächst oft in Gruppen, und seine auffälligen Blüten sind weithin zu sehen. Auch wenn die 4–6 cm lange Blütenkrone glockenförmig ist, hat er mit echten Glockenblumen nichts gemein. Alle Fingerhutarten enthalten giftige Glykoside, die die Herztätigkeit beeinflussen und deshalb für Medikamente gegen Herzkrankheiten verwendet werden. Der zweijährige ROTE FINGERHUT bildet im ersten Jahr eine bodenständige Blattrosette, aus der im zweiten Jahr ein bis zu 1,5 m hoher Stängel wächst. Der Fingerhut samt sich überall aus und besiedelt auch nicht typische Standorte.

Der Fliegenpilz ist für den Menschen schädlich, aber nicht hochgefährlich. Sein Gift kann eine Rauschwirkung entfalten.

Kahlschläge verändern das Mikroklima des Waldes.

Der ausdauernde Großblütige Fingerhut mit gelben, braun gesprenkelten Blüten wächst oft mit dem Roten Fingerhut.

Der Großblütige Fingerhut wird als Heilkraut angepflanzt und gelangt nur selten an Naturstandorte.

DIE FLORA DER KAHLSCHLÄGE

Lässt man Moose und Flechten unberücksichtigt, besiedeln nur etwa 50 Pflanzenarten Kahlschläge. Allerdings sind die am häufigsten vertretenen Arten oft auch in großen Mengen vorhanden. Zunächst wächst die Krautschicht heran, später erscheinen die Gehölze, das Unterholz verarmt allmählich wieder. Außer FUCHSGREISKRAUT, SCHMALBLÄTTRIGEM WEIDENRÖSCHEN und Gräsern wachsen auf Kahlschlägen auch ROTER FINGERHUT, verschiedene Arten Johanniskraut und Glockenblumen, Wilde Engelwurz, Ehrenpreis, Himbeeren und Brombeeren, HEIDELBEEREN, Preiselbeeren und Heidekraut sowie Brennnesseln und Sauerampfer.

Ein süßer Leckerbissen

Im Sommer locken die vielen Himbeer-, Brombeer-, Heidelbeer- und Preiselbeersträucher der Kahlschläge unzählige Früchtesammler an. Lesen diese die Sträucher zu gründlich ab, bleibt für die Waldtiere nicht mal ein Rest übrig. Dabei verzehren auch Tiere gern die reifen Früchte – außer Raubvögeln und Eulen alle Vögel, Mäuse, Marder, Wespen, Hornissen und verschiedene andere Insekten und deren Larven. Auch der Bär als Allesfresser frisst von den süßen Leckerbissen.

Die Früchte der Brombeere sitzen im Gegensatz zur Himbeere fester am Fruchtboden.

Grasbewuchs auf Kahlschlägen

Weder Greiskraut noch Weidenröschen besiedeln eine Kahlschlagfläche vollständig. Entweder kommen auf besseren Böden Himbeeren, Brombeeren und andere Sträucher dazu, oder die abgeholzten Flächen wachsen mit Gräsern zu, v. a. Reitgras, Rasen-Schmiele oder Straußgras. Dann siedeln sich WALDERDBEEREN, Blutwurz-Fingerkraut, Gamander-Ehrenpreis, verschiedene Glockenblumen und den Gräsern ähnliche Binsen an.

Die Blüte der Rasen-Schmiele verleiht dem Kahlschlag einen rotgelben Zauber.

Die kleinen hellroten Steinfrüchte des Trauben-Holunders leuchten ab Mitte Juli.

EIN PLATZ FÜR PILZE?

Neu entstandene Kahlschläge sind absolut keine Pilzstandorte, denn der ausgetrocknete und teilweise extrem aufgeheizte Boden – im Sommer kann die Temperatur leicht über 40 °C ansteigen – bekommt den feuchtigkeitsliebenden Pilzen nicht. Ebensowenig fühlen sie sich unter Himbeer- und Brombeersträuchern oder zwischen Grasteppichen wohl.

DREI HOLUNDERARTEN

Zu den lichtliebenden Gehölzen, die sich als erste auf Kahlschlägen ansiedeln, gehört der Holunder aus der Familie der Geißblattgewächse. Dabei helfen ihm die Vögel, die die Beeren und mit ihrem Kot auch die Samen verbreiten. Stimmen die Standortfaktoren, dann findet man alle drei heimischen Arten: Zwerg-Holunder, Trauben-Holunder und Schwarzer Holunder.

Der Zwerg-Holunder wird 1,5–2 m hoch. Die ganze Pflanze riecht unangenehm, nur die Blüte duftet nach Bittermandeln. Die Samen der schwarzen Steinfrüchte sind giftig.

Spinnenfäden werden in den Spinnwarzen produziert. Die daraus fließende weiße Eiweißflüssigkeit wird an der Luft schnell fest.

FILIGRANES KUNSTWERK

Spinnennetze gehören zum Spätsommer und Herbst dazu. In großer Menge sieht man sie im Gras, an Sträuchern und niedrigen Bäumen hängen, vor allem morgens, von Tautropfen benetzt. Spinnenfäden ähneln in ihrer Zusammensetzung den seidigen Fäden der Seidenspinnerraupen. Trotz ihrer Zartheit – ihr Durchmesser beträgt einige Hundertstel- bis Tausendstelmillimeter – sind sie ungewöhnlich fest; sie sollen eine höhere Tragkraft haben als ein gleich starkes Stahlseil. Die Netze einiger Spinnenarten sind nur einfache und unauffällige Gespinste, andere, z. B. die Laufspinnen, kommen ganz ohne Netze aus.

Die höchstens 7mm große Grüne Krabbenspinne fängt ihre Beute im Sprung und greift sie blitzschnell mit ihren Beinen.

JOHANNISKRAUT

Seinen Namen verdankt das ECHTE JOHANNISKRAUT der Tatsache, dass es um Johanni (Johannistag am 24. Juni) herum am reichsten blüht. Zerreibt man die Blüten oder andere Pflanzenteile, färben sich die Finger dunkelrot (Blut des Heiligen Johannes). Verantwortlich dafür ist der duftende ölige Farbstoff *Hyperizin*, der auch auf Stängeln, Blättern, Blüten und Früchten des Krautes Flecken verursacht. Noch heute wird die Pflanze naturheilkundlich genutzt.

DIE FAUNA DER KAHLSCHLÄGE

Durch einen Kahlschlag verändern sich die Lebensbedingungen auch für die Tierwelt schlagartig. Viele Tiere verlassen den Standort oder gehen zugrunde. Erst die zahlreichen Blüten von Greiskraut, Weidenröschen und Sträuchern locken Insekten an, und die reifen Früchte Vögel und Säugetiere. Sobald Gräser oder junge Bäumchen das Areal in Besitz nehmen, verändert sich die Zusammensetzung der Tiergesellschaft erneut. Nun sind es Rehe, Hirsche und Wildschweine, denen das Dickicht tagsüber Schutz bietet.

Pestizide gegen Beikräuter

Die Aufforstung eines Kahlschlages wird durch das üppige Wachstum von Pflanzen der Krautschicht oft erschwert. Diese konkurrieren nämlich mit den neu gepflanzten Bäumchen um Licht und Nährstoffe und gewinnen den Wettstreit allzu häufig. Früher wurde deshalb mehrmals im Jahr um die jungen Bäume herum gemäht. Heute verwendet man zum Schutz der Bäumchen Herbizide.

Durch die Herbizidbehandlung wirkt der Kahlschlag noch unnatürlicher. Diese Methode ist nicht sehr umweltfreundlich.

Verwundetes Bäumchen

Rehböcke scheuern zum Frühlingsanfang den vertrockneten Bast ihres Gehörns an jungen Baumstämmchen ab. Dabei schaben sie die weiche Rinde von den Bäumen. Durch das so genannte Abfegen wird gleichzeitig ein Sekret aus der Stirndrüse abgegeben, das neben der optischen Markierung des Reviers auch einen typischen Geruch erzeugt. Rotwild macht sich zum Fegen bevorzugt über die Stämme älterer Bäume her.

Diese durch das Abfegen stark beschädigte junge Lärche wird vertrocknen.

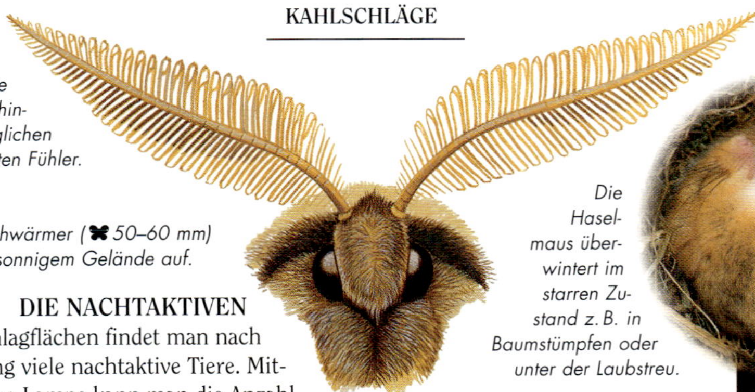

Die dichte Behaarung der Nachtfalter und die Härchen und Fransen an den Flügelrändern verhindern die Entstehung von Luftwirbeln und jeglichen Geräuschen, ähnlich wie die verzweigten Fühler.

Der Kleine Weinschwärmer (✖ 50–60 mm) hält sich gern auf sonnigem Gelände auf.

DIE NACHTAKTIVEN

Auf Kahlschlagflächen findet man nach Sonnenuntergang viele nachtaktive Tiere. Mithilfe einer großen Lampe kann man die Anzahl und Arten nachtaktiver Lebewesen, wie Falter, Schwärmer und andere Schmetterlinge feststellen. Neben dem ausgeprägten Geruchssinn erleichtert das gut ausgebildete Gehör den Nachtfaltern das Leben im Dunkeln. Sie können sogar in verhältnismäßig großer Entfernung die Ultraschalltöne der Fledermäuse vernehmen. Bei Gefahr verschwinden sie im zickzackförmigen Flug, oder sie legen augenblicklich ihre Flügel an den Körper und fallen zu Boden.

Nachtaktive Insekten fängt man z. B. mit einem vor eine Lichtquelle gehängten Segel.

Die Haselmaus überwintert im starren Zustand z. B. in Baumstümpfen oder unter der Laubstreu.

Die Haselmaus mit ihrer weißen Schwanzspitze ist selten zu sehen. Gerade am Schwanzende kleiner Säugetiere tritt häufig Albinismus auf.

KLEINSTER BILCH

Die Haselmaus gehört zu den Bilchen und kommt in allen Waldtypen mit üppigem Unterholz und Sträuchern vor. Auch sie ist dämmerungs- und nachtaktiv. Sie baut sich ein kugelförmiges Nest aus Gras und Laub, manchmal kriecht sie auch in Baumhöhlen oder Vogel-Nistkästen.

LAUTE HIRSCHE

Ein nicht alltägliches Erlebnis bietet Ende September die Brunftzeit der Hirsche. Den größten Teil des Jahres leben Hirsche getrennt von Hirschkühen und den Jungtieren, und trotz ihrer Größe sieht man sie nie. Während der Brunftzeit ist alle Vorsicht vergessen, und mit tiefen Kehllauten (Röhren) rufen sie zum Zweikampf. Der „Sieger" lebt einige Zeit im Rudel der Hirschkühe, verlässt sie aber sofort nach der Paarung wieder.

C-Falter (✖ 25 mm)

Gelbringfalter (✖ 30 mm)

Heidegrashüpfer (10 mm)

Goldfliege (10 mm)

Grüner Sauerampferkäfer (4–6 mm)

DIE INSEKTEN DER KAHLSCHLÄGE

Sobald die Sonne im Frühling hoch genug über den Bäumen steht, erscheinen auf dem Kahlschlag die ersten Insekten. Außer den Waldameisen sind es vor allem schwarze Fliegen mit schlankem Körper und kräftigen Beinen – die Marcus- oder Märzfliegen. Sie fliegen in großen Mengen über den Boden und paaren sich. Die Artenvielfalt auf Kahlschlägen erreicht im Sommer ihren Höhepunkt, wenn die Blüten Wespen, Bienen und andere Hautflügler, Fliegen und Schwebfliegen, Prachtkäfer, Blattkäfer und verschiedene Schmetterlinge anlocken. Natürlich sind auch Blattwanzen und Läuse dabei.

Eine grüne Apotheke

Kahlschläge eignen sich gut zum Sammeln verschiedener Heilkräuter. Der beste Zeitpunkt hierfür ist der späte Vormittag, bei trockenem Wetter. Im Schatten und bei Durchzug werden die Kräuter langsam getrocknet, bis sie zerbröseln. Es gibt auch spezielle Trocknungsgeräte, bei denen die optimale Temperatur eingestellt werden kann.

Echtes Tausendgüldenkraut – man sammelt das gesamte Kraut, der Aufguss hilft gegen Appetitlosigkeit.

Kraut	*Sammelzeit*	*Pflanzenteile*	*Verwendung*
Heidelbeere	*VI.–X.*	*Blätter, Früchte*	*Verdauungsprobleme*
Wilder Majoran	*VI.–VIII.*	*Kraut*	*Husten, Appetitlosigkeit*
Walderdbeere	*V.–IX.*	*Blätter*	*Husten, Darmprobleme*
Eberesche	*VIII.–IX.*	*Früchte*	*Darmprobleme*
Himbeere	*V.–VII.*	*junge Blätter*	*beruhigende Wirkung*
Brombeere	*VI.–VII.*	*junge Blätter*	*Darmprobleme, Husten*
Huflattich	*III.–IV.*	*Blüten, Blätter*	*Husten, Entzündungen*
Echtes Johanniskraut	*VII.–VIII.*	*Kraut, Blüten*	*Nervosität, Nierenerkrankungen*
Tausendgüldenkraut	*VII.–VIII.*	*Kraut*	*Appetitlosigkeit*

Erfrischungstee

Zusammensetzung: 2 Teile Erdbeerblätter und je 1 Teil Himbeer- und Brombeerblätter. Die Blätter müssen vor dem Trocknen unbedingt aufbereitet (fermentiert) werden, sonst schmeckt der Tee bitter! Am besten einen Tag im Schatten welken lassen, dann die Blätter flach in ein Tuch einschlagen und warm aufbewahren. Nach 2 Tagen normal weitertrocknen. Die fermentierten Blätter werden dunkelbraun.

Gemeine Waldschwebfliege (10–15 mm)

Hummelschwebfliege (13–15 mm)

Ameisenschwebfliege (10–12 mm)

Gemeine Langbauchschwebfliege (11–13 mm)

FLIEGE ODER BIENE?

Die Gemeine Waldschwebfliege wird mit ihrem schwarzgelb gestreiften Hinterteil oft mit einer Biene oder Wespe verwechselt. Hummelschwebfliegen erinnern auf den ersten Blick tatsächlich an Hummeln, bei genauerem Hinsehen bemerkt man aber, dass sie nur ein Flügelpaar haben. Schwebfliegen sind Zweiflügler, also Fliegen, die durch Nachahmung von Hautflüglern (Mimikry) versuchen, Feinde abzuschrecken. Viele Raubinsekten verbinden nämlich mit dieser Farbe auch den Stachel. Schwebfliegen sind schnelle Flieger, können aber auch plötzlich in der Luft stehen bleiben. In Europa leben einige Hundert Arten.

Alle Schwebfliegen täuschen durch Mimikry. Die Larven ernähren sich von Blattläusen. In Sümpfen lebende Arten haben charakteristisch lange Atmungsrohre.

Die Balz der Waldschnepfe findet im zeitigen Frühjahr statt. In der Morgen- und Abenddämmerung fliegen die Männchen pfeifend und glucksend über Kahlschläge und Waldränder.

EINE VOGELOASE

Auf Kahlschlägen brüten bis zu 30 Vogelarten, andere kommen nur zur Nahrungssuche. Zu den ständigen Bewohnern gehören vor allem Buchfink, Mönchsgrasmücke, Tannenmeise, Wintergoldhähnchen, Rotkehlchen, HECKENBRAUNELLE, Fitis, Zaunkönig und BAUMPIEPER. Im Sommer sind Ringeltaube, Eichelhäher, Drosseln und Schlagschwirl anwesend.

Der Baumpieper singt bei seinem kurzen bogenförmigen Flug; wenn er wieder nach unten sinkt, endet der Gesang mit einem lauten „zia zia zia".

Baumpieper

Auf Kahlschlägen mit Sträuchern oder Bäumchen gibt es mehr Vögel als im angrenzenden Kultur-Fichtenwald. Auch die Artenvielfalt ist größer.

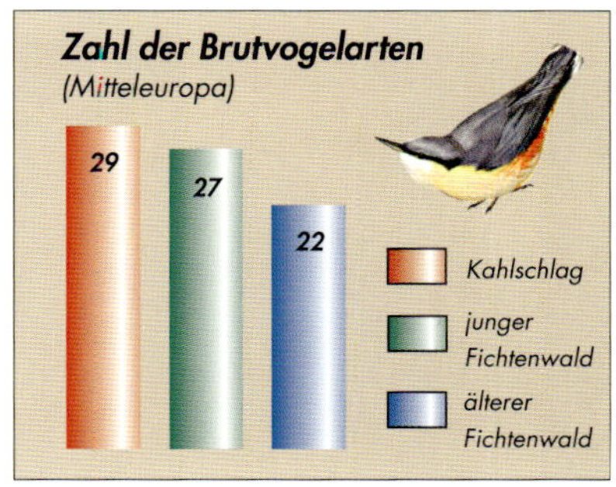

Bei Zweikämpfen verkeilen Hirsche ihre Geweihe ineinander, drücken sich gegenseitig weg und versuchen, den Gegner zur Erde zu werfen. Auch wenn es sich um rituelle Kämpfe handelt, wird etwa ein Drittel der Hirsche dabei durch die scharfen Geweihkanten schwer verletzt.

VERLASSENES KITZ?

Rehkitze kommen im Frühsommer auf die Welt – sie können nach der Geburt bereits sehen und hören und kurze Zeit später stehen sie schon auf eigenen Beinen und machen die ersten wackeligen Schritte. Allerdings müssen sie sich noch oft ausruhen. Die Mutter legt sich etwas abseits, um keine Aufmerksamkeit auf das Junge zu lenken, hält aber durch feines Pfeifen ständig Kontakt mit ihm.

Ein einsam scheinendes Rehkitz darf man auf keinen Fall anfassen. Wenn die Ricke den menschlichen Geruch am Kitz wahrnimmt, verlässt sie es unter Umständen.

GELÄNDETAGEBUCH

Beobachtungen auf dem Kahlschlag

Wer Tiere beobachten möchte, muss früh aufstehen oder in den Abendstunden auf Entdeckungsreise gehen, denn die meisten Tiere sind nach Sonnenaufgang und vor Sonnenuntergang am aktivsten. Am besten kleidet man sich möglichst unauffällig und bleibt an einem Ort stehen, um mit der Umgebung zu verschmelzen. Wichtig ist ein gutes Fernglas (am besten mit Vergrößerung 10 x 50), ohne das man bei Beobachtungen im Gelände nicht auskommt. Kenntnisse über den Gesang der Vögel helfen bei der Bestimmung der Art.

Buchfink

Wacholderdrossel

Gartengrasmücke

BAUMPIEPER

Die nach dem Laubfall sichtbaren Nester dürfen gesammelt werden; die Vögel bauen jedes Jahr neu.

Insektenbeobachtungen

Insekten kann man am besten tagsüber beobachten. Mit Ausnahme der nachtaktiven Arten bevorzugen sie Wärme und Sonne. Ihr Lebensbereich sind nicht nur Blüten und Blätter, sie halten sich auch unter der Rinde, unter umgefallenen Stämmen und Steinen, in der Laubstreu oder in Baumstümpfen auf. Zur Beobachtung kleiner Insekten benötigt man eine Lupe (am besten mit zehnfacher Vergrößerung). Aber nur schauen ist erlaubt, töten oder verletzen Sie die Tiere niemals, und informieren Sie sich über geschützte Arten!

Werkzeuge der Entomologie

Mit einem Exhaustor saugt man kleine Tiere aus Kescher oder Laubstreu.

Sieb

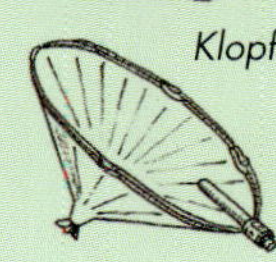

Klopfschirm

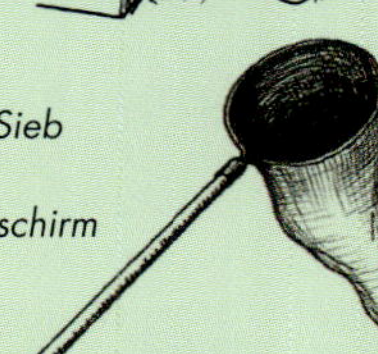

Kescher

13

STEPPE UND WALDSTEPPE

Trotz extremer Bedingungen, vor allem ständigem Wassermangel, haben Steppen und Waldsteppen eine überraschend hohe Vielfalt an Pflanzen und Tieren zu bieten. Vor allem im Frühling und Frühsommer, ehe unbarmherzige Trockenheit und brennende Sonnenglut die Hänge in dürre Ebenen verwandeln, sind die Gebiete stark besiedelt.

1. *Europäischer Ziesel*
2. *Steppeniltis*
3. *Turteltaube*
4. *Ortolan*
5. *Sperbergrasmücke*
6. *Äskulapnatter*
7. *Große Sägeschrecke*
8. *Erdbock*
9. *Libellen-Schmetterlingshaft*
10. *Gottesanbeterin*
11. *Schwalbenschwanz*
12. *Röhrenspinne*
13. *Bergzikade*
14. *Flaumeiche*
15. *Esche*
16. *Felsenkirche*
17. *Warzen-Pfaffenhütchen*
18. *Traubige Graslilie*
19. *Großer Ehrenpreis*
20. *Edel-Gamander*
21. *Schwert-Alant*
22. *Haar-Pfriemengras*
23. *Illyrischer Hahnenfuß*
24. *Knollen-Brandkraut*
25. *Weiche Silberscharte*
26. *Stängelloser Tragant*
27. *Zottige Fahnenwicke*

So grün sind Steppen nur im Frühling.

Feuchtigkeitsmangel

In der Steppe herrscht trockenes Klima mit jährlichen Niederschlägen von 200–450 mm und großen Temperaturunterschieden. Der warme Sommer mit Durchschnittstemperaturen von 20–23 °C geht übergangslos in den frostigen Winter (bis –30 °C) mit dünner Schneedecke und ständigem Wind über. Die meiste Zeit über ist die Sonneneinstrahlung extrem hoch. Steppen haben ein schwach entwickeltes Flussnetz, deshalb sind sie auf Regen angewiesen. Der Boden ist fruchtbar und besteht meist aus Schwarzerde.

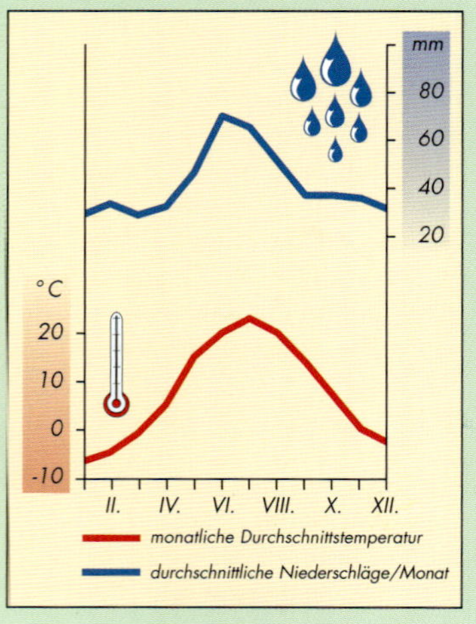

Temperaturen und Niederschläge (Charkow)

Fruchtbarer Boden

Echte Grassteppen wuchsen meist auf fruchtbaren Böden, deshalb wurden sie schon vor 5 000–7 000 Jahren in Felder umgewandelt. Durch den Bodenbildungsprozess in der Steppe entsteht *Schwarzerde* mit einem breiten Humushorizont; auf Anhöhen und Berghängen etwa 30–50 cm tief, am Fuß von Hängen und in der Ebene etwa 70–120 cm tief.

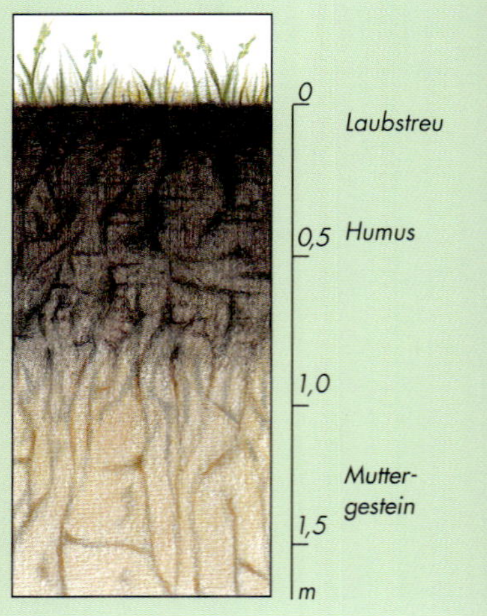

Bodenhorizont der Schwarzerde – in der Steppe wäscht das Regenwasser die Oberflächenschicht nicht aus, so dass sich darauf ein Bodenprofil aus zwei Horizonten bilden kann.

Steppe oder Waldsteppe

Die klassische *Steppe* hat nur zwei Vegetationsstufen – Krautschicht mit überwiegend ausdauernden Gräsern und Moosschicht. Der Übergang zwischen beiden Schichten ist fließend, da viele Steppenkräuter bodenständige Blattrosetten bilden und sich oft sogar die Blüten in Bodennähe befinden. Die Basis der *Waldsteppe* bildet ein spärlicher Wald mit einzelnen Bäumen und Unterholz aus Steppenpflanzen, manchmal auch begleitet von dichtem Strauchdickicht *(Waldmantel)*.

In Waldsteppen findet man meist alle vier Vegetationsstufen.

Europäische Steppen

In Osteuropa nehmen Steppen einen verhältnismäßig kleinen Raum östlich der Karpaten und der Donau ein. Sie schließen sich an die ausgedehnten Steppen Mittelasiens an, die bis nach China und in die Mongolei reichen. Die Waldsteppen bestehen aus Laubwaldenklaven am Übergang zu den Grassteppen. Im Westen dringt die Steppe bis in die wärmsten und trockensten Gebiete Mitteleuropas vor, kleinere Steppen- und Waldsteppen findet man auch im Binnenland an klimatisch und geologisch günstigen Standorten. Zahlreiche Standorte mit Steppencharakter sind über den Mittelmeerraum verteilt.

Die interessantesten Wald- und Felsensteppen sind in den Karstgebieten Mitteleuropas erhalten. Dort wachsen einzigartige Pflanzen verschiedener geographischer Verbreitung als Überbleibsel der Warmzeiten (so genannte Refugien).

Die Steppenvegetation ist sehr einseitig.

DIE FLORA DER STEPPEN UND WALDSTEPPEN

Aus der Ferne wirkt die Steppe wie ein endloses Gräsermeer, tatsächlich handelt es sich um eine lockere Gräsergesellschaft aus Schwingeln, Federgras, Trespen und Schillergras. Blühende Kräuter gibt es nur zu Frühlingsbeginn, wenn die mit Tauwasser gesättigte Steppe für Anemonen, Schwertlilien, Tulpen, Mohn und wilde Pfingstrosen etwas Feuchtigkeit bietet. Dank des Nährstoffvorrats in den Rhizomen, Knollen und Zwiebeln wachsen diese Pflanzen sehr schnell. Die Sommerhitze halten nur einige trockenheitsliebende Arten aus, vor allem Wermut und Disteln. Die Flora der Waldsteppen ist artenreicher.

Wermut passt sich mit seinen schmalen Blättern an die extremen Steppenbedingungen an. Er duftet intensiv bitter.

Wenigblütiger Wermut

ZARTE GRASLILIEN

Graslilien wachsen an sonnigen Hängen, in Waldsteppen und am Waldrand. Sie heißen so, weil sie ohne Blüten mit ihren schmalen Blättern an Grasstängel erinnern. Während die ASTLOSE GRASLILIE unverzweigte Blütenstände besitzt, sitzen die der Ästigen Graslilie an einem verästelten Stängel.

SCHLANKE PFLANZE

Königskerzen sind trockenheitsliebende zweijährige Pflanzen. Einige Arten, z.B. die Kleinblütige und die Großblütige Königskerze, werden bis zu 2 m hoch. Im ersten Lebensjahr bilden die Pflanzen nur eine bodenständige Blattrosette aus. Königskerzen blühen meist gelb.

Die Purpur-Königskerze wächst an den trockensten Stellen.

MERKWÜRDIGER PARASIT

Sommerwurzarten sind parasitäre Pflanzen ohne Blattgrün und mit schuppenförmigen Blättern. Ihre Wurzeln bilden Saugnäpfe, mit denen sie sich an den Wurzeln anderer Pflanzen festsaugen. Wirtspflanzen sind v.a. Wegwarte, Feld-Beifuß, Labkraut, Waldmeister und Klee. Meist findet man sie an sonnigen Stellen.

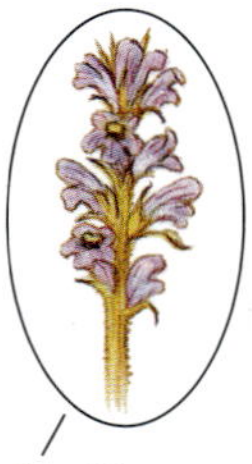

Sand-Sommerwurz

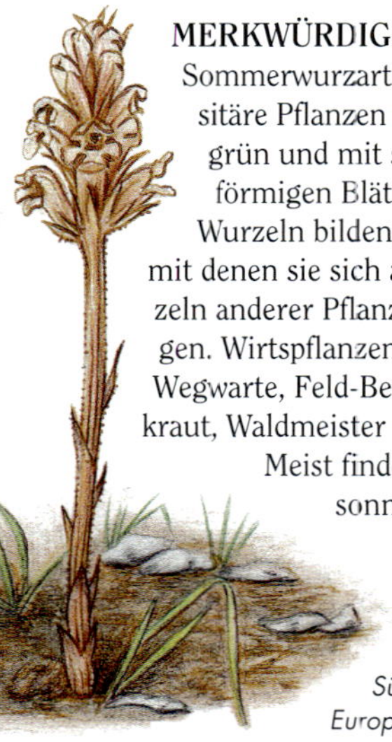

Die Kleine Sommerwurz wächst im Süden und Westen Europas.

Heide-Nelke

SCHÖNE EHRE

Die Karthäuser-Nelke ist eine typische Pflanze trockener und grasreicher Standorte. Ihr Name geht auf zwei deutsche Naturwissenschaftler aus dem 18. Jahrhundert zurück – die Brüder Johann und Friedrich Karthäuser, nach denen sie benannt wurde. Die ihr ähnliche Heide-Nelke heißt im Volksmund auch „Tränen der Jungfrau Maria".

Karthäuser-Nelke

Trockenheitsliebende Pflanzen

Pflanzen, die besonders für Trockengebiete ausgerüstet sind *(Xerophyten)*, benötigen nur sehr wenig Wasser. Vor dem Austrocknen schützen sie sich, indem sie das Wasser in ihren fleischigen Blättern speichern *(Sukkulenten* wie Fetthenne und Hauswurz) oder die Wasserverdunstung durch einen Belag auf Stängel und Blättern verhindern (*Sklerophyten* wie Heidekraut).

Berg-Hauswurz wächst in den Karpaten vor allem auf Granituntergrund.

Kurzlebige Pflanzen

Einige Steppenpflanzen reagieren auf Trockenheit mit einem verkürzten Lebenszyklus – sie wachsen im Frühling bei ausreichender Feuchtigkeit, blühen, bilden Früchte und Samen und sterben in teils nur wenigen Wochen. Pflanzen mit sehr kurzer Vegetationszeit nennt man Ephemeren.

Das Hungerblümchen gehört zu den Ephemeren.

Königreich der Gräser

Die Basis der Steppenvegetation bilden Gräser – einkeimblättrige Pflanzen mit schlanken Stielen und schmalen, versetzt wachsenden Blättern. Darunter sind sowohl einjährige Vertreter als auch Stauden. Viele Arten bilden Büschel oder verbreiten sich durch unterirdische Ausläufer. Das Wurzelsystem der Gräser geht weit in die Breite, ist aber nur flach verankert.

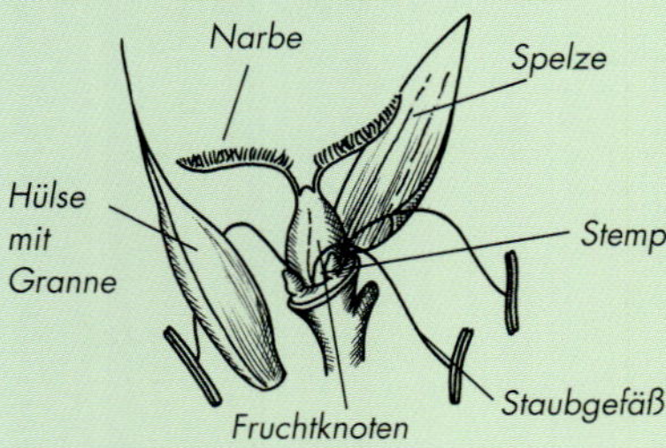

Aufbau einer Grasblüte

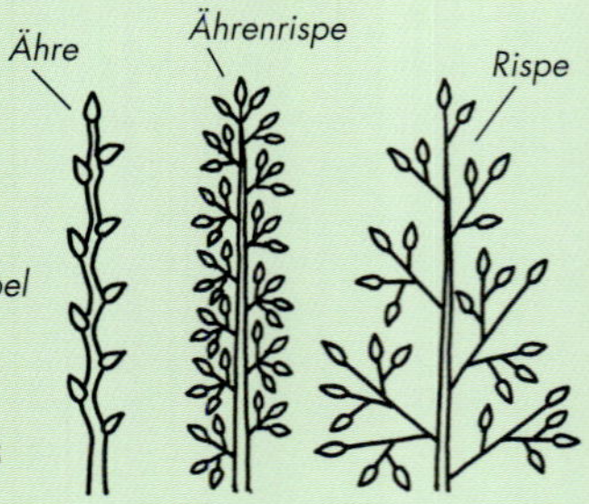

Blütenstände bei Gräsern

Der Feldahorn ist ein mittelgroßer Baum der offenen Landschaft.

GEHÖLZE DER WALDSTEPPE

Die Strauch- und Baumschicht in Waldsteppen besteht neben Eichen, Linden und ESCHEN v.a. aus Feldahorn, Kornelkirsche, WARZEN-PFAFFENHÜTCHEN, Weißdorn, Rotem Hartriegel, Heckenrose, Goldregen und FELSENKIRSCHE.

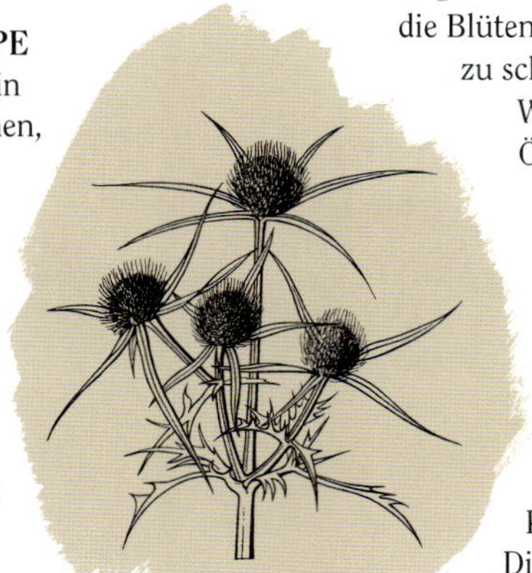

Die Verbreitungsweise des Meerkohls hat sich auch der Feld-Mannstreu zu Eigen gemacht.

Der echte Steppenbewohner Tatarischer Meerkohl hat sich stellenweise auch in Mitteleuropa erhalten.

BODENNAHE DISTEL

Die Silberdistel hat einen verkümmerten, bis zu 15 cm hohen Stiel und stachlige, zu einer Rosette angeordnete Blätter. Ihre weißen inneren Hüllblätter reagieren auf Luftfeuchtigkeit: Bei Trockenheit öffnen sie sich, bei Feuchtigkeit bewegen sie sich nach innen, um die Blüten vor Regen oder Nebel zu schützen. Die aromatische Wurzel mit viel ätherischen Ölen, Gerbstoffen und Harzen wird seit jeher als Heilmittel verwendet.

Die Silberdistel bevorzugt trockene, leicht steinige Standorte.

STEPPENLÄUFER

Im Mai erscheint in der Steppe der etwa 1 m hohe Tatarische Meerkohl aus der Familie der Kreuzblütler. Die vielen weißen Blüten, denen ein starker Duft entströmt, werden immer von Insekten umlagert. Der Meerkohl hat dunkelgrüne, große Blätter, seine Wurzeln reichen bis in 12 m Tiefe. Die Stängel sterben im Herbst ab, der Wind trägt sie dann mitsamt den Früchten durch die Steppe. Wegen dieser ungewöhnlichen Art der Verbreitung bekam der Meerkohl den Beinamen „Steppenläufer".

FRÜHJAHRSBLÜHER

Von April bis Mai blüht in Steppen und Waldsteppen an sonnigen Standorten das Frühlings-Adonisröschen, dessen strahlend gelbe Blüten mit einem Durchmesser von 4–8 cm und mit 10–25 Blütenblättern man im trockenen Gras schon von weitem sieht. Bei andauernder Bewölkung bleiben seine Blüten geschlossen.

Das seltene Frühlings-Adonisröschen steht unter Naturschutz.

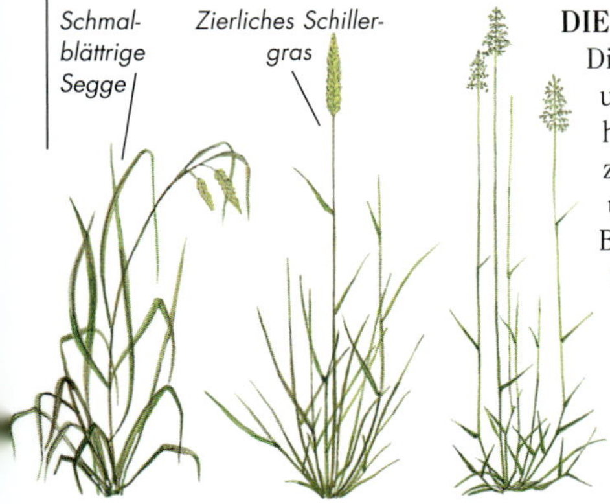

DIE STEPPENGRÄSER

Die echten Steppengräser sind an Hitze und Trockenheit gut angepasst. Um den häufigen Wassermangel gut überstehen zu können, bilden sie zahlreiche feine und lange Wurzeln, die bis in die tiefsten Bodenschichten reichen und so die Oberfläche zur Aufnahme von Wasser und Nährstoffen vergrößern.

Die Stängelbasis des Knolligen Rispengrases ist zwiebelartig verdickt und knollig. Der Blütenstand ist etwas Besonderes, denn die Samen keimen auf der Mutterpflanze (vivipar).

MARIENFLACHS

Die volkstümliche Bezeichnung „Marienflachs" bezieht sich auf eine Steppenpflanze namens Grauscheidiges Federgras. Es hat einen steifen, harten Halm, borstenartige Blätter und fedrige Grannen. Es wächst mit anderen Grasarten in den heißesten Gegenden.

Federgräser sind am auffälligsten zur Blütezeit, wenn die 15–30 cm langen Grannen im Wind wehen.

Bodenbewohner

Die Fauna der Steppe besteht zu einem großen Teil aus Nagetieren, die sich an das Leben unter der Erde angepasst haben – Blindmäuse, Ziesel und Murmeltiere. Sie haben kleine oder verkümmerte Augen, kaum entwickelte Ohren, einen kurzen Schwanz und ernähren sich von den üppig wachsenden Gräsern. Beim Graben bringen sie Erde aus der Tiefe an die Oberfläche und lockern so den Boden. Die Ausscheidungen und Nahrungsreste tragen zur Düngung bei.

Die Westblindmaus gräbt mit ihren mächtigen Vorderzähnen im Boden und hinterlässt kleine „Maulwurfshügel". Die Augen sind mit einer dünnen Haut überzogen.

Angewehtes Gestein

Untergrund der Schwarzerde sind oftmals Lößböden, ockerbraune bis graugelbe Ablagerungen kleiner, vor allem kalkhaltiger Teilchen (0,01–0,05 mm), die vom Wind angeweht werden. Sie entstanden einst in den Kaltzeiten während des Pleistozäns und sind sehr nährstoffreich. Lößböden bilden an manchen Stellen mehr als 20 m mächtige Schichten, sind allerdings anfällig für Wassererosion. Das Material wird zur Ziegelherstellung verwendet.

Typisch für Lößböden sind hellere und dunklere Flecken in den Oberflächenschichten des Bodens.

DIE FAUNA DER STEPPEN UND WALDSTEPPEN

Die Steppenfauna beschränkt sich auf wenige Arten, die zahlenmäßig aber stark vertreten sind. Das trifft vor allem auf Insekten zu, z.B. Fliegen, Zikaden, Heuschrecken. Ähnlich zahlreich kommen auch Spinnen und Schnecken vor. Bei den Wirbeltieren überwiegen Pflanzenfresser – große Paarhufer und Kleinnager, außerdem Samen und Insekten fressende Vögel, Kriechtiere und an die Trockenheit angepasste Lurche. Das reiche Beuteangebot lockt aber auch zahlreiche Raubtiere an – Wölfe, Füchse, Iltisse, majestätische Adler, kleine Falken, Bussarde und Giftschlangen. Zur Waldsteppenfauna zählen sowohl Steppen- als auch Waldtiere, nur bei den Wirbellosen finden sich Ausnahmen.

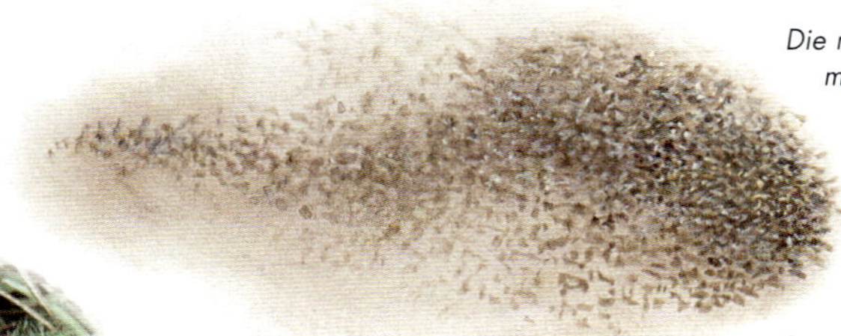

Die robuste Wanderheuschrecke (3–6 cm) mit der auffallend gewölbten Brust plündert den Steppenbewuchs zu großen Teilen und wird selbst Opfer von Vögeln, Kriechtieren und Fröschen.

Das untere Flügelpaar der Rotflügligen Ödlandschrecke (15–28 mm) ist rot gefärbt.

Die Blauflügelige Ödlandschrecke (18–28 mm) hat blaue Hinterflügel mit einem dunklen Rand. Beide Arten kommen in Mittel- und Südeuropa vor.

„BIBLISCHE PLAGE"

Schon in der Bibel werden Heuschrecken als Katastrophe bezeichnet, die alles Grün vernichten und den Tag zur Nacht machen, wenn Wolken fliegender Insekten die Sonne verdecken. Normalerweise sind Wanderheuschrecken Einzelwesen, die weit verstreut in der Steppe leben. Von Zeit zu Zeit aber vermehren sie sich übermäßig und ziehen als plündernde Wanderschwärme zu Millionen durch das Land. Nach Mitteleuropa kamen Heuschreckenschwärme zuletzt im Mittelalter.

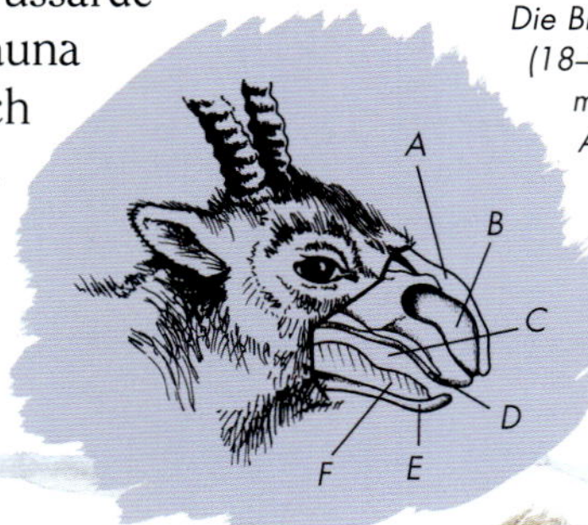

A – Nasenknochen
B – vergrößerte Nasenhöhle
C – Mundöffnung
D – Oberkiefer
E – Unterkiefer
F – Zunge

Zu einem kurzen Rüssel gezogene Nüstern und vergrößerte Nasenhöhlen schützen die Saiga-Antilope im Sommer vor Staub, im Winter wärmen sie die eisige Luft vor.

Weder ihre Wachsamkeit noch Schnelligkeit (bei Gefahr 60–80 km/h) konnten die Saiga-Antilope vor dem Menschen schützen. Heute gibt es sie nur noch in den Rest-Steppengebieten zwischen dem rechten Wolgaufer und dem Schwarzen Meer.

Die Tragzeit der Saiga-Antilopen beträgt 5–6 Monate.

EUROPÄISCHE ANTILOPE

Die Saiga-Antilope wird etwa so groß wie ein Reh, hat jedoch einen untersetzten Körperbau, kurze Beine und eine rüsselartige Schnauze. Die deutlich eingekerbten Hörner tragen nur die Männchen. Während der Trockenperioden unternehmen die Saigas weite Wanderungen, um Wasser und Nahrung zu finden. Sie sind widerstandsfähig und überleben auch raue Winter in der Steppe. Im Mai kommen die Jungen zur Welt (meist Zwillinge, manchmal aber auch Drillinge).

Falsche Libellen

Die LIBELLEN-SCHMETTERLINGSHAFT erinnert zwar an eine bunte Libelle, ist aber ein Netzflügler. Im Ruhezustand legt sie ihre Flügel dachartig zusammen, ihr Flug ist zickzackförmig. Das erwachsene Insekt mit einer Flügelspannweite von 4–5 cm sieht man im Juni und Juli, die gefräßigen Larven verpuppen sich nach 2 Jahren. Sie ähneln den Larven der Ameisenlöwen, graben allerdings keine trichterförmigen Fallen. Die Libellen-Schmetterlingshaft findet man ausschließlich in Steppen und Waldsteppen. Nur die Männchen haben hinten zangenartige Auswüchse.

Porträt eines Räubers

Feld-Sandlaufkäfer und ihm verwandte Arten leben meist sehr zahlreich an trockenen Standorten. Die Käfer sind sehr beweglich und fliegen blitzschnell davon. Die in der Erde lebenden Larven graben sich in sandigem Boden bis zu 40 cm tiefe Gänge und lauern am Eingang auf Beute. Kommt eine Raupe oder eine andere Larve in Reichweite, ziehen sie sie unter die Erde, beißen ihr den Kopf ab und saugen den Körperinhalt aus.

Die abgebildeten vergrößerten Beißwerkzeuge des Sandlaufkäfer zeigen eindeutig, dass es sich um ein Raubtier handelt.

Spinnenschönheit

Die RÖHRENSPINNE hat eine auffällige Färbung – das Hinterteil des Männchens ist oben rot gefärbt mit vier schwarzen, quadratisch angeordneten Flecken, das Weibchen ist schwarzbraun bis schwarz. Die Spinne ist 1,5 cm lang und greift auch Käfer an, die nur wenig kleiner sind als sie selbst. Sie lebt in Kolonien an trockenen und warmen Hängen in Mittel- und Südeuropa. An der Oberfläche erscheint sie nur wenige Wochen im Jahr, die meiste Zeit versteckt sie sich in ihrem Bau.

GESELLIGES FLUGHUHN

Flughühner findet man auch in den entlegensten Steppen. Die kurzen Beine, langen spitzen Flügel und der Schwanz machen die mit den Tauben verwandte Art zum Flieger-Ass. Problemlos legen Flughühner zweimal täglich beträchtliche Entfernung zu ihren Wasserstellen zurück. Meist aber laufen sie nur auf der Erde herum, und dort brüten sie auch. Ihre Jungen füttern sie mit einer breiigen Masse aus Samen, die die Eltern in ihrem Kropf anfertigen.

Sandflughühner tauchen beim Trinken ihren Schnabel tief ins Wasser und trinken ohne den Kopf zu heben. Sobald ihr Durst gelöscht ist, fliegen sie davon. Die Vögel leben in den Pyrenäen.

FLÜGELLOSE WESPE

An trockenen Stellen im Gras findet man häufig eine seltsame, behaarte Wespe. Sie ist 10–16 mm groß und ähnelt der Ameise. So ist sicher auch der Name entstanden: Ameisenwespe. Das Weibchen legt seine Eier in Hummellarven ab. Hautflüglerarten sind zahlreich, und auch ihre Eigenarten sind vielfältig. Während Sandwespen Gänge in die Erde graben, baut die Mörtelbiene auf Felsen Nester aus Sand.

Im Gegensatz zum Männchen hat das Weibchen der Ameisenwespe keine Flügel. An sonnigen Tagen sitzen Ameisenwespen auf Blüten.

Der Steppenrenner hat mehrere Reihen kleiner Schuppen auf seinem Bauch. Man findet ihn von Rumänien bis zur Mongolei. Das 15–20 cm große Tier ernährt sich von Insekten.

Die kleinen Kalanderlerchen ähneln Lerchen, haben aber einen stärkeren Schnabel. Sie brüten in Steppen im Mittelmeerraum, manchmal auch in Mittel- und Westeuropa.

DIE WECHSELWARMEN TIERE

Die Körpertemperatur wechselwarmer Lurche und Kriechtiere *(Poikilotherme)* schwankt je nach Umgebungstemperatur. Das ist vorteilhaft, denn den harten Winter in der Steppe in starrem Zustand zu verbringen ist leichter, als an der Oberfläche Kälte, Wind oder Nahrungsmangel ausgesetzt zu sein. Um das „normale" Leben wieder aufnehmen zu können, müssen sie allerdings warten, bis der Organismus durchgewärmt ist, und das dauert bis zum Frühjahr. Die Abhängigkeit wechselwarmer Tiere von der Temperatur äußert sich auch in ihren Verbreitungsgebieten – die meisten Arten leben in den Tropen. Dagegen hält sich die Körpertemperatur der gleichwarmen Lebewesen *(Homoiotherme)* immer auf demselben Niveau.

SCHNELLLÄUFER

Den Tieren der Steppe ist eines gemeinsam: Sie können sich unglaublich schnell auf der Erde bewegen – in einer Umwelt, in der natürliche Verstecke fehlen, ist das eine der wenigen Möglichkeiten, bei Gefahr zu entkommen. Sogar viele Vögel – Haubenlerchen, Kalanderlerchen, Wachteln, Flughühner oder Trappen – laufen lieber, als dass sie fliegen.

Die für Menschen ungefährlichen Wiesenottern sind vor allem in Steppen im Südosten des Kontinents beheimatet, in Südeuropa kommen sie stellenweise auch in den Bergen vor. Außer Kleinnagern jagen sie größere Insekten, vor allem Heuschrecken.

Die ungarische Puszta entstand durch Umwandlung von Waldsteppe in Weiden.

Verschwundene Steppe

Steppenboden ist fruchtbar, deshalb wurde die Steppe bereits im Neolithikum von Menschen besiedelt und genutzt, anfangs als Weideland, später wurden große Flächen in Ackerboden umgewandelt. Die echte ukrainische Steppe, in der nie Ackerbau betrieben wurde, hat sich bis heute nur in Reservaten erhalten. Ansonsten findet man Felder mit Weizen, Mais o. Ä. Der ungarischen Puszta – eine Niedergrassteppe in der Tiefebene zwischen Donau und Theiß – erging es nicht besser.

Das langlebige, anspruchslose Steppenvieh ist als Arbeitstier und Fleischlieferant fester Bestandteil der Puszta.

Eine reiche Geschichte

Das ursprünglich vom heutigen Ungarn bis in die Mongolei und Nordostchina reichende Steppengebiet war von jeher eine natürliche Verbindungslinie zwischen West- und Osteurasien. Es trug zur Bereicherung sowohl der europäischen Natur als auch ihrer Kultur und Geschichte bei und erhielt die Bezeichnung „Steppenkorridor". Die Streifzüge der Hunnen und von Dschingis Khans Horden, aber auch die Reisen der Gewürzhändler in den Osten auf den Spuren Marco Polos führten hier entlang; hier wurde Wissen ebenso ausgetauscht wie „menschliche Gene".

14

WIESEN UND WEIDEN

Erst durch das Einwirken des Menschen sind Wiesen und Weiden entstanden. Über Jahrhunderte wurde Waldfläche gerodet, um Flächen für die Weidewirtschaft zu erhalten. Während Wiesen durch Mahd kurz gehalten werden, sorgt auf den Weiden das grasende Vieh für die nötige Kürze.

1. Maulwurf
2. Feldmaus
3. Wachtel
4. Wachtelkönig
5. Goldammer
6. Grünes Heupferd
7. Heidegrashüpfer
8. Streifenwanze
9. Dunkle Erdhummel
10. Gemeiner Regenwurm
11. Schachbrettfalter
12. Tagpfauenauge
13. Blutströpfchen
14. Junikäfer (Larve)
15. Wiesenschaumzikade
16. Glatthafer
17. Schafgarbe
18. Wiesen-Kerbel
19. Wiesen-Glockenblume
20. Gewöhnliche Wucherblume
21. Knäuelgras
22. Wiesen-Storchschnabel
23. Knöllchen-Steinbrech
24. Wiesen-Bocksbart
25. Rotklee
26. Gamander-Ehrenpreis
27. Giersch
28. Gewöhnliches Leimkraut
29. Kuckuckslichtnelke

Glatthaferwiese vor der ersten Mahd

Was ist eine Wiese?
Wiesen sind hauptsächlich von Menschen geschaffene und von ihnen abhängige Ökosysteme. Ursprünglich gab es Wiesen nur in Flusstälern, in Steppen, an Berghängen oder auf Bergkämmen. Wiesen- und Weidepflanzen sind allesamt lichtliebend und müssen über ein großes Regenerationsvermögen verfügen. Der Unterschied zwischen Wiesen und Weiden besteht in der ein- oder mehrmaligen Mahd und der Beweidung. Beides verhindert das Aufkommen von Gehölzen, welches auch für die Erhaltung dieser Vegetationsformen sorgt.

Schlangen-Wiesenknöterich ist eine für mittelfeuchte Goldhaferwiesen typische Art.

Klassifizierung
Pfeifengraswiesen sind typisch für Standorte mit wechselnder Feuchtigkeit und schwankendem Grundwasser. *Kohldistelwiesen* entwickeln sich auf feuchtem, nährstoffreichem Untergrund mit hoher Stickstoffverfügbarkeit. *Fuchsschwanzwiesen* bedecken Ablagerungen an größeren Flüssen, und kaum vom Grundwasserstand beeinflusste *Glatthaferwiesen* ersetzen im Tiefland und im Hügelland wärmeliebenden Wälder. *Goldhaferwiesen* findet man in den Bergen.

Artenaufkommen und Häufigkeit
Die Zusammensetzung der Wiesenflora ist außer von der Art der Bewirtschaftung auch abhängig von der Bodenqualität und dem Grundwasserspiegel. Werden an trockeneren Standorten mehr als 80 Arten gezählt, sind feuchtere Wiesen artenärmer (15–30 Arten). Auf fruchtbaren Böden wachsen nur wenige Pflanzenarten, dafür sind diese in großer Zahl vertreten. Die Artenzusammensetzung auf nährstoffarmen Grasflächen ist reichhaltiger. Wiesen in Naturschutzgebieten unterliegen einer bestimmten Pflegeverordnung.

Gemähte Wiesen
Die Mahd ist ein plötzlicher Eingriff, welcher alle Pflanzen gleichermaßen betrifft. Wachsen die Pflanzen anschließend wieder nach, dann siegen lichtliebende Arten, die sich schnell regenerieren können, vor allem Gräser (Rasen-Schmiele, Wiesenschwingel, GLATTHAFER, KNÄUELGRAS), während sich langsam entwickelnde Arten verschwinden. Das früher übliche Mähen mit der Hand war für die Pflanzen schonender als die Mahd mit Maschinen.

Eine Wiese (vorn) im Kontrast zu einer mit Sauerampfer bewachsenen Weide.

Weiden
Im Unterschied zum Mähen hat die Beweidung eine selektive Wirkung auf die Wiesenvegetation. Weidende Tiere wählen bestimmte Pflan- zenarten aus, andere – die ihnen nicht schmecken oder giftig sind – werden gemieden. So wird deren Verbreitung unterstützt. Zu einer allmählichen Abwertung der Weiden tragen auch das Niedertreten des Bodens und die Exkremente der Tiere bei. Schafe fressen die Pflanzen in Bodennähe ab und erschweren damit ihre Erneuerung.

In Frankreich nehmen Wiesen und Weiden fast ein Viertel der Gesamtfläche ein.

DIE FLORA DER WIESEN UND WEIDEN

Auf den ersten Blick gibt es wenig Unterschiede zwischen Wiesen und Weiden, doch bei näherem Betrachten ist die Artenzusammensetzung doch ganz verschieden. Die Wiesenflora ist z. B. abhängig von Feuchtigkeit, Nährstoffverteilung und Häufigkeit des Mähens. Auf allen Wiesen sind jedoch Gräser vertreten, die sich durch Ausläufer *(vegetativ)* vermehren. Häufig findet man Hahnenfuß, verschiedene Kleearten, Wiesen-Löwenzahn, KUCKUCKSLICHTNELKE, SCHAFGARBE, Vogel-Wicke, Spitzwegerich und WIESEN-GLOCKENBLUME. Begünstigt sind Arten, die im Frühjahr blühen und vor dem ersten Mähen aussamen. An feuchteren Stellen setzen sich hohe Kratzdisteln durch: Kohl-Kratzdistel, Sumpf-Kratzdistel und Graue Kratzdistel.

Im zeitigen Frühjahr dominiert der Löwenzahn, an feuchteren Stellen wird er von Sumpfdotterblumen und Hahnenfußgewächsen begleitet.

Die MARGERITE ist eine typische Wiesenpflanze, die man inzwischen eher an Wegrändern und Feldrainen antrifft.

Wenn auf feuchten Wiesen die Kuckuckslichtnelke (rechts) und auf trockenen Wiesen die Pechnelke blüht, ist der Sommer nicht weit.

WANDLUNG DER WIESEN

Das äußere Bild einer Wiese ändert sich im Laufe des Jahres mehrmals. Die Farbpalette vom Frühling bis zum Hochsommer ist jedoch nicht zufällig, sondern hängt mit dem Vorkommen bestäubender Insekten zusammen. Ab Mitte August ist es kaum noch möglich, Wiesenblumen zu pflücken – man findet dann nur noch verholzte Stängel mit Fruchtständen, und auch die Gräser verlieren ihr frisches Grün.

Die Blüten des Weiden-Alants erscheinen im Frühsommer vor allem auf trockenen Wiesen.

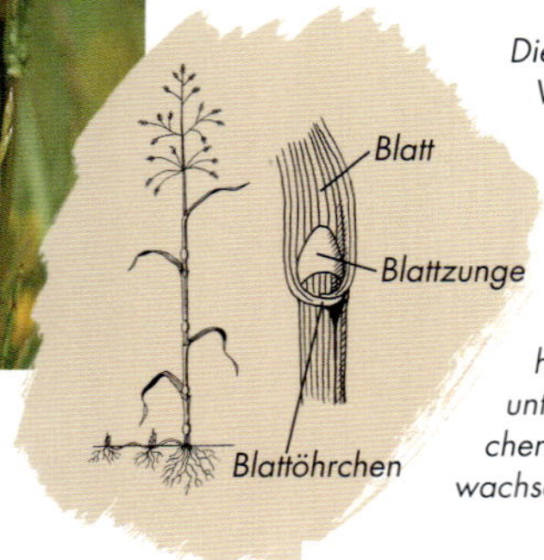

Echte Gräser (Rispengräser) haben meist runde hohle Stängel, unterbrochen von so genannten Knötchen, aus denen lange flache Blätter wachsen, die den Stängel umhüllen.

DIE BOTANIK DER GRÄSER

Sich bei all den echten Rispengräsern und den ihnen verwandten Pflanzen (Binsen, Schilf und Rohrkolben) auszukennen, ist nicht einfach, denn es gibt fast 150 Arten. Viele davon sind sich auf den ersten Blick sehr ähnlich. Man muss sich die Form von Blattscheide, Blattzunge, Blattöhrchen, Hülsen, Samen und andere Details genau ansehen, um sie unterscheiden zu können. Botanische Kenntnisse sind hierbei natürlich hilfreich. Die dominanteren Arten allerdings kann man gut erkennen.

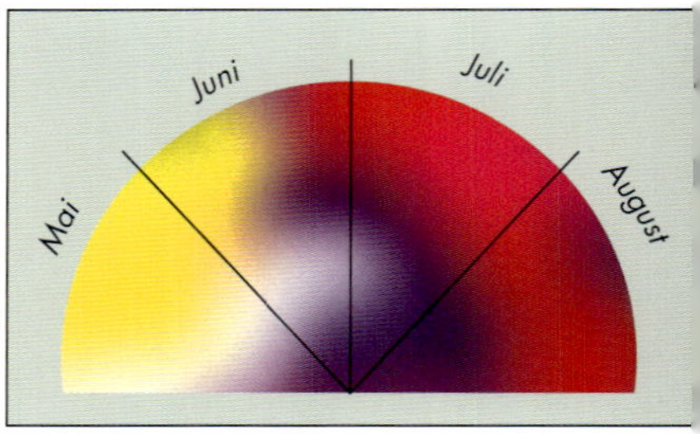

Anfangs beherrscht Gelb die Wiesen. Im Sommer schieben sich nach und nach andere Farben in den Vordergrund: Weiß, Blau und Violett. Mitten im Sommer sind Rot und Purpur vorherrschend.

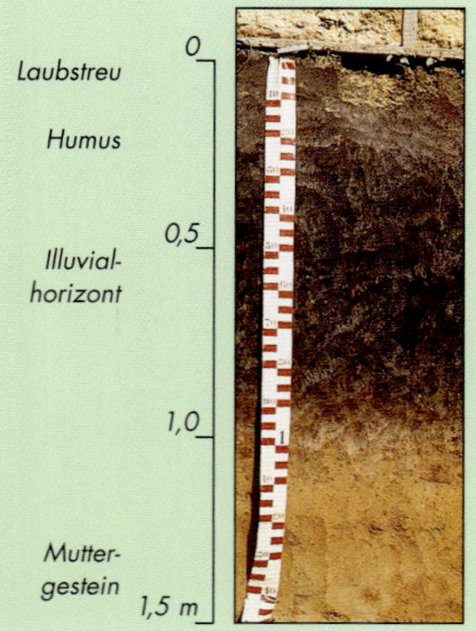

Braunerde
Wiesen und Weiden wachsen oft auf der Braunerde ehemaliger Laubwälder. Braunerde ist gekennzeichnet durch eine 25–35 cm hohe Schicht entkalkten Humushorizonts, dessen leicht lösliche Verbindungen infolge ausgiebiger Niederschläge in den Illuvialhorizont eingewaschen werden. Dieser ist aufgrund des höheren Lehmanteils weniger wasserdurchlässig. In Europa ist Braunerde der meistverbreitete Bodentyp.

Bodenhorizont der Braunerde

Löwenzahn
Dieses ausdauernde Kraut fehlt auf keiner Wiese. Seine gelben Frühlingsblüten verwandeln sich im Sommer in weiße Flaumkugeln aus Samenfäden, die man leicht abpusten kann („Pusteblume") und die daher der Wind weiterverteilt. Im Volksmund hat die Pflanze noch viele weitere Namen: Butterblume, Kuhblume, Hundeblume u. a.

Aus dem Schaft des Löwenzahns fließt nach dem Pflücken ein klebrig-milchiger Saft, der auch dem Kautschuk ähnliche Stoffe enthält. Der Fruchtstand besteht aus bis zu 200 Nüsschen. Der Löwenzahn ist eine hervorragende Bienenweidepflanze.

Der 9–16 mm große Bienenwolf bevorzugt Margeriten und Doldenblütler. Seine Larven entwickeln sich in den Waben wilder Bienen. Adulte findet man von Juni bis August, sie ernähren sich von anderen Insekten.

QUECKE ODER LOLCH?

Quecke und Weidelgras, das auch als Lolch bekannt ist, ähneln sich in Blüte und Form der Ährenrispe. Die Gräser sind ausdauernd (Blüte Juni–Aug.). Während die Quecke ein schwer zu bekämpfendes Unkraut ist, wird das Weidelgras oft auf Wiesen und Weiden ausgesät.

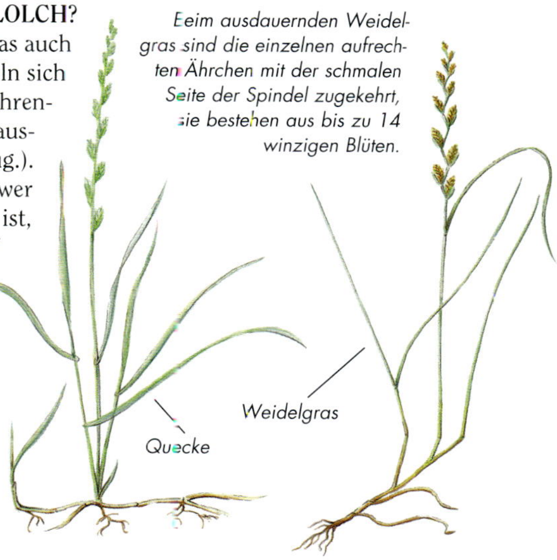

Beim ausdauernden Weidelgras sind die einzelnen aufrechten Ährchen mit der schmalen Seite der Spindel zugekehrt, sie bestehen aus bis zu 14 winzigen Blüten.

Die Ähren der Quecke drücken sich mit der breiteren Seite an die Spindel. Sie haben 6 Blüten.

DIE FAUNA DER WIESEN UND WEIDEN

Auf Wiesen mit vielen Pflanzenarten ist – wie in den meisten Biotopen – die Fauna unvergleichlich vielfältiger als die Flora. Dutzenden höherer Pflanzenarten auf Wiesen stehen Hunderte Tierarten gegenüber. Es heißt, dass eine Pflanze für mindestens 10 Tierarten wichtig ist, seien es Insekten, Weichtiere oder Kleinsäuger. Wie überall sind auch auf Wiesen Wirbellose zahlreicher vertreten als Wirbeltiere. Bei den Vögeln beträgt das Verhältnis der ständigen und der vorübergehenden Wiesenbewohner etwa 1:5. Durch die Beweidung und nur selektiv vorhandene Pflanzen ist die Fauna der Weiden artenärmer. Nur *koprophage* oder *koprophile* Arten, die sich vom Kot der Pflanzenfresser ernähren oder darin leben, findet man häufiger.

VOM AUSSTERBEN BEDROHT

Von April bis Juni verschönern die auffälligen Blütenstände des Knabenkrauts so manche Wiese und Weide in Niederungen und im Gebirgsvorland. Das Knabenkraut wächst allerdings nur auf mageren Standorten und ist auf überdüngten Flächen nicht anzutreffen. Typische Standorte wie Nasswiesen und Trockenrasen werden aufgeforstet oder zwecks Ertragserhöhung überdüngt, so dass die meisten Arten der Gattung Orchis auf der „Roten Liste" der Weltnaturschutzunion IUCN stehen, d.h. vom Aussterben bedroht sind. Werden Wiesen und Weiden nicht ausreichend gepflegt, verdrängen stärkere Pflanzen das Knabenkraut.

Die mit einem walzenförmigen Sporn ausgestatteten Blüten des Knabenkrauts erinnern an Pantoffeln, Helme oder Insektenköpfchen. Die häufigsten Arten sind das Breitblättrige und das Gefleckte Knabenkraut. Geflecktes Knabenkraut wächst im Mittelmeerraum und in großen Teilen Europas. Die Blüten variieren von purpurrot bis weiß.

ECHTE AUGENWEIDE

Die Wiesen-Küchenschelle ist eine Staude, die von April–Mai blüht, erst danach erscheinen die Blätter.

Die Wiesen-Küchenschelle bildete früher auf Felshängen, vor allem auf Kalkfelsen, dichte Bestände, heute ist sie teilweise stark bedroht. Nach dem Verblühen der Küchenschelle bildet sich der flaumige Fruchtstand.

ERNTEERTRAG

Die fruchtbarsten Wiesen, die drei- bis viermal im Jahr gemäht werden, liefern 6–8 t Heu pro ha. Bei den natürlich angelegten Wiesen erreichen Feuchtwiesen mit einem hohen Anteil an Wiesen-Fuchsschwanz die höchsten Erträge (7–9 t/ha), sumpfige und trockene Wiesen die geringsten (1–3 t/ha).

Seit einigen Jahren werden Futterpflanzen mithilfe großer Maschinen in Kunststofffolien verpackt. Die darin stattfindende Fermentierung verbessert die Verdaulichkeit des Grünfutters.

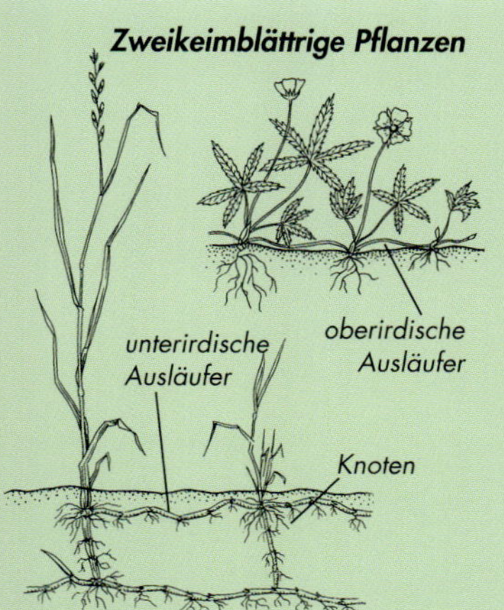

Überlebensstrategien

Einkeimblättrige Gräser haben sich den Bedingungen der Steppen auf unterschiedliche Weise angepasst. Bis zu 70 % der Pflanzenmasse befindet sich unterirdisch. So sind die Pflanzen vor Abfressen, Zertreten und Klimaschwankungen geschützt. Das weit verzweigte Wurzelsystem ermöglicht die Versorgung mit Nährstoffen und Wasser, die Blüten werden vom Wind bestäubt. Bei den *zweikeimblättrigen* Pflanzen ist das Verhältnis zwischen oberirdischen und unterirdischen Pflanzenteilen umgekehrt, deshalb dauert der Erneuerungsprozess länger. Die Bestäubung übernehmen Insekten.

Schattenseite der Heumahd

Die Heumahd im Frühling kann für Tiere, die im hohen Gras brüten oder Unterschlupf suchen, den sicheren Tod bedeuten. Oft werden sie überfahren oder in die Mähmaschine gezogen. Das betrifft vor allem Fasane, Rebhühner, Wachteln, verschiedene Enten und auf der Erde brütende Singvögel (Lerchen, Ammern) sowie Hasen und auch kleine Rehe.

Durch die Mahd werden die Fasanen nicht nur getötet, sondern auch ihre Gelege zerstört.

ÖLKÄFER

Hin und wieder entdeckt man zum Frühlingsanfang auf Wiesen oder am Feldrain 2–3 mm lange, dickbauchige Käfer von metallisch violetter bis schwarzblauer Färbung – die Ölkäfer. Die unter Artenschutz stehenden Käfer ziehen ihr Hinterteil voller reifender Eier wie eine schwere Last hinter sich her. Die Männchen sind dreimal kleiner als die Weibchen. Bei Gefahr tritt aus den Gelenken an den Beinen und zwischen den Brustteilen eine ölige Flüssigkeit aus, die man früher für schmerzstillend hielt, die aber Giftstoffe enthält.

Hasen kämpfen auch im Stehen miteinander und verpassen sich mit den Vorderfüßen Schläge.

HASENBOXKAMPF

Den größten Teil des Jahres leben Hasen allein, nur zur Paarungszeit bilden sie für kurze Zeit kleine Gruppen, in denen es manchmal zu Kämpfen kommt. Hasenjungen kommen sehend zur Welt und können sich auch sofort schon bewegen.

Zoologen sind sich nicht ganz einig über die Zweikämpfe der Hasen: Begleichen hier zwei Hasen eine alte Rechnung, oder verjagt eine Häsin einen zu aufdringlichen Verehrer?

Es gibt etwa 35 sehr unterschiedlich aussehende Ölkäferarten in Europa, die alle im Larvenstadium eine parasitische Lebensweise mit komplizierter Entwicklung durchlaufen. Aus den im Boden abgelegten Eiern schlüpfen lebhafte Larven mit langen Beinen, die sich in Bienennestern oder Eikokons von Heuschrecken verpuppen. Die Entwicklung eines Ölkäfers dauert etwa 1 Jahr.

DOMÄNE DER INSEKTEN

Die Fauna der Wiesen und Weiden wird zu mehr als vier Fünftel durch Insekten vertreten. Darunter sind Zweiflügler, Hautflügler, Gleichflügler, Wanzen, Zikaden, Wespen und Läuse. Die scheinbar vielen Schmetterlinge bleiben zahlenmäßig hinter diesen Gruppen zurück. An der Bodenoberfläche sind Käfer und Springschwänze vorherrschend, außerdem findet man häufiger Milben und Spinnen. Während auf einer natürlichen Wiese im Spätsommer etwa 140 Insekten auf 1 m² leben, sind es auf bewirtschafteten Wiesen vier- bis zehnmal weniger. Die Artenzusammensetzung entspricht dabei dem Charakter der Wiese.

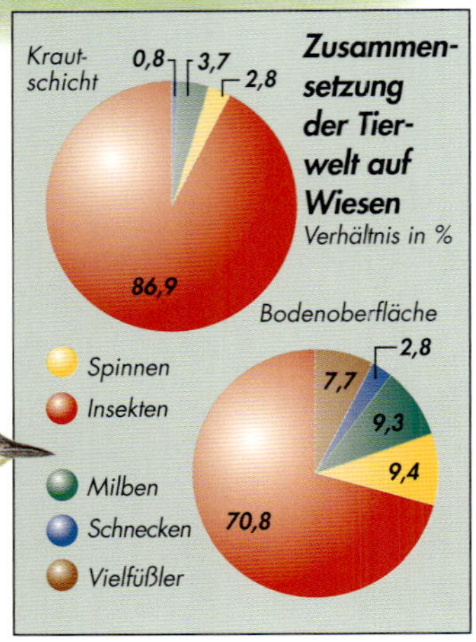

Die wärmeliebende Schafstelze hält sich im Tiefland bis etwa 400 m ü. NN auf. Ihr Warnruf ist weithin vernehmbar.

Was dem Wiesenpieper an Farbe fehlt, macht er mit seinem Gesang wett. Die zarten, melodischen Pfeiftöne während des Singfluges beginnen und enden in absteigender Tonfolge.

DIE WIESE ALS NISTPLATZ

Höchstens zehn Vogelarten nisten auf Wiesen, überwiegend sind das Singvögel. Schafstelze und Wiesenpieper, gehören zur Gruppe der Stelzen – mit schlankem Körperbau, langem Schwanz und lang gezogenen Zehen. In Farbe und Gesang unterscheiden sie sich aber erheblich. Größere Vögel sind durch Wachteln, Sumpfvögel (z. B. Kiebitz, Bekassine, Uferschnepfe, Brachvogel), aber auch durch einen seltenen Raubvogel, die Wiesenweihe, vertreten.

UNSICHTBARER WACHTELKÖNIG

Wenn man einen Wachtelkönig entdeckt, hat man wirklich großes Glück; die meiste Zeit seines Lebens verbringt er im dichten Pflanzenbewuchs. Nur sein „rerrp-rerrp" ist Tag und Nacht zu hören. Eine Zeitlang war der Bestand stark zurückgegangen, mittlerweile verbreitet er sich wieder, vor allem im Gebirgsvorland.

Balzende Wachtelkönigmännchen nehmen den Kampf auf, sobald sie die Stimme eines anderen Männchens hören. Ornithologen spielen ihnen deshalb eine Aufnahme vor und beringen sie dann.

Gepanzerter Blattkäfer

Der Grüne Schildkäfer ist ein kleiner (6–8 mm) Vertreter aus der Familie der Blattkäfer mit einem auffälligen, schalenartigen Panzer aus Deckflügeln und Schild. Der Panzer bedeckt den ganzen Körper einschließlich Kopf, von oben sind nur die dünnen Fühler zu sehen. Wittert der Schildkäfer Gefahr, drückt er sich an den Untergrund und schützt so seine Weichteile. Die Larven des Schildkäfers sind mit verzweigten Stacheln ausgestattet.

Der Grüne Schildkäfer lebt auf Wiesen, an Rainen und in Büschen in den gemäßigten Zonen Europas.

Wohin mit der Zellulose?

Pflanzenfressende Säugetiere, wie z. B. die Paarhufer, haben einen geteilten Magen, um Zellulose besser verwerten zu können: drei Vormägen *(Pansen, Netzmagen* und *Blättermagen)* und der eigentliche Labmagen. Die Nahrung sammelt sich zuerst mit viel Speichel im Pansen, wo Mikroorganismen sie zum Gären bringen und die Zellulose teilweise zerlegen. Danach gelangt sie über den Netzmagen ins Maul zurück und wird nach dem Zerkauen in Blättermagen und Labmagen befördert. Hasen und Kaninchen fressen ihren eigenen Kot *(Koprophagie)*.

Bärtige Blume

Der ungewöhnliche Name des Wiesen-Bocksbarts erklärt sich durch den aufgeblühten Blütenkorb – aus dem geschlossenen Hüllkelch ragen längere Flaumfedern hervor, die an einen Ziegenbart erinnern. Der Wiesen-Bocksbart wächst auf feuchten Wiesen und Weiden, sein Aufkommen ist stark zurückgegangen.

Schema des Blütenkorbs

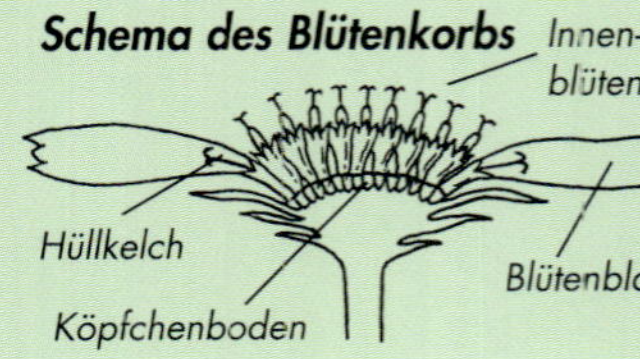

Landkärtchen (Frühjahr)

Landkärtchen (Sommer)

Kleiner Heufalter

Das Landkärtchen (✖ 45–50 mm) bringt zwei Generationen hervor: die gelbrote, schwarz getupfte Frühjahrsform und die Sommerform mit weiß gestreiften schwarzen Flügeln.

VERSCHWINDENDE SCHMETTERLINGE

Wissenschaftliche Studien zeigen es deutlich: In den Agrarregionen Mitteleuropas ist ein Rückgang der Schmetterlingsarten in den letzten 30–40 Jahren um 80 % festzustellen. Die Ursachen sind bekannt: die Eintönigkeit der Landschaft (Agrarwüsten) und die bis vor kurzem ständig steigende Verwendung von Insektiziden und anderen Pestiziden. Erst seit einigen Jahren verzeichnet man eine Besserung.

Neben Edelfaltern und Bläulingen stellen Augenfalter den größten Teil der Wiesenfauna. Im Sommer fliegen Schachbrett und Kleiner Heufalter über die Wiesen.

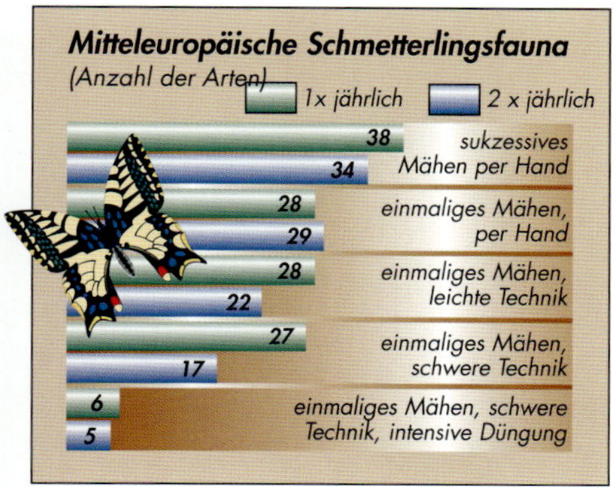

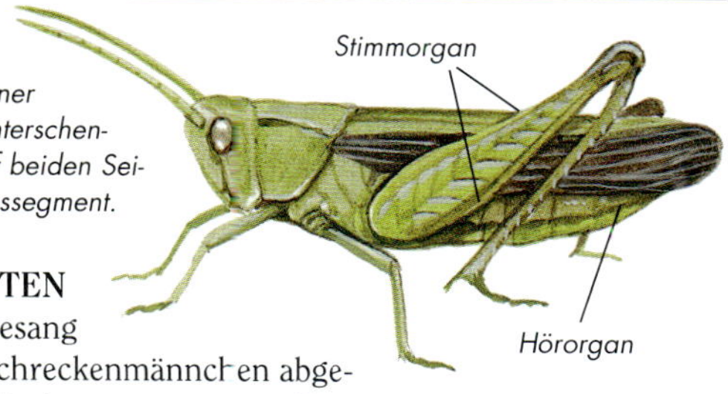

Kurzfühlerschrecken zirpen mithilfe ihrer Flügel und einer speziellen Leiste an den Hinterschenkeln. Ihr Hörorgan liegt auf beiden Seiten im ersten Hinterleibssegment.

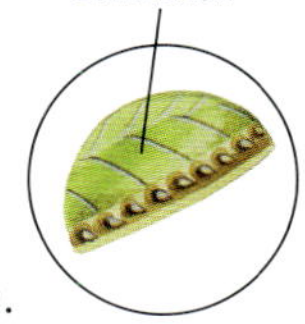

Detail der Tonleiste mit Zähnchen

SOMMERMUSIKANTEN

Zur Jahresmitte wird der Gesang der Vögel von dem der Heuschreckenmännchen abgelöst, die ihre Weibchen mit einem monotonen Zirpen anlocken. Der Gesang ist weithin hörbar. Das menschliche Ohr vernimmt dabei nur einen Teil ihres Repertoires, das ein Gemisch aus Tönen von 5000–100 000 Hz umfasst, also zum großen Teil außerhalb unseres Hörvermögens liegt (der Mensch hört Frequenzen von 16–20 000 Hz). Das Zirpen kommt zustande durch schnelle Reibungen des ersten Flügelpaars. Ihr Hörorgan befindet sich an den Unterschenkeln des vorderen Beinpaares.

Das Braunkehlchen ist häufig im Tiefland und im Gebirgsvorland anzutreffen, es bevorzugt feuchtere Wiesen, Feldraine und Hügel.

Das Schwarzkehlchen lebt an Feldrainen, auf Brachland und an anderen trockenen Standorten.

Die Bewirtschaftung der Wiesen (Art und Häufigkeit des Mähens) hat großen Einfluss auf die Schmetterlingsfauna.

DIE HÄUFIGSTEN GLEICHFLÜGLER

Geht man im Spätsommer durch eine Wiese, springen von allen Seiten kleine Heuschrecken hervor. Man hat auf 1 ha bis zu 30 000 Tiere gezählt. Den Winter überlebt keines davon, die neue Generation entwickelt sich aus den Eiern in der Erde.

DIE SPERLINGSVÖGEL

Braun- und Schwarzkehlchen sind kleine Sperlingsvögel, die zu den typischen Wiesenbewohnern gehören. Sie sitzen mit Vorliebe an erhöhten Stellen, vor allem auf Sträuchern, Disteln und anderen großen Pflanzen, auf Zäunen oder auf Holzhaufen, von wo aus sie zur Nahrungssuche auf die Erde fliegen. Ihre quietschenden Pfeiftöne sind weithin hörbar. Männchen flattern dabei oft mit den Flügeln und spreizen den Schwanz. Schwarz- und Braunkehlchen sind Bodenbrüter. Ihre schalenförmigen Nester aus trockenem Gras verstecken sie gut. Die Jungen verlassen das Nest sehr früh. Beide Arten sind Zugvögel – das Schwarzkehlchen fliegt im Oktober, das Braunkehlchen im September in das afrikanische Winterquartier. Fünf Monate später kommen sie zurück.

MAULWURFSBURG

Ein Maulwurf gräbt an einem Tag mehr als 30 m lange Gänge und schüttet 7–8 Maulwurfshügel auf – er ist dabei selbst bis zum Schwanzende gemessen nur etwa 20 cm lang. Er durchquert regelmäßig sein unterirdisches Labyrinth und sammelt hineingefallene Regenwürmer, Insektenlarven und andere Tiere. Werden seine Hügel zerstört, versucht er sofort, die Risse mit Erde zu stopfen.

Im Frühling erscheinen auf den Wiesen auffällig große, bis zu 0,5 m hohe Maulwurfshügel. Sie haben eine Nistkammer und Gänge, die in mehreren Etagen angeordnet sind.

Nester auf der Erde

Brüten Vögel auf Wiesen oder Weiden, so müssen sie ihre Nester auf dem Boden bauen und gut verstecken oder tarnen. Die Aufzucht der Jungen geht schnell, sie verlassen das Nest meist einige Tage früher als ihre Verwandten im Wald, die auf Bäumen und Sträuchern nisten. Junge Feldlerche laufen z.B. schon nach neun Tagen aus dem Nest – sie können zwar noch nicht fliegen, verstecken sich aber zwischen Erdschollen oder Grasbüscheln.

Die Eierschalen von Wiesenvögeln sind durch ihre Farbe gut getarnt.

Rebhuhn — Wachtelkönig — Schwarzkehlchen — Goldammer — Brachpieper — Feldlerche

Kartierung von Pflanzen und Tieren

Mit der Kartierung von Flora und Fauna können Veränderungen ihrer Verbreitung verfolgt werden. Bei der *Punktkartierung* werden die gefundenen Standorte in Karten verzeichnet – diese Methode ist zwar genau, die Auswertung der Ergebnisse dauert aber lange. Bei der *Rasterkartierung* wird ein bestimmtes Gebiet in verschieden große Quadrate aufgeteilt (10 x 10 bis 50 x 50 km) und danach das Vorkommen von Pflanzen und Tieren verzeichnet – zwar weniger genau, durch Vergleich besetzter und unbesetzter Quadrate lassen sich jedoch Veränderungen rasch sehen.

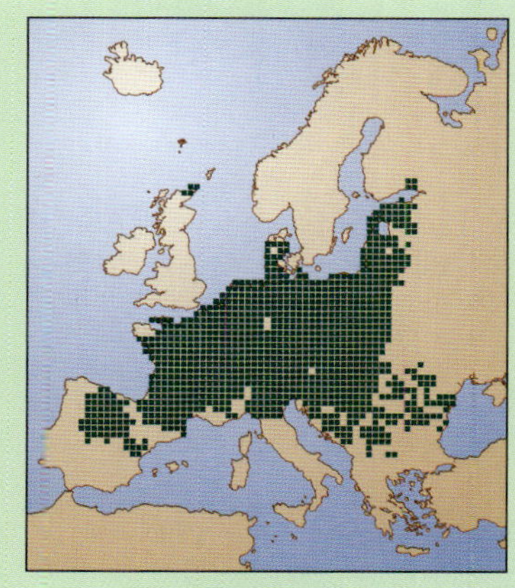

Rasterkarte zur Verbreitung der Feldmaus in Europa.

15

FELDRAINE, BRACHLAND UND WINDSCHUTZSTREIFEN

Die Tierwelt der Wiesen und Felder ist je nach vorhandener Flora oft auf einzelne Arten beschränkt. Handelt es sich dagegen um ein Mosaik aus Feldrainen, Brachland, Teichen und Sümpfen, ist die Artenvielfalt dieses harmonischen Ganzen erstaunlich.

1. Ostigel
2. Mauswiesel
3. Brandmaus
4. Neuntöter
5. Sumpfrohrsänger
6. Elster
7. Goldammer
8. Zauneidechse
9. Distelfalter
10. Weichkäfer
11. Rosengallwespe
12. Genabelte Strauchschnecke
13. Feldgrille
14. Gartenkreuzspinne
15. Wolfsmilchschwärmer
16. Heckenrose
17. Besenginster
18. Süßkirsche
19. Kartäuser-Nelke
20. Weiße Taubnessel
21. Kleinblütige Königskerze
22. Gewöhnliches Leinkraut
23. Feld-Thymian
24. Zypressen-Wolfsmilch
25. Sichelklee
26. Kleine Bibernelle
27. Schmalblättriges Rispengras
28. Brennnessel
29. Bunte Kronwicke

Ein strauchbewachsener Feldrain bereichert die Landschaft.

Biokorridore

Wenn man über Naturschutz spricht, fällt oft der Begriff *biologischer Korridor* oder kurz *Biokorridor*. Dabei handelt es sich um zusammenhängende – meist linien- oder bandförmige – Flächen mit unterschiedlicher Vegetation, wie Feldraine oder Schutzstreifen, die eine sonst einförmige Landschaft gliedern. Durch Biokorridore wird auch die Flora und Fauna benachbarter Monokulturen bereichert.

Im Wald kann ein breiter Weg oder eine lange Schneise als Biokorridor fungieren, auf Feldern und Wiesen übernehmen Feldraine, Windschutzstreifen, Hecken oder Flussauen diese Funktion.

Windschutzstreifen

Künstlich angelegte Windschutzstreifen verringern in waldlosen Gegenden die Windstärke; je nach Dichte mindern sie die Windgeschwindigkeit um 15–75 %. Ihre Baumschicht besteht meist aus Robinien, Götterbäumen, Eschen-Ahorn und verschiedenen Ulmen, Pappeln, Eichen und Linden. In der Strauchschicht findet man z.B. Liguster, Faulbaum, Blutroten Hartriegel, Wolligen Schneeball, Bastardindigo, Pimpernuss.

Die positive Wirkung der Windschutzstreifen zeigt sich insbesondere in bis zu 2 m Höhe.

Vitaminbombe

Die Früchte der Heckenrose sind so reich an Vitamin C, dass sie manchmal auch „Orangen des Nordens" genannt werden. Getrocknet werden die Hagebutten zur Herstellung wohlschmeckender Teesorten mit belebender Wirkung verwendet. Ihr Vitamingehalt hängt vom Pflückzeitpunkt und der Zubereitung ab; am besten ist schnelles Trocknen bei Temperaturen von 60–80 °C. Aus Hagebutten werden auch Soßen zu Wild, Marmeladen und der beliebte Obstwein zubereitet.

Hagebutten pflückt man am besten an sonnigen und trockenen Tagen im September oder Anfang Oktober.

Vielseitiger Strauch

Schwarzer Holunder ist ein anspruchsloses Gehölz, das auch mit Luftverschmutzung zurechtkommt. Der Strauch bietet vielen Tieren vom Frühjahr bis in den Herbst hinein Unterschlupf, seine Blüten ziehen die verschiedensten Insekten an, und die Steinbeeren mit ihrem blutroten Saft bilden im Herbst die Hauptnahrung einiger Vogelarten. Liebhaber chinesischer Küche finden an Stämmen und Ästen das ganze Jahr über einen unansehnlichen, aber wohlschmeckenden muschelförmigen Pilz, das Judasohr.

Schwarzer Holunder hat eine lange Tradition in der Volksmedizin.

Die mit schneeweißen Blüten umhüllten Sträucher des Schwarzdorns liefern zum Frühlingsanfang Nahrung für Bienen.

Sobald ein Insekt mit seinem Saugrüssel tief in eine Salbeiblüte eindringt, wird durch einen Hebelmechanismus der Blütenstaub auf dem Insektenrücken platziert.

SALBEI

Der Wiesen-Salbei (Höhe: etwa 50 cm) bevorzugt trockene Standorte. Von Pflanzenfressern wird er aufgrund der dichten Stängel und der ein wenig stacheligen, dichten Behaarung gemieden. Die zu Scheinquirlen angeordneten Blüten duften angenehm.

STAUB DER BOVISTE

Die runden oder birnenförmigen Fruchtkörper der Boviste haben in der Jugend poröses festes Fleisch (Gleba), das sich mit zunehmender Reife in braunen Sporenstaub verwandelt. Dieser entweicht durch eine kleine Öffnung im Fruchtkörper, tritt man jedoch auf den Pilz, dann „explodiert" er. Größter der artenreichen Gattung ist der Riesenbovist, der bei günstigen Standortbedingungen 1 m groß und 20 kg schwer werden kann!

Der Hasen-Stäubling wächst oft an sandigen Stellen, schwach gedüngten Wiesen und Feldrainen. Sein Fruchtkörper wird 10–20 cm breit.

BUNTES GEMISCH

An Feldrainen findet man SÜSSKIRSCHEN, begleitet von Eschen, Hängebirken, Eichen und Espen, manchmal auch Fichten oder Kiefern. Die Strauchschicht bietet eine bunte Palette europäischer und exotischer Arten (z.B. Schwarzer Holunder, HECKENROSE, Rote Heckenkirsche, Hasel, Weißdorn, Japanischer Spierstrauch, Tamarisken).

MINIATURSTEPPEN

An sonnigen und trockenen Stellen, z.B. Böschungen, Hängen und Feldrainen siedeln sich oft typische Steppenpflanzen und -tiere an. Ihre Basis bilden wärmeliebende Wiesen mit Schwingeln und Rispengräsern, Fieder-Zwenke, Pyramiden-Schillergras sowie Flaumigem und Gewöhnlichem Wiesenhafer. Sie werden begleitet von SICHELKLEE, Wundklee, Wiesen-Storchschnabel, Zypressen-Wolfsmilch, Mohn und anderen.

Die Dornige Hauhechel wird etwa 0,5 m hoch. Weil an dem Halbstrauch überall Dornen sitzen, wird er auch als „Weiberzorn" bezeichnet. Außerdem riecht er unangenehm.

Im Winter zerfällt der Fruchtkörper des Bovist, nur die Hülle bleibt.

Das unüberlegte Anpflanzen von Robinien an trockenen Hängen führte zur Reduzierung seltener Steppenflora.

HONIGBAUM

Die aus Nordamerika und Mexiko stammende Robinie gelangte im 17. Jahrhundert nach Europa. Der anspruchslose Hülsenfrüchtler wurde oft auf mageren Böden und als Windschutz angepflanzt. Als wertvolle Bienentracht und Lieferanten von wetterbeständigem rotbraunem Hartholz sind Robinien beliebt. Ökologen und Umweltschützer dagegen kritisieren die Auslaugung des Bodens. Außerdem produzieren Robinien Giftstoffe, die das Wachstum anderer Pflanzen unter den Bäumen verhindern. Robinien eignen sich auch zum Anpflanzen auf Schuttplätzen oder in Städten.

Durch die in der Pflanze enthaltenen ätherischen Öle duftet der Feld-Thymian in der Sonne intensiv. Auch getrocknet hält der Duft lange an.

DUFTENDES KISSEN

FELD-THYMIAN und Taubnessel gehören zur Familie der Lippenblütler. An den Blüten mit dem glockenförmigen Kelch ist die Verwandtschaft erkennbar. Die kleinen Blüten enthalten viel Nektar, deshalb fliegen die Bienen gern darauf.

Steinmäuerchen

Im Mittelmeerraum werden typische Steinmäuerchen als Windschutzvorrichtungen angelegt. Sie wurden, wahrscheinlich im Mittelalter, aus großen Kalksteinen bis zu 1–2 m hoch aufgeschichtet und fungieren außerdem als Grenzzäune, bilden terrassenartige Flächen zum Anbau von Oliven, Wein oder anderen Früchten und verhindern gleichzeitig die Bodenerosion.

Während sich an sonnigen Südwänden trockenresistente Pflanzen- und Tiergemeinschaften ansiedeln, findet man an schattigen Nordseiten auch kälteliebende Arten.

Gehölze und Gehölzgruppen

Einzelne Bäume, Baumreihen oder kleine Wäldchen sind nicht nur für die Holzproduktion wichtig. Ihr ökologischer Wert ist besonders in gestörten Landschaftssystemen kaum zu überschätzen: Sie beeinflussen Wasserhaushalt und Klima, verringern die Bodenerosion, filtern Fremdstoffe aus der Luft, fungieren als Lärmschutzbarriere und bieten vielen Lebewesen Unterschlupf.

Bäume haben auch eine ästhetische Funktion und einen positiven Einfluss auf die menschliche Psyche.

DIE FLORA AN FELDRAINEN UND WINDSCHUTZSTREIFEN

Feldraine und Windschutzstreifen werden zwischen landwirtschaftlichen Monokulturen schnell zum Rückzugsgebiet für Pflanzen verschiedenster Herkunft – Wind, Tiere und Menschen bringen Samen von Feldern, Wiesen, Gärten und Wäldern.

Besenginster wächst an Waldrändern, Feldrainen und auch am Wegrand, wo er zur Blütezeit im späten Frühjahr und Frühsommer sattgelbe Bänder bildet.

DER BESENGINSTER

Die festen Zweige des BESENGINSTERS wurden früher zur Herstellung von Besen benutzt. Dieser Halbstrauch liebt trockene bis steinige Standorte, allerdings keinen Kalkuntergrund.

Die Heckenrose (Rosa canina), auch Hundsrose genannt, ist eine heimische Wildrose, die in verschiedenen Formen häufig an Böschungen und Feldrainen zu finden ist.

ROSENVIELFALT

Vom Frühling bis zum Herbst kann man sich an der 1-3 m hoch wachsenden Heckenrose erfreuen. Im Frühsommer bildet sie zahlreiche hellrosa Blüten, die sich bis zum Herbst in korallenrote eiförmige Früchte verwandeln. Neben der Heckenrose gibt es in Europa unzählige Rosenarten, deren Einordnung selbst Fachleuten schwer fällt.

Die Larven der Schaumzikaden leben unter einer Schaumhülle, die aus Kotausscheidungen und Luftbläschen besteht, welche aus der Atemhöhle ausgestoßen werden – ein weiterer Beweis für den Einfallsreichtum der Natur.

Blutzikade (5–6 mm)

„BESPUCKTE“ PFLANZE

Im Sommer sieht man auf verschiedenen Pflanzen Schaumklümpchen, die wie Speichel aussehen. Es handelt sich aber um Schaumzikadennester, durch die die Larven vor Austrocknung und Feinden geschützt werden.

DIE FAUNA AN FELDRAINEN UND WINDSCHUTZSTREIFEN

Mit den Veränderungen der Landschaft in vielen Teilen Europas änderte sich in der Kultursteppe auch die ursprüngliche, überwiegend waldtypische Tierwelt. Einige Tiere verschwanden ganz, andere zogen in die Bergwälder. Viele Arten aber passten sich den neuen Bedingungen an, zum Beispiel Igel, Maulwurf, Buntspecht, Meise und Fink. An Feldrainen leben auch Arten, deren ursprüngliche Heimat die Steppe ist. Der Mensch brachte so Tiere aus verschiedenen Lebensräumen zusammen.

Der etwa 1 cm lange Bombardierkäfer lebt am Feldrand und auf brachliegenden Feldern. Wenn er gereizt wird, vermischen sich verschiedene Substanzen in einem Körperhohlraum, die in einer kleinen Gaswolke explodieren.

Die Skorpionsfliege (30 mm) versteckt sich im Unterholz. Auch wenn sie eher an eine Schnake oder schlanke Fliege erinnert, zählt sie zu den Schnabelfliegen, deren Kopf in einen langen Rüssel übergeht. Damit saugt sie Nektar.

SCHÖN ABER GIFTIG

Die BUNTE KRONWICKE hat einen liegenden Stängel und wächst in wärmeren Gegenden an Feldrainen, Hängen, Böschungen und in Gräben am Wegrand. Ihre unpaarig gefiederten Blätter mit 11–25 kleinen Blättchen und die schönen hellrosa Blüten an langen Stielen sind nicht zu übersehen. Ihre Schönheit ist jedoch trügerisch, die oberirdischen Teile der Pflanze enthalten giftige Glykoside.

Imposantes Unkraut

Die mächtige Herkulesstaude, auch Riesenbärenklau genannt, kommt aus dem Westkaukasus. Eine ausgewachsene Pflanze kann bis zu 5 m hoch wachsen, ihre Blattfläche erreicht 5–6 m^2. In Gräben am Wegrand und an Fluss- und Bachufern ist das mittlerweile aggressive Unkraut mit einer hohen Regenerationsfähigkeit zu finden. Es wurde in der zweiten Hälfte des 19. Jahrhunderts als Zierstaude nach West- und Mitteleuropa gebracht.

Eine Berührung mit der Herkulesstaude sollte man besser vermeiden, sie enthält Reizstoffe, die unangenehme Verbrennungen und Blasen auf der Haut verursachen.

Wie Tiere Samen verbreiten

Die Samen einiger Pflanzen werden vorwiegend durch Tiere verbreitet. Sie verfügen über Häkchen, Stacheln oder Pinsel, mit denen sie im Fell oder Gefieder der Tiere hängen bleiben. Die bekanntesten Beispiele sind Kletten, Kletten-Labkraut, Waldmeister und Wilde Möhre. Andere bilden Strauchfrüchte aus, von denen sich Vögel und Säugetiere ernähren und deren unverdauliche Samen sie mit ihrem Kot ausscheiden und verbreiten. An Taubnesselsamen befinden sich dagegen protein- und fettreiche Anhängsel (Fraßkörperchen), die von Ameisen mitgeführt werden.

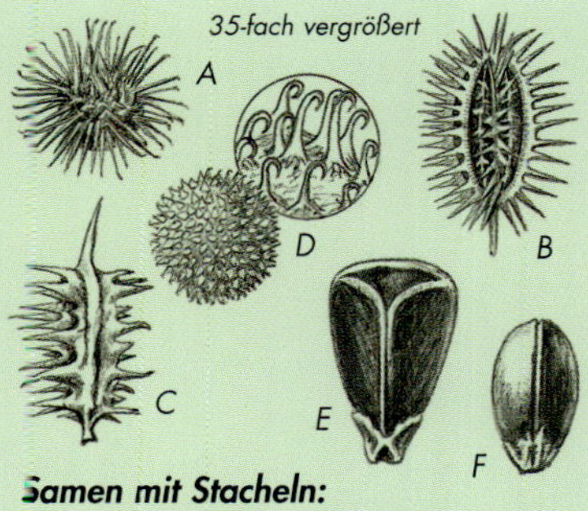

Samen mit Stacheln: *A – Filzige Klette, B – Wilde Möhre, C – Acker-Hahnenfuß, D – Kletten-Labkraut – Fruchtoberfläche mit Häkchen*
Samen mit Anhängsel: *E – Rote Taubnessel, F – Wildes Stiefmütterchen*

VERIRRTE REBHÜHNER

Rebhühner verschwanden als eine der ersten Arten aus landwirtschaftlich geprägten Gegenden der gemäßigten Zonen Europas. Sie halten sich heute eher am Stadtrand auf – dort finden sie mehr Unkrautsamen als auf den pestizidbelasteten Feldern. Außerdem bevorzugen Rebhühner eine abwechslungsreiche Umgebung, denn auf großen Feldern verlieren sie die Orientierung und verirren sich auf der Suche nach ihrem Nest.

Die Wachtel hat ein besseres Orientierungsvermögen als das Rebhuhn. Sie lebt in der dichten Vegetation von Feldern und Steppen. Nur ihr typischer Ruf verrät sie.

Kuckuck im Nest eines Neuntöters: Die meisten Kuckucksarten gelten als Brutparasiten. Wirtseier und Stiefgeschwister werden aus dem Wirtsnest geworfen.

BRUTPARASIT

Kuckucksweibchen legen ihre Eier – jeweils eines pro Nest – in die Nester von Wirtsvögeln, die sie zunächst beobachten. Ist das Nest unbeaufsichtigt, legt das Weibchen ein Ei unweit des Nestes ab und trägt es dann dorthin. Die recht kleinen Kuckuckseier sind den Eiern der Wirtsvögel oft sehr ähnlich. Am stärksten davon betroffen sind Rotkehlchen (40 % der Fälle), Gartenrotschwanz, Bachstelze, Neuntöter, Zilpzalp, Gartengrasmücke und Teichrohrsänger.

EIN MAUSJÄGER

Waldohreulen sind neben den MAUSWIESELN die größten Jäger von Feldmäusen. Im Winter treffen sich zahlreiche Tiere auf hohen Bäumen, unter denen sich dann die Gewölle sammeln.

Die Waldohreule richtet sich bei der Jagd vor allem nach ihrem gut ausgeprägten Gehör.

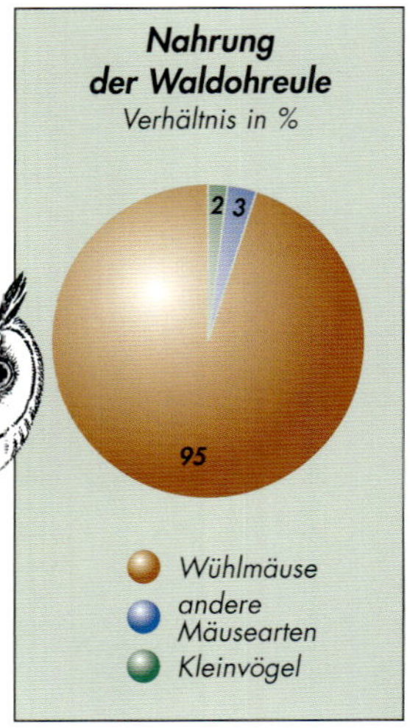

VOM SCHÄDLING ZUR BEDROHTEN ART

Vor 40 Jahren war der Europäische Ziesel fast überall in Mittel- und Südosteuropa verbreitet. Feldraine, Brachland, Parkanlagen und Weiden beherbergten große Kolonien mit Hunderten von Tieren. Als Feldschädling wurde der Ziesel erbarmungslos bekämpft. Heute ist er eine Seltenheit geworden. Der Europäische Ziesel lebt gern in der Nähe von Menschen auf regelmäßig gemähten Grasflächen (z. B. Flughäfen, Zeltplätze), denn die Tiere stellen sich oft auf die Hinterbeine, verlieren aber in der wuchernden Vegetation den Überblick. Sie verständigen sich durch pfeifende Geräusche.

Dem Europäischen Ziesel gelang es nicht, sich den Veränderungen seiner Umgebung anzupassen.

WIE HUMMELN LEBEN

Nur die begatteten Königinnen der Hummeln überwintern und gründen im Frühjahr einen neuen Staat. Ober- oder unterirdisch wird ein Nest aus vermischtem Nektar und Pollen angelegt, worauf die Königin etwa zehn Eier legt. Um die Larven der ersten Brut kümmert sie sich selbst, bis die ersten Arbeiterinnen erwachsen sind. Danach übernehmen diese die Pflege der Nachkommenschaft, säubern und verteidigen das Nest und versorgen die Kolonie. Die Königin hat nur noch eine Pflicht – Eier zu legen. Die lediglich der Reproduktion dienenden Drohnen leben nur kurze Zeit im Sommer. Im Herbst zerfällt das Nest.

Hummelnest

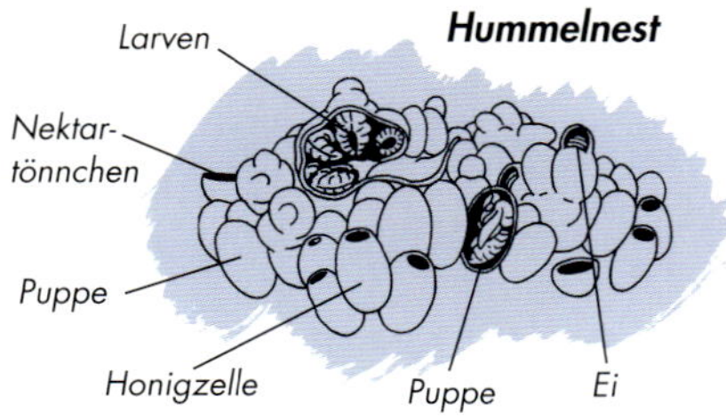

Zahlenmäßig stärkste Hummelarten

Hummeln sammeln mit ihrem langen (1–2 cm) Saugrüssel Nektar auch aus röhrenförmigen Blüten, die für Bienen unzugänglich sind.

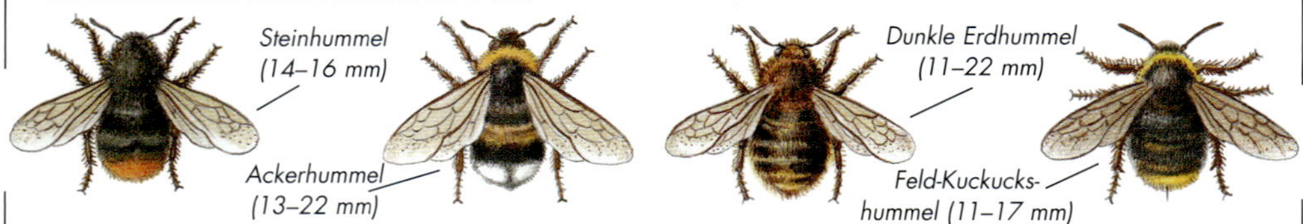

Welt auf sechs Beinen

Es gibt kaum einen Ort auf der Welt, an dem kein einziges Insekt zu finden ist. Während die Zahl der Wirbeltiere in Europa in die Hunderte geht, zählt die Entomofauna zehntausende Vertreter. Trotz ihrer riesigen Vielfalt, nicht nur in Aussehen und Größe, sondern auch in der Lebensweise, haben Insekten vieles gemeinsam. Neben dem einheitlichen Körperbau sind das z. B. eine feste Körperdecke *(Cuticula)* und ein Atmungssystem aus *Luftschleusen*, deren enge Röhrchen wichtiges Gewebe und Organe durchziehen.

Aufbau eines Insektenkörpers

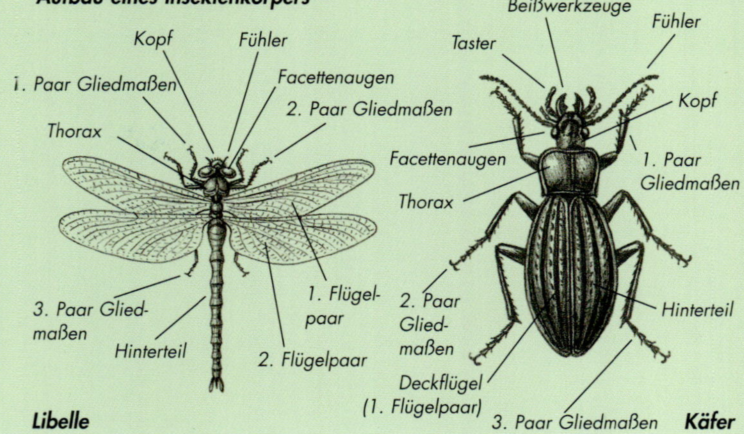

Schlechtes Verfahren

Das Abbrennen von letztjährigem Gras wird immer noch praktiziert, obwohl es das Wachstum des neuen Grases nicht beschleunigt. Im Gegenteil haben Versuche gezeigt, dass abgesengte Triebe erst mit zweiwöchiger Verspätung austreiben! Außerdem werden empfindliche Pflanzenarten durch das Abbrennen gefährdet. Gleichzeitig trocknet das Feuer den Boden aus und setzt ihn der Erosion aus. Da in den Flammen auch viele kleine Tiere und ihre Entwicklungsstadien umkommen, entstehen im Endeffekt Verluste. Außerdem droht häufig Brandgefahr.

Neuntöter imitieren die Stimmen anderer Vögel, ihr eigener Gesang ist leise und quietschend.

Der Raubwürger überwintert auch in harten Wintern in Mitteleuropa.

Der Raubwürger legt sich Vorräte an – er spießt seine Beute auf Dornen oder hängt sie an Zweige.

WÜRGER

Würger sind Singvögel, die mit ihrer Lebensweise Raubvögel nachahmen. Sie ernähren sich nicht nur von Insekten, die sie im Flug fangen, sondern auch von Jungvögeln und Wühlmäusen. Größere Beute tragen sie in ihren Klauen, kleinere in ihrem gebogenen Schnabel. Von den fünf in Europa vorkommenden Arten ist der Neuntöter der häufigste Vertreter, der Raubwürger der größte, der Maskenwürger der seltenste.

UNSICHTBARER MUSIKANT

Die zirpende Stimme des Feldgrillenmännchens erklingt von Mai bis August von trockenen Hängen und Feldrainen, zu sehen ist es jedoch nur selten. Beim geringsten Anzeichen von Gefahr verschwindet es sofort in sein selbst gegrabenes Erdloch. In einer Stunde wurden dabei bis zu 10 000 Töne gezählt. Hat sich ein Weibchen eingefunden, versucht das Männchen durch zartes Streicheln mit den Fühlern, seine Zuneigung zu erringen. Rivalen vertreibt es erbarmungslos.

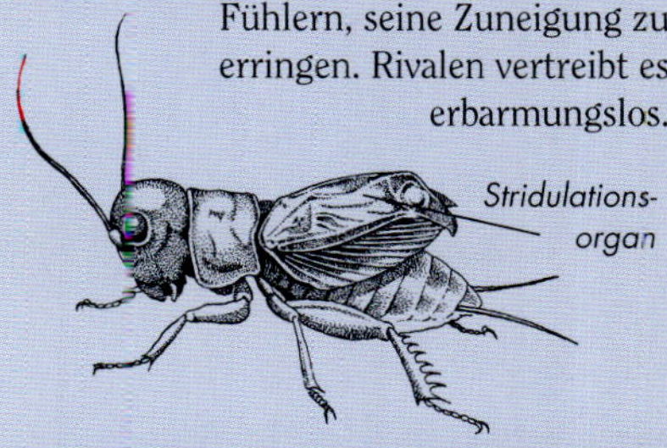

Die Hörorgane von Grillen befinden sich ähnlich wie bei Heuschrecken an den Vorderbeinen. Die zirpende Gesangserzeugung der Männchen (Stridulation) wird am Ende der vorderen Deckflügel hervorgebracht.

ENGE VERBUNDENHEIT

Wirbellose, vor allem Insekten, sind in ihren Entwicklungsstadien häufig an bestimmte Pflanzenarten gebunden – ist die Existenz dieser Arten durch Umwelteinflüsse bedroht, verschwinden auch die auf sie angewiesenen Tiere. Diese enge Beziehung wird teils durch die Artennamen zum Ausdruck gebracht.

MIT DEM HÄUSCHEN AUF DEM RÜCKEN

Die Weinbergschnecke ist bis zu 10 cm lang und verfügt über ein etwa 5 cm breites Haus mit 4–5 rechtsdrehenden Windungen. Linksgewinde kommen nur sehr, sehr selten vor (1:100 000) und sind eine Sammlerrarität. Die Weinbergschnecke bevorzugt helle Haine mit Kalkuntergrund und wird 6–8 Jahre alt. Mithilfe eines Zungenbandes (Radula), das aus einem chininähnlichen Stoff besteht und ständig nachwächst, raspelt sie Pflanzenblätter. Die Weinbergschnecke kommt aus Süd- und Südwesteuropa und wurde vor langer Zeit ins Binnenland eingeschleppt.

HÄSSLICHE KRÖTE

Im Wettbewerb um das hässlichste Tier im Märchen nimmt die Erdkröte einen der vordersten Plätze ein. Neben ihrem nicht sehr attraktiven Aussehen tragen auch die giftigen Sekrete, die sie durch Drüsen am ganzen Körper ausscheidet, zu ihrer mangelnden Beliebtheit bei. Eine Erdkröte sollte man besser nicht anfassen – gelangt der Schleim in Augen oder Nase, brennt er unangenehm. Für die Kröte ist das jedoch ein guter Schutz vor Räubern.

ZWEI ILTISARTEN

Der Iltis hält sich bevorzugt in der Nähe von Dörfern und Siedlungen auf, wo er genügend Verstecke und Nahrung findet. Er ernährt sich von kleinen und mittelgroßen Säugern, Fasanen und Hühnern und frisst auch Kröten, die andere Raubtiere verschmähen. Der Steppeniltis lebt dagegen in landwirtschaftlich genutzten Gebieten in der Nähe von Zieselbauten. Da der Zieselbestand rückläufig ist, sind auch Steppeniltisse weniger geworden.

Wie die meisten Weichtiere ist die Weinbergschnecke ein Zwitter – jedes Tier hat männliche und weibliche Organe. Zur Fortpflanzung gräbt sie eine Höhle in die Erde und legt etwa 40 kleine Eier hinein. Nach 2–3 Wochen schlüpfen die Jungen mit zweieinhalb Mal gewundenen Gehäusen.

GELÄNDETAGEBUCH

Die eigene Insektensammlung

Ein fest gewordenes Insekt weicht man vor dem Präparieren etwas auf, indem man es für 1–2 Tage in ein geschlossenes Gefäß auf feuchtes Filterpapier legt. Aus einem Stück Polystyrol, Kork oder Holz wird eine Spannvorrichtung angefertigt, auf der das Tier mit einer Präparationsnadel und Stecknadeln in die richtige Lage gebracht wird. Kleine Arten werden auf ein Stück Karton geklebt, größere direkt auf die Nadeln gespießt. Beschriftet wird jedes Exemplar mit Namen, Fundort und Funddatum. Es sollten nur bereits tot aufgefundene Tiere präpariert werden!

A – *Präparation: kleines Insekt*
B – *Präparation: größerer Käfer*
C – *Präparation: Schmetterling*
D – *Entomologie-Pinzette*
E – *Präparierpinzette*

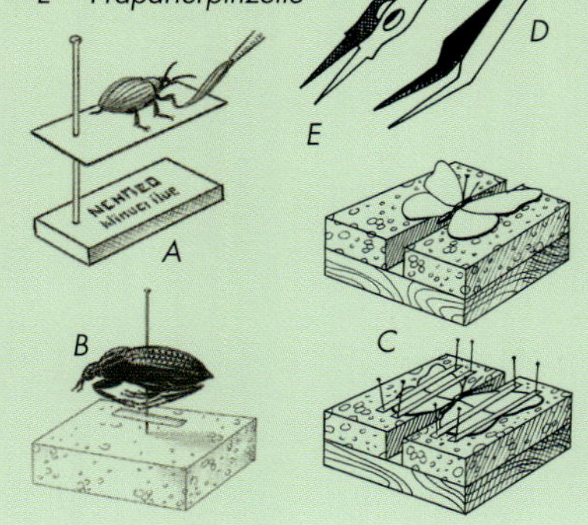

Eine künstliche Behausung

Hummeln sind zur Bestäubung von Klee unersetzlich. Durch das Aufstellen von künstlichen Hummelstöcken kann man deren Aufkommen dabei erhöhen. Die Stöcke werden aus Holz hergestellt, am besten mit doppelten Wänden, und müssen mit einem kreisförmigen Flugloch von 1,5–2 cm Durchmesser versehen sein. Den Boden kleidet man bis zu 2 cm hoch mit trockenem Moos, Torf oder Schneiderwatte aus (keinesfalls mit Kunstfasern). Auch ein Schüsselchen mit Wasser zur Erhaltung der Feuchtigkeit und ein Stück Bienenwabe mit etwas Honigvorrat sollten nicht fehlen.

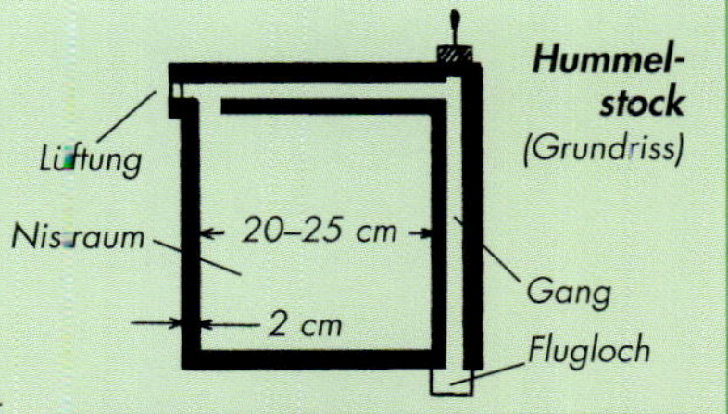

Hummelstöcke platziert man im Schatten von Bäumen oder gräbt sie in die Erde ein.

16

FELDER

Bewirtschaftete Felder bilden die Basis landwirtschaftlich genutzter Kulturlandschaften. Der Anbau von Feldfrüchten erfolgt auf größeren Flächen, die aber recht unausgewogene Ökosysteme darstellen: Düngemittel und Chemikalien sollen den Ertrag erhöhen, vernichten aber die Lebensbedingungen vieler Tier- und Pflanzenarten. Ein Mangel an Schlupfwinkeln, einseitiges Nahrungsangebot und ständige Unruhe – all das sind Gründe, weshalb es hier wirklich nur einige anspruchslose Arten aushalten.

1. Feldhamster
2. Brandmaus
3. Feldmaus
4. Turmfalke
5. Wiesenweihe
6. Feldlerche
7. Rebhuhn
8. Saatschnellkäfer
9. Körnerwarze
10. Kleiner Fuchs
11. Getreidelaufkäfer
12. Honigbiene
13. Vogel-Wicke
14. Klatschmohn
15. Kornblume
16. Wegwarte
17. Kornrade
18. Ackerwinde
19. Spitzwegerich
20. Hederich
21. Acker-Rittersporn
22. Weiße Lichtnelke
23. Natternkopf
24. Acker-Hellerkraut
25. Acker-Hahnenfuß

Auf abgemähten Feldern gibt es viele Schlupfwinkel für Tiere.

Vielfältiges Getreide
Getreide zählt zur Familie der Gräser und wird wegen seiner nahrhaften, stärkehaltigen Körner bereits seit 10000 Jahren angebaut. Weltweit gibt es einige tausend Sorten. Aus Weizen und Roggen wird vor allem Mehl gemahlen, Gerste dient zur Herstellung von Malz, und Hafer wird u.a. als Futtermittel für Pferde und Vieh sowie zur Herstellung von Haferflocken verwendet. Das Stroh wird als Streu oder Futterergänzung genutzt, früher diente es auch zur Dachabdeckung und zur Herstellung von Matten oder Matratzen.

Fremde Herkunft
Die Früchte, die uns täglich als Grundnahrungsmittel dienen, stammen häufig gar nicht aus Europa. Die meisten Getreidepflanzen kommen aus dem Nahen Osten, Mais aus Mittelamerika und Kartoffeln aus Südamerika. Auch Bohnen sind amerikansichen Ursprungs. Der stellenweise auch in Ungarn, Italien und auf den Pyrenäen angebaute Reis kommt aus den Tropen Südostasiens. Rispenhirse verbreitete sich von Vorderasien aus. Ein Vertreter afrikanischer Früchte ist die teilweise im Süden Europas angebaute so genannte Mohrenhirse (Sorghum).

Botschaft der Mayas und Azteken

Der Mais gehört zur Familie der Süßgräser und ist eine uralte Kulturpflanze, die bereits vor 5500 Jahren in Mexiko angebaut wurde. Kolumbus brachte sie 1493 nach Europa. In den meisten Gegenden Europas wird Mais vor allem als Grünfutter verwendet.

Jahrelanger Maisanbau verursacht ökologische Probleme – der Pestizideinsatz ist hoch, Mais erschöpft den Boden und begünstigt Bodenerosion.

Nahrhaftes aus dem botanischen Garten

Die Kartoffel brachten von König Philipp II. ausgesandte spanische Eroberer in der 2. Hälfte des 16. Jahrhunderts aus Peru mit. Anfangs wurden Kartoffeln als Zierpflanzen angebaut, erst einige Jahrzehnte später gelangten die Knollen als Delikatessen auf die königliche Tafel. Ihre größere Verbreitung begann während des Dreißigjährigen Krieges. Mit europäischen Einwanderern kam die Kartoffel dann wieder nach Nordamerika.

Im Gegensatz zu den gehaltvollen und vitaminreichen Knollen enthält die Kartoffelpflanze Solanin und andere giftige Stoffe.

Ungebetener Gast

Zu den landwirtschaftlichen Schädlingen gehören auch aus verschiedenen Teilen der Welt eingeschleppte Arten. Der Kartoffelkäfer kam Mitte des 19. Jahrhunderts aus Nordamerika nach Westeuropa, nach dem 2. Weltkrieg gelangte er weiter nach Mitteleuropa.

Kartoffelkäfer (7–16 mm) fressen Blätter und Stängel der Kartoffelpflanzen.

UNKRAUTVARIATIONEN

Die meisten Unkrautarten (genauer und weniger diskriminierend sollte man sagen: Beikraut) sind bezüglich ihres Standortes durchaus wählerisch. Sie sind vergesellschaftet mit bestimmten Feldfrüchten, an die Art der Bewirtschaftung gebunden und auch von Bodentyp und Klima abhängig. Einige sind typisch für die Wintersaat, andere für die Frühjahrsaussaat, einige bevorzugen Getreide, andere wachsen in Hopfengärten oder auf Weinbergen.

Blühende Lavendelfelder prägen das Landschaftsbild im Mittelmeerraum, besonders in Südfrankreich und Spanien.

DIE FLORA DER FELDER

Auf europäischen Feldern wird meist Getreide (Weizen, Hafer, Gerste, Roggen), Mais sowie Hackfrüchte wie Kartoffeln und Zuckerrüben angebaut. Erbsen und Bohnen sind Hülsenfrüchte, Raps und Sonnenblumen zählen zu den Ölfrüchten mit hohem Ölgehalt und Flachs dient als Rohstoff für die Textilindustrie. Rotklee und Luzerne bilden oft die Basis mehrjähriger Futterpflanzenbestände. Auf kleineren Flächen werden Mohn oder Hopfen angebaut in wärmeren Gegenden auch viel Gemüse.

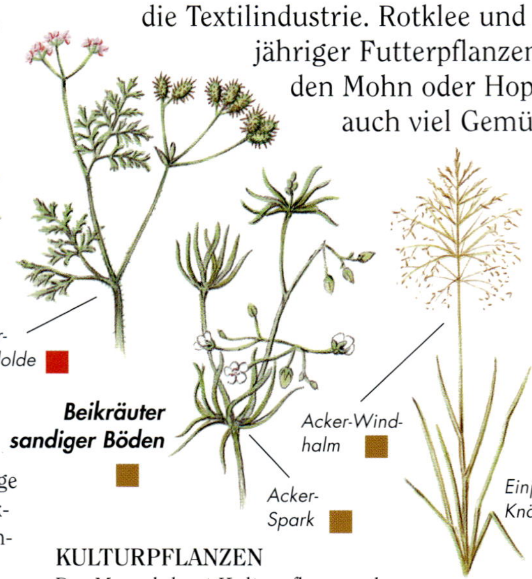

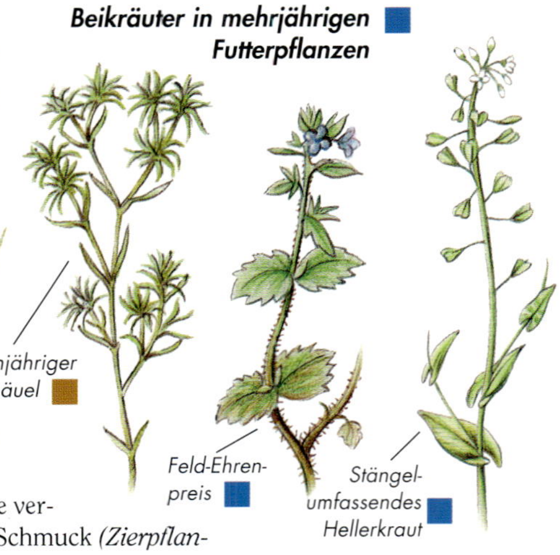

MIT VORSICHT ZU GENIESSEN

Wenn die Rapsfelder blühen, wird die Natur für einige Wochen tiefgelb, und das Summen unzähliger Insekten ist zu hören. Falls Rehe zu viel Raps fressen, können bei ihnen Verdauungsprobleme auftreten, die manchmal sogar zum Tod führen.

Raps liefert wertvolle Pflanzenfette, ist aber auch als alternativer Kraftstoff ins Gespräch gekommen.

KULTURPFLANZEN

Der Mensch baut Kulturpflanzen als Nahrungsmittel, Futtermittel oder Rohstoffe für die verarbeitende Industrie *(Nutzpflanzen)* oder auch als Schmuck *(Zierpflanzen)* an. Es gibt unzählige Arten und Sorten, immer wieder kommen neue Züchtungen auf den Markt. Manche Sorten unterscheiden sich kaum von den wildwachsenden (Schnittlauch, Spargel, Hopfen), andere haben sich in Aussehen und Standortanspruch angepasst (Getreide, Rüben, Obst).

Blühende Tulpenfelder sieht man vor allem in Holland (Foto links).

Die Sonnenblume wird als Ölfrucht und Futterpflanze mit hohem Eiweißanteil (bis zu 36 %) angebaut. Sie stammt eigentlich aus Mexiko und Peru.

Unsere Feldfrüchte

Neben den traditionellen Arten tauchen in letzter Zeit auch weniger bekannte Früchte auf unseren Feldern auf. Dazu gehört die Art *Vicia faba* (Acker- und Puffbohne). Diese Hülsenfrucht ist vielseitig – während sie in vielen Gegenden der Welt als Nahrungsmittel angebaut wird, findet sie in Europa als Futterpflanze Verwendung.

Wildwachsende Vorfahren der Ackerbohne sind nicht bekannt, sie stammt vermutlich aus Nordafrika.

Verschiedene Rübenformen

Runkelrüben kannte man bereits im Altertum in Babylon, Ägypten und Griechenland. Anfangs wurden die Blätter mit ihren fleischigen Stielen als Gemüse genutzt, so wie Mangold. Erst viel später wurden die Zuckerüben, die bis zu 18 % Saccharose enthalten, zu einer der Hauptquellen für die Zuckererzeugung.

A – Runkelrübe, B – Mangold, C – Futterrübe (Runkelrübe, subsp. vulgaris var. rapacea), D – Rote Rübe, E – Zuckerrübe

PILZE AUF FELDERN

Viele vermuten Pilze nur im Wald, aber auch auf Feldern kann man zu gegebener Zeit fündig werden. Der Wiesenchampignon gehört zu den schmackhaftesten genießbaren Pilzen. Er hat einen starken, glatten Stamm mit einem Ring aus Hüllresten, einen 5–15 cm breiten weißen Hut und anfangs rosafarbene, später graubraune bis schwarze Lamellen. Die meisten Feldpilzarten sind jedoch eher klein und unauffällig. Der hoch toxische Mutterkornpilz dringt in die Fruchtknoten von Getreide (vor allem Roggen) und anderen Gräsern ein und bildet ein hornartiges schwarzes Dauermyzel. Nach der Reife fallen diese Körner ab, überwintern, und im Frühjahr wächst daraus eine neue Generation.

Der weiße Acker-Riesenschirmling wächst im Spätsommer und Herbst auf Kartoffel- und Stoppelfeldern und frisch gepflügten Äckern. Er ist essbar, schmeckt aber nicht besonders.

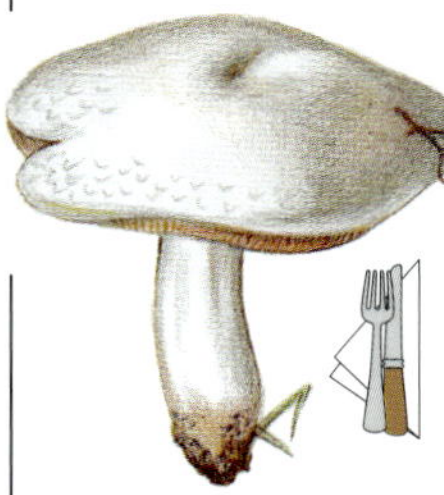

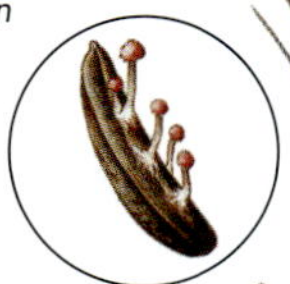

Natürliches Mutterkorn gibt es heute nur noch selten, denn das Saatgut wird sorgfältig sortiert und behandelt. Da es aber wegen seines hohen Alkaloidgehaltes ein wertvoller Medikamentenrohstoff ist, wird es für pharmazeutische Zwecke künstlich erzeugt.

Der Wiesenchampignon gedeiht auf gedüngten Böden – Wiesen, Weiden und Maisfeldern.

ZUM VERWECHSELN ÄHNLICH

An Feld- und Wegrändern findet man oft zwei sehr ähnlich aussehende Pflanzen mit weißen Blüten und feinen strichförmigen Blättern. Während die Echte Kamille heute eine der wichtigsten Heilpflanzen ist, hat die Geruchlose Kamille keinerlei Heilwirkung, da sie kaum ätherische Öle enthält.

Die Zungenblüten der Echten Kamille biegen sich nach unten, der Stängel verzweigt sich meist erst im oberen Teil, und die ganze Pflanze duftet angenehm. Bei der Geruchlosen Kamille ist der Blütenboden mit stachligen Spreublättchen überdeckt, aus deren Achseln die Blüten wachsen. Die weißen Blüten verlieren auch bei älteren Pflanzen nicht die Form, der Stängel ist bereits von unten her weit verzweigt.

LEBENSKRAFT DER BEIKRÄUTER

Die Reproduktionsfähigkeit einiger Unkräuter ist gewaltig. So entwickeln sich z. B. aus einem 10 cm langen Wurzelstück des Huflattichs im Laufe eines Jahres mehr als 50 m Ausläufer. Die Wurzeln reichen bis zu 1 m tief in die Erde und können auch durch Tiefpflügen nicht vernichtet werden. Ähnlich verhält es sich bei der Quecke. Außerdem sind die Samen vieler Beikräuter auch nach Jahren noch keimfähig (ACKERWINDE). Die chemische Bekämpfung erfolgt mit Herbiziden, die aber auch angrenzende Flächen beeinträchtigen können.

Die Gewöhnliche Kratzdistel setzt im Spätsommer hunderte bis tausende behaarte Samen frei, die der Wind in der Umgebung verbreitet.

Die einjährige Kornblume (Centaurea cyanus) wird etwa 30–60 cm hoch. Mit dem Getreidesaatgut verbreitete sie sich fast in der ganzen Welt.

BEIKRAUTSCHWUND

Flächenzusammenlegungen in der Landwirtschaft, die gründliche Reinigung des Saatgutes und die Verwendung von Herbiziden sind die Hauptursachen für einen starken Rückgang einiger traditioneller Beikrautarten. So gibt es heute kaum noch KORNRADE und wesentlich weniger KORNBLUMEN.

Als Feldunkraut ist der Klatschmohn seit der Steinzeit bekannt; heute große Flächen roter Mohnblüten zu finden, wird immer schwieriger.

ROTES BLÜTENMEER

KLATSCHMOHN belebt mit seinen auffälligen Blüten ansonsten triste Getreidefelder. Wenn sich die vier Blütenblätter aus den behaarten Knospen befreien, sind sie zwar noch zerknittert, entwickeln sich aber bald zu ihrer vollen Schönheit, die allerdings nicht lange anhält. Die Hauptblütezeit des Klatschmohns ist von Mai bis Juli. Die eiförmigen Früchte erinnern an eine kleine Dose mit Deckel. Wenn die Kapseln reif sind, werden sie löchrig, und der Wind trägt die Samenkörner fort. Oft werden sie aber auch von Vögeln aufgepickt.

Nutzpflanzenkategorien

Nutzpflanzen werden eingeteilt in *Stärkepflanzen, Öl-* und *Eiweißpflanzen, Gemüse, Obst, Gewürze* und *Aromapflanzen, Heilpflanzen, Futterpflanzen,* so genannte *nachwachsende Rohstoffe* und sonstige Nutzpflanzen (z. B. *Honigpflanzen*).

Buchweizen ist ein einjähriges Knöterichgewächs aus dem Himalajavorland, mit mehligen Körnern. In wärmeren Gegenden Europas wird er als Getreide- oder Futterpflanze angebaut.

Die Linse ist eine Hülsenfrucht. Sie stammt aus dem Mittelmeerraum und Westasien.

Linsensamen haben einen hohen Eiweißanteil (25–30 %).

Sanfte Schädlingsbekämpfung

In der unberührten Natur gibt es keine Schädlinge, alles befindet sich im ökologischen Gleichgewicht, und nur selten vermehrt sich eine Art auf bedrohliche Weise. In Monokulturen – in Wäldern oder auf Feldern – gibt es dagegen viele Schädlinge. Durch sinnvolle Fruchtfolgen, geeignete agrotechnische Verfahren (Lesen, Pflügen) oder chemische Präparate *(Insektizide)* kann deren Aufkommen reduziert werden. Nützliche Tier- und Pflanzenarten dürfen diesen Maßnahmen aber nicht zum Opfer fallen.

Unkraut?

In der biologischen Landwirtschaft gibt es kein Unkraut. Die betreffenden Pflanzen werden, auch wenn sie auf den Feldern unerwünscht sind, Beikräuter genannt. Sie konkurrieren mit den Nutzpflanzen um Nährstoffe, Feuchtigkeit und Licht. Ein Beispiel ist die Doldige Spurre.

Die Doldige Spurre gehört zu den Nelkengewächsen. Sie wird bis zu 20 cm hoch.

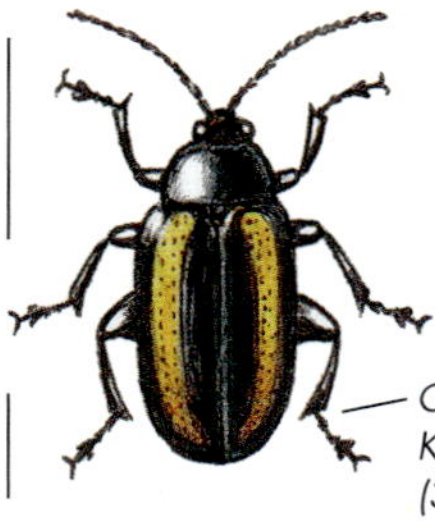

Gestreifter Kohlerdfloh (3–5 mm)

Rapsglanzkäfer (1,5–3 mm)

Der Kleine Kohlweißling (✖ 40–50 mm) entwickelt im Jahr 2–3 Generationen. Ein Weibchen legt über 150 Eier. Die gefräßigen Raupen sind auf Kohlköpfe spezialisiert.

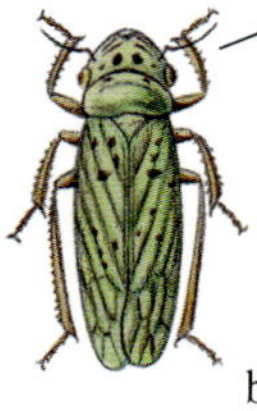

Bunte Kartoffelblattzikade (3–4 mm)

NUTZPFLANZENSCHÄDLINGE

Manche Schädlinge sind nicht auf bestimmte Nutzpflanzen spezialisiert, andere kommen nur auf einer einzigen Frucht vor. Zu den bekanntesten schädlichen Käfern gehören GETREIDELAUFKÄFER, Rapsglanzkäfer, einige Erdflöhe und Erbsensamenkäfer, zu den Schmetterlingen einige Weißlinge und Wickler, Gamma-Eule und SAAT-EULE. Von den Säugetieren verursachen die FELDMAUS und der FELDHAMSTER die größten Schäden. Ein Populationszyklus der Feldmaus dauert 3–4 Jahre. Nach Erreichen der maximalen Quantität *(Gradation)* nimmt die Population wieder ab.

ARTENZUSAMMENSETZUNG

Das Auftreten von Kleintieren – sowohl die Artenvielfalt als auch die Individuenzahl – auf einem Feld ist abhängig von den angebauten Früchten, den verwendeten Pestiziden, der Düngung und anderen agrotechnischen Eingriffen. Am vielfältigsten ist die Fauna der Insekten und anderer Wirbelloser bei mehrjährigen Fruchtpflanzen und Getreide, am geringsten in Hackfruchtfeldern und im Mais.

Die Gemeine Getreidewanze (8–11 mm) saugt Pflanzensaft aus den Blättern und bringt die Pflanzen so zum Absterben.

DIE FAUNA DER FELDER

Die Fauna landwirtschaftlicher Nutzflächen ist artenarm, die Individuenzahl kann aber sehr hoch sein. Die sich schnell verändernden äußeren Bedingungen sind hierfür verantwortlich – während der Ernte werden z.B. Getreidefelder an einem einzigen Tag zu kahlen Flächen, völlig ohne Rückzugsmöglichkeiten. Wird das Stoppelfeld gepflügt, verschwinden alle Nahrungsquellen. Die wenigen Arten, die sich diesen wechselnden Umständen anpassen konnten, stammen meist aus der Steppe. Sie vermehren sich in Zeiten des Überflusses schnell und ziehen bis zur Ernte mehrere Generationen auf.

Bei der Bestimmung von Bussarden darf man sich nicht allein auf die Färbung verlassen, Mäusebussarde können unterschiedliche Farben aufweisen.

DREI BUSSARDARTEN

Neben dem am häufigsten vorkommenden Mäusebussard kommt im Winter auch der Raufußbussard mit seinen dicht gefiederten Füßen in Europas Binnenland, und manchmal findet man auch den Adlerbussard aus dem Süden, erkennbar an seinem von unter her völlig weißen Schwanz ohne dunkle Streifen. Bussarde jagen ihre Beute entweder aus der Höhe im Flug, nachdem sie lange mit gespreizten Flügeln gekreist sind, oder sie bewegen sich mit flatternden Flügelschlägen auf der Stelle. Erhöhte Standorte, z.B. auf Pfosten, kommen ebenfalls beim Ausspähen der Beute zum Einsatz.

SCHNELLKÄFER

Typische Käfer auf Feldern, an Feldrainen und Wegen sind die schlanken Schnellkäfer. Neben dem Saatschnellkäfer findet man auch den Mausgrauen Sandschnellkäfer, dessen Deckflügel weißlich belegt sind. Die Käfer ernähern sich von Getreideblättern, Sprossen oder Knospen. Alle zur Familie der Schnellkäfer zählenden Arten haben einen komplizierten Sprungapparat. Aus der Rückenlage versteifen sie sich, schnellen in die Höhe, drehen sich und landen auf den Beinen.

Die dünnen Larven der Schnellkäfer nennt man Drahtwürmer. Sie sind schädlicher als erwachsene Käfer, denn sie nagen 3–5 Jahre unter der Erde an Wurzeln und Knollen.

Bodenabtrag

Der großflächige Anbau von Kulturpflanzen hat eine Reihe negativer Auswirkungen. Durch die verstärkte Bodenerosion werden fruchtbare Bodenbestandteile von Wasser und Wind abgetragen und der Boden ausgelaugt. Vor allem beim Anbau von Hackfrüchten und Mais in Hanglage, die erst spät den Boden bedecken, wird Bodenkrume abgetragen. Nach einigen Jahrhunderten bleibt nur Brachland zurück.

Lang anhaltendes trockenes Wetter begünstigt Winderosion.

Beim Kartoffelanbau in Hanglage mit Anordnung der Reihen in Neigungsrichtung wird bei starkem Regen Boden in Strömen aus dem Feld geschwemmt.

Veränderungen der Bodenfauna

Durch den großflächigen Anbau von Monokulturen, die dadurch verstärkte Bodenerosion, die wendende Bodenbearbeitung und die Verwendung von Pestiziden reduziert sich die Anzahl der Kleinlebewesen, die von großer Bedeutung für die Bodenfruchtbarkeit sind, drastisch. In nicht chemisch behandelten Böden leben 5000–8000 Individuen auf 1 m², bei wiederholtem Einsatz von Pestiziden verringert sich ihre Zahl auf 600.

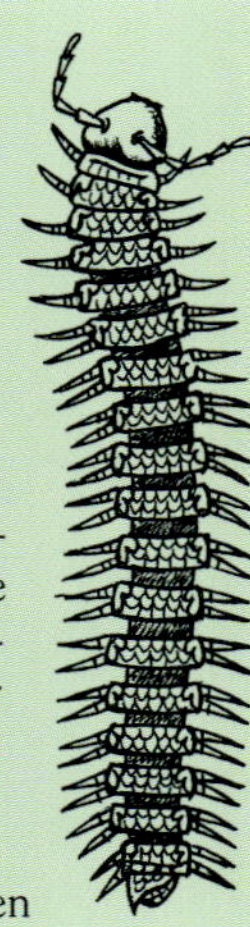

Zwei widerstandsfähige Tausendfüßlerarten

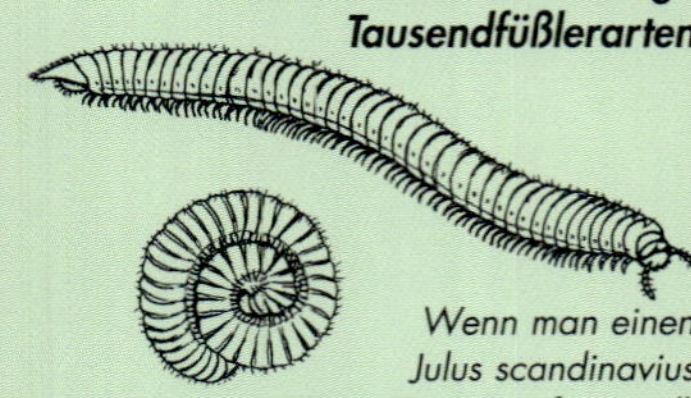

Polydesmus denticulati (15–30 mm)

Wenn man einen Julus scandinavius (20–40 mm) anfasst, rollt er sich zum Schutz zu einer Spirale zusammen.

TODESBOTE?

Den Totenkopfschwärmer mit einer Flügelspannweite von bis zu 11 cm hielten die Menschen früher für den Vorboten des Todes eines Angehörigen. Auf dem Rücken trägt er nämlich eine helle Zeichnung, die an einen Totenschädel erinnert.

Die meisten wärmeliebenden Totenkopfschärmer kommen aus dem Süden nach Mitteleuropa. Ihre Puppen würden den Winter nicht überleben.

WECHSELKRÖTE

Obwohl die Trockenheit der Felder als Lebensraum für Lurche ungeeignet ist, fühlt sich die Wechselkröte hier sehr wohl. Sie liebt eher die Trockenheit, deshalb findet man sie im Sommer weit weg vom Wasser auf Feldern, an Feldrainen, in Siedlungen und Städten. Sie ist anspruchslos und verzehrt von Springschwänzen und Ameisen bis hin zu Regenwürmern und Schnecken alles. Normalerweise nachtaktiv, verlässt sie zur Paarungszeit, wenn die Weibchen 2–4 m lange Reihen Eier legen, auch tagsüber ihr Versteck.

Die Wechselkröte kommt in Ost-, Süd- und Mitteleuropa vor, in der Westhälfte findet man sie nicht.

REICHE BEUTE

Wühlmäuse locken zahlreiche Raubvögel auf die Felder. Aber nur die WIESENWEIHE lässt sich hier als Bodenbrüter im Getreide dauerhaft nieder. Das Männchen ist grau, das Weibchen bräunlich. Bei der Jagd fliegt die Wiesenweihe langsam und tief über der Erde. Ihre engen und relativ langen Flügel sind dafür wie geschaffen. Ebenfalls auf Feldern jagen Bussarde und Turmfalken, unter den Eulen sind Schleier- und Waldohreulen die größten Jäger von FELDMÄUSEN.

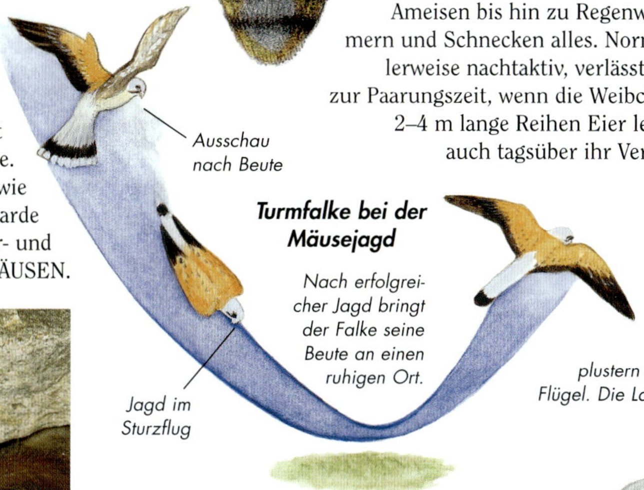

Das Mauswiesel hat den Ruf eines blutrünstigen Raubtiers, das mehr jagt, als es verzehren kann. Häufig wird jedoch von den erjagten Nagern ein Vorrat für schlechte Zeiten angelegt.

GROSSER JÄGER

Die Zahl der Mauswiesel schwankt von Jahr zu Jahr, denn sie ist von der Anzahl an Wühlmäusen abhängig. Ist das Nahrungsangebot groß, werden mehr Junge geboren. Mauswiesel zeichnen sich durch bemerkenswerte Größenunterschiede aus. Während die größten Exemplare eine Länge von 26 cm erreichen und etwa 160 g wiegen, werden die kleinsten nur 11–15 cm groß, mit einem Gewicht von 30 g. Im Unterschied zum Hermelin haben Mauswiesel keine schwarze Schwanzspitze und kein weißes Winterfell. Sie können auch nicht so gut auf Bäume und Sträucher klettern.

Bei der Frühjahrsbalz der Großtrappe plustern sich die Hähne auf und drehen Schwanz und Flügel. Die Lautäußerungen sind dagegen eher unauffällig.

SELTENER VOGEL

Die Großtrappe ist mit fast 20 kg Lebendgewicht einer der schwersten Flugvögel. Der ursprünglich aus der Steppe stammende Vogel lebt auf ausgedehnten Weiden, Wiesen und Feldern und ist sehr scheu. Früher kamen Großtrappen in allen waldlosen Gegenden Europas vor, aber bereits seit dem Mittelalter und dem Vordringen der Menschen hat sich ihr Vorkommen ständig verringert. Heute findet man sie nur noch in Norddeutschland, auf der Pyrenäen-Halbinsel und südöstlich von Ungarn. Großtrappen sind keine Wandervögel.

GELÄNDETAGEBUCH

Agrarlandschaften bieten nicht viel Interessantes. Im Winter sind die verschneiten Felder scheinbar mit unzähligen Hasenspuren übersät, bei genauerem Hinsehen stellt man aber fest, dass sie nur von einem oder zwei Tieren stammen.

A – Nest, B – Vorratskammer, C – Kotplatz, D – Fallröhre

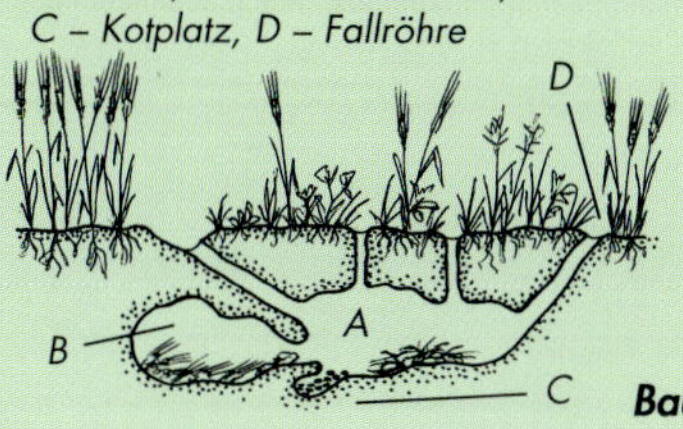

Bau des Feldhamsters

Unterirdische Wohnung

Die unterirdische Behausung des FELDHAMSTERS ist vorbildlich durchdacht. Er muss seinen Zufluchtsort auch auf abgemähten Feldern nicht verlassen. Die Gänge haben einen Durchmesser von 6–8 cm und reichen 1,5–2 m unter die Erde. In seiner Vorratskammer lagert der Hamster im Spätsommer z. B. Korn, Kartoffeln, Rübenstücke, die er verbraucht, wenn er ab und zu aus dem Winterschlaf erwacht, und im zeitigen Frühjahr, wenn es noch nicht genug frische Nahrung gibt. Bis zu 17 kg Vorräte wurden in einem Bau gefunden.

Ernährung der Raubvögel

Um die Nahrungszusammensetzung von Raubvögeln und Eulen zu bestimmen, muss man ihren Ruheplatz finden, z. B. einen einsamen Baum oder Mast, und darunter die Gewölle aufsammeln, mit denen sie unverdauliche Nahrungsreste, vor allem Fell und Knochen kleiner Säugetiere, auswürgen. Das frische Gewölle trocknet man, nimmt es vorsichtig auseinander und trennt die Schädel- und Zahnreste ab, die am besten zur Bestimmung geeignet sind.

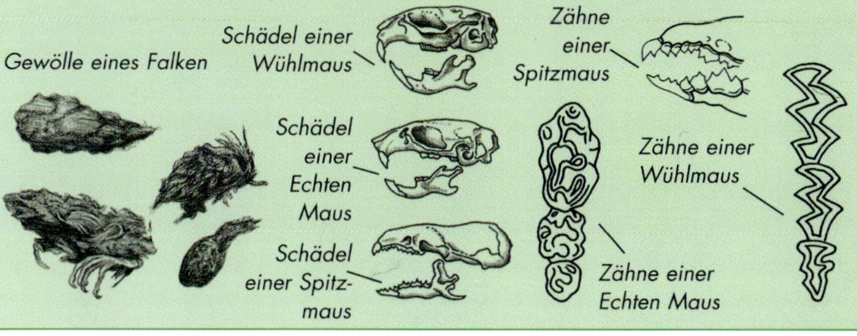

17

FEUCHTGEBIETE

Es ist gar nicht leicht, eine Rangliste der Ökosysteme und Standorte nach ihrem naturwissenschaftlichen Wert aufzustellen. Immer sind sie Bestandteil eines Ganzen, in dem auch ein scheinbar unbedeutendes Element eine wichtige Rolle spielen kann. Bei Feuchtgebieten muss man wohl eine Ausnahme machen – in ihrer vielfältigen Gestalt sind diese unersetzbaren Landschaften tatsächlich die bedeutendsten auf der Welt. Das folgt aus dem Wesen des Lebens selbst, das auf Wasser basiert.

1. Ostschermaus
2. Hermelin
3. Weißstorch
4. Tüpfelsumpfhuhn
5. Feldschwirl
6. Braunkehlchen
7. Bekassine
8. Laubfrosch
9. Zweizähnige Dornwanze
10. Schwarzköpfiger Bartläufer
11. Schilfkäfer
12. Streckerspinne
13. Schl. Bernsteinschnecke
14. Großes Mädesüß
15. Braune Segge
16. Wald-Simse
17. Trollblume
18. Breitblättriges Knabenkraut
19. Sumpf-Kratzdistel
20. Flatter-Binse
21. Sumpf-Labkraut
22. Blut-Weiderich
23. Sumpf-Schachtelhalm
24. Schwarzerle
25. Bruchweide

Die Feuchtgebiete Europas ähneln sich sehr.

Was sind Feuchtgebiete?

Unter dem Begriff Feuchtgebiete fasst man Gebiete mit ständig vernässtem oder zeitweise überschwemmtem Boden zusammen. Es handelt sich um Übergangsgebiete zwischen Wasser- und Festlandökosystemen, die die verschiedensten Formen annehmen können, z.B. Moor, Sumpf, Morast, Nassgalle. Ein ausgeprägter Typus sind die Moore. Im weitesten Sinn werden alle Gebiete mit stehendem und langsam fließendem Süß- oder Brackwasser (Quellen, Teiche, Talsperren, Flussdeltas) als Feuchtgebiet bezeichnet.

Feuchtgebiete haben sowohl ökologische als auch wasserwirtschaftliche Bedeutung.

Pflanzen in der Feuchtigkeit

Überschwemmter und stark vernässter Boden ist ungünstig für das Pflanzenwachstum – er bietet nicht genug oder gar keinen Sauerstoff und enthält Giftstoffe (Essigsäure, Buttersäure, Methan u.a.), die von anaeroben Mikroorganismen bei der Zersetzung von Humus ausgeschieden werden. Dem passen sich die Pflanzen durch einen speziellen Aufbau (größere Zellzwischenräume, widerstandsfähige Pflanzenhaut) und erhöhte Ablagerung von Vorratsstoffen an.

Den Sauerstofftransport übernimmt bei Sumpfpflanzen ein Durchlüftungsgewebe (Aerenchym) mit großen Zellzwischenräumen.

Querschnitt durch einen Schilf-Wurzelstock

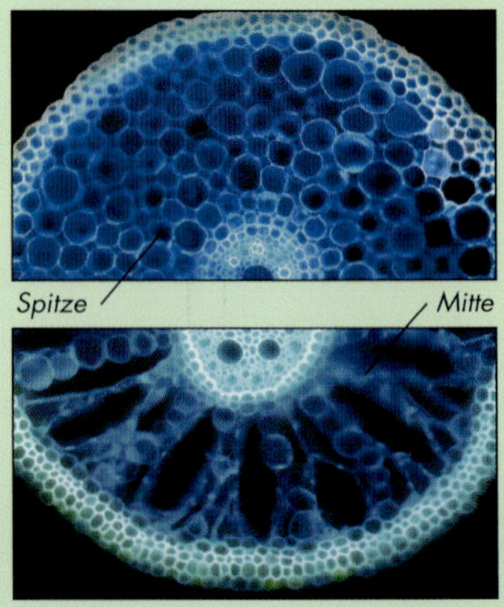

Wie Tümpel entstehen
Tümpel sind flache und (im Gegensatz zum Teich) natürlich entstandene Wasserbecken. Die meisten bilden sich durch die Erosionswirkung des Wassers in Überschwemmungsgebieten von Flüssen und Bachauen sowie an Stellen mit schlechtem Ablauf und hohem Grundwasserstand. Saisonale oder temporäre Tümpel füllen sich im Frühjahr mit Schmelzwasser und trocknen dann allmählich wieder aus.

In Auenwäldern findet man immer perennierende oder temporäre Tümpel.

Zerstörung der Feuchtgebiete
Durch Entwässerungsmaßnahmen *(Melioration)* wurde in vielen Gegenden Europas landwirtschaftliche Nutzfläche geschaffen, Feuchtgebiete wurden aber entwertet und zerstört. Durch aufwändige *Revitalisierungsmaßnahmen* versucht man heute, diese Schäden zu beheben; dabei wäre es manchmal sinnvoller, der Fähigkeit der Natur zur Selbsterneuerung zu vertrauen. Auch viele Tümpel werden zerstört – wenn sie nicht infolge gesunkenen Grundwasserstandes austrocknen, werden sie oft zu illegalen Müllhalden oder füllen sich mit Erde von den umliegenden Feldern.

Die Bodenqualität hat sich durch die Melioration kaum verbessert, dafür verschwanden natürliche Wasserreservoire und viele Pflanzen- und Tierarten.

Die Ramsar-Konvention bezieht sich nicht nur auf natürliche Feuchtgebiete, sondern auch auf Teiche, Talsperren und andere von Menschenhand geschaffene Werke.

Feuchtgebiete erkennt man im Frühjahr an den vielen Sumpfdotterblumen.

DIE FLORA DER FEUCHTGEBIETE

An Standorten mit hohem Grundwasserstand oder in lange überschwemmten Gebieten sind Pflanzen beheimatet, die Sauerstoffmangel im Boden und auch eine Eisdecke vertragen. Sumpfgesellschaften machen ihre geringe Vielfalt durch üppigen Bewuchs mit typischen Arten wett – Schilf, Segge, Binsen, Wasser-Minze oder Sumpfdotterblumen. Abwechslungsreicher wird die Krautschicht erst dort, wo der Sumpf in trockenen Boden übergeht. Bäume erreichen meist geringe Höhe.

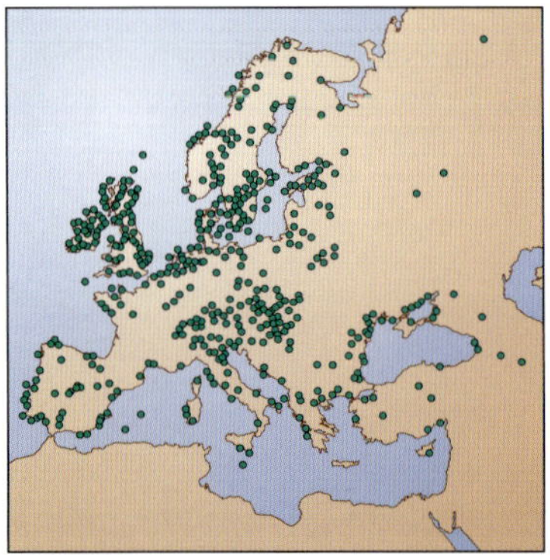

Die international bedeutsamen Feuchtgebiete sind unregelmäßig verteilt. Europa nimmt hinsichtlich ihrer Anzahl einen führenden Platz ein (fast 60 %).

INTERNATIONALES ABKOMMEN

Die Bedeutung der Feuchtgebiete, vor allem in ihrer Funktion als Lebensraum für Wasservögel, wird durch das Internationale Abkommen über Feuchtgebiete von 1971 (in der iranischen Stadt Ramsar abgeschlossen) betont. Anfang 2003 wurde das Abkommen um 136 Landschaftsgebiete ergänzt, nunmehr enthält es über 1250 Standorte mit einer Gesamtfläche von über 107 Mio. ha.

Der 60–130 cm hohe Gold-Gilbweiderich blüht ab Juli.

DIE FARBEN DER SÜMPFE

Im Sommer zieren zwei auffällige, über 1 m hohe Pflanzen fast alle Feuchtgebiete: BLUT-WEIDERICH und Gewöhnlicher Gilbweiderich. Die Blütezeit des Blut-Weiderich dauert von April bis September – seine karminroten Blüten sind ährig angeordnet. Die Pflanze hat einen hohen Gerbstoffgehalt.

Die Sibirische Schwertlilie bildet stellenweise dichte Bestände.

Die kleinen grünlichen Blüten des Schwimmenden Laichkrauts sind zu Ähren angeordnet.

ANSPRUCHSLOSE PFLANZE

Das anspruchslose Schwimmende Laichkraut wächst in stehenden und fließenden Gewässern, seine an langen Stielen wachsenden Blätter schwimmen auf der Wasseroberfläche. Mit seinem bis zu 2 m langen Wurzelstock ist es im sumpfigen Grund verankert. Trocknen Teich oder Tümpel aus, dann bildet das Laichkraut verkürzte Stängel mit verkümmerten, zu einer Rosette gruppierten Blättern aus.

Auf der Oberhaut der Blätter sind Öltröpfchen eingelagert.

Die Blüten der Sumpf-Schwertlilie sind im Frühsommer weithin zu sehen. Wenn im Herbst die Samen reifen, bricht der bis zu 40 cm hohe Stiel unter seinem eigenen Gewicht; so verbreitet sich die Pflanze.

GEWACHSTE PFLANZEN

Die langen, schmalen Blätter der Schwertlilien sind mit einer Wachsschicht überzogen, an der das Wasser abfließt. Die Sumpf-Schwertlilie wächst an flachen Tümpel- oder Teichrändern.

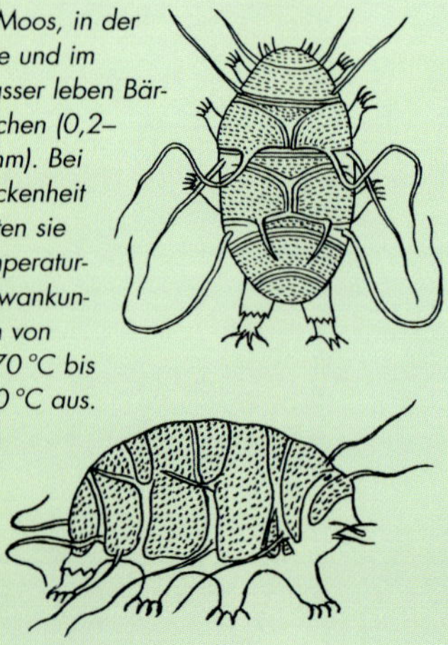

Im Moos, in der Erde und im Wasser leben Bärtierchen (0,2–1 mm). Bei Trockenheit halten sie Temperaturschwankungen von –270 °C bis 150 °C aus.

Ein Leben in Etappen

Was für Menschen verlockend, aber noch nicht möglich ist, wird in der Natur bereits seit Urzeiten als Überlebensform praktiziert. Viele Mikroorganismen – nicht nur Viren und Bakterien – überstehen ungünstige Bedingungen wie das Austrocknen eines Tümpels in einem todesähnlichen Zustand, in dem Stoffwechselaktivitäten nicht wahrnehmbar sind. Sobald sich die Bedingungen wieder bessern, setzen sie ihr normales Leben fort. In der Fachsprache heißt das *Anabiose*. Bärtierchen überleben beispielsweise in ausgetrockneten Moospolstern.

Feuchtigkeitsliebende Gehölze

An feuchten Standorten findet man hauptsächlich Weiden, Erlen und Pappeln; typische Sträucher sind Faulbaum und Echte Traubenkirsche. In Europa wachsen mehr als 20 Weidenarten, außerdem viele Kreuzungen und exotische Formen. Während einige, wie z.B. die Krautweide, Bodendecker sind, bilden andere breite Kronen in bis zu 30 m Höhe (Silberweide). Die Lorbeerweide behält als einzige Weidenart ihre weiblichen Kätzchen den ganzen Winter über.

Die Zweige der Bruchweide brechen leicht, deshalb eignen sie sich nicht zur Herstellung von Korbwaren.

Die Blätter der Binsengewächse sind scharfkantig – man kann sich leicht daran schneiden.

Die WALD-SIMSE ist unabhängig vom Standort auf allen vernässten Böden zu finden – in Wäldern, an Teichen und in Sümpfen.

FALSCHE GRÄSER

Die Systematik der Gräser ist umstritten. Neben den Vertretern der Süßgräser (Echten Gräser) werden auch Binsengewächse, Riedgräser und Rohrkolbengewächse zu den Gräsern gezählt. Binsengewächse haben einen glatten, unverstärkten Stängel ohne Knoten, der in ein Blatt übergeht. Der Blütenaufbau mit sechs Blütenblättern erinnert an kleinere Lilienartige. Riedgräser haben unverzweigte dreikantige Stängel ohne Knoten und kleine Blüten ohne Blütenblätter. Die bekanntesten Vertreter sind Simsen, Wollgras und Riedgras. Rohrkolbengewächse haben einhäusige Blüten in zylinderförmigen Kolben, sie wachsen an Ufern stehender Gewässer, vor allem an Teichen.

Die FLATTER-BINSE kommt am häufigsten vor – sie wächst an fast allen feuchten Standorten.

BEDROHTE WASSERPFLANZEN

Die Flora in Tümpeln wird von deren Größe und Wasserregime bestimmt. Im Sommer austrocknende Tümpel verfügen über eine artenarme Vegetation. Dagegen gedeihen Wasser- und Sumpfpflanzen in ständig sumpfigen und flachen Wasserbecken mit durchwärmtem Wasser gut, zumindest bis die Tümpel mit Schmutz und Erde versumpfen. Viele Wasserpflanzen sind in in ihrer Existenz bedroht, z.B. die Glänzende Seerose und Seekanne. Das liegt vor allem am Trockenlegen vieler Feuchtgebiete und Flussregulierung von Menschenhand.

Zunächst wachsen die Tümpel mit Schilf zu, bald werden daraus feuchte Auenwiesen.

Die Blüten der seltenen Seekanne sind etwa 4 cm groß.

GELBE EDELSTEINE

Im Sommer erscheinen in stehenden oder trägen Gewässern die Blüten zweier Wasserpflanzen, die auf der Wasseroberfläche wie gelbe Edelsteine strahlen: Die Seekanne fühlt sich in sommerwarmen, seichten Gewässern wohl, die Gelbe Teichrose bevorzugt dagegen tiefe, kühle Gewässer. Beide Arten sind bedroht.

Die Blätter der Gelben Teichrose sind bis zu 40 cm lang und bleiben auch im Winter im Wasser.

Die Fauna der Tümpel wird bestimmt durch deren Größe, dem geologischen Untergrund und davon, ob es sich um temporäre oder ständig wasserführende Gewässer handelt. Neben Wasserinsekten findet man Schnecken, Krustentiere, Würmer und Kleinstlebewesen. Im Frühjahr werden Tümpel und Pfützen zum Rückzugsgebiet für Lurche wie die Gelbbauchunke.

DIE FAUNA DER FEUCHTGEBIETE

Die Tierwelt feuchter Standorte ist nicht vielfältiger als in den umliegenden Biotopen, zeichnet sich jedoch durch mehr Lebensformen aus. Zahlreich vertreten sind Insektengruppen, deren Larven sich im Wasser oder im feuchten Boden entwickeln – Libellen, Mücken und Zuckmücken, Bremsen, Kriebelmücken, Köcherfliegen u. a. Auch zahlreiche Käfer, z.B. Raubkäfer, Laufkäfer oder grün und braun schillernde Schilfkäfer sind vertreten. Schmetterlinge, Blattwanzen und Hautflügler, verschiedene Spinnenarten, Weberknechte und Schnecken lieben ebenfalls eine feuchte Umgebung.

NASSE SCHÖNHEIT

Die Weiße Seerose, auch als Wasserrose und Seelilie bezeichnet, ist eine ausdauernde Wasserpflanze, die von Nord- und Westeuropa bis nach Südwestsibirien wächst. Überall wird sie in Parks und Gärten angepflanzt. Sie vermehrt sich durch Ausläufer oder unter Wasser reifende Samen.

Die Spaltöffnungen der bis zu 30 cm breiten Schwimmblätter der Seerose befinden sich nur auf der Blattoberseite (NP Poleski, Polen).

Seltene im Moor lebende Arten

Die Niedermoore

Niedermoore sehen auf den ersten Blick aus wie gewöhnliche Nasswiesen. Man findet sie dort, wo das Wasser nicht richtig abfließen kann. Ihren Untergrund bildet eine dunkle Moorerde, die durch Zersetzung von Pflanzenmaterial, vor allem von Riedgras und Schilf, bei Feuchtigkeit und Sauerstoffmangel entsteht. Gegenüber Hochmooren ist der Boden im Niedermoor sehr nährstoffreich und hat eine fast neutrale Bodenreaktion. Die meisten Niedermoore wurden in Ackerboden umgewandelt, mit ihnen verschwanden auch typische Pflanzen- und Tierarten.

Lurchgelege

Mit Ausnahme des Feuersalamanders entwickeln sich die Eier der übrigen europäischen Lurche außerhalb des Körpers im Wasser. Die dabei entstehenden großen Verluste werden durch die hohe Zahl der Eier in einem Gelege (mehere tausend) kompensiert. Die Embryos sind mit einer gallertartigen Schutzsubstanz überzogen. Die Gelege der verschiedenen Lurcharten unterscheiden sich erheblich.

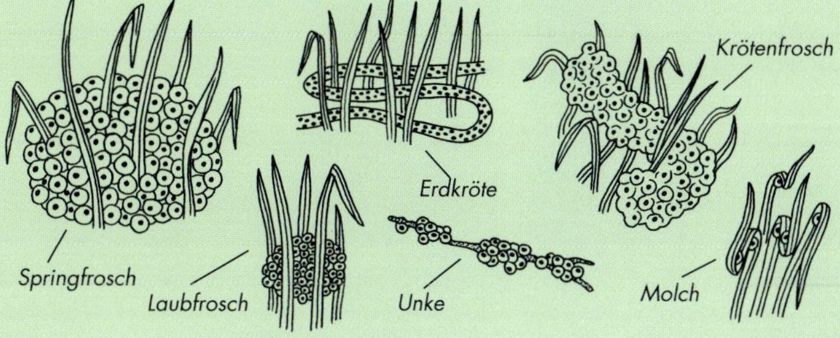

Die Erdmaus lebt an feuchten und sumpfigen Plätzen.

WÄHLERISCHE MÄUSE

Zwischen dem dichten Teppich aus Binsen und Riedgras findet man kleine Pfade, die Spuren von Nagern, und bei genauerem Hinsehen auch zerbissene Pflanzenreste. Entgegen der allgemeinen Meinung, dass Wühlmäuse alles fressen, was grün ist, sind sie jedoch sehr wählerisch, solange kein Nahrungsmangel herrscht. Sie bevorzugen junge und leichter verdauliche Stängel, Blätter und Sprossen.

LANGSCHWÄNZIGE LURCHE

Molche gehören zu den meistbedrohten Tieren, denn sie reagieren empfindlich auf die Verschmutzung des Oberflächenwassers, die heute in vielen Tümpeln vorherrscht. Am besten erkennt man sie im Frühling zur Paarungszeit, wenn die Männchen eine auffällige Färbung und Schmuckleisten tragen. Wenn sie im Sommer das Wasser verlassen, sind sie recht unauffällig.

RÄTSELHAFTES MECKERN

Über Feuchtgebieten hört man im Frühjahr in regelmäßigen Abständen ein Geräusch, das an das Ziegenmeckern erinnert, aber von der BEKASSINE verursacht wird. Das Männchen fliegt während der Balz wellenförmige Kurven, die Töne entstehen durch Vibration der äußeren Schwanzfedern. Das brachte der Bekassine den unschönen Namen „Himmelsziege" ein.

Die Eier des Grasfrosches vertragen auch kurzzeitigen Frost.

FROSCHEIER

Im zeitigen Frühjahr sieht man in Tümpeln gallertartige Häufchen kleiner Kügelchen, ein Zeichen dafür, dass die Grasfrösche ihr Winterversteck auf dem sumpfigen Grund verlassen haben, um sich zu paaren. Die Weibchen legen einige tausend Eier, die die Männchen sofort befruchten. Die Dauer ihrer Entwicklung hängt von der Temperatur ab.

Der Kiemenfuß lebt nur, solange er Feuchtigkeit hat. Im ausgetrockneten Schlamm hinterlässt er seine Eier, die Jahre überdauern können. Einige Arten benötigen eine Trockenperiode für ihre Entwicklung.

MIKROSKOPISCHE WELT

Auch ein kleiner Tümpel, der unbelebt erscheint, ist voller Lebewesen, die aber aufgrund ihrer Größe dem menschlichen Auge entgehen. Durch ein Mikroskop entdeckt man die Welt der Urtierchen, Glockentierchen und Wasserflöhe, die in ihrer Vielfalt den größeren (so genannten *makroskopischen*) Lebewesen nicht nachstehen.

Sonnentierchen gehören zu den Wurzelfüßern, ihre Scheinfüßchen haben die Form langer Strahlen (0,4–0,5 mm).

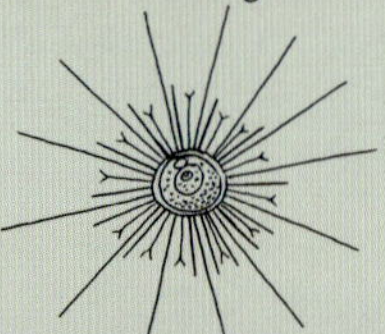

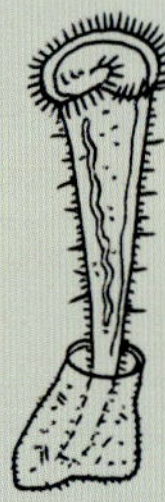

Die 1–2 mm langen Trompetentierchen (Wimperntierchen) leben auch in verunreinigten Gewässern.

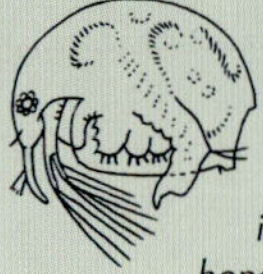

Die Hauptfortbewegungsorgane kleiner Wasserflöhe sind die auffallend vergrößerten Fühler. Der Weiher-Rüsselkrebs ist häufiger Bestandteil im Plankton verschiedener stehender Gewässer (0,3–,06 mm).

Für die Entwicklung der Eier von Urzeitkrebsen muss die Wassertemperatur 10–15 °C betragen. Urzeitkrebse haben bis zu 50 Paar Füße.

LEBEN IN TÜMPELN

Die Schneeschmelze oder einige Regentage hinterlassen auf verdichteten Böden Pfützen und kleine Tümpel, in denen sich sofort Lebewesen ansiedeln. Kiemenfüße sind 2–3 cm lange Krustentiere mit seitlich eingedrückten Körpern und kurzen Fühlern. Sie schwimmen mit dem Rücken nach unten und rudern dabei mit mehr als zehn Fußpaaren. Äußerlich erinnern sie an die ausgestorbenen Trilobiten – ihr Körper ist von einem etwa 5 cm langen ovalen Schild bedeckt.

Seltener Sumpfvogel

Die Uferschnepfe nistet von Island bis Südfrankreich und Zentralrussland. Als Nistplatz dienen ihr nur feuchte Plätze im niedrigen Gras, um überschauen zu können, was sich in der Umgebung tut. Das sind in der Regel Wiesen, Moore, Teichränder oder zugewachsene Teiche, in Ausnahmefällen auch Felder. Trockenlegungen, mechanische Mäharbeiten und menschliche Eingriffe in die Natur reduzieren den Bruterfolg deutlich. Heute entfällt ein aufgezogenes Junges auf zwei brütende Paare.

In den letzten 40 Jahren hat sich die Zahl der Uferschnepfen in vielen europäischen Landschaften halbiert.

Hartnäckiges Unkraut

Der Sumpf-Ziest wächst in Wiesensümpfen, auf Streuwiesen, Flussauen, feuchten Äckern und Wegen. Die lange Ausläufer und Knollen bildende Pflanze lässt sich nur schwer bekämpfen. Die Vermehrung erfolgt ungeschlechtlich über fein gegliederte Ausläufer, die leicht brechen und sich so in der Umgebung verteilen, oder Knollen, die abgeschwemmt werden. Außerdem bilden sich etwa 2,5 mm lange Früchte, die lange keimfähig bleiben.

Der Sumpf-Ziest hat vierkantige Stängel, die bis zu 1 m hoch wachsen können. Die in Quirlen angeordneten Blüten sind grauviolett bis purpurrot.

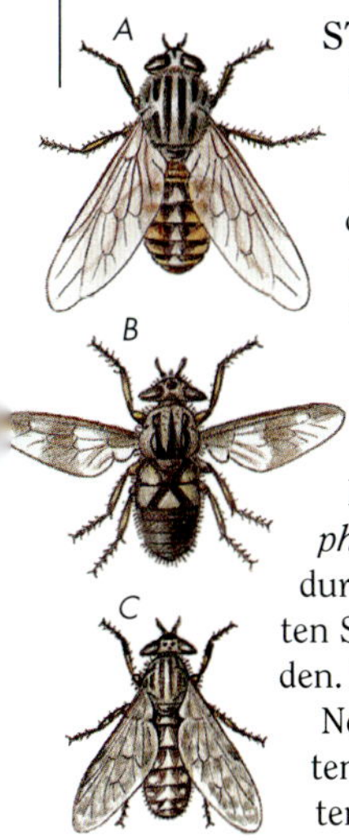

STECHENDE GESELLSCHAFT

Stechende Insekten können vor allem in feuchter Umgebung zur Plage werden. Neben Mücken und Kriebelmücken, die vor allem in den Vorabendstunden und nachts aktiv sind, handelt es sich vor allem um Arten aus der Familie der Bremsen. Nur die Weibchen der zweiflügligen Insekten saugen Blut (*haematophage Insekten*) und verursachen durch einen besonders ausgebildeten Saugrüssel schmerzhafte Wunden. Die Männchen ernähren sich von Nektar und anderen Pflanzensäften. Ihre Larven leben in der feuchten Erde, im Schlamm oder im Wasser.

A – Die bis zu 2,4 cm lange Rinderbremse befällt meist landwirtschaftliche Nutztiere, vor allem Pferde und Rinder.

B – Die Goldaugenbremse saugt am liebsten an Kopf und Hals ihrer Opfer.

C – Die Regenbremse ist die häufigste Bremsenart; sie wird vor allem vor einem Gewitter lästig.

METAMORPHOSE

Die Entwicklung von Lurchen verläuft über Larven, die man Kaulquappen nennt. Diese haben anfangs anstelle einer Mundöffnung Haftorgane und atmen durch Außenkiemen am Kopf, erst später werden diese durch Innenkiemen und dann durch die Lunge ersetzt. Kaulquappen haben eiförmige Körper ohne Extremitäten, sie bewegen sich mithilfe eines breiten Hautsaums am Schwanz.

Der Wandel der Kaulquappe zum Jungfrosch dauert knapp zwei Monate.

SELTSAME EULE

Die Sumpfohreule nistet ähnlich wie die Schneeeule auf der Erde. Sie geht oft auch tagsüber auf Jagd – auf ihre Beute lauert sie direkt auf der Erde, oder sie kreist hoch am Himmel.

Die Sumpfohreule erinnert an die Waldohreule, hat aber kleinere, manchmal fast unsichtbare „Öhrchen" aus Federn und gelbe Augen.

Die Kaulquappen der Knoblauchkröte können bis zu 17 cm lang werden. Bei schlechter Witterung überwintern sie und werden erst nach einem Jahr zu Fröschen.

MONOTONER GESANG

In Feuchtgebieten ertönt im Frühjahr der monotone Gesang der Schwirle. Diese kleinen Singvögel lassen sich eher nach ihrem Gesangsstil als nach ihrem Aussehen unterscheiden: Während der FELDSCHWIRL sich mit einem mehrminütigen hohen „sirrrrrr" zur Stelle meldet, rasselt der Rohrschwirl sein abgehacktes, unterbrochenes „errrrrr" und der Schlagschwirl wiederholt ständig sein „dzedzedze".

Die Lautäußerungen des seltenen Kleinen Sumpfhuhns ertönen Tag und Nacht und erinnern an ein Gackern.

GESCHICKTER HANDWERKER

Die scheue Zwergmaus ist in der Natur selten anzutreffen, dafür findet ein aufmerksames Auge ihr Nest überall am Wasser. Es ist kugelig und besteht aus Blättern, Gräsern und anderem Pflanzenmaterial.

Die Zwergmaus ist das kleinste europäische Säugetier – sie wiegt bis zu 13 g und misst ohne Schwanz 5–7 cm.

Das Nest der Zwergmaus findet man auf Schilfhalmen, Brennnesseln oder anderen Pflanzen in bis zu 1 m Höhe.

Die Wasserralle hält sich meist am Ufer auf. Sie meldet sich mit unverwechselbar quiekenden Lauten.

IM VERBORGENEN

Sumpfhühner leben außerordentlich versteckt. Obwohl in Europa fünf Arten nisten und mancherorts nicht einmal selten sind, haben selbst Fachleute Schwierigkeiten, die Tiere zu entdecken. Wenn sie gestört werden, fliegen sie nicht auf, sondern huschen geschickt durchs Pflanzengeflecht. Die Fortbewegung im Schlamm erleichtern ihnen ihre langen Zehen. Sumpfhühner lassen sich an den Stimmen unterscheiden. So erinnern die Laute des TÜPFELSUMPFHUHNS, dem auch kleine Feuchtgebiete zum Leben genügen, an ein wiederholtes Schlagen einer Rute in der Luft.

AUSFLUGSTIPP

Camargue

Das ausgedehnte Feuchtgebiet mit Süß-, Brack- und Salzwasser befindet sich im Rhône-Delta unweit der südfranzösischen Stadt Arles in einer Höhe von 1,5 bis 4 m ü. NN. Das Gelände ist etwa 85000 ha groß. Ein erheblicher Teil ist mit Queller und Zostera-Beständen („Seegras") bedeckt, eine Rarität sind die 500 Jahre alten Wacholderpflanzen. Die Wasserflächen sind vor allem Rückzugsgebiete für Millionen von Zugvögeln, auch Flamingos sind hier zu finden.

In der Camargue werden Stiere für die provenzalischen Stierkämpfe gehalten.

Prespasee

Der 710 km² große Prespasee ist Bestandteil des Ramsar-Abkommens. Er erstreckt sich im Grenzgebiet von Mazedonien, Albanien und Griechenland in einer Höhe von 853 m ü. NN. Sein Alter wird auf 2–3 Mio. Jahre geschätzt, sein Wasser fließt in den benachbarten Ohridsee ab, der 158 m tiefer liegt. Im See wachsen zahlreiche endemische Pflanzen, während der Brut- und der Zugzeit findet man hier viele Vögel. Im ausgedehnten Schilf nisten auch Rosapelikan und Krauskopfpelikan.

Das Ostufer des Prespasees besteht aus Sandbänken, auf der Westseite überwiegen Felsenwände und steinige Ufer.

18

BÄCHE UND BACHAUEN

Die Natur ist reich an Wassern – steinige Gebirgsflüsse und große Teiche, versteckte Tümpel und düstere Seen, majestätische Flüsse und tiefe Talsperren. Alle werden von Bächen gespeist, oftmals namenlosen, aus denen die Natur ein beeindruckendes Wassernetz geformt hat. Die Strömungsgeschwindigkeit von Bächen ist unterschiedlich, dennoch sind die meisten sehr sauerstoffreich und beherbergen eine spezielle Flora und Fauna.

1. *Wasserspitzmaus*
2. *Eisvogel*
3. *Gelbspötter*
4. *Gartenbaumläufer*
5. *Grasfrosch*
6. *Schneider*
7. *Bachschmerle*
8. *Flussneunauge*
9. *Flusskrebs*
10. *Wasserassel*
11. *Köcherfliegenlarve*
12. *Erlenblattkäfer*
13. *Schwarzerle*
14. *Ohr-Weide*
15. *Gewöhnl. Traubenkirsche*
16. *Faulbaum*
17. *Sumpfdotterblume*
18. *Hain-Vergissmeinnicht*
19. *Wasserampfer*
20. *Bittersüßer Nachtschatten*
21. *Märzenbecher*
22. *Gefleckte Taubnessel*
23. *Echter Beinwell*
24. *Europäischer Strandling*

Bach mit Uferbewuchs

Quellen großer Flüsse sind von jeher bekannte Pilgerstätten (Seine-Quelle, Frankreich).

Quellen
Wasser kann auf unterschiedliche Weise aus dem Boden treten. Man unterscheidet drei Grundtypen: Tümpelquellen *(Limnokren)* mit einer Vertiefung, in der sich das Wasser sammelt, Fließquellen *(Rheokren)* mit direkt abfließendem Wasser und Sicker- oder Sumpfquellen *(Helokren)*, in denen das Wasser auf einer größeren Fläche durchsickert und an ihrer niedrigsten Stelle abfließt. Die Temperatur von Quellwasser ändert sich im Jahresverlauf um max. 1,5 °C. Schwankungen äußern sich erst mit halbjähriger Verspätung – am wärmsten ist das Wasser im Herbst und im Winter, am kältesten im Frühsommer.

Quelltypen
In *aufsteigenden Quellen* gelangt das Wasser durch Überdruck, verursacht durch Wasserdampf und Gase im Erdinneren, an die Oberfläche. Bei *absteigenden Quellen* bewegt sich das Grundwasser mit dem natürlichen Gefälle zu den tiefer gelegenen Austrittstellen hin. Außerdem gibt es *perennierende Quellen*, die nie austrocknen, und *temporäre Quellen*, die nur nur zeitweise sprudeln.

Bei Springquellen sprudelt das Wasser im Zentrum am stärksten und fließt strahlenförmig in alle Richtungen. Es muss dabei nicht immer 12 m hoch spritzen wie an der berühmten Sprudelquelle Vřídlo in Karlsbad (Tschechien, Foto um 1890).

Wasser ist Leben
Die relativ hohe Besiedlungsdichte von Quellen ist vor allem durch ihre Beständigkeit und die ausgeglichenen Lebensbedingungen zu erklären. Die Wassertemperatur ist zwar gering (meist um 6 °C), aber sie verändert sich im Jahresverlauf kaum, weder im Sommer noch im Winter. Ähnlich verhält es sich mit der chemischen Zusammensetzung des Wassers und seinem Sauerstoffgehalt. Viele Pflanzen und Tiere lieben vor allem das saubere Wasser. Die kühle Umgebung ermöglicht das Auftreten glazialer Relikte (z. B. des Alpenstrudelwurms) auch außerhalb der Berge.

Pflanzen in Quellen
Die primäre Pflanzenproduktion in den Quellen sichern niedere (Algen, Blaualgen) und höhere Pflanzen (insbesondere Moose und Lebermoose). Weitere organische Stoffe gelangen aus der Umgebung in die Quellen.

Zu den typischen Quellpflanzen zählt die Froschlaichalge.

Quellmoos bildet auf Steinen dichte Bestände langer, flutender Büschel.

Kälteliebende Fauna
Auf den ersten Blick ist die Quellfauna kaum zu erkennen – es handelt sich meist um sehr kleine Tiere oder scheue Lebewesen, die sich unter Steinen und im Moos verstecken. Je nach Art des Wasseraustritts und der Lebensbedingungen können mehrere Dutzend Arten vertreten sein. Dazu gehören Urtierchen, Würmer, Schnecken, Wasserflöhe und Insektenlarven (vor allem von Steinfliegen, Köcherfliegen und Kriebelmücken). Die geringe Wassermenge reicht nicht für Fische, aber für die Larven des Feuersalamanders. Grasfrösche überwintern in Quellen.

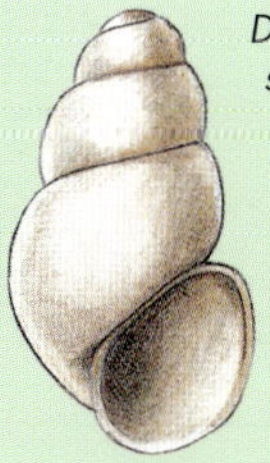

Die Österreichische Quellschnecke mit ihrem dunkelgrünen kegelförmigen, höchstens 3,5 mm langen Schneckenhaus siedelt sich auf den Steinen an.

Am Boden von Quellen findet man Eintagsfliegenlarven, die am Hinterteil drei bewimperte Anhänge haben, und Steinfliegen.

In Gebirgsbächen mit einer begrenzten Nährstoffzufuhr sind die Pflanzen einer starken Strömung ausgesetzt. Nur Arten mit besonderen Halteorganen können sich behaupten. In Niederungen wachsen Wasserläufe mit niedrigem Gefälle oft regelrecht zu.

EISVOGEL

Die reiche Ufervegetation bietet oft den einzigen Unterschlupf für Tiere.

DIE FLORA DER BÄCHE

Der kiesige, steinige oder sandige Grund schnell fließender Bäche ermöglicht nur wenigen Pflanzen das Anwachsen; neben Quellmoos etwa Bach-Quellkraut, Flutender Hahnenfuß, Haken-Wasserstern, Alpen-Laichkraut oder Wechselblütiges Tausendblatt. In Gräben oder Kanälen in landwirtschaftlichen Gegenden ist die Vegetation üppig. Neben den an Teichen vorkommenden Arten gibt es auch Krauses und Durchwachsenes Laichkraut und Teichfaden.

MÄCHTIGER FARN

Der Straußenfarn ist einer der größten europäischen Farne mit einer Höhe bis zu 1,5 m. An Bachufern bildet er herrliche Bestände, die sogar im Winter erhalten bleiben, denn die Blätter färben sich bei Frost braun und stehen wie Straußenfedern hoch.

Der Straußenfarn wächst in Süd-, Mittel- und Osteuropa und Schweden. Die Pflanze ist geschützt.

UFERBEWUCHS

Charakteristisch für den Bewuchs an natürlich mäandrierenden Bächen sind verschieden entwickelte Vegetationsschichten. Die größte ökologische Bedeutung haben die *Bachauen* (ähnlich den Flussauen), die einen einige Meter breiten Vegetationsstreifen bilden. Darin findet man echte Auengehölze und -kräuter, die zeitweise Überschwemmungen oder einen höheren Grundwasserstand benötigen. Am Ufer kleinerer Wasserläufe ohne Strauch- und Baumschicht setzen sich neben Gräsern vor allem Andelgras, Ehrenpreis, Sumpf-Vergissmeinnicht, Geflügelte Braunwurz, Aufrechter Merk und Echte Brunnenkresse durch, an Böschungen findet man Schilf und hohes Riedgras in Gemeinschaft mit Rohrglanzgras.

Die Traubenkirsche wächst 10–17 m hoch. Blüten, zerriebene Blätter und Holz duften nach bitteren Mandeln.

LECKERBISSEN

Die traubenförmigen Blütenstände der Traubenkirsche liefern viel Nektar und sind reich an Blütenstaub, so dass zahlreiche Insekten Nahrung finden. Im Spätsommer reifen zahlreiche schwarze Steinfrüchte. Sie haben zwar wenig Fruchtfleisch und schmecken leicht bitter, sind aber eine willkommene Mahlzeit für Vögel.

Brunnenlebermoos wächst fast überall. Es braucht nur etwas Feuchtigkeit.

LEBERMOOSE

Es gibt einige Pflanzenarten, ohne die ein Bachufer gar nicht vorstellbar ist. Während die Pestwurz im Frühling mit traubenförmigen Blüten und im Sommer mit großen Blättern auf sich aufmerksam macht, wird Lebermoos kaum wahrgenommen. Dieses flächig wachsende Moos braucht Feuchtigkeit, Licht ist eher nebensächlich. Es blüht nicht, sondern vermehrt sich durch Sporen oder vegetativ. Die Lager einiger Arten erinnern an die Form von Leberlappen.

Verdunstungsfähigkeit

Eine Eigenschaft lebender Pflanzen ist die Verdunstung von Wasser. Ihr Organismus schützt sich damit vor Überhitzung. Nicht weniger wichtig ist aber auch der günstige Einfluss der Verdunstung auf das landschaftliche Mikroklima. Es genügt, sich den enormen Unterschied zwischen angenehm frischer Waldluft und der unerträglich trockenen Sommerhitze auf einem Feld vorzustellen! Die einzelnen Baumarten unterscheiden sich in ihrer Verdunstungsfähigkeit: Erlen nehmen dabei einen der vordersten Plätze ein; sie verdunsten dreimal so viel Wasser wie Eichen.

Wasserverdunstung durch die Blattoberfläche *(in kg/m² pro Tag)*

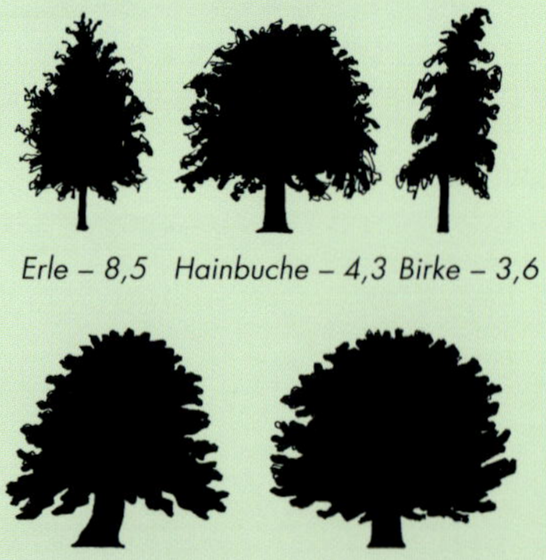

Verschmutztes Wasser

Die Wasserverschmutzung stellt eines unserer größten Probleme dar. Die schlimmsten Folgen haben Faulstoffe (kommunale Abfälle, Silagesäfte u. a.), Ölerzeugnisse und giftige Verbindungen (Ammoniak, Sulfat oder Schwefelwasserstoff, Zyanide, Metalle, Phenole, Pestizide und PCB). Zur Bestimmung des Verunreinigungsgrades wird eine internationale Skala mit fünf Stufen verwendet:

I. – sehr sauber
II. – sauber
III. – verunreinigt
IV. – stark verunreinigt
V. – sehr stark verunreinigt.

Die Wasserqualität

Zur Beurteilung der Wasserqualität werden bestimmte Kennziffern verwendet. Neben den physikalischen und chemischen Grundeigenschaften konzentrieren sie sich vor allem auf den biochemischen Sauerstoffverbrauch; die Abkürzung BSB5 zeigt die Sauerstoffmenge in mg/l an, die zum Abbau organischer Stoffe im Wasser in fünf Tagen benötigt wird. Je stärker die Verunreinigung, desto höher ist der Wert: In der städtischen Kanalisation z.B. beträgt er bis zu 400 mg/l, an Abflüssen aus Zellulosefabriken bis zu 6000 mg/l. Bei sauberem Wasser liegt der Wert unter 2 mg/l.

ERLEN ALS BODENVERBESSSERER

Erlen wachsen in Feuchtgebieten und an Bächen, dienen der Uferbefestigung und schützen die Ufer vor Unterspülung, außerdem sind sie Nährstofflieferanten. In ihren Wurzelknöllchen sind Bakterien enthalten, die den Luftstickstoff binden und in organische Verbindungen umwandeln können. Deshalb ist der Boden unter Erlen nährstoffreicher und lockerer. In Europa wachsen vor allem die SCHWARZERLE und die Grauerle. Die Herzblättrige oder Italienische Erle kommt aus Süditalien und Korsika, die strauchige Grünerle wächst nur selten in einigen Gebirgen (vor allem in den Alpen und Karpaten). In Parks findet man vereinzelt auch die nordamerikanische Runzelblättrige Erle.

Die Grauerle hat sichtbar gezackte, oben spitz zulaufende Blätter. Meist wächst sie im Bergland und Gebirgsvorland.

Das orangefarbene bis rotbraune Holz der Schwarzerle hält sich unter Wasser besonders gut.

ENGELSGABE

Der lateinische Name der Gewöhnlichen Wald-Engelwurz – *Angelica sylvestris* – geht auf eine Sage zurück, nach der ein Engel sie den Menschen als Heilpflanze überbrachte. Man sollte es aber mit der Engelwurz bei Magen- und Nierenerkrankungen nicht übertreiben – die Pflanze enthält Gerbstoffe, die in hoher Konzentration giftig sind.

Der Eisvogel lebt an Bächen und Flüssen mit steilen Ufern.

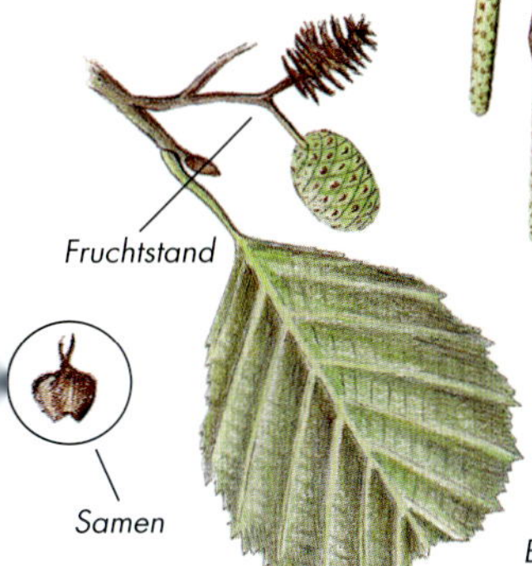

Schwarzerlen werden über 30 m hoch. Ihre breiten, leicht gezackten Blätter sind in der Jugend klebrig. Im Herbst bleiben sie bis zum Laubfall grün.

In Bergbächen überwiegen benthische Lebewesen, die unter Steinen oder in Pflanzen leichter der Kraft der Strömung widerstehen können. Viele Arten behelfen sich dabei mit Saug- und anderen Halteeinrichtungen.

DIE FAUNA DER BÄCHE

Gebirgsbäche der Forellenregion haben ein erhebliches Gefälle, ein steiniges Bett und sind reich an Sauerstoff. Im Winter frieren sie meist nicht völlig zu, im Sommer werden sie nicht wärmer als 16 °C. Die Wassertemperatur schwankt um nicht mehr als 10 °C. Die gleichen Wirbellosen, die auch in Quellen heimisch sind, findet man in Gebirgsbächen, auch wenn die Artenzusammensetzung etwas variiert. Die häufigste Schneckenart ist die Flussnapfschnecke, oft sind auch kleine Wasserkäfer aus der Familie der *Elmidae* und *Hydraenidae* vertreten. In ruhigeren Bachabschnitten kommen Vertreter aus stehenden Gewässern hinzu.

Das Gold-Milzkraut bildet stellenweise ausgedehnte und dichte Bestände.

MILZKRAUT

Das Gold-Milzkraut ist an unseren Bachufern nicht zu übersehen mit seinen gelben, zu einem flachen Busch angeordneten Blüten mit großen, gelbgrünen Deckblättern. Als Zeigerpflanze (Indikator) eines ständig hohen Grundwasserstandes findet man es in Niederungen und im Bergland, bei Entwässerungsmaßnahmen verschwindet es. Früher wurde das Kraut bei Milzerkrankungen eingesetzt, neue Forschungen konnten jedoch keine Wirkstoffe nachweisen.

Bioindikatoren

Bei der Bewertung der Reinheit von Gewässern wird auch berücksichtigt, dass verschiedene Bakterien, Pflanzen und Tiere besondere Ansprüche an die Wasserqualität stellen. Mit ihrem Vorkommen zeichnen sie das Wasser aus.

Die komplexe biologische Bewertung der Wasserqualität ermittelt den *Saprobitätsindex*. Anders als bei chemischen Analysen, die den aktuellen Zustand anzeigen, kennzeichnet dieser den Verschmutzungsgrad über einen längeren Zeitraum.

Bioindikatoren stark verschmutzter Gewässer
(polysaprobe Zone)

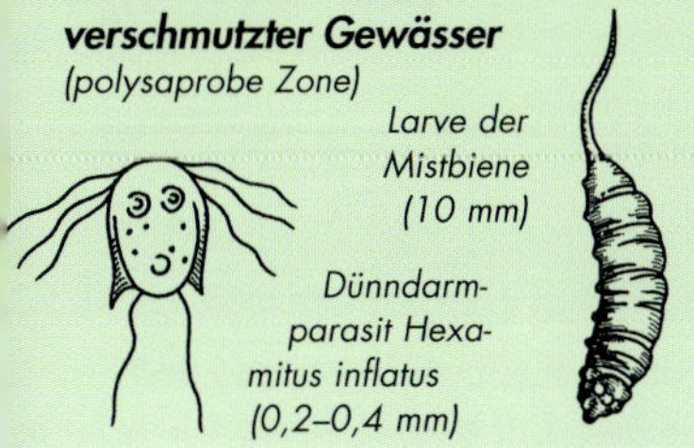

Larve der Mistbiene (10 mm)

Dünndarmparasit Hexamitus inflatus (0,2–0,4 mm)

Bioindikatoren der saubersten Gewässer
(xenosaprobe Zone)

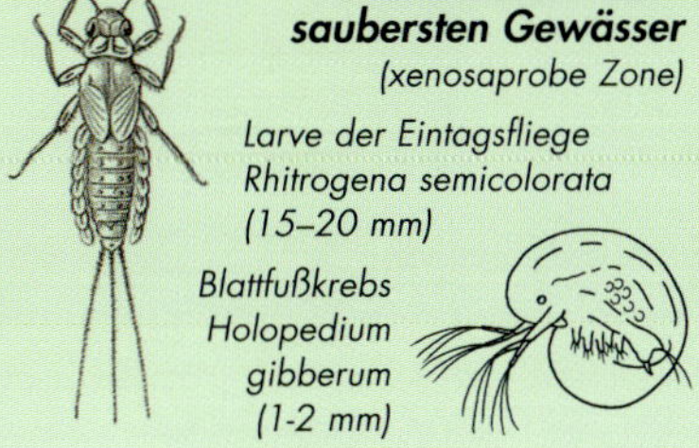

Larve der Eintagsfliege Rhitrogena semicolorata (15–20 mm)

Blattfußkrebs Holopedium gibberum (1-2 mm)

Regulierte Bachläufe

Regulierte Bäche mit Betonbett wurden in der zweiten Hälfte des 20. Jahrhunderts in vielen Gegenden Mitteleuropas angelegt, obwohl der Sinn dieser Meliorationsmaßnahmen höchst umstritten ist. Sie leiten das Niederschlagswasser zu schnell ab, führen zu einem Absinken des Grundwassers, zur Verarmung der Wasserflora und -fauna, mindern die Selbstreinigungsfunktion des Wassers und erhöhen die Bodenerosion.

Die Wiederherstellung der natürlichen Bachverläufe muss je nach örtlichen Bedingungen mit Bedacht erfolgen. Wo die Ufervegetation rücksichtslos beseitigt wurde, müssen zuerst die Ufer befestigt werden, damit das Wasser das Bett nicht weiter beschädigt.

Die Zahl der Fluss-Perlmuscheln ist in den gemäßigten Breiten der nördlichen Halbkugel rückläufig, in Mitteleuropa sind sie schon fast ausgestorben. Sie meiden verschmutztes Wasser, und ihre Fortpflanzung ist schwierig – von einigen Millionen Larven gelingt es nur einem Bruchteil, sich in Forellenkiemen einzunisten, wo sie sich entwickeln.

SELTENE PERLE

Die Flussperlmuschel – ein ziemlich großes Muscheltier mit lang gezogenen Schalenklappen – stellt sehr hohe Ansprüche an die Wasserqualität. Sie stellt Süßwasserperlen her – geraten einer Muschel Unreinheiten wie ein Sandkorn zwischen die Schalenklappen, umhüllt sie diese manchmal mit Perlmuttschichten. Das geschieht allerdings sehr selten, bei etwa einer von tausend Muscheln.

Die 16–21 mm langen Steinfliegen sind typische Bewohner von Bergbächen.

STEINFLIEGEN

Steinfliegen verbringen als Larven einige Jahre im Wasser. Erwachsene Individuen haben dagegen nur ein kurzes Leben und nehmen außer Wasser nichts zu sich. Sie sind ungeschickte Flieger, deshalb sieht man sie eher auf Steinen und Uferpflanzen, vor allem der Pestwurz, sitzen. Die Larven leben in kalten, fließenden Gewässern.

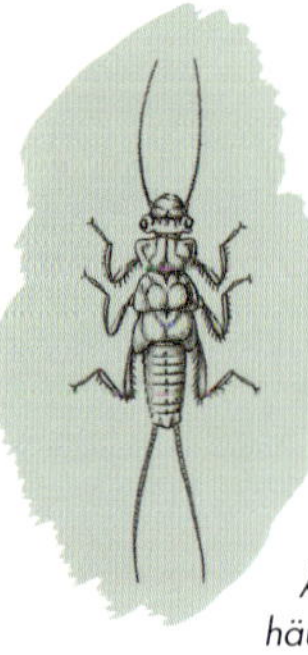

Steinfliegenlarven wachsen am schnellsten im Winter, im Sommer verlangsamt sich dagegen ihre Entwicklung. Etwas Ähnliches findet man sonst kaum im ganzen Tierreich. Sie häuten sich auch mehrmals, ehe sie ausgewachsen sind.

Die Wasseramsel ist unter den europäischen Singvögeln der beste Taucher: Sie kann unter Wasser Steine umdrehen, um an kleine Krebstierchen und Insektenlarven zu gelangen.

Der Gründling liebt kaltes und gut mit Sauerstoff angereichertes Wasser.

PARTNER DER FORELLEN

Zu den typischen Fischen in Forellengewässern gehören neben der Bachforelle Groppe, Elritze und BACHSCHMERLE, in ruhigeren Abschnitten auch SCHNEIDER. In kleineren Wasserläufen findet man ab und zu auch Flussbarsch, Döbel, Gründling und Aal. In allen Wassertypen einschließlich Bächen lebt auch die bemerkenswert nachtaktive Quappe.

GUTER TAUCHER

Die Wasseramsel mit ihrer markanten weißen Brustfärbung ähnelt einer kleinen, stämmigen Amsel. Immer wieder fliegt sie über den Bach und meldet sich mit durchdringendem Pfeifen oder huscht über die Steine, schüttelt sich mit hoch erhobenem Schwanz und durchsucht die Ritzen am Ufer. Manchmal springt sie ins Wasser und taucht mitten in der Strömung.

UNTYPISCHER MAULWURF

An den Ufern von Gebirgsbächen und -flüsschen in den Pyrenäen und im Norden Portugals lebt der Pyrenäen-Desman, eines der seltensten europäischen Säugetiere. Obwohl er wie eine übergroße Spitzmaus aussieht, handelt es sich um einen Verwandten des Maulwurfs. Er hat dichtes Fell und starke Hinterbeine mit breiten Schwimmhäuten. Die Vorderbeine enden in scharfen Klauen, so dass er auch in starker Strömung schwimmen und auf glatte Steine klettern kann. Er taucht nach Krebsen und Insektenlarven.

Der Pyrenäen-Desman misst etwa 25–30 cm, die Hälfte davon entfällt auf den Schwanz. Er lebt versteckt und ist in der Natur nur selten zu sehen.

Zur Sicherung seines Nahrungsbedarfs benötigt ein Pyrenäen-Desman einen etwa 200–400 m langen Bachabschnitt.

Geschickte Quartierbauer

Kleine Rohre aus Steinchen, Sandkörnern, Grashalmen, Holzstückchen und Blättern im Wasser deuten auf das Vorhandensein von Köcherfliegenlarven hin, die auf den ersten Blick an Raupen erinnern. Die erwachsenen Insekten ähneln graugelben bis bräunlichen Faltern mit langen Fühlern, im Ruhezustand sind ihre Flügel angelegt. An Frühlings- und Sommerabenden flattern ganze Schwärme von Köcherfliegen über der Wasseroberfläche, setzen sich darauf und legen ihre Eier ab. Köcherfliegenlarven sind ein wichtiger Bestandteil des Speiseplans vieler Fische.

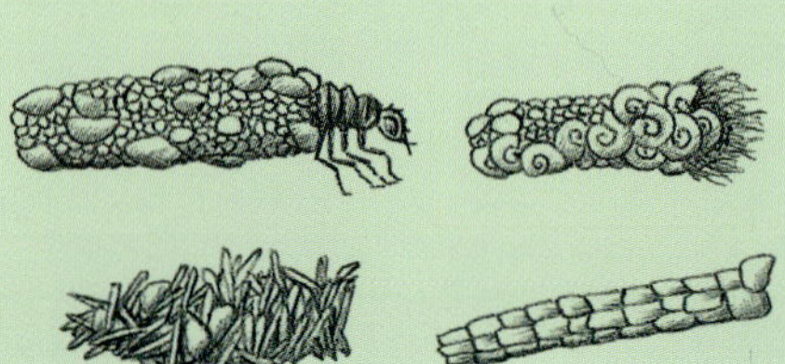

Köcher der Köcherfliegenlarven

Nach der Form der Köcher lässt sich die Art bestimmen, die meisten haben jedoch nur lateinische Namen.

Süßwassermollusken

Im Vergleich zum Meer lebt in Süßgewässern nur ein Bruchteil aller Weichtierarten. Man findet sie in verschiedenen Typen stehender und fließender Gewässer. Sie leben vor allem am Rand flacher Gewässer, nur selten gehen sie tiefer (z. B. Schlammschnecken im Genfer See 40–200 m). Süßwassermollusken bevorzugen Gewässer mit hoher Kalziumkonzentration und reicher Vegetation, Temperaturbereich oder Bodenrelief sind weniger wichtig. Die Flussnapfschnecke erinnert mit ihrem napfförmigen windungslosen Gehäuse (0,5–1 cm) sowie ihrer Lebensweise an Meeresnapfschnecken. Sie verbringt ihr ganzes Leben an einen Stein gedrückt auf dem Grund schnell fließender Gewässer und großer Quellen und ist in den meisten Gebieten Europas heimisch. Durch die Färbung des Gehäuses ist sie perfekt angepasst und kaum zu sehen.

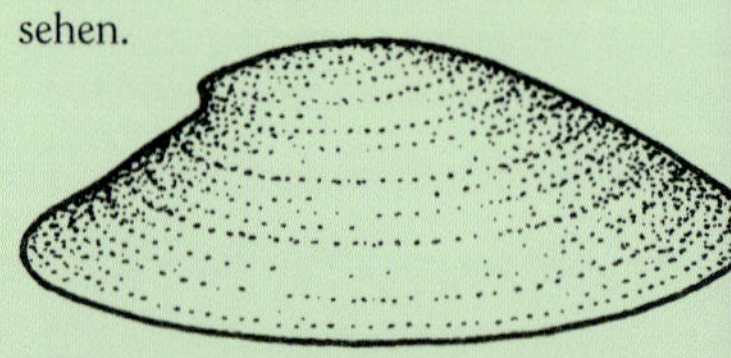

Die Teichnapfschnecke ähnelt der Flussnapfschnecke, lebt jedoch in stehenden oder langsam fließenden Gewässern.

Zum Beginn des 19. Jahrhunderts wurde erstmals versucht, die nordamerikanische Regenbogenforelle in Europa zu züchten. Sie bevorzugt ruhigere und manchmal auch wärmere Gewässer. Sie ernährt sich vor allem von Plankton.

BUNTER RÄUBER

Die Bachforelle ernährt sich von Köcherfliegenlarven und anderen am Grund lebenden Tieren – Mollusken und Larven von Wasserinsekten. Wenn sie größer wird, frisst sie auch kleine Fische und Frösche. Die größten Forellen werden 0,5 m lang und 6 kg schwer.

DAS REICH DER INSEKTEN

Die Ufervegetation beherbergt vielfältige Insektengemeinschaften. Neben den häufigeren Arten sind vor allem solche reich vertreten, deren Existenz an Weiden und Erlen gebunden ist. Das sind vor allem Laufkäfer, Bockkäfer, Blattkäfer und Rüsselkäfer, eine ähnliche Vielfalt findet man auch bei anderen Insektenfamilien und Wirbellosen.

Der Trauermantel (75–95 mm) hält sich in Wassernähe auf, seine Raupen ernähren sich von Weiden-, Espen- und Pappelblättern.

GIFTIGER SÄUGER

Die WASSERSPITZMAUS – die größte europäische Spitzmaus – wiegt etwa 15 g und misst mit Schwanz 15 cm. Sie lebt an Gewässerufern und taucht geschickt nach Nahrung. Ihre schwarze Farbe wandelt sich unter Wasser durch die Luftblasen, die sich in ihrem dichten Fell verfangen und sie vor der Nässe schützen, zu Silber. Die Wasserspitzmaus zählt zu den knapp zehn bekanntesten giftigen Säugetieren: Ihre Speicheldrüsen am Unterkiefer sondern ein giftiges Sekret ab, mit dem sie ihre Beute lähmt – Grundwasserkrebse, Wasserinsektenlarven, Kaulquappen und Fischbrut. Für Menschen ist sie ungefährlich.

Bei der Jagd stürzt sich der Eisvogel kopfüber ins Wasser. Er fängt 7–8 cm große Fische.

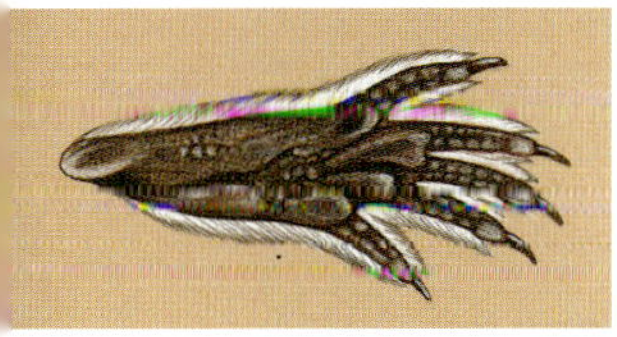

Durch spezielle Borstensäume an Hinterfüßen und Schwanz bewegt sich die Wasserspitzmaus fort.

FLINKES JUWEL

An langsam fließenden Bächen und Flüssen mit klarem Wasser ist der Eisvogel beheimatet. Dieser schön gezeichnete, smaragdgrüne bis türkisfarbene Vogel bewegt sich oft so schnell, dass er schwer zu beobachten ist. Sein durchdringender hoher Ruf ist weithin zu hören. Er ist nicht so selten, wie viele Menschen glauben, nur in Nordeuropa kommt er nicht vor. Seine bis zu 1 m tiefe Bruthöhle gräbt er in Steilufer. Der Eisvogel ernährt sich von kleinen Fischen, die er stoßtauchend aus dem Wasser holt.

Der Eisvogel schluckt seine Beute mit dem Kopf voran. In jeder anderen Haltung hält er die Beute nur zur Fütterung bereit.

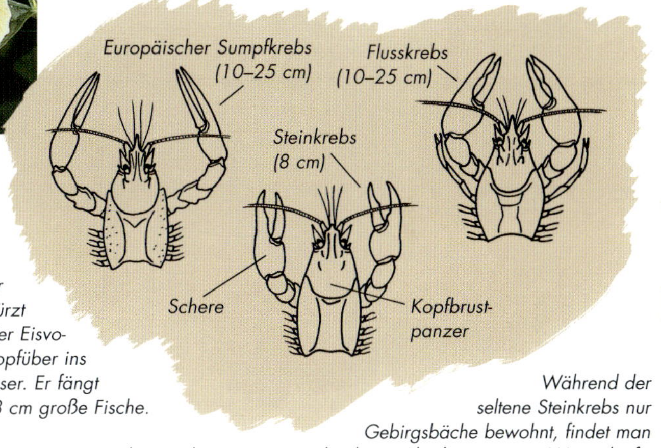

Während der seltene Steinkrebs nur Gebirgsbäche bewohnt, findet man andere Krebsarten an verschiedenen Abschnitten eines Wasserlaufs. Man bestimmt die Arten anhand der Scherenform und des Kopfbrustpanzers.

DREI NEUE KREBSARTEN

Krebse sind zehnfüßige Krustentiere – vier der fünf Beinpaare dienen zur Fortbewegung, eines trägt die Scheren, die zum Ergreifen der Nahrung und zur Verteidigung eingesetzt werden. Zwei der ursprünglichen europäischen Arten – Flusskrebs und Steinkrebs – wurden im 19. Jahrhundert von der Krebspest fast ausgerottet, Verunreinigung und Regulierung der Wasserläufe taten ihr Übriges. An ihrer Statt wurde an vielen Stellen der polnische Sumpfkrebs ausgesetzt, der keine Ansprüche an den Sauerstoffgehalt stellt. Inzwischen haben sich in europäischen Gewässern drei ausgesetzte nordamerikanische Arten angesiedelt: der gestreifte Amerikanische Flusskrebs, der wärmeliebende Louisiana-Krebs und der Signalkrebs.

Gordischer Knoten

Einer Prophezeiung zufolge sollte derjenige, dem es gelingt, den Knoten des Königs Gordios zu lösen, Herrscher über Asien werden. Alexander der Große zerschlug ihn bei seinem Feldzug im Jahr 334 v. Chr. mit seinem Schwert. Im übertragenen Sinn steht der Gordische Knoten für ein schwer lösbares Problem. Kaum bekannt ist jedoch, dass er in gewisser Weise auch in europäischen Gewässern zu finden ist! Das bräunlich gefärbte Wasserkalb bildet nämlich auf dem Grund kleiner Gewässer verflochtene Knäuel aus mehreren Individuen. Sein lateinischer Name: *Gordius aquaticus*.

Das Wasserkalb hat einen bis zu 10 cm langen, fadenförmigen Körper. Während die erwachsenen Tiere in flachen Gewässern und im Meer leben, entwickeln sich die parasitären Larven im Verdauungstrakt von Gliedertieren (vor allem Insekten), Egeln und Kaulquappen. Erwachsene Tiere haben ein verkümmertes Verdauungssystem und bewegen sich kaum. Weltweit werden etwa 230 Arten angeführt.

Platanen-Auen

Während in Mittel- und Westeuropa in Bachauen vor allem Erlen wachsen, werden diese im Südosten unter anderem durch die Morgenländische Platane ersetzt. Sie steht an Bächen und Flüssen auf dem Balkan und in Kleinasien. Die kleinste Platanenart wird höchstens 25 m hoch, hat einen kurzen Stamm, eine breite Krone und eine farbige, plattig abblätternde Borke. Wie andere Platanen bildet sie runde, stachlige Früchte an einem langen Stiel aus. Sie ist sehr frostempfindlich, in Parks und Alleen findet man deshalb die mächtigere, aus Nordamerika stammende Westliche Platane.

Platanen-Aue (Albanien).

19 FLÜSSE

Es beginnt ganz unscheinbar: Aus einer Quelle entspringt ein kleines Rinnsal, am Rand der Schneedecke gesellt sich ein Tropfen zum anderen – und plötzlich plätschert ein Gebirgsbach. Ein paar hundert Meter weiter ist er schon eine Stromschnelle, und noch ehe er am Fuß des Berges angekommen ist, verwandelt er sich in einen kleinen Fluss. Seine Reinheit und Frische soll er auf seinem weiteren Weg nicht behalten – in der Ebene verbreitert und füllt sich sein Bett, der Fluss wird langsamer und das Wasser trüber. Das Leben unter der Wasseroberfläche ist von diesen Veränderungen ebenso betroffen wie die Ufer des Wasserlaufs. Die Flüsse formen dabei die Landschaft – in den Gebirgen waschen sie tiefe Täler aus, in den Ebenen kommt es zu erheblichen Ablagerungen.

1. Fischotter
2. Wasserfledermaus
3. Flussuferläufer
4. Gebirgsstelze
5. Bachforelle
6. Groppe
7. Elritze
8. Großer Schillerfalter
9. Eintagsfliege
10. Prachtlibelle
11. Steinfliege
12. Bachflohkrebs
13. Flussnapfschnecke
14. Schwarzerle
15. Kanariengras
16. Rohr-Reitgras
17. Stumpfblättriger Ampfer
18. Dreiteiliger Zweizahn
19. Kriechdr. Hahnenfuß

Übergang zwischen Forellen- und Äschenregion im Fluss

Ökosysteme der Gewässer
Oberirdische Gewässer werden in *fließende Gewässer* (Bäche und Flüsse) und *stehende Gewässer* (Seen, Teiche, Tümpel, Sümpfe) eingeteilt. Für Flüsse ist eine ständige Wasserströmung in einer Richtung charakteristisch, welche die Zufuhr von Sauerstoff und Nährstoffen und die Verbreitung von Organismen erleichtert. Da sich die Gewässertypen in ihren morphologischen, physikalischen und chemischen Eigenschaften teilweise erheblich unterscheiden, trifft man dort eine ganz unterschiedliche Tier- und Pflanzenwelt an.

Die längsten Flüsse Europas

Wolga	3530 km
Donau	2857 km
Ural	2428 km
Dnjepr	2200 km
Don	1870 km
Petschora	1809 km
Rhein	1320 km
Weichsel	1047 km
Loire	1020 km

Wassermassen
Von den europäischen Flüssen weist die Wolga bei Wolgograd mit 8060 m³/s die größte Durchflussmenge auf. Sie beträgt allerdings nur 1/20 der Durchflussmenge des Amazonas an seiner Mündung (220000 m³/s). Im Durchschnitt befördert die Donau an der Mündung 6430 m³/s Wasser, die Petschora 4100 m³/s, der Rhein 2450 m³/s, der Dnjepr 1670 m³/s und die Weichsel 1030 m³/s. Bei Hochwasser liegen diese Werte jedoch höher.

Der Wasserdurchfluss in Flüssen verändert sich je nach Jahreszeit und Wetter und von Jahr zu Jahr – insbesondere in Regenlage (Elbe – Děčin und Dresden).

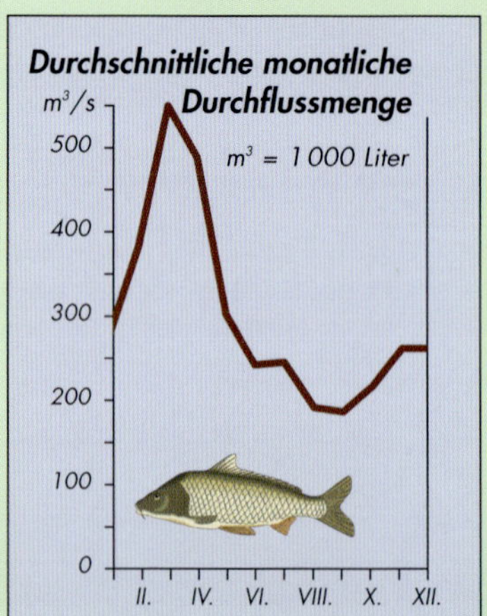

Flussnetze

Das System von Wasserläufen in einem Gebiet bildet sein aus dem *Hauptlauf* und den *Zuläufen* bestehendes *Flussnetz*. Nach ihrem Grundriss unterscheidet man mehrere Typen: Das *dendritische* Flussnetz ähnelt einem verzweigten Geäst und entsteht in Gebieten mit geringen Unterschieden des Gesteinswiderstandes; das *rechtwinklige* mit senkrechter Ausmündung tritt in Gebieten mit architektonischen Verwerfungen auf; das *gitterförmige* ähnelt dem vorhergehenden, weist aber andere Proportionen der Stromlänge auf. Das *radiale* Flussnetz läuft, ausgehend von einem Gipfel meist vulkanischen Ursprungs, in verschiedene Richtungen auseinander.

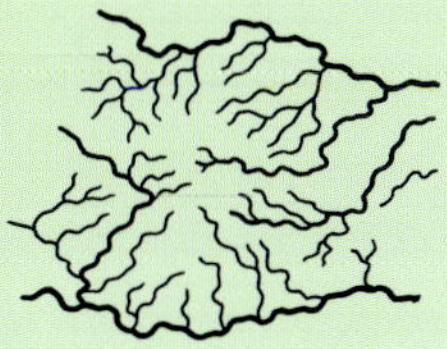

radial

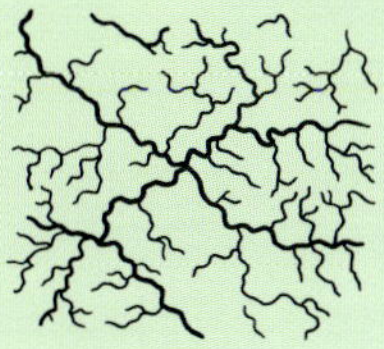

rechtwinklig

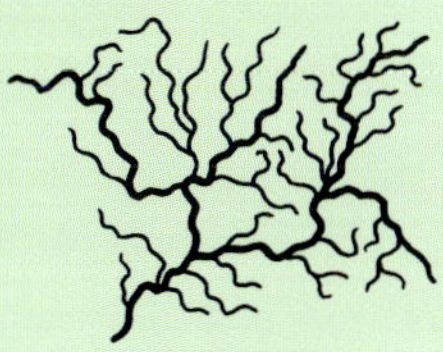

dendritisch

Einzugsgebiete und Wasserscheiden

Ein Einzugsgebiet bezeichnet eine Region, aus der das gesamte Oberflächenwasser oder auch das Grundwasser durch einen Wasserlauf abgeleitet wird. Von den europäischen Flüssen hat die Wolga das größte Einzugsgebiet (etwa 1360000 km²), gefolgt von Donau (817000 km²), Dnjepr (504000 km²), Don (422000 km²) und Rhein (252000 km²); von den mitteleuropäischen Flüssen hat z.B. die Elbe ein Einzugsgebiet von 144055 km² und die Oder von 118600 km². Die Grenze zwischen den Einzugsgebieten wird *Wasserscheide* genannt, auf der Karte heißt sie *Wasserscheidelinie*.

Am Berg Králický Sněžník an der Grenze zwischen Tschechien und Polen liegt die Haupt-Wasserscheide zwischen Ostsee und Schwarzem Meer.

Flüsse sind nicht nur ein unersetzliches Wasserreservoir und Lebensraum zahlreicher Organismen, sondern haben auch eine ästhetische Funktion.

EINTEILUNG DER FLUSSLÄUFE

Von der Quelle bis zur Mündung verändert sich das Aussehen des Flusses sowie das Leben in ihm und in seiner Umgebung. Man unterteilt Wasserläufe in verschiedene Regionen nach charakteristischen Fischarten – Forellenregion, Äschenregion, Barbenregion, Brassenregion und ggf. Kaulbarsch-Flunderregion.

SELBSTREINIGUNG DES WASSERS

Den natürlichen Vorgang, bei dem sich Wasser von Fäulnissubstanzen aus abgestorbenen Organismen und Verunreinigungen befreit, nennt man Selbstreinigungsprozess. Das übernehmen Bakterien, Einzeller und Mehrzeller von Plankton über Weichtiere bis hin zu einigen Fischen.

Ausreichend Sauerstoff ist Voraussetzung für die Wasser-Selbstreinigung, daher ist sie in Wildflüssen mit Stromschnellen am wirksamsten (Rio Ara, Spanien).

Das widerstandsfähige Pfeilkraut bildet im Herbst auf einem stark verkürzten Wurzelstock Knollen, die im Schlamm überwintern.

DIE FLORA DER FLÜSSE

Während die Vegetation auf dem Festland Dutzende Arten hervorbringt, bewegt sich die Zahl der Wasserpflanzen *(Hydrophyten)* im einstelligen Bereich. Die Unterschiede der Vegetation weisen auf verschiedene Gewässertypen hin. In kleineren Bergflüssen findet man nur wenig Grünes, weil eine heftige Strömung den Pflanzen kaum Halt bietet, auf dem steinigen Grund sind wenig Nährstoffe vorhanden, und die geringe Wassertemperatur sagt den Pflanzen nicht zu. Bessere Bedingungen herrschen in Talabschnitten mit ruhigerer Strömung.

BLÄTTER WIE PFEILE

Pfeilkraut bevorzugt einen schlammigen Untergrund in stehenden oder langsam fließenden Gewässern. Seine Stängel, die quirlig angeordnete Blütenstände tragen, erreichen eine Höhe von bis zu 1 m. Im Frühling öffnet das Pfeilkraut zuerst linienförmige Blätter unter der Wasseroberfläche, dann werden sie durch lanzettliche, zusammenfließende Blätter ersetzt. Erst danach tauchen die typischen Pfeilblätter auf. Die reifen Früchte des Pfeilkrauts verbreiten sich auf dem Wasser *(hydrochor)* oder heften sich an Wasservögel *(zoochor)*.

SÜSSWASSERSCHWÄMME

Nicht nur im Pflanzenreich sondern auch im Tierreich findet man unzählige Stämme verschiedener Schwämme. Ein Großteil lebt im Meer, aber einige Vertreter sind auch in Flüssen und Teichen zu Hause. Diese Schwämme sind die einfachsten mehrzelligen Tiere – ihr Körper besteht aus zwei Zellschichten, der Zwischenraum ist mit einer gallertartigen Substanz mit verfestigenden Kollagenfasern gefüllt.

Gemmula von Süßwasserschwämmen

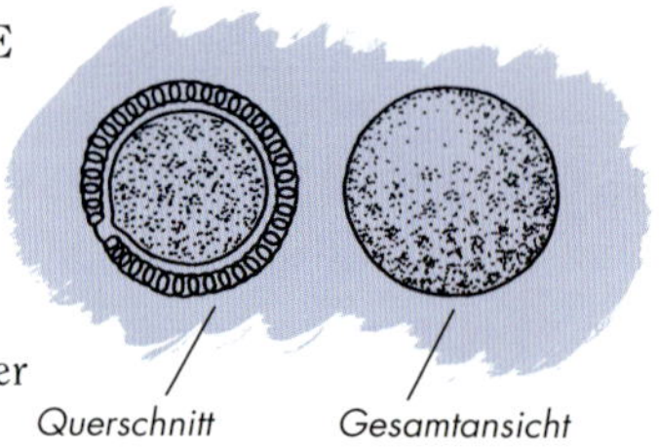

SCHWINDENDE SCHWANENBLUME

Die rosafarbenen Blüten der Schwanenblume erheben sich auf einem langen Blütenstängel über der Wasseroberfläche. Die Samenkörner, die nach der Reife abfallen, schwimmen zunächst auf dem Wasser und sinken erst später auf den Grund.

Die Schwanenblume wächst im flachen Wasser, im Flachland und in Flusstälern. Man findet sie aber immer seltener.

Außer der geschlechtlichen Vermehrung durch schwimmende Larven ist eine ungeschlechtliche Fortpflanzung u. a. durch Knospung bzw. Dauerknospen, so genannte Gemmula, möglich. Im Herbst bildet sich eine schützende Hülle, und erst im Frühling wachsen daraus neue Individuen.

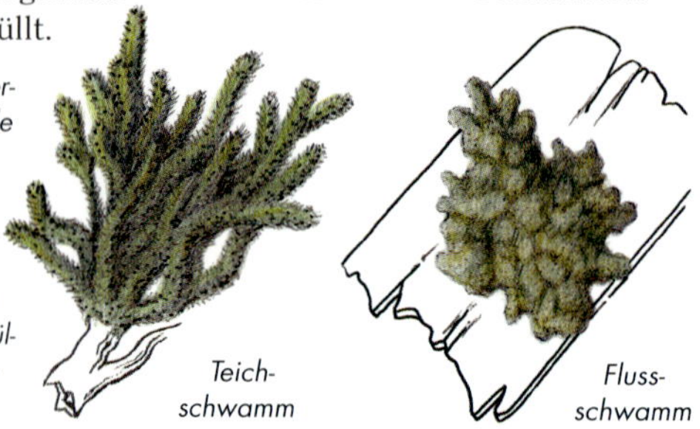

Wie schnell Wasser fließt

Die Strömungsgeschwindigkeit der Flüsse (ca. 1 bis 10 km/h) wird v. a. durch das Gefälle des Flussbettes und die Wassertiefe bestimmt.

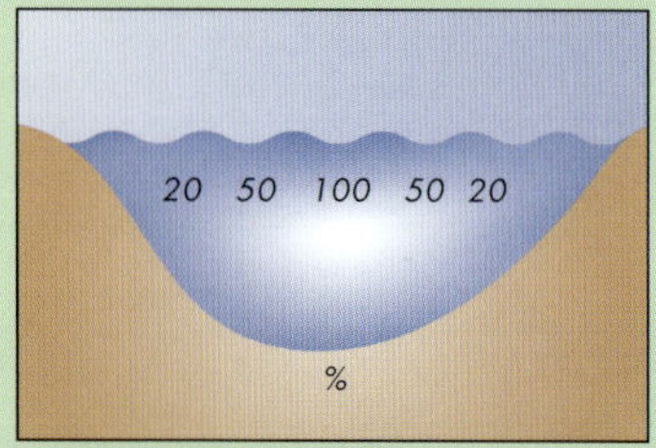

Die Strömungsgeschwindigkeit ist abhängig von der Reibung vorhandener Hindernisse (in der Strommitte 100 %).

Wasser formt die Landschaft

Die Erdoberfläche wird v. a. von fließendem Wasser geformt. Das Abspülen der Oberfläche *(Flusserosion)*, das Fortspülen des gelockerten Materials und seine Anlagerung *(Akkumulation)* als *Sedimente* in den unteren Flussabschnitten – das alles sind die Auswirkungen fließender Gewässer. Feinere Verwitterungsprodukte werden in gelöster Form transportiert, größere Stücke werden am Grund entlanggeschleift oder bei höherem Wasserstand sprungweise transportiert *(Saltation)*. Die Geschwindigkeit und Intensität der Erosion hängen von Wassermenge und Strömungsgeschwindigkeit ab.

Die Donau transportiert im Abschnitt zwischen Wien und Bratislava jährlich mehr als 500 000 m³ Bruchmaterial, Sand und Schlamm (Donauhochwasser, Bratislava).

Verbreitung von Wasserpflanzen

Wasserpflanzen verbreiten sich durch die Wasserströmung, durch die Übertragung an in der Wasserströmung mitgeführten Materialien, z. B. an Stämmen bei Überflutungen, durch Wasservögel und Säugetiere, durch Netze von Fischern und Anglern, gelegentlich auch durch direktes Aussäen. Manche Gebiete werden von sich stark verbreitenden *(expansiven)* Arten besetzt, die leicht einwurzeln und schnell wachsen. In den europäischen Gewässern findet man einige „Einwanderer", am bedeutendsten ist die Kanadische Wasserpest.

UNTER DER WASSEROBERFLÄCHE UND AN DEN UFERN

In Flüssen herrschen Blau- und Grünalgen vor, die entweder Bewüchse z. B. an Steinen oder Stämmen unter der Wasseroberfläche bilden oder eine vegetative Trübung des Wassers verursachen. Höhere Pflanzen haben ihren Platz in langsamer fließenden Abschnitten. Die Artenzusammensetzung der höher entwickelten Ufervegetation hängt vom Charakter des Wasserlaufs und des Ufers ab. Die ursprüngliche Ufervegetation ist jedoch nur selten erhalten. Wirtschaftliche Regulierungen der Wasserläufe führen zu einer deutlichen Verarmung der Pflanzenwelt und einem Übergewicht an Pionierpflanzen. Die ursprünglichen Pflanzen werden häufig von „Einwanderern" wie der Kanadischen Goldrute, dem Schmalblättrigen Weidenröschen oder dem Japanischen Staudenknöterich und verschiedenen Springkräutern aus Asien verdrängt.

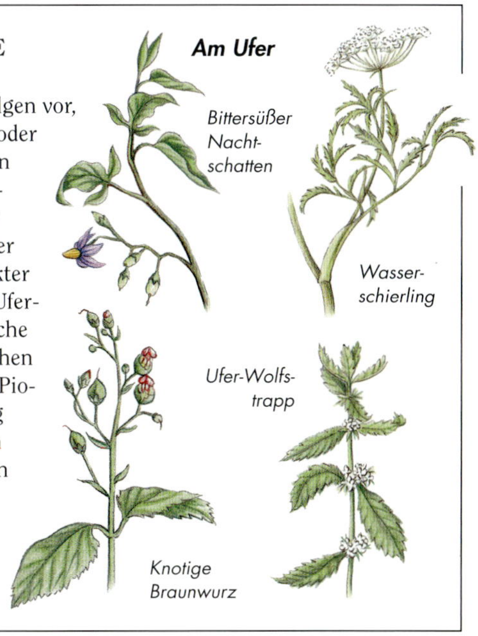

FLUSSSCHILF

An den Ufern und vor allem an sandig-kiesigen Anschwemmungen an flachen Flussabschnitten bildet sich ein dichter, schilfähnlicher Bewuchs. Das etwa 2 m hoch wachsende KANARIENGRAS gehört zur typischen Ufervegetation und gedeiht auch in leicht fließendem Gewässer. Neben dem höheren Humusgehalt in den Anschwemmungen verträgt die Staude auch die permanenten Schwankungen des Wasserspiegels gut. Begleitende Arten sind vor allem Sumpf-Rispengras, Große Brennnessel, STUMPFBLÄTTRIGER AMPFER sowie Wasserampfer. An schütteren Stellen treten Wasserpfeffer, DREITEILIGER ZWEIZAHN und KRIECHENDER HAHNENFUSS auf.

Bei höherem Wasserstand wird das Kanariengras überspült. Es bevorzugt leicht saure Böden und ist unempfindlich gegenüber Gewässerverschmutzung.

In den etwa 9 cm langen, dickwandigen Schalen der Malermuschel wurden früher Farben gemischt. Sie besitzen spezielle Vorrichtungen, mit dem die Schalen ineinander greifen.

DIE FLUSSMUSCHELN

In den europäischen Gewässern leben einige Dutzend Arten Süßwassermuscheln – einige lieben Flüsse und Bäche, andere geben Weihern und Tümpeln den Vorzug; manche sind verhältnismäßig groß, und andere messen kaum 1–2 cm. Die Malermuschel tritt oft in ruhigeren Abschnitten größerer Flüsse auf.

WASSERRAUBTIER

An den Ufern von Gewässern, an Bächen und Weihern hinterlässt der FISCHOTTER zahlreiche Visitenkarten – Fährten im Schlamm, Überreste von Fischen und Kot. Er ist ein ebenso guter Schwimmer wie Taucher – er kann bis zu 4 Min. unter Wasser bleiben und schwimmt dabei 400 m weit. Seine Nahrung besteht zu 90 % aus Fisch. Er ist nicht auf eine bestimmte Art festgelegt, sondern jagt die am leichtesten erreichbare Beute. Amphibien, Krebse und andere Kleinlebewesen verschmäht er auch nicht.

Der langfristige Schutz des Fischotters zahlt sich aus – in den letzten Jahren hat er sich in Europa wieder angesiedelt.

Merkwürdige Fische

Obwohl Neunaugen mit ihrem länglichen Körper an Aale erinnern, gehören sie zur Familie der Rundmäuler – alteingesessene Wassertiere ohne paarweise Gliedmaßen und mit knorpeligem Skelett. Anstelle eines Kiefers verfügen sie über runde muskulöse Mäuler mit Eckzähnen und einer nach vorn gestülpten Zunge, die das Festhalten am Fischkörper und das Saugen von Blut ermöglichen. Sie besitzen einfache Sinnesorgane. Die Entwicklung der Larven (Ammocoetes) dauert ein bis fünf Jahre. In gemäßigten und kalten Gewässern leben acht Gattungen und 26 Arten. Kleinere Arten leben nicht parasitär.

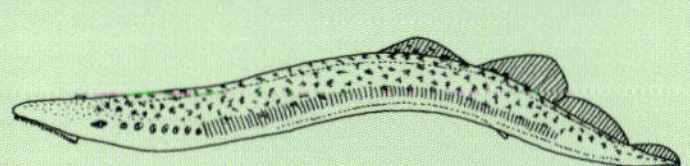

Das Meerneunauge zog die großen Flüsse bis tief ins Binnenland hinauf. Anfang des 20. Jh. hörten diese Wanderungen jedoch auf. Das schmackhafte Fleisch galt im Mittelalter als Delikatesse.

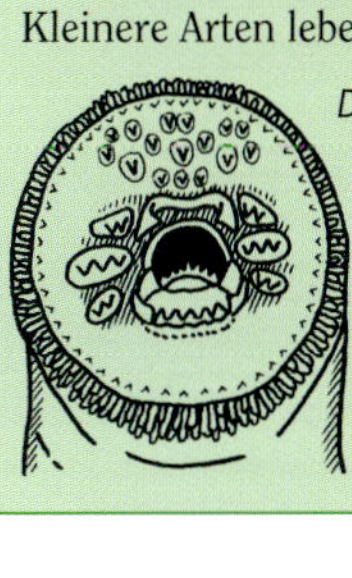

Die Mundscheibe ermöglicht es dem ausgewachsenen Neunauge, mit den Eckzähnen in den Körper von Fischen einzudringen und sie mit der kräftigen Zunge auszusaugen.

Wassermenge und Klima

Die westeuropäischen Flüsse befördern die größten Wassermengen im Herbst und Winter, wenn es unter dem Einfluss des Seeklimas am meisten regnet. In Mittel- und Osteuropa gibt es zwar im Sommer viel Regen, dann ist jedoch auch die Verdunstung am höchsten. Das meiste Wasser wird deshalb im Frühjahr und nach der Schneeschmelze transportiert. Während bei Hochgebirgsflüssen Hochwasser erst im Sommer auftritt, wenn der Schnee abtaut, führen die Wasserläufe in den Mittelmeerländern im Sommer nur ein Minimum an Wasser oder trocknen ganz aus.

Flüsse, die sich aus tauenden Gletschern speisen, sind grünlich (Vjoses, Albanien).

EINGESCHLEPPTE MUSCHELN

Im Gegensatz zu den heimischen Arten gibt es eine Reihe eingeschleppter Wasserorganismen, die teilweise ein großes Verdrängungspotenzial besitzen. Die winzige Zebramuschel wurde im 19. Jahrhundert über Schiffe von den in das Schwarze Meer und Kaspische Meer mündenden Flüssen bis ins westliche Europa verbreitet. Sie verschwand später aus den verunreinigten Gewässern, ist in den letzten Jahrzehnten aber wieder gesichtet worden.

Die Zebramuschel (2–3 cm) erinnert in ihrer Form und Lebensweise an die Miesmuschel. Sie heftet sich mit ihren Byssusfäden an einer Unterlage fest. Im Lauf der Zeit bilden sich so viele Büschel.

DIE ÄSCHENREGION

Die Äschenregion zeichnet sich durch einen ruhigen Wasserlauf, lange Stromschnellen und einen überwiegend steinigen Grund aus. Nur in Biegungen mit langsamerer Strömung lagern sich Sand und Ton ab. Als Begleiter der Äsche treten außer Bachforelle und Döbel auch Nase und Barbe auf, manchmal zeigen sich auch Bachschmerle und Groppe. Auf 1 m² leben bis zu 20 000 Wirbellose: v.a. Bachflohkrebse, Napfschnecken und Larven von Köcherfliegen, Zuckmücken, Schnaken und vielen Steinfliegen – nach Meliorationsmaßnahmen nur noch die Hälfte.

Die Äsche wirkt durch eine hohe, fahnenartige Flosse und eine dunkelgrüne Färbung mit einem Stich ins Silbrige imposant. Gewöhnliche Exemplare werden bis zu 30 cm groß, 50 cm Länge ist selten.

WIDERSTANDSFÄHIG

An städtischen Flussabschnitten kommen oberhalb von Einleitungen der Kanalisation 1,5-mal mehr Arten von Würmern, Weich- und Krustentieren und Insektenlarven vor als unterhalb. Widerstandsfähig sind außer Strudelwürmern und Blutegeln die Wasserschnecken: Weißes Posthörnchen, Teichnapf- und Schnauzenschnecke.

DIE FAUNA DER FLÜSSE

Obwohl der Verlauf von der Quelle über den Bach zum Fluss durch bestimmte Fische charakterisiert wird, bewohnen nur wenige Tiere eine einzige Region. Während eine Art in einer Region als Hauptart beheimatet ist, ist sie in anderen Regionen Nebenart oder ergänzende Art. Die Grenzen zwischen den Regionen sind außerdem fließend. Bei kürzeren Wasserläufen ist die Einteilung in Regionen nicht möglich, darüber hinaus verändert der Mensch durch Regulierung der Flüsse die Abfolge der Fischregionen – so entstehen z.B. unterhalb von Talsperren untypische Forellen- und Äschenregionen.

Die unteren Flussabschnitte sind meist durch menschliche Eingriffe gekennzeichnet.

DIE BARBENREGION

Die Barbenregion verläuft vom Mittellauf bis Unterlauf größerer Flüsse. Die Strömung ist ruhig, unterbrochen von einzelnen turbulenteren Abschnitten, der überwiegend kiesige Grund ist mit größeren Steinen und Schlammablagerungen bedeckt. Der dominante Fisch ist die Barbe, zusammen mit Hasel und Döbel. Die Barbenregion wird außerdem von Plötze und Zährte bewohnt. Die Larven der Steinfliegen und Flohkrebse werden von Zuckmückenlarven abgelöst, wärmeliebende Arten von Strudelwürmern, Blutegeln und Borstenwürmern treten häufiger auf.

DIE BRASSENREGION

Die Mehrzahl der Fische lebt in den unteren Flussabschnitten, wo sich die Lebensbedingungen an stehende Gewässer annähern – die Strömung verlangsamt sich, es bilden sich keine Stromschnellen und der Fluss wird tiefer. Der Grund ist mit Kiessand und Schlamm bedeckt, in dem die Larven von Eintagsfliegen, Zuckmücken und Köcherfliegen sowie Gemeine Strudelwürmer und die von Anglern eingeschleppten Gefleckten Strudelwürmer leben; immer mehr setzen sich Egel und andere Würmer, Weichtiere und der Flussflohkrebs durch.

Der größte Fisch der Welt?

Über den Hausen steht in *Brehms Tierleben* geschrieben, dass er eine Länge von bis zu 9 m erreicht. Allerdings war das längste nachgewiesene Exemplar, das 1827 gefangen wurde, 7,3 m lang und wog 1474 kg. Seine asymmetrische Schwanzflosse und die kurze Schnauze mit unterständigem Maul erinnert an einen kleinen Hai, und auch in seinem räuberischen Verhalten ist er dem Hai ähnlich. Hauptverbreitungsgebiete des Hausen sind die Uferzonen des Schwarzen, Asowschen und Kaspischen Meeres, von wo er in der Paarungszeit die großen Flüsse zu den Laichplätzen stromaufwärts zieht.

Die Eier des zu den Echten Stören zählenden Hausen sind Grundbestandteil des hochwertigsten und teuersten Kaviars. Ein Weibchen liefert bis zu 100 kg dieser Delikatesse. Die Eier verwandter Störe werden gefärbt, damit sie die typische schwarze Färbung aufweisen.

Der Hausen schwamm früher angeblich die Donau hinauf bis nach Bayern, heute findet man ihn nur noch bis zur Talsperre in der Schlucht am Eisernen Tor in Rumänien.

Wandel der Artenzusammensetzung

Einige Fischarten (Europäischer Aal) ziehen zur Paarung von den Flüssen zum Meer *(katadromischer Zug)*, andere Arten ziehen vom Meer in die Flüsse *(anadromischer Zug)*. Durch den Bau von Staustufen und Talsperren an Flüssen wurde in die Wanderungen der Fische eingegriffen, und aus vielen europäischen Wasserläufen des verschwanden die Störarten, der Atlantische Lachs, die Meerforelle, der Nordseeschnäpel, der Maifisch u.a. Trotzdem ist die Fischfauna nicht ärmer geworden – die Wanderfische wurden durch eingesetzte Arten aus Ostasien oder den USA ersetzt.

WIPPSCHWÄNZE

Am Wasserufer fühlen sich v. a. Bachstelzen wohl. Wegen ihres ständigen Schwanzwippens haben sie im Volksmund den Namen „Wippschwänze". Von den drei häufigsten Arten in Europa ist die Schafstelze, die wärmere Gegenden bevorzugt, am seltensten vertreten. Die Gebirgsstelze bevorzugt Höhenlagen von mehr als 1400 m ü. NN. Am häufigsten ist die Bachstelze.

Die Gebirgsstelze nistet an steinigen Flussufern. Die Jungen (Abb.) und Weibchen haben keinen schwarzen Halsfleck.

DER BITTERLING

Der höchstens 8 cm lange Bitterling lebt in den Unterläufen von Flüssen, toten Flussarmen und Teichen mit Schlammgrund, wo er häufig Raubfischen zur Beute fällt.

Das Bitterlingsweibchen legt seine Eier in den Kiemenraum von Malermuscheln und Teichmuscheln ab. Das Weibchen reizt mit der Eiröhre die Muschel, damit sie sich öffnet (1). Nach deren Öffnung legt sie Eier in die Muschel ab (2), und das Männchen befruchtet sie (3). Normalerweise ist die Färbung des Bitterlings (links) unauffällig, erst in der Paarungszeit bekommen die Männchen rotviolette Seiten und einen dunklen Fleck hinter den Kiemendeckeln.

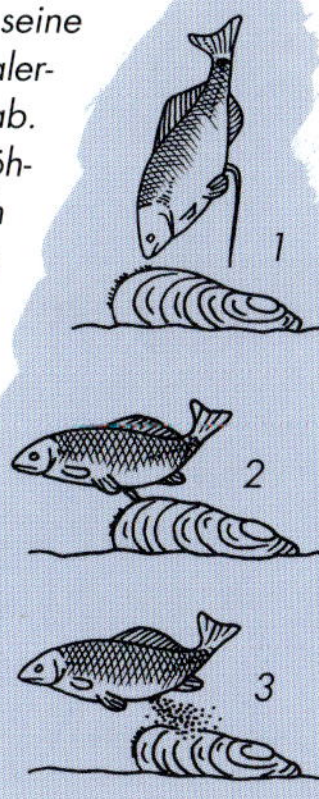

ACHTUNG, KRABBE

Auch in europäischen Flüssen gibt es Krabben. Die Chinesische Wollhandkrabbe lebt in den Flüssen Chinas, vermehrt sich aber an der Meeresküste. Von dort wurde sie Anfang des 20. Jh. mit Schiffen als „blinder Passagier" nach Europa eingeschleppt – ihr erster Fund 1912 stammt aus der deutschen Weser, später wurde sie in vielen europäischen Flüssen heimisch.

Die Verbreitung der Chinesischen Wollhandkrabbe wurde in Europa von einer klassischen Populationsexplosion begleitet – 1932 wurden 355 t Krabben aus der Elbe gefischt.

SÜSSWASSERQUALLEN

In den Wassern einiger europäischer Flüsse sind sogar kleine Quallen zu finden. Die etwa 2 cm große Plankton-Süßwasserqualle kam aus Nordamerika in die europäischen Gewässer und tritt häufiger auf – sie lebt nicht nur in Flüssen, sondern auch in verschiedenen stehenden Gewässern und Aquarien. Ihre Entwicklung verläuft über das Stadium eines fest sitzenden Polypen; während die Quallen zu Winterbeginn verenden, findet man die Polypen ganzjährig.

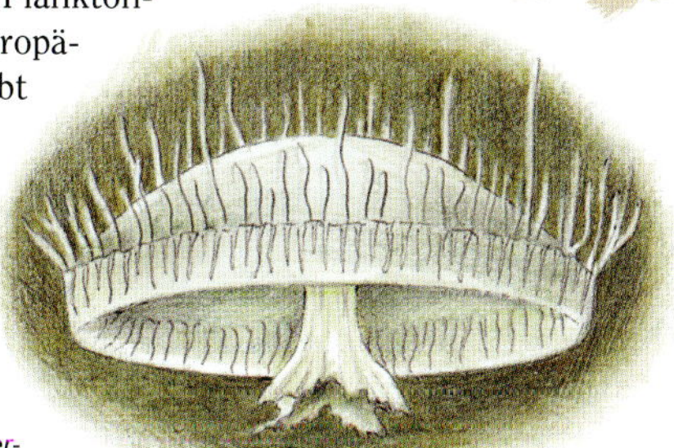

Den winzigen glockenförmigen Körper der Süßwasserqualle säumen am Rand 200–400 verschieden lange Tentakel.

Die Brasse (20–80 cm) hat einen hohen, seitlich gedrungenen Körper und einen kleinen Kopf mit unterständigem Maul.

DIE FISCHE DER BRASSENREGION

Begleiter der Brasse, eines der häufigsten mitteleuropäischen Fische, sind v. a. Karpfen, Aland, Hecht und Plötze. In der Brassenregion gibt es darüber hinaus auch Barben, Döbel, Nase, Güster, Rotfeder und weitere, uns aus Zuchtweihern bekannte Fische. Andere Begleitfische sind Ukelei, Gründling und Kaulbarsch.

Auf Mückenfang

Bei Forschungen über das Ernährungsverhalten von Fledermäusen wurden einzelne Tiere vor und nach dem abendlichen Beutezug gewogen. Dabei wurde ein um 2 g erhöhtes Gewicht (ein Fünftel ihres Eigengewichts) nach der Nahrungsaufnahme festgestellt. Vor allem Mücken und Zuckmücken sind die Beute der Wasserfledermaus, deren bevorzugtes Jagdgebiet über Gewässern liegt. Die etwa 10 g schweren Tiere müssen 2 000–4 000 Mücken pro Nacht fangen, um ihren Nahrungsbedarf zu decken. Die Mücken werden entweder mit dem Maul gefangen oder mit den Flügeln oder der Schwanzflughaut „gekeschert". Manchmal kommen sogar die verhältnismäßig riesigen Füße der Wasserfledermaus zum Einsatz. Typisch für Wasserfledermäuse ist das wenig behaarte rötliche Gesicht.

Fang von Fledermäusen im Netz.

Wiegen einer Wasserfledermaus.

20

FLUSSMÜNDUNGEN

An Flussmündungen zum Meer kommt es zu einer deutlichen Verlangsamung der Strömung, und das Flussbett verzweigt sich in temporäre, durchgehende und tote Flussarme, so dass manchmal nur mit Mühe feststellbar ist, welchen Weg der Hauptlauf nimmt. Der Fluss überschwemmt ausgedehnte, schwer zugängliche Gebiete, dadurch bleiben die Flussdeltas auch im zivilisierten Europa wirkliche Inseln einer wenig berührten Natur. Wohl deshalb sind sie oft der einzige Zufluchtsort für seltene Pflanzen- und Tierarten.

1. Europäischer Nerz
2. Sumpfspitzmaus
3. Brandgans
4. Rosa Pelikan
5. Löffelreiher
6. Rotfußfalke
7. Mariskensänger
8. Seeregenpfeifer
9. Würfelnatter
10. Seefrosch
11. Sterlet
12. Schrätzer
13. Schuppenkarpfen
14. Stöcker
15. Donau–Kahnschnecke
16. Großer Feuerfalter
17. Sandohrwurm
18. Blutegel
19. Gewöhnliches Schilf
20. Grau–Weide
21. Wasser–Sumpfkresse
22. Wasser-Minze
23. Krebsschere
24. Schmalblättriger Rohrkolben
25. Flussampfer

Blick ins Donaudelta

Wie entsteht ein Delta?
Große Flüsse bilden bei der Mündung ins Meer oder in einen See durch die verlangsamte Fließgeschwindigkeit und die Ablagerung von Sedimenten oft einen Anschwemmungskegel aus Schlamm, der das Flussbett in ein Netz von Flussarmen verzweigt, dessen Form an die Darstellung des griechischen Buchstabens Delta (Δ) erinnert. Man unterscheidet *Mündungsdeltas, Binnendeltas, Gezeitengeprägte* und *Wellendominierte Deltas.*

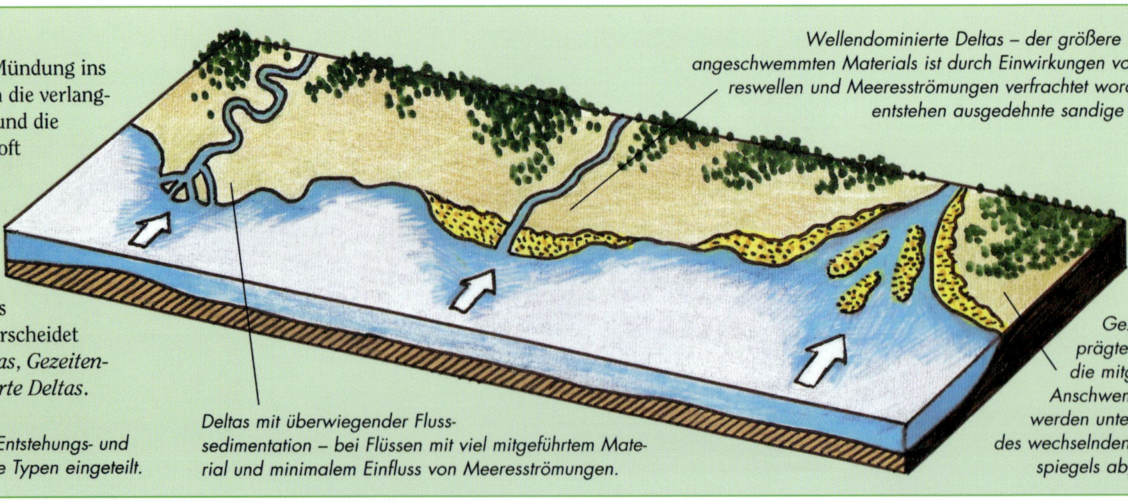

Flussdeltas werden nach ihrer Entstehungs- und Ablagerungsart in verschiedene Typen eingeteilt.

Ästuare

Bilden sich trichterförmige Flussmündungen, von denen aus das Meer ins Binnenland gelangt, so spricht man von *Ästuaren*. Der Meeresspiegel steuert sie: Bei Flut dringt das Wasser weit in den Flusslauf ein und hebt den Wasserspiegel an. Bei Ebbe fließt viel Wasser zurück. Auf der Nordhalbkugel fließt der Flutstrom am linken Ufer aufwärts und der Ebbestrom am rechten Ufer abwärts, wodurch sich die Trichterform der Mündung allmählich verbreitert. Beide Strömungen gleichzeitig verhindern die Zusetzung der Mündung.

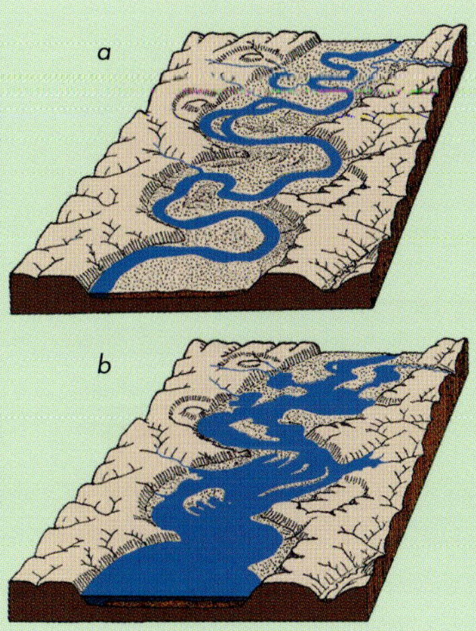

Ästuar eines Flusses bei Ebbe (a) und Flut (b)

Wohin fließen europäische Ströme?	
Dnjepr	Schwarzes Meer
Don	Asowsches Meer
Donau	Schwarzes Meer
Dwina	Weißes Meer
Ebro	Mittelmeer
Garrone	Atlantischer Ozean
Loire	Atlantischer Ozean
Oder	Ostsee
Pečora	Barentssee
Rhein	Nordsee
Tejo	Atlantischer Ozean
Ural	Kaspisches Meer
Weichsel	Ostsee
Wolga	Kaspisches Meer

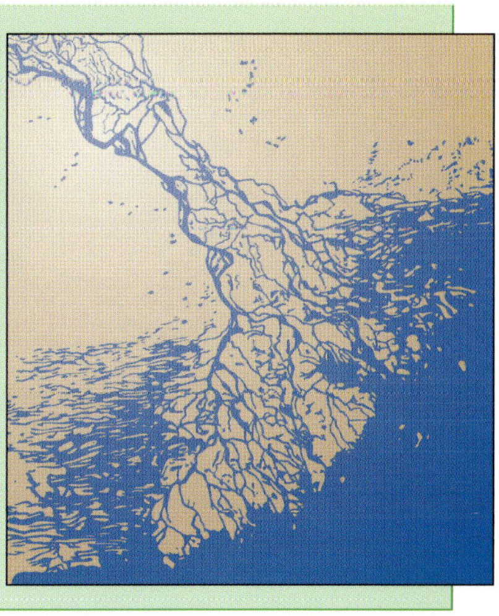

Das Wolgadelta umschließt eine Fläche von etwa 18 000 km².

DIE FLORA DER FLUSSMÜNDUNGEN

Die natürlichen Bedingungen der Deltas sind v.a. abhängig von ihrer Lage – während an der Mündung der nördlichen Pečora eine eintönige Tundra- bzw. Taigavegetation vorherrscht, bilden die nach Süden fließenden Flüsse Deltas mit günstigen Wachstumsbedingungen. An die Gesellschaft schwimmender Wasserpflanzen *(Makrophyten)* schließt sich das artenarme Schilf an, welches an den Ufern in die Gesellschaft des Weidengestrüpps und weiter zu den artenreichen Flussauendschungeln mit Lianen übergeht. Hin und wieder treten auch Zonen mit sand- und salzliebender *(halophiler)* Vegetation auf.

Flussdeltas wirken auf den ersten Blick monoton. Sie bestehen aus Wasser, Schilf und einigen typischen Wasserpflanzen. Bei genauerem Hinsehen bietet sich jedoch ein anderes Bild (Flussdelta des Neman, Litauen).

Der zusammenhängende Bewuchs des einjährigen Quellers verrät sich schon von weitem durch seine rote Stängelfarbe.

SCHWIMMENDE INSELN

In einigen großen Flussdeltas findet man schwimmende Schilfinseln; im Donaudelta werden sie Plauren genannt. Sie entstehen, wenn Teile des Schilfbewuchses vom Ufer abreißen – dies wird manchmal durch starken Wind, Hochwasser oder Frost verursacht. Kleinere Inseln zusammengeschwemmter Schilfpflanzen bilden sich auch dadurch, dass Gärgase die verwachsenen Schilfrhizome vom Grund heben. Manche können eine Fläche von bis zu 1 km² erreichen.

Auch die Weiße Seerose bildet schwimmende Inseln (Donaudelta).

Krebs-schere

Die wärmeliebende, mehrjährige Krebsschere wächst in stehenden, nährstoffreichen, sauberen Gewässern großer Niederungen. Die gesägten Blätter sind 40 cm lang.

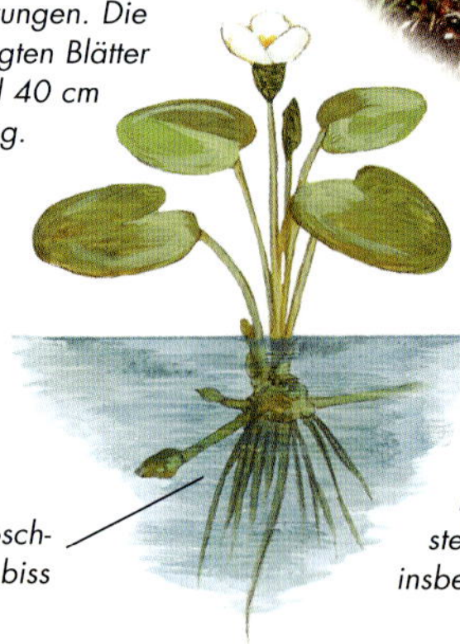

Frosch-biss

Der mit der Krebsschere verwandte Froschbiss wird 15–30 cm groß und hat ganz umsäumte dünnhäutige, am Stiel tief ausgeschnittene Blätter. Er wächst in den meisten europäischen Ländern in flachen, stehenden und langsam fließenden Gewässern, insbesondere im Einzugsgebiet großer Flüsse.

OHNE WURZELN

Der Gewöhnliche Schwimmfarn ist eine einjährige, wurzellose Wasserpflanze, deren Blätter in dreizähligen Quirlen angeordnet sind. Über dem Wasser wachsen je zwei ovale Schwimmblätter; ein wurzelähnliches Wasserblatt und der Spross sind untergetaucht. Die Blätter sind dicht behaart und mit Warzen versehen, die als Luftkammern fungieren. Die Wasserblätter nehmen anstelle der fehlenden Wurzeln gelöste Nährstoffe auf.

Schwimmfarn bildet in ruhigen, windgeschützten Flussarmen größere Teppiche. In den Deltas von Donau, Rhein, Elbe und Oder kommt er häufig vor.

DIE KREBSSCHERE

Im zeitigen Frühjahr ist die KREBSSCHERE noch nicht sichtbar – die Rosette sinkt im Herbst zu Boden und überwintert im Schlamm. Erst bei Erwärmung des Gewässers steigt sie wieder empor, und die langen schmalen Blätter erscheinen über der Wasseroberfläche. Die Wasserpflanze bildet eine ungefähr zur Hälfte (20 cm) aus dem Wasser ragende Blätterrosette. Vermehrung findet durch Ausläufer statt, seltener durch Bestäubung, da häufig nur männliche oder nur weibliche Pflanzen zusammenstehen. Die männliche Blüte ist weiß und auffallend, während die weiblichen Blüten auf kurzen Stielen sitzen und unscheinbar sind.

Brackwasser

An den Mündungen von Flüssen kommt es durch die Vermischung von Meer- und Süßwasser zu einer Absenkung des Salzgehaltes. Wasser mit einem Salzgehalt unter 25 ‰ (d.h. 25 g Salz pro Liter) wird als *Brackwasser* bezeichnet. Das größte Brackwassergebiet in Europa ist die Ostsee, deren Salinität in Richtung Binnenland deutlich abnimmt – während sie in der Kieler Bucht etwa 16 ‰ erreicht, bewegt sie sich an den Aland-Inseln nur um 2 ‰ (Meerwasser hat eine Salinität von fast 40 ‰). Bei einem Salzgehalt von 25 ‰ gefriert Brackwasser im Gegensatz zu Süßwasser erst bei –1,91 °C.

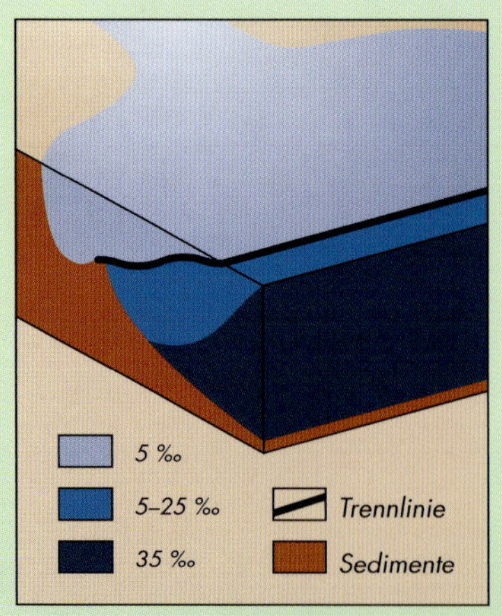

Salzgehalt (Salinität in Flussmündungen).

Was ist Hydrogamie?

Als *hydrogam* oder wasserbestäubt werden Pflanzen bezeichnet, bei denen das Wasser für die Übertragung der Pollen sorgt. Außer Wasserpflanzen gehören dazu Mohn- und Farngewächse, bei denen ein Wassertröpfchen die Verbindung der Geschlechtszellen vermittelt.

Das hydrogame Große Nixkraut wächst in Weihern und toten, schlammigen Flussarmen.

Zwischen Süß- und Meerwasser

In brackigen Gewässern sind Süßwasser- und Meeresorganismen vergesellschaftet. Der Übergang zwischen diesen beiden Lebensräumen ist jedoch nicht unproblematisch, da die Veränderung der Salzkonzentration wegen des osmotischen Drucks unterschiedlich auf die Lebewesen wirkt – während Wasser mit höherem Salzgehalt die Zellen quasi „aussaugt“, ist es im Süßwasser umgekehrt, und Wasser strömt in die Zellen. Organismen, die hier siedeln, müssen daher den Salzgehalt ihrer Körperflüssigkeiten durch physiologische Mechanismen auf gleichem Niveau halten.

Die Flussseeschwalbe nistet auf sandigen Ufern und Anschwemmungen rund um Gewässer in Kolonien von bis zu 1 000 Paaren. Sie ernährt sich von kleineren Fischen – die Beute erkennt sie im Flug und erlegt sie durch schnelles Eintauchen ins Wasser.

MIT DEM STROM UND GEGEN DEN STROM

Einige Fischarten begeben sich auf sehr lange Wanderungen. Aale sind typische Vertreter einer Gruppe, die einen *katadromischen* Zug (aus dem Griechischen *kata* = abwärts und *dromos* = laufend) unternehmen. Zum Laichen aus dem Meer in die Flüsse ziehende Fische, wie z.B. Lachse oder Hausen, führen einen anadromischen Zug (aus dem Griechischen *ana* = aufwärts) durch.

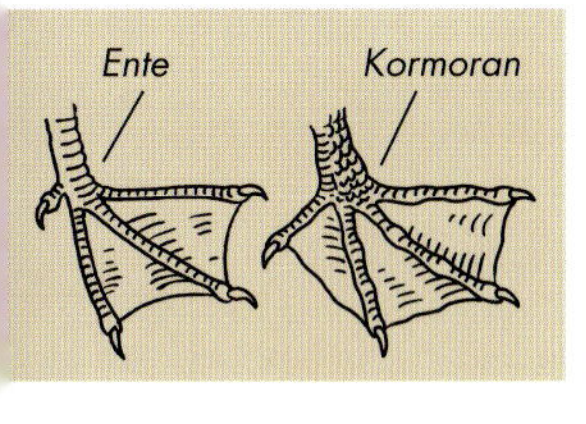

Die Füße der Entenvögel haben drei nach vorn zeigende Zehen; der vierte Zeh zeigt nach hinten. Bei den Kormoranen und Pelikanen zeigen alle vier Zehen nach vorn.

LANGE BEINE, LANGER SCHNABEL

Wasservögel sind von Natur aus an ihre Umweltbedingungen angepasst. Manche Tiere sind mit verschieden geformten Schwimmhäuten an den Füßen ausgestattet, anderen wachsen flossenartige Säume um die Zehen herum. Watvögel haben lange Beine – sie waten damit im flachen Wasser, ohne schwimmen zu müssen. Die höhere Körperstellung wird durch einen längeren Schnabel kompensiert, der am Ende spitz zuläuft und bei der Jagd als Harpune dient. LÖFFLER bilden eine Ausnahme, sie filtern ihre Nahrung durch den verbreiterten Schnabel.

In Europa leben sechs Reiherarten, von denen Graureiher und Silberreiher die größten sind. Die Reiher nisten in Kolonien an erhöhten Plätzen, auf Bäumen oder im Schilf.

Der Rallenreiher fliegt auf der Suche nach Nahrung oft weit vom Wasser weg. Manchmal sucht er Parasiten auf dem Rücken von weidendem Vieh.

Der Sichler unterscheidet sich von den Reihern durch seinen dünneren, unten etwas gebogenen Schnabel. Er lebt an der Küste des Mittelmeers und Schwarzen Meers und verirrt sich manchmal nach Norden.

Beim kleinsten europäischen Reiher, der Zwergdommel, haben Männchen und Weibchen im Hochzeitsgefieder einen Schopf mit langen Schmuckfedern.

Der Seidenreiher liebt warme Gegenden, breitete sich jedoch in den letzten Jahren auch in Mitteleuropa aus. Sein Gefieder variiert von weiß bis dunkelgrau.

DIE FAUNA DER FLUSSMÜNDUNGEN

Die Fauna von Flussmündungen zeichnet sich im Unterschied zur Flora durch eine große Artenvielfalt aus, denn es finden sich auch an einen niedrigeren Salzgehalt angepasste Vertreter der Meeresfauna ein, die bis weit ins Landesinnere zu finden sind. Im Donaudelta existieren über 150 Fischarten, das sind mindestens doppelt so viele wie in europäischen Flüssen des Binnenlandes zu finden sind. Ausgedehnte Wasserflächen ziehen auch einen an Zahl und Arten ungewöhnlich reichen Vogelbesatz an. Außerdem ermöglicht das hohe Nahrungsangebot auch in Kolonien lebenden Arten das Nisten (z.B. Kormoranen, Reihern, Pelikanen, Flamingos). Dagegen sind die Wirbellosen nur begrenzt vertreten. In den ausgedehnten Schilfen leben nur wenige Arten, eine größere Vielfalt bieten die Ufer- und Küstenbereiche.

Der Silberreiher gehört zu den selteneren Arten. Im Hochzeitskleid hat er auf dem Rücken verlängerte Schmuckfedern, die früher als Schmuck für Damenhüte sehr begehrt waren und für die Herstellung modischer Accessoires verwendet wurden.

Tote Flussarme

Flüsse bilden im Unterlauf, hauptsächlich in Deltas, ausdrucksvolle, sich in Gestalt und Lage wandelnde Mäander, so dass aus dem Hauptbett ein toter Flussarm und schließlich ein Sumpf wird. Manchmal dauert dieser Prozess Jahrzehnte.

A – Grundlage für einen toten Flussarm ist häufig ein Mäander, durch den ursprünglich das Hauptflussbett verläuft.
B – Durch allmähliche oder plötzliche Erosion bildet der Fluss ein völlig neues Bett und die abgetrennte Biegung wird später zu einem toten Flussarm.
C – Durch allmähliche Verlandung und Bewuchs entsteht ein Sumpf.

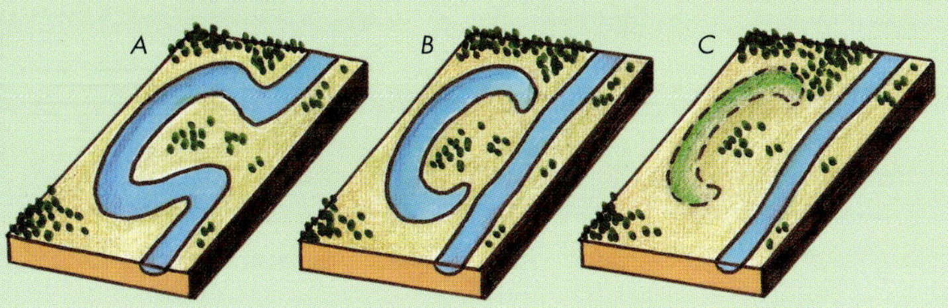

Einteilung der Hydrophilen

Die an Wasser gebundene Flora wird in verschiedene Gruppen unterteilt. Wasserpflanzen *(Hydrophyten)* wachsen im Wasser. Sie haben untergetauchte oder auf Wasser treibende Blätter. Sumpfpflanzen *(Helophyten)* sind unter Wasser oder in nassem Boden fest verwurzelt und ragen mit einem Teil über die Wasseroberfläche. Pflanzen, die auf dem Trockenen wachsen, aber an ein hohes Wasservorkommen gebunden sind, heißen *Hygrophyten*.

Das höchste in Europa wachsende Gras, das Riesenschilf (bis 4 m), stammt aus Vorderasien und hat sich in den gesamten gemäßigten Breiten angesiedelt.

Die Streckerspinne kann wegen ihres verlängerten Hinterteils und den langen Beinen, die sie in Ruhe längs des Körpers anzieht, leicht von anderen Spinnen unterschieden werden. In unbeweglicher Pose ähnelt sie einem Holzstück. Sie ist anspruchslos, oft aber an Ufern auf Wasservegetation zu finden.

Der Schilfkäfer (10 mm) lebt auf schwimmenden Teich- oder Seerosenblättern. Die Larven entwickeln sich in den Stängeln von Wasserpflanzen und atmen über deren Luftgänge.

WINZIGE SCHILFBEWOHNER

Schilfkäfer sind eng mit den Kartoffelkäfern verwandte, winzige Käfer mit gestrecktem Körper und langen Fühlern. Schilfkäfer leben im Uferbewuchs stehender und fließender Gewässer und ernähren sich von Blättern, Trieben und anderen Pflanzenteilen. Die Weibchen legen ihre Eier auf der Wasseroberfläche oder sogar im Wasser ab, und alle Entwicklungsstadien der Larven, die Saft aus dem Pflanzengeflecht saugen, laufen im Wasser ab. Den Kokon füllen sich die Larven mit Luftblasen; ein Käfer, der schon im Herbst ausschlüpft, überlebt darin bis zum Frühjahr.

Die Raupen der Schilfrohreule leben an Schilfwurzeln, die Falter erscheinen Ende des Sommers und im Herbst (✱ 40–50 mm).

Die 1,5–3 cm große Bernsteinschnecke mit durchsichtigem Haus ist an feuchte Standorte angepasst. Oft wird sie von Larven des Saugwurms Leucochloridium macrostomum befallen, die eine Vergrößerung der Fühler verursachen.

Der seltene Pardelluchs, auch als Iberischer Luchs bekannt, ist durch einen auffälligen, bis zu 8 cm langen Backenbart gekennzeichnet.

GEHEIMNISVOLLER LUCHS

In einigen Gebirgen im Süden Spaniens und im Delta des Guadalquivir lebt der seltene Pardelluchs. Nach letzten Schätzungen beläuft sich seine Zahl nur auf einige Dutzend Exemplare. Vom häufigeren Eurasischen Luchs unterscheidet er sich durch kleineren Wuchs, rötlichere Färbung, ausdrucksvollere Flecken und kürzere Behaarung. Er lebt verborgen in baumbestandenen offenen Gebieten, gelegentlich auch in Sümpfen oder Sanddünen als nachtaktiver Einzelgänger und ernährt sich hauptsächlich von wilden Kaninchen und kleinen Nagetieren.

Pelikane erkennt man sofort an dem mächtigen Schnabel mit breit dehnbarem Hautsack, der zur Fischjagd dient. Ihre Jagdmethoden sind immer sehr planmäßig. Manchmal bilden mehrere Pelikane schwimmend einen Kreis und treiben flügelschlagend die Fische zusammen. Andere Arten tauchen sehr tief.

GEWANDTER FISCHER

Der ROSA PELIKAN ist aus dem Zoo bekannt, aber dass man ihn auch in freier Natur sehen kann, wissen nur wenige. Ab und zu verirrt sich ein Pelikan ins europäische Binnenland, eine richtige Oase ist allerdings das Donaudelta, wo einige Hundert Pelikanpaare im unübersichtlichen Schilfdickicht nisten. Trotz seiner Größe segelt er leicht mit auf den Rücken gelegtem Kopf. Sein Nest ist dagegen eher unansehnlich und ähnelt einem großen Schilfhaufen. Der Rosa Pelikan ist an den rötlichen Beinen und schwarzen Schwungfedern an der Flügelunterseite zu erkennen. An ähnlichen Standorten tritt der Krauskopfpelikan mit weißen Flügelunterseiten und grauen Beinen auf.

Meer auf dem Rückzug

An manchen Stellen lagern Flüsse in ihren Mündungen meterhohe Sedimentschichten an. Die größten Ablagerungen gibt es an der Nordseeküste von Holland, Deutschland und Dänemark – an einigen Stellen reichen sie 10 km ins Landesinnere. Der Mensch nimmt diese Orte allmählich in Besitz und nutzt sie für den Anbau von salzresistenten Gräsern, die den neu entstandenen Boden festigen.

In Holland werden in der Uferzone widerstandsfähige Dämme gebaut, der Meeresboden wird getrocknet und durch Kultivierung gewinnt man Flächen mit fruchtbarem Boden, die so genannten Polder.

Flussmündungshäfen

Während in den Deltas der Donau oder Wolga zum Beginn des 21. Jahrhunderts noch echte Wildnis herrscht, sind die Mündungen größerer westeuropäischer Flüsse zu Häfen ausgebaut worden. Am bekanntesten sind Hamburg an der Elbe, Bremen an der Weser, Nantes an der Loire, und Liverpool an der Mersey-Mündung. Meist handelt es sich um Trichtermündungen, in denen das Heben und Senken des Meeresspiegels es Meeresschiffen ermöglicht, bis zu Dutzenden Kilometern ins Binnenland zu fahren. Die Themse ist bei Flut bis London für Ozeanschiffe befahrbar.

Das im Rheindelta gelegene holländische Rotterdam ist der größte europäische See- und gleichzeitig Flusshafen. Seine Traditionen reichen bis ins 17. Jahrhundert.

Der Waschbär lebt an Gewässern und ist ein Allesfresser. Er gehört zur Familie der Kleinbären.

NEUE RAUBTIERE IN EUROPA

Der Marderhund stammt aus dem Fernen Osten, von wo er in den 1930er- und 40er-Jahren als Pelztierart in den europäischen Teil Russlands eingeführt und dort ausgesetzt wurde. In Mitteleuropa erschien er etwa 10 Jahre später, gegenwärtig hat er schon die Nordseeküste erreicht und nähert sich der Küste des Atlantischen Ozeans. Er bewohnt verschiedene Standorte, oft lebt er im Uferschilf. Die Heimat des Waschbären liegt auf der anderen Seite der Erdkugel, in Nordamerika. Nach 1930 wurde er in Deutschland ausgesetzt und verbreitet sich jetzt in östlicher Richtung.

Der Marderhund erinnert auf den ersten Blick an einen Dachs, gehört aber zur Familie der Hunde. Sein Speiseplan sieht tierische und pflanzliche Kost vor, und in strengen Wintern hält er Winterschlaf.

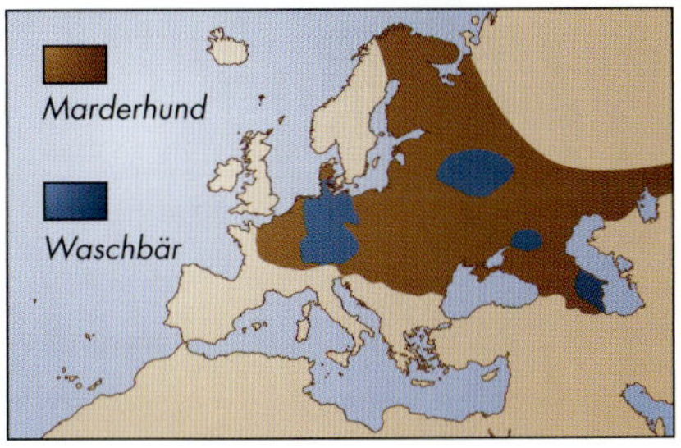

Verbreitungsgebiete von Marderhund und Waschbär in Europa.

WEDER ENTE NOCH GANS

Alle europäischen Vertreter der Entenvögel gehören zur Familie der Entenartigen. Drei Hauptgruppen kann man leicht nach dem Aussehen unterscheiden – Schwäne, Gänse und Enten. Nur bei einigen, Kasarkas genannten Arten ist die Zuordnung schwierig. Sie gehören zur Unterfamilie der Halbgänse, haben von den Gänsen den Körperbau und gleiche Färbung von Männchen und Weibchen, aber der Art des Stimmorgans nach, den „Spiegeln" auf den Flügeln und der insgesamt bunteren Färbung (europäische Arten auch der Größe nach) sind sie den Enten ähnlicher. An europäischen Gewässern ist die zu den Halbgänsen zählende, bunt gefärbte Brandgans und die Rostgans vertreten. Kasarkas halten sich meist am Meeresufer auf, zeigen sich aber auch an Binnengewässern.

Heimat der Rostgans ist der westliche Mittelmeerraum bis Mittelasien, an europäischen Gewässern zeigte sie sich immer schon relativ selten. Rostgänse werden oft in Gefangenschaft gehalten, und entflogene Vögel zeigen sich auch außerhalb des eigentlichen Verbreitungsgebietes. Sie nisten in Erdlöchern oder auf Bäumen.

Mittelmeer-Bastardmakrele

Blaubarsch

Die Mittelmeer-Bastardmakrele lebt in allen Meeren und Ozeanen rings um Europa, vom Nordatlantik bis zum Schwarzen Meer. Die flinke und wendige Schwimmerin bewohnt in Schwärmen Standorte über sandigem Grund. Sie wird bis zu 40 cm lang. Geräucherte Makrele ist eine Delikatesse.

Der Blaufisch ist als „Meerespiranha" bekannt. Er lebt räuberisch und jagt auch größere Beutetiere. Es sind Fälle bekannt, in denen diese Fische Menschen attackiert haben. Der Blaufisch soll mehr Beute erlegen, als er fressen kann. Ausgewachsen wird er bis zu 1,5 m groß und 15 kg schwer.

MEERESFISCHE IN FLUSSMÜNDUNGEN

In der Fauna der Unterläufe treten drei Fischgruppen auf – die Süßwasserfische, die beide Gewässertypen bewohnenden Fische und Meeresfische, die sich ständig oder zeitweilig an Stellen mit nicht zu hohem Salzgehalt aufhalten.

Die Gemeine Seezunge dringt häufig bis in Flussmündungen vor. Sie ist nachtaktiv und liegt tagsüber auf dem Grund oder ist zur Hälfte in Schlamm eingegraben. Sie ernährt sich von Kleinlebewesen und wird bis 60 cm groß.

Gemeine Seezunge

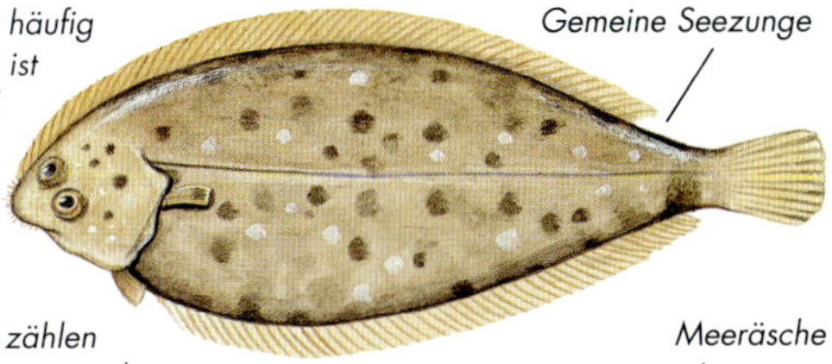

Zur Familie der Meeräschen zählen 80 Arten, die sowohl im Süßwasser als auch im Meer zu Hause sind. Weltweit bewohnen sie Ufergewässer, Buchten, Flussmündungen, Lagunen und auch Seen in Flüssen mit sandigem Grund und dichtem Wasserpflanzenbewuchs. Meist werden sie 30–50 cm lang. Sie sind sehr schnell.

Meeräsche

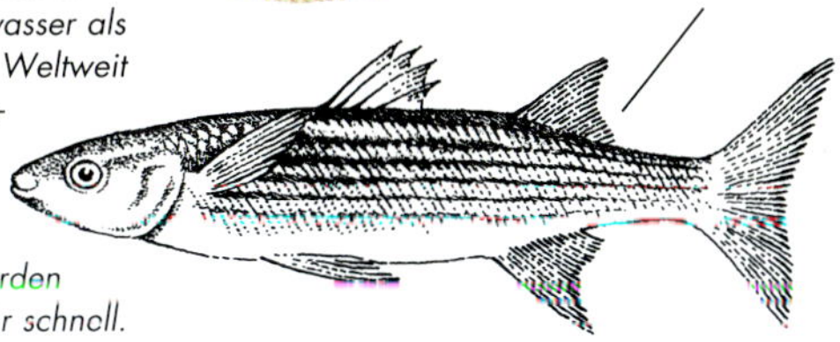

AUSFLUGSTIPPS

NP Coto de Doñana

Der weltbekannte spanische Nationalpark liegt an der Atlantikmündung des Flusses Guadalquivir. Er erstreckt sich zwischen den Städten Huelva und Cadiz auf einer Fläche von etwa 750 km², wurde 1969 gegründet und ist UNESCO-Biosphärenreservat. Von bunten Pinienwäldern bis zu verschiedenen Feuchtgebieten findet man die unterschiedlichsten Lebensräume. Hervorzuheben sind v.a. die ausgedehnten Sümpfe im Flussdelta, die im Winter zur Zufluchtsstätte für Millionen Zugvögel werden. Besonders die nistenden Flamingos sind sehenswert.

Ein Teil des NP Doñana besteht aus ausgedehnten Sanddünen an der Meeresküste.

Das Donaudelta

Das Donaudelta nimmt eine Gesamtfläche von mehr als 4100 km² ein, davon entfällt nicht ganz ein Fünftel auf die Ukraine, der Rest liegt auf rumänischem Boden. Zwei Drittel des Deltas sind Wasserflächen und Sumpfland, aus denen große Anschwemmungswälle, die so genannten *Grindulen,* herausragen. Um das Delta herum wachsen Laubwälder und Waldsteppen. Einige ornithologische Reservate sind sehenswert. 1990 wurde das Donaudelta zum Biosphärenreservat der UNESCO erklärt. Die nächste größere Stadt ist Tulcea, wo man auch ein Donaudeltamuseum besuchen kann.

Einige sehr schwer zugängliche Gebiete des Donaudeltas bieten eine noch wirklich unberührte Natur.

21

TEICHE

Vom Frühjahr bis zum Herbst sind Teiche voller Leben und v. a. für Ökologen interessant, da sie ein mehr oder weniger intaktes Ökosystem bilden. Die Zahl der Pflanzen- und Tierarten ist ebenso gut abschätzbar wie ihr Aufkommen. Wichtige ökologische Studien entstanden gerade an diesem Gewässertyp und widmeten sich u. a. der Nährstoffumwandlung und dem komplizierten Stoffkreislauf innerhalb eines solchen Ökosystems.

1. *Bisamratte*
2. *Teichfrosch*
3. *Ringelnatter*
4. *Kamm-Molch*
5. *Karpfen*
6. *Hecht*
7. *Schleie*
8. *Große Teichmuschel*
9. *Spitzschlammschnecke*
10. *Posthornschnecke*
11. *Wasserspinne*
12. *Gelbrandkäfer*
13. *Plattbauch*
14. *Gemeiner Rückenschwimmer*
15. *Zuckmücke*
16. *Süßwasserschwamm*
17. *Silberweide*
18. *Stieleiche*
19. *Gewöhnliches Schilf*
20. *Breitblättriger Rohrkolben*
21. *Kalmus*
22. *Aufrechter Igelkolben*
23. *Gelbe Teichrose*
24. *Kleine Wasserlinse*
25. *Wasserhahnenfuß*
26. *Ähriges Tausendblatt*
27. *Krauses Laichkraut*

Teiche mit Schilfwuchs gehören zu den reichsten Ökosystemen.

Gliederung eines Sees

In Süßgewässern (Teichen, Seen oder Talsperren) werden sowohl auf dem Grund *(benthal)* als auch im freien Wasser *(pelagial)* drei Hauptzonen unterschieden. Die erste Zone ist gut durchlichtet *(litoral* und *epilimnion)*, in der zweiten ist die Lichtintensität deutlich geringer *(sublitoral* und *metalimnion)*. Die dritte ist der im Dauerdunkel liegende Seeboden *(profundal* und *hypolimnion)*. Die ersten zwei Zonen werden manchmal als *euphotische Zone* (der gesamte durchlichtete Teil des Gewässers) bezeichnet. In einigen Gewässern gibt es nicht alle Zonen, so sind z. B. flache Teiche bis zum Grund durchlichtet.

Hauptzonen im Teich

E – epilimnion
M – metalimnion
H – hypolimnion

L – litoral
S – sublitoral
P – profundal

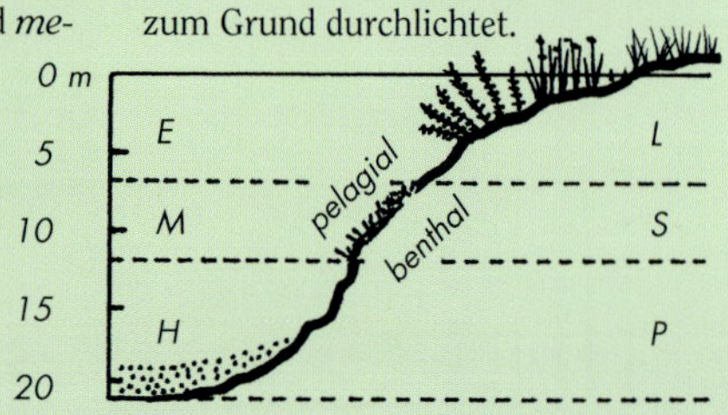

Teich

Teiche sind künstlich angelegte Gewässer mit geringer Tiefe (2–3 m) und einer ausgedehnten Uferzone *(Litoralzone)*, die meist der Fischzucht dienen. Sie sind durch einen geringen Wasserdurchfluss geprägt und werden so bewirtschaftet, dass es nicht zu einer *Eutrophierung*, einem Anstieg der Nährstoffzufuhr, kommt. Teiche mit hohem Nährstoffgehalt und hoher Pflanzenproduktion nennt man *eutroph; oligotrophe* Teiche sind nährstoffarm. Um Fäulnis- und Gärungsprozesse zu unterbinden, die die Wasserqualität beeinträchtigen, werden Zuchtteiche gelegentlich abgelassen.

Teiche verlangen ständige Pflege, da sie sonst verschilfen, sich mit Schlamm füllen oder „umkippen" können.

Duftender Zuwanderer

Der KALMUS fällt v.a. durch seinen besonderen Geruch auf und ist ansonsten eher unscheinbar. Er ist fast überall an Europas Teichufern heimisch geworden, sein Ursprungsreich liegt jedoch in Ostasien. Nach Europa – in den Wiener Botanischen Garten – wurde er angeblich 1574 von Indien über die Türkei eingeführt. Wegen der Heilwirkung der kräftigen Wurzelstöcke wurde er hier verbreitet und kam später auch nach Nordamerika.

Der Kalmus vermehrt sich in den gemäßigten Breiten Europas ungeschlechtlich – für gewöhnlich blüht er nicht voll auf, und seine roten Beeren reifen nicht aus.

Schilfe

Die Bioproduktion liegt bei Schilfen besonders hoch. Die oberirdische Biomasse übertrifft nicht nur Riedgrasfeuchtgebiete und gedüngte Feuchtwiesen (20–25 mal höhere Werte), sondern ist auch mit landwirtschaftlichen Nutzpflanzen vergleichbar. Der Einfluss mehrerer günstiger Faktoren ist hierfür verantwortlich, v.a. ausreichende Wassermenge, hoher Nährstoffgehalt in den Ablagerungen am Grund und ein günstiges Lichtregime (einschließlich der von der Wasserfläche reflektierten Strahlung). Schilfbewuchs verlangt ein gelegentliches Abmähen, da der Teich sonst zuwächst.

Schilfe sind eine wichtige Nahrungsquelle und bieten zugleich Unterschlupf für Tiere.

Wegen der zunehmenden Wasserknappheit werden Teiche immer wertvoller.

UNGEBETENER GAST

Die Kanadische Wasserpest gelangte 1836 von Kanada nach Irland und drei Jahre später auch auf das europäische Festland. Ihr Name ist bezeichnend, da sie einen Großteil aller stehenden Gewässer verpestet hat. Mit wucherndem Wachstum verbraucht sie alle vorhandenen Nährstoffe, verdunkelt das Wasser und trägt letztlich zum Umkippen des Teiches bei. Die Eindämmung der Pflanze ist fast unmöglich – aus einem kleinen Stück Stängel oder Wurzel wächst sofort eine ganze Kolonie.

TEICHE UND IHRE FUNKTIONEN

Neben der Fischzucht können Teiche auch als Wasserspeicher und Lebensraum für zahlreiche Organismen dienen. Sie beeinflussen das örtliche Klima und haben eine stabilisierende ökologische Funktion. Nicht zuletzt erhöhen Teiche den ästhetischen Wert der Landschaft und haben Erholungswert.

Die Stängel der Kanadischen Wasserpest sind einige Meter lang. Sie wachsen bis zur Oberfläche empor und tragen winzige, sich an der Oberfläche öffnende, grünviolette Blüten.

SYMBOL DER UNSCHULD

Die ausdauernde Weiße Seerose besitzt einen bis in 1,5 m Tiefe reichenden Wurzelstock. Ihre lederartigen Laubblätter treiben auf dem Wasser. Aufmerksamkeit erregen aber v.a. die bis 10 cm großen, schneeweißen Blüten, die seit jeher in vielen Mythen und Sagen der europäischen Völker als Symbol für Schönheit und Unschuld gelten. Die Weiße Seerose zählt zu den hoch spezialisierten gefäßlosen Wasserpflanzen. Ihr lateinischer Gattungsname *Nymphaea* rührt von einem griechischen Mythos über eine Nymphe her, die für Herakles gestorben ist.

Die Weiße Seerose ist hauptsächlich aus Zierbecken und Zierteichen bekannt, wächst aber auch in der freien Natur in Tümpeln und Buchten. Ihre Früchte wachsen unter Wasser.

DIE FLORA DER TEICHE

Wasser-, Sumpf-, und feuchtigkeitsliebende Pflanzen werden nach ihrem Siedlungsbereich eingeteilt:

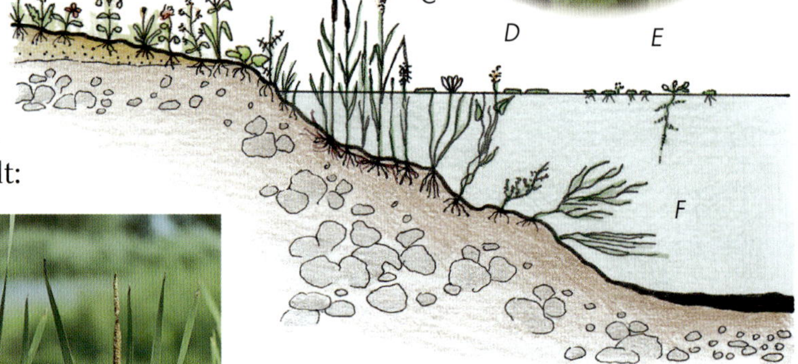

A – Ufernahe Pflanzen
Sie vertragen eine höhere Feuchtigkeit, sind aber nicht unbedingt an Gewässer gebunden (z.B. Kanariengras).

B – Fest verwurzelte Wasserpflanzen
Sie sind im Boden verwurzelt, ihre Stängel, Blätter und Blüten ragen aus dem Wasser (Gewöhnliches Schilf, Sumpf-Schwertlilie).

C – Fest verwurzelte Wasserpflanzen
Sie sind im Grund verankert, die Blätter liegen auf dem Wasser (Weiße Seerose, GELBE TEICHROSE, Schwimmendes Laichkraut).

D – Frei wurzelnde Wasserpflanzen
Sie erreichen mit ihren Wurzeln den Grund, sind aber nicht fest verankert (KRAUSES LAICHKRAUT, ÄHRIGES TAUSENDBLATT).

E – Frei schwimmende Wasserpflanzen
Sie sind nicht im Grund verankert (Hornkraut, Krebsschere).

F – Untergetauchte Pflanzen
Sie wachsen ständig unter Wasser, nur Blüten können über der Wasseroberfläche auftauchen (Kanadische Wasserpest).

Die bekannten „Zigarren" sind weibliche Blütenstände des Rohrkolbens. Nach der Reife setzen sie behaarte, nach allen Seiten fliegende Samenkapseln frei. Von mehreren europäischen Arten sind der Schmalblättrige Rohrkolben und der BREITBLÄTTRIGE ROHRKOLBEN die bekanntesten.

Zooplankton

In Teichen, in denen sich das Wasser langsam und gleichmäßig erwärmt, herrschen günstige Bedingungen für Kleinstlebewesen. Das Zooplankton wird hauptsächlich von zwei Gruppen von Krebsen gebildet – den Blattfußkrebsen (v.a. Wasserflöhe) und den Ruderfußkrebsen (Zyklopen und Schwebetierchen). Außerdem zählen, die zu den Würmern gehörenden Taumelkäfer (Rädertierchen und Familie *Conochillus*) dazu. Manche Arten vermehren sich bei günstigen Bedingungen sehr schnell aus unbefruchteten Eiern *(Parthenogenese)*. Den Winter überdauern sie im Ei-Stadium.

Zooplanktonkrebse in Teichen

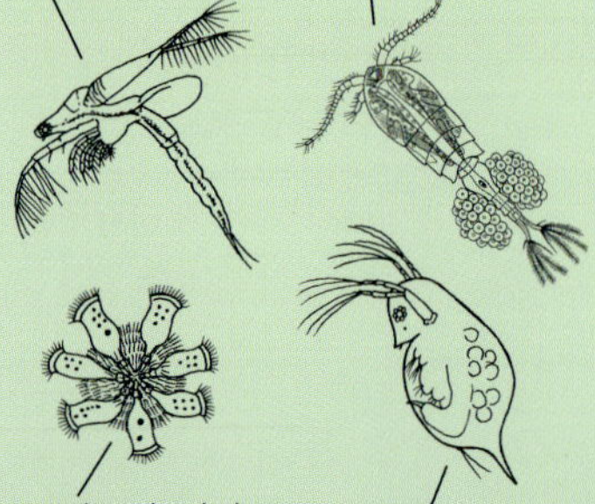

Ständige Bewohner

Würde man mit einem Käscher einen Teichgrund absuchen, gingen außer der GROSSEN TEICHMUSCHEL und anderen Weichtieren sicher auch ein Blutegel, ein Strudelwurm und der als Angelrutenwurm bezeichnete Tubifex-Ringelwurm ins Netz. Die Krustentiere sind am Grund durch die etwa 1 cm lange Wasserassel und die viel kleineren Muscheln vertreten. Mit bloßem Auge betrachtet sehen sie aus wie kleine Kügelchen. Die Insektenfauna am Teichgrund besteht v.a. aus Larven von Plattbäuchen, Breiträndern, Kolbenwasserkäfern, Köcherfliegen und Zuckmücken.

Eine lange Geschichte

Die Wurzeln der Teichwirtschaft reichen in Europa bis in die Antike zurück. Schon Griechen und Römer bauten Fischzucht- und Zierteiche. In Mitteleuropa verbreiteten sich Teiche im 12. Jahrhundert, gegenwärtig befinden sich die meisten mit einer Gesamtfläche von mehr als 55000 ha in Tschechien. Das bedeutendste davon ist das Teichsystem von Třeboň, das unter Schirmherrschaft der UNESCO im Rahmen des Programms „Mensch und Biosphäre" (MAB) ein geschütztes Gebiet von internationaler Bedeutung darstellt.

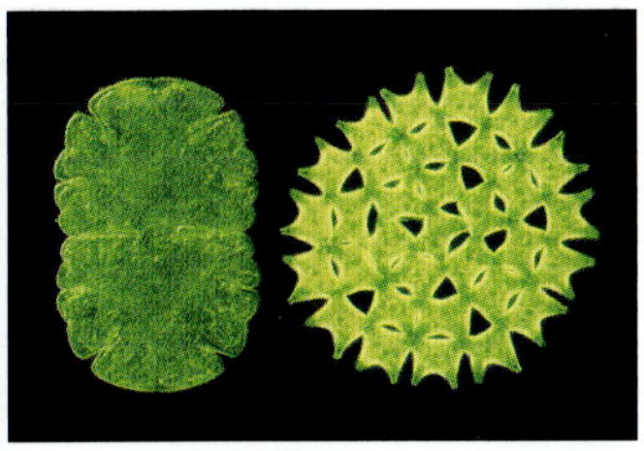

Auch die Welt der einzelligen Grünalgen (einzelne Arten haben nur lateinische Bezeichnungen) ist mannigfaltig (300–400fache Vergrößerung).

UNSICHTBARE PFLANZEN

Über die Stellung der Algen im System der Organismen herrschte lange Uneinigkeit – früher wurden Algen als ein- bis wenigzellige Lebewesen (Protisten) zusammengefasst, getrennt von Pilzen, Tieren und Pflanzen. Heute ordnet man einige Algen dem Pflanzen- oder Tierreich zu. Grünalgen werden z.B. den niederen Pflanzen zugeteilt. Ihre Chloroplasten enthalten Chlorophyll und sind zur Photosynthese fähig.

Beim Taumelkäfer (5–7 mm) ist das erste Beinpaar lang (zum Festhalten), die übrigen beiden sind breit (zum Schwimmen). Mit einer Hälfte der Augen sieht er über Wasser, mit der anderen unter Wasser.

Der Große Kolbenwasserkäfer (3,4–4,7 cm) fehlt in keinem Teich.

DIE FAUNA DER TEICHE

In der Ökologie wird die Natur in verschiedene Bereiche eingeteilt, in denen jedes Lebewesen einen bestimmten Platz einnimmt. Auch unter Wasser ist es nicht anders. Bestimmte Fachbegriffe geben Aufschluss über die Lebensräume der Organismen eines Teiches. Benthos ist die Bezeichnung für auf dem Grund oder in Ablagerungen lebende Lebewesen, das Periphyton bilden die auf Wasserpflanzen niedergelassenen Arten. Plankton sind ständig im Wasser schwebende Organismen. Ein Beispiel für das Nekton sind im Wasser schwimmende Fische oder Amphibien. Mit Neuston werden Organismen zusammengefasst, die sich direkt auf der Wasseroberfläche bzw. darunter aufhalten.

SCHILFBEWOHNER

Dichter Schilfbewuchs verbirgt den größten Teil des Jahres über zahlreiche Vögel. Für einige Arten ist er ein sicherer Nistplatz, für andere ein sicherer Zufluchtsort oder Erholungsplatz während des Zuges. Jährlich werden hier Tausende Vögel von Ornithologen beringt. Im Frühling und zu Sommerbeginn besetzen einzelne Vogelarten die verschiedenen „Etagen" des Bewuchses.

Der Bestand an Rohrweihen hat sich in den vergangenen Jahren deutlich erhöht.

WASSERKÄFER

Die Welt der Wasserinsekten ist beeindruckend. Schwimmkäfer, von denen der bekannteste der Gelbrandkäfer ist, sind Fleischfresser und erbeuten z.B. Kaulquappen, Fischbrut oder Insektenlarven. Körper und Füße sind ideal für das Laufen bzw. Rudern über Wasser ausgerüstet. Kleinere Arten findet man zahlreich in Pfützen oder Wassergräben. Im Unterschied zu Laufkäfern sind sie auch gute Flieger.

WASSERGRAS

Das Gewöhnliche Schilf ist als Bewuchs von Teichen und größeren Feuchtflächen bekannt. Es ist aber auch die größte mitteleuropäische Grasart aus der Familie der Süßgräser. Es wird bis zu 4 m hoch und seine mit zahlreichen Gelenken ausgestatteten, Kieselsäure enthaltenden, teils verholzten Stängel haben einen Durchmesser von bis zu 2,5 cm.

Ein dichtes Netz kriechender Schilfwurzelstöcke befestigt das Ufer und gibt keimtötende Stoffe ab.

Das auffällig gefärbte Rohrammer-Männchen singt gerne auf Schilfrispen. Das Weibchen ist eher unscheinbar.

Die Bartmeise tritt nur selten auf – und nur in den größten Teichgebieten.

Der Drosselrohrsänger nistet ausschließlich im Schilf. Er meldet sich mit rauem, kreischendem Gesang.

Die Zwergrohrdommel klettert mit ihren langen Zehen gewandt im Schilf umher.

Die Große Rohrdommel schleicht durch den dichten Pflanzenwuchs. Sie meldet sich mit einer gedämpften, muhenden Stimme zu Wort.

Teichwirtschaft

Eine Hauptzuchtart in der Teichwirtschaft ist der Karpfen. Bei intensiver Zucht kann eine Jahresproduktion von mehr als 400 kg/ha erreicht werden. Weiterhin werden Schleie, Hecht, Zander, Wels und aus dem Osten eingeführte Silber- und Marmorkarpfen oder Graskarpfen gezüchtet.

Das Abfischen eines großen Teiches nach wochenlangem Ablassen des Wassers dauert einige Tage.

Abfischen eines Teichs 1695

Körperform nach Jahreszeiten

Die Körperform mancher Organismen (Wasserflöhen, Taumelkäfern) ändert sich je nach Jahreszeit. Im Sommer verlängern sich ihre Auswüchse, und wenn das Wasser kälter wird, erlangen sie ihr ursprüngliches Aussehen zurück. Die Ursache dieser *Zyklomorphose* ist noch unklar: Passen sich die Tierchen so den Änderungen der Viskosität des Wassers an, oder ist es eine Folge besserer Lebensbedingungen?

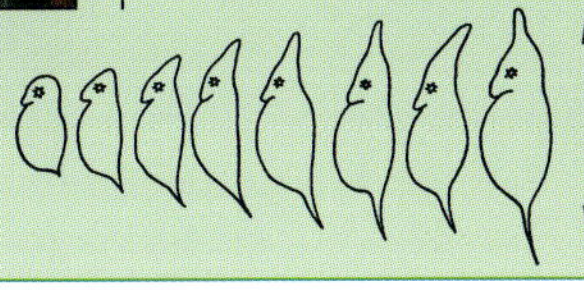

Frühlings- und Sommergeneration von Daphnien – Wasserflöhen.

GIERIGE WASSERMILBEN

Erwachsene *Hydrachnae* gehören zu den Wassermilben, sie leben räuberisch zwischen den Wasserpflanzen und saugen kleinen Krustentieren, Würmern oder Insekten die Körperflüssigkeit aus. Die Larven leben als Schmarotzer auf Wasserinsekten.

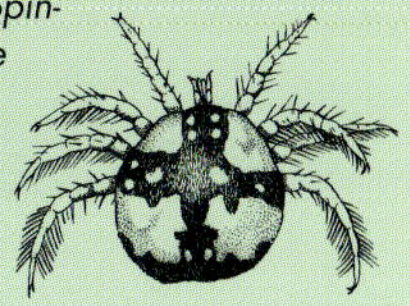

Die Wassermilbe Hydrachna geographica ist eine 5–8 mm große, an eine Spinne erinnernde Milbe. Lange Wimpern helfen ihr beim Rudern auf dem Wasser.

Die häufigsten Libellen der Stillgewässer

FLUGKÜNSTLER

Große Libellen fliegen überall in Wassernähe – ruhiges Segeln wechselt sich bei den schillernden Fliegern mit halsbrecherischen Haken ab; manchmal halten sie in der Luft an, um gleich darauf pfeilschnell ins Wasser zu stoßen. Sie haben auch Lieblingsplätze zum Ausruhen, bleiben dort aber nie lange sitzen.

DIE WASSERSPINNE

Am Ufer wirken Wasserspinnen recht unscheinbar. Erst wenn sie ins Wasser tauchen, nimmt ihr Hinterteil eine hübsche Silberfärbung an, die von winzigen, sich zwischen den feinen Härchen verfangenden Luftbläschen verursacht wird. Die Wasserspinne bevorzugt sauberes Wasser, deshalb ist sie nicht mehr allzu häufig anzutreffen.

VOGELNACHWUCHS

Je nach Verhalten werden Jungvögel in zwei Kategorien eingeteilt. Es gibt gefütterte *(Nesthocker)* und nicht gefütterte Jungtiere *(Nestflüchter)*.

Die als Nymphen bezeichneten Libellenlarven sind im Vergleich zu den Adulten nicht schön. Die 3–4 cm großen Larven haben verkrüppelte Flügelansätze und eine Fangmaske, die unter dem Kopf gefaltet ist. Nähert sich ein Tier, schnellt die Maske nach vorn, um die Beute heranzuziehen.

Der Europäische Aal erinnert mit seinem langen Körper und der glatten, schuppenlosen Haut überhaupt nicht an einen Fisch. Die Brustflossen fehlen ihm, und die Rückenflosse ist mit der Schwanz- und Afterflosse zu einem breiten Saum verbunden. Dank einer Ganzkörper-Schleimschicht kann er auch außerhalb des Wassers kurz überleben.

WANDERFISCH

Der Europäische Aal gehört zu den katadromen Wanderern und laicht ausschließlich in der Sargassosee im Atlantik. Nach dem Laichen sterben die Tiere. Die als Glasaale bezeichneten Jungaale gelangen mithilfe der Meeresströmungen zurück in die Flussmündungen, von wo sie weiter stromaufwärts an die Orte ziehen, an denen sie das Erwachsenenstadium erreichen. Talsperren stören die natürlichen Wanderrouten der Aale, deshalb müssen sie in Binnengewässern, speziell in Talsperren und Teichen, ausgesetzt werden.

Die Jungen der Stockente schlüpfen genügend gefiedert, mit entwickelten Sinnesorganen und starken Beinmuskeln und sind somit Nestflüchter. Schon einige Stunden nach dem Schlüpfen verlassen sie das Nest und gehen selbstständig auf Nahrungssuche. Ihre Eltern beschützen und wärmen sie gelegentlich.

Jungvögel der Rohrammer sind Nesthocker – sie schlüpfen wenig entwickelt, oft ohne Federn oder nur mit dünnem Flaum und werden auch „nackter Nestling" genannt. Solange sie sich noch nicht bewegen, sehen und hören können, sind sie auf die Eltern angewiesen, die sie füttern, wärmen, das Nest reinigen und für Schutz sorgen.

VÖGEL DER OBERFLÄCHE

Auf einem Teich gibt es neben Schwänen noch mehr Wasservögel: Haubentaucher, Kormorane, Schwimm- und Tauchenten, Gänse, Blesshühner und Möwen.

„Igel am Stiel"
Igelkolben sind in erster Linie in den gemäßigten Breiten der Nordhalbkugel auftretende, wasserliebende Pflanzen. Mit ihren bis zu 0,5 m langen, schwertförmigen Blättern erinnern sie an Gräser, anhand ihrer runden Blütenstände (Köpfchen) kann man sie jedoch den Igelkolbengewächsen zuordnen. Nach der Bestäubung durch den Wind entstehen aus ihnen eingeigelte Fruchtstände mit stacheligen Früchten.

Der ÄSTIGE IGELKOLBEN wird 50–150 cm groß und blüht den ganzen Sommer.

Gezähmter Fisch
KARPFEN wurden schon im Mittelalter gezüchtet und stammen aus einer schlanken Wildform (Schuppenkarpfen), die die Unterläufe der Zuflüsse des Schwarzen und Kaspischen Meeres bewohnt. Im Jugendstadium ernähren sie sich von winzigen Krustentieren und anderem Zooplankton, später suchen sie Nahrung am Grund, speziell Insektenlarven, Würmer, Krustentiere und auch Pflanzenreste. In Teichen müssen die Karpfen zusätzlich gefüttert werden.

Außer der klassischen, geschuppten Form des Karpfens werden auch Karpfen mit Teilbeschuppung oder ganz ohne Schuppen gezüchtet.

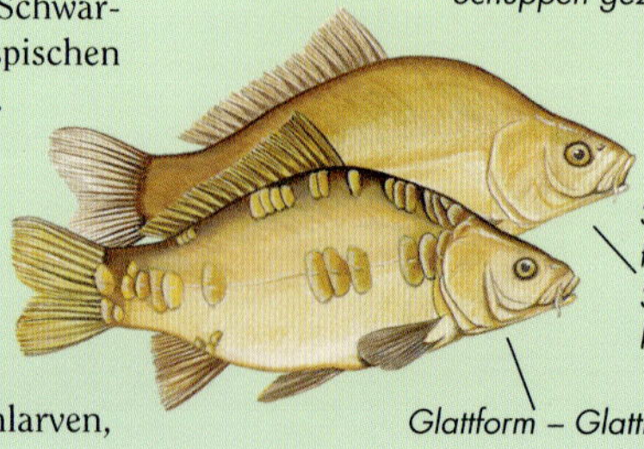

Welt der Frösche
Während Wasserfrösche und Unken vom Frühjahr bis zum Herbst im Wasser ihres Teichs bleiben, ziehen Kröten und Blattfrösche zum Sommeranfang aufs Trockene um.

Die Rotbauchunke findet man in der Osthälfte Europas.

Das Abfischen eines Teiches ist nicht nur für Angler ein Erlebnis. Auf den still gewordenen Dämmen kann man kleine Watvögel wie etwa Regenpfeifer beobachten.

ABGELASSENER TEICH

Die Nahrungsfülle am Grund eines abgelassenen Teiches lockt im Herbst eine bunte Vogelschar an, vom Regenpfeifer bis zum Seeadler. Es zeigen sich auch Kornweihen und Reiher – und zwischen ihnen fliegen stets Hunderte von Möwen. Auf ihre Kosten kommen auch Stare, die sich vor der Reise in den Süden stärken können. Nachts hinterlassen Bisamratte und Fischotter Spuren im Schlamm.

UNERSÄTTLICHES RÜSSELTIER

Der Russische Desman ist ein Verwandter des Pyrenäen-Desmans – er ist jedoch doppelt so groß und lebt am südöstlichen Ende Europas. Er hält sich lieber an stehenden als an fließenden Gewässern auf. Mit der verlängerten, rüsselartigen Schnauze wittert er nach allen Seiten, betastet alles und setzt sie unter der Oberfläche zur Atmung ein. Während er auf dem Trockenen unbeholfen wirkt, ist er im Wasser, auch unter Eis, ein ausgezeichneter Schwimmer. Täglich nimmt er bis zu 300 g Nahrung auf, v.a. Insektenlarven, Krebse, Weichtiere und Würmer. Diese Menge entspricht seinem Körpergewicht.

Sein dichter Pelz führte fast zur Ausrottung des Russischen Desmans, deshalb musste er schon vor 80 Jahren unter Schutz gestellt werden, ist aber dennoch nur selten anzutreffen. Insbesondere verunreinigtes Wasser und zerstörte Lebensräume begrenzen das Aufkommen dieses Desmans.

Die Bisamratte lebt in stehenden und Fließgewässern. Seit einigen Jahren ist sie jedoch nur noch selten anzutreffen, ebenso wie ihre typisch haufenartigen Wasserpflanzen-Nester.

UNGEWÖHNLICHER LIEBESBEWEIS

Die BISAMRATTE ist eine große, dem Leben im Wasser angepasste Wühlmaus. Sie stammt aus Nordamerika, und zu ihrer Verbreitung in Europa führte nicht etwa der Bisampelz: Graf Josef Colloredo-Mansfeld wollte seine aus Kanada stammende Gattin mit einer Besonderheit an ihre ferne Heimat erinnern, und so besiedelte er eine malerische Wildnis in seiner Grafschaft in Mittelböhmen mit nordamerikanischen Tieren. Einige von ihnen, wie die Bisamratte oder der Weißwedelhirsch hielten sich bis jetzt, andere – z.B. das Truthuhn, die Kalifornische Schopfwachtel oder der Nordamerikanische Ochsenfrosch – überlebten nicht. Die ersten Bisamratten wurden 1905 ausgesetzt und innerhalb einiger Jahrzehnte in einem großen Teil Kontinentaleuropas heimisch – bis 1930 kamen sie bis nach England, 1950 nach Schweden.

AUSFLUGSTIPPS

Eine typische Teichlandschaft findet man z.B. in Süd-Tschechien.

Umgebung von Třeboň

Im Süden von Tschechien bei der Stadt Třeboň kann man eine ausgedehnte Teichlandschaft mit einigen Hundert Teichen und einer Gesamtfläche von mehr als 1000 km^2 bewundern. Der größte von ihnen, der Rožmberk-Teich, umfasst 489 ha und hat ein Fassungsvermögen von 5,86 Mio m^3 Wasser. Das Teichgebiet von Třeboň bietet eine reiche Vogelfauna und Flora, interessant sind auch die Moorlandschaften.

Herbst an den Teichen von Třeboň

Die Lednicer Teiche

Dieses Teichsystem aus dem 14. Jahrhundert, bestehend aus fünf größeren flachen Teichen, liegt in Südmähren, im ehemaligen Herrschaftsbereich der Lichtensteiner an der tschechisch-österreichischen Grenze zwischen Lednice und Mikulov. Der ins Verzeichnis für Kultur- und Naturerbe der UNESCO 1996 eingetragene Besucherweg umfasst außer dem Schloss und den Schlossteichen einen ausgedehnten Park mit romantischen Bauwerken (Minarett, Äquadukt, Apollotempel u.a.).

Der Lednicer Schlosspark im Anschwemmungsgebiet des Flusses Dyje ist beispielhaft für eine gelungene Landschaftsgestaltung.

22

SEEN UND TALSPERREN

Auf der Wasseroberfläche eines Gletschersees spiegeln sich die von der Herbstsonne angestrahlten, bewaldeten Berge wider. Überall herrscht Ruhe, nur ab und zu ist der Ruf eines Schwarzspechts oder der Motorsägenlärm eines Holzfällers zu hören. Solche idyllischen Orte bieten sich Naturfreunden auch heute noch – doch man kann nur ahnen, welche Veränderungen sich in den letzten Jahrtausenden vollzogen haben! Man könnte meinen, dass hier die Zeit stehen bliebe, jedoch lassen vertrocknende Fichten und Massen von Touristen einen anderen Schluss zu.

1. *Amerikanischer Nerz (Mink)*
2. *Graureiher*
3. *Seeadler*
4. *Fischadler*
5. *Bachstelze*
6. *Reiherente*
7. *Stockente*
8. *Kormoran*
9. *Zwergtaucher*
10. *Wels*
11. *Zander*
12. *Brasse*
13. *Plötze (Rotauge)*
14. *Breitrand*
15. *Große Flussmuschel*
16. *Moostierchen*
17. *Gemeiner Wasserläufer*
18. *Graupappel*
19. *Heckenrose; Hundsrose*
20. *Kleines Habichtskraut*

Mit durchziehenden Wasservögeln besiedelte Talsperre

Eigenschaften eines Sees
Seen sind als natürliche Wasserspeicher ohne Zutun des Menschen in Senken der Erdoberfläche mit undurchlässigen Gesteinsschichten entstanden. Manchmal bezeichnet man so aber auch durch Tagebau entstandene Wasserflächen. Seen sind immer stehende Gewässer ohne Strömung; das Wasser läuft, wenn es einen Abfluss gibt, nur von der Oberfläche ab. Jährlich lagern sich einige Millimeter *Sedimentschicht* bis auf dem Grund ab. In nährstoffarmen *(oligotrophen)* Seen ist das Wasser blau oder blaugrün und klar, nährstoffreiche *(eutrophe)* Seen sind grünlich und trüb.

Wie ein See entsteht
Auf natürliche Weise entstandene Seen werden untergliedert in: *Glazialseen,* entstanden durch die erodierende Wirkung von Gletschern, Wind und Wasser, Einsturz von Höhlen oder durch tektonische Aktivitäten; *Abdämmungsseen,* entstanden durch Verschluss eines Tals durch Erdrutsch, Gletschermoränen, Flusssedimentation u.a.; *Reliktseen,* Überbleibsel einstiger Meere, die durch das Absinken des Meeresspiegels abgetrennt wurden; *Seen mit komplexer Entstehungsgeschichte* – z.B. ist die Gestalt mancher Seen tektonischen Ursprungs und wurde dann durch Gletscheraktivitäten beeinflusst.

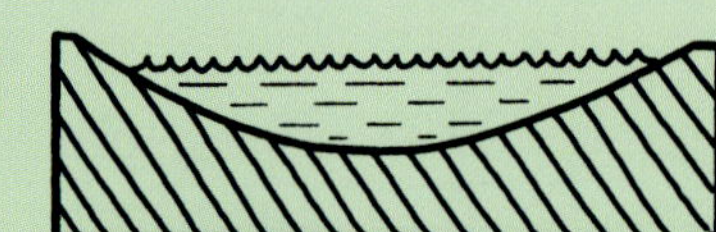

abgetragene Seemulde

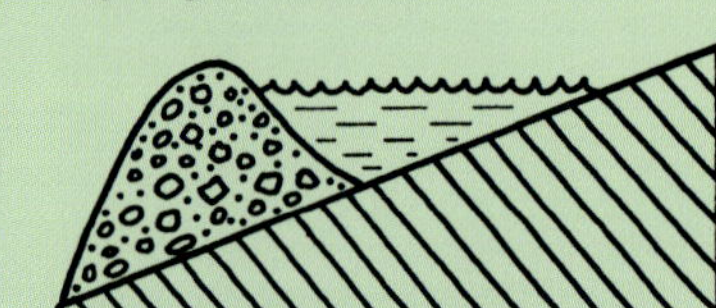

abgedämmte Seemulde

Der Vransko-See auf der Adriainsel Cres ist beispielhaft für den Glazialtyp.

Wie sich ein See füllt

Die meisten Seen speisen sich mit Wasser aus Niederschlägen, Flüssen, Bächen und Quellen oder aus dem Untergrund, sie geben Wasser durch Verdunstung oder Abfluss ab *(Abflussseen)*. In Trockengebieten, wo die Verdunstung gleich oder größer als die Zuflussmenge durch Flüsse ist, entstehen *abflusslose Seen*, die sich durch Salzansammlungen in *Salzseen* verwandeln. An der Oberfläche größerer Seen bilden sich Seegang und Brandung, der Grund ist mit Ablagerungen bedeckt *(Seesedimentation)*. Die Uferform ist flach mit Lagunen und Landzungen oder steil mit Felsklippen.

Alpenseen werden durch Schneeschmelze und Gletscher gespeist (Lago di Fusine).

Die größten europäischen Seen

	Fläche (km²)	Tiefe (m)
Kaspisches Meer (Russland und andere)	360 000	1 025
Ladogasee (Russland)	18 135	230
Onegasee (Russland)	9 950	127
Vänersee (Schweden)	5 585	92
Saimaasee (Finnland)	4 377	82
Peipussee und Pskover See (Estland)	3 550	15
Vätternsee (Schweden)	1 912	128
Inarisee (Finnland)	1 102	60
Päijännesee (Finnland)	1 054	93

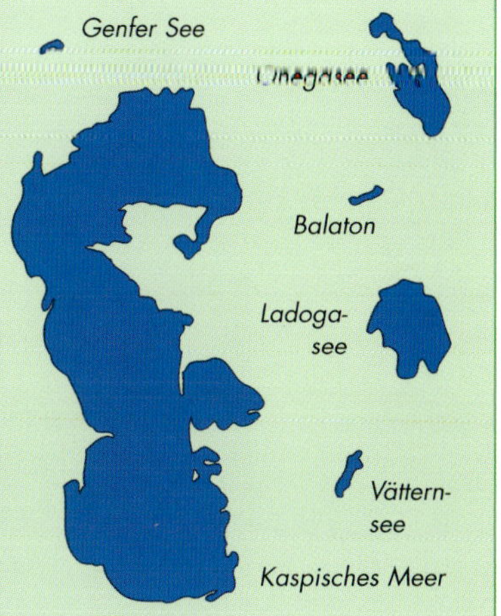

Maßstabsgerechte Darstellung der größten europäischen Seen.

Die größten finnischen Seen sind wie kleine Meere mit bis zu Hunderten von Inseln.

Viele nur Bruchteile von Millimetern große Planktonalgen bilden Kolonien.

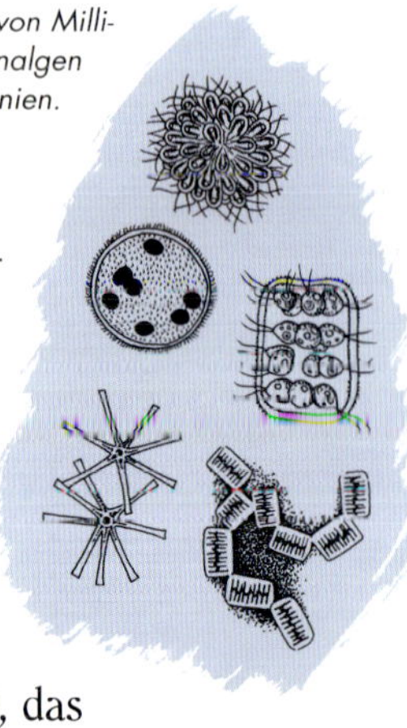

DIE FLORA DER SEEN

Bergseen weisen eine niedrigere Pflanzenanzahl als andere stehende Gewässer auf – das ist eine Folge des Nährstoffmangels (aus dem harten Untergrund werden keine Mineralstoffe freigesetzt) und der ständig niedrigen Wassertemperaturen. Am besten gedeihen dort frei schwebende Blau- und Grünalgen *(Phytoplankton)*, das Litoral beleben Faseralgen und Moos, die Ufer sind bewachsen mit Riedgras, Binsen und Wollgras.

LAND DER TAUSEND SEEN

In Europa ist Finnland das Land der Seen – es gibt hier über 50 000, die ungefähr ein Zehntel seiner Fläche bedecken (fast 32 000 km²), die meisten davon sind durch Moränen abgesperrte Gletscherseen. Ihre Mulden wurden auf stark verworfenem felsigem Untergrund geformt. Sie haben eine sehr unregelmäßige Form und sind meist flach (5–20 m tief). Als Folge der geringen Tiefe sind finnische Seen allerdings relativ wasserarm – alle zusammen führen nicht so viel Wasser wie der russische Onegasee.

Zwei europäische Brachsenkrautarten wachsen v. a. in Nordeuropa, südlicher tauchen sie nur vereinzelt in den Alpen und anderen Bergregionen auf, im Fall des See-Brachsenkrauts bis Rumänien und Bulgarien.

Die Sturmmöwe lebt an der Meeresküste und kam nur im Winter ins Binnenland. Etwa nach 1980 begann sie jedoch, an Talsperren, Baggerseen oder größeren Teichen zu nisten. Ähnlich verbreitet sich jetzt ein anderer Meeresvogel, die Silbermöwe.

BÄRLAPPGEWÄCHSE

Die seltenen Brachsenkräuter wachsen in Hochgebirgsseen mit sauberem, kaltem Wasser. Sie sind nicht sehr lichtbedürftig und bilden einen dichten Bewuchs bis zu einer Tiefe von 8 m. Einzelne Brachsenkräuter halten sich mit ihrem Wurzelstockgeflecht am sandigen Grund fest. Brachsenkräuter zählen zu den Bärlappgewächsen.

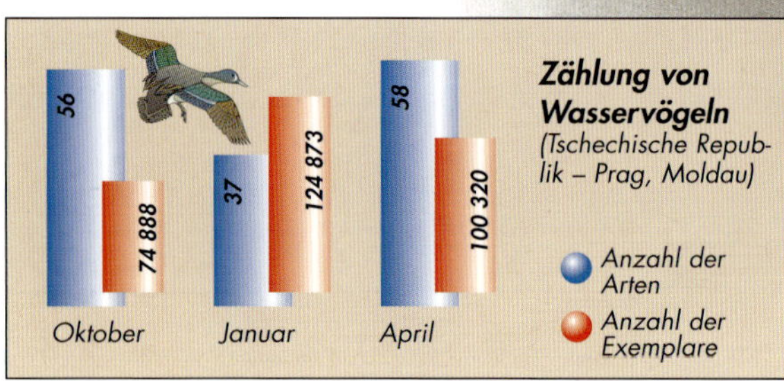

Während im Januar die meisten überwinternden Wasservögel zu finden sind, ist die Artenvielfalt im Herbst und Frühling größer.

WASSERVOGELZÄHLUNG

Nicht gefrierende Wasserflächen, speziell Talsperren, gewähren im Winter vielen Wasservögeln Unterschlupf. Eine Zählung der Vögel wird deshalb in vielen europäischen Ländern schon seit Jahrzehnten im Winter durchgeführt und ermöglicht es, Änderungen in der Bestandesdichte einzelner Arten zu verfolgen. In Mitteleuropa sind gegenwärtig Stockente, Saatgans, Blässgans, Blässhuhn und Lachmöwe am häufigsten.

Schwindende Seen
Manchmal ist es ein langfristiger, Tausende oder Zehntausende von Jahren dauernder Prozess, bis ein See verschwindet, es kann aber auch sehr schnell gehen. Häufigste Ursachen dafür sind die Anhäufung mit Flusssedimenten, die Eutrophierung des Gewässers, das allmähliche oder plötzliche Durchbrechen des Seewalles, das Versiegen oder die Umleitung des Zuflusses, das Absinken des Grundwasserspiegels oder – speziell in Hochgebirgen – die Zuschüttung durch von Felswänden abgelösten Schutt.

Gletscherseen wachsen allmählich mit Pflanzen zu und werden zu Torfmooren.

Der größte See
Das Kaspische Meer ist der größte See der Welt – fast so groß wie Deutschland. Während er im Norden nur eine Tiefe bis 22 m erreicht, ist der See im Süden über 1 000 m tief. Sein Salzgehalt beträgt 11–13 ‰, an der Wolgamündung nur 0,05 ‰. Es handelt sich um einen abflusslosen See, der von den Flüssen Wolga, Ural, Terek, Emba und der mittelasiatischen Kura gespeist wird. Viele endemische Arten sind im und am Kaspischen Meer zu finden, unter dem reiche Öl- und Erdgasvorkommen liegen.

Das Kaspische Meer entstand durch Absenkung (Regression) in der Kaspischen Senke, seine Oberfläche liegt 28,5 m unter dem Spiegel des Weltmeeres.

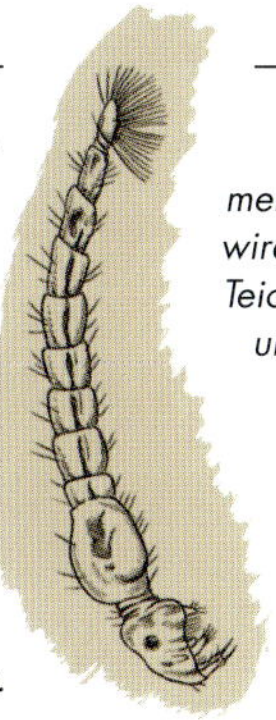

Büschelmücken sind Insekten mit behaarten Flügeln und verkümmerten Mundwerkzeugen. Ihre 10–12 mm langen Larven gehören zu den größten Vertretern des Seen-Planktons – sie sind durchscheinend, und zwei Luftblasenpaare ermöglichen es ihnen, im Wasser zu schweben. Büschelmückenlarven ernähren sich räuberisch und jagen mit ihren Greifhaken-Fühlern Wasserflöhe und Ruderfußkrebse.

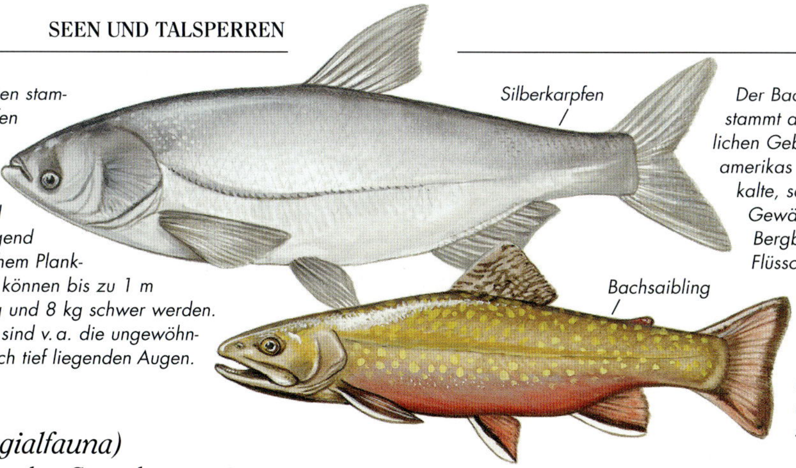

Der aus Ostasien stammende Silberkarpfen wird in größeren Teichen, Flüssen und Talsperren gezüchtet und lebt vorwiegend von pflanzlichem Plankton; die Tiere können bis zu 1 m lang und 8 kg schwer werden. Auffallend sind v. a. die ungewöhnlich tief liegenden Augen.

Der Bachsaibling stammt aus den östlichen Gebieten Nordamerikas und liebt kalte, sauerstoffreiche Gewässer, v. a. Bergbäche und Flüsschen. In Europa wurde er 1884 ausgesetzt, oft lebt er in nährstoffarmen Bergseen.

DIE FAUNA DER SEEN

Die im Freiwasserbereich lebenden Arten *(Pelagialfauna)* sind deutlich stärker vertreten als die Bewohner des Grundes und der Ufer *(Litoralfauna)*. Der Hauptbestandteil des Zooplanktons wird außer durch Einzeller und Rädertierchen besonders durch winzige Krustentiere (Wasserflöhe, Ruderfußkrebse, *Schwebetierchen* u.a.) gebildet. Der Grund und die Flachwasserzonen am Ufer werden von Würmern (Tubifex-Würmer, Regenwürmer), Insektenlarven (speziell Zuckmücken und anderen Zweiflüglern, gelegentlich von Eintags- und Steinfliegen) und Weichtieren bewohnt. Ihre Anzahl nimmt mit wachsender Seetiefe ab. Die Fischwelt (Ichthyofauna) ist von Größe und Lage der Seen abhängig. In kleinen stehenden Gewässern gibt es meist gar keine Fische, es sei denn ausgesetzte.

UNTYPISCHE FISCHE

In keinem anderen Reich wurden so viele nicht heimische Tiere eingeführt wie bei den Fischen. In europäischen Gewässern gibt es einige Dutzend nicht ursprüngliche Fischarten. Die meisten wurden zu Zuchtzwecken ausgesetzt, wie z.B. Regenbogenforelle, Bachsaibling und Graskarpfen, andere verbreiteten sich ohne Zutun (Sonnenbarsch, Dreistachliger Stichling, Blaubandbärbling).

Aufgrund starker Schwankungen des Wasserspiegels fehlt in Talsperren oft ein Uferbewuchs.

UNGASTLICHE TALSPERREN

An Ufern von Talsperren findet man eine Mischung aus Wasserpflanzen und Schuttvegetation, die Flora ist jedoch im Vergleich zu Seen artenärmer. Die für Pflanzen ungünstigen Bedingungen werden durch die große Tiefe noch vervielfacht. In Talsperren mit Strömung gibt es auch keine größere Planktonausbreitung. Fische halten sich hauptsächlich am Ufer und an den Einmündungen der Zuflüsse auf, in größere Tiefen steigen sie v.a. im Winter ab.

EIN NEUES RAUBTIER ERKÄMPFT SICH EUROPA

Der AMERIKANISCHE NERZ, auch als Mink bekannt, besiedelt die europäischen Gewässer. Er ist mit dem Iltis verwandt, hat aber im Unterschied zu ihm kleine Schwimmhäute zwischen den Zehen. Er stammt aus den USA und wird wegen seines Pelzes gezüchtet, nur selten entkommt er in die Freiheit oder wird ausgesetzt. Doch hat er sich seinen neuen Lebensbedingungen angepasst, wurde zunächst in England und Skandinaven heimisch und verbreitet sich nun auch in Mitteleuropa. Mancherorts, hauptsächlich in Frankreich, ist er allerdings schon zur Plage geworden, denn er verdrängt den seltenen Europäischen Nerz und bedroht in Bergbächen die aussterbende Krebspopulation.

Der Schwarze Nerz hat ein eine ausdrucksvolle Kreuzzeichnung auf dem Rücken.

Silbernerz

Der Amerikanische Nerz wird in über 60 Farben gezüchtet, von Schwarz und Graublau über Silber bis Weiß. In der Natur setzt sich die ursprüngliche dunkelbraune Färbung wieder durch.

Meeraugen

Als Bergsee oder Meerauge bezeichnet man Gletscherseen geringer Größe in höheren Lagen. Aus geologischer Sicht sind sie relativ jung, sie entstanden nach der quartären (pleistozänen) Vereisung. Sie sind durch sauberes, blaugrün gefärbtes, nicht durch Beimischungen getrübtes Wasser gekennzeichnet und absorbieren deshalb nur wenig blaue Strahlen. Nährstoffmangel zusammen mit ganzjährig geringer Wassertemperatur schränken die Artenvielfalt lebender Organismen bedeutend ein. Bergseen werden häufig zu einem Hauptzufluchtsort von Glazialrelikten.

In tieferen Seen hat die Wasserfarbe einen blauen Unterton, in flachen einen grünen (Retezatgebirge, Rumänien).

Wassertemperatur der Seen

Seen haben als stehende Gewässer kaum Schwankungen der Wassertemperatur – im Jahreslauf nicht mehr als 5–10 °C. Im Vergleich dazu können in flachen Teichen die Unterschiede mehr als doppelt so groß sein (Winter 2,5 °C, Sommer 25–30 °C). Durch das einfallende Licht kommt es zu Temperaturschichtungen. Im Sommer ist es an der Oberfläche wärmer und im Winter am Grund. Die maximale Wassertemperatur wird erst Ende August und im September erreicht, das Minimum im Mai. Merkliche Temperaturschwankungen im Tagesverlauf treten ebenfalls nur an der Oberfläche auf.

In Seen werden unter Windeinfluss erwärmte bzw. abgekühlte Oberflächen-Wasserschichten ständig durchmischt. Die Wasserzirkulation reicht jedoch nicht bis in tiefere Schichten, so dass es zur Bildung einer Sprungschicht mit bedeutendem Temperaturunterschied (bis zu einigen °C pro Meter Tiefe) kommt.

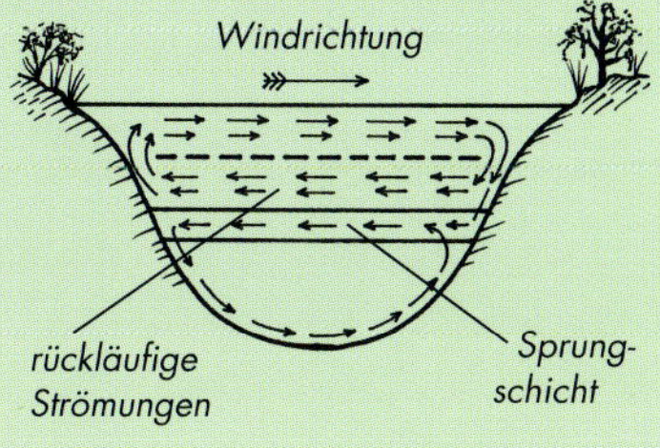

TYPISCHE SEEFISCHE

In vielen tieferen Seen Nordeuropas ist die Gattung Coregonus verbreitet. Die unter den Namen Felchen, Maränen oder Renken bekannten Fische gehören zur Familie der Forellenfische. Im Erscheinungsbild ähneln sie Heringen, die kleine Fettflosse am hinteren Körperteil zeigt die aber die Zugehörigkeit zur Familie der Lachsartigen. Manche Arten leben in Seen oder Flüssen, andere im Meer (Ostsee) und wandern zur Paarung die Flüsse aufwärts. Sie ernähren sich hauptsächlich von Zooplankton.

Sandfelchen (15–50 cm) haben ein kurzes unterständiges Maul und einen stark abgeflachten Körper. In der Jugend leben sie in großen Tiefen. Sie wurden in Alpenseen (Genfer See und Bodensee) ausgesetzt.

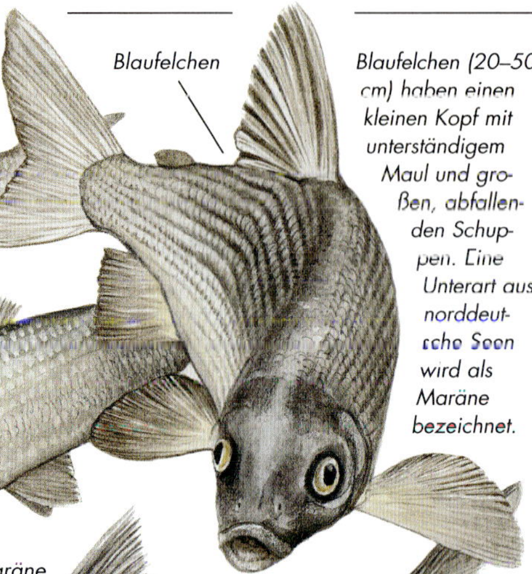

Blaufelchen (20–50 cm) haben einen kleinen Kopf mit unterständigem Maul und großen, abfallenden Schuppen. Eine Unterart aus norddeutsche Seen wird als Maräne bezeichnet.

Die Zwergmaräne (15–30 cm) hat ein schräg gestelltes, oberständiges Maul und schwarz eingefasste Flossen.

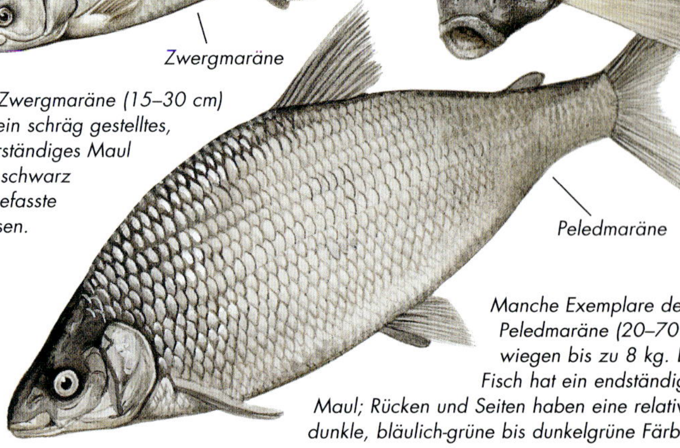

Manche Exemplare der Peledmaräne (20–70 cm) wiegen bis zu 8 kg. Der Fisch hat ein endständiges Maul; Rücken und Seiten haben eine relativ dunkle, bläulich-grüne bis dunkelgrüne Färbung.

Das Teichhuhn gewöhnt sich auch an betonierte Seeufer.

BLESSHUHN UND TEICHHUHN

Scharen von Blesshühnern lassen sich im Herbst auf dem Wasser jeder nicht gefrierenden Talsperre nieder. Von weitem sind sie am weißen Schnabel und der weißen Blesse zu erkennen. Das Teichhuhn schwimmt selten, es läuft am liebsten am Ufer und bewohnt auch zugewachsene Ufer von Seen und Kanälen in Städten.

Das Blesshuhn baut sich sein Nest am Ufer in unmittelbarer Wassernähe. Die Jungen sind anfangs ganz schwarz mit orangerotem Kopf, später sind Brust und Bauch grauweiß.

TAUCHENDER FALTER

Acentria ephemerella, der Weiße Wasserzünsler, ist einfarbig weiß und zeichnet sich durch eine interessante Lebensweise aus. Das Weibchen, das größer als das Männchen ist, bildet zwei Formen: Die geflügelten Weibchen leben als Landtiere, die ungeflügelten leben im Wasser. Zur Paarung strecken sie ihren Hinterleib über die Wasseroberfläche und werden von den Männchen begattet. *A. ephemerella* tritt häufig an stehenden und langsam fließenden Gewässern auf.

Acentria ephemerella (✖ 12–16 mm) ist fast in ganz Europa bis zum Kaspischen Meer beheimatet.

Elophila symphaeata (✖ 25–35 mm) lebt an der Ufervegetation von Teichen und Seen und auf der Oberfläche schwimmender Pflanzen.

DER ZUG DER LACHSE

Der in ufernahen Gewässern des Atlantiks und des Nordpolarmeeres lebende Atlantische Lachs zog in der Vergangenheit in der Paarungszeit massenhaft die europäischen Flüsse (Rhein, Elbe und andere) gegen die Strömung zu den Laichplätzen hinauf. Lachsschwärme zeigten sich v. a. vom späten Frühjahr bis Frühsommer und legten beachtliche Strecken zurück: In knapp 60 Tagen gelangten sie von Holland bis in die Schweiz und überwanden dabei 2–3 m hohe Wehre. Im letzten Jahrhundert sind sie aufgrund der Wasserverschmutzung und des Talsperrenbaus aus vielen europäischen Flüssen verschwunden.

Der Atlantische Lachs war schon immer ein edler und teurer Fisch. Zum Fang wurden an Flusswehren spezielle Holzvorrichtungen errichtet. Die Stärke des Lachszuges verändert sich von Jahr zu Jahr.

Der Unterkiefer des Atlantischen Lachsmännchens verlängert sich in der Paarungszeit und biegt sich hakenförmig um. Trotz seiner spitzen Zähne jagt der Lachs auf der Wanderung fast keine Beute.

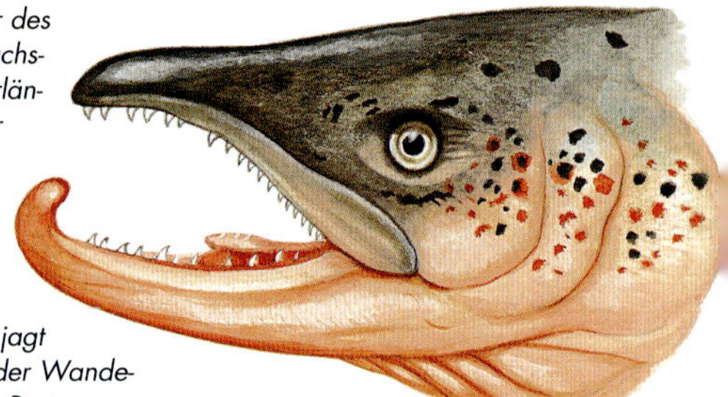

Talsperren

Talsperren sind eine Übergangsform zwischen Fließ- und stehenden Gewässern und vereinen Eigenschaften beider Gewässertypen. Sowohl oberhalb als auch unterhalb einer Talsperre wird der Charakter eines Wasserlaufs entscheidend verändert. Weil aus einer Talsperre v. a. die unteren Wasserschichten abfließen, ist das Wasser unterhalb kälter und sauerstoffärmer, als es in dem Fluss ursprünglich wäre.

Talsperren sind durch einen geringen Nährstoffgehalt geprägt. Auf die Zusammensetzung ihrer Flora und Fauna wirkt sich aus, wie oft sich das Wasser erneuert.

Körperform und Maul der Fische?

Die Körperform der Fische verrät viel über ihre Lebensweise. Für in der Tiefe lebende Arten ist ein hoher und seitlich abgeflachter Körper, der dem höheren Wasserdruck besser widersteht, vorteilhaft. Grundfische sind im Gegensatz dazu eher von oben abgeflacht, während Bewohner stark strömender Gewässer einen muskulösen, torpedoförmigen Rumpf haben, der beim Schwimmen dem Wasser möglichst wenig Widerstand entgegensetzt. Auch die Position der Fischmäuler ist aufschlussreich: *oberständige (obere)* Mäuler haben Fische, die ihre Nahrung an der Oberfläche sammeln, *endständige (terminale)* Mäuler haben meist räuberische Arten und *unterständige (untere)* Mäuler suchen ihren Lebensunterhalt am Grund. Ein Bart dient als Tastorgan.

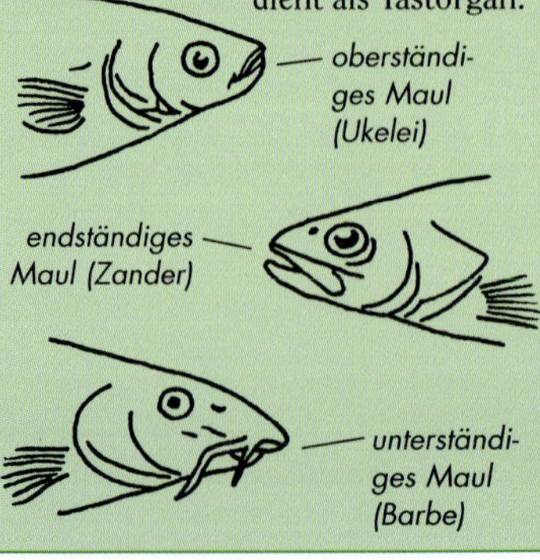

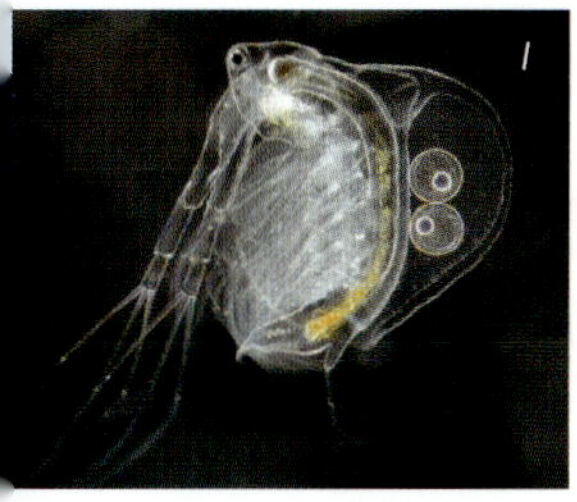

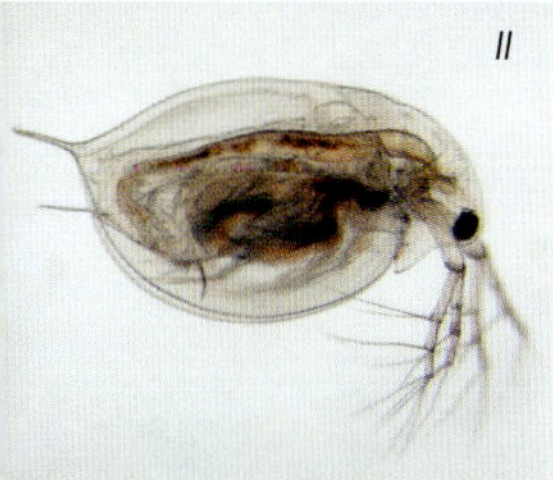

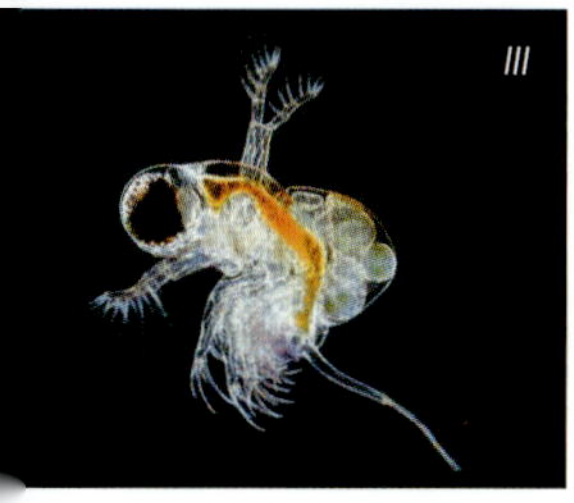

DAS SEEPLANKTON

Lebewesen des Seeplanktons zeichnen sich nicht nur durch ihre geringe Größe aus, sondern auch durch die kugelige Form, die besonders in stehenden Gewässern vorteilhaft ist, denn eine Kugel sinkt umso langsamer, je kleiner sie ist. Das Sinken verlangsamen auch „Fallschirme" in Gestalt von Dornen, Auswüchsen, Scheinfüßchen oder Borsten. Manche Mikroorganismen schweben mithilfe in den Zellen eingelagerter Öltröpfchen oder Gasbläschen.

Die Bezeichnung Wasserflöhe umfasst einige Arten und Gattungen von Kleinkrebsen, die umgangssprachlich als Flöhe bezeichnet werden, weil das stoßweise Rudern mit den Antennen einem flohähnlichen Hüpfen gleicht.

I – Der Wasserfloh Holopedium giberum (1–2 mm) lebt im Pelagial von Talsperren, Bergseen und anderen Stillgewässern mit kaltem, klarem Wasser.

II – Der Wasserfloh Daphnia hyalina (Männchen 1,5 mm, Weibchen 2,5 mm) lebt im Pelagial von Seen und Teichen.

III – Der Raubwasserfloh Polyphemus pediculus tritt in sauberen, ufernahen und verwachsenen Bereichen von Seen, Teichen und Flüssen auf, besonders gern hat er moorige Feuchtgebiete.

Fischschuppen wachsen im Jahreslauf ungleichmäßig. Nach einer Analyse der Zuwächse ist es – ähnlich wie bei den Jahresringen an Bäumen – möglich, das Alter eines Fisches zu bestimmen.

FISCHE IN EINER TALSPERRE

Um Fische in Talsperren zu zählen, bedienen sich Ichthyologen der so genannten Verdünnungsmethode, die darin besteht, dass ein Teil der Fische in Netzen gefangen, markiert und wieder freigelassen wird. Wenn nach einiger Zeit das Einfangen wiederholt wird, kann die Größe der gesamten Population aus dem Verhältnis der markierten und nicht markierten Exemplare abgeschätzt werden. Diese Methode wird auch z. B. bei Molchen oder Kaulquappen angewendet.

Die Europäische Sumpfschildkröte ist sehr scheu, bei der geringsten Störung flieht sie unter Wasser. Nur in der Dämmerung lässt sie sich manchmal blicken. Die größten Exemplare haben einen über 20 cm langen Panzer.

RÄUBERISCHE SCHILDKRÖTEN

In Europa leben fünf ursprüngliche Schildkrötenarten, davon zwei Süßwasserarten. Die seltenste, die Kaspische Wasserschildkröte, tritt isoliert auf der Pyrenäen-Halbinsel und auf dem Balkan auf, die Europäische Sumpfschildkröte bewohnt den südlich der Ostsee gelegenen Teil Europas. Beide Arten suchen stehende Gewässer mit schlammigem Grund auf. Im Unterschied zu den pflanzenfressenden Landschildkröten ernähren sie sich von Fröschen, Fischen, Würmern oder Krebsen. In der gemäßigten Zone verbringen sie die kalte Jahreszeit im Winterschlaf, im Süden dagegen verfallen sie, wenn die Gewässer austrocknen, in Sommerschlaf.

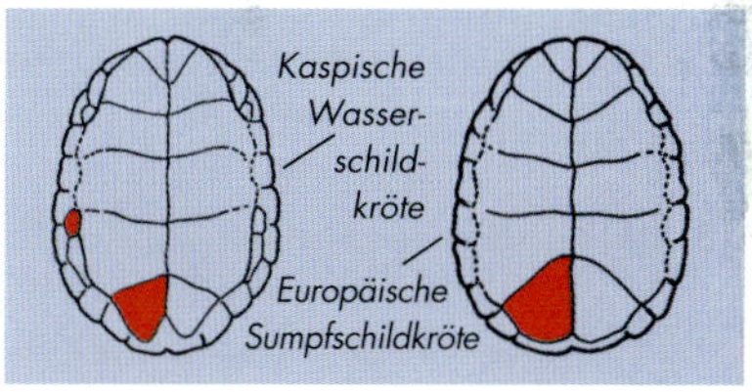

Die beiden Arten sind schwer zu unterscheiden. Am zuverlässigsten lässt sich die Kaspische Wasserschildkröte an ihren weichen Schildchen auf der Panzerunterseite erkennen.

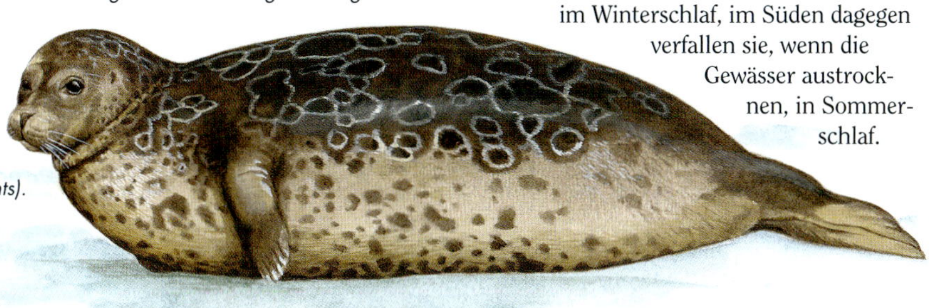

Die Ringelrobbe verträgt auch strenge Fröste, da sie eine besonders starke Schicht Unterhautfett hat (bis zu einem Drittel ihres Körpergewichts).

In zugefrorenen Seen brechen sich die Robben Atemlöcher und halten diese offen.

SÜSSWASSERROBBEN

Robben sind nicht nur Meeresbewohner, einige leben auch im Süßwasser. Die kleinste Art, die Ringelrobbe, bewohnt außer dem Weißen Meer und der Ostsee auch den Ladogasee im nordwestlichen Russland und den finnischen Saimaasee. Bei den Ringelrobben unterscheiden sich die Seepopulationen von den Meerespopulationen nur unwesentlich und werden höchstens als Unterarten unterschieden. Durch lange Isolation entstand jedoch im Kaspischen Meer eine eigenständige Art – die Kaspische Robbe (ähnlich die sibirische Baikalrobbe).

Das inselartige Auftreten der Ringelrobbe in nordöstlichen Seen Europas ist das Überbleibsel einer größeren Verbreitung unmittelbar nach der letzten Eiszeit.

AUSFLUGSTIPPS

Nationalpark Berchtesgaden

Das Gebiet der Berchtesgadener Alpen liegt im Südosten Deutschlands an der österreichischen Grenze, zwischen Saalach und Salzach. Der dortige Nationalpark hat eine Fläche von 210 km² und gilt als schönster Teil der Alpen. Der höchste Berg Watzmann ragt bis zu 2713 m hoch auf. Besondere Aufmerksamkeit verdienen die zahlreichen Gletscherseen, deren größter den Berchtesgadener Kessel füllt. Er hat eine Fläche von 521 ha, ist 7,7 km lang und 190 m tief. Ausgangspunkt für Touren ist neben Berchtesgaden das Städtchen Ramsau.

Der Balaton

Der Balaton ist der größte See Mitteleuropas. Er ist tektonischen Ursprungs und liegt in Westungarn. Die Fläche des Sees beträgt 591 km², er ist insgesamt 78 km lang, 5 bis 15 km breit und durchschnittlich 3 m tief, seine tiefste Tiefe beträgt 11 m. Im Jahreslauf schwankt der Wasserspiegel um etwa 2 m. Hauptzulauf ist der Fluss Zala, aus dem See fließt das regulierte Flüsschen Sió ab.

Der Königssee ist der höchstgelegene See Deutschlands (605 m). Er nimmt eine Fläche von 5,5 km² ein, ist 8 km lang, an einigen Stellen bis zu 2,2 km breit und bis zu 188 m tief.

Während der Balaton im Sommer ein wichtiges Touristen- und Badezentrum ist, wird er im Winter v. a. für Zugvögel interessant.

23

MOORE

Außer in Nordeuropa gibt es Moore hauptsächlich in Wäldern, in Gebirgen und in Teichmulden. Sie sind natürliche Wasserspeicher und sind im Binnenland Anschauungsbeispiel für eine Tundra. Auch wenn dort meist eine düstere Stimmung herrscht, sind Moore als Zufluchtstätten seltener und bedrohter nördlicher Tier- und Pflanzenarten trotz ihrer geringen Ausdehnung von naturkundlicher Bedeutung. Einige Moore hat der Mensch nutzbar gemacht, andere – in den Bergen – bleiben bis heute der unberührteste Teil der europäischen Natur.

1. Zwergspitzmaus
2. Erdmaus
3. Fuchs
4. Auerhahn
5. Blaukehlchen
6. Karmingimpel
7. Kreuzotter
8. Hochmoorgelbling
9. Hochmoor-Perlmutterfalter
10. Hochmoor-Mosaikjungfer
11. Moorschnake
12. Moor-Wolfsspinne
13. Moorkiefer
14. Bergkiefer
15. Moorbirke
16. Zwergbirke
17. Blumenbinse
18. Rosmarinheide
19. Kleine Teichrose
20. Sumpf-Blutauge
21. Sumpf-Herzblatt
22. Sumpf-Häubling
23. Scheiden-Wollgras
24. Wenigblütige Segge

Übergangsmoor, am Horizont Anzeichen eines Bergmoores

Moore nach ihrer Lage im Gelände

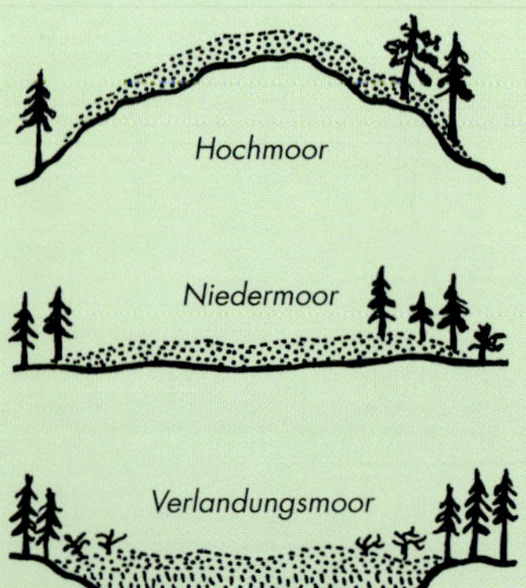

Moortypen

Auf Hochebenen liegen von Regenwasser und Schnee gespeiste *Hochmoore*. Von Mineralbodenwasser ernährte Moore bezeichnet man als *Niedermoore*, die wiederum in Versumpfungs-, Hang-, Quell-, Überflutungsmoore u.a. unterschieden werden. In *Zwischenmooren* (Übergangsmooren) kommen beide Wässerungen zusammen.

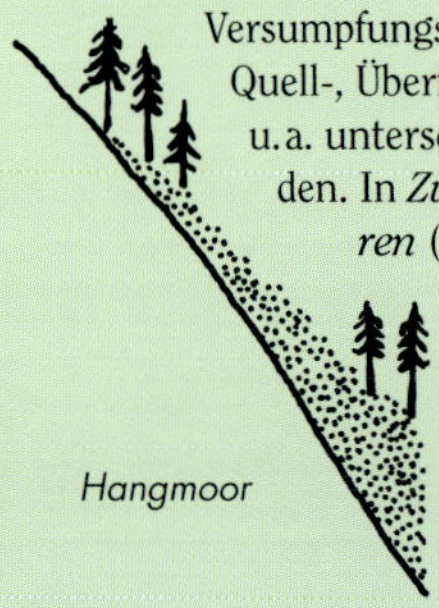

Wie ein Moor entsteht

Moore entstehen auf undurchlässigen geologischen Schichten, die an der Oberfläche größere Wassermengen zurückhalten. Abgestorbene Pflanzenteile lagern sich in meterdicken Schichten ab. Bedingt durch Sauerstoffmangel und Kälte faulen sie nicht, sondern *vermooren*. Ein Feuchtmoor ist eine schmierige, erst nach Trocknung leicht und bröckelig werdende schwarzbraune Masse. Ein Moor wächst höchstens 1–2 mm im Jahr. Eine 1 m hohe Moorschicht hat sich somit innerhalb von 500–1000 Jahren entwickelt. In den Mooren der Berge erreichen Moorschichten eine Dicke von 8 m, in Deutschland wurden Schichten mit bis zu 25 m Dicke gefunden.

Feuchtmoor

Trockenmoor

Ein Moor voller Moospflanzen
Die Grundlage eines Moors sind Schichten von Moospflanzen, v.a. Torfmoosen. Ihre aufrechten, nicht verzweigten Stängel sind in Stamm und Blättchen gegliedert. Die Stängel wachsen stetig in die Höhe, während sie von unten langsam absterben. Anstelle von Wurzeln besitzen Moose feine, im Boden verankerte Zellfäden *(Rhizoide)*, durch die sie Wasser aufnehmen. Außer grünem Chlorophyll enthalten Torfmoose auch sekundäre Farbstoffe, deshalb können sie gelb, braun oder rötlich sein. In Europa wachsen mehr als 30 Arten (u.a. das Zentrierte Torfmoos und das Dichte Torfmoos).

Der Wassergehalt von Torfmoosen
Die Oberfläche von Hochmooren ist in Erhebungen *(Bulten)* und unregelmäßige Vertiefungen *(Schlenken)* gegliedert, so dass beim Gang über die Moospolster der feste Grund unter den Füßen fehlt. Man schätzt, dass Torfmoospflanzen 15–30-mal mehr Wasser speichern können, als ihre Trockenmasse beträgt. Den größten Teil davon nehmen die Wasserspeicherzellen der Blätter auf. Das Wachstum der Torfmoose wird durch den Wasserstand und Nährstoffgehalt der Umgebung bestimmt. Nach dem Mineralstoffgehalt unterscheidet man zwischen *oligotrophen* (nährstoffarmen), *eutrophen* (nährstoffreichen) und *mesotrophen* Mooren (mittlerer Nährstoffgehalt).

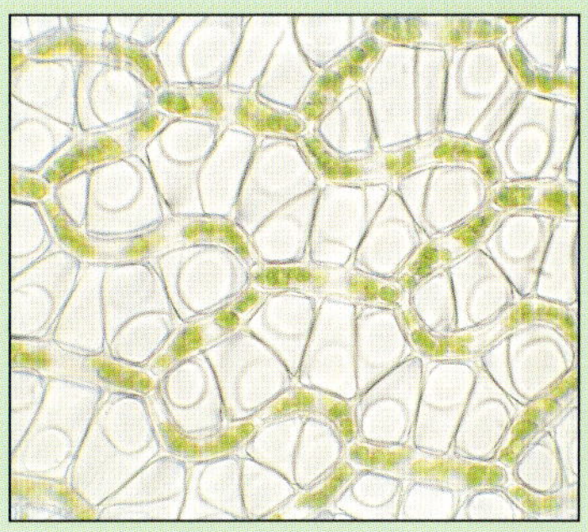

Zellgeflecht eines Zweigblattes des Zentrierten Torfmooses.

Niedermoor mit Moorsee und Krummholzbewuchs

DIE FARBEN DER MOORE

Die farbliche Veränderung der Moore im Herbst ist beeindruckend. Die strohgelbe Farbe des Riedgrases wird durch die feuerroten Stauden der Rauschbeere, das vergoldete Kleid der Birken und den dunkelgrünen Bewuchs mit Krummholz oder Moor-Kiefern abgerundet. Auch die Torfmoos-Kissen bleiben nicht ohne Schmuck – überall gibt es rote Moos- und Preiselbeeren.

DIE FLORA DER MOORE

In Mooren wachsen hauptsächlich Moose, meist Torfmoose. Von den höheren Pflanzen gibt es hier hauptsächlich solche, die ganzjährig feuchte, nährstoffarme Umgebungen und große Temperaturschwankungen vertragen. Weitere wie z.B. Sumpf-Blutauge, SUMPF-HERZBLATT oder KLEINE TEICHROSE findet man auch in Feuchtgebieten.

DIE MOORGEHÖLZE

Der Baumbewuchs ist in Mooren ausgedünnt oder fehlend. Hauptgehölz ist die Bergkiefer (Krummholz) oder die Moor-Bergkiefer. Außer durch den aufrechten Stamm (10–15 m) und die kegelförmige Krone unterscheidet sich die Moor-Kiefer vom Krummholz durch die asymmetrischen Zapfen. An Stellen, an denen beide auftreten, kreuzt sich die Moorkiefer mit dem Krummholz, an trockeneren Stellen auch mit der Waldkiefer. Begleitgehölze der Kiefer sind Moorbirke, Weide und Faulbaum. In Mooren treten auch Miniaturgehölze wie Zwergbirke und Heidelbeerblättrige Weide auf. Niedermoore werden an den Rändern von Nadelbäumen umsäumt.

Zapfen einer Moorkiefer

Die Zwerg-Birke ist ein nur 20–80 cm hoher, stark verästelter Strauch, dessen junge Zweige filzig sind und später kahl und rotbraun werden.

DUFTENDER STRAUCH

In trockeneren Übergangs- und Niedermooren tritt der immergrüne Sumpfporst auf. Seine weißen, in vollen Dolden angeordneten Blüten haben einen starken und berauschenden Duft, die Blätter sind lederartig, die Früchte giftig.

Der Sumpfporst bildet manchmal ein schwer durchdringbares Dickicht.

FLEISCHFRESSENDE PFLANZEN

Pflanzen, die in nährstoffarmen sauren Substraten leben, ergänzen mangelnde Nährstoffe z.B. durch die Aufnahme von Insekten. Der Rundblättrige Sonnentau hat zu einer bodenständigen Rosette angeordnete, mit klebrigen Härchen bedeckte Blätter, die sich durch Berührung reizen lassen. Wenn eine Fliege hängen bleibt, schließen sich die Blätter, und die Blattdrüsen sondern einen Verdauungssaft ab.

Der winzige Rundblättrige Sonnentau blüht im Sommer.

DIE BINSEN UND WOLLGRÄSER

Außer Moospflanzen findet man in Mooren mit Riedgrasbewuchs Binsen und Wollgräser, die ab dem Sommer durch watteartige Bäusche in den Blütenständen auffallen. In Hoch- und Heidemooren überwiegt das Scheidige Wollgras, in tieferen Lagen das Schmalblättrige Wollgras.

Das Schmalblättrige Wollgras leuchtet im Sommer mit seinen weißlichen Fruchtschöpfen.

PALYNOLOGIE

Hierbei handelt es sich um die Wissenschaft über fossile und subfossile Pollen und Sporen in Böden, Sedimenten und Lockergesteinen. Weil in Mooren Zerfallsprozesse nur in geringstem Maß stattfinden, werden jahrtausendelang Samen, Pollen und Pflanzenreste bewahrt, die zur Rekonstruktion der pflanzlichen Entwicklung in den letzten 10000 Jahren dienen. Insbesondere staubförmige Samen bleiben unberührt. Nach einer mikroskopischen Analyse ihrer Anzahl in verschieden alten Moorschichten werden *Pollendiagramme* erstellt.

Gestalt von Pollenkörnern einiger Gehölzarten

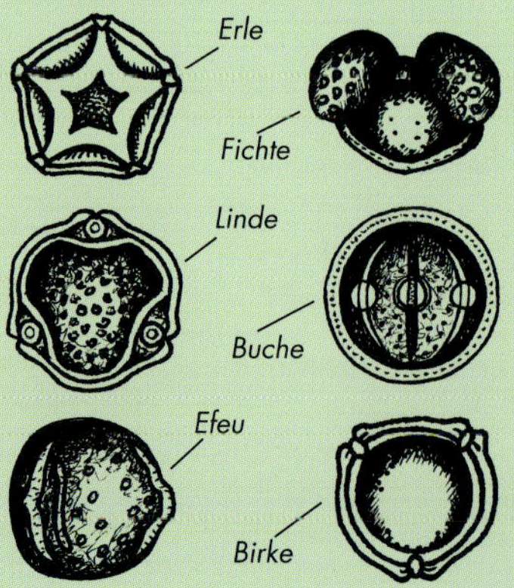

Pollendiagramm einer 3 m tiefen Torflagerstätte

(Mitteleuropa)

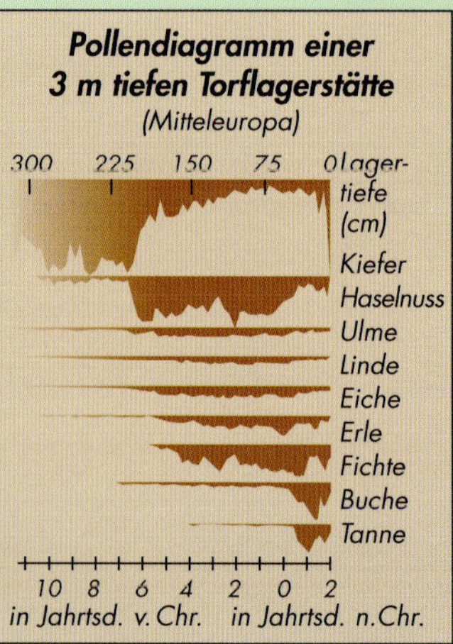

Torfgewinnung

Schon seit dem 18. Jahrhundert wurde Torf als Brennmaterial gewonnen. Die Torfziegel wurden zum Trocknen in vielen Schichten übereinander gestapelt. Heutzutage wird Torf für Kur- und pharmazeutische Zwecke, als Substrat für Gartenpflanzen und Rohstoff in der chemischen Industrie verwendet. Um die Moore zu schützen, muss seine Gewinnung unbedingt begrenzt werden.

STRAUCHARTIGE MOORGEWÄCHSE

Strauchartige Gewächse, von denen Heidelbeeren, Preiselbeeren und Moosbeeren essbare Früchte tragen, sind für Moore typisch. In Schutzgebieten ist es jedoch nicht erlaubt, sie zu sammeln! Die Früchte der Rauschbeere verursachen bei manchen Menschen Übelkeit, die der Rosmarinheide sind giftig!

MIKROKLIMA

Wasserdurchtränkte Moore wirken ähnlich wie große Seen als Wärmespeicher – im Sommer, aber auch zu Frühlingsende und Herbstbeginn speichern sie Wärme, deshalb ist es dort dann spürbar kälter als in der trockeneren Umgebung. Im Winter, zu Frühlingsbeginn und Herbstende wird hingegen Wärme abgegeben, und es ist dort wärmer. Bodennebel sind daher typisch für Moore. Im Sommer prägen große Temperaturunterschiede das Mikroklima. Während über der sonnenheißen Oberfläche 40–50 °C erreicht werden, herrscht wenige Zentimeter tiefer in den Gewächsbüscheln ständige Kälte.

SELTENE HEILPFLANZE

Wegen seiner Wirkung bei Verdauungsproblemen wurde der Dreiblättrige Fieberklee durch intensives Sammeln an vielen Orten ausgerottet. Heute findet man ihn v.a. in Mooren, früher trat er auch in flachen Tümpeln und auf feuchten Wiesen auf. Er liebt Feuchtigkeit, am häufigsten wächst er halb im Wasser untergetaucht.

Der Dreiblättrige Fieberklee ist mit der Seekanne verwandt. Er hat einen kräftigen kriechenden Wurzelstock und langstielige, dreigeteilte Blätter.

FAUNA DER MOORE

Die rauen Lebensbedingungen der Moore mit wenigen Nährstoffen, einem hohen Säuregehalt des Wassers und großen Temperaturunterschieden begrenzen das Artenaufkommen der Fauna. Es überrascht nicht, dass lediglich Spinnen, Köcherfliegen und Libellen an Zahl und Arten reicher vertreten sind. Je weniger Arten es jedoch gibt, umso mehr Kostbarkeiten finden wir unter ihnen, in erster Linie Insekten und andere Kleinlebewesen.

DIE VOGELWELT DER MOORE

Auch die Vogelwelt ist im Moor recht artenarm. So führen Ornithologen in den Hochmooren Mitteleuropas 80 Arten auf, zwei Drittel der Nistpaare entfallen allerdings auf fünf Arten: Zilpzalp, Buchfink, Baum- und Wiesenpieper und Birkenzeisig, die auch an anderen Standorten zu finden sind. Zu den seltensten Bewohnern der Moore gehört der KARMINGIMPEL. Allgemein gilt, dass die Artenvielfalt der Vogelgesellschaften mit zunehmender Meereshöhe und abnehmender Pflanzendecke zurückgeht.

Das Karmingimpel-Männchen hat im Wintergefieder keine Spuren seines roten Hochzeitskleides. Das Weibchen muss sich das ganze Jahr über mit ausdruckslosem Braun begnügen.

KLEINER NIMMERSATT

Von den Kleinsäugetieren ist in Mooren außer der ERDMAUS eines der kleinsten europäischen Säugetiere, die ZWERGSPITZMAUS, häufig vertreten. Sie nimmt täglich 6–9 g Nahrung zu sich, was zwei- bis dreimal mehr ist als ihr eigenes Gewicht.

Moore und ihr Vorkommen

Moore bedecken über 1 Mio. km² der gesamten Erde, allerdings in den einzelnen Erdteilen ungleichmäßig (in der Antarktis fehlen sie ganz). Die meisten Moore befinden sich auf der Nordhalbkugel, in der gemäßigten und kalten Klimazone, wobei in nördlicher Richtung Hochmoore zunehmen, während im Süden Niedermoore häufiger sind. In Europa gibt es die meisten Moore in Finnland – sie nehmen 100 000 km² ein (das sind fast 30 % der gesamten Landfläche), der Torfvorrat wird auf 25 000 t Trockenmasse geschätzt. Torf wird in den meisten Ländern gewonnen.

Karte der Glazialrelikte

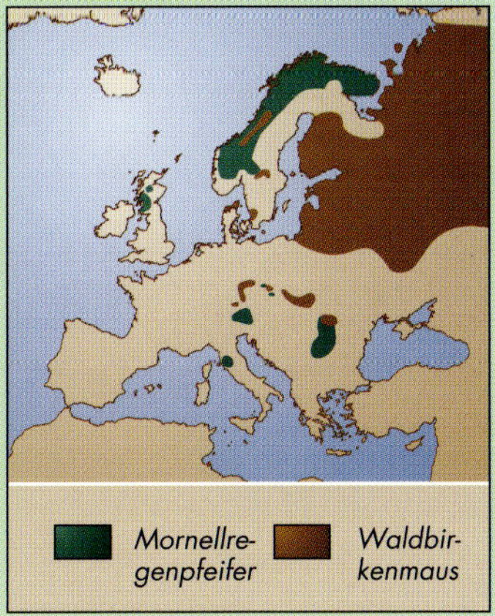

Glazialrelikte der Moore

In Flora und Fauna der Moore befindet sich eine Reihe von *Glazialrelikten*, kälteliebende Arten, die sich in postglazialen Zeiten aus dem europäischen Binnenland nach Norden zurückzogen und nur inselartig an tundraähnlichen Orten erhalten sind. Musterbeispiele dafür sind bei den Pflanzen Blumenbinse, Zwergbirke, Rosmarinheide, Sudeten-Läusekraut und Moltebeere. Aus der Tierwelt sind Mornellregenpfeifer und Waldbirkenmaus am bekanntesten. Die zahlreichsten Vertreter haben jedoch die Insekten.

Die Färbung der Kreuzotter ist recht unterschiedlich, bei den dunkelsten ist evtl. der Zickzackstreifen auf dem Rücken nicht sichtbar.

ZUSAMMENLEBEN VON EIDECHSEN UND SCHLANGEN

Die Waldeidechse lebt in allen Mooren. Sie ist sehr widerstandsfähig und sucht ihren Winterunterschlupf erst beim ersten Frost auf. Die Jungtiere verlassen die umhäuteten Eier oft schon während der Brut. Mit der Waldeidechse vergesellschaftet ist die giftige Kreuzotter. An feuchten Standorten mit wenigen Kleinsäugetieren bilden Eidechsen den Hauptbestandteil ihrer Nahrung.

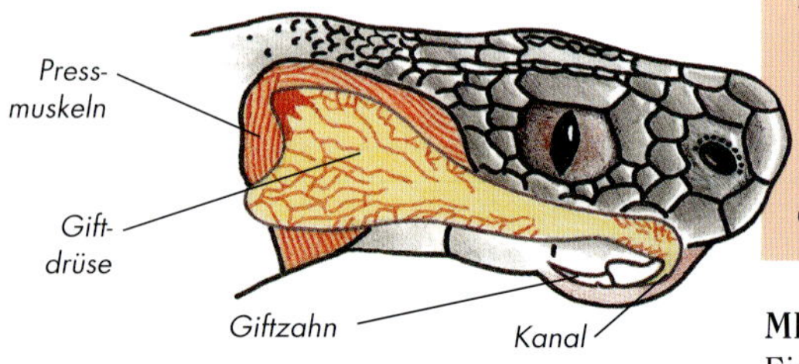

Die Spitzen ihrer Giftzähne sind bei geschlossenem Maul nach hinten umgelegt und richten sich beim Öffnen des Mauls auf. Das Gift fließt durch einen Kanal im Zahninneren in die Wunde. Je nach Bissstelle wirkt es auf eine kleine Beute im Verlauf einiger Sekunden oder Minuten.

Die Waldeidechse wird 15–18 cm lang.

ERSTE HILFE

Überall an feuchten Stellen in den Bergen besteht die Gefahr, auf eine Kreuzotter zu treten. Einen gesunden Erwachsenen müssen 3 mg Gift aus ihren Drüsen nicht gefährden, für kleine Kinder bedeutet es jedoch Lebensgefahr. Bissstellen sind meist an den Beinen, seltener an den Armen. Erste Hilfe: 1. Keine Panik oder Stress; 2. Ruhe, am besten im Sitzen; 3. Extremität 10–15 cm über dem Biss mit Druckverband abbinden, Wunde nicht aussaugen oder ausschneiden; 4. Starken Kaffee oder Tee verabreichen und den Betroffenen schnellstmöglich im Liegen zum Arzt transportieren; wenn es länger als 10 Minuten dauert, den Druckverband 10–15 cm höher setzen.

MERKMAL SCHWARZE STREIFEN

Eine Seltenheit mancher Bergmoore ist die mit der Wüstenspringmaus verwandte Waldbirkenmaus. Zu Sommerende wird sie durch Rauschbeeren, Moosbeeren und Heidelbeeren angelockt. Außerdem hält sie sich in üppiger Vegetation an Bächen und in feuchten Wiesen auf. Gerne sonnt sie sich auf Steinen und Baumstümpfen, wo man sie auch tagsüber sehen kann. Typisch sind der lange Schwanz und die dunklen Längsstreifen auf dem Rücken. Bei kaltem Wetter fällt sie in ihrem Nest in eine Starre, den Winter verschläft sie im Winterschlaf. Einmal jährlich bekommt sie 2–7 Junge.

Die Waldbirkenmaus ist ein geschickter Kletterer.

SECHSBEINIGER RÄUBER

Ursprüngliche Heimat des nicht ganz 2 cm großen Hochmoor-Laufkäfers sind die Taiga und Waldtundra, südlicher lebt er nur in wenigen Gebirgen. Der nachtaktive Jäger verkriecht sich tagsüber in Moospolstern. Er bevorzugt feuchtes und kaltes Klima. Insekten, Gliederfußer, Schnecken, Regenwurmer erbeutet er, aber auch Aas von Wirbeltieren verachtet der Käfer nicht. Als Fleischfresser sind die Käfer mit kräftigen Beißwerkzeugen ausgestattet, wobei der Kopf im Verhältnis zum Körper klein ist. Mit den gut entwickelten Laufbeinen bewegen sie sich schnell am Boden. Die meisten leben auf der Oberfläche und in den oberen Bodenschichten *(geophil)*, seltener an feuchten Standorten *(hydrophil)* oder auf Stämmen und in Baumkronen *(arborikol)*.

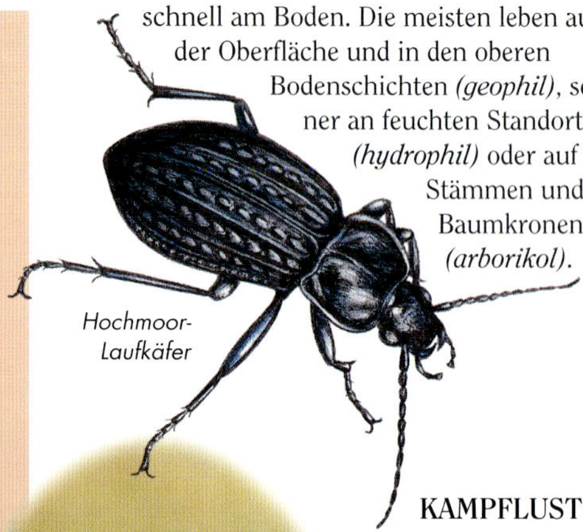

Hochmoor-Laufkäfer

KAMPFLUST

Das in Mooren beheimatete, scheue Birkhuhn ist eher zu hören als zu sehen. Zur Zeit der Balz fliegen die kampflustigen Hähne zu den Balzplätzen und gehen mit solchem Schwung aufeinander los, dass die Federn fliegen. Der Sieger verkündet seinen Sieg dann mit weit hörbarem „Kullern" und stellt die Schwanzfedern hoch auf.

Balzende Birkhähne äußern sich mit „kullernder" Stimme.

Falscher „Einzeller"

Rädertierchen wurden aufgrund ihrer Größe (0,2–0,5 mm) zunächst den Einzellern zugeordnet. Heute weiß man, dass sie aus einem Zellverband aufgebaute Organismen sind, die einen in Kopf, Hals, Rumpf und Fuß unterteilten Körper besitzen. Vom durchsichtigen Inneren ist der Kauschlund am auffälligsten. Durch Wirbelerzeugung mit ihren zwei Wimpernkränzen am Kopf bewegen sich die Rädertierchen und fangen ihre Beute – Algen, andere Rädertierchen und winzige Krustentiere. Sie leben frei im Wasser, auf Wasserpflanzen, in feuchtem Boden und ebenso in Moosbüscheln.

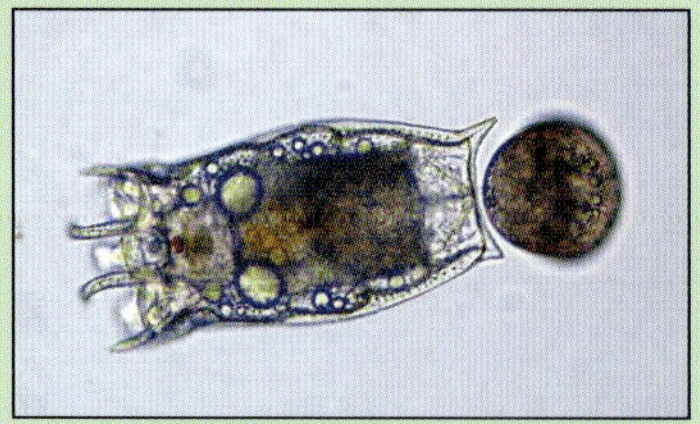

Die Keratella – Plankton-Rädertierchen haben einen beinlosen, hart gepanzerten Körper, der mit verschieden großen Dornen ausgestattet ist und die Rädertierchen im Wasser trägt. Die gleiche Funktion haben im Körper eingelagerte Öltropfen. Die Größe der Dornen ändert sich im Jahreslauf – im Sommer sind die Spitzen länger, im Winter kürzer. Keratella serrulata ist ein typischer Vertreter der Moorarten.

SAURES WASSER

Saures Wasser bezeichnet die durch einen Überschuss an Sauerstoffionen (H_3O_+ oder H_+) verursachte Reaktion. Eine Base hat einen Überschuss an basischen (OH^-) Ionen. In sauberem Wasser sind beide Ionentypen im Gleichgewicht (10^{-7} mol/l) – das Wasser ist neutral. pH benennt die Konzentration der Sauerstoffionen. Wenn ihr Gehalt wächst, z.B. sich verhundertfacht (auf 10^{-5} mol/l), ist pH = 5 und die Lösung sauer. Bei Abnahme auf ein Hundertstel (10^{-9} mol/l) ist pH = 9 und die Reaktion basisch. pH-Werte reichen von 1 bis 14, Lösungen mit einem pH-Wert unter 7 sind sauer, über 7 basisch.

Flüssigkeit	pH
Schwefelsäure	1,1
Coca-Cola	2,3
Essig	2,8
Wein	3,5
„Saurer Regen"	4,0
Bier	4,4
Fruchtsaft	5,0
Milch	6,6
Destilliertes Wasser	7,0
Mineralwasser	7,3
Meerwasser	8,0
Menschenblut	7,4
Seifenwasser	11,5

Zur Feststellung des pH-Wertes wird Lackmuspapier verwendet (in saurer Lösung verfärbt es sich rot, in basischer Lösung blau).

BESCHEIDENE PRACHT

Die Schmetterlinge der mitteleuropäischen Moore zeichnen sich nicht durch außergewöhnliche Schönheit aus, eine Ausnahme bildet nur der HOCHMOORGELBLING. Allerdings sind nur die Männchen gelb, die Weibchen sind weißlich gefärbt. Die anderen Schmetterlinge der Moore sind unauffällig – bräunlich, gräulich oder verschieden gefleckt. Viele Nachtfalter halten sich nur tagsüber in Mooren auf, die Nächte sind ihnen zu kalt. So fliegt die Torfmooreule oder die Graue Sumpfeule nur bei voller Sonneneinstrahlung. Wir bezeichnen sie deshalb als *heliophyl*. Während das Verbreitungsgebiet dieser Schmetterlingsarten in Richtung Süden inselartig wird, bewohnen sie im Norden größere Gebiete.

EIN PARADIES FÜR SPINNEN

Zu den häufigsten Wirbellosen in Mooren gehören die Spinnen. Es überwiegen verschiedene Wolfsspinnen-Arten, z. B. die Moor-Wolfsspinne, die kein Netz webt und kleine Insekten direkt auf den Mooskissen jagt. Die Piratenspinne wiederum läuft geschickt auf dem Wasser. Sie baut sich im Torfmoos einen röhrenartigen Unterschlupf aus Spinnfäden und schiebt bei sonnigem Wetter den Kokon mit den Eiern an die Sonne hinaus. Die Moor-Wolfsspinne ist ein kälteliebendes, eiszeitliches Relikt, ebenso wie die Springspinne *Sitticus caricis*.

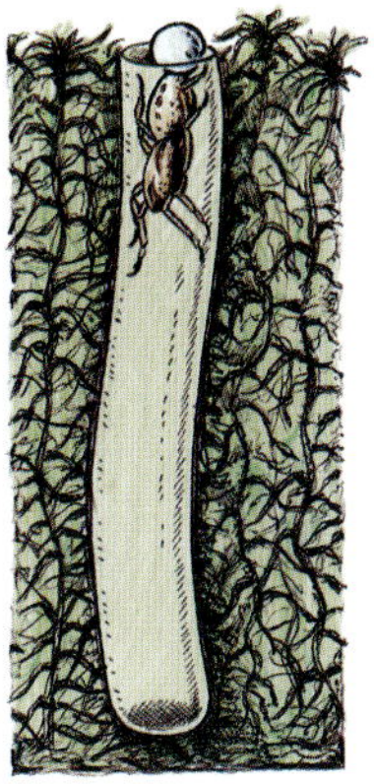
Nest der Moor-Wolfsspinne

Schematischer Querschnitt einer Torfmoos-Bulte mit Ameisennest.

KÄLTELIEBENDE AMEISE

Die Mooraméise verträgt keine Sonneneinstrahlung, deshalb baut sie ihr Nest in Bulten, im Schatten von Torfmoosen, Gräsern, Heide, Heidelbeeren, Rauschbeeren und anderen Stauden. Sie wird 4–6 mm groß und ist schwarz gefärbt.

BEWEGUNGSKÜNSTLER

Wanzen, Teichläufer und Wasserläufer vermögen es, auf der Wasseroberfläche von Mooren mit solcher Leichtigkeit zu laufen, dass sie die Oberflächenhaut des Wassers zuverlässig trägt. Das ermöglicht ihnen ihr geringes Gewicht und ihr Wasser abweisender, filzartiger Überzug mit winzigen Härchen an Beinen und Körperunterseite,welche kleine Luftbläschen einfangen. Verschiedene Vertreter dieser Insekten findet man häufig auf stehenden Gewässern.

Der Wasserläufer Gerris paludum (10–15 mm) verfolgt Insekten und andere Wirbellose.

DER MOORFROSCH

In den sauren, durch den hohen Gehalt an Huminstoffen braun gefärbten Moorgewässern ist kaum Leben zu finden. Häufig treten dort nur einige Arten Einzeller, Rädertierchen, Strudelwürmer und Wasserinsekten (HOCHMOOR-MOSAIKJUNGFER, Rückenschwimmer, Wasserläufer) auf. Von den Wirbeltieren ist der Grasfrosch vertreten, der seltenere Moorfrosch tritt bis zu einer Meereshöhe von 800 m auf. In der Paarungszeit tragen die braunen Männchen kurzzeitig eine Blaufärbung. Fische leben in dieser Umgebung nicht.

Der seltene Moorfrosch kommt häufiger in Nordeuropa vor.

AUSFLUGSTIPPS

Nationalpark Patvinsuo

Der NP Patvinsuo ist mit einer Fläche von 100 km² der größte Nationalpark in Südfinnland. Er bildet zusammen mit dem benachbarten Nationalpark Petkeljärvi die Basis eines größeren Biosphärenreservates. Hauptschutzobjekt im NP Patvinsuo sind ausgedehnte Moore und Reste einer natürlichen Taiga. Zu den Bewohnern des Parks gehören der Elch und der 1945 ausgesetzte Kanadische Biber, gelegentlich zeigen sich auch große Raubtiere (Bär, Wolf, Luchs). Ein guter Ausgangspunkt für einen Besuch ist das Städtchen Suomu.

Im NP Patvinsuo sind mehrere Moortypen vertreten.

Naturschutzgebiet Soos

Das interessante Naturschutzgebiet Soos liegt in der Nähe von Cheb, unweit der tschechisch-deutschen Grenze. Es ist ein einzigartiges, ausgedehntes Moor- und Mineralgebiet mit heißen Quellen, unechten Schlammvulkanen und anderen Erscheinungen einer abklingenden Vulkantätigkeit. Bei Trockenheit setzen sich an der Oberfläche weiße Glaubersalzkristalle (Natriumsulfat) ab.

Die beste Zeit für einen Besuch von Soos ist nach starken Regenfällen, wenn sich die kleinen Krater brodelnden Wassers mit Schlamm füllen. An vielen Stellen entweicht Kohlendioxidgas aus dem Boden (Mofetten).

24 HEIDELAND-SCHAFTEN

Voll aufgeblühtes Heidekraut kündigt einen heißen Sommer an. Die dicht benadelten Zweige tragen doldige Blütenstände, deren violette bis rosa Blüten unzählige Insekten anlocken. Sie blühen bis zum Winter, erst unter der Schneedecke verliert sich ihre Pracht. Im Kiefernwald oder auf Felsen hält sich die Heide bescheiden am Boden, während sie in ausgedehnten britischen Heidegebieten meterhoch wird. Viele Heidelandschaften werden durch Beweidung reguliert.

1. Wildkaninchen
2. Fuchs
3. Rötelmaus
4. Moorschneehuhn
5. Kornweihe
6. Sumpfohreule
7. Berghänfling
8. Kreuzotter
9. Listspinne
10. Labyrinthspinne
11. Schwarzgefleckter Bär
12. Zottiger Sackträger
13. Espenspinner
14. Heidekraut
15. Heidelbeere
16. Hängebirke
17. Sand-Straußgras
18. Schafschwingel
19. Braune Segge
20. Stechginster
21. Hornklee
22. Rentierflechte
23. Besenginster
24. Adlerfarn
25. Gemeiner Kartoffelbovist

Schottische Heide im Spätsommer

Typische Heidelandschaften
Besonders trockene und leichte, meist sandige Böden sind typische Heidestandorte, die aber auch auf Mooren mit trockener Oberfläche oder auf feuchtem flachen Boden mit felsiger Unterlage zu finden sind. Sie erstrecken sich entlang dem westlichen Rand Europas, von Südskandinavien bis Portugal, einschließlich der Britischen Inseln auf ausgedehnten Flächen bis zu 300 km von der Meeresküste entfernt. Im Binnenland gibt es sie viel seltener, hauptsächlich auf Felsterrassen und Vorsprüngen, auf entwaldeten Stellen, längs von Straßen und auf kargem Weideland.

Schottland kann man als Königreich der Heidelandschaften bezeichnen – diese bedecken fast ein Sechstel seiner Fläche. In England verschwanden in den letzten 150 Jahren bis zu 75 % der Heidefläche durch Aufforstung oder Bebauung.

Eingriff des Menschen
Die ursprüngliche (primäre) Heidelandschaft hat sich v. a. auf felsigem Grund entwickelt. Einige Heidegebiete sind zwar auch natürlich auf Sanddünen am Meer entstanden, aber die typische Heidevegetation hat ihre Existenz menschlicher Tätigkeit zu verdanken (sekundäre Vegetation). Zur Gewinnung großer landwirtschaftlicher Flächen wurde auch in den Ebenen viel Wald gerodet. Unfruchtbarer, sandiger oder kiesiger Boden war jedoch unbrauchbar und wurde ungenutzt zu Brachland. Lichtliebende und anspruchslose Heide siedelte sich hier an, die jedoch zur Versauerung des Bodens beiträgt. Auch die Humifizierung verläuft in diesen Gegenden aufgrund der übermäßigen Trockenheit nur langsam. Regenwasser versickert schnell im Untergrund und schwemmt gleichzeitig Nährstoffe, die sich unter der Heide gebildet haben, fort.

Das HEIDEKRAUT wird auf verschiedene Weise bestäubt – meist durch Insekten (Bienen, Fliegen, Schmetterlinge), auch Windbestäubung ist möglich.

Anspruchsloser Strauch

Trotz seines niedrigen Wuchses gehört das lichtliebende Heidekraut zu den Gehölzen – es hat einen festen Stamm und ein dichtes, tief reichendes Wurzelsystem. Die spezielle Stellung der Blätter und ihre kleine Fläche verhindern überflüssigen Wasserverlust durch Verdunsten – bei schnell austrocknenden (sandigen) Böden eine sehr nützliche Eigenschaft. Den Nährstoffmangel überwinden die Heidekrautsträucher durch Mykorrhizapilze an den Wurzeln. Sie sind auch sehr tolerant gegenüber Temperaturschwankungen.

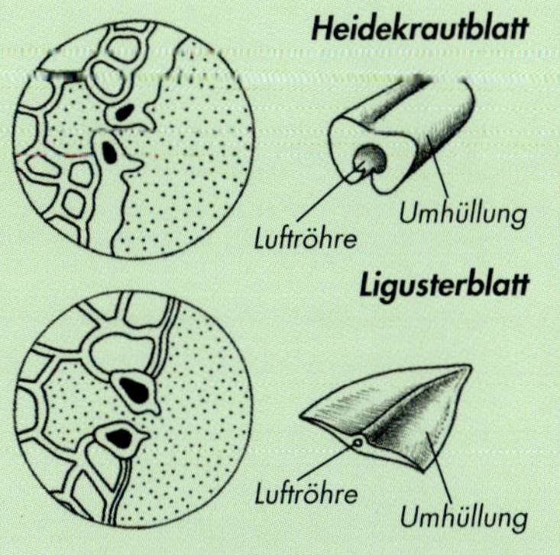

Um den Wasserverlust zu verringern, haben Heidekrautblätter eine kräftige, wachsartige Umhüllung mit eingelagerten Luftröhren und eine eingerollte Unterseite.

Baum oder Strauch?

Gehölze von *Stauden* zu unterscheiden ist nicht schwierig, da Stauden kaum oder gar nicht verholzt sind. Bäume und Sträucher voneinander abzugrenzen ist dagegen schwieriger. Bäume werden normalerweise mindestens 2 m hoch und bilden einen Hauptstamm mit unterschiedlich geformter Krone. Sträucher werden für gewöhnlich nicht so hoch, bilden weder Stamm noch Krone, sondern haben am Boden verzweigte Triebe. Halbsträucher stellen einen Übergang zwischen Gehölzen und Stauden dar – ihr unterer Teil verholzt, während der obere unverholzt bleibt.

Die eindeutige Unterscheidung zwischen Bäumen und Sträuchern wird dadurch erschwert, dass manche Arten Bäume und Sträucher ausbilden. Der Schwarze Holunder wächst zwar v. a. buschartig, kann aber an günstigen Orten (z. B. Auenwäldern) zu einem 7 m hohen Baum heranwachsen.

DIE FLORA DER HEIDELANDSCHAFTEN

Heidelandschaften sind aufgrund ihrer Trockenheit und Nährstoffarmut wenig artenreich. Ein strauchartiger Bewuchs mit Heidekraut, Heidekrautgewächsen und Heidelbeeren ist dominierend, vergesellschaftet mit Gräsern, Riedgras und breitblättrigen Pflanzen, jedoch ohne Baumbewuchs, v.a. Gewöhnliches Heidekraut, Glockenheide, Adlerfarn oder Krähenbeere sind vertreten. Weiterhin findet man Moospflanzen und auf Stämmen und alten Heidekrautpflanzen wachsende Flechten.

Die extensive Beweidung war mit einem dauernden Nährstoffentzug verbunden, der wiederum eine Bodenverarmung zur Folge hatte. Ebenso ungünstig wirkten sich Brandrodungen aus. Beide Faktoren bewirkten vom Menschen bedingte Vegetationsformen. Heidelandschaften bestechen dabei nur sekundär durch die anzutreffenden Arten, sondern vielmehr durch die Weite der Landschaft (Holland).

Die Blätter des immergrünen Stechginsters sind zu feinen stacheligen Nadeln umgebildet, die Blüten sitzen an kurzen Stängeln.

STACHELIGER STRAUCH

Der STECHGINSTER ist ein bis zu 2 m hoher Strauch, der dichte, mit 1,5–2,5 cm langen Dornen besetzte Zweige ausbildet. Von April bis Juli ist er mit goldgelben, süß duftenden Blüten bedeckt. Der Stechginster wächst vorrangig auf trockenen sandigen oder lehmigen Böden, häufig in Heidelandschaften.

Zahlreiche Sträucher wie Schlehe, Himbeere, Rose, Faulbaum und Heidekraut sind Futterpflanzen für die Raupe des Kleinen Nachtpfauenauges.

TAG-NACHTFALTER

In Europa leben mehrere als Nachtfalter eingeordnete Pfauenaugen. Beim Kleinen Nachtpfauenauge sind die Männchen aber auch tagsüber aktiv, während die Weibchen in der bodennahen Vegetation sitzen und Lockstoffe aussenden. Die Männchen können mit empfindlichen Sinnesorganen auf den kammartigen Fühlern auch eine geringe Konzentration weiblicher Pheromone erfassen. Standorte des Falters sind Waldränder von Kiefern- und Mischwäldern, besonnte Flächen und Moore auch Heidelandschaften. Der lateinische Artenname *pavonia* drückt die Ähnlichkeit mit dem Auge auf den Pfauenfedern aus. Die Falter fliegen von Ende April bis Anfang Juni, Raupen sind im Mai und Juli zu sehen.

Männchen (50 mm)

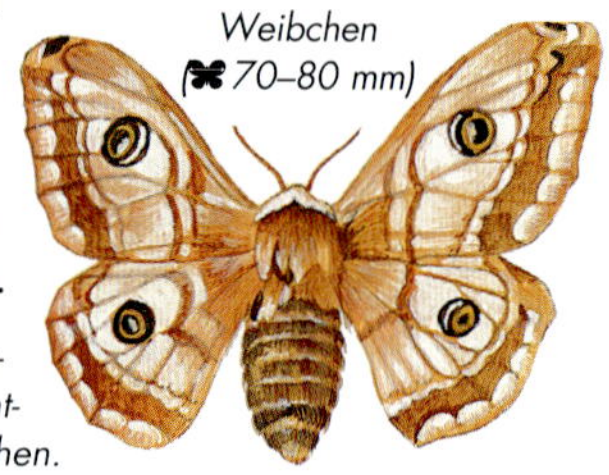

Weibchen (70–80 mm)

Beim Kleinen Nachtpfauenauge zeigt sich ein ausgeprägter Geschlechts-Dimorphismus – das Männchen ist wesentlich kleiner und anders gefärbt als das Weibchen.

HEIDE UND HEIDEKRAUTGEWÄCHSE

Außer den bedeutendsten Vertretern der Heidekrautgewächse – dem HEIDEKRAUT und der Schneeheide – umfasst die Gattung Erica über 500 Arten, viele davon in Südafrika verbreitet. Sie bilden niedrige Sträucher mit kleinen, nicht abfallenden Blättern und kannenförmigen, rosa oder rötlichen Blüten und Kapseln oder Beeren als Früchten. Sie wachsen auf sauren Böden.

Die Glockenheide ist eine Pflanze feuchter Heidelandschaften West- und Nordeuropas von Norddeutschland bis Mittelfinnland. Ihr kriechender, dicht verzweigter Strauch erreicht Höhen von 60–70 cm.

Die jungen Triebe der Baumheide sind weiß, dicht behaart, mit Blüten in vollen Rispen. Sie wächst im gesamten Mittelmeergebiet.

Die Baumheide erreicht eine Höhe von 4–12 m.

Die Graue Heide ist für Westeuropa typisch, sie wächst in Gebieten mit feuchtem Seeklima, von Norwegen über Mittelfrankreich, Portugal bis Norditalien. Sie bildet einen 60–70 cm hohen Strauch mit spärlichem Wuchs.

Die Irische Glanzheide wächst in Westeuropa flächenartig, wo die Pflanzen um genügend Licht konkurrieren. Sie wächst mehr als 1 m hoch.

Wussten Sie, dass Heide …

- … die Nationalpflanze von Norwegen ist?
- … Symbol der Trennung ist?
- … früher in Irland statt Hopfen dem Bier beigesetzt wurde?
- … zur Wettervorhersage dient? Wenn sie ausgiebig blüht, kommt ein strenger Winter.
- … früher in Bündeln zum Fegen und zur Herstellung von Besen und Bürsten verwendet wurde?
- … für die Teebereitung geeignet ist? Ihre Blüten geben ihm einen milden, honigartigen Beigeschmack.
- … als Schmuckpflanze in Gärten und Parks gepflanzt wird?

Kaninchen vs. Hasen

Kaninchen und Hasen in das zoologische System einzuordnen ist gar nicht einfach. Ursprünglich wurden sie beide als Nagetiere angesehen, im Unterschied zu diesen haben sie im Oberkiefer aber zwei Paar Schneidezähne. Die Bezeichnung „Kaninchen" ist gar keine systematische Einheit, „Hasen" nur dann, wenn sie zur Gattung der Echten Hasen gehören. Dennoch gibt es signifikante Unterschiede, anhand derer sich feststellen lässt, ob es sich um Hasen oder Kaninchen handelt. Hasen sind z.B. im Gegensatz zu Kaninchen Nestflüchter, haben längere Ohren und sind Einzelgänger.

Hasenschädel

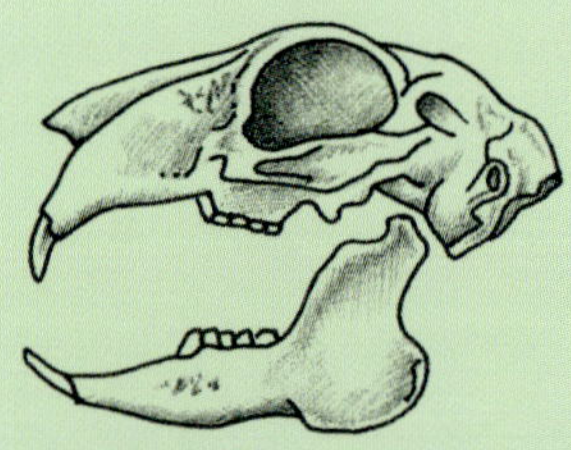

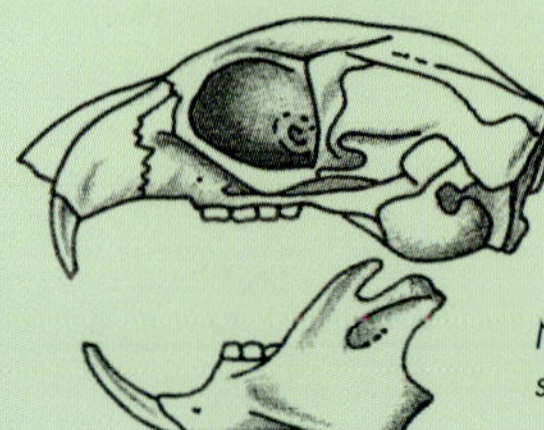

Nagetierschädel

Eine Spinne ohne Netz

Die Listspinne spinnt kein Netz – Beute wird direkt überwältigt. Die Spinnenwarzen werden vom Männchen dennoch gebraucht, denn es überreicht der Partnerin zur Paarung ein „Hochzeitsgeschenk" – eine in Spinnfäden eingewickelte Fliege. Das Männchen lenkt so die Aufmerksamkeit von sich als möglicher Beute ab und gewinnt Zeit zur Paarung. Nach der Befruchtung spinnt das Weibchen einen Kokon für die Eier und trägt ihn zwei Monate in den Fühlern. Bevor die Jungen schlupfen, baut das Weibchen aus einigen Blättern einen glockenförmigen Unterschlupf.

Heidschnucken mit auffällig langhaarigem Fell wurden in der Lüneburger Heide jahrhundertelang wegen der Wolle gezüchtet, jetzt verhindern sie durch Abweidung das Zuwachsen der Flächen mit Gehölzen.

DIE FAUNA DER HEIDELANDSCHAFTEN

Ebenso wie die Flora zeichnet sich auch die Fauna der Heidelandschaften nicht durch Artenreichtum aus. Nur Insekten und Spinnen sind mit einer größeren Artenanzahl vertreten. Im schottischen Heideland wurden etwa ein Sechstel aller auf den Britischen Inseln lebenden Laufkäferarten gefunden, bei Spinnenarten sogar ein Fünftel. Zu den Vertretern der Wirbeltiere zählen nicht zu anspruchsvolle Arten, z.B. Blindschleichen, verschiedene Kröten, Rötelmäuse, Erdmäuse, Turmfalken, Feldlerchen und Goldammern. Ist eine außergewöhnliche Art vertreten, liegt das eher an der günstigen geographischen Lage als an der Vegetationsform Heide (z.B. in Schottland Merlin, Moorschneehuhn, Berghänfling und andere).

Das Schottische Hochlandrind ist eine aus dem nordschottischen Bergland und den vorgelagerten Inseln stammende, zähe und anspruchslose Rasse. Ihr Fleisch ist für seinen Wild-Beigeschmack berühmt.

ROSAFARBENE WEIDE

Die meisten Heidegebiete Westeuropas wurden früher als Weide für Haustiere genutzt und werden es teils noch. Das raue Klima und der spärliche, aus harten Gräsern und Heidekräutern bestehende Bewuchs führten dazu, dass sich nur an diese Bedingungen angepasste Rassen behaupteten. Die bekanntesten Beispiele sind das Shetlandpony und das Exmoorpony, das Gallowayrind und einige Heidschnuckenrassen, u.a. die Skudden aus dem Baltikum.

Die Gänge eines Dachsbaus reichen bis zu 3 m in die Tiefe.

Den Großteil seines Lebens verbringt der Dachs unter der Erde – in Felsen und Geröll mit zahlreichen Gängen. Die Baue werden von mehreren Generationen, manchmal jahrhundertelang, bewohnt. In England wurde vor einiger Zeit ein „Dachsschloss" mit 124 Ausgängen und einer Gesamtlänge der Gänge von 839 m ausgegraben.

Dachse sind ursprünglich in Laub- und Mischwäldern beheimatet, passen sich aber an Umgebungen wie Heidelandschaften, Felder und Stadtränder an, wenn sie dort Unterschlupf finden.

RÄUBER UND ALLESFRESSER

Der zur Familie der Marder gehörende Dachs ist kein typischer Vertreter der marderartigen Raubtiere, da er eigentlich ein Allesfresser ist. Er ernährt sich hauptsächlich von Beeren, Eicheln, Nüssen, Oliven und anderen Früchten, Pilzen oder Gräsern. Dazu kommen Regenwürmer, Schnecken und Larven, gelegentlich auch Frösche, Eier und Aas. Für Marderartige ungewöhnlich ist auch der Winterschlaf, in den der Dachs in Gegenden mit starkem Frost verfällt. Nicht weniger außergewöhnlich ist sein Familienleben – zur Familie gehören außer den Eltern auch kleine und ältere Jungtiere, manchmal leben bis zu zwölf Tiere zusammen. Es kommt vor, dass sich Dachse einen Bau mit Füchsen, Kaninchen oder auch Stachelschweinen teilen.

Ein Dachs verrät seine Anwesenheit durch Fährten mit gut sichtbaren, langen Zehen- und Krallenabdrücken. Häufig finden wir sie im Schlamm auf Waldwegen.

AUSFLUGSTIPPS NORDDEUTSCHLAND

Ausgedehnte Heidelandschaften gibt es außer auf den Britischen Inseln auch in den Küstengebieten im Norden Deutschlands. Am bekanntesten ist die Lüneburger Heide mit ihrem 1921 gegründeten gleichnamigen Nationalpark. Dieses größte Heidegebiet der Norddeutschen Tiefebene mit einer Fläche von etwa 100 km² liegt südlich von Hamburg zwischen Elbe und Aller auf terrassenartig angeordnetem Gelände. Das Gebiet war ursprünglich dicht mit Mischwäldern bewaldet, die jedoch schon im Mittelalter den örtlichen Salinen zum Opfer fielen. Ausgangspunkte für einen Besuch des Heidelandes sind Celle, Egestorf, Walsrode oder Undeloh.

In der Lüneburger Heide wird der ausgedehnte Heidebewuchs durch hohe Wacholdersträucher ergänzt.

Ein besonderer Heidelandschaftstyp der Meeresküste ist auf der in der Ostsee, 4–5 km westlich von Rügen gelegenen Insel Hiddensee zu finden. Diese hat eine lang gestreckte Form und liegt etwa 3 m über dem Meeresspiegel. Ihre Fläche beträgt knapp 19 km². Auf die Insel kann man mit dem Schiff von Stralsund oder vom kleinen Hafen Schaprode auf Rügen aus gelangen; Autoverkehr ist hier verboten, man fährt stattdessen mit dem Fahrrad.

Die größte Fläche der Insel Hiddensee nehmen Wanderdünen ein, zu deren Verfestigung auch der Heidekrautbewuchs beiträgt.

Die Insel ist auch ornithologisch bedeutsam und bietet das ganze Jahr über interessante Beobachtungsmöglichkeiten.

25

DAS OFFENE MEER

Meere und Ozeane bedecken etwa zwei Drittel der Erdoberfläche und beeinflussen als unersetzliche Quelle für Wasser, Sauerstoff und Biomasse unser tägliches Leben – sowohl an der Küste als auch im Binnenland – enorm. Den bedeutendsten Teil aller Ozeane bildet das als Pelagial oder ozeanische Region bezeichnete offene Meer. Dieses Ökosystem ist der größte zusammenhängende Lebensraum der Welt, denn alle Meere stehen miteinander in Verbindung.

1 Nördlicher Zwergwal
2 Großer Tümmler
3 Sturmschwalbe
4 Eissturmvogel
5 Basstölpel
6 Fliegender Fisch
7 Makrele
8 Sardine
9 Sprotte
10 Hering
11 Dorsch
12 Heilbutt
13 Hundshai
14 Heringshai
15 Wurzelmundqualle
16 Ohrenqualle
17 Rippenqualle
18 Portugiesische Galeere
19 Meerwasserläufer
20 Gemeiner Kalmar
21 Einsiedlerkrebslarve
22 Purpurschnecke
23 Nordseegarnele
24 Nordischer Krill

Leben auf und unter der Oberfläche der Nordsee

Ozeane und Meere
Ozeane und Meere unterscheiden sich aufgrund ihrer Größe. *Ozeane* sind viel größer, vom Festland abgetrennt und haben ein selbstständiges Wasserregime. *Meere* sind ein kleinerer Teil der Ozeane, die durch Inseln, Halbinseln oder Erhebungen abgeteilt sind. Manchmal werden auch Teile des offenen Ozeans (z. B. das Sargassomeer) als Meer bezeichnet, umgekehrt kennen wir einige Buchten als Meere (z. B. die Bucht von Biskaya). Alle Ozeane und Meere zusammen werden als *Weltmeer* bezeichnet. Das Kaspische oder Tote Meer sind hingegen eigentlich nur große Seen.

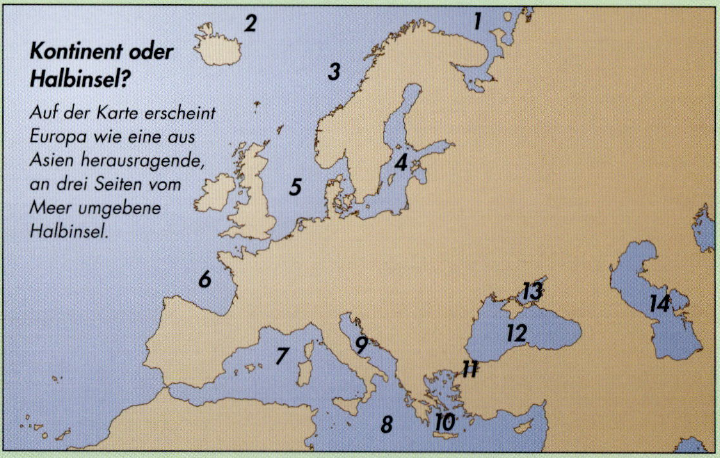

Kontinent oder Halbinsel?
Auf der Karte erscheint Europa wie eine aus Asien herausragende, an drei Seiten vom Meer umgebene Halbinsel.

		Fläche (tsd. km²)	Tiefe (m)
	NORDPOLARMEER		
1	Barentssee	1 400	610
2	Grönlandsee	1 205	5 527
3	Norwegische See	1 300	3 970
	ATLANTISCHER OZEAN		
4	Ostsee	422	470
5	Nordsee	565	725
6	Golf von Biskaya	194	5 311
7	Tyrrhenisches Meer	214	3 730
8	Mittelmeer	2 600	5 120
9	Adria	132	1 599
10	Ägäisches Meer	190	2 561
11	Marmarameer	11,5	1 355
12	Schwarzes Meer	423	2 245
13	Asowsches Meer	39	15
14	Kaspisches Meer	368	1 025

Lebensräume im Meer

Auch in der Großgliederung des Meeres wird zwischen der Freiwasserregion, dem *Pelagial,* und der Bodenregion, dem *Benthal,* unterschieden. Nach dieser Gliederung werden Organismen in pelagiale (schwimmende) und benthale (auf dem Grund lebende) eingeteilt. Die oberste Schicht bis zur Tiefe von 200 m im Bereich des Sonnenlichtes heißt *Epipelagial* (durchlichtete Zone). Tiefer nimmt das Licht langsam ab (*Mesopelagial* oder Dämmerungszone). In einer Tiefe von 800–1 000 m ist es fast völlig dunkel (*Bathypelagial* – Dunkelzone). Und ab einer Grenze von unter 4 000 m sprechen wir vom *Abyssal* (Tiefseezone).

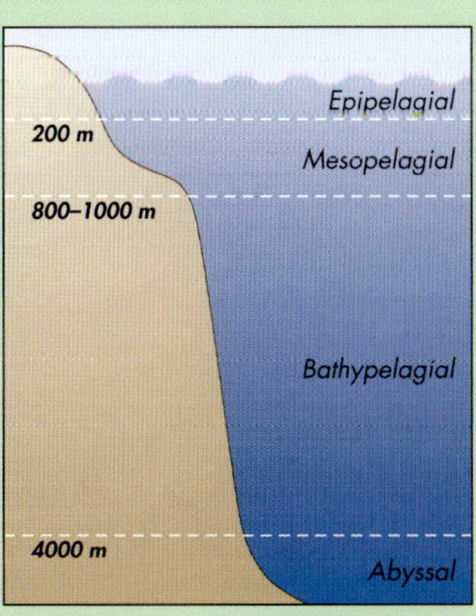

Wasserschichten in Ozeanen und Meeren

Austausch

Dass kaltes Meerwasser viel nährstoffreicher ist als das wärmere tropische, hat mit der Temperatur der oberen Wasserschichten zu tun. Ändert sich diese Temperatur saisonal, kommt es zur Wasserzirkulation – in den kalten Jahreszeiten sinkt das abgekühlte (schwere) Wasser ab und wird durch wärmeres (leichteres) aus den unteren Ozeanschichten ersetzt, welches der Oberfläche neue Nährstoffe zuführt. In den Tropen, wo die Wassertemperatur das ganze Jahr über etwa konstant bleibt, kommt es nicht zum Austausch von Wasserschichten. Oft tragen Meeresströmungen zur Vermischung bei.

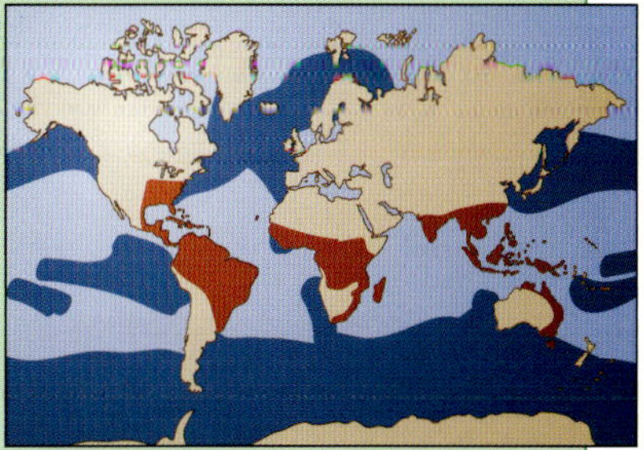

Während auf dem Festland die Primärproduktivität in den tropischen Ökosystemen am höchsten ist (rot), gilt dies für die Ozeane umgekehrt in höheren Breiten (blau). Damit hängen auch die Wanderungen von Walen zusammen, welche ins kalte Meer schwimmen, um sich dort zu mästen.

Die Trübung des Meerwassers der gemäßigten und kalten Zonen wird durch Phytoplankton hervorgerufen, das zahlreichen Pflanzenfressern, von Einzellern bis zu Haien, als Hauptnahrungsquelle dient.

DIE FLORA DES OFFENEN MEERES

Im offenen Meer wachsen keine Pflanzen, trotzdem ist die Primärproduktivität höher als in jedem Ökosystem des Festlandes. Verantwortlich hierfür ist das in den durchlichteten Wasserschichten aus einzelligen Algen gebildete *Phytoplankton*. Anstelle der Grünalgen, die wir aus dem Süßwasser kennen, überwiegen im Meer braun oder gelb gefärbte Arten, in deren Zellen das gelbgrüne Chlorophyll noch vom braunen, chemisch ähnlichen Karotin überdeckt wird. Am häufigsten sind Silikat- oder Goldalgen, von denen es mehrere Tausend Arten gibt. Außerdem zählen zum Phytoplankton, von dem die gesamte, in Dämmerung getauchte Unterseewelt abhängt, Bakterien und Blaualgen.

Die Körper der einzelligen Goldalgen sind von durchsichtigen Silikathüllen vielfältiger Gestalt umgeben, die nach ihrem Absterben in die Tiefe sinken und sich auf dem Meeresgrund in dicken Schichten sammeln. Die Goldalgen werden 0,2 mm groß; in 1 l Wasser existieren 30 Mio. Exemplare.

EIN LEUCHTENDES MEER

Ein Schauspiel der Natur kann man an warmen und windstillen Tagen am Meer erleben, wenn nachts Streifen schimmernden blaugrünen Lichtes auf dem Wasser erscheinen. Eine Touristenattraktion ist etwa das nächtliche Baden in der Karibik, wenn das Wasser bei jeder Bewegung blaugrün erstrahlt. Verantwortlich für diesen „Lichtzauber" sind mikroskopisch kleine Algen, die zum Phytoplankton gehören und bei äußeren Reizen wie Wellen- oder Schwimmbewegungen aufgrund von Biolumineszenz aufleuchten.

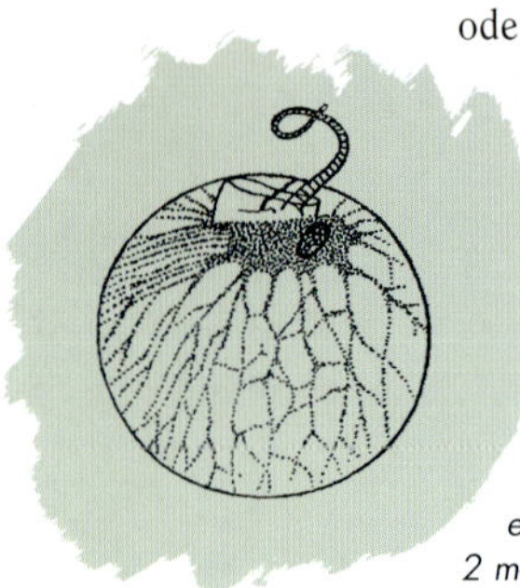

Die als Glühwürmchen des Meeres bekannten winzigen Algen werden auch als Dinoflagellaten bezeichnet. Sie haben einen runden Körper (bis 2 mm) mit auffälliger Geißel.

DIE FAUNA DES OFFENEN MEERES

Das offene Meer wird von verschiedenartigsten Lebewesen, von mikroskopisch kleinen Krustentierchen bis zu riesigen Walen, bewohnt. Auch wenn diese Fauna nicht mit der Tierwelt der Ufer-Ökosysteme konkurrieren kann, finden wir hier doch die meisten Vertreter tierischer Vielzeller. Hauptsächlich in den hellen oberen Wasserschichten wimmelt es v.a. von Ruderfußkrebsen und Krill. Diese Kleinkrebse sind ein Hauptbestandteil in den Nahrungsketten, die pflanzliche Nahrung in tierische umwandeln. Manche Gruppen sind im offenen Meer in allen Entwicklungsstadien vertreten, andere nur durch Larven; manche Arten leben hier ständig, andere nur übergangsweise.

Der Grüne Meerringelwurm ist ein Verwandter des Regenwurms. Er gehört zu den Vielborstern und wird 25–40 cm lang. Den Großteil ihres Lebens verbringen Ringelwürmer am Ufergrund, schwimmen aber in der Paarungszeit auf Partnersuche ins offene Meer. Dabei nutzen sie breite „Ruder" an den Segmenten.

DIE KRAFT DER WELLEN

Die Höhe der Wellen ist nicht nur von der Kraft des Windes abhängig, sondern auch von seiner Dauer und der Entfernung, die der Wind zurücklegt. Bei Sturm verdoppeln sich die normalerweise 1,5–3 m hohen Wellen oft und können Rekordhöhen von über 20 m erreichen. Die Brandung formt das felsige Meeresufer (3,5 m hohe Wellen treffen z.B. mit einem Druck von 7,8 t/m² auf senkrechte Wände – *Erosion*) und lagert Sand und andere Anschwemmungen ab *(Sedimentation)*. Ebbe und Flut verursachen in tiefen Gewässern unterseeische, an der Oberfläche nicht sichtbare Wellen.

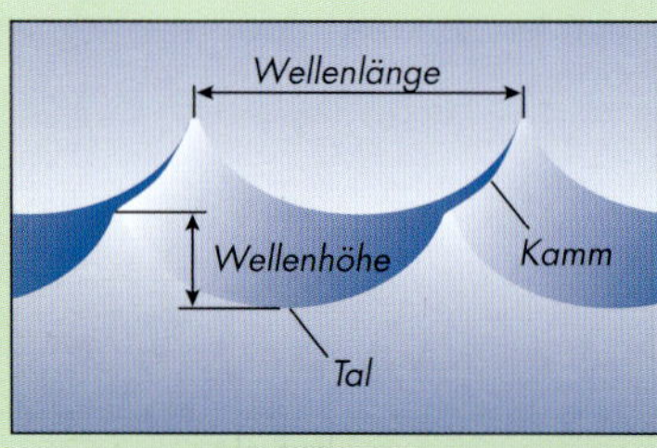

Dieses einfache Schema verdeutlicht, wie Wellen gemessen werden.

Während sich im offenen Meer das Wasser kreisförmig bewegt (Wellenhöhe gleich Durchmesser), verändern sich diese Bahnen im Flachwasser langsam ins Ovale – die Welle verkürzt sich, ihr Kamm wird steiler, der Rücken überschlägt sich und sie bricht.

Warum ist Meerwasser salzig?

Meerwasser enthält die unterschiedlichsten Salze, die während der Erdentwicklung aus den Gesteinen des Untergrundes herausgelöst wurden. Außerdem ist seine Salzigkeit (Salinität) durch zusätzliche Zufuhr eingeschwemmter Mineralstoffe aus Flüssen bedingt. Der durchschnittliche Salzgehalt beträgt 35 ‰, also 35 g Salz auf 1 l Wasser. Davon entfallen 78 % auf Natriumchlorid (Kochsalz). In den europäischen Meeren ist die Salinität im Mittelmeer (36–39,5 ‰) am höchsten und in der Ostsee (2–16 ‰) am niedrigsten. Der Salzgehalt schwankt auch im Jahreslauf.

Der NÖRDLICHE ZWERGWAL wird 7–10 m groß und 5–7 t schwer und ist der häufigste Vertreter der Bartenwale in europäischen Gewässern. Er schwimmt gewandt und springt oft über die Oberfläche. In Island, Norwegen, Schottland und Irland ist er ab und zu auch vom Ufer aus zu sehen: Manchmal strandet er in flachen Küstengewässern.

ZURÜCK IN DIE OZEANE

Wale haben sich so an das Leben im Wasser angepasst, dass sie auf dem Festland nicht existieren können. Sie atmen, wie andere Säugetiere auch, zwar Luftsauerstoff, würden auf dem Festland aber sofort ersticken, weil die Lunge durch das Gewicht der anderen Organe zusammengedrückt würde. Im Wasser ist dies nicht der Fall. Die Vorfahren der Wale – Ur-Raubtiere oder Ur-Huftiere – lebten nachweisbar auf dem Festland.

Der Silberbeil aus dem Mittelmeer besitzt Leuchtorgane am Körper, die zur Tarnung dienen. Dieser kleine Fisch (bis 12 cm) steigt tagsüber in Tiefen von 500–800 m ab und geht nachts im flacheren Wasser auf Nahrungssuche.

Der Viperfisch wird etwa 30 cm groß und hat einen weiten Schlund und dehnbaren Magen, so dass er Beute bis zur Eigengröße aufnehmen kann. Er kommt in tropischen und subtropischen Zonen aller Ozeane vor. Nachts schwimmt er zur Oberfläche oder zum Ufer.

Eine Größe von 8 m erreicht der Weiße Hai, der von allen Haiarten bisher am häufigsten Menschen angegriffen hat. Er hält sich hauptsächlich in den Uferzonen tropischer Meere auf, an den Küsten Europas erscheint er nur selten.

GEFÄHRLICHE RÄUBER

Dass alle Haie gefährliche Raubfische sind, ist ein Aberglaube. Tatsächlich sind es nämlich nur einige Arten, z.B. der selten auch im Mittelmeer auftauchende Blauhai oder der Weiße Hai, die gefährlich für den Menschen werden können. Jährlich werden weltweit 0–100 Haiangriffe auf Menschen verzeichnet, von denen etwa ein Drittel tödlich endet. Das ist, verglichen nit der Anzahl der Opfer von Giftschlangenbissen, eher gering. Die meisten Arten – auch der 15 m große iesenhai – ernähren sich jedoch von Plankton. Der 6 m lange Gemeine Fuchshai ist auf Makrelen und eringe spezialisiert, gelegentlich frisst er auch Tintenfische und Krustentiere.

EIN LEBEN IN FINSTERNIS

Ein wichtiges Merkmal der Tierwelt im offenen Wasser ist die vertikale Zonierung, d.h. mit zunehmender Tiefe nehmen Artenvielfalt und Populationsstärke ab. Unter der 5000-m-Grenze gibt es weniger als 1 % der bekannten Meerestiere. Viele an der Grenze der ständigen Dunkelheit lebenden Fische verfügen über Leuchtorgane, die als Köder für Beute oder als Lockmittel zur Paarung dienen. Entweder wird die so genannte *Biolumineszenz* durch biochemische Zersetzung des Eiweißes Luziferin durch das Enzym Luziferase hervorgerufen oder mithilfe symbiotischer Leuchtbakterien.

Schwebende Welt

Alle sich im freien Wasser aktiv bewegenden Lebewesen werden in dem Begriff *Nekton* zusammengefasst, während die Vertreter des *Zooplanktons* kaum Eigenbewegung zeigen und nur mithilfe von Wellen und Strömungen vorankommen. Sie werden durch das Wasser getragen – durch eingelagerte Gasbläschen, Fetttröpfchen oder Gelatinekapseln. Andere besitzen Dornen und Häkchen, die wie Miniaturfallschirme wirken und das Absinken in tiefere Wasserschichten verhindern.

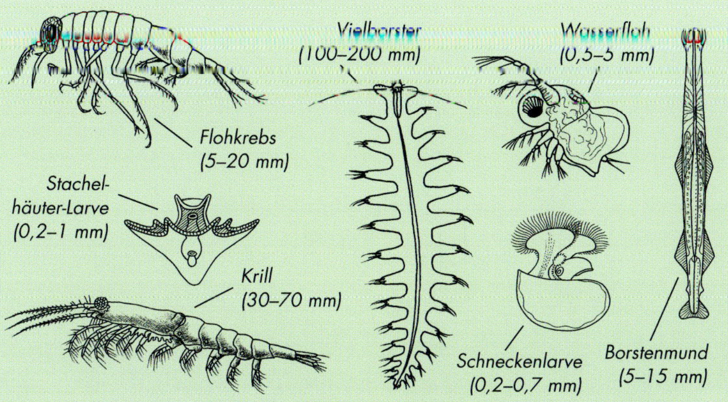

Manche Arten leben ständig im Plankton, andere nur in einem bestimmten Entwicklungsstadium (z.B. Larven von Schwämmen, Weichtieren, Gliederfüßern oder Fischrogen).

Von Algen zu Walen

Jedes Ökosystem verfügt über verschiedene Ernährungsstufen. Die Grundlage im Meer bilden chlorophyllhaltige Algen, die als Nahrungsgrundlage Wassernährstoffe sowie Licht benötigen. Das Phytoplankton kann man mit einer „Meereswiese" vergleichen, auf der Organismen von winzigen Einzellern und Krustentieren bis hin zu Larven von Meerestieren und Fischeiern „weiden". Zooplankton ist die Nahrungsgrundlage der Fleischfresser, speziell der Kopffüßer, Fische und Wale. An der Spitze der Nahrungspyramide stehen Räuber – Haie, Thunfische, Delfine oder Robben.

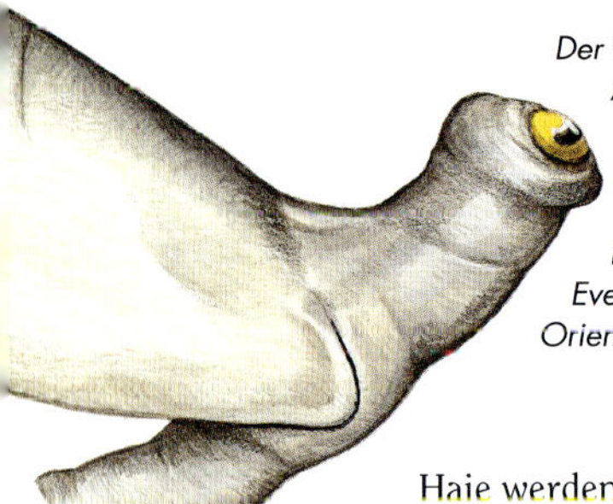

Der bis zu 1 m breite Kopf mit den seitlichen Augen macht aus dem Hammerhai eines der am sonderbarsten anmutenden Meereslebewesen. Welche Funktion dieser Hammer tatsächlich hat, ist aber bis heute noch nicht eindeutig geklärt. Eventuell ist es eine besondere Form der Orientierungshilfe oder dient als Stabilisator.

FALSCHE FISCHE

Haie werden zwar allgemein als Knochenfische angesehen, vom zoologischen Standpunkt aus gehören sie aber zu den Knorpelfischen; ihr Skelett besteht ausschließlich aus Knorpel . Von den Knochenfischen unterscheiden sie sich u.a. durch Kiemenspalten an den Kopfseiten. In den Meeren rund um Europa leben mehr als 20 Haiarten, zu den häufigsten gehören der HERINGSHAI und der HUNDSHAI. Den Haien verwandt sind die flachen Rochen, die fast nur am Grund leben.

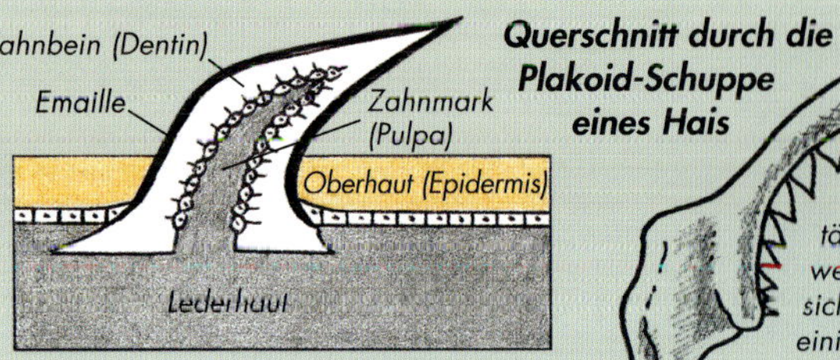

Die Haut von Knorpelfischen fühlt sich bei Berührung wie Schleifpapier an, was durch spezielle stachelige (plakoide) Schuppen verursacht wird, die sich im Maul der Haie fortsetzen, größer werden und sich in Zähne verwandeln. Sie sitzen an der Innenseite des Kiefers, wachsen und setzen sich auf der Oberseite des Kiefers fort, wo sie alte abgenutzte Zähne ersetzen („Rolltreppenprinzip").

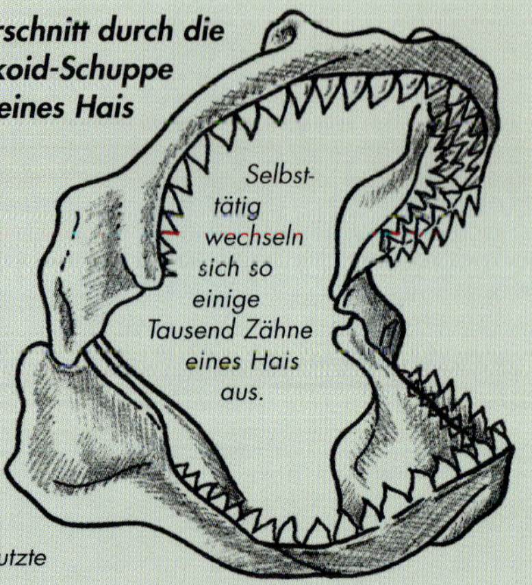

Selbsttätig wechseln sich so einige Tausend Zähne eines Hais aus.

Der Belugawal hat sich durch seinen trillernden Gesang den Beinamen „Kanarienvogel der Meere" verdient. Aus den nördlichen Meeren kommt er mitunter auch nach Süden. Berühmtheit erlangte ein Belugawal, der 1966 rheinaufwärts bis Bonn, d.h. etwa 400 km von der Mündung entfernt, schwamm.

DIE WELT DER SCHEINBAREN STILLE

Der bekannte französische Ozeanologe Jacques-Yves Costeau bezeichnete das Leben unter der Meeresoberfläche als „Welt der Stille". Für das menschliche Gehör nicht wahrnehmbar sind dennoch eine Vielzahl von Lauten, die Meereslebewesen von sich geben. Zu den „geschwätzigsten" gehören die Wale. Besonders Delfine verwenden zur gegenseitigen Kommunikation und zur Orientierung nach dem Sonarprinzip Ultraschall (bis 280 kHz). Große Wale wiederum nutzen die Vorteile der sich über große Entfernungen verbreitenden Niederfrequenzlaute (2–20 Hz).

SILBERNE FLOTTILLE

Im offenen Meer lebende Fische bieten mit ihren lang gestreckten, gewöhnlich seitlich abgeflachten Körpern und der unauffälligen, überwiegend silbrigen Färbung einen einheitlichen Anblick. Was ihnen an Artenvielfalt fehlt (kaum ein Zehntel der bekannten Meeresfischarten gehören dazu), machen sie durch ihre Anzahl wett – sie bilden Schwärme mit Hundertausenden Exemplaren. Die nordöstlichen Teile des Atlantiks sind eines der bedeutendsten Fanggebiete weltweit – jährlich werden hier mehr als 10 Mio. t Fisch, v.a. HERINGE, SPROTTEN und SARDINEN gefischt.

Der Blauflossenthunfisch soll eine Geschwindigkeit von mehr als 100 km/h erreichen. Er unternimmt lange Wanderungen aus den tropischen Gewässern, wo er sich vermehrt, in die kälteren nördlichen Meere, um dort Nahrung zu suchen. Wegen des appetitlichen roten Fleisches wird er industriell gefangen. Die verwandte, jedoch viel kleinere Makrele ist einer der beliebtesten Meeres-Speisefische.

Der Blauflossenthunfisch erreicht eine Rekordlänge von 2,5–3 m und ein Gewicht um 300 kg.

Feuergefahr!

Quallen, aber auch andere Hohltiere verfügen über Nesselkapseln (Nematocysten), die zur Abwehr von Feinden und zur Überwältigung der Beute dienen. Die Nesselkapselbildungszellen enthalten oft lähmende Gifte (Actinocongestin). Sie bestehen aus einem empfindlichen Fortsatz (Cnidocil) und einem langen Nesselfaden (a), den sie wie eine Harpune auf ihr Opfer abschießen (b) und ihm so regelrechte Brandwunden zufügen. Bei Polypen sind die Nesselzellen am dichtesten auf den Fangarmen konzentriert, bei Quallen finden wir sie über die ganze Körperoberfläche verteilt. Einige tropische Quallenarten sind sogar für den Menschen gefährlich – einige Minuten nach dem Kontakt ist der Betroffene gelähmt und kann sogar sterben.

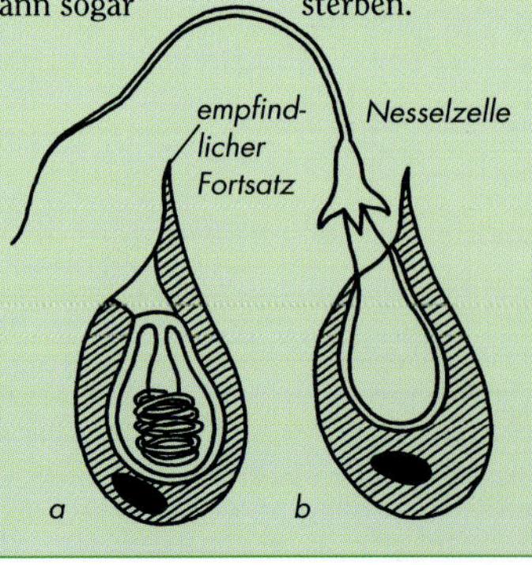

Unähnliche Verwandte

Wale fallen in zwei Gruppen: die Bartenwale und die Zahnwale. Furchenwale und weitere Bartenwale erreichen riesige Größen (der Blauwal als größtes lebendes Wesen auf der Erde misst mehr als 30 m), ernähren sich aber von winzigen Planktonlebewesen, speziell Krustentieren, die sie mit den so genannten Barten ausfiltern. Diese Barte sind in großer Anzahl vom Oberkiefer in den Mund hängende Hornplatten. Delfine, Schweinswale oder Orcas gehören zu den Zahnwalen – in ihren Kiefern wachsen viele gleichartige konische Zähne. Sie jagen größere Beute wie Fische und Kraken.

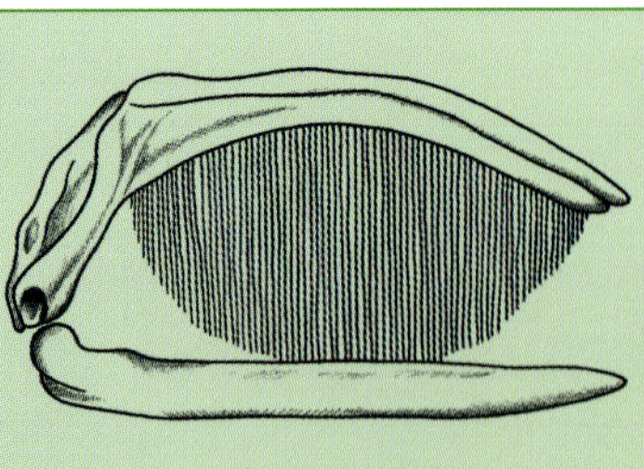

Schädel eines Wals

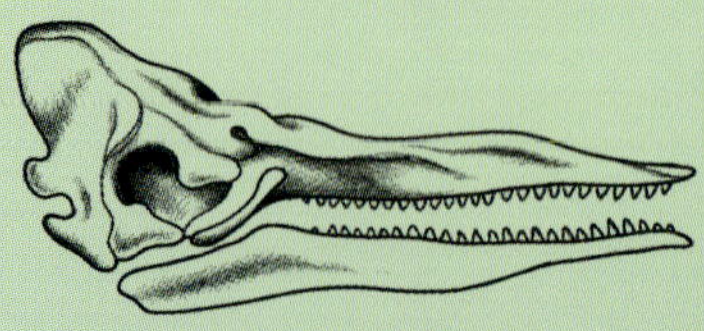

Schädel eines Delfins

KÖRPER AUS WASSER

Quallen sind typische im offenen Meer lebende Organismen, Sie schweben im Unterschied zu ihren nächsten Verwandten – Polypen, Seeanemonen und Korallenanemonen – frei im Wasser. Ihr meist glockenförmiger Körper bildet eine bis zu 98 % Wasser enthaltende, gallertartige, transparente Masse. Hauptsächlich bestehen sie aus Verdauungssack und Geschlechtsorganen. Quallen sind Fleischfresser und verzehren täglich Beute, die das Vielfache ihres eigenen Gewichts ausmacht. Eier von Heringen, Sardinen, Sardellen oder Makrelen stehen auf ihrem Speisezettel. Auch Fälle von Kannibalismus (Ernährung von den eigenen Larven) kommen vor. Einige Quallenarten, z. B. die im Mittelmeer häufige Leuchtqualle, sind zur Biolumineszenz fähig.

Die Kompassqualle besteht aus einer flachen, an eine Kompassrose erinnernde Glocke mit gelbbraunen Streifen auf hellem Untergrund (25–35 cm Durchmesser). Sie tritt in allen europäischen Meeren auf, häufig ist sie v. a. im Mittelmeer.

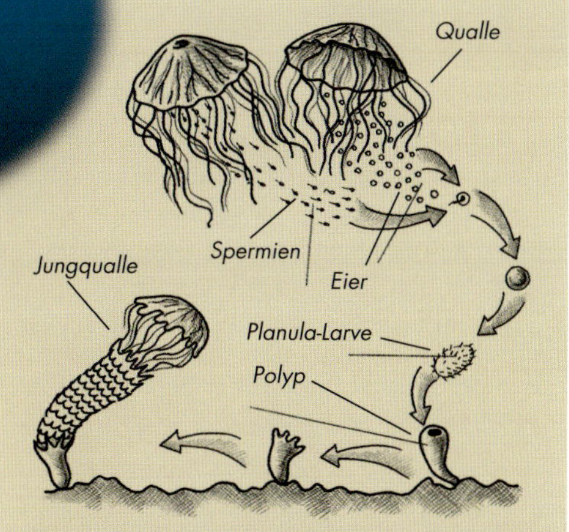

Quallen vermehren sich auf eigentümliche Weise. Aus dem befruchteten Ei entsteht eine schwimmende Larve (Planula). Sie sinkt auf den Grund, befestigt sich dort und wandelt sich zu einem Polypen. Von ihm spalten sich durch ungeschlechtliche Vermehrung (Knospung) kleine Quallen ab (Tochterquallen), die dann allmählich zu ausgewachsenen Quallen heranwachsen.

Ein Gemeiner Delfin wird fast 2,5 m lang und ist in Gewässern von der Ostsee bis zum Schwarzen Meer verbreitet. Meistens bilden Delfine kleinere Gruppen von einigen Dutzend Tieren.

FLIEGENDER FISCH

Fliegende Fische sind heringsähnliche Tiere, die zu den Knochenfischen gehören. Sie sind etwa 30 cm lang und können im Erwachsenenalter mithilfe vergrößerter Brustflossen nach einem mächtigen Aufschlag der Schwanzflosse in 1 m Höhe kurz über die Oberfläche segeln. Bis heute ist noch nicht genau geklärt, was der Anlass für ihre Kurzflüge ist – Versuchen sie, einem Raubfisch zu entkommen? In den europäischen Meeren gibt es einige Arten Fliegender Fische.

DELPHINARIUM

Delphinarien bieten die Möglichkeit, sich mit den Meeresbewohnern vertraut zu machen und sie in Ruhe zu beobachten. Man findet sie nicht nur in Küstenstaaten, sondern auch im Binnenland, z. B. im Nürnberger Zoo. Außer Gemeinen Delfinen werden in ihnen Große Tümmler gehalten. Delfine zeichnen sich durch hohe, mit den Fähigkeiten hoch entwickelter Primaten vergleichbare Intelligenz aus, deshalb erlernen sie schnell Kunststücke.

EWIGE WANDERER

Meeresschildkröten legen in den Meeren der Tropen und der gemäßigten Breiten zwischen den einzelnen Erdteilen Wanderungen von Tausenden von Kilometern zurück. An das ständige Leben im Meer sind sie mit ruderförmigen Vordergliedmaßen, einem abgeflachten, entlastenden Panzer und einem verlängerten Hals, der ihnen die Atmung über Wasser erleichtert, angepasst. Meeresschildkröten halten es fast eine Stunde unter der Oberfläche aus und tauchen bis zu 1500 m tief. Manche Arten sind Pflanzenfresser, andere ernähren sich von Quallen, Weichtieren und anderen Meerestieren.

Von allen Seeschildkröten in den Gewässern rund um Europa ist am häufigsten die Unechte Karettschildkröte anzutreffen. Ausgewachsen wird sie über 1 m groß.

Die Vermehrung der Fische

Knochenfische legen meist zahlreiche (bis zu Millionen) kleine Eier (Rogen), deren Befruchtung mit den Spermien (der Milch) außerhalb des Körpers erfolgt. Die Entwicklung der Larven (des Laichs) findet ebenfalls außerhalb des Mutterkörpers statt. Nur selten schlüpfen Fische beim Legen der Eier. Im Gegensatz dazu kommt es bei Knorpelfischen zu einer inneren Befruchtung, da sich ein Teil der Brustflossen des Männchens in ein Paarungsorgan umgewandelt hat. Die eierlegenden Arten entwickeln große, dotterreiche Eier, die sie im Wasser ablegen oder mit Klebefäden an einer Unterlage befestigen. Häufig kommt auch eine Ei-Lebendgeburt vor (die Eier entwickeln sich in einer Kloake und das Weibchen stößt sie im Moment des Schlüpfens der Keime aus dem Körper aus).

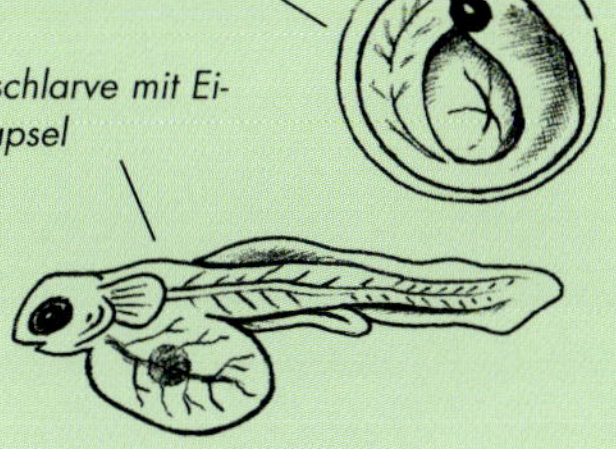

POSEIDON

In der altgriechischen Mythologie herrschte der mächtige Gott Poseidon (die Römer nannten ihn Neptun) über die Meere und Ozeane. Er wohnte in einer unterseeischen Höhle im Osten Griechenlands. Er hatte einen unterseeischen Stall und darin ein Gespann weißer Hengste mit kupfernen Hufen und goldenen Mähnen. Das Gespann spannte er vor einen goldenen Wagen und fuhr damit, von Delfinen, Meeresungeheuern und Nymphen begleitet, auf den Wellenkämmen spazieren.

Poseidon (oder Neptun) wurde mit einem Dreizack dargestellt, mit dem er das Meer aufwühlen, aber auch beruhigen konnte.

26

DER MEERES-GRUND

Der Meeresgrund wird als Benthal bezeichnet. Im Unterschied zum offenen Meer findet man hier eine reiche Gliederung vor – ausgedehnte Ebenen und unterseeische Gebirge, aktive Vulkane und tiefe Gräben bieten Lebensräume für die verschiedenartigsten Organismen. Der Meeresgrund ist gleichzeitig eine Chronik unseres Planeten, da anhand der Ablagerungen eine genaue Rekonstruktion geologischer Vorgänge in verschiedenen Zeitaltern möglich ist.

1. Geweihschwamm
2. Kronenkalkschwamm
3. Zypressenmoos
4. Seedahlie
5. Phyllodoce lamelligera
6. Käferschnecke
7. Seeohr
8. Fadenschnecke
9. Netzreusenschnecke
10. Taschenmessermuschel
11. Tintenfisch
12. Gemeiner Krake
13. Europäischer Hummer
14. Nordatlantik-Seegurke
15. Roter Seestern
16. Seekatze
17. Nagelrochen
18. Scholle
19. Seehase
20. Gestreifter Schleimfisch
21. Gestreifter Leierfisch
22. Meersalat
23. Blasentang
24. Großes Seegras

Leben auf dem Meeresgrund an der Atlantikküste

Unterschiedliche Begrifflichkeiten
In der Geologie verwendet man andere Fachausdrücke als in der Ökologie, um den Meeresboden zu beschreiben. Das flache, bis zu einer Tiefe von 50–200 m nur mäßig abfallende Ufer wird aus geologischer Sicht als *Kontinentalschelf (Kontinentalsockel)* bezeichnet; dieser Uferstreifen nimmt 8 % der Fläche des Weltmeeres ein. Fällt der Grund anschließend steiler bis zu einer Tiefe von 2500 m ab, spricht man von dem *Kontinentalhang*, und den eigentlichen Grund des Ozeans bildet das ebene oder gewellte *Tiefseebecken (Tiefseeebene, abyssale Ebene)*. Dagegen nennt man die erste Uferzone, die bei Ebbe nasses Festland wird, in der Ökologie das *Litoral*. Der noch lichtdurchflutete flachere Meeresboden bis zu einer Tiefe von 150–200 m, der noch mit Pflanzen bewachsen ist, wird als *Sublitoral* bezeichnet. Darauf folgt eine lichtarme Zone oder das *Bathyal* (200–800 m), welches übergangslos in das einförmige Tiefsee-*Abyssal* (bis 6000 m) übergeht, wo ständige Dunkelheit herrscht. Grabenartige Vertiefungen, die bis zu einer Tiefe von 11000 m reichen (in den Meeren rund um Europa nicht vorhanden), werden als *Hadal* bezeichnet.

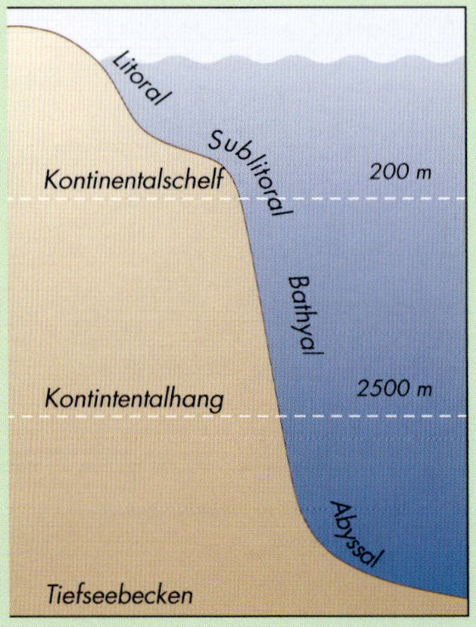

Geologische und ökologische Einteilung des Meeresgrundes

Farbfilter
Sonnenlicht ist als primäre Energiequelle für Algen und Pflanzen des Meeres von entscheidender Bedeutung. Wenn die Sonne im Zenit steht, durchdringen ungefähr 98 % der einfallenden Strahlung das Wasser, bei einem Sonnenstand 10° über dem Horizont wird etwa ein Drittel in die Atmosphäre zurückgestrahlt. Einfallendes Licht wird dabei auch durch Wellenbewegungen gemindert. Mit zunehmender Tiefe verarmt das farbliche Spektrum. Am tiefsten gelangt das blaue Licht, das rote und orangefarbene Licht verliert sich schon in einigen Metern Wassertiefe.

Brennende Schönheit
Korallen zählen zur Klasse der Blumentiere – ihre nächsten Verwandten sind Seedahlien und Quallen. An den Wachstumsspitzen der Korallentiere sitzen oft farbenprächtige Polypen. Man unterscheidet zwischen Weich- und Steinkorallen, wobei letztere die Korallenriffe bilden. Durch Einlagerung von Kalk bildet sich ständig Skelettmaterial, das von neuem Wachstum überwuchert wird. Korallen leben in den warmen Meeren der Subtropen und Tropen.

Die Rote Edelkoralle ist im Mittelmeer eine häufig vorkommende Art.

Die Seefeder wurde früher für eine Pflanze gehalten. Die Koralle wird bis zu 25 cm groß und leuchtet herrlich im Dunkeln.

Wie Versteinerungen entstehen
Der Meeresgrund bietet günstige Bedingungen zur Konservierung von Pflanzen und Tieren: Werden sie nach dem Absterben schnell mit einer Schlammschicht bedeckt, so findet anstelle der Verwesung eine Fossilienbildung statt. Am häufigsten findet man Schalen von Meeresweichtieren und Kopffüßern – häufig sind sie von mineralischen Lösungen durchdrungen, die im Lauf der Zeit zur Versteinerung führen. Manchmal zerfällt auch die Schale, und im Gestein bleibt nur ihr Abdruck zurück.

Versteinerungen sind eine Art Chronik des Lebens auf der Erde. Man findet sie durch sorgfältige Arbeit mit Spezialwerkzeugen.

DIE FLORA DES MEERESGRUNDES

Der Meeresgrund bietet für das Pflanzenwachstum keine guten Voraussetzungen. Die Uferzone ist noch lichtdurchflutet, aber die Ablagerungen auf dem Grund enthalten nur noch wenige Nährstoffe, da sie durch die ständige Brandung ausgewaschen werden. Auch Salzwasser und das Schwanken des Wasserstandes durch Ebbe und Flut sind für eine Vegetation ungünstig. So wird der überwiegende Teil der Flora von Algen (90 %) gebildet. Der Oberfläche am nächsten überwiegen Grünalgen (z. B. Meersalat), Braunalgen (Seetang) steigen etwas tiefer, und ganz unten findet man nur noch Rotalgen (Knorpeltang).

Die Mantelaktinie ist eine Seeanemone, die man von der Mittelmeerregion bis Norwegen findet.

Auffällig gefärbte Hornkorallen bilden auf dem Meeresgrund weit verzweigte Kolonien. Auch wenn sie auf den ersten Blick wie Pflanzen aussehen, handelt es sich um tierische Lebewesen – Korallen (Mittelmeer).

PERFEKTE SYMBIOSE

Das Zusammenleben zwischen Mantelaktinie und Einsiedlerkrebs wird als beispielhafte Symbiose in vielen Lehrbüchern erwähnt. Der kleine Einsiedlerkrebs verbirgt sein weiches Hinterteil in einem leeren Schneckenhaus, auf dem die Fußscheibe der Seeanemone ihn bald einhüllt. Sie beschützt den Krebs mit ihren Nesselzellen und wird dafür von Ort zu Ort transportiert. Die Einsiedlerkrebse kümmern sich um ihre „Vermieter" – sie füttern sie und wenn sie in eine neue größere Muschelschale umziehen, nehmen sie, „ihre" Seeanemone mit.

DIE FAUNA DES MEERESGRUNDES

Im Unterschied zur Flora ist die den Meeresgrund bewohnende Fauna vielfältig. Sie umfasst fast alle Lebewesengruppen – von primitiven Schwämmen bis zu riesigen Fischen. Tiere sind nicht so wie Pflanzen vom Sonnenlicht abhängig, und manche haben sich an die ständige Dunkelheit angepasst. Manche Arten verbringen ihr ganzes Leben am Grund, andere schwimmen je nach Saison, Tagesaktivität oder Entwicklungsstadium ins freie Wasser (z. B. leben Larven im Plankton, erwachsene Exemplare aber am Grund).

Die Juwelenanemone ähnelt der Pferdeaktinie, die Fangarme enden jedoch in einem kugelförmig aufgeblasenen Säckchen. Sie ist durch ihre außergewöhnlichen Farbvariationen bekannt – violett, orangefarben, gelb, grün oder braun.

DIE SESSHAFTEN

Viele Bewohner des Meeresgrundes sind ortsgebunden und leben ständig an einer Stelle. Meist handelt es sich bei diesen Organismen um entwicklungsgeschichtlich wenig fortgeschrittene Gruppen (z. B. Schwämme, Korallen oder Seeanemonen). Aber auch einige Krustentiere (Rankenfüßer), Stachelhäuter (Haarsterne) und sogar Seescheiden bedienen sich dieser Strategie.

Entenmuscheln gehören zur Unterordnung der Rankenfüßer. Die Krustentiere besitzen Zementdrüsen an ihren Fühlern und befestigen sich mithilfe der dort produzierten Sekrete an Felsen, Steinen u. a. Kolonien von Gansrankenfußkrebsen gibt es an der Atlantikküste Europas an Felsen, unterseeischen Bauten und Schiffsrümpfen.

Meeresschwämme

Der aus zwei durch eine gallertartige Masse verbundenen Zellschichten bestehende Körper eines Schwamms wird durch ein festeres Gerüst aus kalkhaltigen Nadeln oder Schwammfasern gestützt. Schwämme haben keine Organe. So genannte Kragengeißelzellen versorgen durch ständiges Bewegen einer langen Geißel den Körpersack mit Sauerstoff, Wasser und Nahrung.

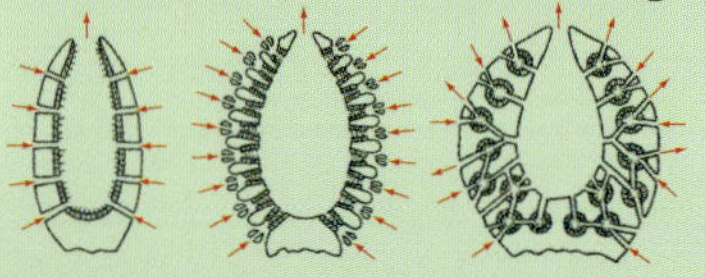

Nach der Anordnung ihrer Kragengeißelzellen unterscheidet man bei Schwämmen drei Haupttypen (die Pfeile zeigen die Strömungsrichtung des Wassers).

Die elastischen Skelette abgestorbener Hornschwämme behalten ihre Saugfähigkeit und werden zum Waschen verwendet. Am Meer werden sie oft den Touristen angeboten.

Das Neptungras kommt im Mittelmeer bis zu einer Tiefe von 50 m vor.

Seegräser

Die einzigen im Meer wachsenden höheren Pflanzen sind die Seegräser, die sich an ruhigen, durchsonnten Meeresgrundstellen mit Schlammablagerungen ansiedeln. Auch wenn sie wie Gräser aussehen, gehören sie zu den Laichkrautgewächsen. Kriechende Wurzelstöcke (Rhizome), mit deren Ablegern sie sich v. a. vermehren, halten sie am Grund. Ihre Blüten sind grün und unauffällig, die Pollen werden durch das Wasser verbreitet. Das Große Seegras ist an der Westküste Europas häufig. In dichtem Wuchs findet man bis zu 4000 Blätter/m². Sie werden bis zu 1 m groß.

ARTENREICHER STAMM

Nach den Insekten sind die Weichtiere der arten- und formenreichste Tierstamm, und auch unter der Meeresoberfläche ist diese Gruppe am stärksten vertreten. Von Aussehen und Lebensart her unterscheiden sie sich sehr – manche verbringen das ganze Leben an einer Stelle, andere sind sehr gewandt im Schwimmen. Manche verbergen den Körper in einer Schale, andere kommen ohne sie aus. Manche ernähren sich durch Filtern winziger Nahrungsteilchen, andere sind gefürchtete Räuber. Manche sind verschiedengeschlechtlich, andere Zwitter.

Eines haben sie aber gemeinsam: die innere Organisation eines unsegmentierten Körpers mit drei grundlegenden Teilen: muskulöserFuß, Eingeweidesack und Mantelhöhle.

Die Schalen der Jakobsmuschel werden bis zu 18 cm groß und sind asymmetrisch – die linke ist flach und die rechte gewölbt. Feinschmeckergerichte lassen sich darin ideal servieren.

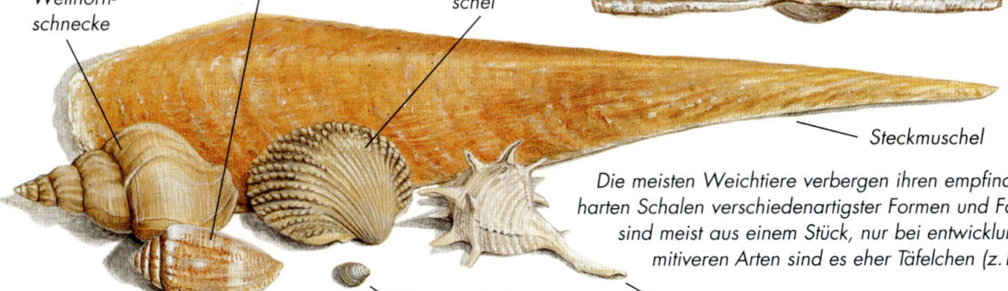

Die meisten Weichtiere verbergen ihren empfindlichen Körper in harten Schalen verschiedenartigster Formen und Farben. Die Schalen sind meist aus einem Stück, nur bei entwicklungsgeschichtlich primitiveren Arten sind es eher Täfelchen (z. B. Käferschnecken).

BESONDERE BEZEICHNUNGEN

Auch in der Fachwelt gibt es nicht nur wissenschaftliche Bezeichnungen. Trivialnamen beschreiben bestimmte Tiere am besten. Dazu gehört das leicht erkennbare Seeohr. Die Seenelke heißt auch Meeresnelke, und Meerhase ist ein anderer Name für den Seehasen.

Der Seehase ist eine Hinterkiemerschnecke mit breiten Fühlern und flossenähnlichen Lappen am Fuß. Bei Reizung scheidet er ein violettrotes Sekret aus.

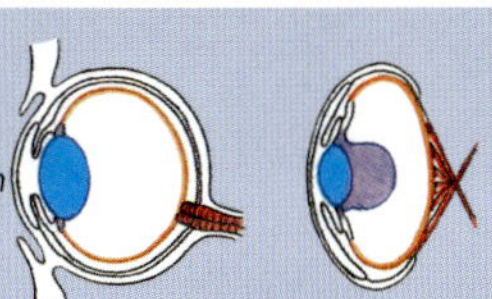

Tintenfische sind sehr intelligent und listig bei der Jagd auf Beute (v. a. andere Weichtiere, Krabben und Fische). Harte Schalen und Panzer stören sie nicht, sie öffnen sie problemlos, zermalmen oder zerreiben sie mit dem Schnabel und der rauen Zunge. Dank ihres gut entwickelten Sehvermögens können sie sich gut orientieren. Der Kammeraufbau ihrer Augen ist mit dem der Wirbeltiere vergleichbar.

FANGARME UND GROSSE AUGEN

Kopffüßer gehören zu den bekanntesten Meereswesen. Ein Schneckenhaus oder eine Muschel übernimmt die Funktion der verkümmerten inneren Schale (beim TINTENFISCH) und des fehlenden Innenskeletts (z. B. GEMEINER KRAKE). Beine werden durch einen Kranz von Fangarmen um das Maul herum mit einem muskulösen Trichter an der Körperunterseite ersetzt. Bewegt wird sich nach dem Rückstoßpinzip – Wasser wird in den inneren Sack angesaugt und dann heftig ausgestoßen, so ist eine schnelle Fortbewegung möglich. Manche Kopffüßer nebeln ihre Gegner mit tintenartiger Flüssigkeit ein.

MEERESSCHNECKEN

Nacktkiemerschnecken ohne Schale sind die eigentlichen Meeresschnecken. Ihre Verteidigungsstrategie beruht auf einer bunten Warnfarbe oder einer Tarnfärbung. Manche Arten sind von fast strahlender Schönheit.

Die schlanke Wander-Fadenschnecke ist ungefähr 5 cm groß. Sie kommt nur im Mittelmeer, in felsigen Bereichen des Sublitorals vor.

Was den Meeresgrund bedeckt

Mehr als 90 % des Meeresgrundes werden von Ablagerungen bedeckt. Diese Partikel sind durch den Eintrag von Flüssen entstanden oder wurden durch Strömungen von den Ufern abgelöst. Je weiter draußen im Meer, desto kleiner die Partikel auf dem Grund: Der Sand wird schrittweise durch lehmigen Sand, sandigen Lehm und roten Tiefseelehm ersetzt. Außer Mineralien enthalten die Sedimente eine Schicht fester Kalkschalen oder Gerippe von Meeresorganismen.

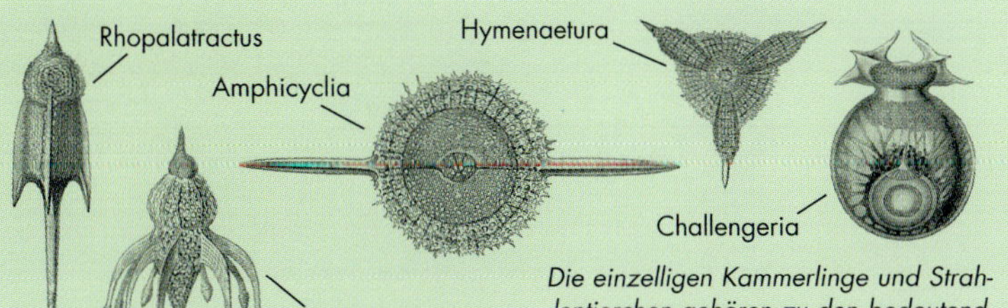

Die einzelligen Kammerlinge und Strahlentierchen gehören zu den bedeutendsten gesteinsbildenden Gruppen.

Die Gattung Laminaria gehört zu den Tangen. Ihre Inhaltsstoffe finden in Medizin und Kosmetik Verwendung.

Einordnung der Algen

Eine Abteilung des Pflanzenreiches bilden die Algen, die in zwölf Klassen unterteilt werden. Algen sind ein- oder mehrzellige photoautotrophe Thallophyten, die nicht in Stamm, Stiele oder Blätter gegliedert sind. Zusammen mit den Einzellern werden einige von ihnen zu den Protisten gerechnet – es handelt sich aber um ein heterogenes Gemisch von Organismen ohne engere verwandtschaftliche Beziehungen. Nach der gegenwärtigen Terminologie werden nur einige Algen den niederen Pflanzen zugeordnet. Man unterscheidet Grünalgen, Rotalgen und Braunalgen (Seetang).

Unter der runzligen, spärlich behaarten und 2–4 cm dicken Haut eines Walrosses befindet sich eine bis zu 10 cm dicke Schicht Unterhautfett.

Über die Bedeutung der Walrossstoßzähne ist lange spekuliert worden. Offensichtlich sind sie nicht nur ein Kriterium der gesellschaftlichen Stellung in der Herde, sondern dienen auch der Nahrungsfindung und als Stütze beim Klettern auf dem felsigen Ufer.

BÄRTIGER RIESE

Das Walross ist mit einem Gewicht von über 1 t der größte europäische Flossenfüßer. Seine Heimat sind die Treibeisgebiete; in Europa tritt es meistens in der Umgebung von Island und im Nordpolarmeer auf. Um das Maul herum hat es borstenartige Haare, mit denen es auf dem Grund nach Nahrung sucht. Am meisten interessiert es sich für Miesmuscheln – es fasst jeden Tag Tausende davon mit dem Maul, trägt sie zur Oberfläche und saugt sie mit dem Luftstrom aus.

Die Mittelmeermuräne lebt im Mittelmeer und im östlichen Atlantik. Sie wird bis zu 1,5 m lang und hält sich in zerklüfteten Uferfelsen auf, wo sie sich tagsüber in Spalten und Höhlungen versteckt.

„AD MURENAS“

Die räuberischen Muränen haben lang gestreckte Körper mit Saumflossen. Ihre Kiemenöffnungen haben die Form kleiner, ovaler Ritzen. Im furchterregend aussehenden Maul haben sie lange, spitze Zähne, mit denen sie ihrer Beute und unvorsichtigen Tauchern unangenehme Wunden zufügen. Muränenfleisch wird als Delikatesse angesehen, ist roh jedoch giftig! Bereits im Römischen Reich wurden Muränen mit dem Fleisch getöteter Sklaven gefüttert. Aus dieser Zeit stammt der Todesbefehl: „Ad murenas“ – zu den Muränen.

Ei eines Kleingefleckten Katzenhais.

Der räuberische Schriftbarsch tritt oft an Ufern mit felsigem Grund auf, vom Golf von Biskaya bis zum Schwarzen Meer. Er wird etwa 30 cm groß. Viele Sägebarsche sind zwittrig oder in der Jugend weiblich, später männlich.

EIN PARADIES FÜR FISCHE

Am Meeresgrund leben viele Knochen- und Knorpelfische. Nur wenige Gruppen sind hier nicht vertreten. So wie das offene Meer für hydrodynamisch geformte Fische geeignet ist, so ist am Meeresgrund ein oben abgeflachter, sich an den Untergrund anpassender Körper günstiger. Auch Schutzfärbungen sind häufig und einige Arten haben einen Saugfuß, mit dem sie sich am Untergrund festhalten. Im Unterschied zu den Fischen des offenen Meeres leben die Grundfische einzeln oder in kleineren Schwärmen.

Der Kleingefleckte Katzenhai legt – wie die meisten Knorpelfische – große Eier mit hornartigen, etwa 6 cm großen Hüllen. Mit langen Fäden heftet er sie an Steine oder Wasserpflanzen. 18–20 Eier werden gelegt, das Ausschlüpfen dauert je nach Wassertemperatur 5–11 Monate.

Der Kleingefleckte Katzenhai ist der kleinste Hai, der in europäischen Meeren lebt. Er wird höchstens 100 cm groß und lebt ausschließlich am Grund. Zu seiner Beute zählen Krustentiere, Weichtiere und Fische.

Die Färbung des Kleingefleckten Katzenhais dient zur Tarnung auf dem Meeresgrund.

Augen oben

Auf der Kopfoberseite tragen die Schollen ihre Augen, da ihr flacher Körper keine andere Möglichkeit bietet. Junge Schollen unterscheiden sich von anderen Knorpelfischen und Fischen allerdings kaum. Die Veränderung der Körperform erfolgt erst mit vollständiger Entwicklung. Während der Körper der Rochen symmetrisch von oben abgeflacht ist, legen sich die jungen, beidseitig gleichmäßig entwickelten Schollen nach einer gewissen Zeit auf die Seite (gewöhnlich auf die rechte), die dann zur sekundären Unterseite (Bauchseite) des Körpers wird.

Die mit den Schollen verwandte Gemeine Seezunge ist ein beliebter Speisefisch.

Stielaugen

Stielaugen sind typisch für Krabben und Langusten. In Ruhestellung sind sie in die Augenhöhlen zurückgezogen, sonst bewegen sie sich wie ein Periskop von einer Seite zur anderen und decken so ein weites Gesichtsfeld ab (mehr als 180 °). Auch Muscheln, v.a. Jakobsmuscheln und Herzmuscheln, haben Stielaugen. Im Unterschied zu den zusammengesetzten Augen der Krustentiere haben sie einen einfachen Kameraufbau aus Linse und Hornhaut.

Die zusammengesetzten Augen einer Krabbe werden durch eine Pigment-Hornhaut bedeckt. Ein scharfes Bild können sie jedoch nicht erzeugen (Foto: Wollkrabbe).

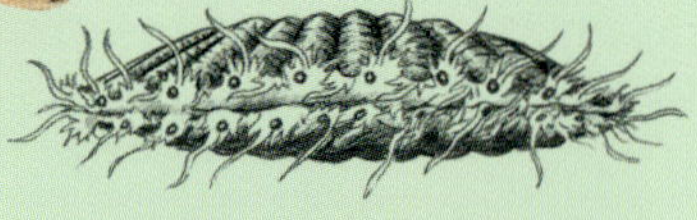

Am Rand der leicht geöffneten Schalen von Jakobsmuscheln stehen zahlreiche Fühler mit kleinen blauen Äuglein an den Enden hervor, mit denen sie die Umgebung nach allen Seiten beobachten.

Ein fauler und giftiger Fisch ist der Große Drachenkopf, der die meiste Zeit am Grund verbringt und dort dank seiner Tarnfarbe kaum zu erkennen ist. Seine harten, stacheligen Dornen in den Flossen sind mit Giftdrüsen verbunden.

In der Paarungszeit legen die Seepferdchen-Weibchen die Eier in spezielle Brutbeutel der Männchen. Um den Nachwuchs kümmern sich die Männchen.

VORSICHT GIFT UND STROM!

Expeditionen unter die Meeresoberfläche können unangenehme Überraschungen bringen. Besonders giftige Fische sind gefährlich. Auf das Große Petermännchen kann man auch aus Versehen beim Baden treten, da es sich tagsüber in den Sand im ufernahen Flachwasser eingräbt. Auch einen schwachen elektrischen Schlag kann man im Wasser bekommen. Der nicht ganz 0,5 m lange Marmor-Zitterrochen hat an den Kopfseiten aus umgewandelten Muskeln entstandene, elektrische Organe und kann Ladungen bis 220 Volt Spannung produzieren. Er nutzt das, um Beutefische zu lähmen.

UNGEWÖHNLICHE PFERDE

Der seitlich abgeflachte Körper der Seepferdchen endet in einem wurmartigen Schwänzchen, das zum Festklammern an Algen dient. Seepferdchen schwimmen meist senkrecht mit dem Kopf nach oben, angetrieben durch strudelartige Bewegung der Brustflossen. Sie haben eine kleine Afterflosse, Schwanzflosse und Brustflossen fehlen. Mit einem winzigen, rohrförmigen, zahnlosen Maul saugen sie ihre Nahrung ein – Fischlarven, winzige Krustentiere und anderes Plankton.

Seesterne sind für ihre außergewöhnliche Regenerationsfähigkeit berühmt, sogar aus einem abgebrochenen Zacken (Arm) entwickelt sich ein neuer Stern. Sie ernähren sich hauptsächlich von Muscheln, deren Schalen sie mit viel Kraft öffnen müssen. Mit einem ausstülpbaren Magen verdauen sie auch größere Beute. Der Purpur-Seestern ist im Mittelmeer überall häufig.

AUSSERGEWÖHNLICHES SYSTEM

Stachelhäuter bekommen durch ein Kalkskelett Halt. Dornen und Stacheln sind mit den darunter liegenden Skelettplatten beweglich verbunden. Zu dieser vielgestaltigen Gruppe gehören Seesterne, Seeigel, Seelilien, Schlangensterne und Seewalzen. Einzigartig ist ihr Ambulacralsystem, ein inneres Kanalsystem, dessen äußere Fortsätze dem Nahrungserwerb dienen. An der Körperunterseite laufen diese Wasseradern in Scheinfüßchen aus, die Stachelhäuter können sich mit ihrer Hilfe bewegen oder jagen.

MEERESFRÜCHTE

Das Meer ist ein riesiges Nahrungsreservoir – auch der Mensch verwertet von Algen bis zu Walen fast alles. Ein morgendlicher Besuch eines Hafen-Fischmarktes ist deshalb lehrreicher als mancher Museumsbesuch. Fische, Tintenfische, Sepien, Herzmuscheln, Miesmuscheln, Austern, Garnelen, Krevetten, Krabben, Krebse und andere Meerestiere findet man hier in den verschiedensten Arten. Wer Lust auf Abwechlung hat, bestellt sich im Restaurant einen Meeresfrüchte-Teller – mindestens ein Stück von jeder Gattung sollte dabei sein.

Die Gewöhnliche Languste ist, wie der EUROPÄISCHE HUMMER, eine berühmte Delikatesse. Im Unterschied zu ihm besitzt sie keine Scheren, aber dafür lange starke Fühler, die sie zur Verteidigung nutzt. Sie bewohnt felsige Ufer mit vielen Spalten und Höhlen, in denen sie sich tagsüber versteckt.

ARISTOTELESLATERNE

Den Körper der Seeigel schützt ein stachelbesetzter Panzer wie ein Nadelkissen. Auf der Körperunterseite haben sie einen eigenartigen Kauapparat, die so genannte „Aristoteleslaterne".

Der Violette Seeigel ist die in Europa häufigste Art. Unter kurzen Stacheln verbirgt sich ein 6–10 cm großer Schmuckpanzer.

Verschiedene Flossenarten

Flossen erleichtern die Bewegung im Wasser. Während sie bei Wirbellosen gewöhnlich als Ausbuchtungen verschiedener Körperteile entstehen, überwiegen bei Wirbeltieren paarweise, mit dem inneren Skelett zusammenhängende Flossen. Während die Flossen der Knochen- und Knorpelfische durch eine Anzahl von strahlenförmig ausgehenden Knochen oder Knorpeln gebildet werden, ist der grundlegende Aufbau der Säugetierflossen, die sich sekundär an das Leben im Wasser angepasst haben, von den fünffingrigen Gliedmaßen abgeleitet. Walflossen haben mehrfache Fingerglieder, sind aber nur im Schultergelenk beweglich.

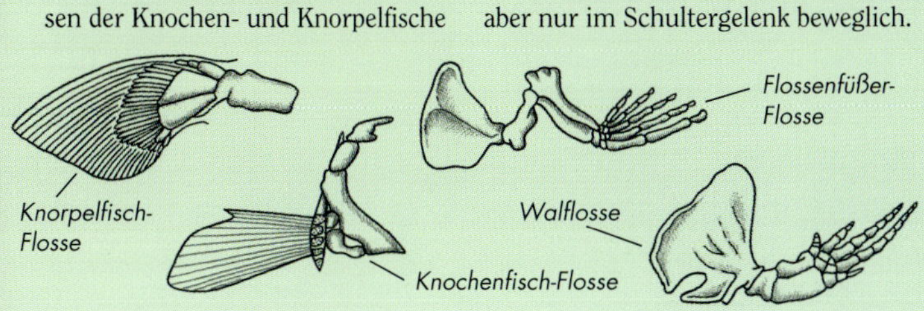

Versunkene Geschichte

Der Meeresgrund ist auch für Historiker und Schatzsucher interessant. Über Jahrtausende haben sich auf dem Grund des Meeres die Wracks untergegangener Schiffen mit Ladung angesammelt, deren Hebung Reichtum oder wertvolle Erkenntnisse über das Leben unserer Vorfahren bringen kann. Wissenschaftler und Abenteurer suchen schon Jahrhunderte nach dem legendären Atlantis, dessen hoch entwickelte Kultur dnach einer Naturkatastrophe im Meer versunken sein soll. Der mittlere Atlantik oder die Insel Thera (Santorin) im Ägäischen Meer werden als Standorte vermutet.

Auf dem Grund der Meere liegen bis heute viele Kunstdenkmäler und Gegenstände des Alltagslebens versunken (Foto: Statue bei der Insel Elba).

27

MEERESKÜSTEN

Die Küsten sind ebenso vielfältig wie die dort lebenden Organismen, und nur dort kommen die meisten Menschen mit dem Meer in Berührung. Pflanzen und Tiere haben sich speziell an die Beschaffenheit des Untergrundes und die Wellenstärke angepasst. Ein ausreichendes Angebot an Nahrung, Licht, Sauerstoff und Unterschlupf ist für viele Lebewesen so anziehend, dass sie den täglichen Überlebenskampf zwischen Flut- und Ebbe aufnahmen. Die Uferlandschaft reicht von endlosen Sandstränden über Felsen bis zu steilen Klippen.

1. Seehund
2. Austernfischer
3. Seeregenpfeifer
4. Rotschenkel
5. Lachseeschwalbe
6. Heringsmöwe
7. Seidenreiher
8. Kreuzkröte
9. Wattwurm
10. Meeresringelwurm
11. Sandklaffmuschel
12. Herzmuschel
13. Schwertmuschel
14. Strandhüpfer
15. Gemeine Seepocke
16. Miesmuschel
17. Gemeine Strandschnecke
18. Taschenkrebs
19. Flechte Lichnia confinnis
20. Flechte Ramalina siliquosa
21. Strand-Grasnelke
22. Strandaster
23. Niederliegendes Glasschmalz
24. Europäischer Meersenf
25. Gelber Hornmohn
26. Stranddistel

Die Meeresküste ist das Tor zur Unterwasserwelt.

Einteilung der Küsten

Das Litoral oder die Uferregion bildet die Grenze zwischen Meer und Festland. Besonders an felsiger Küste wird deutlich, dass diese Region aus mehreren Zonen besteht. Einen großen Teil bildet das *Eulitoral* (Gezeitenzone), das in einen oberen, mittleren und unteren Streifen eingeteilt wird. Der Teil des Ufers über dem Eulitoral, der Spritzwasserbereich, wird *Supralitoral* genannt, der untere, ständig unter Wasser stehende Bereich ist das *Sublitoral*. Abhängig von der Neigung des Grundes und den Schwankungen des Meeresspiegels kann der Litoralbereich einige Kilometer breit sein.

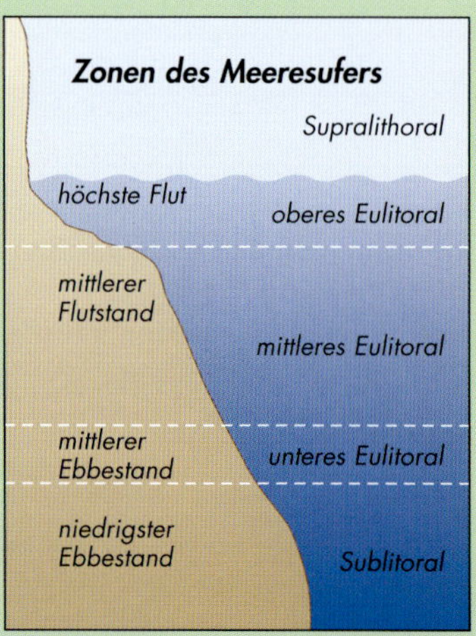

Lebende Helfer

Die einzelnen Zonen des Litorals an einem felsigen Ufer sind außerdem durch speziell angepasste Lebensgemeinschaften gekennzeichnet. Für das obere Eulitoral symptomatisch ist z.B. das Auftreten der *Gemeinen Seepocke* oder anderer ähnlicher Arten. Typische Bewohner des Supralitorals sind winzige, lebend gebärende Schnecken und brauner Seetang. Umgekehrt beenden im unteren Eulitoral die Laminarien (braune Meeresalgen oder Seetang) ihr Wachstum, deshalb wird das Litoral manchmal „Laminarzone" genannt.

An schlammigen und sandigen Meeresküsten gehen die Grenzen der Gezeitenzone ineinander über.

Ebbe und Flut

Schon im 1. Jahrhundert v. Chr. beschrieb der griechische Philosoph und Astronom Poseidonios den Zusammenhang zwischen Gezeiten und Mondphasen. Die Grundlage dieser Erscheinung konnte jedoch erst das Newtonsche Gesetz über die Anziehungskraft erklären, da Ebbe und Flut dank den Anziehungskräfte von Erde, Mond und Sonne entstehen. Ihre Intensität wird auch von der geographischen Lage, der Uferform und vom Wetter beeinflusst. Als Ort mit der größten Schwankung des Wasserspiegels wird die Fundybucht an der Kanadischen Atlantikküste angeführt (bis 13 m). Bei Helgoland sind es etwa 2,4 m. In abgeschlossenen Meeren wie dem Schwarzen Meer oder dem Mittelmeer sind die Gezeiten minimal. Sie werden v.a. von der Anziehungskraft des Mondes bestimmt, die Sonne hat nur ²/₅ seiner Anziehungskraft. Diewechselnde Position aller drei Himmelskörper beeinflusst täglich die Flutintensität. Die maximale Fluthöhe wird bei Vollmond und Neumond erreicht, wenn sich die Anziehungskräfte von Sonne, Mond und Erde in einer Linie addieren *(Springflut)*. Wenn Sonne und Mond zur Erde im rechten Winkel stehen und ihre Anziehungskräfte einander entgegenwirken, ist die Fluthöhe am geringsten *(Nippflut)*.

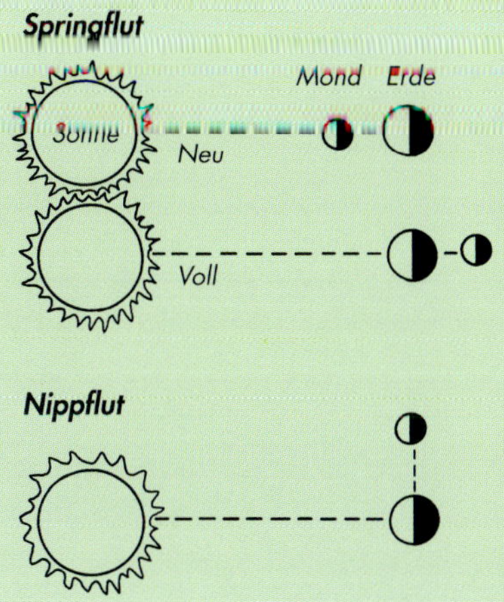

In der französischen Bretagne gibt die Ebbe an manchen Stellen einen mehrere Kilometer breiten Küstenstreifen frei.

„Felsenfest" stehen die Felsen der Meeresküsten nicht. Eine starke Brandung schleift und zerstört auch die stärksten Gesteine und modelliert die Küste ständig neu.

UNBESTÄNDIGE UMGEBUNG

Das Leben an der Küste wird durch eine ständige Veränderung der Umgebung erschwert. Die Macht der Wellen, gepaart mit starken Winden, gräbt sich Stück für Stück in die Felsvorsprünge ein und löst Material, das abgeschliffen, zermahlen, weggespült und an anderer Stelle in Form von Geröll und Sand oder schlammigen Ablagerungen erneut den Einwirkungen von Ebbe und Flut ausgesetzt wird. Eine starke Brandung wirft die gelösten Sedimente an Felswände und löst wieder Teile heraus.

Der Strandwegerich ist ein Halophyt, der aber auch auf weniger salzhaltigen Böden wächst. Man trifft ihn an der Nord- und Ostseeküste, vereinzelt aber auch auf Salzböden im Binnenland Europas.

Auf sandigen Meeresanspülungen werden die einzelnen Arten nach dem Salzgehalt im Untergrund eingeteilt (abhängig von der Reichweite von Ebbe und Flut). Der seltene Küsten-Meerkohl ähnelt dem Tatarischen Meerkohl, wächst jedoch an der Ostsee, dicht über der Flutlinie. Wie der Meersenf gehört er zu den Kohlgewächsen (Kreuzblütengewächsen).

UNWIRTLICHE STRÄNDE

Sandige oder sumpfige Ufer sind für höhere Pflanzen ebenso ungünstig wie raue Klippen. Statt harten Felsens ist hier der bewegliche sandige Untergrund Ursache der begrenzten Besiedelung. Sand ist nährstoff- und wasserarm und dazu ein schlechter Wärmeleiter, so dass die Wurzeln ständig kalt sind, was die Wasseraufnahme erschwert. Einige Pflanzen haben sich dennoch angepasst, indem sie Wurzelstöcke und in die Breite reichende Wurzeln bilden.

Der Blasentang ist im Flachwasser der nördlichen Meere eine häufige Braunalge, bei Ebbe bedeckt sein Bewuchs einen großen Teil des freigelegten Uferstreifens. Dank luftgefüllter Bläschen kann der Thallus im Wasser schweben.

DIE FLORA DER MEERESKÜSTE

In der Uferregion treffen sich Pflanzen des Meeres und des Festlandes. Einige Meeresalgen vertragen Luft und Salzwasser und wachsen in der Zone der Wasserstandsschwankungen. Verschiedene Flechten, Moose und sogar einige widerstandsfähige höhere Pflanzen befinden sich bei Flut oder stärkerem Seegang dicht über der Meeresoberfläche und müssen Salzwasser, salzhaltiger Luft und starken Stürmen standhalten. Echtes Seegras, Zwerg-Seegras, Queller und Schlickgras sind typische Pflanzen des Watts.

PFLANZEN DER MEERESFELSEN

An den schnell austrocknenden Klippen und Felsen findet man nur wenige höhere Pflanzen, die in Spalten und Vertiefungen mit einer dünnen Erdschicht wurzeln. Am häufigsten besiedelt sind Stellen im Windschatten und außerhalb des Brandungsbereichs. Wichtigste Bedingung für das Überleben ist die feste Verankerung im Untergrund. Auch auf den Gipfeln der Klippen ist die Vegetation nicht viel abwechslungsreicher. Es überwiegen kriechende Gras- und Heidebewüchse, stellenweise aufgelockert durch verkrüppelte Sträucher und widerstandsfähige Pflanzen.

Trotz der unwirtlichen Umgebung haben viele Pflanzen der Klippen herrlich gefärbte Blüten. Außer Grasnelken und Strandastern gibt es an der westeuropäischen Küste noch zahlreiche auffällige Arten.

Wüstenpflanzen am Meer?
Auf den salzdurchtränkten Böden der Küsten wachsen salzliebende Pflanzen *(Halophyten)*. Ihre Zellflüssigkeit enthält mehr Salz als die anderer Pflanzen – ein höherer osmotischer Druck ermöglicht es ihnen, Salzwasser aufzunehmen. Außerdem haben sie – ähnlich wie Wüstenpflanzen – schmale, ledrige Blätter und fleischige Stiele *(Salzsukkulenten)*. Die äußere Widerstandskraft schützt sie nicht nur vor eintretendem salzigem Meerwasser, sondern verhindert auch ein übermäßiges Transpirieren. Die Pflanzen müssen Wasser sparen, da eine hohe Salzkonzentration sie austrocknet.

Das salzliebende Felsensteinkraut wächst häufig an der felsigen Mittelmeerküste.

Pflanzen ohne Blätter
Das *Niederliegende Glasschmalz*, auch als Queller bekannt, verträgt regelmäßige und lange Überschwemmungen durch Meerwasser. An manchen Stellen der europäischen Küste bildet es in der Gezeitenzone ausgedehnte Teppiche. Die Anpassung an eine salzhaltige Umwelt ist dieser Pflanze perfekt gelungen – sie hat einen verdickten Stängel und fleischige, seitliche Glieder, die von unten her gegenständig verzweigt sind.

Die Blätter sind ersetzt durch am Stängel anliegende, durchsichtige Schuppen. Auch die Blüten sind vereinfacht – sie liegen in Grübchen der Stängelglieder; der Pollen wird durch die Flut über das Wasser verbreitet. Das Glasschmalz blüht von Juli bis September. Selten tritt es auf Salzböden im Binnenland auf.

Das blattlose Niederliegende Glasschmalz erinnert an einen größeren Schachtelhalm. Die jungen Triebe sind essbar.

UNECHTER PINGUIN

Der flugunfähige Riesenalk ist seit Mitte des 19. Jahrhunderts ausgestorben. Seine Gestalt war vergleichbar mit der heute noch lebenden Torkalke. Er lebte ausschließlich auf der Nordhalbkugel – am längsten überlebte er auf schwer zugänglichen Felseninseln im Atlantik zwischen Südschweden und der Ostküste Kanadas. Weltweit gibt es nur noch 20 präparierte Riesenalke, nur in den Museen von Kopenhagen und Prag handelt es sich um junge, nicht ausgefärbte Exemplare.

Dem jungen Riesenalk fehlt auf dem Schnabel der große weiße Fleck (Foto: präparierte Exemplare aus dem Prager Nationalmuseum).

Ein felsiges Meeresufer mit nah über der Wasseroberfläche liegenden Terrassen ist am günstigsten für die Entstehung von Gezeitentümpeln.

DIE FAUNA DER MEERESKÜSTE

Die an der Meeresküste lebenden Tiere müssen ganz unterschiedliche Eigenschaften besitzen, um zu überleben. Eine grobe Einteilung unterscheidet Arten, die an die Bedingungen der Gezeitenzone angepasst sind, von Arten, die im Wasser oder auf dem nassen Festland leben. In der Gezeitenzone kommen v. a. Weichtiere, Krustentiere, Rankenfüßer und verschiedene Würmer vor, während Wirbeltiere mit festländischem Ursprung das Meer eher als Nahrungsquelle nutzen. Wasservögel dominieren hier, im Winter kommen jedoch auch einige Binnen-Zugvögel auf Nahrungssuche.

GEZEITENTÜMPEL

Nach der Flut trifft man an felsigen Meeresufern oft auf kleine, in Felsvertiefungen zurückbleibende Tümpel. Diese Gezeitentümpel dienen zahlreichen Organismen, insbesondere Seeanemonen, Krabben, Seeigeln, Seesternen und Garnelen als zeitweilige Zufluchtsorte. Die Lebensbedingungen darin sind jedoch anders als im Meer, die Gefahr der Austrocknung ist viel größer, außerdem schadet der übermäßige Salzgehalt, wenn der Großteil des Tümpelwassers verdunstet. Lebewesen, die sich solchen extremen Gefahren aussetzen, sind von der Natur mit besonderen Schutzvorrichtungen versehen.

Einige Wissenschaftler behaupten, dass sich gerade in den Gezeitentümpeln der historische Übergang der Fauna des Meeres zum Land vollzogen hat.

Austernfarmen

Schon im Römischen Reich war die Auster eine Delikatesse; später führte die Überfischung fast zu ihrem Aussterben. Heute werden Austern in flachen Buchten verschiedener Farmen gezüchtet. Ihre Verzehrgröße (50–60 g) erreichen sie nach 2–3 Jahren, ihre Lebensdauer beträgt jedoch bis zu 30 Jahre. Durch die künstliche Aufzucht an Holzpfählen ist auch die Produktion der nicht weniger beliebten Miesmuschel gewährleistet. Im Unterschied zu Austern leben Miesmuscheln in großen Kolonien in mehreren Schichten übereinander. Am Untergrund halten sie sich mit einem durch die Byssusdrüse gebildeten Faden fest.

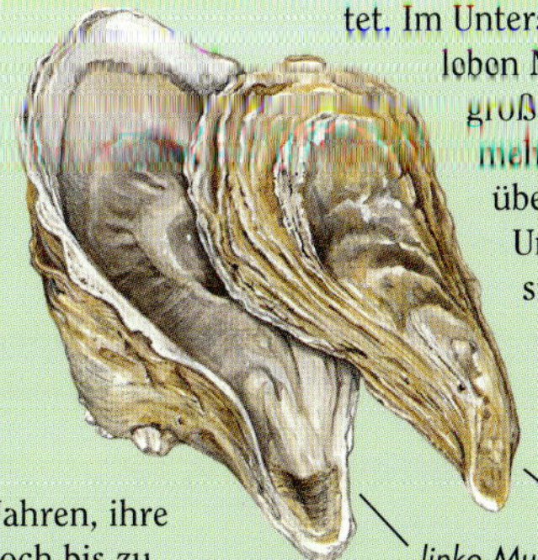

Austern haben eine ungleichmäßige Form – die linke Hälfte ist eine stärkere Schüssel, die ständig an der Unterlage festsitzt, die rechte bildet einen flachen Deckel.

Wohnung im Sand

Der vielborstige *Wattwurm* (12–25 cm) gräbt sich im schlammigen und sandigen Grund einen Gang in U-Form. An einem Ende, das zu einer trichterförmigen Vertiefung führt, kommt er zur Nahrungssuche heraus, durch das andere entsorgt er seinen Kot. Die Wände des Ganges sind mit einem klebrigen Masse überzogen. Weil er bis zu 25 cm tief eingegraben ist, kann der Wattwurm bei Ebbe in seinem Bau bleiben; während der Flut sammelt er auf dem Grund des Trichters angehäufte organische Überreste.

Bei Ebbe zeigen sich am Ufer die charakteristischen Kothäufchen des Wattwurmes.

VOGELBASARE

Steile Felsenklippen mit zahlreichen Simsen, Nischen und Überhängen sind beliebte Aufenthaltsorte für Seevögel. Die meisten von ihnen haben gerne Gesellschaft und bilden große Nistkolonien mit verschiedenen Arten wie Lummen, Alken, Möwen, Raubmöwen, Sturmvögeln und Tölpeln. Durch die unterschiedlichen Lebensstile der Vögel profitieren alle voneinander. Unter Ornithologen hat sich für die Kolonien die aus dem Russischen übernommene Bezeichnung „Vogelbasare“ durchgesetzt. Auf den ersten Blick scheint dort alles sehr ungeordnet, nach einiger Zeit bemerkt man jedoch, dass trotz des ständigen lauten Streits und Gezänks eine gewisse Ordnung herrscht.

A – Der Papageitaucher bevorzugt grasige Hänge und eine genügend tiefe Erdschicht, in die er sich eine 1–2 m lange Nisthöhle gräbt. Ohne Zögern – er verlangsamt nur seinen Flug – fliegt er kopfüber hinein.

B – Der Eissturmvogel sucht eher Grotten und Felsritzen als unbedeckte Überhänge auf. Er ist ein ausgezeichneter Flieger und kann viele Stunden lang segeln.

C – Der seltenere Basstölpel nistet gewöhnlich auf mit niedrigem Gras bewachsenen Simsen und Überhängen.

D – Der Tordalk brütet auf Felsbändern in Steilfelsen. Er ähnelt der Trottellumme, hat jedoch einen kantigen und seitlich stark abgeflachten Schnabel.

E – Die Dreizehenmöwe baut sich in den Mittelteilen felsiger Wände auf größeren Vorsprüngen ein mit Lehm verstärktes Nest aus Moos, Gras und Algen.

F – Der Trottellumme entsprechen mehr die niedrigeren Etagen der Felswände, ihren Nachwuchs zieht sie auf ebenen Felssimsen auf.

G – Die Gryllteiste hält sich am Fuß der Klippen im brandungsfernen Bereich auf und nistet unter Felsblöcken und in Felsspalten.

„Vogelbasare“ findet man in kälteren Klimazonen, wo Meere und Ozeane einen unerschöpflichen Reichtum an Fisch und Plankton bieten.

Die Mantelmöwe ist die größte europäische Möwe. Sie brütet auf küstennahen Inseln und in küstennahen Feuchtgebieten.

MÖWEN

Nur schwer kann man sich eine Meeresküste ohne Möwen vorstellen. Während ihres langsamen Fluges betrachten sie aufmerksam alles, was das Meer anspült und was fressbar ist, auch Abfälle von Deponien verachten sie nicht. Ihre durchdringenden Schreie hört man überall. Die häufigsten Arten sind Silbermöwe und Sturmmöwe.

EIFORMEN

Die Eier der Trottellumme sind auffällig spitz geformt, so dass sie nicht aus dem Nest fallen können. Im Gegensatz dazu sind die Eier des in Brutgemeinschaft nistenden Papageitauchers eher rundlich.

Nächtliches Theater

Meeresschildkröten legen Eier, die sie nachts am Ufer in den Sand eingraben. Sie kehren dabei immer an die gleichen Orte zurück, oft dahin, wo sie selbst zur Welt gekommen sind. Die Unechte Karettschildkröte zählt mit einer Panzerlänge von 1 m und einem Gewicht von bis zu 130 kg zu den größten Schildkrötenarten. Sie wurde lange Zeit wegen ihres Fleisches und der Eier gejagt. Heute steht sie deshalb auf der Liste der geschützten Arten.

Große Schildkrötenspuren im Sand sind Zeugen einer nächtlichen Eiablage, bevor die Tiere ins Wasser zurückkehren.

Sammelleidenschaft

Seegang und Flut tragen viele Schätze des Meeres ans Ufer. Leere Schalen von Weichtieren eignen sich zum Anlegen einer Sammlung (man muss keine Tiere töten!), sind widerstandsfähig und lassen sich leicht präparieren. Am besten legt man sie mit Watte in kleine Dosen (z.B. Filmdosen). Wichtig ist eine genaue Dokumentation der Sammlung mit Angaben über Fundort, Datum und Name. Die Schalen werden mit einer Zahnbürste gereinigt, evtl. vorhandene Gewebereste kann man mit einer Pinzette oder Präpariernadel (bzw. umgebogenen Stecknadel) entfernen oder die Schalen kochen. Anschließend werden sie mit einem mit Wattestäbchen und Seife gesäubert.

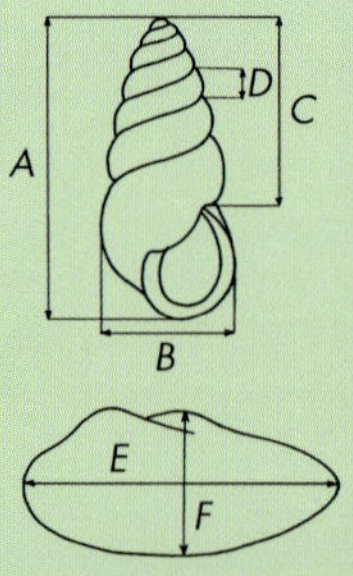

Schneckenhaus
A – Höhe des Schneckenhauses
B – Breite des Schneckenhauses
C – Höhe der Spirale
D – Höhe des Gewindes

Muschelschale
E – Länge der Muschelschale
F – Höhe der Muschelschale

Zur Bestimmung sind außer Form und Färbung auch die Maße der Hülle wichtig.

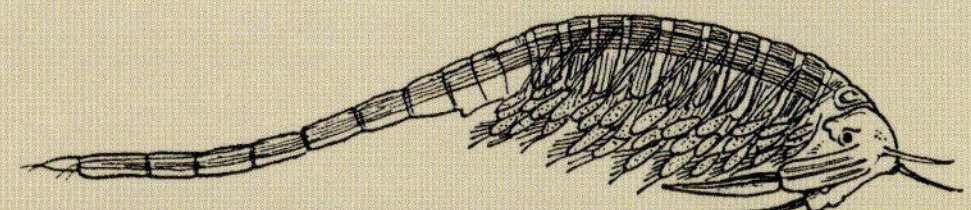

Salinenkrebse sind als typische Krustentiere der Lagunen und Salinen ein Hauptbestandteil der Flamingonahrung. Sie sind nur wenige Millimeter groß.

Die bekanntesten europäischen Nistplätze des Rosa Flamingo befinden sich an der Mündung der Rhône, in Südspanien und auf Sardinien. Flamingos fliegen (einzeln oder in kleinen Schwärmen) auch ins Binnenland.

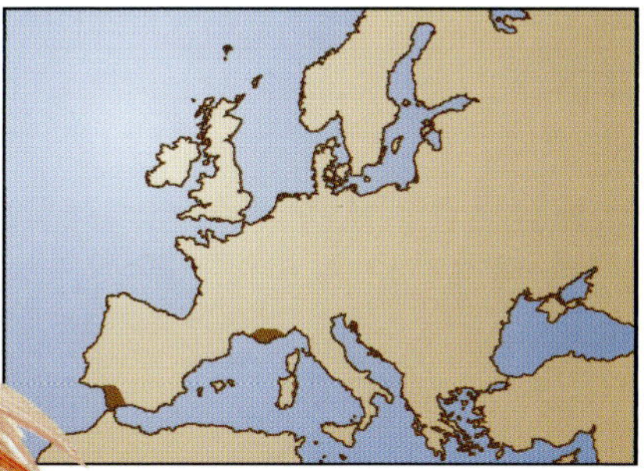

ELEGANTE FLAMINGOS

Auf dem Weg von Barcelona nach Montpellier kann man aus dem Fenster des Schnellzuges eine der größten Raritäten der europäischen Vogelfauna bewundern – Scharen von Rosa Flamingos an den Brackwasserseen vor der Küste. Mit ihrem außergewöhnlichen, bis zum rechten Winkel nach unten umgebogenen Schnabel filtern sie winzige Nahrung aus Wasser und Schlamm. Im Unterschied zu Störchen und Reihern haben sie zwischen den drei Zehen eine Schwimmhaut. Flamingos bauen sich zum Nisten bis zu 0,5 m hohe, mit Federn und Pflanzenteilen verstärkte Nesthaufen aus Schlamm und Sand. Auf 1 m^2 passen bis zu 5 Nester, in die die Weibchen je ein Ei legen.

Junge Flamingos sehen den erwachsenen Vögeln nicht sehr ähnlich – sie haben ein graues Gefieder, kurze Beine und einen geraden Schnabel.

WASSERRAUBTIERE

Vor noch nicht allzu langer Zeit wurden die Flossenfüßer als eigenständige Ordnung der Säugetiere klassifiziert, neuere Forschungen haben jedoch gezeigt, dass sie den Raubtieren zugeordnet werden müssen. Beide Gruppen hängen entwicklungsgeschichtlich eng zusammen. Robben werden daher als Flossfüßer oder Wasserraubtiere bezeichnet, deren Tauchfähigkeiten ausgezeichnet sind – z.B. kann ein Seehund bis zu 30 Minuten unter Wasser bleiben und bis zu 200 m tief tauchen.

Früher wurden Ringelrobbenbabys wegen ihres Pelzes von Robbenjägern zu Tausenden mit Knüppeln erschlagen. Bis heute gelang es nicht, diese Grausamkeit völlig einzustellen.

Der Steinwälzer sucht unter Steinen und angeschwemmten Algen nach Krustentieren, Weichtieren und Wasserinsekten. Er lebt an den Küsten Nordeuropas, während des Zuges taucht er auch im Binnenland auf.

GEDECKTER TISCH

Die Sandstrände an der Küste stellen für unzählige Vogelarten, hauptsächlich für Sumpfvögel, eine Art Buffet dar. Die einzelnen Arten konkurrieren bei der Nahrungssuche nicht miteinander, da sie sich auf unterschiedliche Weise ernähren. Ein Ausdruck dieser Spezialisierung sind Schnabelgröße und Schnabelform. Während Brachvögel mit ihrem bis 12 cm langen Schnabel Wattwürmer und eingegrabene Muscheln erreichen, suchen Strandläufer und Wasserläufer Würmer und Flohkrebse unter der Oberfläche. Die kurz geschnäbelten Regenpfeifer sammeln nur ganz an der Oberfläche.

Aus den 70–140 Eiern, die eine Unechte Karettschildkröte 20–40 cm tief im Sand vergräbt, schlüpfen nach etwa zwei Monaten kleine Schildkrötenbabys.

EINSAME SCHWIMMER

Meeresschildkröten sind geborene Schwimmer: Ihre Extremitäten sind zu Paddeln geformt, ihr Panzer ist flach und stromlinienförmig, der verlängerte Hals erleichtert das Atmen über Wasser. Manche Arten begeben sich auf Tausende Kilometer lange Wasserwanderungen zwischen Kontinenten.

Bedrohte Meere

Die riesige Fläche der Ozeane verleitet zu der Annahme, dass sie von den ungünstigen Folgen menschlicher Tätigkeit verschont bleiben würden. Das Gegenteil ist jedoch der Fall. Der Mensch greift erbarmungslos in sein größtes Ökosystem ein. Übermäßiger Fischfang und Jagd auf Wale und Robben, Förderung nicht nachwachsender Rohstoffe sowie das Ablassen von Abfällen und Giftstoffen ins Meer sind die schlimmsten Beispiele dafür. Den Meeren und Ozeanen droht die gleiche Gefahr wie den Ökosystemen auf dem Festland, die Schädigung ist jedoch nicht sofort erkennbar.

AUSFLUGSTIPP

Helgoland

An der deutschen Küste gibt es viele Orte, die einen Besuch lohnen. Dazu gehört auch die 50 km nordwestlich der Elbemündung gelegene Insel Helgoland. Berühmt sind ihre einzigartigen, eine niedrige Ebene umsäumende roten Sandsteinklippen. Interessant ist die Geschichte Helgolands – die Insel kam 1890 von Großbritannien im Tausch gegen das afrikanische Sansibar unter deutsche Verwaltung.

Besonders eindrucksvoll ist auf Helgoland die etwa 40 m hohe Felsklippe „Lange Anne". In den Felsen in ihrer Nähe nisten viele Wasservögelkolonien.

Die Insel ist eine wichtige Zwischenstation für Zugvögel, die dortige Vogelwarte hat in einigen Jahrzehnten Hunderttausende von Vögeln beringt.

28

SANDGEBIETE UND SANDDÜNEN

Kleine Wüsten mitten in Europa – so könnte man die im Binnenland des Kontinentes verstreuten Sandgebiete beinahe bezeichnen. Vor allem Sanddünen sind durch den Ab- und Eintrag des Windes in ständiger Bewegung, und trotz des nahen Meeres können die groben Körner keine Feuchtigkeit speichern. Der Regen versickert schnell und die vereinzelten Meerwasserspritzer sind für die meisten Organismen zu salzig. Dennoch finden sich in der Flora und Fauna der Dünen einige „Pioniere", die diese ungastlichen Plätze besiedeln.

1. Uferschwalbe
2. Flussregenpfeifer
3. Knoblauchkröte
4. Blauflügelige Ödlandschrecke
5. Gemeine Sandwespe
6. Gras-Schildwanze
7. Sandlaufkäfer
8. Ameisenlöwe (Larve und Imago)
9. Walker
10. Sand-Strohblume
11. Gewöhnliche Nachtkerze
12. Silber-Fingerkraut
13. Gewöhnliches Silbergras
14. Bauernsenf
15. Berg-Sandglöckchen
16. Hasenklee
17. Lämmersalat
18. Knorpellattich
19. Gemeine Grasnelke
20. Blaugrünes Schillergras

Leben in einer verlassenen Sandgrube

Die Kornfraktionen

Nach der Korngröße wird zwischen *feinkörnigem* Sand (0,05–0,25 mm), *mittelkörnigem* Sand (0,25–0,5 mm) und *grobkörnigem* Sand (0,5–2 mm) unterschieden. Sandkörner sind kleinste Bruchstücke von Gesteinen, besonders von Quarzen, Feldspat, Glimmer, Glaukoniten oder seltener von schwereren Mineralien. Sand entsteht bei der Verwitterung mancher Gesteine (Sandsteine, Granit, Gneis, kristalline Schiefer). Meeresufer und Flussanschwemmungen sind allgemeine Sandgebiete, es gibt aber auch spezielle Sandböden.

Sandanschwemmungen mit Beimischung größeren Gesteinsbruchs heißen Kiessand.

Am Meeresufer entsteht Sand durch Abbröckeln der Felsklippen bei Seegang und das Zermahlen der Gesteinsbruchstücke durch ihre ständige Bewegung bei Ebbe und Flut.

Sandbewegungen

Sand wird durch Wind und Wasser bewegt. Der Wind bearbeitet die Sandkörner – er bricht ihre spitzen Ecken ab, schleift und rundet sie. Dadurch, dass er leichte Körner weiter trägt als schwerere, teilt er sie auch nach der Größe ein. Mit mehr als 3 mm fliegen sie nicht mehr mit dem Wind. Im Binnenland treten Sanddünen nur selten auf. Wie der Löss entstanden sie in den Kälteperioden der Eiszeit, als der vegetationslose Boden der Winderosion ausgesetzt war. Bis heute sind sie in Gestalt unauffälliger Bedeckungen oder ausdrucksvoller Aufschüttungen (Dünen) zu sehen.

Flussterrassen

Im Binnenland befinden sich Sander hauptsächlich entlang der größeren Flüsse. Sie entstanden als Anschwemmungen *(fluviale Sedimente)* der Erosion im oberen Einzugsgebiet. An einigen Stellen vertieften die Flüsse ihr Bett auch in den ursprünglichen Anschwemmungen, die die Flüsse jetzt als Flussterrassen oder Bänke umsäumen – symmetrisch auf beiden Talseiten oder asymmetrisch abwechselnd.

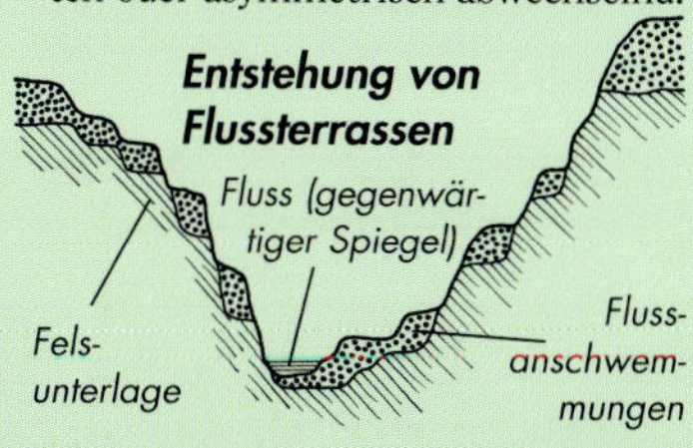

Kiessand-Flussterrassen, die sich Dutzende von Metern über dem Wasserspiegel befinden, zeigen, dass das Flussbett einmal viel höher verlief (Fluss Neman, Litauen).

Sanddünen

Wenn die Sonne bei Ebbe den Strand trocknet, trägt der vom Meer wehende Wind Sandkörner auf das Festland und lagert sie etwas weiter wieder in Gestalt von Aufschüttungen bzw. Dünen ab, manchmal auch in mehreren Reihen. Meeresdünen haben die Form langer, breiter, senkrecht zur Windrichtung verlaufender Wälle.

An der Ostsee oder am Golf von Biskaya erreichen Dünen Höhen von vielen Metern (Kurische Nehrung, Litauen).

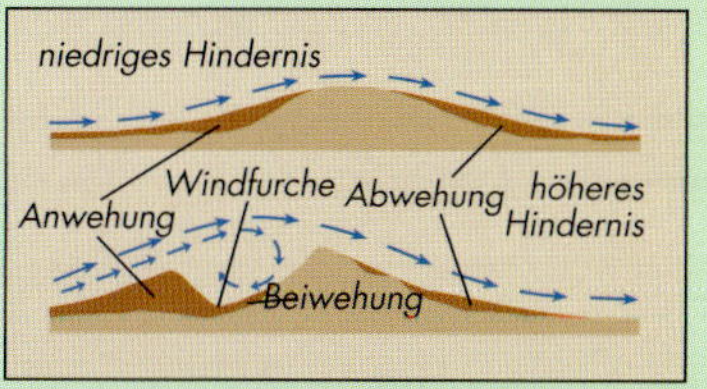

Wind bildet auf der windzugewandten Seite (Luv) eines Hindernisses eine Anwehung, auf der abgewandten Seite (Lee) eine Abwehung. Vor einem höheren Hindernis gibt es eine Windfurche und eine Beiwehung.

Auf Sanddünen halten sich nur wenige Pflanzenarten.

WIDERSTANDSFÄHIG

Auf Sandflächen der Küstenlandschaften wachsen v.a. einige Grasarten – Sandsegge, Steppen-Lieschgras, Strandhafer, Stranddreizack, Strandquecke, Strandroggen u.a. Die meisten verfügen über reich verzweigte Wurzelstöcke, die zur Festigung im lockeren Grund dienen. Gleichzeitig schützen sie die Pflanze vor den Schäden einer häufigen Verschüttung durch Sand. Die Wurzelstöcke wachsen aber auch dann immer leicht zur Oberfläche durch und bilden neue Büschel.

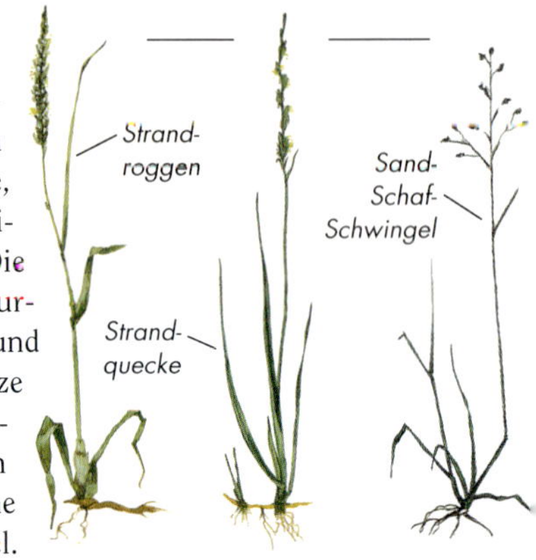

Die Nistmöglichkeiten für Uferschwalben vergrößern sich durch neue Sandgruben und durch Erdarbeiten – ihre Zahl wächst örtlich an.

UFERSCHWALBEN

Uferschwalben nisten in 0,5–1 m langen Nisthöhlen, die sie innerhalb von 3–5 Tagen in steile Flussufer oder die Wände von Sandgruben graben. Sie sind gerne in Gesellschaft und bilden Kolonien mit einigen Hundert Paaren. Da sie ihre Nahrung hauptsächlich über dem Wasser jagen, ist der für sie günstigste Nistplatz in der Nähe von Flüssen oder Baggerseen.

DIE FLORA DER SANDGEBIETE

Die Lebensbedingungen auf Sandflächen sind extrem schwierig, so dass die sandliebende *(psammophile)* Vegetation keinen zusammenhängenden Bewuchs bilden kann. Das ganze Jahr über herrscht Trockenheit, Sandflächen sind nährstoff- und mineralstoffarm und eine Bewurzelung ist recht problematisch.

Die Gemeine Nachtkerze wurde im 17. Jahrhundert aus Amerika nach Europa eingeschleppt und siedelte sich auf Aufschüttungen, an Straßenrändern, auf Schutt und auf Sandböden an.

EINE NACHTPFLANZE

Die großen Blüten der *Gewöhnlichen Nachtkerze* öffnen sich in der Dämmerung und schließen sich im Morgengrauen. Die ganze Nacht über ziehen sie mit ihrem berauschenden Duft Nachtfalter an, von denen sie bestäubt werden. Die Nachtkerze bildet im Herbst des ersten Jahres eine mächtige Blattrosette mit einer tief in den Boden dringenden Pfahlwurzel. Diese ist übrigens gekocht essbar. Im folgenden Jahr wächst aus der Rosette ein hoher Stängel mit länglichen Blättern und großen Blüten. Bei Trockenheit überdauern die Samenkörner im Boden.

PFLANZEN DER SANDKÜSTE

Pflanzen an der Meeresküste müssen auch geringe Temperaturen vertragen können – Sand leitet nämlich Wärme nur schlecht, und die unterirdischen Pflanzenteile befinden sich meist im Kalten, selbst wenn die Sandoberfläche durch die Sonne aufgeheizt ist.

Besiedlung von Sanddünen durch Pflanzen

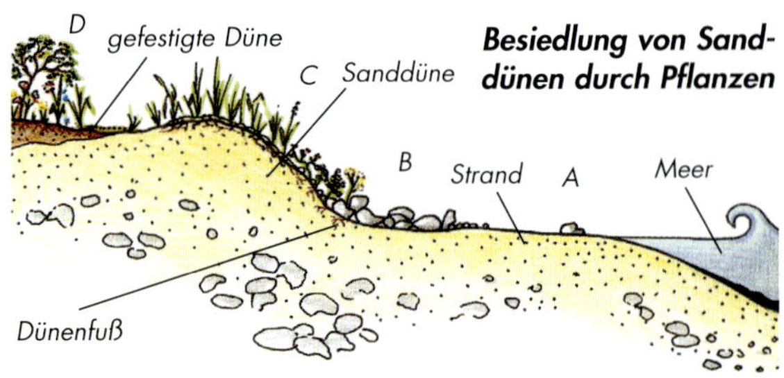

A – Auf einem regelmäßig von der Flut überspülten ***Sandstrand*** *wachsen keine trockenheitsliebenden Pflanzen.*
B – Die ersten Pioniere, wie z.B. Vogelknöterich, Fluss-Greiskraut, Viermänniges Hornkraut, wurzeln sich schon am ***Dünenfuß*** *ein.*
C – Weiter entfernt vom Wasser auf der ***Sanddüne*** *wachsen Gräser, v.a. Strandroggen und der Abyssinische Hafer, die mit langen, kriechenden Wurzelstöcken den Sand allmählich verfestigen.*
D – Weiter hinten schließen die durch Humusanreicherung aus abgestorbenen Pflanzenteilen dunkel gefärbten ***gefestigten Dünen*** *an. Auf ihnen wachsen Gräser, Flechten, Moose und auch Blütenpflanzen, z.B. Strand-Grasnelke, Sand-Strohblume, Scharfer Mauerpfeffer oder Habichtskräuter.*

Wanderung der Meeresdünen
Die Meeresdünen unterliegen einer natürlichen Entwicklung *(Sukzession)*, in deren Verlauf sie sich allmählich vom Ufer zurückziehen. Die Dünenwanderung verläuft unter Einfluss der meteorologischen Bedingungen.

Eine Düne bildet sich an der dem Wind abgewandten Seite eines Hindernisses. Die verschüttete Pflanze wächst an die Oberfläche durch, festigt die Düne und verhindert ihre weitere Bewegung von der Küste weg.

Sekundäre oder Weißdünen entstehen außerhalb der Reichweite des Salzwassers. Sie sind mit dem Kalk aus Meerestiergehäusen angereichert und zeigen einen stärkeren Bewuchs. Gefestigte, tertiäre oder Graudünen liegen am weitesten von der Küste entfernt.

Wanderdünen
Dünen, die nicht durch Vegetation oder technischen Schutz gefestigt werden, wandern mit Hilfe des Windes jährlich 6–9 m ins Binnenland. Manche Küstengebiete im nördlichen Europa wurden völlig zugeweht und in eine Sandwüste verwandelt.

Wanderung der Küstendünen an der Kurischen Nehrung im Baltikum

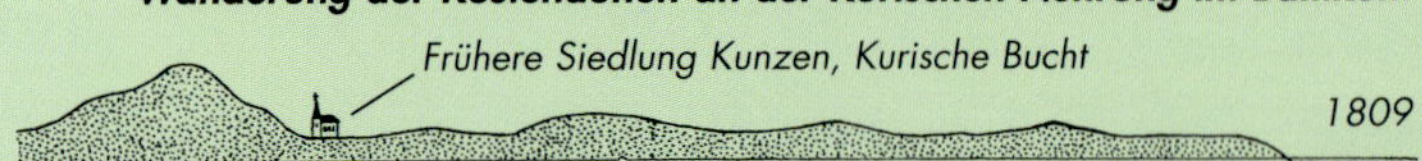

Zu Beginn des 19. Jh. reichten die Dünen bis an den Rand der Kirche und der Siedlung.

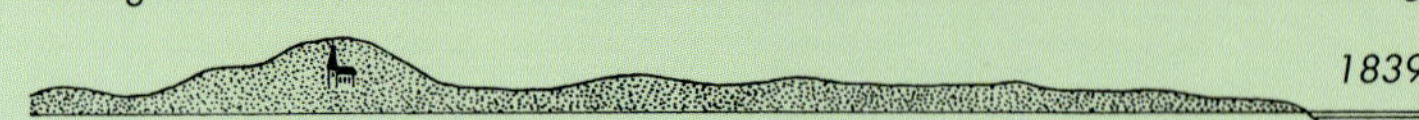

1839 wurden Kirche und Siedlung ganz vom Sand zugeweht.

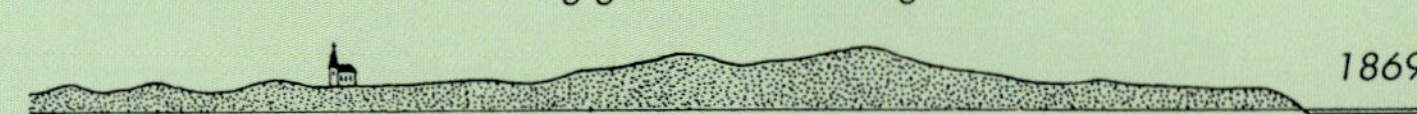

Die Wanderdünen zogen weiter, und 30 Jahre später lagen die Ruinen wieder frei.

DIE FAUNA DER SANDGEBIETE

Sandige Gebiete sind der Lebensraum zahlreicher Insekten: hauptsächlich Käfer, Wanzen, Haut- und Glattflügler-Insekten (z.B. AMEISENLÖWE oder SCHILDWANZE, solitäre Bienen, Pillendreher, unruhige Sandlaufkäfer oder scheinbar unbeholfene Totenkäfer). Manche Vertreter des Insektenreiches sind an das Vorhandensein einer bestimmten Pflanze gebunden – so lebt z.B. eine Art der Rüsselkäfer nur am BAUERNSENF. Auch zahlreiche Spinnen fühlen sich in dieser kargen und warmen Umgebung wohl, und es gibt hier auch einige trockenheitsliebende Schnecken. Als Vertreter der Wirbeltiere gefällt die Wärme an der aufgeheizten Sandoberfläche v.a. den Eidechsen, von den Amphibien ist stellenweise die Kreuzkröte vertreten.

Der Eisenfarbige Samtfalter (✖ 55–65 mm) lebt an Steppenstandorten von Portugal bis zur Türkei.

Die Knoblauchkröte gräbt sich rückwärts bis zu 1 m tief in den Sand ein. Sie benutzt dazu ihre verhornten Höcker auf den Hinterbeinen.

FRÖSCHE IM SAND

Die Kreuzkröte hat einen charakteristischen hellen Streifen auf dem Rücken. Sie tritt in West- und Mitteleuropa und im Baltikum auf. Die KNOBLAUCHKRÖTE erinnert an die Kreuzkröte, hat jedoch im Unterschied zu ihr eine senkrechte Pupille. Ihre Färbung ist abhängig von Alter, Jahreszeit und Umwelt. Sie hält sich nur im Frühjahr kurz im Wasser auf, wo sie unter der Wasseroberfläche einen unauffälligen quakenden Laut ertönen lässt.

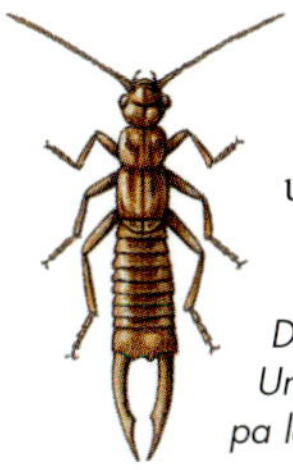

Der Sandohrwurm (13–26 mm) ist auf sandigen Untergrund angewiesen – in West- und Südeuropa lebt er am Meeresufer, im Binnenland tritt er v.a. auf Flussanschwemmungen auf.

Das Wildkaninchen bevorzugt warme, trockene Standorte und mag sandige Gebiete. Seine Anpassungsfähigkeit ermöglicht ihm auch ein Leben in Parks oder z.B.unter Holzstapeln in Sägewerken.

Wildkaninchen legen ihren Kot an bestimmten, als Markierung ihrer Reviergrenzen dienenden Stellen ab.

Kaninchen-Weibchen ziehen ihre Jungen in unterirdischen Bauen auf.

VERBREITUNG DER WILDKANINCHEN

Das Wildkaninchen hat im Gegensatz zum Feldhasen einen auffällig abgerundeten Kopf mit kürzeren Ohren ohne schwarze Flecke, wird nicht so groß wie der Hase und gräbt sich Baue in die Erde. Das Wildkaninchen stammt aus der westlichen Mittelmeerregion; schon im Mittelalter haben die Klöster zu seiner Ausbreitung in andere europäische Länder beigetragen, da junge Kaninchen ebenso wie Fisch eine beliebte Fastenmahlzeit darstellten. Ihre übermäßige Vermehrung wurde Mitte des letzten Jahrhunderts durch eine Myxomatose-Epidemie gestoppt, von der sie sich bis heute nicht erholt haben.

KLEINE LERCHE

Die Rotscheitellerche unterscheidet sich von der Feldlerche durch ihre geringe Größe und einen fast weißen Bauch ohne Flecken. Sie fliegt nur dicht über der Erde und gibt einen monotonen Gesang („ziziwi ziwitscho") von sich. Sie nistet am Mittelmeer und in Südosteuropa.

Die Rotscheitellerche sucht gern karges sandiges Gelände, trockene Felder und Brachland auf.

Sandwespe (16–28 mm) mit Raupe

FLEISSIGE WESPE

Die Sandwespe gräbt etwa 3 cm lange, in einem kleinen Kämmerchen endende Gänge in den sandigen Boden, verschließt diese nach Fertigstellung mit einem Steinchen und widmet sich der Jagd. Sobald sie eine Kiefernschwärmerraupe oder die Raupe eines anderen Falters entdeckt, betäubt sie sie mit dem Stachel und zieht sie unter die Erde. Dort befestigt sie ein Ei am Körper der Raupe, um die bald daraus schlüpfende Larve zu versorgen.

Gruß aus der Vorzeit

Bernstein ist gelbes bis braungelbes, von urzeitlichen Nadelbäumen vor vielen Millionen Jahren (im Tertiär) ausgeschiedenes, versteinertes Harz. Es handelt sich um eine Folge pathologischer Veränderungen, die durch das übermäßige Auftreten verschiedener Schädlinge verursacht wurde. Von ihnen haben sich einige bis heute im Bernstein erhalten.

Aus Bernstein wird Schmuck oder auch Lack hergestellt.

Die sandige südöstliche Ostseeküste ist ein Fundort für Bernstein – deshalb heißt sie Bernsteinküste. Weitere europäische Bernsteinlagerstätten befinden sich in Deutschland und Rumänien.

Vom Meer in die Siedlungen

An Wegrändern und an Parkplätzen von Siedlungen findet man oft einen dornigen und dicht verzweigten Strauch, der im Herbst zahlreiche orangefarbene Beeren hervorbringt. Es handelt sich um den Sanddorn, der eher von Sanddünen an Nord- und Ostsee bekannt ist. Mit seinem verzweigten und dichten Wurzelgeflecht verfestigt er lockeren Boden und reichert ihn mit Stickstoff an. Eine ähnliche, jedoch nur wenig dornige Art des Sanddorns wächst in den Alpen.

Aus den Vitamin-C-reichen Früchten des Sanddorns wird nicht nur in den Küstenländern Saft und Marmelade hergestellt.

29

MITTELMERRAUM

Die Küsten des Mittelmeers und ihre Umgebung wurden schon durch die antiken Zivilisationen geprägt – noch vor 8000 Jahren wuchsen hier dichte, immergrüne Wälder. Heute spiegeln sich auf der azurblauen Wasseroberfläche kahle Kalksteingebirge. Trotzdem hat sich die Mittelmeerregion eine ganz einzigartige Flora und Fauna bewahrt, deren zahlreiche Vertreter nirgends sonst in Europa zu finden sind. Ebenso vielfältig ist auch die mediterrane Umterwasserwelt.

1. Moschusspitzmaus
2. Samtkopf-Grasmücke
3. Heidelerche
4. Schlangenadler
5. Rotkopfwürger
6. Griechische Landschildkröte
7. Riesensmaragdeidechse
8. Schlanknatter
9. Eschenzikade
10. Steirische Fanghaft
11. Nasenschrecke
12. Segelfalter
13. Gelber Mittelmeerskorpion
14. Kegelige Heideschnecke
15. Steineiche
16. Mastixbaum
17. Olivenbaum
18. Gewöhnlicher Wacholder
19. Gemeine Myrte
20. Pinienkiefer
21. Stechwinde
22. Echter Thymian
23. Erdbeerbaum
24. Salbeiblättrige Zistrose
25. Gewöhnliches Leimkraut
26. Gewöhnliches Steifgras

Blick auf die Mittelmeer-Macchie

Wo der Mittelmerraum liegt
Das Mittelmeergebiet umfasst die subtropische Klimazone (ungefähr zwischen 35° und 40° nördlicher Breite). Westlich von Italien erstreckt sich der Westliche Mittelmeerraum, in der anderen Richtung der Östliche Mittelmerraum. Manchmal werden auch die Kanarischen Inseln diesem Gebiet zugerechnet. Das Mittelmeer ist ein Überrest des Urmeeres Tethys und bekam seine jetzige (mehr oder weniger isolierte) Gestalt nach der Hebung der Landbrücke von Suez vor 17 Mio. Jahren und der Bildung der Meerenge von Gibraltar vor 5 Mio. Jahren.

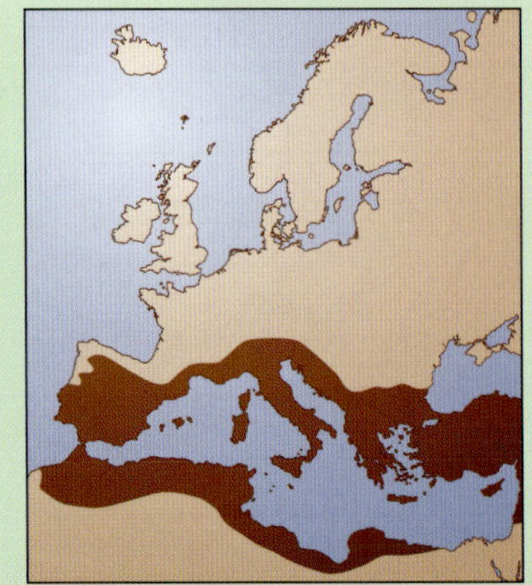

Die europäische Mittelmeerregion erstreckt sich von den Pyrenäen bis nach Anatolien.

Zerstörtes Gebiet
Aus der Ferne wirken Landschaft und Natur der Mittelmeerregion anziehend, bei näherem Hinsehen stellt man aber fest, dass der Eingriff des Menschen auch hier unschöne Spuren hinterlassen hat. Nachdem in der Antike die immergrünen Wälder abgeholzt waren, trocknete die brennende Sonne den offen liegenden Boden aus. Eine übermäßige Beweidung durch Schafe und Ziegen vollendete zusammen mit Wasser- und Winderosion die Verwüstung. Die dünne Schicht Mutterboden wurde zerstört, weggeweht und weggespült, es blieben v.a. kahle, bis auf das Untergestein entblößte Berghänge.

Der Mittelmeerraum illustriert beispielhaft die Naturzerstörung (Delphi, Griechenland).

Terrae calcis

Im Mittelmeerraum überwiegen fossile Karbonat-Tonböden, die *Terrae calcis*. Je nach Färbung lassen sich dunkler *(terra fusca)* und roter Boden *(terra rossa)* unterscheiden. Auf Kalkstein, Dolomit und Mergel mit einem höheren Gehalt nicht löslicher Bestandteile bildet sich vorwiegend ockerfarbener bis hellbrauner Boden. Durch Anreicherung von Eisenverbindungen (Rubefizierung) in tropischen und subtropischen Regionen erhält der Boden seine rötliche Färbung. Beide Bodentypen treten vereinzelt auch in Mitteleuropa auf.

Karbonatböden sind durch einen flachen, humusarmen Bodenhorizont geprägt.

Drei Meerengen und ein Kanal

Das Mittelmeer ist durch die 65 km lange, 14–44 km breite und bis zu 1181 m tiefe Meerenge von Gibraltar mit dem Atlantik verbunden. Die türkischen Meerengen Bosporus und Dardanellen verbinden das Mittelmeer mit dem Schwarzen Meer. Zwischen ihnen liegt das Marmarameer. Der Bosporus ist fast 32 km lang, 660 m breit und 33–105 m tief. Die Dardanellen sind länger (120,5 km) und breiter (1,3–7 km). Eine Verbindung des Mittelmeers mit dem Roten Meer ermöglicht der 1859–1869 erbaute, 195 km lange, 365 m breite und 20 m tiefe Suezkanal. Nach seiner Öffnung drangen tropische Fische wie Husarenfische, Petermännchen und Kugelfische aus dem Indischen Ozean vor.

Die Meerenge Bosporus überspannen in Istanbul zwei Brücken.

DIE FLORA DES MITTELMEERRAUMS

Die ursprüngliche Mittelmeervegetation ist auf die Küstengebiete und tieferen Lagen konzentriert; nur hier findet man echte Hartlaubwälder. Die Artenvielfalt dieser Zone übertrifft allerdings die der Pflanzen in nördlicheren Regionen Europas; fast zwei Drittel der Arten wachsen nur hier. Extreme Trockenheit wird toleriert, die meisten Pflanzen vertragen jedoch kein längeres Absinken der Temperatur unter 0 °C (z. B. Zitruspflanzen). Auch der Lebenszyklus ist an das Klima angepasst – Blüte oder Wachstum konzentrieren sich auf die niederschlagsreichere Zeit von Oktober bis April.

Die natürlichen Verhältnisse des Mittelmeerraumes werden durch das subtropische Klima beeinflusst, außerdem blieb das Gebiet von Einflüssen der pleistozänen Vereisung verschont (Veli Losinj, Kroatien).

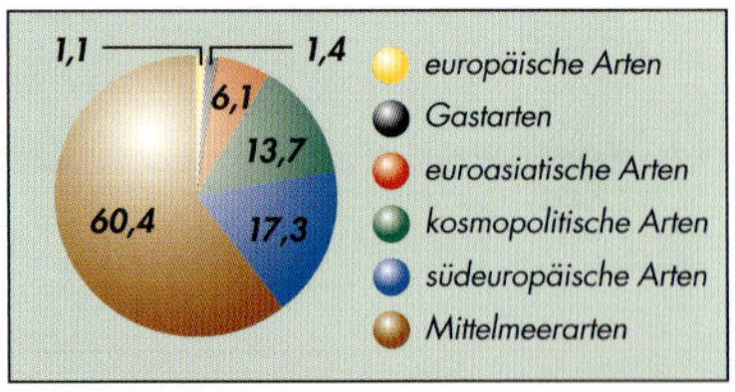

Phytogeographische Zusammensetzung der Pflanzenwelt an der kroatischen Adriaküste

VERBORGENE PRACHT

Die Mittelmeerregion ist ein wahres Orchideenparadies, wobei auch hier sowohl Arten als auch Anzahl rückläufig sind. Die Orchideenblüte erscheint nur am Ende des Winters und im Frühjahr (von Februar bis Mai), wenn die Tagestemperaturen unter 25 °C liegen. Man findet sie in nicht zu dichtem Macchiebewuchs auf humushaltigerem Boden.

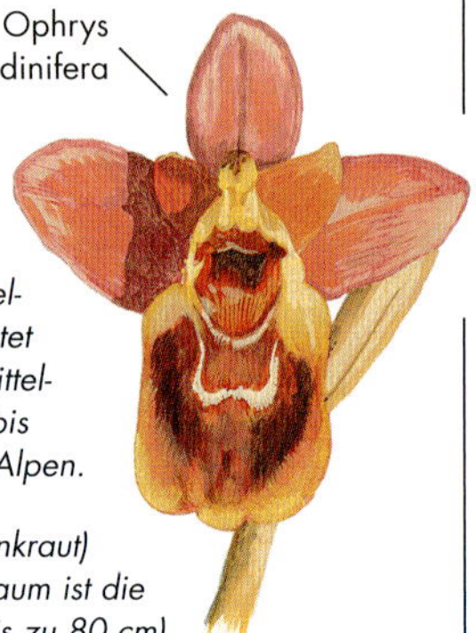

Ophrys tenthredinifera (Wespen-Ragwurz) ist eine zeitig blühende Art, die in der ganzen Mittelmeerregion von Spanien über Südfrankreich bis nach Griechenland und in der Türkei wächst.

Serapias vomeracea (Stendelwurz) verbreitet sich von der Mittelmeerregion her bis zum Südfuß der Alpen.

Barlia robertiana (Riesenknabenkraut) aus dem gesamten Mittelmeerraum ist die größte europäische Orchidee (bis zu 80 cm).

MACCHIE UND GARRIGUE

Der immergrüne Wald, der vor dem Eingreifen des Menschen die natürliche Vegetation des Mittelmeergebiets bildete, wurde durch Abholzung und starke Beweidung zerstört. Niedrige mehr oder weniger dichte Strauchgesellschaften geringer Artenvielfalt entstanden und werden als Macchien bezeichnet. Die Macchie ist ihrem Wesen nach eine Zwischenstufe (Sukzessionsgesellschaft) des immergrünen Waldes, wobei der Lichtmangel im Inneren kaum Unterwuchs zulässt. An noch trockeneren und noch stärker degradierten Standorten hat sich eine kaum meterhohe, vielgestaltige Zwergstrauchformation gebildet – die Garigue. Sie hat örtlich unterschiedliche Namen, z. B. *phrygana* in Griechenland, *šibljak* in Kroatien, *tomillares* in Spanien.

In der Macchie findet man neben Arten der Steineichenwälder Olivenbäume, Besenginster, Erdbeerbäume, Baumheide, Gemeiner Myrte, Echte Lorbeerbäume und Mastixbäume. Die mit ätherischen Ölen angereicherten Pflanzen erzeugen einen angenehmen Duft (Kroatien).

Auf Kalkstein und an Stellen, an denen die Macchie durch Waldbrände vernichtet wurde, entsteht die Garrigue, ein spärlicher Bewuchs mit Halbsträuchern, verkrüppelten Bäumen und überwiegend stacheligen Pflanzen. Neben Disteln wachsen dort Straucharten, wie z. B. Echter Lavendel und Rosmarin (Südfrankreich).

Die Meerzwiebel

Die Meerzwiebel ist ein in der Mittelmeerregion häufig wachsendes, ausdauerndes Liliengewächs. Sie bildet traubenförmige Blütenstände mit zahlreichen winzigen grünlich weißen oder rosafarbenen Blüten. Ihre Zwiebel hat einen Durchmesser von bis zu 18 cm und wiegt fast 2 kg.

Die Meerzwiebel wird zur Blütezeit bis zu 1,5 m hoch. Ihre Zwiebel enthält ein Herzglykosid.

Tropisches Flair

Am Ufer des Mittelmeers wachsen auch einige Palmenarten. Es sind einkeimblättrige Pflanzen aus der Ordnung der Palmenartigen – sie haben meist einen baumförmigen Wuchs (bis 60 m) und ölhaltige Samen. Palmen sind insbesondere in den Tropen verbreitet.

Die Zwergpalme ist die einzige ursprünglich aus Europa stammende europäische Palme, an anderen Orten als dem Mittelmeer wurde sie ausgesetzt. Meist erreicht sie eine Höhe von 2 m, es gibt aber auch Exemplare von 7 m. Ihre Vermehrung findet über Samen oder Nebentriebe statt.

Die Zwergdattelpalme wird 2–2,5 m hoch, hat meterlange, fein gefiederte Zweige mit schmalen Blättern und schwarze, lang gestreckte ovale Früchte (1,2 cm). Sie stammt aus Indochina und wird überall in den Tropen als Zierbaum angebaut.

URALTER BAUM

Der OLIVENBAUM ist, auch wenn er wahrscheinlich aus Vorderasien stammt, das Symbol der Mittelmeerregion schlechthin. Nach Europa muss er schon sehr früh gelangt sein, das ist schon im Alten Testament zu lesen. Er wächst in lichten Wäldern und auf steinigen Hängen und wurde in Olivenhainen und vereinzelt auch in Gärten angepflanzt. Wilde Olivenbäume haben dornige Zweige und sind kleiner als die gezüchteten, deren Früchte zur Herstellung von Olivenöl verwendet werden. Der Olivenbaum wächst sehr langsam, erreicht aber ein respektables Alter von bis zu 2000 Jahren.

Oliven sind fleischiges Kernobst mit relativ großem Kern. Aus ihnen wird das beliebte und gesunde Olivenöl gepresst, das zur Zubereitung von Speisen dient und in der Medizin und Kosmetik Verwendung findet.

Echter Lavendel regeneriert sich problemlos aus seinen verholzten unterirdischen Wurzeln, so dass er auch Brände überstehen kann. Ähnlich passen sich der Rosmarin und auch verschiedene Zistrosenarten an Brände an.

Der immergrüne Olivenbaum wird 12–15 m hoch. Er blüht von Juni bis August und hat weißliche, an Rispen wachsende, angenehm duftende Blüten.

ACHTUNG, BRANDGEFAHR!

Die Natur der Mittelmeerregion wird durch Brände bedeutend beeinflusst. Während in der Vergangenheit das absichtliche Abbrennen von Wäldern der Gewinnung von Ackerland für Felder oder Weideland für Schafe und Ziegen diente, sind die heutigen Brände an den ausgetrockneten Hängen größtenteils auf menschliche Unachtsamkeit zurückzuführen. Meist werden ausgedehnte Flächen erfasst und die Brände dauern einige Tage bis Wochen. Einige Pflanzenarten überstehen jedoch selbst diese extreme Situation.

Die Verbreitung des Olivenbaums begrenzt die Ausdehnung des Mittelmeerraums.

Das widerstandsfähige Olivenholz wurde zur Herstellung von Axtstielen und anderen Werkzeugen verwendet.

EINWANDERER AUS AMERIKA

Die Agave stammt aus Mittelamerika, ist heutzutage jedoch auf der ganzen Welt in den Tropen und Subtropen häufig zu finden. Die imposante, etwa 1,5–2 m hoch wachsende Pflanze bildet eine Bodenrosette und stark wachsige, mit einer stacheligen Spitze versehene Blätter. Diese haben eine bläuliche bis graugrüne Färbung.

Die Agave blüht nur einmal im Leben nach 8–20 Jahren und stirbt nach der Reife der Früchte. Sie vermehrt sich auch durch Ableger.

Querschnitt nicht entfalteter Agavenblätter. Die fleischigen Blätter speichern viel Wasser und bleiben so auch bei größter Trockenheit grün.

KÖNIGREICH DER KIEFERN

In Südeuropa, speziell im Mittelmeerraum wachsen Kiefernarten unterschiedlicher Herkunft. Den imposantesten Wuchs hat die bis 30 m hohe PINIE mit einer typisch regenschirmartigen Krone und 15 cm langen, ovalen Zapfen. Im Vergleich zu anderen Kiefern sind ihre Samen außergewöhnlich groß und außerdem essbar (Pinienkerne). Besonders beliebt sind sie in Italien – die bekannte Pesto-Soße zu Nudeln ist ohne sie nicht vorstellbar. Das harte Pinienholz wird als Baumaterial und in letzter Zeit auch immer öfter zur Herstellung von Luxusmöbeln verwendet.

Die Aleppokiefer ist im ganzen Mittelmeerraum anzutreffen. Sie ist besonders widerstandsfähig und hat im freien Gelände oft einen durch die ständigen Winde verbogenen Stamm.

AROMATISCHER STRAUCH

Die immergrünen Blätter der GEMEINEN MYRTE duften stark, v. a. bei sonnigem Wetter. Dieser unauffällige, von den Pyrenäen bis zur Balkanhalbinsel wachsende Strauch bildet einen der Hauptbestandteile der Macchie. Schon seit der Antike wird die Myrte als Symbol der Liebe, der Schönheit und des Friedens angesehen, in der griechischen Mythologie wurde sie Aphrodite verehrt, mit ihren Zweigen wurden siegreiche römische Heerführer dekoriert. In vielen Ländern gibt es immer noch den Brauch, Brautleute mit Myrtenzweigen zu schmücken.

Die winzigen Blüten der Gemeinen Myrte wachsen in den Achseln der Blätter.

Das Gewöhnliche Chamäleon tritt vorwiegend in Afrika auf, im Mittelmeerraum ist es von den Pyrenäen bis zum Peloponnes, auf Malta und Kreta bekannt. Möglicherweise wurde es an einigen Stellen ausgesetzt.

Das Chamäleon stößt seine in Ruhestellung im Halsbeutel zusammengerollte lange Zunge blitzschnell zum Opfer vor, das hängen bleibt und sofort, für den Menschen nicht wahrnehmbar, verschluckt wird.

Das Chamäleon benutzt seinen Greifschwanz als fünftes Gliedmaß.

DIE FAUNA DES MITTELMEERS

Ebenso vielfältig wie die Flora stellt sich auch die Fauna des mediterranen Gebietes dar; sie ist sie ein echter Vorgeschmack auf die Tropen. Es ist unvorstellbar, wie viele exotische Arten hier beheimatet sind. Am deutlichsten zeigt sich das bei den Insekten; es ist kaum möglich, in Kürze nur die bekanntesten Vertreter zu benennen. Zumindest aber seien Gottesanbeterinnen, Zikaden, Mittelmeer-Turmschrecken, Gespenstschrecken, Ameisenlöwen, Fadenflügler, Schwärmer, Rosenkäfer und Termiten genannt. Auch unter den Wirbeltieren gibt es im Mittelmeerraum ausgesprochene Besonderheiten.

MEISTER DER TARNUNG

Das Gewöhnliche Chamäleon wird 25–30 cm lang, und ist für seine exakte farbliche Anpassung an die Umgebung berühmt. Der Körper ist auffällig abgeflacht, der Schwanz lang und biegsam und die runden Augenlider verwachsen. Zögerlich klettert es in den Zweigen umher und beobachtet seine Umgebung mit sich unabhängig voneinander bewegenden Augen. Fast nur zur Paarungszeit verlässt ein Chamäleon die luftigen Höhen. Das Weibchen legt 20–35 Eier.

Die bizarr aussehende Europäische Bulldoggfledermaus ist eine der am schnellsten fliegenden europäischen Fledermäuse. Sie hat lange schmale Flügel und große Ohren, die sie beim Fliegen als Höhenruder benutzt.

UNECHTER APFEL

Der Granatapfel ist ein aus Vorderasien stammender, subtropischer, stark verzweigter, nicht immergrüner Strauch oder kleiner Baum, der in der gesamten Mittelmeerregion angepflanzt wird. Er hat scharlachrote Blüten und interessante, in ihrer Form an Äpfel erinnernde Früchte, die botanisch gesehen große Beeren (8–15 cm) sind. Sie enthalten zahlreiche Samen mit einer fleischigen, saftig-roten Hülle. Das Fruchtfleisch kann man im frischen Zustand essen oder daraus Erfrischungsgetränke (Grenadine, Sorbet), Sirup, Weine usw. zubereiten.

Der Granatapfel gehört zu den ältesten Kulturpflanzen mit unzähligen Unterarten. Er gilt als ein Symbol der Fruchtbarkeit.

Feigen genießt man frisch (Zuckergehalt 20–26 %) oder getrocknet (bis 75 % Zucker). Aus ihnen wird Saft, Kompott, Marmelade und auch Likör hergestellt.

Überreife Feigen locken hauptsächlich im Mittelmeerraum beheimatete Rosenkäfer an. Der Gemeine Rosenkäfer ernährt sich auch von Pollen und Nektar, seine Larven von modrigem Holz der Baumstümpfe und von abgestorbenen Wurzeln. Er fällt durch einen lauten Flug auf.

SÜSSE FRÜCHTE

Der Gemeine Feigenbaum stammt aus Vorderasien, bekam aber erst im Mittelmeerraum seine Bedeutung, wo er in veredelter Form schon seit der Antike angepflanzt wird. Er wächst in Form eines stattlichen Busches oder Bäumchens mit einer niedrigen, breiten Krone (bis 8 m). Er ist zweihäusig – die essbaren Früchte bilden sich nach der Befruchtung an den weiblichen Pflanzen. Der Pollen wird ausschließlich durch die Feigenwespe übertragen.

Gespornter Falter

Einige Falterarten haben außer ihrer bunten Zeichnung auch auffällige Sporne auf den Flügeln. Die Segelfalter sind mit einem Sporn auf dem hinteren Flügelrand ausgestattet, der Erdbeerbaumfalter hat sogar zwei davon. Er bewohnt vorwiegend die mediterrane Macchie oder andere Krummholzbiotope und entfernt sich nur selten von der Küste. Die Hauptnahrung seiner grün- und hellgelb gepunkteten Raupen sind die Blätter des Erdbeerbaums.

Der Erdbeerbaumfalter gehört zu den größten europ. Tagfaltern – das Männchen hat bis zu 10 cm Flügelspannweite.

Geräuschvolle Insekten

Zikadenmännchen locken in der Paarungszeit an heißen Sommertagen die Weibchen mit einem lauten, bis zu 250 m weit hörbaren Knarren oder Zirpen an. Ursache hierfür ist ein heftiges Zusammenziehen der Muskeln und daraus folgend auch der Trommelmembran im Trommelorgan (Tympanal) vorn am Hinterleib. Als Resonanzorgan wirkt ein Luftbläschen. Die Membran schwingt bis zu 480-mal pro Sekunde. Mit den Lauten der Zikaden ist es wie mit dem Gesang der Vögel – jede Art hat ihren eigenen Ton und ihre individuelle Frequenz.

Schema des lautbildenden Organs bei Zikaden

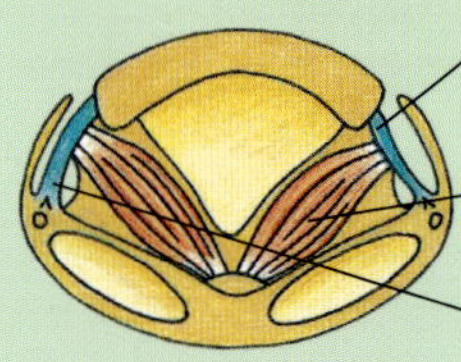

Zikadenlarven leben einige Jahre in Kämmerchen unter der Erde und saugen Saft aus Pflanzenwurzeln.

Marokkanischer Aurorafalter

BIENENJÄGER

Besonders in Südeuropa kann man mit etwas Glück einen außergewöhnlich geschickten Vogel bei der Jagd beobachten – den Bienenfresser. Mit seinem bunten Gefieder sieht er aus wie ein Abgesandter der Tropen. Da er am liebsten auf erhöhten Plätzen, einzelnen Bäumen oder Leitungen sitzt, ist er kaum zu übersehen. Im Flug lässt er ein unverwechselbares Trillern hören. In Kolonien nistet er in 0,5–1,5 m langen Höhlen, die er mithilfe seines Schnabels in Lehmwände gräbt.

Der Bienenfresser jagt v. a. Bienen, Wespen und Hummeln, aber auch Libellen. Seine langen, spitzen Flügel sind für den Flug bestens geeignet.

PARADIES FÜR KRIECHTIERE

Wirbeltiere sind in der Mittelmeerregion v.a. durch Kriechtiere und Amphibien vertreten. Es leben hier mehr als 110 Arten, das ist viermal so viel wie in Mitteleuropa. Insbesondere gibt es viele Geckos, Glattechsen, Eidechsen, Landschildkröten und Ringelnattern. Bei den Amphibien sind einige Arten Salamander, Molche, Geburtshelferkröten und Springfrösche interessant.

Die Adriatische Mauereidechse wird 12–18 cm lang, wovon ein wesentlicher Teil auf den Schwanz entfällt. Sie lebt an den Küsten und auf den Inseln der Adria von Italien bis Albanien.

Der Berberaffe hat die unter Primaten außerordentliche Fähigkeit, mit großen Temperaturunterschieden (mit Sommerhitze und mit Frösten bis – 10 °C) zurechtzukommen.

Ein Berberaffe kann 15 Jahre alt werden.

EUROPÄISCHER AFFE

Zur europäischen Fauna gehört sogar eine Primatenart – der Berberaffe. Er zeichnet sich durch lange, dichte Behaarung und einen verkrüppelten Schwanz aus und wiegt ausgewachsen 8–15 kg. Seine Heimat sind einige Höhenzüge im nordafrikanischen Atlas, jedoch lebt eine kleine Population auch auf den Felsen von Gibraltar. Der Ursprung dieser isolierten Gruppe ist nicht klar – es ist möglich, dass die Berberaffen irgendwann dort eingeführt wurden. Die Population wäre sicher ausgestorben, gäbe es nicht die Legende, dass die Engländer Gibraltar so lange beherrschen werden, wie es dort Affen gibt. So wurde ihre Population wiederholt durch neue Tiere belebt, und die Affen werden zusätzlich gefüttert (halbwilde Haltung).

VERSTECKTER UNTERMIETER

Im Mittelmerraum leben mehrere Skorpionarten mit auffällig großen Scheren. Ihr Körper wird von einer Kopfbrust und einem häufig fälschlicherweise als Schwanz angesehenen, deutlich gegliedertem Hinterleib gebildet. Tagsüber sind die Skorpione selten zu sehen. Sie werden erst nachts aktiv und treten an der Meeresküste, in der Macchie, in Gärten und in Wohnhäusern auf. Skorpione sind nützlich, da sie u.a. Spinnen, Fliegen und Würmer dezimieren.

Mit den Scheren packt der Skorpion seine Beute und hält sie fest.

Bei Gefahr verteidigt sich der Skorpion durch einen giftigen Stich mit dem spitzen Ende seines Hinterteils (Telson). Die Giftigkeit europäischer Skorpione wird überschätzt; ein Stich verursacht beim Menschen kaum größere Probleme.

Der Karpatenskorpion wird höchstens 4,5 cm groß und tritt als einziger Skorpion vereinzelt auch in Mitteleuropa auf. Das Weibchen trägt die Jungen bis zur ersten Häutung auf dem Rücken.

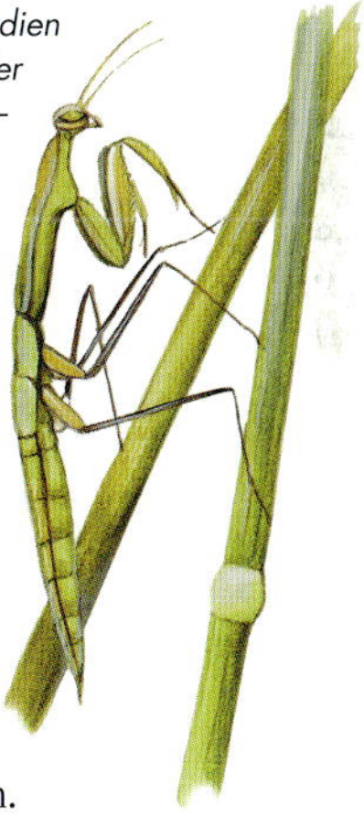

In den ersten Larvenstadien fressen die Nymphen der Gottesanbeterin (13–17 mm) v.a. Läuse, da sie noch schwache Beine haben.

„FROMME PROPHETIN"

So lautet eine wörtliche Übersetzung des wissenschaftlichen Namens der Gottesanbeterin – *Mantis religiosa*. Ihr Namensgeber Carl von Linné wurde möglicherweise von ihrer typischen Haltung mit angewinkelten Vordergliedmaßen, in der sie auf Beute lauert, angeregt. Die Gottesanbeterin sitzt reglos an einem Fleck, ihrem scharfen Blick entgeht nicht die kleinste Bewegung in der Umgebung. Sobald Beute in Reichweite gerät, ergreift sie diese blitzschnell mit den Vorderbeinen und frisst sie sofort auf. Die Gottesanbeterin ist sehr räuberisch, und es kommt vor, dass die größeren Weibchen die Männchen bei der Paarung auffressen.

Schwarze Witwe

Die Schwarze Witwe ist mittelgroß (0,8–1 cm), schwarz, mit roter Zeichnung auf der Unterseite des Hinterteils und hat manchmal rote Flecken auf der Rückenseite. Sie tritt in den tropischen und subtropischen Regionen der ganzen Welt auf. Ihre unordentlichen Netze spinnt sie nicht nur zwischen Büschen, sondern auch in Schuppen und in Wohnhäusern. Beim schmerzhaften Biss wird Gift in die Wunde abgesondert, das beim Menschen Reizungen hervorruft, ernstere Komplikationen treten aber nur in Ausnahmefällen auf.

Weibchen der Schwarzen Witwe fressen nach der Paarung manchmal das Männchen auf.

Gemeinsame Geschichte

An antiken archäologischen Fundstätten verquickt sich die Erdgeschichte mit der Geschichte der Gesellschaft. Während kulturell Interessierte die Architektur antiker Denkmäler bewundern, interessieren Naturwissenschaftler v.a. Versteinerungen, die das Leben vor Jahrmillionen dokumentieren.

Muschelkalk enthält Überreste der Schalen von Meerestieren, die sich auf dem Grund des früheren Meeres Thetys ablagerten.

Baumaterial antiker Denkmäler sind meistens verschiedene Arten von Kalkstein (Olympia, Griechenland).

30

INSELN

Vom hohen Norden bis zum südlichsten Mittelmeergebiet gibt es auch in Europa einzelne oder als Gruppen zusammengefasste Inseln. Die Umweltbedingungen der Inseln sind allerdings mit denen des Festlandes nicht vergleichbar – außer der Größe und der geographischen Lage ist besonders die geologische Entstehungsgeschichte einer Insel von Bedeutung – sie prägt nicht nur ihre heutige Gestalt, sondern ist verantwortlich für die Artenvielfalt und -zusammensetzung der Tier- und Pflanzenwelt. Auch die Entwicklung der Inseln hat der Mensch beeinflusst und die ursprünglichen Inselökosysteme in erheblichem Maß verändert.

1. *Algerischer Igel*
2. *Sizilienspitzmaus*
3. *Kleines Mausohr*
4. *Mauswiesel*
5. *Alpensegler*
6. *Korallenmöwe*
7. *Weidensperling*
8. *Malta-Eidechse*
9. *Gemalter Scheibenzüngler*
10. *Süßwasserkrabbe*
11. *Großer Totenkäfer*
12. *Vierpunktige Sichelschrecke*
13. *Gliederzypresse*
14. *Strohblume*
15. *Pyramiden-Hundswurz*
16. *Hyoseris frutescens*
17. *Kleinfrüchtiger Affodill*
18. *Wilde Artischocke*
19. *Maltesisches Leinkraut*
20. *Melde*
21. *Johannisbrotbaum*

Die Mittelmeerinsel Malta beherbergt eine bunt gemischte Flora und Fauna südeuropäischer und nordafrikanischer Herkunft.

Wie Inseln entstehen

Eine Insel ist ein über den Meeresspiegel ragender Teil der Erdkruste. *Kontinentale Inseln* liegen dicht am Festland, von dem sie sich in Folge der Hebung der Erdoberfläche und Absenkung des Ozeanspiegels im Pleistozän abgetrennt haben. *Ozeanische Inseln* befinden sich weit vom Kontinent entfernt und sind durch tektonische Hebung des Meeresbodens oder durch Ansammlung von Vulkangestein oder – in den Tropen – durch Korallenwachstum entstanden. Inselgruppen (Archipel) sind Gruppen von Inseln aus sich im Meer fortsetzenden festländischen Bergketten.

Die größte griechische Insel Kreta (8 336 km²) entstand durch alpine Faltung im Tertiär. Die andauernde tektonische Unruhe ist der Grund für häufige Erdbeben.

Halbinseln

Eine Halbinsel ist ein auf drei Seiten von Wasser umgebener Teil des Festlandes. *Verbundene Halbinseln* entstanden durch die Verbindung einer Insel mit dem Festland (Anhebung des Meeresbodens) und haben einen anderen geologischen Aufbau als dieses. Bei *abgetrennten Halbinseln*, den Resten von Küstenbergen nach einer Überflutung, treten keine größeren Unterschiede im geologischen Aufbau auf. Die größten Halbinseln in Europa sind die Skandinavische Halbinsel (800 000 km²), die Pyrenäen-Halbinsel (580 000 km²) und die Balkanhalbinsel (445 000 km²).

Die Halbinsel Peloponnes (21 000 km²) wurde nach dem Bau des Kanals von Korinth (1881–1893) zu einer künstlichen Insel.

Die größten Inseln Europas

	Fläche in km²
1 Großbritannien (Großbritannien)	215 325
2 Island (Island)	102 819
3 Irland (Großbritannien, Irland)	83 849
4 Nordinsel (Russland)	48 904
5 Spitzbergen (Norwegen)	39 044
6 Südinsel (Russland)	33 275
7 Sizilien (Italien)	25 426
8 Sardinien (Italien)	23 813
9 Nordostland (Norwegen)	14 530
10 Zypern (Zypern)	9 251
11 Korsika (Frankreich)	8 680
12 Kreta (Griechenland)	8 336
13 Seeland (Dänemark)	7 031
14 Edgeinsel (Norwegen)	5 000

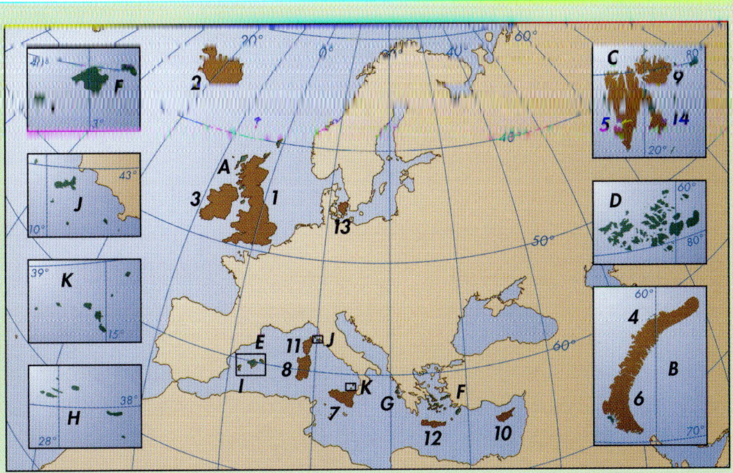

Die größten Inselgruppen Europas

	Fläche in km²
A Britische Inseln (Großbritannien und Irland)	313 700
B Nowaja Semlja (Russland)	83 000
C Spitzbergen (Norwegen)	61 230
D Franz-Joseph-Land (Russland)	16 150
E Balearen (Spanien)	5 014
F Kykladen (Griechenland)	2 572
G Ionische Inseln (Griechenland)	2 307
H Azoren (Portugal)	2 247
I Pityusen (Spanien)	760
J Toskanischer Archipel (Italien)	289
K Liparische Inseln (Italien)	117

Die Tier- und Pflanzenwelt Islands ist sehr artenarm. Das ungastliche Klima ist hierfür ebenso verantwortlich wie die abgelegene Lage und das relativ junge Alter (Tertiär) dieser Insel vulkanischen Ursprungs. Außer zwei Robbenarten, Ratten, Nerzen und Rentieren gibt es hier keine wild lebenden Säugetiere.

FLORA UND FAUNA DER INSELN

Der Charakter der Flora und Fauna wird auf Inseln (mit Ausnahme der geographischen Lage) von anderen Gesetzmäßigkeiten bestimmt als auf dem Festland. Die Anzahl an Arten, die eine Insel besiedeln, ist proportional zur Größe der Insel und ihrer Entfernung vom Festland – kleine, vom Festland entfernte Inseln sind am artenärmsten, große festlandsnahe Inseln beherbergen die meisten Arten. Die Pflanzen- und Tierwelt gibt Auskunft über die geologische Geschichte der jeweiligen Inseln und den Zeitraum ihrer Existenz. In den letzten Jahrhunderten hat sich die Artenzusammensetzung durch den Eingriff der Menschen verändert – einerseits wurden viele Arten ausgerottet, andererseits wurden dort Tiere eingeschleppt oder ausgesetzt.

DIE ENDEMITEN

Insel-Ökosysteme sind durch das gehäufte Auftreten endemischer Arten ausgezeichnet, deren Anteil in der Regel mit der Entfernung vom Festland wächst. Als Endemiten werden Arten oder Artengruppen bezeichnet, die es nur in einem bestimmten, räumlich begrenzten Gebiet gibt – auf einer Insel oder Halbinsel, in einem See, Einzugsgebiet, Gebirge usw. Man kann auch von europäischen Endemiten (die nur in Europa leben) sprechen.

Die giftige Kandelaberwolfsmilch ist eine endemisch auf den Kanarischen Inseln auftretende Sukkulentenart. Sie wird 2–3 m hoch, alte Exemplare haben einen Durchmesser von mehreren Metern.

Der Afrikanische Tulpenbaum hat auffällige, bis 12 cm lange Blüten und noch längere bohnenförmige Früchte – die reifen Kapseln platzen zur Hälfte auf und machen den Weg für eine große Zahl geflügelter Samen frei.

TULPENBAUM

Der Afrikanische Tulpenbaum ist ein 25 m hoher, immergrüner Baum mit einer dichten Krone und gegenständigen, unpaarig gefiederten Blättern. Er wächst schnell, sein Holz ist weich und brüchig. Der Afrikanische Tulpenbaum stammt aus Uganda und wurde zu einem der verbreitetesten und schönsten Zierbäume der ganzen Welt. Auch auf einigen südeuropäischen Inseln findet man ihn.

EINE BRÜCKE VON EUROPA NACH AFRIKA

Eine imaginäre Brücke zwischen Europa und Afrika stellen die im Mittelmeer gelegenen Inseln Malta und Gozo (Republik Malta) dar. Obwohl Flora und Fauna dieser Inseln mit der Siziliens vergleichbar ist – noch vor 12 000 Jahren waren die Inseln durch eine Festlandbrücke verbunden – sind auch Arten nordafrikanischen Ursprungs stark vertreten. Bei den Pflanzen sind z.B. Johanniskraut *Hypericum aegypticum*, Kreuzkraut und die Schmalblättrige Baumschlinge *Periploca angustifolia* oder bei den Tieren der Schmetterling *Agdistis symmetrica* zu nennen. Das Hauptverbreitungsgebiet der Algerischen Zornnatter und des Algerischen Igels liegt ebenfalls in Nordafrika, auf Malta wurden sie durch den Menschen eingeschleppt.

Die Algerische Zornnatter ist eine kleinere Natter (bis zu 1 m) mit veränderlicher, von grau bis braun reichenden Grundfarbe und einer dunklen Zeichnung. Sie lebt im nordwestlichen Afrika, in Europa nur auf Malta. Sie bewegt sich ungewöhnlich schnell und jagt kleine Säugetiere, Vögel, Eidechsen und Insekten.

Die Durrell-Inseln

Auf einer Karte findet man Inseln mit dieser geographischen Bezeichnung nicht, trotzdem sind zwei europäische Inseln mit dem Leben und Werk des bekannten Naturforschers und Schriftstellers Gerald Durrell verbunden. Auf der griechischen Insel Korfu verbrachte Durrell mehrere Jahre und beschrieb seine Erlebnisse mit der Natur des Mittelmeergebietes in dem erfolgreichen Buch *Meine Familie und anderes Getier* (1961). Auf der Kanalinsel Jersey, der größten der normannischen Kanalinseln, gründete er später eine Gesellschaft zum Schutz der Natur (Jersey Wildlife Preservation Trust) und leitete den dortigen Zoo, der sich auf die Rettung fast ausgestorbener Tierarten konzentriert.

Das Leben von Gerald Durrell (1925–1995) und seiner Frau Lee ist in dem Buch Der große Naturführer für die Familie wunderbar wiedergegeben

Europäisch oder nicht?

Die Topographie der ozeanischen Inseln in der Umgebung Europas bietet einige interessante Rätsel. So liegen z.B. die bekannten Kanarischen Inseln im Atlantischen Ozean kurz vor der nordwestlichen Küste Afrikas, politisch gesehen sind sie jedoch eine autonome Region Spaniens und damit Teil der EU. Ähnlich ist es mit Grönland – der größten Insel des Planeten (2 160 000 km²). Geographisch gehört sie zu Nordamerika, ist jedoch seit 1814 ein Teil Dänemarks.

Die vulkanischen Kanarischen Inseln werden zusammen mit den Azoren, Madeira und den Kapverden als Makaronesien bezeichnet. Die Gruppe besteht aus sechs kleinen unbewohnten und sieben bewohnten Inseln, deren größte Teneriffa ist.

Dem gefährdeten Madeira-Sturmvogel wurde eine portugiesische Briefmarke gewidmet.

Der Madeira-Sturmvogel hat eine Flügelspannweite von etwa 80 cm.

SELTENHEIT AUS MADEIRA

Einen der seltensten europäischen Vögel, den Madeira-Sturmvogel, findet man im Atlantischen Ozean, genau zwischen Europa und Afrika, auf der Insel Madeira (740 km²). Er nistet hier hoch oben an den Hängen des Bergmassivs Pico de Cedro. Dass er mittlerweile zu den bedrohten Tierarten gehört, liegt an den eingeschleppten Ratten und Katzen, die seine Gelege zerstören, denn der Madeira-Sturmvogel baut sein Nest in Felsspalten und auf dem Erdboden. In aktuellen Angaben ist von den letzten 30–50 Paaren, die auf der Insel noch Nachwuchs aufziehen, die Rede.

Die Weißrandfledermaus gehört zur Familie der Glattnasen. Rasch besiedelte sie die meisten Mittelmeerinseln unabhängig von Größe und Standort. Sie versteckt sich in Felsspalten, in Gebäuden und Bäumen.

Die Bezoarziege ist ein hervorragender Kletterer. Sie bewohnt Felsgegenden mit frei stehenden Bäumen und ernährt sich von Pflanzen und Moosen. 5–25 Tiere leben in kleineren Herden zusammen.

Die Hörner des Bezoarziegenbocks sind elegant nach hinten gebogen.

VIERBEINIGER BERGSTEIGER

Die Heimat der Bezoarziege sind die Bergregionen Klein-, Mittel- und Vorderasiens, wo sie als erstes Huftier vor 11 000–12 000 Jahren auch gezähmt wurde. Schon in der Antike wurden Bezoarziegen nach Griechenland und auf die Inseln des östlichen Mittelmeerraums gebracht. Dort halten sie sich gegenwärtig in der reinsten Form auf Kreta, an anderen Orten wurden sie mit Hausziegen gekreuzt. Die Hörner der Ziege sind im Unterschied zu denen des Steinbocks seitlich abgeflacht und haben vorne eine scharfe Kante, die der männlichen Tiere sind bis 1,3 m lang, die Hörner der weiblichen Ziegen jedoch sehr kurz (bis 20 cm). Ähnliche Unterschiede zeigen sich auch in der gesamten Körpergröße – die Böcke werden 40 kg schwer, Ziegen wiegen ungefähr die Hälfte.

DIE BESIEDLUNG DER INSELN

Am leichtesten werden die Inseln von Fledermäusen, Vögeln und Insekten besiedelt, die fliegen können. Zu den passiv fliegenden Tieren zählen z. B. Spinnen, Weberknechte, Milben. Viele Kleinlebewesen (es müssen nicht immer Parasiten sein) nutzen als Transportmittel z. B. Wasservögel, die in ihrem Gefieder winzige Schnecken und Krustentierchen tragen. Die Möglichkeiten aller anderen Tiere sind begrenzt – zu näheren Inseln können sie schwimmen (in Holland wurde ein Maulwurf im Meer beobachtet), größere Entfernungen können sie ggf. auf Baum- oder Pflanzenresten zurücklegen. Bei den Pflanzen verbreiten sich v. a. widerstandsfähige Arten, die auch im Meerwasser oder in den Eingeweiden von Vögeln überleben, oder leichte Samen, die der Wind über weite Strecken trägt. Seit der Mensch die Meere erobert hat, gelangen viel mehr Pflanzen- und Tierarten auf die Inseln.

Der Monarchfalter (✖ 85–95 mm) ist ein Exot der europäischen Fauna. Seine eigentliche Heimat ist Nordamerika, durch die Westwinde wurde er jedoch nach England und auf die Kanaren getragen, jetzt tritt er schon im Mittelmeerraum auf.

Inselvulkane

Der Süden der Apenninen-Halbinsel und die anliegenden Inseln sind die einzige Gegend Europas mit aktiven Vulkanen. Der höchste von ihnen, der Ätna an der Ostküste Siziliens (3323 m), hat immer wieder Eruptionen (meist aus einem Seitenkrater). Vulkanischen Ursprungs sind auch die Liparischen Inseln, deren Vulkankegel Vulcano zuletzt 1890 tätig war. Der großteils unter der Meeresoberfläche verborgene Stromboli-Vulkan ist ständig aktiv. Auch die Insel Ustica wird von einem erloschenen Vulkan gebildet. Der Vesuv liegt auf dem Festland 79 n. Chr. begrub er einst Pompeji.

Der Ätna ist ständig aktiv. Vulkanischer Dampf und Rauch wird von Zeit zu Zeit, zuletzt 2002, durch Lavaströme abgelöst.

AUSFLUGSTIPPS

Mallorca

Mallorca ist die größte Baleareninsel (3614 km²). Sie ist am Übergang vom Tertiär zum Quartär durch Zerfall einer Halbinsel, die vom südlichen Rand der Pyrenäen nach Nordosten ragte, entstanden. Mallorca ist durch ein gegliedertes Relief geprägt – während der zentrale Teil aus Niederungen oder Hügelland besteht, wird die Insel im Nordwesten vom Gebirge der Sierra de Ponente (höchster Berg Puig Mayor, 1445 m) umrahmt. Die geologische Grundschicht wird durch Gestein aus dem zweiten und dritten Erdzeitalter, größtenteils verkarstete Kalksteine mit vielen Höhlen, gebildet. Der Name der Inselgruppe stammt von den als Ballarides (Steinschleuderer) bezeichneten antiken Völkern.

Mallorca ist im Frühjahr eine wichtige Raststation für Zugvögel (Bóquer-Tal).

31

FELSEN UND GERÖLL

Die ersten Organismen besiedelten nach den Urozeanen das unwirtliche Felsgestein. Um zu überleben, mussten sie völlig anspruchslos sein. Vergleichbar ist die Situation heute noch etwa in alten Steinbrüchen. Auf den nackten Felsen siedeln sich zuerst Algen und Moose an, dann zeigen sich in Spalten die ersten Pionierpflanzen, und schließlich findet auch ein Birken- oder Kiefernsamen Halt.

1. Siebenschläfer
2. Steinschmätzer
3. Hausrotschwanz
4. Uhu
5. Turmfalke
6. Smaragdeidechse
7. Wulstige Kornschnecke
8. Zebra-Springspinne
9. Berghexe
10. Zweipunkt-Ohrwurm
11. Libellen-Schmetterlingshaft
12. Feldwespe
13. Blauflg. Ödlandschrecke
14. Buchsbltrg. Kreuzblümchen
15. Gewöhnliche Zwergmispel
16. Felsen-Steinkresse
17. Bleicher Schafschwingel
18. Zottiger Spitzkiel
19. Grüner Streifenfarn
20. Nacktstängelige Schwertlilie
21. Ästige Graslilie
22. Österreichischer Drachenkopf
23. Graues Sonnenröschen
24. Pfingstnelke
25. Trauben-Steinbrech
26. Tauben-Skabiose
27. Berglauch

Kalksteinfelsen beherbergen eine vielfältige Flora und Fauna.

Vielfalt der Felsen

Felsen aus freiliegendem Gestein ohne eine Decke aus Boden und zusammenhängender Vegetation findet man meist in Gebirgen und Flusstälern. Außer vom Alter werden sie v.a. von der Widerstandsfähigkeit gegen Erosion und Verwitterung ihrer Gesteinsart geprägt. Felsen mit ihren großen tages- und jahreszeitlichen Temperaturschwankungen, der ständigen Trockenheit, übermäßigen Sonneneinstrahlung, dem starken Wind und Mangel an Nährstoffen bieten nur anspruchslosen Organismen einen Lebensraum.

Die Lebensbedingungen an Felsen bestimmt u.a. ihre Neigung und ihr Besonnungsgrad.

Mineralien

Die feste Erdoberfläche wird v.a. durch Mineralien und Gestein gebildet. *Mineralien* sind chemische Elemente und ihre natürlich entstandenen Verbindungen. Sie haben eine kristalline Struktur mit einer gleichmäßigen Anordnung von Atomen, Ionen und Molekülen im Kristallgitter. Eine unterschiedliche Kristallstruktur führt bei Mineralien gleicher chemischer Zusammensetzung zu verschiedenen Eigenschaften *(polymorphe Mineralien)*. Mineralien befinden sich (außer Quecksilber) im festen Aggregatzustand.

Über 3 000 Mineralien in sieben grundlegenden kristallinen Zuständen sind bekannt.

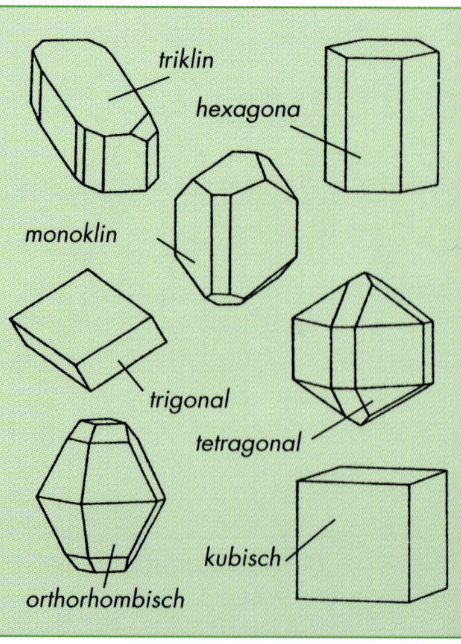

Gestein

Gestein, das den Grundstoff der unbelebten Natur bildet, setzt sich aus Mineralien oder Rückständen von Organismen zusammen und ist durch eine inhomogene innere Struktur gekennzeichnet. Es bildet geologische Gebilde verschiedener Größen und Formen (Sedimentschichten, Kegelvulkane usw.). Die am Aufbau des Gesteins beteiligten Mineralien heißen *Gesteinsbildner*. Verwittertes, mit organischen Stoffen angereichertes Gestein an der Oberfläche wird zu Boden. Gestein wird nach seiner Entstehung in *Sedimentgestein*, *magmatisches* und *metamorphes Gestein* eingeteilt.

Kalkstein ist ein v. a. aus Kalziumkarbonat zusammengesetztes Sedimentgestein. Einige Kalksteintypen entstanden aus Muscheln und Skeletten von Meerestieren und sind deutlich geschichtet.

Sedimentgestein

Der weitaus größte Teil der Erdoberfläche und der Meeresgrund besteht aus Sedimentgestein. Bei seiner Entstehung können drei relativ selbständige Prozesse unterschieden werden – mechanische oder chemische Verwitterung älteren Gesteins, Ortsveränderung *(Transport)* der Verwitterungsprodukte und Absetzung *(Sedimentation)*. Zur Ablagerung von Sedimenten kommt es auf dem Festland (z.B. Gletscher- und Wüstensedimente) und im Wasser (See-, Fluss-, oder Meeressedimente). Sedimentgestein enthält Fossilien, d.h. Reste von Muscheln, Skeletten und Pflanzen *(biogene Sedimente)*.

Sandstein ist ein anderer Typ des verfestigten Sedimentgesteins. Bei seiner Entstehung wurden ins Meer geschwemmte Quarz- oder Hornkörnchen zusammen verfestigt. Bei der Verwitterung von Sandstein kommt es häufig zum quaderförmigen Zerfall.

WÄRMELIEBENDER STRAUCH

Die GEWÖHNLICHE ZWERGMISPEL ist ein sehr anspruchsloser Strauch mit einer Höhe bis zu 1,5 m, der auch auf stark besonnten Kalksteinfelsen gut zurechtkommt. Die kleinen Blättchen sind auf der Rückseite dicht behaart, die Blüten hellrot. Der Strauch wächst in fast ganz Europa, die verwandte Filz-Zwergmispel nur im Süden des Kontinents.

Im Herbst erstrahlen felsige Hänge, hauptsächlich in Karstgebieten, in roten Farben. Ursache hierfür sind die zahlreichen Früchte der Gewöhnlichen Zwergmispel.

Geröllfelder werden meist von der sie umgebenden Vegetation gefestigt. Typische Pflanzenarten sind z. B. Weiße Schwalbenwurz, Blutroter Storchschnabel, Gewöhnliches Leimkraut oder Schmalblättriger Hohlzahn.

DIE FLORA DER FELSEN

Mit Staub und Verwitterungssedimenten angefüllte Fugen und Simse an Felsen bieten vielen Pflanzenarten einen günstigen Standort. Die Zusammensetzung der Pflanzengemeinschaft hängt vom geologischen Untergrund ab. Die buntesten Gesellschaften wachsen auf Kalkstein – typische Arten sind GRAUES SONNENRÖSCHEN, BERGLAUCH, Steinbreche, Mauerpfeffer, Sprossende Fransenhauswurz, Meergrüner Bergfenchel, Blaugras, außerdem Arten wie Schwingel, Seggen und die Aufrechte Trespe. Auf tiefgründigeren Böden halten sich auch die ÄSTIGE GRASLILIE und Federgräser. Auf mineralstoffarmen sauren Böden findet man Ausdauerndes Knäuelkraut, Berg-Sandglöckchen, Drahtschmiele, Schafschwingel, verschiedene Moosgewächse und Flechten.

FRÜHLINGSSCHMUCK DER STEILHÄNGE

Steile Felswände wirken fast immer eintönig und karg. Im zeitigen Frühjahr werden sie allerdings in ein gelbes Kleid gehüllt – zur Blütezeit der FELSEN-STEINKRESSE. Die bis 30 cm hohen Stauden leuchten weit mit üppigen goldgelben Blüten. Nach 2–3 Wochen verschwindet der Frühlingsbote wieder.

Der Scharfe Mauerpfeffer blüht den ganzen Sommer über. Seine winzigen, fleischigen Blättchen welken auch bei größter Hitze nicht. Mit dem Milden Mauerpfeffer wächst er auch an Feldrainen, Bahndämmen und auf Mauern.

Die wärmeliebende Felsen-Steinkresse stammt vom Balkan und hat sich in Mitteleuropa nur an sonnigen Standorten angesiedelt.

Die zierliche Gelbflechte findet sich auf Kalksteinfelsen, häufig aber auch auf Hausmauern oder anderen Gebäuden.

Die Mauerflechte wächst auf jedem Gestein von Ebenen bis zur subalpinen Gebirgsstufe. Sie bildet eine an den Rändern ausgeschnittene Kruste mit einem Durchmesser von über 10 cm.

Steinmeere sind vegetationslos – zwischen den Blöcken, wo sich kein Boden ablagert, können sie nicht wurzeln. Auf Geröllfeldern wird auch durch die Bewegung der Steine die Bildung einer Vegetationsdecke verhindert.

KÖNIGREICH DER FLECHTEN

Die genügsamen Flechten sind an nährstoffarmen steinigen (und felsigen) Standorten am häufigsten vertreten. An anderen Standorten müssen sie mit höheren Pflanzen konkurrieren. Manchmal verfängt sich im Geröll der Samen eines widerstandsfähigen Gehölzes (Waldkiefer, Hängebirke, Eberesche) und kann Fuß fassen.

Magmatisches Gestein

Magmatisches Gestein entsteht durch Erstarrung und Kristallisation von Magma bei Temperaturen von 650–1200 °C, wobei sich die Magma aus geschmolzenen Silikaten, gasförmigen und flüssigen Stoffen (Wasser, Kohlendioxid, Schwefelwasserstoff und anderen) zusammensetzt. Abhängig vom Ort und der Erkaltungszeit werden sie in drei Kategorien eingeteilt: *Tiefengestein* (erstarrt einige Kilometer unter der Erdoberfläche), *Ganggestein* (entsteht flach unter der Oberfläche) und *Ergussgestein* (bildet sich auf der Erdoberfläche aus rasch erstarrendem Magma).

Basalt gehört zu den häufigsten (effusiven) Ergussgesteinen vulkanischen Ursprungs. Er zeihnet sich durch eine dunkle Färbung und große Festigkeit aus. Infolge der Verwerfung des Magmas entstehen in den Gesteinskörpern oft verschiedenartige Risse.

Umgewandeltes Gestein

Im Verlauf geologischer Prozesse kann Gestein seine Lage in der Erdkruste verändern. Bei hohen Temperaturen und unter hydrostatischem Druck (Druck des Deckgesteins) oder Kohlendioxid, Wasser, Stickstoff o. a. kommt es zu ihrer Umwandlung in andere Gesteine; dieser Prozess wird als *Metamorphose* und das umgewandelte Gestein als *metamorphes* Gestein bezeichnet. Größtenteils sind darin ähnliche Mineralien wie in magmatischem Gestein vorhanden (Quarz, Glimmer, Feldspat).

Faltungen und Brüche in der Erdkruste sind Zeugen früherer tektonischer Ereignisse.

Der Schriftfarn und der Braunstielige Streifenfarn gehören zur selben Gattung, haben aber unterschiedliche Standortansprüche. Während der Schriftfarn sonnige Felswände und Mauern besiedelt, wächst der schattenliebende Braunstielige Streifenfarn an feuchten Stellen. Im Mittelmeergebiet entdeckt man beide Arten – den Schriftfarn an trockenen Südwänden und den Streifenfarn an feuchten, schattigen Nordwänden.

Der Braunstielige Streifenfarn ist eine kosmopolitische Art, die in vielen Teilen der Welt beheimatet ist. Bei Beschädigung verströmen seine Blätter einen unangenehmen Geruch.

Der Schriftfarn wächst in den wärmeren Gegenden Südeuropas und entlang der Atlantikküste bis nach Irland. Längere Trockenheit verträgt er gut – seine Blätter sind dicht mit verdunstungshemmenden Spreuschuppen bedeckt.

Der Tüpfelfarn ist einer der wenigen wachsenden Felsenfarne (bis 40 cm), der an schattigen und moosigen Standorten mit kalkarmem Untergrund vorkommt. Sein kriechendes Rhizom enthält zuckerhaltige Verbindungen, die ihm den Namen Engelsüß einbrachten. Die Inhaltsstoffe finden medizinische Verwendung.

FELSENFARNE

In Felsspalten wachsen kleine ausdauernde Farne, manche hauptsächlich im Schatten wie z.B. Streifenfarne, andere vertragen auch Sonne (Schriftfarn). Mit ihrem zwar kurzen, aber kräftigen Wurzelstock verankern sie sich fest im Untergrund. Viele Arten sind an ganz bestimmte Bodenverhältnisse gebunden – an Kalke, Serpentinit-Gestein usw. – andere sind anspruchslos. Viele Felsenfarne werden in Steingärten, z.B. an Steinwänden und Terrassen, gepflanzt.

Der Rollfarn ist ein seltener, in höheren Gebirgslagen wachsender Geröllfarn.

Die Früchte der Echten Mehlbeere sind rote Scheinbeeren mit mehligem Fruchtfleisch. Sie bleiben bis zum Winter auf den Bäumen und bieten Nahrung für Vögel und manche Säugetiere, z.B. Eichhörnchen und Marder. Auf dem menschlichen Speiseplan kommen sie nur selten zum Einsatz, da sie roh leicht giftig sind – sie enthalten hitzeempfindliche Parasorbinsäure.

Die dicht verfilzten Blattunterseiten der Mehlbeere binden Staub gut, deshalb wird der Baum oft an Straßenrändern, aber auch in Parks angepflanzt.

DIE MEHLBEERE

Die Mehlbeere liebt Licht und Wärme, häufig findet man sie an Felsen und steinigen Hängen. Unter günstigen Bedingungen wächst sie in Gestalt eines bis 12 m hohen Baumes mit gewölbter und sehr regelmäßiger Krone, an anderen Standorten entwickelt sie sich nur strauchartig. Sie blüht von Mai bis Juni, ihre weißen, duftenden Blüten bilden eine doldenförmige Rispe. Im freien Gelände bildet die Mehlbeere eine breite und gewölbte Krone.

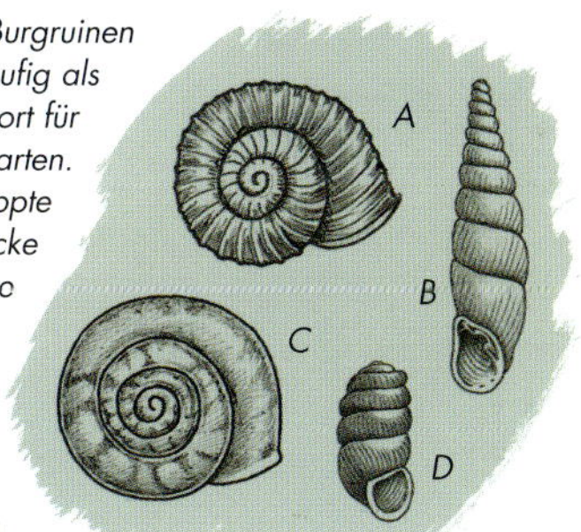

Auch alte Burgruinen dienen häufig als Zufluchtsort für Weichtierarten.
A – Gerippte Grasschnecke
B – Glatte Schließmundschnecke
C – Steinpicker
D – Zylinder-Windelschnecke

WEICHTIERPARADIES

Kalksteinfelsen sind ein Paradies für Weichtiere, da sie das Kalkstein-Karbonat zum Aufbau ihrer Schneckenhäuser benötigen. Auf vielfältige Weise besiedeln Weichtiere auch kleine, vereinzelte Kalksteine von geologisch unterschiedlichstem Aufbau. Bei der Besiedelung solcher Flächen helfen den Weichtieren die Vögel, die sie im Gefieder tragen. Da viele Schnecken nur 1–2 mm groß sind, kommt das häufig vor.

Geröll und Steinmeere

Geröll entsteht durch mechanische und chemische Verwitterung von Felsen. Je nach Gesteinsart reichen die Ablagerungen von winzigen Bruchstücken bis zu großen Steinen. Sie sind unbeständig – unter dem Einfluss einer fortschreitenden Erosion und atmosphärischer Niederschläge geraten sie oft in Bewegung. Aus riesigen Blöcken bestehendes Geröll wird Steinmeer genannt. Häufig ist es Ergebnis einer Frostverwitterung in den Zeiten der pleistozänen Vereisung *(zwischenglaziale Erscheinungen)*. Für Pflanzen und Tiere ist Geröll nahezu unbewohnbar.

Besonderes Mikroklima

Auf Geröllfeldern mit einer Tiefe von mehreren Metern zeigt sich ein bedeutender Temperaturunterschied zwischen Oberflächenschicht und tieferen Schichten.

Die Oberfläche von Geröll ist überwiegend trocken und durch große Temperaturunterschiede geprägt – im Verlauf eines sonnigen Tages heizt sie sich auf und kühlt nachts stark ab. Im Inneren herrscht dagegen eine konstante Temperatur und eine hohe Luftfeuchtigkeit. An einem Tag beträgt der Temperaturunterschied zwischen der Oberfläche und dem Inneren eines Geröllfeldes 15–25 °C. In manchen Geröllfeldern ist die unterste Schicht das ganze Jahr über mit einer Eisschicht bedeckt.

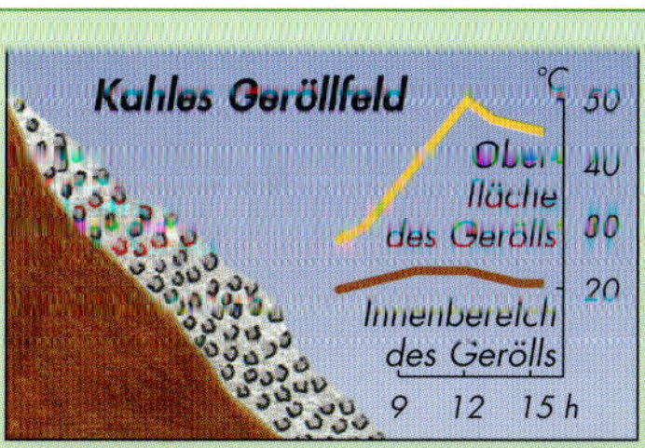

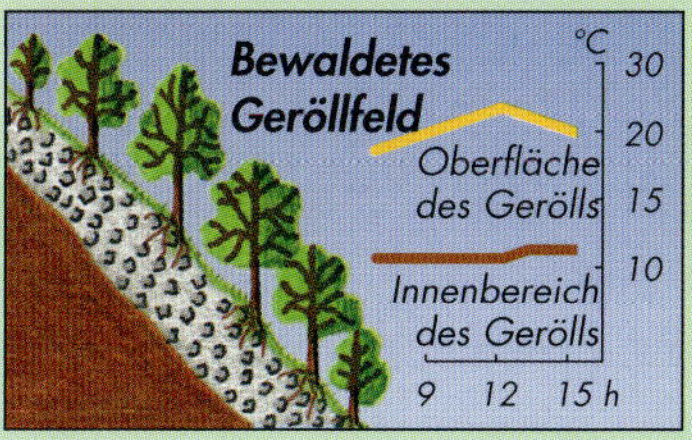

Lebender Beweis des Klimawandels

In Geröllfeldern befinden sich ungewöhnlich viele wirbellose Reliktarten. Während die erwärmte Oberfläche wärmeliebende, seit den zwischeneiszeitlichen Perioden an isolierten Orten überlebende Tiere beherbergt, leben im Inneren der Geröllfelder kälteliebende Arten – Relikte der Eiszeiten.

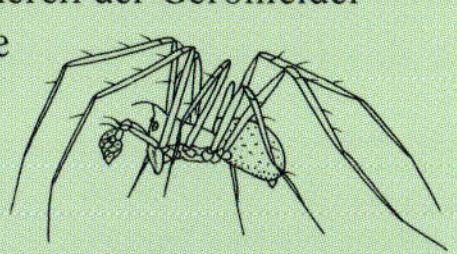

Die etwa 6 cm große Spinne Wubanoides longicornis wurde erst 1986 als neue Art entdeckt. Sie tritt im Norden Sibiriens in zusammenhängenden Gebieten und weiter südlich nur in Steingeröllen auf.

Der Mauergecko klettert dank seiner saugnapfartigen Lamellen-Haftballen auf der Zehenunterseite meisterhaft auf glatten Felswänden. Er ist im westlichen Mittelmeergebiet häufig und tritt dort oft an Gebäuden in Städten und Dörfern auf. Mit Schwanz wird er 16 cm lang.

Die gekielten Höckerschuppen sind in Längsreihen angeordnet.

DIE FAUNA DER FELSEN

Von den Wirbeltieren finden v.a. Vögel an Felsen einen Unterschlupf: Raubvögel (Wanderfalke, TURMFALKE), Eulen (UHU) und von den Singvögeln z.B. der STEINSCHMÄTZER und die Dohle. In verlassenen Steinbrüchen lassen sich gelegentlich verwilderte Haustauben nieder. Für die Verbreitung einiger Felsentierarten hat der Mensch gesorgt. In den Ortschaften finden sie an Gebäuden einen Ersatz für ihre ursprüngliche Umwelt. Der Mauersegler, der HAUSROTSCHWANZ oder die Dohle sind die besten Beispiele. Auch Fledermäuse und Siebenschläfer suchen sich Felshöhlen als Unterschlupf. Das Auftreten Wirbelloser ist stärker vom geologischen Untergrund abhängig; an eine bestimmte Pflanzenart gebundene Arten sind häufig.

BUNTE DROSSELN

Steinrötel gehören zur Familie der Drosseln und sind durch einen langen Schnabel, einen kurzen Schwanz und einen ausgeprägten Geschlechtsdimorphismus gekennzeichnet. Während die Männchen bunt sind, sind die Weibchen unauffällig braun gefleckt. Der Steinrötel bevorzugt von der Sonne gewärmte Felsen und Gerölle, über die er in der Balzzeit mit aufgeplustertem Gefieder stolziert. Darüber hinaus stößt er im Flug einen flötenähnlichen Gesang aus und wurde deshalb früher oft gefangen.

Der Steinrötel tritt v.a. in Südeuropa auf, sein Verbreitungsgebiet reicht nach Norden bis zu den Alpen.

Die Blaumerle unterscheidet sich in ihren Ansprüchen kaum vom Steinrötel, ist jedoch etwas größer und tritt in Mitteleuropa viel seltener auf.

Kolonien des Großen Abendseglers überwintern in den Felsspalten der Karstgebiete, von wo sie erst die Märzsonne wieder hervolockt.

RIESENGEIER

Der Gänsegeier ist anhand der langen und breiten Flügel mit einer Spannweite von 2,8 m, der fingerartig ausgestreckten Schwungfedern und dem kurzen, abgehackt wirkenden Schwanz leicht erkennbar. Ohne einen Flügelschlag kreist der Geier stundenlang in der Luft und erspäht eine Beute auch aus großer Höhe. In kreisförmigen Bögen lässt er sich zur Beute hinabtragen. Er ernährt sich hauptsächlich vom Aas großer Tiere. Lebende Beute jagt er nicht. Einige Dutzend Paare nisten zusammen auf unzugänglichen Felsen und Klippen, vereinzelt auch auf Bäumen.

Der Gänsegeier tritt in ganz Südeuropa, von den Pyrenäen bis nach Griechenland auf.

AUSGEROTTETER IBIS

Bereits im 16. Jahrhundert starb der Waldrapp oder Schopfibis in Europa aus; in den österreichischen und Schweizer Alpen (die nördlichste bekannte Kolonie war in Salzburg) hatte er vorher Nistgebiete. Warum der Vogel aus Europa verschwunden ist, darüber herrscht Uneinigkeit. Sicher hat die Jagd auf ihn dazu beigetragen, vielleicht aber auch die veränderten Lebensbedingungen. Unter den Watvögeln ist der Waldrapp interessant, weil er als eine der wenigen Arten an Felssimsen oder Felsterrassen hoch in den Bergen, ggf. auch an Ruinen nistet.

Der Waldrapp lässt sich gut in Gefangenschaft halten, und auch Wiederansiedelungsversuche laufen seit einigen Jahren. Seit 2005 leben 450 Vögel in Europa.

Verwitterung

Ähnlich wie die Klippen an der Meeresküste unterliegen auch andere Felsklippen der *Verwitterung*, die normalerweise auf drei sich ergänzende Arten abläuft. Die *mechanische Verwitterung* ist die Folge starker Temperaturunterschiede an der Felsoberseite (winterliche Fröste, Sonnenerwärmung usw.), bei der *chemischen Verwitterung* kommt es zur Auslaugung durch Wasser und aus dem Regenwasser entstehende Säuren, und bei der *biologischen Verwitterung* wird das Gestein durch Pflanzenwurzeln oder organische, von Pflanzen wie Flechten abgesonderte biologische Säuren zerstört.

Der Zerfall wird durch gefrorenes Wasser in den Rissen gefördert – die im Vergleich zum Wasser größere Ausdehnung des Eises verursacht mechanische Zerstörung.

Pflanzen auf Felsen

Auf Felsen wachsende Gesteinspflanzen werden *Petrophyten* genannt. Sie müssen sehr anpassungsfähig und anspruchslos sein. Fast kein Boden steht ihnen zur Verfügung, außerdem herrscht ständiger Wassermangel. Sie sind einer starken Sonneneinstrahlung und häufigen Winden ausgesetzt. Die Petrophyten sind vorwiegend ausdauernde Pflanzen mit weit verzweigten Wurzelstöcken und einer normalerweise kurzen Vegetationszeit. Sie vermehren sich oft vegetativ und sind überwiegend von kleinem, kissenartigem Wuchs. Gegen übermäßige Austrocknung schützen sich Felsenpflanzen mit fleischigen oder dicht behaarten Blättern.

Die Große Fetthenne ist eine ausdauernde, dickblättrige Pflanze mit einem fleischigen, 20–60 cm langen Stängel und einem vollen, aus winzigen Blütchen zusammengesetzten Blütenstand. Sie blüht von Juli bis September auf Felsen, Hängen und in Spalten, von den Ebenen bis ins Mittelgebirge.

SELTENER GAST

Der Mauerläufer nistet hoch oben in den Bergen an steilen Felsen, z.B. in den Alpen und den Karpaten. Nach der Aufzucht der Jungtiere fliegen die Vögel vom Nistplatz in alle Richtungen auseinander. In dieser Zeit bekommt man sie gelegentlich auch in unteren Lagen zu sehen. Ab und zu macht er in Städten Rast, selten nistet er dort auch.

Den Mauerläufer erkennt man an seinen breiten Flügeln. Im Flug sieht er größer aus, als er tatsächlich ist. Außer der Färbung sorgen der dünne, nach unten umgebogene Schnabel und der flatternde Flug für einen ungewöhnlichenAuftritt.

Die Felsenschwalbe baut an Felsüberhängen ein Nest mit Vorraum – an eine an den Felsen geklebte, flache Schüssel schließt sie noch einen langen, röhrenförmigen Eingang an. Das Gelege besteht aus 4–5 weißen Eiern mit rostbraunen Punkten. Beide Eltern brüten sie abwechselnd innerhalb von 14–15 Tagen aus, die Jungen bleiben 25–26 Tage im Nest.

Die Felsenschwalbe bewohnt das südliche Europa, v.a. die Pyrenäen- und die Balkanhalbinsel.

SCHWALBEN

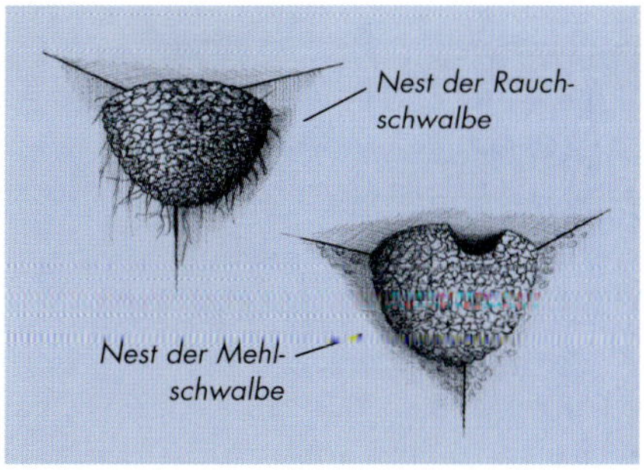

Rauchschwalbe und Mehlschwalbe nisten häufig in der Nähe von Menschen. Sie bauen schüsselförmige Nester, die sie mit einer Mischung aus Speichel und Erdklumpen an die Wände von Häusern und Wirtschaftsgebäuden kleben. Schwalben haben diese Art des Nistens aus ihrer Felsenheimat, die sie erst später gegen die Gesellschaft des Menschen eingetauscht haben, übernommen. Nur die südeuropäische Felsenschwalbe hat ihre ursprüngliche Nistart bewahrt.

EIDECHSEN

Ständige Bewohner der Felswände sind Eidechsen. Während die Zauneidechse nur in niedrigen und mittleren Lagen anzutreffen ist, findet man die Waldeidechse auch hoch im Gebirge. Die SMARAGDEIDECHSE bevorzugt hingegen den warmen Süden. Viele Eidechsen sind mit einem unterschiedlich gefärbten Schwanzende ausgestattet. Dieses hintere Stück bricht leicht ab und lenkt durch seine selbsttätige Bewegung die Angreifer ab, während die Eidechse schnell in ihrem Versteck verschwindet. Das fehlende Schwanzteil wächst nach, hat jedoch dann eine andere Schuppung und Färbung. Einen ähnlichen Trick wenden auch einige Nagetiere an, v.a. Mäuse und Siebenschläfer. Die Oberhaut liegt nur locker auf dem Schwanz und lässt sich leicht abstreifen. Das entblößte Stück vertrocknet und bricht ab. Im Unterschied zum Eidechsenschwanz wächst es nicht nach.

Die Mauereidechse ist v.a. in der Südhälfte Europas anzutreffen, wo sie sich auf Felsen, Geröllfeldern und steinigen Wegrändern aufwärmt.

Die kleinen Uhus verbringen 5–6 Wochen im Nest und sind nach 2 Monaten flugfähig. Der Bruterfolg der Uhus ist jedoch gering (selten höher als 20 %), weil Jäger die Nester oft zerstören oder die Jungtiere herausnehmen.

DIE GRÖSSTE EUROPÄISCHE EULE

Der Uhu ist die größte europäische Eule. Er hat eine Flügelspannweite von 170 cm und ähnelt manchen Adlern. Was Nahrung betrifft, ist er nicht wählerisch und jagt alles was er fressen kann – Wühlmäuse, kleine Vögel, Frösche, aber auch Hasen oder Fasane. Sogar das Stachelkleid eines Igels schreckt ihn nicht ab. Seine Beute trägt er auf einen Felsvorsprung oder Holzstapel und frisst sie dort auf – kleinere Stücke verschluckt er ganz, größere Beute portioniert er mit seinem mächtigen Schnabel. Zu Frühjahrsbeginn hört man seine monotonen, tiefen Rufe. Einen einmal bewohnten Standort verlässt der Uhu das ganze Jahr nicht. Er nistet an unzugänglichen Plätzen in den Felsen, manchmal besetzt er auch ein verlassenes Raubvogelnest. Die Brutpflege übernimmt das Weibchen.

AUSFLUGSTIPPS

Foz de Arbayún und Foz de Lumbier

Im Westen des Gebirges Sierra de Leyre in der spanischen Provinz Navarra hat der Fluss Rio Iratí die fast 400 m tiefen eindrucksvollen Cañons Foz de Arbayún und Foz de Lumbier in den Kalkstein eingegraben. Beide Naturschutzgebiete sind interessant wegen ihres Reliefs und ihrer Flora und Fauna mit einem verstärkten Auftreten von Felsenarten. Auch als paläontologische Fundstätten von Ammoniten – verendete Kopffüßer aus Devon und Kreidezeit – sind sie von Bedeutung.

Auf den Simsen des Felsencañons Foz de Lumbier nisten viele Schmutzgeier-Paare.

NP Vikos – Aóos

Der Nationalpark Vikos-Aóos erstreckt sich im nordwestlichen Teil des griechischen Pindos-Gebirges auf einer Fläche von etwa 3300 ha nahe der Stadt Ioánnina. Das Gebiet wird durch die Flüsse Vikos und Aóos geprägt, die aus tauenden Schneefeldern und Karstquellen gespeist werden. In diesem Karstgebiet befindet sich auch der tiefste Schachtschlund Europas mit einer Tiefe von 405 m. Die Natur in diesem Teil des Pindos-Gebirges ist sehr ursprünglich, bis heute leben hier auch Bären, Wölfe und verschiedene Raubvögel.

Die Tiefe der Vikos-Schlucht beträgt an verschiedenen Stellen 600–1 000 m.

32 HÖHLEN

Auch in der kalten Jahreszeit kann man in der Natur zu hochinteressanten Ausflügen aufbrechen. Geht man nun mit einem Speläologen, also Höhlenkundler, auf Entdeckungsreise, braucht man vor allem warme Kleidung und eine Taschenlampe. Speläologen suchen nicht nach Fossilien, sondern nach lebenden Organismen, für welche die verschiedenen unterirdischen Hohlräume den Winter über zum wichtigsten Unterschlupf werden. Vor allem an den Eingängen von Höhlen gibt es viel zu entdecken – ein erstarrter Schmetterling, ein Mückenschwarm, verschiedene Spinnen, vielleicht eine kleine Schnecke oder auch Fledermäuse. Die hängen aber nicht etwa frei an den Wänden oder von der Decke herab – normalerweise verstecken sie sich in Fugen und Rissen der Höhle und sind leicht zu übersehen. Erst viel tiefer im Inneren einer Höhle, wo eine konstante Temperatur herrscht, überwintern sie dann auch an Wänden oder Decken, in seltenen Fällen gruppenweise. Wer eine Höhle erkunden will, sollte nicht allein dorthin gehen, sondern stets in (am besten fachkundiger) Begleitung.

1. *Kleine Hufeisennase*
2. *Großes Mausohr*
3. *Br. Langohr*
4. *Zackeneule*
5. *Höhlenkreuzspinne*
6. *Alpenstrudelwurm*
7. *Bachflohkrebs*

Karsthöhle im Winter mit Tropfsteinschmuck und Bach

Wie eine Höhle entsteht
Höhlen sind unterirdische Hohlräume, die entweder zusammen mit dem Gestein gebildet wurden *(Primärhöhlen)* oder später durch äußere Einwirkungen entstanden sind *(Sekundärhöhlen)*. Am häufigsten sind *Karsthöhlen*, die durch Lösung von Gestein, speziell Kalkstein, entstehen. Grundlage des Prozesses ist eine chemische Reaktion: Niederschlagwasser, das durch Kohlendioxid aus der Atmosphäre zu einer schwachen Säure wird, bildet beim Versickern das saure Kalziumkarbonat, das ausgeschwemmt wird. Durch Verwitterung entstandene Höhlen heißen *Verwitterungshöhlen*.

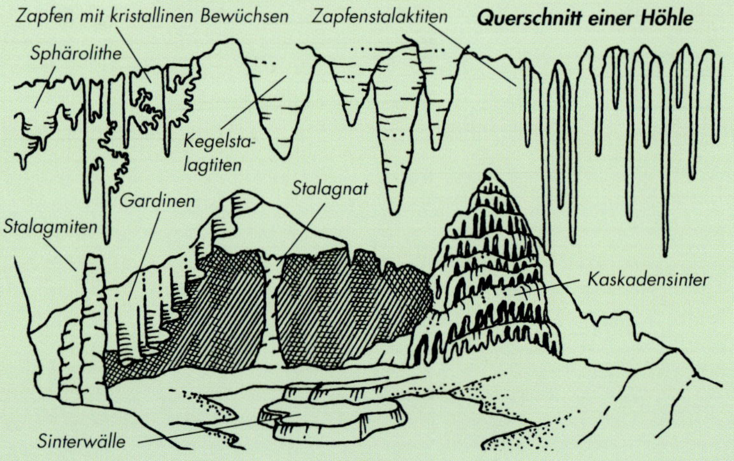

Höhlenschmuck
Karsthöhlen sind durch Tropfsteingebilde und andere durch Ablagerung von Kalziumkarbonat aus dem Karstsickerwasser entstandene Gebilde gekennzeichnet. Wenn das Wasser auf den Boden tropft, bildet es an Wänden und Boden der Höhle *Sinter* (meist als flache Überzüge) und massive, aus dem Boden wachsende *Stalagmiten*, bei geringerem Wasserfluss *Stäbchenstalagmiten* und *Stalaktiten* oder hohle, herabhängende Zapfen. *Stalagnaten* entstehen durch Tropfsteine, die in entgegengesetzten Richtungen zusammenwachsen. Manche Höhlen haben unterirdische Flüsse oder Höhlenseen.

Einzigartige Datenbank
Fossile Überreste urzeitlicher *(quartärer)* Fauna bieten Einblick in die Entwicklungsgeschichte der Erde. In manchen Höhlen blieben Knochen von Höhlenbären, Höhlenhyänen, Wollnashörnern, Säbelzahntigern, Pferden und anderen heute ausgerotteten Tieren erhalten. Andere wertvolle Materialien sind Ablagerungen aus Hohlräumen und Kavernen am Höhleneingang, in denen Überreste von Kleinsäugetieren und Weichtierschalen eingelagert sind. Sie haben sich über Jahrtausende angesammelt, in seltenen Fällen auch seit dem Ende des Tertiärs. Ähnlich werden manchmal auch Ausscheidungen regelmäßig im Karst nistender Eulen und Raubvögel abgelagert. Auch Ablagerungen im Höhleninneren haben für das Studium der geologischen Entwicklung keine geringere Bedeutung.

Schädel von Höhlenbären aus dem mittleren und jüngeren Pleistozän wurden in vielen europäischen Höhlen gefunden.

Längste Höhlen Europas

Optimistitscheskaja Peschtschera (Ukraine)	*191,3 km*
[illegible]	[illegible]
Siebenhengste (Schweiz)	*135 km*
Osernaja Peschtschera (Ukraine)	*111 km*
Ojo Guarena (Spanien)	*100 km*
Réseau Felix Trombe/ Henne-Morte (Frankreich)	*105,7 km*
Hirlatzhöhle (Österreich)	*85 km*
Ease Gill (Großbritannien)	*70 km*

Tiefste Höhlen Europas

Lamprechtsofen (Österreich)	*– 1632 m*
Gouffre Mirolda (Frankreich)	*– 1610 m*
Réseau Jean-Bernard (Frankreich)	*– 1602 m*
Torca del Cerro (Spanien)	*– 1589 m*

Hauptkarstgebiete in Europa

Viele der tief in der Unterwelt verborgenen Höhlen haben Menschen noch nie betreten, dies hat sich allerdings in den letzten Jahrzehnten geändert (Mährischer Karst, Tschechische Republik).

UNTERIRDISCHES KÖNIGREICH

Europa ist reich an Höhlen und unterirdischen Hohlräumen, die in den verschiedensten Formen in fast jedem Land zu finden sind. Das ausgedehnteste Karstgebiet ist der Dinarische Karst, der sich vom südöstlichen Rand der Alpen über den westlichen Balkan erstreckt. Weitere große Karstgebiete befinden sich in Südfrankreich. Viele Karsterscheinungen begleiten auch die Karpaten (von der Slowakei bis Rumänien), die Alpen, den Jura und das Tschechische Massiv, Belgien und die Britischen Inseln. Nicht zu vergessen sind die großen Höhlen in den Pyrenäen und im Nordwesten Spaniens, die als bedeutende prähistorische Fundstätten gelten.

HÖHLENSCHUTZ

Alle Höhlen und Karsterscheinungen verdienen als einmalige Naturgebilde, wertvolle paläontologische und archäologische Fundstätten und als Unterschlupf zahlreicher, z.T. seltener Tierarten einen angemessenen Schutz. Der brüchige Tropfsteinschmuck gilt immer noch als Sammelgut für Kuriositätensammler. Zum Entsetzen vieler Umweltschützer werden Tropfsteine manchmal bunt lackiert oder an andere Stellen umgesetzt.

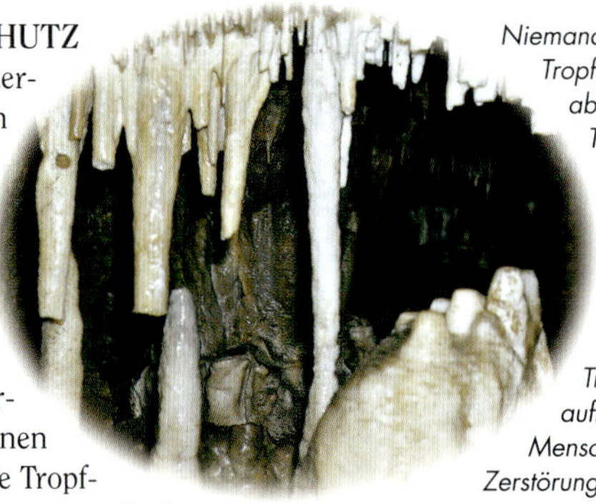

Niemand sollte in einer Tropfsteinhöhle Zapfen abbrechen, die in Tausenden oder Millionen Jahren entstanden sind. Durch das eindringende Wasser des Sauren Regens, das die Tropfsteine langsam auflöst, trägt der Mensch ohnehin zur Zerstörung der Höhlen bei.

DIE FLORA DER HÖHLEN

Höhlen sind durch Dunkelheit und ständige Feuchtigkeit gekennzeichnet und für Pflanzen ein fast nicht bewohnbarer Lebensraum. Nur dort, wo eine Öffnung Tageslicht eindringen lässt – direkt oder durch Wände widergespiegelt – halten sich auch kleine Grünpflanzenoasen, speziell Moose und Farne, die feuchte und schattige Standorte bevorzugen. Tief in die Höhlen dringen außer Bakterien noch Algen vor, die bei einer Lichtintensität von 0,05 % leben können.

Der Zarte Streifenfarn (Abb.) wächst an schattigen Stellen in Eingängen von Kalksteinhöhlen. Er tritt in den Bergen Südeuropas von den Alpen bis zu den Gebirgen des Balkans auf. Der häufigere Braunstielige Streifenfarn dringt tiefer in den Eingangsbereich von Höhlen ein.

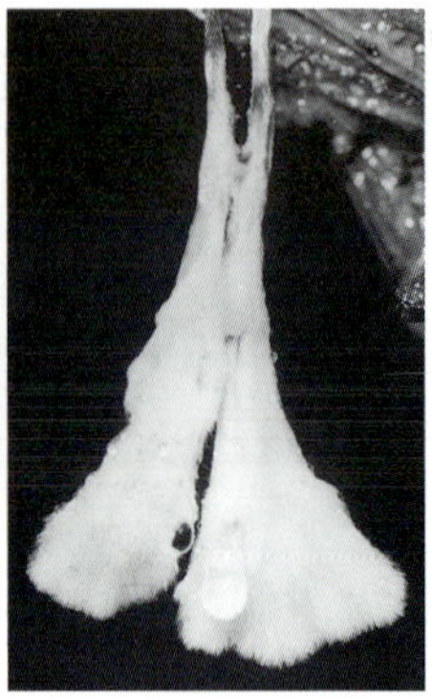

An der Holzverzimmerung alter Stollen gibt es holzzersetzende Pilze mit eigenartigem Aussehen, deren Sporen mit dem Holz auch unter die Erde gelangen.

STOLLEN, KELLER, BUNKER

Fledermäuse nutzen zur Überwinterung anstelle von Höhlen auch künstlich angelegte unterirdische Räume. Man findet sie in großen und kleinen Kellern (z.B. Weinkellern), in Ruinen und in verlassenen Stollen.

Zu den Haupt-Überwinterungsplätzen der Fledermäuse gehört die Festung Neopierek aus dem 2. Weltkrieg in Westpolen, wo mehr als 20 000 Fledermäuse überwintern. Die unterirdischen Gänge sind 30–50 m tief und erstrecken sich über mehr als 30 km. Heute steht dieser Ort unter Naturschutz.

HÖHLEN-MIKROKLIMA

Das Mikroklima unterirdischer Höhlen hängt von ihrer Größe, Einteilung und von den Öffnungen ab, die sie mit Luft versorgen. Bei geringer Luftbewegung hat die Atmosphäre eine konstante Temperatur, hohe Feuchtigkeit und einen erhöhten Kohlendioxidanteil. Solche Höhlen bezeichnet man als *statische Höhlen*. Wenn die Temperatur der Höhlenwände geringer ist als der Taupunkt, kondensiert der Wasserdampf an ihnen – und Tropfen fließen die Höhlenwände herab oder fallen als Regen. Demgegenüber kann in *dynamischen Höhlen* mit mehreren Öffnungen ein Durchzug entstehen, der das Mikroklima entsprechend der Jahreszeit schwankend verändert.

Karsterscheinungen an der Oberfläche

Die Zersetzung (Korrosion) der Kalksteine durch Niederschlags- und Fließwasser zeigt sich auch an der Erdoberfläche *(Oberflächen-Karsterscheinung)*. Mit dem Terminus *Karren* werden tiefe Furchen und Rinnen auf der Oberfläche von Kalksteinen bezeichnet. In den entstandenen Rissen sammelt sich allmählich ein durch den Zerfall des Kalksteins entstehender roter Boden an, so dass im Endstadium die Karrenfelder von einer Erdschicht bedeckt sein können. Zur Durchlöcherung (Perforation) der Kalksteine durch Karrenfelder tragen Pflanzenwurzeln sowie – am Meer – das Wasser bei.

Karrenfelder sind typische Kennzeichen eines Karstgebietes.

Erdfälle *(Dolinen)* sind trichter- oder schüsselförmige Vertiefungen mit einem oberen Durchmesser von einigen Metern bis zu 0,5 km und einer Tiefe von 5–10 m. Sie bilden sich v.a. an Standorten mit zerrissenem Untergrund. Der beschädigte Kalkstein setzt sich ab, und an der Oberfläche entsteht eine Vertiefung – eine *geschlossene Doline*. Wenn der Boden der Doline nach unten einstürzt, spricht man von einer *Einsturzdoline*. Der Grund geschlossener Dolinen füllt sich mit Verwitterungsprodukten des Kalksteins (z.B. Lehm, Roterde) oder Humus, die mehr Feuchtigkeit speichern und eine Vegetation zulassen.

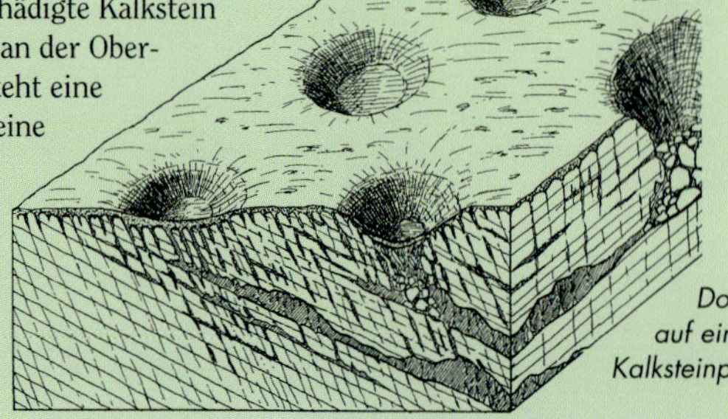

Dolinen auf einem Kalksteinplateau

ERFORSCHUNG DER HÖHLENWELT

Die *Speläologie* oder Höhlenkunde beschäftigt sich mit der Erforschung unterirdischer Räume. Außer der Entdeckung und Beschreibung von Höhlen und anderen Karsterscheinungen erforscht dieser Fachbereich auch ihre Entstehung und Entwicklung *(Speläogenese)*, das Klima *(Speläoklimatologie)*, die Besiedlung mit lebenden Organismen *(Speläobiologie)* und heilende Aspekte von Höhlen, speziell bei Erkrankungen der Luftwege *(Speläotherapie)*. Nur wenige Höhlen sind der Öffentlichkeit zugänglich – so können z. B. in Frankreich Besucher nur 140 von etwa 7000 bekannten Höhlen besuchen (2 %), in Italien sind von 8400 Höhlen nur 34 zugänglich, in Österreich von 4300 nur 21 und in der Slowakei von fast 5000 nur 14.

Besonders die Höhleneingänge bieten Tieren Unterschlupf – als klassische Übergangsbiotope (Ökotone) verbinden sie das Höhleninnere mit der äußeren Umgebung und sichern so die Nahrungszufuhr. Man findet hier hauptsächlich Siebenschläfer und andere kleine Nagetiere, einige Vögel (Hausrotschwanz, Felsenschwalbe, Zaunkönig) und Schlangen oder Eidechsen und auch ein großes Spektrum von Insekten und anderen Wirbellosen (Sura-Mares-Höhle, Sebes, Rumänien).

DIE FAUNA DER HÖHLEN

Das Leben in unterirdischen Höhlen bietet eine relativ unveränderliche Umgebung und ausreichend Unterschlupf. Ein wesentlicher Nachteil ist ihr Lichtmangel, denn dadurch fehlt die grundlegende Nahrungsquelle der Tiere – die Pflanzen. Die meisten Höhlenbewohner können deshalb mit dem wenigen auskommen, das die unterirdischen Räume anbieten (Algen, Bakterien, Einzeller), oder können sich in der äußeren Umgebung Nahrung beschaffen. Nach diesen Kriterien lassen sich drei ökologische Tiergruppen unterscheiden – echte Höhlenarten *(Troglobionten)*, teilweise an eine Höhlenumgebung gebundene Arten *(Troglophile)* und Gastarten *(Trogloxene)*.

Die berühmteste europäische Höhle mit eiszeitlichen Wandzeichnungen ist die Lascaux-Höhle in Südfrankreich.

ERSTE WOHNSTÄTTEN

Geräumige Höhlen und mächtige Überhänge boten v. a. in günstigem Klima den Urmenschen ein Dach über dem Kopf, Feuerstätten und Schutz vor Feinden oder den Naturgewalten. Sie wurden zum Zentrum ihres Lebens und nicht selten auch Aufbewahrungsort der sterblichen Überreste. Füllmaterial und Ablagerungen in den Höhlen stellen somit die ältesten Belege der Besiedlung des europäischen Kontinents dar, deren Wurzeln bis in die Altsteinzeit (Paläolithikum) vor etwa 40 000 Jahren reichen. Höhlen wurden auch zu Kultstätten – das bezeugen Fundstätten mit Felsmalereien und verschiedenen Kunstgegenständen.

Das Braune Langohr hat 5–6 cm lange Ohren und bewegt sie in Richtung eines nahenden Geräuschs.

Das Braune Langohr verbringt seinen Winterschlaf an kalten Plätzen, z. B. in Höhleneingängen. Dabei steckt es seine langen Ohren nach hinten unter die Flügel, so dass man von vorn nur die Ohrensegel sieht.

LANGOHR

Das Braune Langohr ist eine der häufigsten europäischen Fledermäuse. Es lebt sowohl in Ebenen als auch in Gebirgen und überwintert oft in Kellern alter Gebäude, Schlössern und Burgen und in alten Stollen.

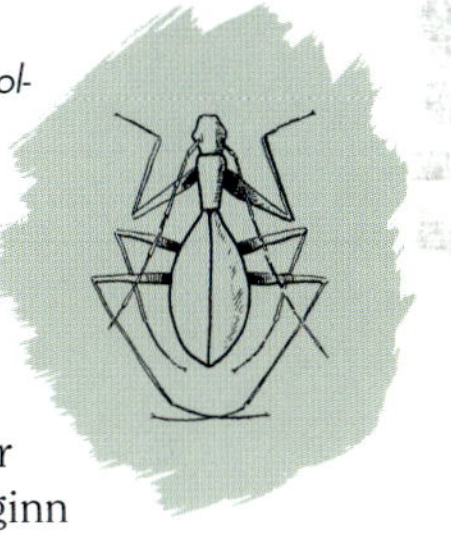

Die blinde Insektenart Antroherpon cylindricolle (8 mm) ist in Höhlen gut aufgehoben.

NORD-SÜD-GEFÄLLE

In Europa tritt ein markantes Gefälle der Vielfältigkeit der Höhlenfauna zwischen Norden und Süden auf. Dies ist eine Folge der umfangreichen Vereisung zu Beginn des Quartärs, bei der in den Gebieten nördlich der Alpen die gesamte spezialisierte Tierwelt der Höhlen zugrunde ging und während der folgenden Erwärmung keine Gelegenheit zur Neubesiedelung hatte. So besteht in Mitteleuropa die Fauna der Höhlen nur aus einzelnen Arten, während im südeuropäischen Karst viele Vertreter leben.

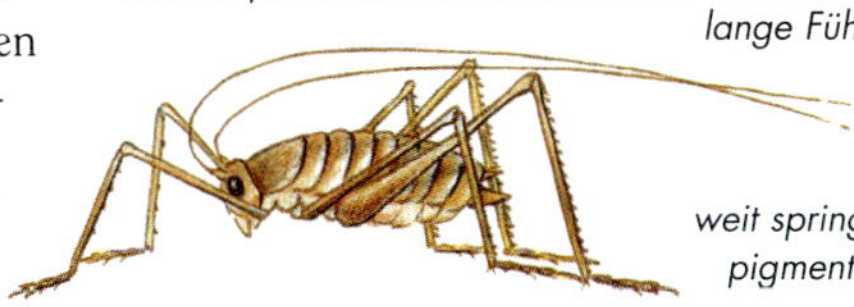

Die etwa 4 cm große Dolichopoda palpata bewohnt in zahlreichen Populationen die Höhlen des Dinarischen Karsts. Sie hat lange Fühler (15 cm) und große Hinterbeine, mit deren Hilfe sie 2–3 m weit springt. Sie hat schwach pigmentierte Augen.

Als *Ponor* wird eine Stelle bezeichnet, an der sich ein Bach im Kalkstein unter der Erde verliert und an anderer Stelle wieder an die Oberfläche zurückkehrt. Am häufigsten tritt er an den Rändern von Karstgebieten auf, wo Bäche aus Gebieten ohne Kalkstein mit dem Kalkstein in Verbindung kommen und durch Risse und Löcher im Untergrund verschwinden. Das Wasser verliert sich entweder allmählich in den Ponoren oder verschwindet plötzlich als Wasserfall in die Tiefe der weit geöffneten Spalten und Gänge *(Schwinde)*. Als *Schluckloch* werden den Dolinen ähnliche Formationen bezeichnet, die die Regenwasserfluten in die Erde ableiten.

Schwinde der Garrone in den spanischen Pyrenäen – nach Kilometern taucht der Fluss an der französischen Seite wieder auf.

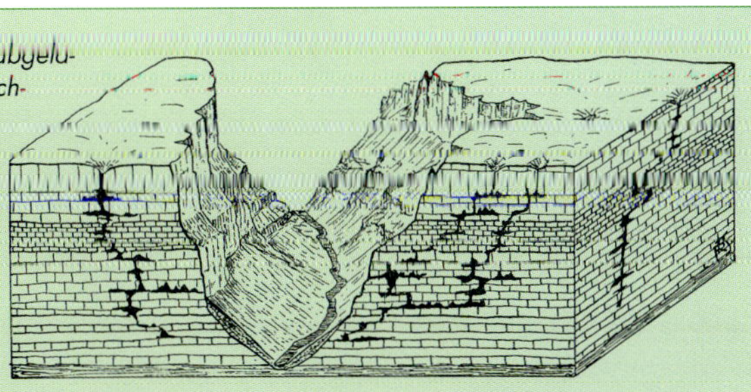

Durch waagerecht abgelagerte Kalksteinschichten gebildetes, von einem Cañon durchschnittenes Kalksteinplateau.

Als *geologische Formation (Faltung)* werden taschenförmige, durch die Lösung von Kalkstein oder Gipsstein entstandene Vertiefungen bezeichnet. Sie sind mit verschiedenen Deckmaterialien wie Ton, Lehm, Sand, Kies usw. gefüllt. *Schlünde* (oberirdische und unterirdische) sind sehr tiefe, natürliche Schächte mit felsigen, steilen Wänden. Der tiefste europäische Schlund Chourun-Martin in den französischen Alpen ist über 500 m tief. *Cañons* sind durch fließendes Wasser in Karstgebieten gebildete Täler. Typische Karsterscheinungen sind auch *Blind-* und *Sacktäler* und *Karstquellen*.

Die Höhlenkreuzspinne hängt ihre beutelförmigen Kokons an einem langen Stielfaden auf. Im Mittelalter wurden sie von Bergleuten für Geldbörsen der Bergkobolde gehalten.

Vielfältiger wird die Fauna dort, wo an Höhleneingängen ein Bach oder Flüsschen fließt. Das kalte Wasser ist Lebensraum für ALPENSTRUDELWÜRMER, Bachflohkrebse und Scheinfüßchen.

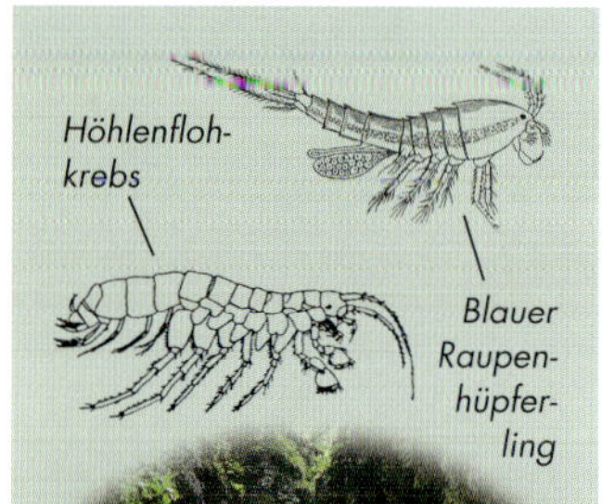

Die mehr als 1 cm große HÖHLENKREUZSPINNE ist in verlassenen Höhlen, Stollen und dunklen Kellern ländlicher Gebäude häufig anzutreffen. Ihre Netze sind mit Ausnahme eines dichter umwebten, ovalen Fensterchens in der Mitte einfach und dünn aufgebaut.

IN LICHT-REICHWEITE

Der vordere Bereich einer Höhle wird von verschiedenen Säugetierarten als Tages- oder Nachtunterschlupf, teilweise auch als Winterunterschlupf genutzt. Die ausgestorbenen großen Höhlenraubtiere – Bären, Löwen oder Hyänen – werden heute von kleineren Arten wie Steinmarder, Füchse, Mauswiesel, Hermeline und Dachse ersetzt. Von den Wirbellosen halten sich Spinnen ständig in Höhlen auf, im Winter sind die Wände mit Nachtfaltern und Mückenschwärmen besetzt. Dunkle Winkel werden von Gletscherflöhen und Milben bewohnt.

DER SIEBENSCHLÄFER

Der Siebenschläfer ist in Höhlen häufig anzutreffen. Das nachtaktive Tier versteckt sich in Spalten von Höhleneingängen, kommt aber auch in Buchenbeständen, Parks und Gärten vor und legt sein Moosnest z. B. in hohle Bäume, Dachstühle oder Nistkästen. Er ist ein ziemlich geräuschvolles Wesen, nachts stößt er furchteinflößende Geräusche, vom lauten Knurren über Schnarchen bis zum Schnauben aus. Fast zwei Drittel des Jahres hält der *Siebenschläfer* Winterschlaf. Die in kleinen Gruppen lebenden Tiere ähneln grauen Eichhörnchen.

Vor dem Winterschlaf nehmen die Siebenschläfer sehr stark zu. Im alten Rom hat man sie deshalb in Fässern, so genannten Glirarien (von der lateinischen Bezeichnung des Siebenschläfers Glis glis) gemästet und sie später an reiche Feinschmecker geliefert (Illustration aus dem Buch von Conrad Gesner: Historia animalium, *1551).*

Die Eier des Grundwasserkrebes Bathynella natans benötigen für ihre Entwicklung kaltes Wasser bis 10 °C. Er ernährt sich von Detritus.

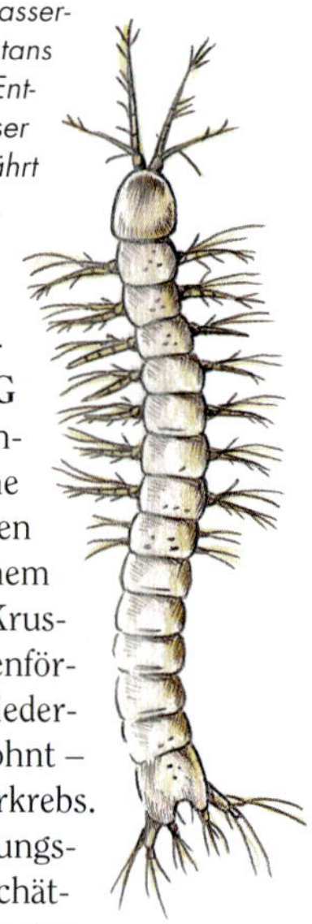

LEBENDE VERSTEINERUNG

Quellen und andere unterirdische Gewässer werden häufig von einem 1–2 mm langen Krustentier mit walzenförmigem, klar gegliedertem Körper bewohnt – dem Grundwasserkrebs. Dessen Entstehungszeitraum liegt schätzungsweise vor etwa 400 Mio. Jahren. Das erste Mal wurde er 1880 in Brunnen in Prag entdeckt, später an weiteren Orten Europas, auch in Bratislava.

GENAUER RADAR

Fledermäuse und die mit ihnen verwandten Hufeisennasen orientieren sich durch Echoortung. Sie sind mit einer Art Analogsonar ausgerüstet. Sie senden eine Serie nicht hörbarer Töne mit niedriger Frequenz aus – den Ultraschall. Diese Signale treffen auf ein Hindernis oder eine Beute, werden von dort zurückgeworfen und die Fledermäuse erkennen an den aufgefangenen Wellen die Größe und Lage des Objekts. Diese Orientierungsmethode ist bemerkenswert genau: Eine Mücke wird von der Fledermaus im Flug auf 3, ein Nachtfalter auf 5 m erkannt.

A – Hufeisennasen senden Echoortungssignale gleicher Frequenz mit der Nase aus, richten sie mit ihren Flughäuten aus und beachten v. a. die Intensität ihres Echos. B – Fledermäuse geben den Ultraschall mit ihren Mäulern ab und orientieren sich hauptsächlich an der Geschwindigkeit des Widerhalls.

AUSFLUGSTIPPS

Čudnite mostove

In der Mitte des bulgarischen Rhodopen-Gebirges befindet sich in einer Höhe von 1700 m das sehenswerte Naturdenkmal Čudnite mostove mit drei Felsüberhängen. Seit ein Erdbeben die hier vorhandene Höhle zerstörte, bilden sie eine Brücke über einen schmalen Bach. In einer Eishöhle an der zweiten Brücke steigt die Temperatur auch im Sommer nicht über den Gefrierpunkt. In der Nähe befindet sich auch die Große Höhle, in der Überreste einer menschlichen Besiedlung aus dem 6. Jahrhundert v. Chr. gefunden wurden.

An den Felsen Čudnite mostove leben z. B. Mauerläufer und Felsenschwalben.

Die Eishöhle von Dobšina

Die Eishöhle von Dobšina, im Slowakischen Paradies außerhalb des Alpengebietes gelegen, besticht durch ihre Außergewöhnlichkeit. Basis ist ein riesiger Raum (130 x 70 m), der mit 125 000–145 000 m³ Eis mit einer Mächtigkeit von stellenweise 25 m angefüllt ist. Die Höhle entstand durch Einbruch einer Decke über einem großen Hohlraum. Die besondere Lage am Nordhang des Berges Duča und eine günstige geomorphologische Konfiguration des Geländes (kalte Winterluft wird angesaugt und zirkuliert, außer im Sommer, ständig) bildeten ideale Bedingungen für die Vereisung der Höhle.

Die einzigartige Eishöhle von Dobšina wurde 1870 entdeckt.

Fledermäuse verkriechen sich in Felsrissen und Spalten, ihren Körper verdecken sie mit den Flughäuten. An feuchten Stellen sind überwinternde Fledermäuse manchmal mit Wassertropfen bedeckt.

HUFEISENNASEN UND FLEDERMÄUSE

In Europa leben mehr als 30 Fledermausarten, wobei die Hufeisennasen eine Familie innerhalb der Unterordnung der Fledermäuse bilden. Die Unterscheidung fällt leicht. Die wärmeliebenden Hufeisennasen haben spitze Ohrmuscheln ohne Ohrdeckel (Lider) und an der Schnauze und um die Nüstern herum membranartige Hautbildungen. Sie fliegen gewandt, wenn auch relativ langsam. Im Gegensatz dazu haben alle anderen Fledermäuse Schnauzen ohne Verwachsungen und Ohren mit Lidern.

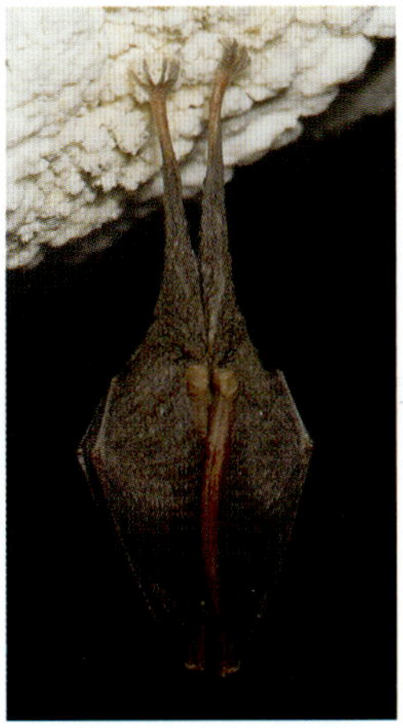

Hufeisennasen hängen an Decken oder Wandvorsprüngen, zum Winterschlaf hüllen sie sich, den Schwanz nach hinten eingerollt, in ihre Flughäute. Sie können sich nicht in Ritzen verkriechen (KLEINE HUFEISENNASE).

BITTE NICHT STÖREN!

Fast ein halbes Jahr verbringen Fledermäuse im Winterschlaf. Manche Arten, wie z.B. das Große Mausohr, schlafen in Intervallen von 6–9 Wochen fester, andere wachen öfter auf. Die Wahl des Schlafplatzes ist unterschiedlich. Die Mopsfledermaus bleibt an den Eingängen von Höhlen und Stollen, wo sich die Temperaturen zwischen –1 und 3 °C bewegen. Die wärmeliebende KLEINE HUFEISENNASE verlangt dagegen 6–9 °C. Sie hat einen besonders leichten Schlaf – es weckt sie schon ein Taschenlampenstrahl oder ein Luftzug. Zu häufiges Aufwachen erschöpft aber die Fettreserven, was ihr schadet.

In Höhlen setzen sich auf den Flügeln der Zackeneule (Flügelspannweite 40–45 mm) Tautropfen ab.

Der Trockenrasen-Steinspanner überwintert ebenfalls gern in Höhlen. Er ist nur etwas kleiner als die Zackeneule, allerdings nicht so schön gezeichnet.

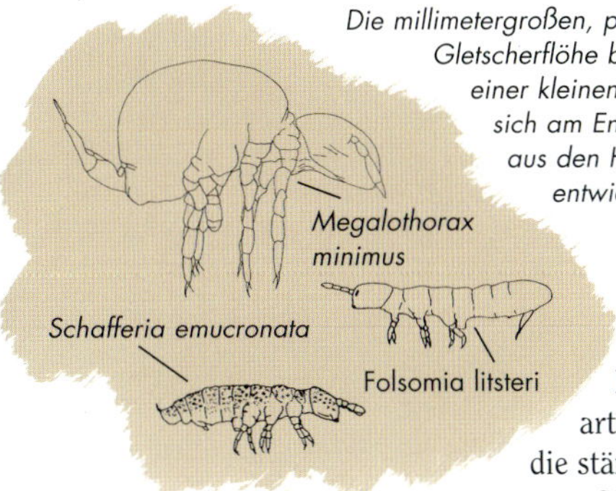

Die millimetergroßen, primitiven, flügellosen Gletscherflöhe bewegen sich mithilfe einer kleinen Sprunggabel, die sich am Ende ihres Hinterteils aus den Hintergliedmaßen entwickelt hat.

HÖHLENFALTER

Die ZACKENEULE bringt zwei Generationen im Jahr hervor. Die Tiere der zweiten Generation schlüpfen im Spätsommer und überwintern im ausgewachsenen Stadium *(Imago)* in Höhlen oder Kellern an feuchten Stellen. Interessant ist die typische Haltung des Falters mit dachartig zusammengefalteten Flügeln. Er fliegt im März aus.

STÄNDIGE DUNKELHEIT

Echte Höhlenarten haben sich an die ständige Dunkelheit angepasst. Sie verloren in erster Linie die Färbung, die Augen verkümmerten, es verlängerten sich jedoch die Fühler, die für die Orientierung im Dunkeln wichtiger sind. Gut entwickelt sind auch Geschmacks- und Geruchssinn, ggf. auch das Gehör. Verlängerte Gliedmaßen sowie Krallen und Borsten ermöglichen den Höhlentieren das Fortkommen auf Gestein. Die meisten in europäischen Höhlen lebenden Tiere gehören zu den Gliederfüßern. Relativ zahlreich vertreten sind Milben, Spinnen, Weberknechte, Tausendfüßler, Doppelfüßer und Gletscherflöhe, Heuschrecken, Käfer und Zweiflügler. In unterirdischen Gewässern dominieren winzige Krustentiere.

Der zu den Amphibien zählende Grottenolm ist ein als dauernde Larvenform lebender Schwanzlurch. Seine Gesamtlänge beträgt etwa 25–30 cm. Er tritt in den unterirdischen Gewässern des Dinarischen Karsts von Istrien bis Montenegro und isoliert auch im nordöstlichen Italien auf. Auf dem Grund bewegt er sich langsam mithilfe schwacher Füße, beim Schwimmen hilft er sich mit dem seitlich abgeflachten Schwanz. Der Grottenolm schlüpft aus Eiern, in kälteren Gewässern schlüpft er im Mutterleib. Er zählt zu den am stärksten bedrohten Arten. Aussetzungsversuche sind bisher gescheitert.

Die Höhle „La Grotte de Clamouse" ist reich mit Tropfsteinschmuck ausgestattet.

La Grotte de Clamouse

Die Clamouse-Höhle ist eine der attraktivsten Höhlen Frankreichs. Sie befindet sich im Karstbergland Monts de St. Guilhem nordwestlich von Montpellier. Entdeckt wurde sie 1935 und fast 30 Jahre später (1964) der Öffentlichkeit zugänglich gemacht. Bis jetzt wurden bis zu 145 m tiefe Gänge mit einer Gesamtlänge von 4 km erforscht. Die Höhle wird durch ein Netz von unterirdischen, häufig auch hier entspringenden Wasserläufen ergänzt.

Eine einzigartige Naturerscheinung sind die vielfältigen Formen der Aragonit-Kristalle. Etwas Ähnliches und so gut Erhaltenes findet man in ganz Europa nicht.

Das Salzbergwerk von Wieliczka

Das Salzbergwerk von Wieliczka etwa 15 km südöstlich von Krakau ist eines der ältesten Denkmäler des Salzbergbaus in Europa: Erste Erwähnungen datieren schon vom 13. Jahrhundert. Gegenwärtig reicht es bis in eine Tiefe von 320 m und hat neun Sohlen, von denen drei zugänglich sind (136 m). Der Weg nach unten führt über mehr als 400 Stufen. Im Untergrund findet man aus Salz gehauene Koboldstatuen und einige Kapellen mit religiösen Motiven. Seit 1978 ist das Bergwerk als UNESCO-Kulturerbe eingetragen. Ein anderes bekanntes Salzbergwerk befindet sich in Hallstatt, Österreich.

33

ZIER- UND NUTZGÄRTEN

Durch den Menschen geprägte Biotope bilden überall in Europa einen untrennbaren Bestandteil der Landschaften. Während Kulturwälder, Felder, Wiesen oder Teiche mit den natürlichen Standorten mehr oder weniger eine Einheit bilden, ist dies bei Gärten anders – die meisten sind ganz den menschlichen Bedürfnissen angepasst. Dennoch bieten sie vielen Arten einen Lebensraum.

1. *Braunbrustigel*
2. *Iltis*
3. *Kleinspecht*
4. *Bluthänfling*
5. *Amsel*
6. *Grünspecht*
7. *Erdkröte*
8. *Feldmaikäfer*
9. *Weinbergschnecke*
10. *Tagpfauenauge*
11. *Große Egelschnecke*
12. *Großer Kohlweißling*
13. *Kirschfruchtfliege*
14. *Wiesen-Löwenzahn*
15. *Echte Nelkenwurz*
16. *Giersch*
17. *Gemeiner Odermennig*
18. *Breitwegerich*
19. *Gänseblümchen*
20. *Echtes Labkraut*
21. *Gänsefingerkraut*
22. *Kaukasus-Fetthenne*
23. *Kohl-Gänsedistel*
24. *Franzosenkraut*
25. *Einjähriges Bingelkraut*
26. *Schopftintling*

Verwilderter alter Garten auf dem Land in Mitteleuropa

Mehrfache Blütenpracht

In keinem Garten fehlen bunte Blumen. Einige bilden nur eine einzige Blüte, die meisten bilden verschieden zusammengesetzte, unverzweigte oder verzweigte Blütenstände.

Die Blütenstände von Margeriten und anderen Korbblütlern sehen wie eine einzige große Blüte aus, sind jedoch aus vielen kleinen Blütchen zusammengesetzt.

Die Blüte

Die umgestalteten Blätter einer Blüte dienen der Fortpflanzung höherer Pflanzen. Eine ganze Blüte besteht aus männlichen Geschlechtsorganen (Staubblatt), weiblichen Geschlechtsorganen (Stempel) und der Blütenhülle (Hülle oder Kelchblätter und Krone).

Aufbau einer Blüte

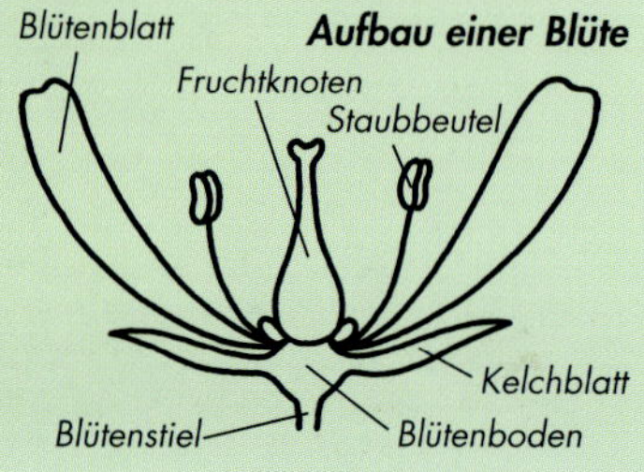

Pflanzen mit einer Einzelblüte, wie z.B. Nieswurze, sind weniger häufig solche mit Blütenständen. Die Schneerose wird als Zierpflanze gezüchtet und verwildert oft.

Der Blütenstand

Blütentragende Sprossabschnitte, deren Blüten in einer bestimmten Anordnung stehen, werden als Blütenstände bezeichnet. Manche einfachen Blütenstände, wie z.B. die Korbblüte, werden oft für Einzelblüten gehalten.

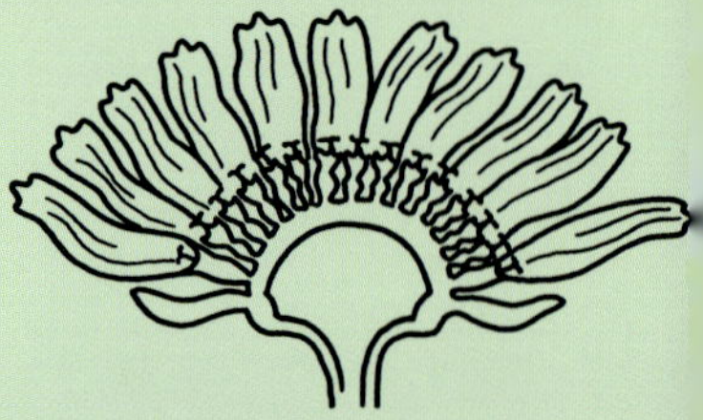

Der Blütenstand (Korbblüte) der Margerite besteht aus Röhren- und Zungenblüten.

Anordnungen
Einfache Blütenstände wachsen an einem nicht verzweigten Blütenstiel, darüber hinaus gibt es z.B. Dolden, Rispen, Trauben u.a.

Haupttypen der Blütenstände

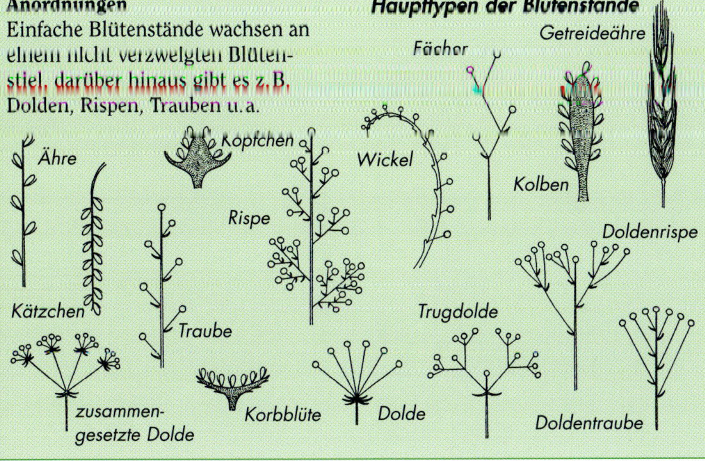

Was sich in der Erde verbirgt
Die Wurzel gibt der Pflanze Halt und versorgt sie mit Wasser und Nährstoffen. Darüber hinaus ist sie ihren weiteren Aufgaben angepasst, z.B. als Speicherorgan oder für die ungeschlechtliche *(vegetative)* Vermehrung. Wurzeln weichen dem Licht aus *(negativer Fototropismus)* und wachsen in Richtung der Erdanziehungskraft *(positiver Geotropismus)*.

Bei einigen Pflanzen werden die Aufgaben der Wurzeln von den unterirdischen Teilen der Stängel übernommen (Wurzelstock – A, schuppige Zwiebel – B, fleischige Schuppen – C). Lokal verdickte Wurzeln bilden Wurzelknollen (Kartoffeln – D).

Wurzeltypen

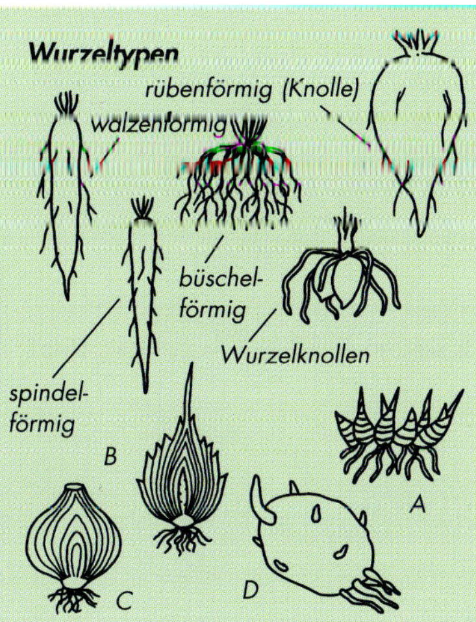

In der Krautschicht von Obstgärten überwiegen Rispengras und andere Wiesengräser.

DIE FLORA DER ZIER- UND NUTZGÄRTEN

Berücksichtigt man Zier- und Nutzpflanzen nicht, hängt die Artenvielfalt der Flora von Größe und Art der Bewirtschaftung ab. In West- und Mitteleuropa sind in den kleineren und gepflegten Stadtgärten nur einige anspruchslose Unkräuter, wie z.B. das FRANZOSENKRAUT (aus Südamerika stammend), die Vogel-Sternmiere, das Kletten-Labkraut oder das Kanadische Berufkraut vertreten. In ländlichen Gärten kommen Pflanzen der Wiesen und Felder dazu – WIESEN-LÖWENZAHN, Sauerampfer, die Gemeine Bibernelle und weitere Doldenblütler ebenso wie Rote Taubnessel, Spitzwegerich, Gemeine Schafgarbe. Größere Gärten mit Mauern, Hecken, Wiesen und Feuchtflächen sind artenreicher und zeigen Feld-, Wiesen-, Wald- und feuchtigkeitsliebende Flora.

DELIKATESSE FÜR VÖGEL

Die Vogel-Sternmiere oder Vogelmiere wächst mit ihrem niederliegenden Stängel auf Feldern und in Gärten. Diese bescheidene Pflanze ist ein Unkraut, dass sich nirgends ganz ausrotten lässt. Kleinvögel mögen ihre saftigen Blätter und Samen.

Die Vogel-Sternmiere bildet mehrmals im Jahr zahlreiche Samen. Sie hat zwar heilende Inhaltsstoffe, gilt aber wegen ihrer starken Vermehrung als Unkraut.

Den Maipilz muss man im Frühjahr suchen. In der gemäßigten Zone Europas wächst er auf Wiesen, Weiden und in Gärten.

GARTENPILZE

Der SCHOPFTINTLING wächst an nährstoffreichen Stellen mit nicht zu dichtem Krautbewuchs. In der Jugend ist sein Hut ei- bis walzenförmig, später glockenförmig. In Wiesen ist der Nelkenschwindling häufig, ab und zu zeigen sich auch Champignons.

Moderne Gänseblümchen-Züchtungen haben nur noch wenig mit den wild blühenden gemein.

BESCHEIDENES WUNDER

GÄNSEBLÜMCHEN, Tausendschön, Maßliebchen – es gibt viele Bezeichnungen für die robuste, kleine Blütenpflanze, die Fröste bis –15 °C verträgt. Von März bis November ist sie überall in Gärten und auf Wiesen zu finden. Das Gänseblümchen wächst besonders üppig bei geringem Nährstoffangebot. In Gebirgen tritt es sogar bis in den alpinen Bereich auf. Ähnlich wie die Sonnenblume wendet das Gänseblümchen seinen Blütenstand immer der Sonne zu.

NATÜRLICHE VORKOMMEN

In Beete und Steingärten werden von Gartenliebhabern oft Pflanzen gesetzt, die aus der Natur stammen. Häufig überleben sie an den neuen Standorten jedoch nicht. Der modernen Züchtung ist es gelungen, neue Sorten daraus zu züchten, die sich in unseren Gärten wohl fühlen. Es gibt aber auch Fälle, in denen Gartenpflanzen verwildern. Das Aussetzen von Pflanzen in die Natur ist ebenso wie die Entnahme aus der Natur nicht sinnvoll, v.a. wenn es sich um geschützte Pflanzen handelt. Heute ist oft nicht mehr festzustellen, ob das Vorkommen natürlich oder vom Menschen beeinflusst ist.

Die Herbstzeitlose blüht von August bis September, wenn der Großteil der Zierpflanzen schon verblüht ist. In Gärten ist sie deshalb ein gern gesehener Gast.

Die Kellerassel, der häufigste Vertreter der Asseln, bevorzugt feuchte Standorte. Sie ist nachtaktiv, versteckt sich tagsüber im Dunkeln und ernährt sich von zerfallendem Pflanzenmaterial.

ASSELN

Unter einem größeren Stein oder vermodertem Holz, unter dem Komposthaufen oder altem Mauerwerk findet man meist ca. 1 cm langen Tierchen mit auffällig flachen Körpern und sichtbaren Fühlern. Es handelt sich um Asseln, kleine zu den Krebsen gehörende Krustentiere. Die Gruppe der Landasseln hat das Wasser verlassen, ihre Kiemenatmung aber beibehalten. Aus diesem Grund benötigen sie immer noch viel Feuchtigkeit.

Gemüsegruppen

Gemüse wird eingeteilt in: Salatgemüse (Kopfsalat, Endivien), Blattgemüse (Spinat, Dill), Selleriegemüse (Stangen- und Knollensellerie), Kohlgemüse (Weiß-, Rot-, Grün-, Blumenkohl und Broccoli), Zwiebelgemüse (Zwiebel, Knoblauch, Schnittlauch, Porree), Wurzelgemüse (Möhre, Wurzelpetersilie, Meerrettich), Fruchtgemüse (Tomate, Gurke, Paprika, Kürbis) und Hülsenfrüchte (Grüne Erbsen und Bohnenhülsen).

Der aus der Mittelmeerregion stammende Kohl mit zahlreichen Arten und Unterarten ist züchterisch intensiv bearbeitet worden. Die verschiedensten Sorten mit fleischigen Blättern, Stängeln oder Blüten sind heute auf dem Markt.

Der Weißkohl (91,2 %) gehört neben dem Kopfsalat (95 %) zu den Gemüsen mit dem höchsten Wassergehalt. Der Kopfsalat ist eine Varietät des Gartensalates, der ebenfalls sehr wasserreich ist.

Falscher Holunder

Der Gewöhnliche Flieder wird auch als Holunder bezeichnet. Mit den wirklichen Holundern hat er dabei nichts gemein, er ist ein enger Verwandter des Olivenbaums.

Der Gewöhnliche Flieder wurde zu mehr als 800 Kultursorten veredelt.

Die Große Egelschnecke (10–20 cm) fehlt in keinem größeren Garten.

WINZIGE TIERE

Die Fauna der Wirbellosen ist in Gärten nicht sehr vielfältig. Die Pflege des Grundstücks (Mähen, Umgraben usw.) zerstört immer wieder ihren Lebensraum, deshalb überwiegen die widerstandsfähigsten Arten wie WEINBERGSCHNECKE, GROSSE EGELSCHNECKE, Laufkäfer, Gemeiner Ohrwurm, Europäischer Riesenläufer oder Saftkugler. Die Einfuhr von Früchten erhöht das Risiko einer Einschleppung neuer Schädlingsarten. Zu den kosmopolitischen Arten, denen es fast überall gefällt, gehört auch die winzige Wegschnecke *Arion lusitanicus*.

Die fetten, Engerlinge genannten, bis 6,5 cm langen Larven des Feldmaikäfers leben in der Erde, wo sie sich von Wurzeln ernähren.

SELTENER SCHÄDLING

Feldmaikäfer sind sehr selten geworden. Früher konnte man die Käfer im Mai nach ihrem Ausschlüpfen (aus dem Kokon) überall einsammeln, und die Kinder unterteilten sie nach Farben. Die Ursachen des Rückgangs sind bekannt: das mittlerweile verbotene, hochgiftige Pestizid DDT und tiefes Pflügen.

DIE FAUNA DER ZIER- UND NUTZGÄRTEN

Vor allem Vögel sind als Verteter der Wirbeltiere anzutreffen. Man findet unter ihnen vom Menschen eingeführte Arten (Haus- und Feldsperling, Dohle, Hausrotschwanz), Waldarten (Buntspecht, Waldkauz), Feldarten (Turmfalke) und nicht umgebungsgebundene Arten (Buchfink, AMSEL, Kohlmeise). Säugetiere sind auch mit Spitzmaus, Wühl- und Feldmaus vertreten, Raubtiere mit Wiesel, Iltis und Steinmarder. Der häufigste Lurch ist die ERDKRÖTE.

Eine dauerhafte „Vertreibung" der Ostschermaus (Wühlmaus) aus Gärten ist fast unmöglich – Gifte, Ausräucherung oder angeblich für sie abstoßende Pflanzen (Knoblauch, Wolfsmilch und andere) helfen nicht auf Dauer. Man muss sich mit den Schäden abfinden.

SCHRECKEN DER GÄRTNER

Außer der Bisamratte, die eingeschleppt wurde, ist die Ostschermaus die größte europäische Wühlmaus – erwachsene Exemplare sind bis zu 20 cm groß und können 200 g wiegen. Sie entgehen oft der Aufmerksamkeit, da sie in dichter Vegetation an Gewässerufern leben. Im Winter ziehen sie weit vom Wasser weg und ernähren sich von Wurzeln und Knollen, die sie in Gärten reichlich vorfinden. Gefällt ihnen die Umgebung und ist genügend Nahrung beschaffbar, bleiben sie das ganze Jahr über auf dem Grundstück.

Der Seidenschwanz zieht von November bis Januar nach Mitteleuropa, im April verlassen die letzten Vögel ihr Quartier wieder. In unregelmäßigen Abständen erscheint der Seidenschwanz invasionsartig, wenn der Winter in seiner Heimat streng ist.

INVASION

Einer der schönsten nordländischen Vögel ist der Seidenschwanz. Er zieht zum Überwintern ins Binnenland des Kontinents und lebt in seiner Heimat in Kiefern- und Fichtenwäldern. In manchen Jahren taucht er in großen Scharen in Städten und Gärten auf. Im Winter 1988/89 waren Seidenschwänze zum letzten Mal in großer Zahl in Mitteleuropa. Auf Beerensuche, kann man sie aus unmittelbarer Nähe beobachten.

Der Baumweißling (A; ✖ 65–75 mm) war einst ein gefürchteter Obstbaumschädling, heute ist er relativ selten. Der Amerikanische Bärenspinner (B; ✖ 30–40 mm) hat in Europa eine neue Heimat gefunden. Seine Raupen können große Schäden an Obstbäumen anrichten. Die Haltung der Raupe des Schwalbenwurz-Kleinspanners (C; ✖ 25–35 mm) verrät seine Zugehörigkeit zu den Spannern.

UNSICHERE ERNTE

Zier- und Gemüsegärten ziehen viele Schädlinge an, die teilweise einen erheblichen Teil der Ernte vernichten. Die Larven des Haselnussbohrers (6–9 mm) sind auf Haselnusskerne spezialisiert. Die Weibchen fressen Löcher in die weichen grünen Schalen der Nüsse und legen zu jedem Kern ein kleines Ei.

Wenn die Larven des Haselnussbohrers sich satt gefressen haben, ziehen sie sich zur Verpuppung tief in die Erde zurück. So kann man sie fast nicht kontrollieren. Auf eine Nussernte muss man meistens verzichten.

Ein anderes Land, eine andere Natur

Es ist kaum möglich, alle in unmittelbarer Nähe des Menschen lebenden Pflanzen und Tiere Europas übersichtlich zu beschreiben. Ihr Auftreten in Gärten ist fast immer abhängig von der geographischen Lage und den Umweltbedingungen. Nur ein kleiner Teil des Artenspektrums der Flora und Fauna ist unabhängig von Klimaunterschieden.

Es ist klar, dass in der Umgebung eines Dorfes in der Karpaten-Ukraine (links) andere Bedingungen herrschen als etwa an der kroatischen Adriaküste (rechts).

GARTENJOURNAL

Den Vögeln zu Hilfe

Vögel sind großteils willkommen in unseren Gärten. Mit ihrer Anwesenheit und ihrem Gesang beleben sie nicht nur die Umgebung, sondern werden auch – speziell in der Nistzeit – Nützlinge im Kampf gegen die verschiedenen Schädlinge. Dem Mangel an natürlichen Nistgelegenheiten kann man durch das Anlegen von Hecken oder – für Höhlenbrüter – durch das Anbringen von Nistkästen abhelfen. Bei den Nistkästen gilt es bezüglich der Herstellung (Material, Form des Kastens, Größe des Einfluglochs) und bezüglich der Aufhängung (Baumart, Höhe über dem Erdboden) einige Regeln zu beachten. Holz ist das geeignete Material, neuerdings werden mit Erfolg Kästen aus einem Gemisch von Zement und Sägemehl verwendet (Holzbeton).

Nistkasten-Typen

34 STÄDTE UND DÖRFER

Ein wesentlicher Teil des Kontinents ist von Menschen bewohnt. Während sich ländliche Siedlungen und Dörfer meist harmonisch in die Landschaft einfügen, schaffen sich Städte eine eigene Lebensumwelt, in der alles den Bedürfnissen des Menschen untergeordnet wird. Auch dort siedeln sich jedoch viele Pflanzen und Tiere an, die in der Lage sind, sich den oft schwierigen Lebensbedingungen anzupassen.

1. *Steinmarder*
2. *Europäische Wildkatze*
3. *Weißstorch*
4. *Steinkauz*
5. *Mauersegler*
6. *Dohle*
7. *Haussperling*
8. *Haustaube*
9. *Hausrotschwanz*
10. *Erdkröte*
11. *Gem. Ohrwurm*
12. *Siebenpunkt-Marienkäfer*
13. *Feuerwanze*
14. *Gemeine Wespe*
15. *Schwarzer Holunder*
16. *Spitzahorn*
17. *Hirtentäschelkraut*
18. *Gewöhnliches Seifenkraut*
19. *Acker-Glockenblume*
20. *Breitwegerich*
21. *Echte Waldrebe*
22. *Wilder Wein*
23. *Schöllkraut*
24. *Vogelknöterich*
25. *Gewöhnl. Gelbflechte*

Auch mitten in der Stadt kann die Pflanzen- und Tierwelt vielfältig sein.

Bevölkerter Kontinent

Von allen Erdteilen hat Europa die zweitkleinste Fläche, liegt bei der Einwohnerzahl (687 Mio. Einw.) jedoch an dritter Stelle und bei der Bevölkerungsdichte sogar auf Platz 2 (ca. 66 Ew./km²). Zwischen den Staaten gibt es jedoch große Unterschiede – während auf Island nur 2,5 Ew./km² leben, drängen sich in Monaco fast 16 000 Ew./km². In Deutschland sind es 229 Ew./km². Etwa ¾ aller Europäer leben in Städten. Die Bevölkerungsdichte ist in Osteuropa geringer als in Westeuropa, wo sich städtische *Agglomerationen* (Städte mit anliegenden Gemeinden) zu noch größeren Ballungsräumen verbinden.

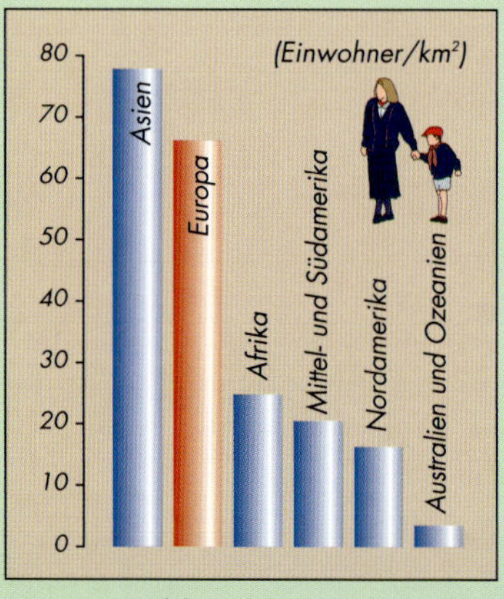

In Europa leben über 13 % der Weltbevölkerung.

Bedeutung der Städte

Die Anfänge einer städtischen Besiedlung fallen in die Antike – in der Zeit der Sklavenhaltergesellschaft teilte sich das Handwerk von der Landwirtschaft ab, und die Siedlungen nahmen allmählich den Charakter von Städten und Stadtstaaten an. Im Mittelalter wuchs die Zahl der Städte und ihre Bedeutung, sie wurden zu Zentren von Handel, Information, Verteidigung und Kultur. Eine weitere neue Qualität brachte den Städten die Entwicklung der industriellen Produktion zu Beginn des Industriezeitalters. Gegenwärtig wachsen sie schnell und nehmen eine immer größere Fläche ein.

Die Akropolis war seit der mykenischen Zeit ein antikes Kultur- und Verteidigungszentrum, heute ist sie Teil des UNESCO-Weltkulturerbes (Athen, Griechenland).

Geschichte der Städte

Zu Hochzeiten der Antike, als die Städte im Mittelmeerraum schon ihre Blüte erlebten, begannen sich nördlich der Alpen erste Anzeichen zukünftiger Städte zu zeigen. Das waren befestigte keltische Siedlungen (Oppida). Ihre ersten Bauten stammen aus dem 2. Jahrhundert v. Chr. Die Oppida wurden auf erhöhten Plätzen an wichtigen Straßen und Erzlagern errichtet. In ihnen lebten einige Tausend Einwohner, archäologische Funde bestätigen entwickeltes Handwerk, Handel usw. Der Großteil der Oppida ging nach Angriffen der Germanen (Westen) oder der Römer (Süden) unter.

Die keltischen Oppida waren gut befestigt und nahmen in Zeiten der Bedrohung auch Menschen aus der Umgebung auf.

Klöster und Burgen

Im Mittelalter gehörten Klöster fest zum Landschaftsbild. Zu ihrem Besitz gehörten ausgedehnte bewirtschaftete Grundstücke. Diese trugen einerseits durch die Rodung von Wäldern zur Vergrößerung der landwirtschaftlichen Nutzfläche, andererseits durch das Anlegen von Fischteichen und Wildgehegen zu einer abwechslungsreicheren Landschaft bei. Die Klöster haben sich auch um die Verbreitung von Kulturfrüchten (z. B. Anlage von Weinbergen und Nutzgärten) und um die Einbürgerung fremder Tier- und Pflanzenarten wie des Karpfens und des Wildkaninchens verdient gemacht. Mittelalterliche Burgen veränderten insbesondere durch ihren hohen Holzverbrauch den Charakter ihre Umgebung.

Das Rila-Kloster im bulgarischen Rila-Gebirge wurde im 10. Jahrhundert gegründet.

DIE FLORA DER STÄDTE UND DÖRFER

In Städten und Dörfern überwiegen außer den angepflanzten Arten v.a. anspruchslose Pflanzen, die auf engstem Raum, ohne viel Erde wachsen können. Überraschenderweise ist die Artenvielfalt in Städten sehr hoch; in den größten Agglomerationen findet man über 1000 Arten. Das Spektrum ist dabei natürlich standortspezifisch. Während in den Stadtzentren nur eine bescheidene, in Spalten im Pflaster, in Steinmauern und Mauerfugen gepresste Vegetation vorhanden ist, bieten Stadtrand und Dörfer unvergleichlich buntere Biotope. Zur Verbreitung der Siedlungsflora tragen auch Bahnstrecken, Straßen und Wasserwege bei.

Die Gesetzmäßigkeiten der Standorte gleichen sich. Auch in Städten gilt: je vielfältiger die Umgebung, desto höher die Anzahl der vertretenen Arten (Amsterdam).

STICKSTOFFFREUNDE

Charakteristisch für die Standorte der Schuttvegetation *(Ruderalvegetation)* sind ein hoher Stickstoffanteil (auch andere Nährstoffe) sowie zeitweise große Trockenheit. Stickstoffliebende Pflanzen *(nitrophile Pflanzen)*, die ein hohes Regenerationsvermögen besitzen, z.B. Schwarzer Holunder, Gemeine Brennnessel, Kleine Brennnessel, Gänsefingerkraut, Wegmalve, *Schöllkraut*, Beifuß, verschiedene Gänsefuß-Arten (z.B. Guter Heinrich und Straßen-Gänsefuß) wachsen hier.

Nitrophile Schuttpflanzen

Die Rötliche Schuppenwurz erreicht erst mit 10 Jahren Blühreife. Bis dahin bildet sie in der Erde einen mächtigen, bis zu 5 kg schweren Wurzelstock, der in die Wurzeln der Wirtsgehölze eindringt.

ALTER PARASIT

An Stadträndern erscheint zeitig im Jahr – manchmal schon im März – an Bachufern, feuchten, lichten Wäldern oder in Parks eine 10–25 cm hohe, blattgrünfreie Pflanze mit röhrenförmigen, rosafarbenen Blüten und geschuppten Blättchen – die Rötliche Schuppenwurz. Die Schmarotzerpflanze ernährt sich unterirdisch von den Wurzeln verschiedener Laubhölzer.

Die Schneebeere stammt aus Nordamerika.

PLATZENDE KÜGELCHEN

Die Schneebeere ist ein bis zu 2 m hoher Strauch, der in Städten und Dörfern meist in Gärten, Parks und Hecken angepflanzt wird. Ihre Früchte sind bei Kindern sehr beliebt – wenn man darauf tritt, platzen die fleischigen Beeren mit einem schussähnlichen Geräusch.

BLAUES WUNDER

Die großen, blassblauen Zungenblüten der Wegwarte sieht man in der Stadt überall, wo sich etwas Erde findet. Sogar zum Sommerende, wenn die meisten Pflanzen wegen Trockenheit vergilben, blüht sie noch in voller Pracht. Die Wegwarte ist als Heilpflanze bekannt, aus ihren gerösteten Wurzelstöcken wurde früher Kaffeeersatz hergestellt – Zichorienkaffee.

Die Wegwarte verbreitete sich mithilfe des Menschen fast weltweit.

Was ist Smog?
In Ballungsgebieten sind die örtlichen Klimaverhältnisse häufig völlig verschoben. Ursache hierfür sind die vielen Gebäude, die luftundurchlässige Versiegelung der Erdoberfläche und die Luftverschmutzung. So verursachen massenhaft schwebende Staubteilchen tagsüber eine Verringerung der Sonneneinstrahlung und bilden in kälteren Nächten Kondensationskerne, an denen sich Wasser festsetzt. Dies äußert sich als Nebel bzw. Smog (engl. *smoke* – Rauch und *fog* – Nebel).

Das Leben in Großstädten hat nicht nur Vorteile. Ungesunde Umweltbedingungen, Stress und Lärm veranlassen viele Menschen, sich außerhalb der Städte anzusiedeln oder wenigstens einen Garten im Grünen zu bewirtschaften (Foto: Brüssel).

Gebäude und Wind
Gebäude, insbesondere Hochhäuser, vermindern die Luftströmungen in der städtischen Bebauung. Die Windgeschwindigkeit reduziert sich zwischen Gebäuden um 20–40 %, gleichzeitig nehmen Turbulenzen zu. Bei schwacher Luftbewegung wird die Luft in den Straßen nur wenig vermischt, der Grad der Luftverschmutzung erhöht sich. Bei Planungen sollte deshalb bedacht werden, dass städtebauliche Lösungen direkten Einfluss auf die Qualität der Lebensumwelt haben.

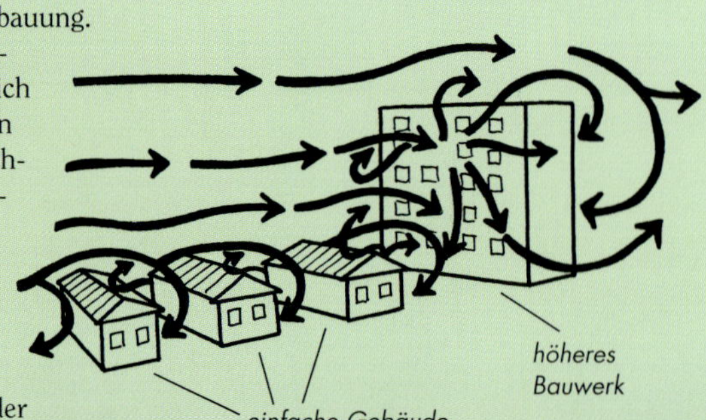

Luftströmungen an Gebäuden

Nickende Distel

Wegdistel

STACHELIGE DISTELN

Disteln und Kratzdisteln sind meist zweijährige Pflanzen mit wenig verzweigtem, langem Stiel und dornigen Laubblättern. Sie wachsen v.a. an trockenen Stellen und blühen von Frühjahr bis Herbst in voller Blüte. Nach Reifung wird der Samen in Form feiner behaarter Früchte durch den Wind in der Umgebung verteilt.

TRITTFEST

Auf Höfen, Straßen, Wegen und Fußwegen wachsen widerstandsfähige Pflanzen, denen häufiges Niedertreten überhaupt nicht schadet. Zu ihnen gehören z.B. Vogel-Knöterich, Breitwegerich, Einjähriges Rispengras, Ausdauerndes Weidelgras und einige Moose.

Erst im September blüht der seltene Schnurbaum. Er ähnelt der Robinie, bildet aber eine breit ausladende Krone mit überhängenden Zweigen. Er wurde zwar durch japanische Gärten bekannt, stammt aber aus China und Korea.

GRÜNE OASEN

Verstreutes Grün ist in den Städten besonders wichtig. Jeder Baum, der sich zwischen den Häusern halten kann, verbessert die Atmosphäre, bietet Tieren einen Lebensraum und hat auch eine ästhetische Wirkung. Viele einheimische Gehölze kommen nicht mit der Schadstoffbelastung und dem Mangel an Wasser und Nährstoffen zurecht, deshalb werden oft widerstandsfähigere fremdländische Arten eingesetzt.

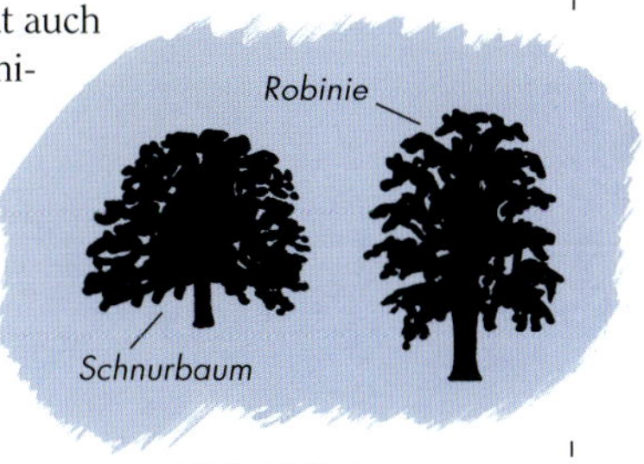

Die Wollkopf-Kratzdistel mit einer kugelförmigen Hülle wächst vereinzelt auf sonnigen Hängen und Weiden.

Das fünf Tage alte Igeljunge trägt die zweite Stacheltracht. Die erste wächst bereits einige Stunden nach der Geburt und ist weich. Dauerhafte Stacheln bekommen Igel nach einigen Monaten.

WIE VIELE STACHELN HAT EIN IGEL?

Igel gehören zu den Bewohnern des Waldes rund um Städte und Dörfer, der Nutzgärten und größerer Ziergärten. Während der Braunbrustigel braune Flecken um die Augen herum hat (Brille) und die gleichmäßig gestreiften Stacheln nach hinten anliegen, sieht der am Kopf heller gefärbte Weißbrustigel gewissermaßen „unordentlich" aus: Seine zerzausten Stacheln zeigen in alle Richtungen, manche sind dunkel, andere hell oder nur zur Hälfte gefärbt. Ein erwachsener Braunbrustigel trägt an seinem Körper 7500–8500 Stacheln, ein Weißbrustigel etwas weniger.

Die Fauna der Städte ist verschiedenartigen Ursprungs.

DIE FAUNA DER STÄDTE UND DÖRFER

Die Artenvielfalt der Fauna in Städten und Dörfern hängt hauptsächlich von der Größe und der Lage der Ansiedlungen ab. Außerdem ist der Umfang belebender Grün- und Wasserflächen von Bedeutung. In größeren Städten leben Tiere verschiedener Herkunft: A – Haustierarten, B – verwilderte Haustiere, C – durch den Menschen ausgesetzte oder eingeschleppte Arten, D – Arten aus natürlichen Biotopen, die sich an die städtischen Bedingungen angepasst haben, E – nur gelegentlich (kurzzeitig) auftretende Arten, F – wild lebende Exemplare von in Gefangenschaft aufgewachsenen (für gewöhnlich fremdländischen) Tieren.

„Wärmeinsel"

Gebäude und Straßen der Städte speichern mehr Wärme aus der Sonneneinstrahlung als Bäume oder Wiesen. Zusätzlich gelangt viel Abwärme in die Umgebung, und das in die Kanalisation abgeleitete Regenwasser kühlt die Luft nicht durch Verdunstung ab. Das Entweichen der Wärme wird auch durch Emissionen in der Atmosphäre verhindert *(Treibhauseffekt)*. Eine Folge davon ist eine Erhöhung der Jahrestemperatur in den Städten gegenüber ihrer Umgebung *(Wärmeinseleffekt)*.

Im Winter treten die Temperaturunterschiede zwischen Städten und ihrer Umgebung deutlicher in Erscheinung (Foto: Moskau).

Die Pflanzen der Städte

Pflanzen, die sich in Städten angesiedelt haben, haben verschiedene Überlebensstrategien entwickelt – entweder sind es Einjährige mit schnellem Wuchs, die sich über Samen vermehren (z.B. Gänsefuß, Weg-Rauke), oder Ausdauernde, die neben Samen schnell zahlreiche Wurzelausläufer bilden (*klonale* Pflanzen, wie z.B. Gewöhnliche Quecke, Land-Reitgras, Gewöhnliches Leimkraut oder Goldrute).

Die Anzahl der in Städten wachsenden Pflanzenarten erhöht sich mit der Stadtgröße, die u.a. abhängig ist von der Einwohnerzahl.

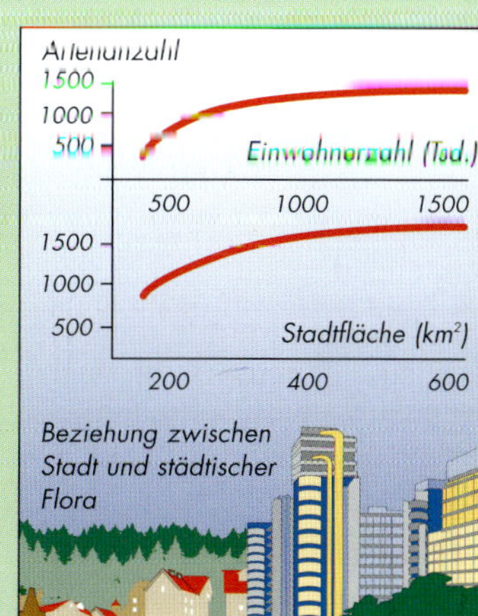

Der Wanderfalke nistet in der Natur meist an Felsen, in Städten zeigt er sich auf Kirchtürmen. Nach seinem völligen Verschwinden aus fast ganz Europa kehrt er langsam an seine Nistplätze zurück; dabei hilft auch die Freilassung in Gefangenschaft aufgezogener Vögel.

LEICHTE BEUTE

Prädatoren – Räuber – haben den Ruf von scheuen und vorsichtigen Wesen, die dem Menschen ausweichen. In Städten jedoch verlieren viele diese Scheu, da die vielen Tauben, Spatzen und Nagetiere allzu leichte Beute sind. Unter den Raubtieren haben sich der Steinmarder und der Fuchs am besten an das Leben mit dem Menschen gewöhnt, manchmal zeigt sich am Stadtrand auch ein Dachs. Der Turmfalke ist der häufigste Vertreter der Raubvögel. Außerdem findet man Schleiereule, Wald- und *Steinkauz*.

A – Die Breitflügelfledermaus, ein typischer Stadtbewohner, verlässt ihren Unterschlupf in der abendlichen Dämmerung und fliegt über Straßen und in Parks, um Insekten zu fangen. Sie zählt deshalb zu den Nützlingen. Die (heute seltenen) Fledermauskolonien hinterlassen jedoch haufenweise Kot.

B – Verwilderte Straßentauben belasten die Stadtbewohner durch Kot und Parasiten.

C – Der Mauersegler nistet auf Dachböden und an Dachgeschossen hoher Gebäude. Als ausgezeichneter Flieger verbringt er den Großteil seines Lebens in der Luft, sogar im Schlaf und bei der Paarung. Er kann nicht vom Boden auffliegen.

D – Die Spinnenfäden der Hauswinkelspinne (7–11 mm) sind in Wohnungen unerwünscht, dennoch ist die Spinne ein Nützling, da sie Fliegen vernichtet.

E – Das Silberfischchen (7–10 mm) ist ein unschädliches, flügelloses Insekt, welches in den meisten Haushalten unauffällig nachtaktiv lebt.

F – Die Blaumeise begleitet wie Hausspatz und Amsel die Menschen bis in die Zentren der Großstädte.

G – Die Mehlmotte (12–25 mm) befällt in Lagern und Haushalten Mehlerzeugnisse.

H – Die Gemeine Küchenschabe (19–30 mm) führt ein nächtliches Leben in geheizten Wohnstätten, in der freien Natur tritt sie nicht auf. Sie frisst Lebensmittelreste.

I – Die Hausmaus ist höchst anpassungsfähig und lebt überall, wo sie Nahrung findet. Sie verrät sich durch den typischen Uringeruch der brünstigen Männchen.

J – Die Ratte ist seit jeher bekannt als Überträgerin von Krankheiten und Seuchen. Dazu trägt auch ihre Lebensart in Abwasserkanälen oder Müllhalden bei.

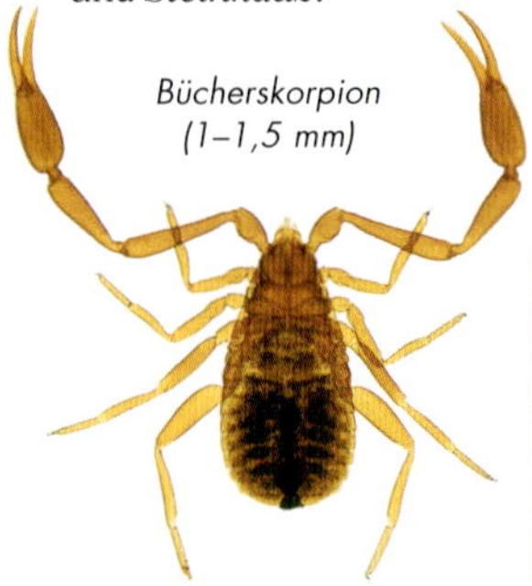

Bücherskorpion (1–1,5 mm)

Kleidermotte (10–22 mm) – ihre Raupen durchfressen Pelze und Wolle und legen in ihnen hauchdünne Gänge an. Sie mögen dunkle, ungelüftete Räume.

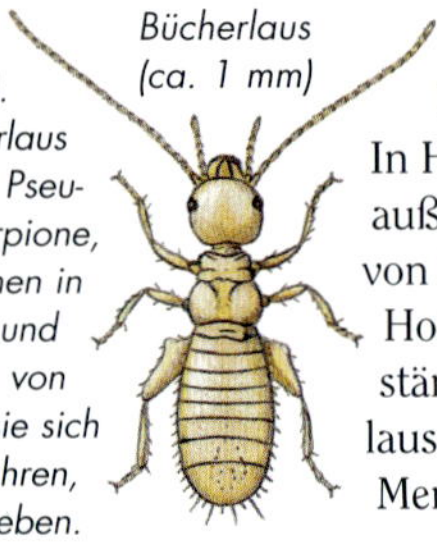

Bücherlaus (ca. 1 mm)

Manche Arten, z. B. die Bücherlaus und die Pseudoskorpione, können in Büchern und Papier, von dem sie sich ernähren, leben.

FEINDE ALLER STOFFE, PELZE UND BÜCHER

In Haushalten lebende Insekten ernähren sich außer von den verschiedensten Lebensmitteln von Kleiderstoff, Pelzen, Teppichen, Büchern, Holzmöbeln und anderen Einrichtungsgegenständen. Parasitäre Arten – Bettwanze, Kopflaus und Menschenfloh – saugen Blut von Menschen oder anderen warmblütigen Tieren.

Während sich in der Natur die Larven des Gemeinen Speckkäfers (7–9 mm) von Aas ernähren, verursachen sie in Lagern und Haushalten Schäden an Leder und Pelzen.

Konkurrenzgesang

Vogelmännchen wollen mit ihrem Gesang nicht nur Weibchen anlocken, sie machen dadurch gleichzeitig artgleiche Männchen auf das Vorrecht in ihrem Revier aufmerksam. Die Kämpfe wütender Amseln im Frühling sind keine Begegnungen von „Eifersüchtigen", sondern lebenswichtige Auseinandersetzungen um ein Nistgebiet. Die Natur verhindert so, dass die Tiere wegen übermäßiger Bestanddichte in einem bestimmten Territorium an Nahrungsmangel leiden. Das ist im Frühling und zu Sommerbeginn besonders wichtig, wenn genug Nahrung für den Nachwuchs gebraucht wird.

Vögel ohne ein Stimmorgan ersetzen den Gesang z. B. durch Schnabelklappern oder Klopfen auf Resonanzkörper. Spechte in den Städten benutzen dafür gerne Metallmasten, Dachrinnenfallrohre oder trockene Äste von Parkbäumen.

Wespennester

Im Dachgeschoss von Hütten und Scheunen entdeckt man manchmal ein papierartiges Wespennest. Das Baumaterial dazu stellen die Wespen aus Holz her – kleine Stückchen zermahlen sie mit den Beißorganen, vermischen sie mit Speichel und pressen sie zusammen. Schließlich formen sie aus dem entstandenen Material einen Bausch und machen daraus nach und nach dünne „Papierscheiben". Am Nest formen sie zuerst den Stiel und dann einige erste Zellen für die Eier, darauf folgt die Schutzhülle. Wespen gehen im Herbst ein, es überwintern nur junge befruchtete Weibchen.

Wespennest

WANDERVOGEL

Von den Zugvogelarten ist bekannt, dass sie jährlich Tausende von Kilometern zwischen Nistplatz und Winterquartier hin und her fliegen. Die Türkentaube bleibt zwar das ganze Jahr über an einem Ort, hat aber trotzdem den Ruf einer „Reisenden“. Zu Beginn des 20. Jahrhunderts trat sie nur in Südosteuropa auf, begab sich dann auf eine Reise quer durch Europa, die sie in den 1960er-Jahren auf den Britischen Inseln beendete.

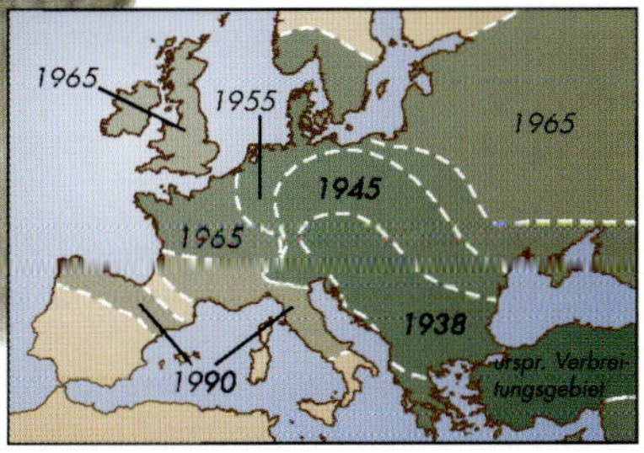

Ausbreitung der Türkentaube in Europa

Die Türkentaube ist ein bescheidener Vogel. Ihr reichen einige Bäume in der Stadt zum Leben.

Kaum ein Vogel übertrifft die Kohlmeise an Erfindungsreichtum. Sie nistet in Briefkästen, Metallrohren, Mauerspalten oder Erdlöchern.

Die Kohlmeise verschmäht auch Konservendosen nicht als Nistplatz.

NISTPLÄTZE

Während es in der Stadt nicht an Nahrung fehlt, sind Nistplätze und Unterschlupfmöglichkeiten rar. Insbesondere Vögel müssen lange nach einem Ersatz für die Nischen, Felsen und Baumkronen in der Natur suchen. So finden sich dann ein unter den Balkon geklebtes Schwalbennest, ein Amselnest im Dachrinnenfallrohr, ein Falkennest in der Mauernische oder ein von einer Eule besetzter verlassener Schornstein.

HAUSRATTE

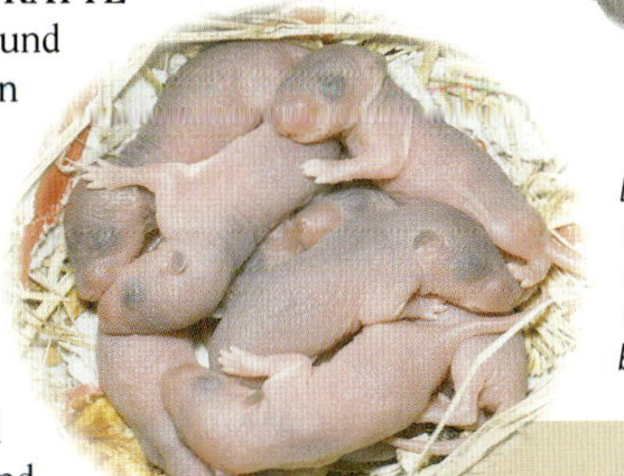

Die Jungen verständigen sich in den ersten Lebenstagen mit der Mutter durch Ultraschall. Offenbar ist das eine Prävention gegen Räuber, für die sie nicht hörbar sind.

Obwohl sich Wanderratte und Hausratte vom Aussehen und von der Lebensart her unterscheiden, machen die meisten zwischen ihnen keinen Unterschied. Die Hausratte lebt auf trockenen Ackerböden, auf Speichern und in Lagern, Schwanz und Ohren sind auffällig lang. Sie wurde von der Wanderratte verdrängt. Große Populationen findet man heute nur noch am Mittelmeer. Der Rückgang der Hausratte bedeutete aber auch das Ende der Pest, die sie mit ihren Flöhen übertrug.

Die Hausratte tritt normalerweise im südlichen und westlichen Europa auf, insbesondere aber in den Küstengebieten. Im Binnenland findet man sie in größeren Flüssen.

Hausratte

Sobald es warm wird, erscheinen Schwärme von max. 3,5 mm großen Tau- oder Fruchtfliegen, die von reifem Obst angezogen werden. In der Wissenschaft sind die kleinen Fliegen hoch geachtet – wegen ihrer sehr kurzen Entwicklungszeit sind sie für genetische Studium gut geeignet.

ZWEIFLÜGELIGES INSEKT

In Städten und Dörfern begleiten verschiedene Fliegenarten den Menschen. Mit den Mücken sind sie die bekanntesten Vertreter der Ordnung der Zweiflügler (Diptera), deren zweites Paar Flügel verkrüppelt und in Schwingkölbchen umgewandelt ist. Zweiflügler haben große Facettenaugen, die sich oft auf der Stirn berühren. Die weißen und ganz beinlosen Fliegenlarven (Maden) entwickeln sich in organischen Abfällen.

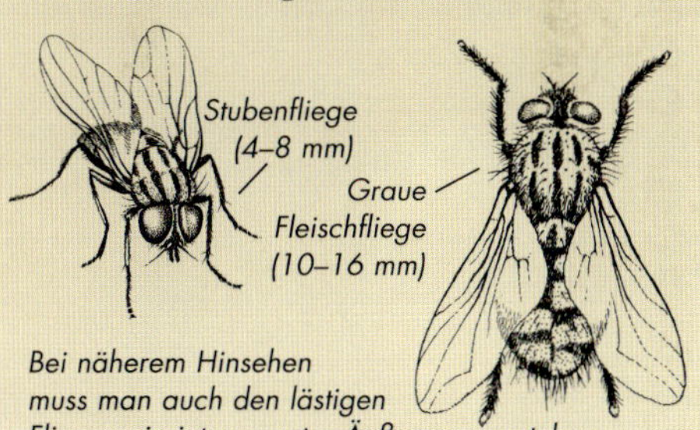

Bei näherem Hinsehen muss man auch den lästigen Fliegen ein interessantes Äußeres zugestehen.

WILLKOMMENE UND UNWILLKOMMENE NACHBARN

In menschlichen Siedlungen – Dörfern, Städten, Häusern und Wohnungen – gibt es eine Vielzahl Tiere. Manche sind Nützlinge, andere schädigen uns. Außer sichtbaren Arten gehören dazu viele Mikroorganismen wie z.B. Milben, deren Anwesenheit man kaum wahrnimmt.

EXOTEN IN DEN STÄDTEN

Auch in europäischen Haushalten werden mitunter exotische Tiere als Haustiere gehalten, die sich manchmal selbstständig machen oder aber ausgesetzt werden. So tauchen in Häusern oder im Freien Skorpione, Vogelspinnen oder auch bunte Schlangen oder Wellensittiche auf. Sie können die Freiheit jedoch nicht lange genießen – wenn sie Glück haben, finden sie einen neuen Besitzer, meist verenden sie aber an Hunger oder Kälte. Trotzdem findet man in Europa einige Exoten, z.B. hat sich in Großbritannien das nordamerikanische Grauhörnchen angesiedelt.

GARTENJOURNAL

Langsam wie eine Schnecke

Schnecken haben den Ruf, die langsamsten Tiere zu sein, und laut „Guinnessbuch der Rekorde“ legt eine Große Egelschnecke höchstens 9 m pro Stunde zurück. Um eine Entfernung von 1 km zurückzulegen, müsste sie 4,5 Tage lang ununterbrochen kriechen. Mit einem einfachen Trick ist es möglich, herauszufinden, wie viele Meter Schnecken tatsächlich zurücklegen. Man markiert gefundene Exemplare mit verschiedenfarbigen Zeichen auf dem Schneckenhaus oder mit einer Nummer. So bekommt man einen Überblick, wohin sie an einem Tag (oder in einer Nacht) oder in einer Woche gekrochen sind. Wenn die Beobachtungen über längere Zeit im Gartenplan eingetragen werden, hat man einen Überblick über ihr Heimatgebiet.

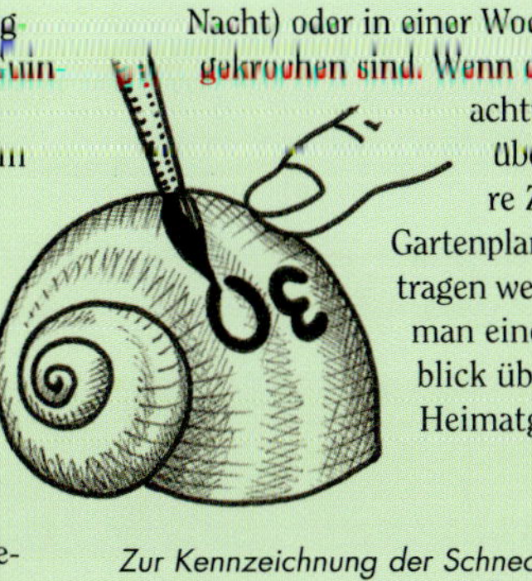

Zur Kennzeichnung der Schneckenhäuser eignen sich am besten Ölfarben oder synthetische Emaillefarben.

Futterstellen für Vögel

Futterstellen ermöglichen eine genauere Einschätzung des Vogelbestandes einer Umgebung. Um den Tieren bei extremer Witterung zu helfen, benötigt man entsprechende Futtergaben. Brot- und Wurstreste sind für die meisten Vögel völlig ungeeignet, sie bevorzugen Samen und Beeren, die jedoch nicht angefault oder angeschimmelt sein dürfen. Geeignet sind auch Haferflocken oder ein Gemisch aus Samen und Rindertalg. Auf keinen Fall dürfen salzige, gewürzte oder fettige Essensreste ausliegen. Es gibt verschiedene Futterstellen: Vor allem müssen sie für die Vögel leicht zugänglich sein.

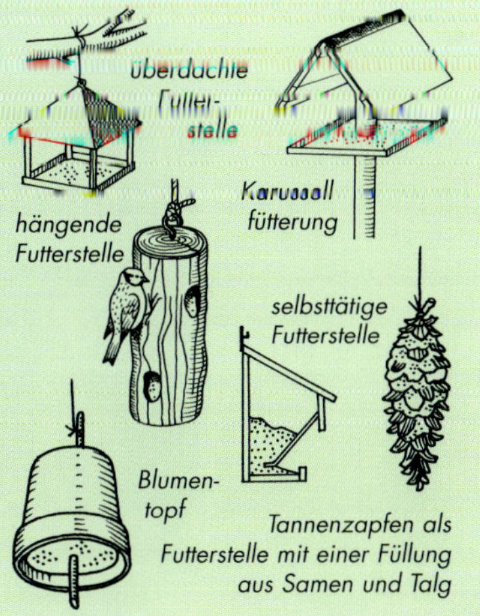

Tannenzapfen als Futterstelle mit einer Füllung aus Samen und Talg

35

PARKS UND WILDGEHEGE

Parks und Wildgehege entstanden schon im Mittelalter, am häufigsten in der Nähe von Herrschafts- oder Adelssitzen. Sie wurden zur Unterhaltung und zur Jagd genutzt, später dienten sie auch der Tierzucht. Im Lauf der Zeit wurden Parks und Wildgehege zu Erholungsoasen der Städter. Über diese Funktion hinaus stellen sie Ökosysteme dar, und Anlagen mit besonders altem Baumbestand sind mittlerweile Schutzgebiete.

1. Eichhörnchen
2. Damhirsch
3. Wiedehopf
4. Habicht
5. Kleiber
6. Blindschleiche
7. Nashornkäfer
8. Großer Puppenräuber
9. Großer Leuchtkäfer
10. Eichenkarmin
11. Holzbock
12. Europäischer Riesenläufer
13. Stieleiche
14. Rosskastanie
15. Rotbuche
16. Gewöhnlicher Schneeball
17. Land-Reitgras
18. Hain-Rispengras
19. Nickendes Leimkraut
20. Salomonssiegel
21. Gemeine Akelei
22. Maiglöckchen
23. Marien-Frauenschuh
24. Acker-Schirmpilz
25. Eichensteinpilz
26. Schwarze Tollkirsche

Wildgehege und Parks spiegeln die freie Natur wider.

Park und Wildgehege

Parks sind von Menschen angelegte Grünanlagen, die zur Erholung dienen, aber auch eine ästhetische Funktion erfüllen und zur Verbesserung des Klimas in Städten beitragen. Öffentliche Anlagen sind v.a. von zwei Stilrichtungen geprägt: Der *Englische Park* ist einer natürlichen Landschaft nachempfunden, der *Französische Park* dagegen klar strukturiert und gestaltet, mit geometrisch angeordneten Gehölzen und Blumenbeeten. Wildgehege wurden als Jagdgrundstücke genutzt, indem man herrschaftliche Wälder einzäunte, deren Baumbestand der Mensch nur zum Teil beeinflusste.

In Städten überwiegen Französische Gartenanlagen – sie sind normalerweise umzäunt oder ummauert. Außer den typischen Gehölzformationen werden sie häufig durch reichen Blumenschmuck und Gartenarchitektur ergänzt (Foto: Volksgarten in Wien).

Der Hyde-Park in London hat im Lauf der Jahrhunderte seinen Charakter verändert – aus dem einstigen königlichen Wildpark wurde ein Ruhe- und Versammlungsort.

Was ist ein Arboretum?

Unter einem *Arboretum* versteht man eine Gehölzsammlung aus einheimischen und ausländischen Gehölzen. Arboreten werden auf unterschiedliche Weise angelegt, die Bäume können nach einem botanischen System, nach ihrer geographischen Herkunft, der praktischen Nutzung o.a. Kriterien angepflanzt sein. Die ersten Arboreten in Europa entstanden im 18. Jahrhundert. Die Geschichte der *Botanischen Gärten* ist allerdings länger – die ersten wurden schon im Mittelalter an Klöstern und herrschaftlichen Höfen angelegt. Der älteste Botanische Garten befindet sich angeblich in Salerno.

Lärmschutzwände

Nicht nur in Städten, sondern auch in Industrie-, Landwirtschafts-, und Erholungsgebieten wird Lärm zum unangenehmen Begleiter des Menschen. Am stärksten wirkt eine Frequenz zwischen 2000–4000 Hz. Hohe Gehölzanpflanzungen sind deshalb ein sinnvoller Lärmschutz. Bäume mit einer großen Blattfläche erzielen eine höhere Dämpfung als Arten mit kleineren Blättern. Die Wirksamkeit der grünen Lärmschutzbarriere ist abhängig von ihrer Fläche, von der Entfernung zur Lärmquelle und von der Jahreszeit; nach dem Laubfall ist die Lärmdämpfung wesentlich geringer.

Zusammenhang zwischen Größe der Blattfläche und Lärmdämpfungskapazität

Wie misst man die Baumhöhe?

Um die Höhe eines frei stehenden Baumes abzuschätzen, ist es am einfachsten, bei Sonnenschein die Länge des eigenen Schattens und die Länge des Baumschattens zu messen. Mit einem einfachen Dreisatz kann die Höhe des Baumes dann leicht errechnet werden (A). Bei bewölktem Wetter wendet man eine Verhältnismethode an. Benötigt wird dazu ein 3 m langer Stab und eine zweite Person, die den Stab 27 m vom Baum entfernt hält. Selbst legt man sich 3 m weiter auf die Erde und peilt am Stab vorbei den Baumwipfel an. Wenn der Begleiter am Stab die Stelle markiert, die von der gedachten Linie zwischen dem eigenen Auge und dem Baumwipfel geschnitten wird, reicht es, hinterher die Höhe des Stabes von der Erde bis zur Markierung zu messen – der Baum ist ungefähr zehnmal höher als diese Entfernung (B).

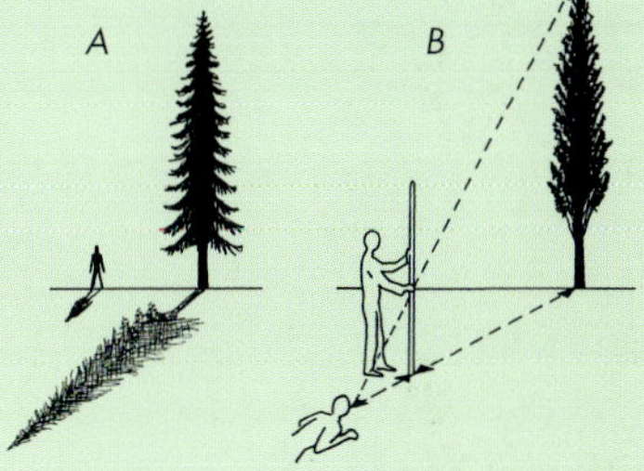

Teiche oder andere Wasserflächen sind in großen Tiergärten und Englischen Parks immer zu finden.

DIE FLORA IN PARKS UND WILDGEHEGEN

Die in Parks und Wildgehegen auftretende Artenvielfalt ist abhängig von der Größe und Lage, von der Gliederung des Geländes und auch vom betriebenen Pflegeaufwand. Die Grundlage der Vegetation bilden (von Exoten ergänzte) einheimische Gehölzarten sowie Vertreter der Krautschicht. Kahlschläge, Wiesen oder Feuchtstandorte ergänzen den Bestand durch ihre typische Vegetation. Auf überdüngten Standorten findet man Ruderalpflanzen. In Wildgehegen mit vielen Tieren findet man mehr nitrophile Arten.

Der Taumel Kälberkropf enthält ein Gift, das in größerer Menge verzehrt auch einen Hirsch zum Taumeln bringt.

KRAUTSCHICHT

Die Krautschicht der Wildparks ist sehr vielfältig. Manche Arten sind seltener, wie z.B. der MARIEN-FRAUENSCHUH, andere trifft man häufig an (z.B. LAND-REITGRAS, HAIN-RISPENGRAS). Der Taumel-Kälberkropf gehört zur Familie der Doldenblütler. Wenn er genug Schatten, Feuchtigkeit und Stickstoff im Boden hat, wird er meterhoch.

DIE GEMEINE EIBE

Die immergrüne Gemeine Eibe, die im Herbst durch ihre karminroten Früchte die Aufmerksamkeit auf sich zieht, ist in vielen Parks vertreten. Sie wächst langsam und kann ein sehr hohes Alter erreichen. Ihr widerstandsfähiges Holz ist das härteste aller europäischen Nadelbäume. In der Natur hat sich ihr Aufkommen so stark reduziert, dass sie heute unter Naturschutz steht.

PARKGEHÖLZE

In Parks und Gärten wachsen zahlreiche ausländische Gehölze aus Europa und der ganzen Welt. Manche sind unauffällig, andere machen mit bunten, duftenden Blüten, einer ungewöhnlichen Blütezeit oder Krone oder auffälligen Früchten auf sich aufmerksam.

Die Forsythie ist ein bis zu 3 m hoher Strauch, dessen gelbe Blüten schon früh im Jahr den Frühling ankündigen. Heute wird fast nur noch die Hybrid-Forsythie angepflanzt, deren Vorfahren aus China stammen. Über Japan kam der Strauch nach Europa und hier seit 1833 bekannt. Die Forsythie gehört zur Familie der Ölbaumgewächse.

Der Pfeifenstrauch ist 1–3 m hoch und hat große, betäubend duftende Blüten. Seine Beliebtheit verdankt er seiner Anspruchslosigkeit, außerdem verträgt er Schatten. Wahrscheinlich stammt er aus der Region Südosteuropa bis zum Kaukasus.

Die Rosskastanie mit ihren gefingerten Blättern bildet im Freistand eine regelmäßige und hoch gewölbte Krone (20–25 m). Auf dem Balkan ist sie Bestandteil der ursprünglichen Bergwälder, im übrigen Europa v.a. in Parks zu finden.

Die Heimat des giftigen Gewöhnlichen Goldregens sind die Berge Südeuropas, als Zierstrauch wird er wegen der goldgelben Blütentrauben schon seit dem 16. Jahrhundert gezüchtet, an wärmeren Standorten wildert er auch aus.

Die Mittelmeerregion ist das Ursprungsgebiet des wärmeliebenden Strauchjasmin. Er hat spärlich belaubte Zweige, kleine feste Blätter und einfache, geruchlose Blüten.

Zauberpflanzen

Giftige Aronstäbe haben von jeher den Ruf von Zauberpflanzen – sie sollen böse Geister vertreiben, Neugeborene schützen, als Liebesamulett dienen usw. Ihre Wurzelstöcke enthalten viel Stärke, früher wurde daraus ein Mehlersatz gemacht.

Der wärmeliebende Gefleckte Aronstab wächst in Wiesenwäldern, Hainen und Parks.

Stachliger Weihnachtsschmuck

Die Gewöhnliche Stechpalme wurde wegen ihrer korallenroten Steinfrüchte und der glänzenden Stachelblätter zu einem beliebten Zierstrauch.

Die verführerisch aussehenden Früchte der Stechpalme sind giftig!

Blattformen

Zur Bestimmung von Gehölzen werden die Blätter, und zwar ihre Größe, Anordnung und Form herangezogen.

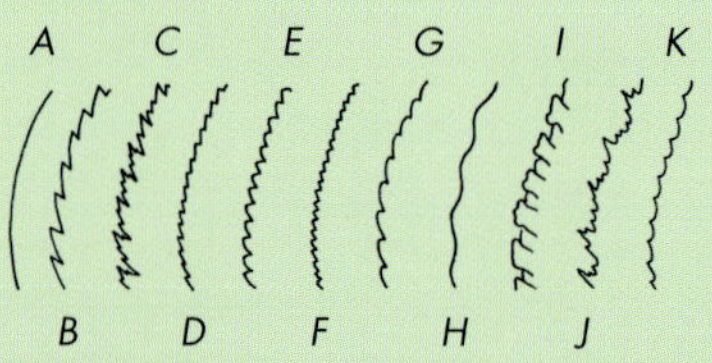

Blattränder

A – ganzrandig, B – gesägt, C – doppelt gesägt, D – fein gesägt, E – gezähnt, F – fein gezähnt, G – gekerbt, H – gebuchtet, I – ungleichmäßig gekerbt, J – unregelmäßig gezähnt, K – gezähnt

Einfache, nicht geteilte Blätter

A – linealisch, B – elliptisch, C – speerförmig, D – nadelartig, E – keilförmig, F – lanzettlich, G – nierenförmig, H – herzförmig, I – pfeilförmig, J – dreieckig, K – eiförmig

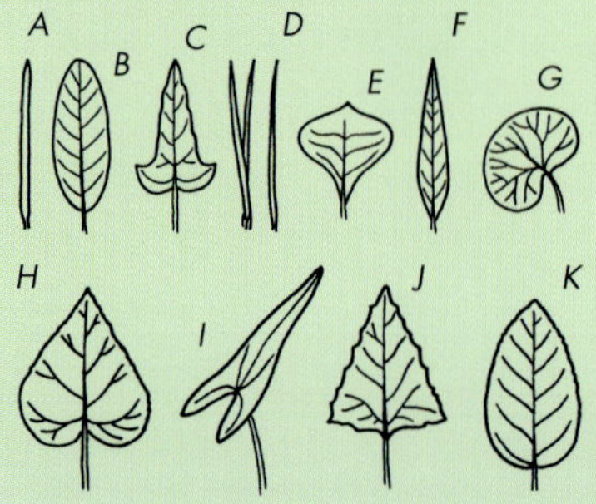

Der Trompetenbaum ist nordamerikanischen Ursprungs. Er ist durch die großen herzförmigen Blätter und die 30 cm langen, im Herbst wie dünne Zigarren an den Zweigen hängenden Kapseln auffällig.

UNBEKANNTE PILZE

In städtischen Parks lohnt es sich nicht, Pilze zu sammeln, dafür ist der Ertrag in Wildgehegen umso höher. Außer den Waldpilzen (EICHENSTEINPILZ, Espenrotkappe, Reifpilz u.a.) und den Pilzen offener Standorte (PARASOLPILZ, Birkenpilz, Violetter Rötelritterling) sind hier viele an Stümpfen und Baumstämmen wachsende Pilze vertreten. Allerdings sind diese oft wenig bekannt und kaum jemand weiß, dass einige von ihnen sehr schmackhaft sind. Man findet den Beringten Schleimrübling, Rötlichen Holzritterling, Bitterscharfen Zwergknäueling, Gemeinen Spaltblättling und Schuppigseidigen Dachpilz.

Den Austernseitling findet man von Oktober bis Februar hauptsächlich an Stämmen oder Stümpfen von Laubgehölzen. Er wird auch auf Sägemehl gezüchtet.

Die seltenere Spitzmorchel wächst in schattigen Hainen, Parks und Gärten. Die Hutform ist spitzkegelig, die sterilen Kanten der Hutwaben meist parallelrippig.

EXOTEN IN PARKS

Parkanlagen sind oft die Heimat ausländischer Bäume und Sträucher, die aus den verschiedenen Regionen der Welt, insbesondere jedoch aus Asien (z.B. Götterbaum, Weiße Maulbeere) und Nordamerika (z.B. Stechfichte, Kanadische Hemlocktanne, Scharlacheiche, Eschen-Ahorn, Schwarznuss) stammen. Manche machen durch die ungewöhnliche Form der Krone oder der Blätter auf sich aufmerksam, andere, wie z.B. Magnolien und Rhododendren durch auffällige Blüten oder Früchte.

Der laubabwerfende Tulpenbaum, ein mehr als 40 m hoch wachsender Baum, hat auffällige Blüten. Ihrem Aufbau nach zählen sie zu den einfachsten unter den Bedecktsamern.

Der Ginkgo oder Fächerblattbaum stammt aus Südasien und erlebte einen großen Artenreichtum im Mesozoikum vor mehr als 100 Mio. Jahren. Heute gibt es nur noch eine einzige Art: Ginkgo bilbao. Er zählt zu den Nacktsamern und entwickelt fächerförmig breite Blätter, die in der Mitte eingekerbt sind. Im Herbst fallen alle Blätter an einem Tag.

Der Fächerahorn ist sicher die bekannteste japanische Ahornart, von der es viele Zierformen gibt.

Wenn es Herbst wird, leuchten die Blätter des Spitzahorns in den herrlichsten Rottönen.

FARBENPRACHT

Die Farbvariationen des Fächerahorns sind erstaunlich. Während seine breiten fünf- bis siebenfach gelappten, handförmigen Blätter den Sommer über grün sind, lodern sie im Herbst feuerrot bis orange auf.

Einfache Blätter

A – kreisrund, B – handförmig gelappt, C – gelappt, D – ausgeschnitten, E – gekerbt, F – gebuchtet, G – fiederspaltig, H – fiederteilig

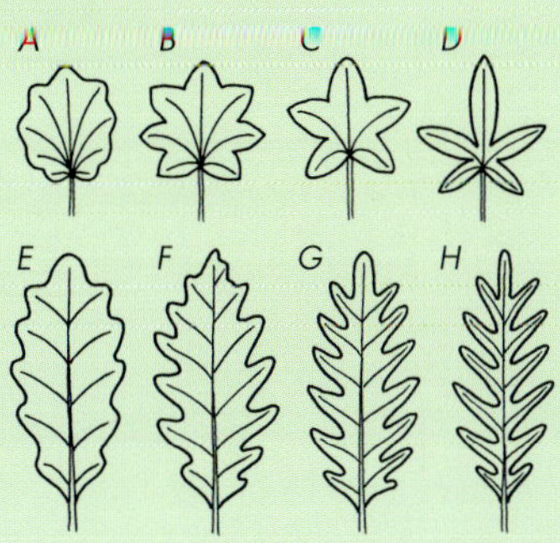

Zusammengesetzte Blätter

A – fingerförmig gefiedert, B – schildförmig gefiedert, C –fünffach gefiedert, D – dreizählig gefiedert, E – unpaarig gefiedert, F – paarig gefiedert, G – unterbrochen gefiedert, H – doppelt gefiedert

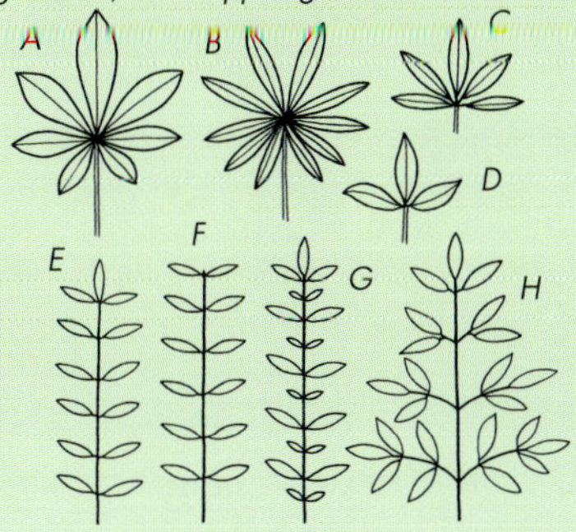

Bau eines Spinnennetzes

Das Schwierigste beim Bau eines Spinnennetzes ist die Überbrückung des freien Raums: Von einem erhöhten Ort aus lässt die Spinne einen Basis-Tragfaden so herab, dass sich das freie Ende an einen Gegenstand gegenüber anheftet (A). Wenn ihr das gelingt, verstärkt sie den Tragfaden mit weiteren Fäden. Dann folgt der zweite Hauptfaden, der das ganze Bauwerk fest verankert (B), und mit dem Spannen des dritten Fadens stellt die Spinne ein Dreieck fertig (C). Dann muss sie nur noch einige Dutzend strahlenförmige Fäden fertig weben und zwischen ihnen eine Spirale aufspannen (E).

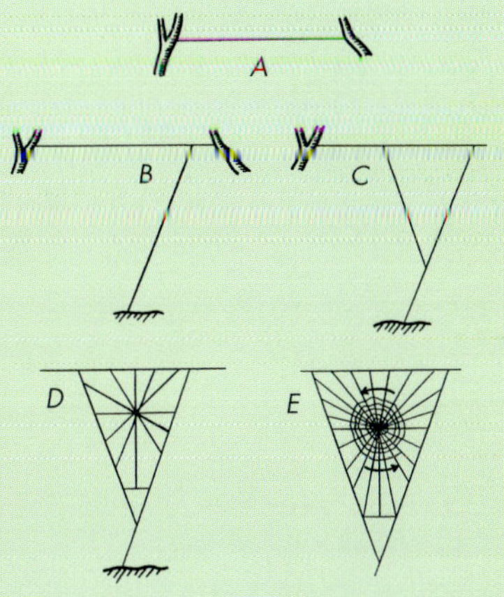

Ablauf beim Bau eines Kreuzspinnennetzes

Die Rosskastanienminiermotte stammt aus Nordamerika, in Europa trat sie 1986 erstmalig auf und hinterlässt große Schäden. Ein Miniermottenpaar hat pro Saison bis 1200 Nachkommen.

ROSSKASTANIENPLAGE

Die Rosskastanienminiermotte ist ein Kleinschmetterling von nur 5 mm Größe. Sie befällt grundsätzlich die Weiße Rosskastanie und kann ganze Alleen zerstören, da sie neben ihrer hohen Reproduktionsrate auch kaum Feinde hat. Ihre Larven verursachen bei stärkerem Befall das Absterben der meisten Blätter. Die Miniermotte überwintert in den Blättern im Puppenstadium, abgefallene Blätter werden deshalb am besten verbrannt.

Der Große Leuchtkäfer ist etwas größer als das Glühwürmchen (11–12 mm). Das grünliche Leuchten beider Käfer entsteht dadurch, dass Luciferin mithilfe des Enzyms Luciferase oxydiert wird, ohne dass dabei Wärme erzeugt wird. Ein „kaltes" Licht ensteht.

FLIEGENDE KÄFER MIT LATERNEN

In warmen Sommernächten schweben am Waldrand und in Parks winzige Lichtcher durch die Luft oder leuchten im Gras auf. Leuchtkäfer (oder Glühwürmchen) mit ihren Leuchtorganen sind hierfür verantwortlich. Die Männchen mit den braunen Flügeldecken suchen dann aus der Luft die flügellosen Weibchen auf der Erde.

SELTSAMES GESTRÜPP

Wenn die Blätter fallen, zeigen sich v.a. in Birkenkronen buschige, kugelige Verwachsungen, die als Hexenbesen bezeichnet werden. Verursacher ist im Fall der Birken ein Schlauchpilz, der einen anormalen Wuchs und Deformationen verursacht. Auch in Tannen sieht man Hexenbesen, die aber von Rostpilzen stammen.

Der Schlauchpilz bildet in den Kronen von Birken Missbildungen, indem er die Befallsstellen zur Zweigsucht anregt. Viele kleine dünne Äste werden gebildet.

DIE FAUNA IN PARKS UND WILDGEHEGEN

Durch die angepflanzten Gehölze und die Art der Gestaltung und Pflege beeinflusst der Mensch die Fauna von Parkanlagen entscheidend. So verringert z.B. das Absaugen des Laubs die Vielfalt und Zahl der Käfer um mehr als die Hälfte, ähnlich wirkt sich das Rasenmähen aus. In natürlichen Parkanlagen ohne starke Eingriffe bilden sich eher natürliche Gesellschaften, deren Zusammensetzung oft der Fauna des ursprünglichen Standortes entspricht. In Wildgehegen sind v.a. heimische, aber auch ausländische Tierarten zu sehen (Wildschweine, Hirsch- und Fasanenarten, Truthühner), aber auch viele andere Arten.

Weiße Hirsche werden seit 1830 im Wildgehege Žehušické bei Čáslav in Tschechien gezüchtet. Es handelt sich nicht um echte Albinos, sondern um eine weiße Farbmutation (Leuzismus) des Rothirsches, bei der es nicht zum völligen Verlust der Färbung kommt (blaue oder braune Augen).

AUFFÄLLIGER SCHMETTERLING

Die Hinterflügel des Abendpfauenauges sind mit jeweils einem Auge geschmückt, das aber nur im Flug sichtbar wird. Dieser stellenweise zahlreich auftretende Schmetterling lebt bevorzugt in Parks und Gärten und im Uferbewuchs von Bächen und Flüssen.

Die Falter des Abendpfauenauges (Flügelspannweite 70–80 mm) fliegen von Mai bis August.

Die nicht wählerische Raupe des Abendpfauenauges (8–10 cm) ernährt sich vom Laub verschiedener Laubbäume. Man sieht sie häufig mit dem Kopf nach unten hängend.

Ein untypischer Hirsch

Der Muntjak wird aufgrund verschiedener Merkmale oft zur ursprünglichen Rangstufe der Hirsche gezählt. Er ist von kleinem Wuchs und hat ein einfaches, nicht verzweigtes Geweih mit ungewöhnlich großen Rosenstöcken. Seine oberen Eckzähne sind zu Hauern verlängert. Heute lebt er in Asien, im Tertiär war er auch in Europa beheimatet.

Der Muntjak hat ein ca. 6 cm langes Geweih.

Die ursprüngliche Heimat der Muntjaks sind Indien und China, heute leben sie außerdem auf einigen Inseln, wo sie sich im Unterholz verstecken. Wenn sie erregt sind, stoßen sie hundähnliche, bellende Laute aus.

Jagdmethoden

Vor einigen Jahrhunderten wurden Jagden noch ganz anders ausgerichtet als heute. Eine Horde Treiber trieb das Wild der Umgebung lange zusammen und hetzte es am Jagdtag dann in den Bereich der Schützen. Diese saßen auf einer Tribüne und schossen in wenigen Stunden Hunderte Hirsche und andere Tiere ab. Als der Wildbestand abnahm, wurden größere Wildgehege angelegt, in denen auch ausländische Tiere (z.B. Damhirsche und Truthühner) gehalten wurden.

Beim Treiben der Tiere wurden auch viele Jagdhundrudel eingesetzt.

Ab Anfang März lässt die Singdrossel in den Stadtparks schon von der Morgendämmerung an ihren melodischen Gesang ertönen.

Eine Kolonie Saatkrähen siedelt schon lange auch auf dem berühmten Alten Jüdischen Friedhof inmitten von Prag.

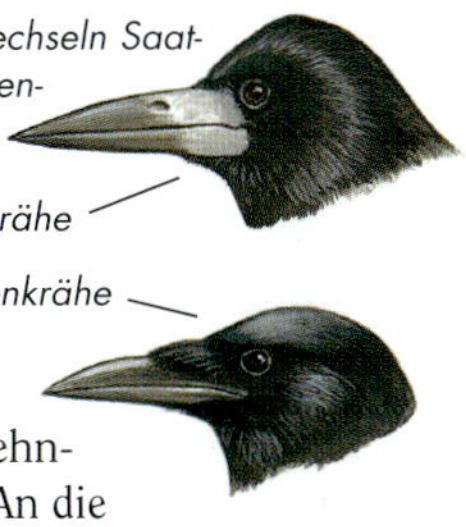

Viele verwechseln Saat- mit Rabenkrähen.

NEUE HEIMAT

Schon einige Waldtiere haben ihr Territorium verlassen und sich in großen Parks angesiedelt. Während manche von jeher in der Umgebung des Menschen leben, z. B. Braunbrustigel, EICHHÖRNCHEN, Waldkauz, Buntspecht, Amsel, Buchfink, KLEIBER, Meisen, Laubsänger und Grasmücken, entdecken andere die neue Heimat erst – in letzter Zeit v.a. Ringeltaube und Eichelhaher.

Das Geweih des nordamerikanischen Weißwedelhirsches hat eine typische Korbform. In Europa wurde er Ende des 19. Jahrhunderts nach Tschechien, Finnland und Skandinavien eingeschleppt. Bei Gefahr stellt er den Schwanz so auf, dass die weiße Unterseite sichtbar wird.

VOM WILDGEHEGE IN DIE NATUR

In Wildgehegen wird Jagdwild einheimischen und ausländischen Ursprungs wie z.B. Wildschwein, Rothirsch, DAMHIRSCH, Sikahirsch, Mufflon, Truthuhn und Fasane gehalten. Einige entkamen in die freie Natur und sind Bestandteil der europäischen Natur geworden.

Der Fasan stammt aus der mythischen Kolchis (dem heutigen Grusinien). Nach Europa wurde er schon im 14. Jahrhundert eingeführt.

LAUTE NACHBARN

Die Saatkrähe ist ein geselliger, oft in Wildgehegen in Kolonien nistender Vogel, der über Jahrzehnte den gleichen Nistplatz behält. An die Nähe des Menschen haben sich Saatkrähen gewöhnt, sie lassen sich nicht nur an Stadträndern, sondern auch in Stadtzentren nieder. Ihr lärmendes Gezänk und die Schreie der nimmersatten Jungvögel sind allerdings sehr störend. Nach der Aufzucht der Jungvögel begeben sich Schwärme von Saatkrähen in die offene Landschaft, Zugpopulationen aus Nordosteuropa ziehen im Herbst ins Binnenland.

Der Waldmaikäfer (25 mm) ernährt sich hauptsächlich von Eichen-, Rotbuchen- und Weißbuchenblättern.

BÄUME ALS BIOTOP

In Wildgehegen und Parkanlagen wachsen oft riesige Bäume, die Jahrhunderte alt sind. Ihre aufgebrochene Rinde mit zahlreichen Ritzen und Spalten sowie die ausladende Krone bieten vielen Vögeln (Spechten, Meisen, Kleibern, Fliegenschnäppern) und Säugetieren (EICHHÖRNCHEN, Siebenschläfern, Fledermäusen), Hornissen, Wespen und Ameisen Unterschlupf. Gleichzeitig stellen sie ein spezielles Mikrobiotop für verschiedene Gesellschaften v.a. von Insekten dar. Diese ernähren sich von Holz *(xylophag)*, toter organischer Substanz *(saprophag)*, dem Myzel holzzerstörender Pilze *(mycetophag)* oder lebender Beute *(prädatorisch)*.

RITTERTURNIERE

Die Männchen des Hirschkäfers, der zu den größten europäischen Käfern zählt, haben einen großen Kopf und überdurchschnittlich entwickelte Beißwerkzeuge (Mandibeln). Diese erinnern an Hirschgeweihe und werden zu einem ähnlichen Zweck wie bei Hirschen eingesetzt, wenn die männlichen Käfer um die Gunst der Weibchen kämpfen. Seine Larven werden vor der Verpuppung 10 cm lang.

Der Hirschkäfer ist nördlich der Alpen bedroht. Zu seinem Rückgang tragen Sammler und ein ungenügendes Angebot abgestorbener Bäume bei.

AUSFLUGSTIPPS

Potsdamer Parks

Eine Reihe europäischer Städte ist durch ihre Parks berühmt. Dazu gehört auch Potsdam. Von den hiesigen Parks ist der Sanssouci-Park, der sich auf einer Fläche von fast 3 km² im Stadtzentrum rund um das gleichnamige Schloss erstreckt, am bekanntesten. Der Park wurde 1744 unter der Regierung des Preußenkönigs Friedrich II. (des Großen) auf hügeligem, durch Moränen und ein sandiges Urstromtal geprägtem Gelände gegründet. Er ist ein Musterbeispiel eines Französischen Parks mit vielen Bauten, verschiedenen Elementen der Romantik (Obelisk, Neptungrotte, Chinesisches Teehaus, Drachenhaus usw.) und einfallsreicher Gartenarchitektur.

Durch den Park von Sanssouci fließt die Havel.

Der Park von Pruhonice

Der Park von Pruhonice bei Prag entstand im 12. Jahrhundert. Die ursprünglich romanische Festung und spätere gotische Burg wurde im 16. Jahrhundert zu einem Renaissanceschloss umgebaut. Sein heutiges Aussehen erhielt es Ende des 19. Jahrhunderts durch den Grafen A. E. Sylva von Tarouc, der 1885 einen großzügig geplanten Englischen Park anlegen ließ. Heute umfasst der Park mit drei großen Teichen über 240 ha. Im Mai verwandelt er sich in ein Meer blühender Rhododendren (über 7000 Exemplare).

Im Park von Pruhonice kann man mehr als 1000 Baumarten und -unterarten bewundern, davon etwa 850 Laubbaumarten.

36

ZERSTÖRTE LANDSCHAFTEN

Unter dem Begriff zerstörte Landschaft stellen sich die meisten Menschen rauchende Fabrikschornsteine vor, Wärme- oder Atomkraftwerke, riesige Bergbauregionen, Müllhalden mit Autowracks, in trübe Smognebel gehüllte Städte oder stinkendes Wasser von Flüssen, die eher an Abwasserkanäle erinnern. Der menschliche Eingriff in die Natur fängt jedoch viel früher an, an Stellen, die auf den ersten Blick unauffällig sind, aber nicht weniger zerstörerische Auswirkungen haben als Industrielandschaften.

1. *Wildschwein*
2. *Erdmaus*
3. *Buchfink*
4. *Wiesenpieper*
5. *Grünling*
6. *Waldeidechse*
7. *Birkhuhn*
8. *Buchdrucker*
9. *Städteschreiber*
10. *Gestreifter Nutzholzborkenkäfer*
11. *Gartenlaufkäfer*
12. *Kleiner Saugfüßer*
13. *Krummzähniger Tannenborkenkäfer*
14. *Wolliges Reitgras*
15. *Drahtschmiele*
16. *Trauben-Holunder*
17. *Hängebirke*
18. *Stechfichte*
19. *Eberesche*
20. *Schmalblättriges Weidenröschen*
21. *Fuchsgreiskraut*
22. *Himbeere*

Spätes Frühjahr in einem immissionsgeschädigten mitteleuropäischen Gebirge

Emissionen und Immissionen

Menschliches Wirken verursacht eine höhere Verschmutzung der Atmosphäre (hauptsächlich durch die Verbrennung fossiler Brennstoffe) als die Natur (Stürme, Waldbrände, vulkanische Tätigkeit o.Ä.). Stoffe, die in die Atmosphäre entweichen, werden *Emissionen* oder *Exhalate* genannt. Es wird zwischen *Gasemissionen* (Kohlendioxid), *flüssigen* (Aerosole) und *festen Emissionen* (Flugasche, Ruß) unterschieden. Wenn die Schadstoffe in Form von *Immissionen* zurück auf die Erde gelangen, können sie andere physikalisch-chemische Eigenschaften haben als vorher.

Pestizide

Pestizide sind chemische Stoffe, die gegen Schädlinge und Unkraut eingesetzt werden. Man unterscheidet z.B. *Akarizide* (gegen Milben), *Fungizide* (gegen Pilze), *Herbizide* (gegen Unkraut). Als 1942 das *Insektizid* DDT (ein Nervengift) hergestellt wurde, schien der Kampf gegen die Schädlinge beendet. Bald zeigten sich jedoch die Schattenseiten der Substanz – viele Schädlinge wurden *resistent*, demgegenüber starben auch Nützlinge nach einer Behandlung. Abbauprodukte von DDT sammelten sich in der Umwelt, und das Gift gelangte über die Nahrungskette fast überall hin.

Der Große Schillerfalter wurde – genau wie viele andere Schmetterlingsarten – infolge des Einsatzes von Pestiziden selten.

Der Treibhauseffekt

Manche Gase wirken in der Atmosphäre ähnlich wie das Glas in einem Gewächshaus – sie lassen das Sonnenlicht hindurch, aber die von der Erdoberfläche reflektierte Wärmestrahlen absorbieren sie und lassen sie nicht in den Weltraum entweichen. Bei einer größeren Konzentration von Treibhausgasen kommt es zu einer Erwärmung der Erdoberfläche. Zu den Treibhausgasen gehören u.a. Wasserdampf, Kohlendioxid, Stickstoff, Methan und Chlorkohlenwasserstoff. Aktuelle Studien sagen eine Erhöhung der Durchschnittstemperatur um 1–3,5 °C im Lauf des 21. Jh. voraus.

Entstehung des sauren Regens

(Ferntransport von Immissionen)

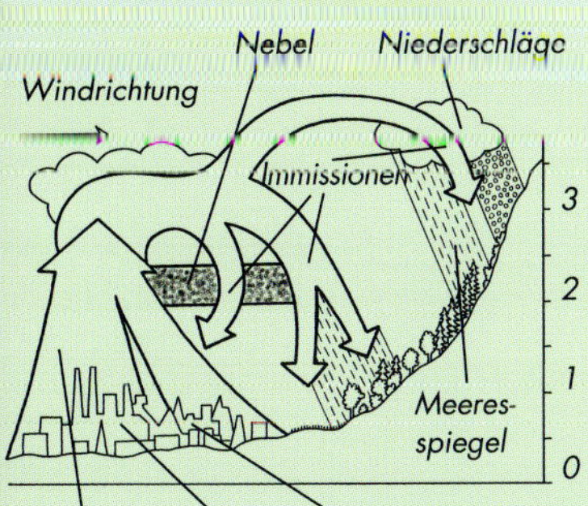

Saurer Regen

Schwefeldioxid gelangt, u.a. als Verbrennungsprodukt von Kohle in Wärmekraftwerken und beim Heizen in die Atmosphäre. In der Luft oxidiert es zu flüchtigem Schwefeloxid, das beim Kontakt mit Wasserdampf eine schwache Schwefelsäure bildet. Diese reagiert mit anderen Beimengungen der verschmutzten Atmosphäre so, dass Sulfatteilchen entstehen, deren Tröpfchen vom Regen mitgerissen in die Böden gelangen. Schwefeldioxid hält sich vier Tage in der Atmosphäre, die Sulfatteilchen dreimal länger. Der erhöhte Säuregrad der Niederschläge beeinträchtigt alle Organismen und Ökosysteme.

Zu starkes Algenwachstum entzieht dem Wasser Sauerstoff. Dabei entsteht auch Gift.

Eutrophierung

Früher konnte man in Teichen noch baden, das ist heute nicht mehr möglich. Im Sommer trübt sich das Wasser, und die Wasseroberfläche ist von einem dichten, sich zersetzenden und riechenden Belag überzogen. Es handelt sich um wuchernde Blau- und Grünalgen, die aufgrund eines Nährstoffüberschusses *(Eutrophierung)* übermäßig wachsen. Nährstoffe (v.a. Stickstoffdüngemittel) werden bei Regen von den Feldern eingespült, aber auch die Fischfütterung (Angler) führt zum Nährstoffüberschuss. Bis zu 40 % aller stehenden Gewässer sind von Eutrophierung betroffen.

Ein trauriges Zeugnis unserer Zeit – abgestorbene Wälder.

KÜNSTLICHE SALZGEBIETE

Natürliche Salzgebiete kommen vornehmlich in Küstennähe vor und dort, wo es kochsalzreiche Böden gibt, z.B. in der Nähe von Mineralquellen. Salzliebende Pflanzen *(Halophyten)* siedeln sich jedoch auch am Straßenrand und an anderen Stellen an, die im Winter mit Streusalz behandelt werden. Ein hoher Chloridgehalt im Boden (bis 8 mg/g) verhindert die Keimung und Entwicklung der üblichen Ruderalpflanzen und macht so den Platz frei für salzliebende Pflanzen.

ZERSTÖRUNG DER BERGWÄLDER

Es dauerte Jahrtausende, bis sich an den Hängen der mitteleuropäischen Berge eine ausgewogene Tier- und Pflanzenwelt mit der Fichte als dominierende Art entwickelte. Nur etwa vier Jahrzehnte reichten dagegen aus, um die Bergfichte durch Immissionen extrem zu belasten und manche Landstriche ganz auszurotten. Die Nadelgehölze wurden gleichzeitig durch die Schadstoffe aus der Atmosphäre und durch den Sauren Regen belastet, der giftige Stoffe in den Boden schwemmt.

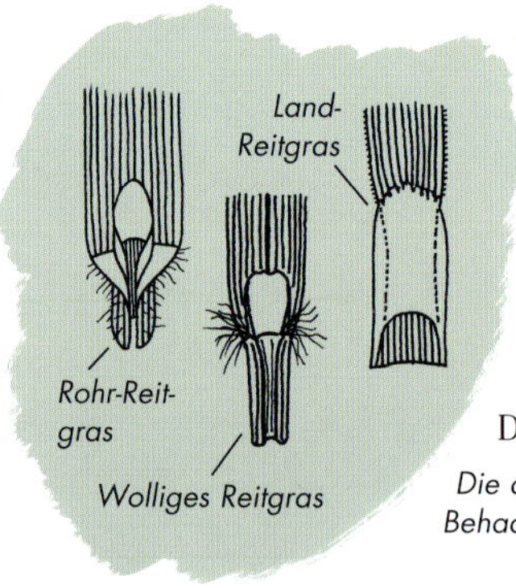

„HIRSCHGRAS"

Ausgedehnte Immissionskahlflächen werden mit Ersatzgehölzen, hauptsächlich mit HÄNGEBIRKE, STECHFICHTE und Gemeiner Fichte, VOGELBEERE und Europäischer Lärche aufgeforstet. Da diese Flächen jedoch vollkommen mit Wolligem Reitgras überwuchert sind, ist es nicht leicht, den Sämlingen einen überlebensfähigen Platz zu sichern. Nur den Hirschen, die gerne Reitgras fressen, bietet es genügend Nahrung. Das Reitgras wird auf den Kahlflächen von weiteren Pflanzenarten begleitet. Am häufigsten sind SCHMALBLÄTTRIGES WEIDENRÖSCHEN, DRAHTSCHMIELE und verschiedene Strauchgehölze.

Die drei häufigsten Reitgrasarten lassen sich am zuverlässigsten an der Form und Behaarung des Blatthäutchens unterscheiden. Sie werden 1,2–1,5 m hoch.

Die Blüten des Weißen Stechapfels öffnen sich in der Abenddämmerung und blühen in der Nacht auf. Nachtfalter bestäuben sie.

DER STECHAPFEL

Der Weiße Stechapfel hat sich mithilfe des Menschen in Europa verbreitet. Seine Herkunft ist umstritten, evtl. kommt er vom Schwarzen oder Kaspischen Meer oder aus Mexiko. Ursprünglich wurde er als Zier- und Arzneipflanze angebaut, hat sich aber als stickstoffliebende Pflanze schnell auch auf Schutthalden, an Bahndämmen, Straßen und Zäunen angesiedelt. Mittlerweile ist der Stechapfel wieder selten geworden.

Der Gemeine Stechapfel ist eine überaus giftige Pflanze, die an den mit weichen Stacheln bedeckten und mit dunkelbraunen Samen gefüllten Kapseln leicht zu erkennen ist.

DIE FLORA ZERSTÖRTER LANDSCHAFTEN

Unter den extremen Bedingungen von Industrielandschaften und anderen zerstörten Gebieten überleben nur die widerstandsfähigsten Arten. Sie treten einzeln, auf günstigen Standorten aber auch großflächig auf. Glanzmelde, Gemeinen Beifuß, Weißen Gänsefuß, Huflattich, einige Ehrenpreis- und Wegericharten, Acker-Glockenblume, Nickende Distel und Gewöhnlichen Löwenzahn findet man fast überall. Von den Gehölzen können sich hauptsächlich Schwarzer Holunder und HÄNGEBIRKE an Extremstandorte anpassen.

Von Fabriken, Tagebau, Müllhalden oder anders zerstörte Landschaft wird als „Kulturwüste" bezeichnet. Eine so diesige, kahle und triste Umgebung bleibt im Gedächtnis.

Gefährliches Erdöl

Die Ökosysteme der Meere werden immer häufiger durch Havarien von Öltankern gefährdet, eine große Verschmutzung geht jedoch auch von Fördertürmen und dem normalen Schiffsverkehr aus. Jährlich gelangen so bis zu 6 Mio. t Erdöl ins Meer. Ein Ölfilm auf der Oberfläche vermindert den Gasaustausch und die Photosynthese, das Nahrungsangebot und die Vermehrung des Planktons. Erdölprodukte, die in die übrigen Glieder der Nahrungsketten gelangen, erhöhen die Löslichkeit weiterer Schadstoffe im Wasser (z.B. DDT). An die Küste getriebenes Rohöl verseucht lange Zeit die Küstenstreifen.

Den Vögeln verklebt das Öl die Federn und verhindert ihre Wasser- und Wärmeisolation, so dass sie an Erstickung, Hunger und Unterkühlung verenden.

Straßen und Autobahnen

Auch das dichte Verkehrsnetz zieht Probleme nach sich – an den Verkehrswegen breiten sich expansive Unkrautarten aus, viele Tiere werden überfahren und durch die Umzäunung der Autobahnen werden Populationen (z.B. von Igeln, Hasen, Rehen) voneinander isoliert, was auch zu Änderungen in ihrer genetischen Disposition führt. An lauten Straßen lebende Vögel singen rauer und finden schlechter Partner.

Verseuchte Früchte

An belebten Verkehrswegen sammeln sich in erhöhtem Maß Schadstoffe, insbesondere Blei aus den Auspuffgasen an. Der Großteil des Bleis setzt sich auf der Oberfläche von Früchten ab. So haben z.B. Äpfel einen Bleigehalt von 0,5 mg/kg in der Schale, im Fruchtfleisch dagegen nur 0,12 mg/kg. Durch Abwaschen verringert sich je nach Obst der Bleigehalt um 30–75 %.

Autobahnen gehören in Europa zum Landschaftsbild (Lyon).

Larven des Schw. Totengräbers

Der Schwarze Totengräber (18–25 mm) riecht ein verendetes Tier aus mehreren Hundert Metern.

NATÜRLICHER KREISLAUF

Wenn ein Tier verendet, werden dadurch Dutzende anderer Lebewesen am Leben erhalten. An dem *Kadaver* eines Wirbeltieres lösen sich in unveränderlicher Reihenfolge (es handelt sich um eine weitere Form der *Sukzession*) mehrere Generationen *Reduzenten* ab, die sie allmählich zersetzen und die freigesetzten Nährstoffe ins Ökosystem zurückführen. Als Erstkonsumenten toter Körper treten die *Nekrophagen* auf – Fliegenlarven, einige Klein- und Aaskäfer und Milben. Eine weitere Gruppe stellen die *Saprophagen* dar. Sie ernähren sich von abgestorbener, aber schon teilweise zersetzter Nahrung (Totengräberkäfer, Käsefliegenlarven, parasitäre Wespen). Schließlich treten Arten auf, die die eingetrocknete Epidermis *(Dermatophagen)* und Horn, Fell oder Federn *(Keratophagen)* konsumieren – Speckkäfer- und Mottenlarven und Aaskäfer.

Blaue Fleischfliege (Schmeißfliege, 5–12 mm)

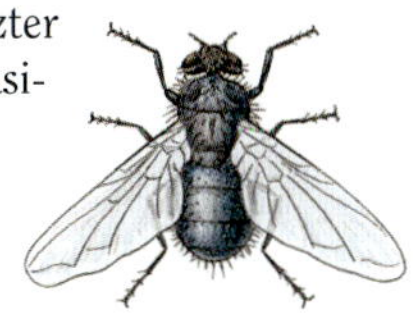

Graugelbe Polsterfliege (Schmeißfliege, 5–12 mm)

Schmeißfliegen legen ihre Eier schon am zweiten Tag nach dem Tod des Tieres ab.

Wildschweinfamilien mit einer Bache und 3–12 Frischlingen gibt es nicht oft zu sehen, da sie ihre Verstecke erst im Dunkeln verlassen. Die Ende des Winters und zu Frühlingsbeginn zur Welt kommenden Frischlinge behalten ihre gestreifte Tarnfarbe bis zum Sommer.

ANPASSUNGSFÄHIGE WILDSCHWEINE

Das Wildschwein gewöhnt sich an ein Leben unter verschiedensten Umweltbedingungen – in Wäldern, auf landwirtschaftlicher Nutzfläche, auf Immissionskahlflächen und in der Umgebung der Städte. Man sieht die Tiere nur selten, da sie sich gut verstecken können. Wildschweine stehen darüber hinaus in dem Ruf, sehr schlau zu sein. Das macht Landwirten häufig Sorgen, denn ihre Felder werden zur Milchreife des Getreides oft von den gefräßigen Tieren verwüstet, ohne dass man sie jemals zu Gesicht bekommt.

DIE FAUNA ZERSTÖRTER LANDSCHAFTEN

Die ungastliche Umgebung von Industrielandschaften spiegelt sich in der Zahl ihrer Tiere wider. Am auffälligsten sind hier Vögel – der Haussperling, die verwilderte Haustaube, die Elster oder der Hausrotschwanz, manchmal Amsel und Türkentaube. Ratten und Waldmäuse oder Steinmarder und Füchse sieht man kaum, nur ihr Kot und andere Zeichen deuten auf ihr Vorhandensein hin. An Sägewerken halten sich Wildkaninchen auf. Manchmal sind auch Hauswinkelspinne, Mauerassel, Stubenfliege, Ohrwurm und einige weitere Insektenarten vorhanden. Ihr Auftreten ist standortabhängig. In Industriegebieten wirken sich außer dem Nahrungsmangel auch die gefährlichen Immissionen negativ auf Organismen aus.

Der Stieglitz freut sich beim winterlichen Umherstreifen auch über die Samen der Disteln, die manchmal an Rändern von Fabrikgeländen wachsen.

FALTER UND FLUGASCHE

Manche Lebewesen passen sich überraschend schnell an veränderte Umweltbedingungen an. So bilden z.B. heller gefärbte Nachtfalter (Kiefernschwärmer) in Industriegebieten mit ständigem Flugaschefall dunklere, farblich an den verstaubten Baumstämmen besser getarnte Populationen aus. Man nennt dieses Phänomen Industriemelanismus.

Dunkel gefärbte Exemplare des Birkenspanners (✖ 50–60 mm) in von Immissionen betroffenen Gebieten entgehen eher der Aufmerksamkeit Insekten fressender Vögel.

Nicht nachwachsende Rohstoffe

Die Förderung nicht nachwachsender Rohstoffe hat häufig einen ungünstigen Einfluss auf die Umwelt. Die größten Probleme verursacht die Tagebauförderung von Braunkohle, Kalkstein, Kies u.a. Für Gruben oder Steinbrüche müssen Wälder, Felder und Siedlungen zerstört und Abraum und taubes Gestein durch Aufschüttung an anderer Stelle entsorgt werden. Das entblößte Gebiet ist der Winderosion ausgesetzt. Wird aus über 100 m Tiefe gefördert, wird auch der Wasserkreislauf in der Umgebung gestört. Untertageförderung führt zum Einbrechen von Abraum und zur Freisetzung von Grubengasen.

Während kleine verlassene Steinbrüche im Lauf der Zeit mit der Landschaft verschmelzen, müssen größere Anlagen durch teure Rekultivierungsmaßnahmen in ihren Urzustand zurückversetzt werden. Studien belegen, dass sich auch 70 Jahre nach Aufgabe großer Tagebaue die natürlichen Verhältnisse noch nicht stabilisiert haben.

Schwund der Hasen

Dass der Bestand an Feldhasen in Mitteleuropa rückläufig ist, liegt u.a. am Verlust ihrer Hauptnahrungsquelle. Bedingt durch die großflächige landwirtschaftliche Produktion fehlt den Tieren die abwechslungsreiche Kost unbearbeiteter Wiesenflächen. Die Verdauungs-Mikroorganismen der Hasen sind nicht in der Lage, sich sofort auf eine andere Nahrung einzustellen, was bei den Hasen zu Durchfall und zum häufigen Tod durch Entkräftung führte. Dazu beigetragen haben auch chemische Behandlungsmittel (z.B. gebeiztes Saatgut), Verkehrsunfälle und eine früher unregulierte Bejagung.

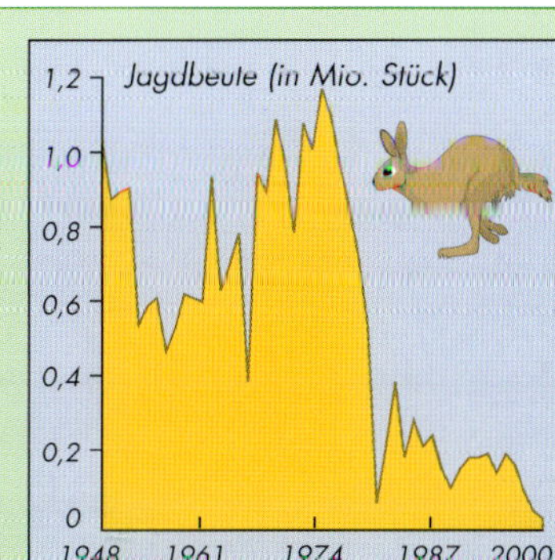

Ein bedeutender Bruch in der Entwicklung der Feldhasenpopulation trat zu Beginn der 1970er-Jahre in Tschechien auf. Heute sind die Hasen dort stellenweise sehr selten.

37

REKULTIVIERTE LANDSCHAFTEN

Sind Flächen durch Eingriffe in die Landschaft ihrer schützenden Vegetationsdecke beraubt worden und ist die Erosionsgefahr besonders hoch, wie z.B. im Tagebau, gibt es mittlerweile besondere Verfahren, eine schnelle Begrünung voranzutreiben. Bei natürlicher Wiederbegrünung sind etwa 20–30 Jahre nötig, um die angerichteten Schäden einigermaßen zu beheben. Spezielle Ökosysteme entstehen und bieten Lebensraum für verschiedene Organismen.

1. Feldhase
2. Mufflon
3. Fasan
4. Brachpieper
5. Klappergrasmücke
6. Teichrohrsänger
7. Schwarzkehlchen
8. Wechselkröte
9. Rothalsiger Linienbock
10. Östliche Heideschnecke
11. Blaugrüne Mosaikjungfer
12. Totengräber
13. Große Köcherfliege
14. Hängebirke
15. Schw. Holunder
16. Bergahorn
17. Hundsrose
18. W. Hartriegel
19. Schneebeere
20. Filz-Klette
21. Wegdistel
22. Glanzmelde
23. Quecke
24. Glatthafer
25. Land-Reitgras

Kippe im fortgeschrittenen Stadium der Rekultivierung

Mensch versus Natur
Schon seit Beginn seiner Existenz greift der Mensch in die Natur ein. Zuerst jagte er Tiere, später rodete er die Wälder und heute verändert er die Umwelt des gesamten Planeten, obwohl er sich dabei die eigene Lebensgrundlage entzieht. Aus dem Untergang hoch entwickelter antiker Zivilisationen zu lernen, zu dem auch damals schon ökologische Probleme entscheidend beitrugen, z.B. die Versalzung der über lange Zeit bewässerten Ackerböden im Sumererreich, fällt den Menschen schwer.

Das Mammut und einige Zeitgenossen könnten zum Ende des Pleistozäns auch durch den Urmenschen ausgerottet worden sein. Ähnliches geschah offenbar den vor 4000–5000 Jahren auf den Mittelmeerinseln lebenden Zwergelefanten und Nashörnern.

Förderung von Rohstoffen
Ursprünglich wurden Rohstoffe von Hand an ausgesuchten Stellen und in geringem Umfang abgebaut, so konnten sich die zahlreichen Förderstätten nach ihrer Auflassung leicht wieder in die Natur eingliedern. Die neuzeitliche Technik ermöglicht nun die Ausbeutung umfangreicher Lagerstätten: Während auf den *Kippen* Abraum aus dem Tagebau (z.B. Braunkohletagebau) aufgeschüttet wird, enthalten *Halden* taubes Gestein aus dem Untertagebau oder bei der Bearbeitung von Rohstoffen entstehende Abfälle. Auf *Deponien* werden verschiedene Abfallarten abgelagert.

Der Abbau von Braunkohle im Tagebau verändert die Landschaft zur Unkenntlichkeit.

Eine neue Landschaft

Kippen, Halden und Fördergruben verändern das Mikroklima einer Landschaft und bedrohen durch Verwertungen auch Nachbarflächen. Ihre Jahrzehnte andauernde Rekultivierung ist wegen der zu Beginn dort herrschenden extremen Bedingungen anspruchsvoll. So verwandelt z.B. der Regen unfruchtbaren tertiären Ton in eine schmierige Masse, deren Oberfläche sich bei Oberflächentemperaturen über 50 °C zu einem steinharten Panzer verfestigt. Hat sich die Erde so weit gesetzt, dass sich in Vertiefungen durch Regenwasser „Himmelsseen" bilden, kann der Boden langsam wieder Feuchtigkeit aufnehmen.

Eine der möglichen Rekultivierungsarten von Tagebauen ist die Flutung der Fördergruben und ihre spätere Nutzung für Wassersport, Erholung oder zu anderen Zwecken (Navarra, Spanien).

Rettungsmaßnahmen

Naturschutz ist eine vielseitige Angelegenheit – während es manchmal erforderlich ist, einen ganzen Wald zu retten, ist es woanders ein einzelner Baum, der Hilfe benötigt. Besonders beschädigte, ausgetrocknete oder morsche Exemplare müssen vor dem Zerfall bewahrt werden. Am sinnvollsten ist die Säuberung der von Fäulnis betroffenen Stellen, Desinfektion von Hohlräumen, Schutz des Stamminnern vor eindringendem Wasser oder Abstützen der Äste gegen Wind.

Richtige Pflege verlängert das Leben eines Baumes beträchtlich. Manche Exemplare stammen sogar noch aus dem Mittelalter.

Im Untertagebau entstehen aus taubem Gestein Halden, deren Rekultivierung schwieriger als bei Tagebaukippen ist. Das geförderte Material ist lose und speichert zu wenig Feuchtigkeit. Das Material erodiert leicht, und Bewuchs ist langwierig.

DIE FLORA DER BERGBAUKIPPEN UND HALDEN

Auf den brachliegenden Kippen siedeln sich die ersten Pflanzen an, deren Samen durch Wind oder Regen hierher gelangt sind, zuerst in Vertiefungen, Rinnen und Schluchten. Zu Beginn dominiert die einjährige Flora, später kommen zweijährige, ausdauernde Pflanzen hinzu. In den ersten Jahren beträgt die Bodenbedeckung – hauptsächlich Gewöhnliche Kratzdistel, WEGDISTEL, Huflattich und GLANZMELDE – höchstens 6 %, Gehölze sind nur durch den SCHWARZEN HOLUNDER vertreten. Wird die Kippe ihrem Schicksal überlassen, entwickelt sich ein dichter Grasbewuchs mit Land-Reitgras, Gewöhnlicher Quecke und Glatthafer, ergänzt durch einige Winden, später gesellen sich Rainfarn, Beifuss u. a. dazu. In 20 Jahren beträgt die Bedeckung 90–100 %.

Pflanzen auf Kippen

KLETTEN

Die runden Blütenstände der Kletten sind spinnwebartig behaart und aus Röhrenblüten zusammengesetzt. Die Hüllblätter ihrer runden Blütenkörbchen haben an den Spitzen feine Häkchen, mit denen sie sich leicht an Kleidung, in den Haaren oder im Fell von Hunden festsetzen. Sie wachsen am Wegrand, an Bächen und auf Schuttplätzen.

Die Filz-Klette ist eine von mehreren europäischen Klettenarten, wobei sich durch Kreuzungen schon viele Varietäten gebildet haben, die auch Botanikern Probleme bereiten.

FLIEGENSCHEUCHE

Die unangenehme Fliegenplage im Sommer lässt sich durch verschiedene Mittel bekämpfen – Insektengitter, Fliegenstreifen oder Insektizide. Ein biologisches Bekämpfungsmittel bietet der Rainfarn. Sein durchdringender, kampferartiger Geruch vertreibt Insekten aus der Wohnung, und ein Blumenstrauß im Zimmer ist darüber hinaus hübsch anzusehen. Man findet Rainfarn an Wegrändern, Bahndämmen und auf Schutthalden.

Die Blütenstände des Rainfarns leuchten gelb.

„IMMISSIONS-TUNDRA“

Die durch Immissionen stark beeinträchtigten Bergkämme haben sich in den vergangenen 30 Jahren bis zur Unkenntlichkeit verändert. Ihre Erneuerung schreitet langsamer voran als auf Kippen. Im Zuge von Rekultiverungsmaßnahmen wurden zwar Gehölze angepflanzt, die sich aber zunächst gegen das Wollige Reitgras durchsetzen müssen. Oft ähneln solche Landstriche der Tundra.

Die nordamerikanische Blaufichte ist gegen Immissionseinwirkungen widerstandsfähiger als die Gewöhnliche Fichte. Dafür ist vermutlich die dickere Wachsschicht auf den Nadeln verantwortlich.

Immissions-Kahlflächen werden häufig mit Blaufichten bepflanzt.

Rekordernte

Das Gemeine Leinkraut ist eine überaus produktive Pflanze. Eine einzige, höchstens 50 cm hohe Pflanze kann im Jahr über 30 000 Samen ausbilden. Seine zu einer Traube mit tiefer Krone und langem Sporn angeordneten Blüten werden hauptsächlich von Hummeln bestäubt. Das Leinkraut wächst an Bahndämmen, Wegrändern, auf Brachen, Rainen und sonnigen Hängen. Es gehört zu den Heilpflanzen mit entzündungshemmender Wirkung.

Das Gemeine Leinkraut blüht sehr lange, vom Beginn des Sommers bis zu den ersten Herbstfrösten.

Natura 2 000

Zwei Schlüsseldokumente der Europäischen Union – die Richtlinie über den Schutz frei lebender Vögel (79/409/EHS; Vogelschutz-Richtlinie) und die Richtlinie über den Schutz von natürlichen Standorten frei lebender Tiere und wild wachsender Pflanzen (92/43/EHS; Flora-Fauna-Habitat-Richtlinie) sind wirksame Instrumente des Natur- und Landschaftsschutzes in Europa.

Diese Richtlinien legen insbesondere die Pflicht zur Bildung eines qualitativ neuen Systems besonderer Gebiete – Natura 2 000 – fest, die die biologische Vielfalt im Rahmen der EU auch unter widrigsten Bedingungen bewahren soll.

Flächenanteil großflächiger Schutzgebiete an der Gesamtfläche ausgesuchter Staaten.

KÄFERSCHÄDEN

Die Salweide wird von einigen Insekten befallen, v.a. von Käfern, die ihr Holz fressen, z.B. dem ROTHALSIGEn Linienbock. Dessen Weibchen legen ihre Eier in Rindenöffnungen, die Larven ernähren sich vom Holz. Linienböcke sind auf ihr Wirtsgehölz angewiesen und siedeln auch auf Weiden, die auf Kippen, Müllhalden oder am Straßenrand stehen.

Salweiden haben ovale Blätter mit einer deutlichen Äderung.

Der Große Weidenprachtkäfer (12–16 mm) lässt sich gerne auf sonnenerwärmten Baumstämmen nieder.

Den Buchenprachtkäfer (6–9 mm), kann man zahlreich von Ende Mai bis Anfang August entdecken.

Die umgangssprachlich als Kätzchen bekannten Blüten der Salweide stellen im Frühjahr die erste Bienenweide.

Der seltene Zitterpappelbock (20–30 mm) verursacht einen Lochfraß an Espenblättern und ernährt sich auch von der Rinde. Die Käfer zeigen sich in der zweiten Junihälfte.

Der Höckerschwan (die verbreiteteste Schwanenart) wählt zum Nisten seichte Gewässer mit üppiger Vegetation.

ELEGANTER VOGEL

Durch das Vollaufen alter Fördergruben entstehen Gewässer, die zum Zufluchtsort für Wasservögel werden. Der Höckerschwan stammt aus Nordeuropa und Asien. In Mitteleuropa wurde er bis zur Mitte des 20. Jh. als Ziervogel gehalten. Erst seit 1953 tritt er auch in freier Natur auf. Zwischen 1960 und 1980 kam es zu einer Populationsexplosion – heute sind die Bestände konstant oder nehmen leicht ab.

männliches Kätzchen

Die langen, dünnen, flachen Blattstiele der Zitterpappel werden schon vom kleinsten Windhauch bewegt.

weibliches Kätzchen

DIE FAUNA DER BERGBAUKIPPEN UND HALDEN

Auch frisch aufgeschüttete Kippen sind keine „Mondlandschaften" ohne Lebewesen. Feldhase und Reh hinterlassen ihre Spuren, von den Kleinsäugern zeigt sich zuerst die Waldmaus und von den Vögeln außer Feldlerche und Steinschnäpper auch der seltene BRACHPIEPER. Durch den Wind oder aus eigener Kraft gelangen auch Spinnen und verschiedene Insekten auf Halden. Bodenarten sind anfangs dagegen nur selten zu verzeichnen. Die weitere Faunaansiedlung hängt von der Entwicklung der Pflanzenwelt ab. Nach einigen Jahrzehnten kann die ursprünglich ungastliche Umgebung auch zur Heimat seltener Arten werden (z.B. Pirol, Nachtigall oder WECHSELKRÖTE).

PIONIERGEHÖLZE

Eine Wende in der Entwicklung der Kippen bringt ihre Bewaldung. Schnell wachsende und anspruchslose Gehölze (Feldahorn, BERGAHORN, Eberesche, WEISSER HARTRIEGEL, SCHNEEBEERE u.a.) bilden den Anschluss der Strauch- und Baumschicht an die Krautschicht. Als „Pionierarten" gelten Hängebirke, Zitterpappel und Esche.

Die Ringelnatter (70–115 cm) legt bis zu 50 Eier in Komposthaufen, Baumstümpfe oder unter Steine. Sie kümmert sich nach der Eiablage nicht mehr um den Nachwuchs.

Mit dem allmählichen Bewuchs der Kippe erhöht sich auch die Artenvielfalt und -anzahl der Fauna.

NATTERN

In Europa, Nordwestafrika und Mittelasien ist die Ringelnatter mit ihren vielen Unterarten beheimatet. Häufig trifft man sie an Gewässerufern, denn sie ist eine ausgezeichnete Schwimmerin und fängt nicht nur Frösche, sondern auch kleine Fische. Diese Natter ist nicht giftig, zwei auffällige gelbe Halbmonde unterscheiden sie von den übrigen europäischen Schlangen. Obwohl sie kein Schädling ist, wird sie oft getötet. Achtung: Zur Verteidigung verspritzt sie eine stinkende Flüssigkeit.

Alter der Kippe (Jahre)	0,5–2	6	17–22
Vegetationsbedeckung (%)	0,5–6	10–50	90–100
Säugetiere (Anzahl d. Arten)	3	8	16
Spinnen (Anzahl d. Arten)	4	6	13
Vögel (Anzahl d. Arten)	31	38	35–39
Regenwürmer (Anzahl der Würmer/m²)	0	12–25	27–73

GARTENJOURNAL

Wie man ein Herbarium anlegt

Ein Herbarium anzulegen ist eine anspruchsvolle und zeitintensive Aufgabe, die aber mit der Natur vertraut macht und den richtigen Umgang mit Pflanzen lehrt. Es gibt einiges Zubehör im Fachhandel, aber einfache Materialien sind ebenso zweckmäßig. Zum Sammeln benötigt man eine von innen angefeuchtete Plastiktüte, gesammelt wird die ganze Pflanze samt Wurzel. Am Fundort sollte man die Tüte mit Datum, Uhrzeit, Standort beschriften. Die Pflanzen werden anschließend z.B. in einer Pflanzenpresse oder zwischen Brettern einige Tage gepresst.

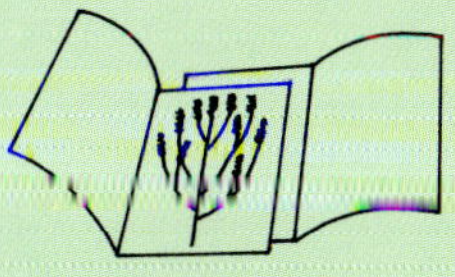

Die Pflanzen werden zwischen Papierlagen gelegt.

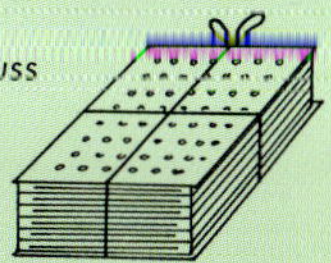

Herbariumsbelege muss man gut pressen.

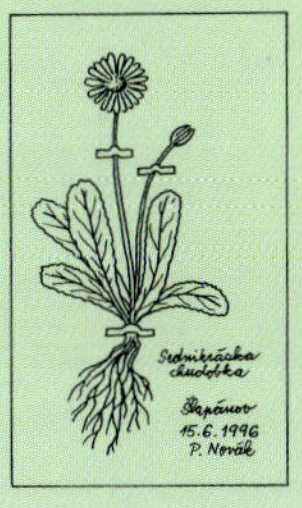

Die getrocknete Pflanze befestigt man mit Klebeband auf Karton (Herbarienblatt) und beschriftet den Beleg (Art, Fundort und Funddatum, Name des Finders usw.).

Wie man Nadelholzzweige presst

Vom getrockneten Zweig eines Nadelbaums fallen die Nadeln schnell ab. Um dem vorzubeugen, lässt man die Zweige 3–4 Tage anwelken, legt sie 2–3 Tage ins Wasser und dann einige Tage in Glyzerin. Nach dem Pressen bleiben die Nadeln dann dauerhaft erhalten.

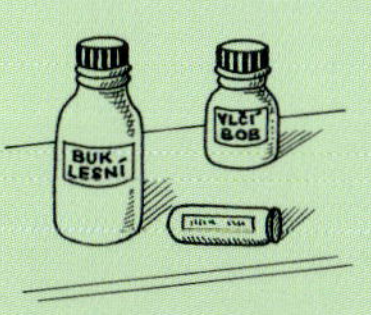

Nach dem Trocknen bewahrt man Samen und Früchte in Fläschchen auf.

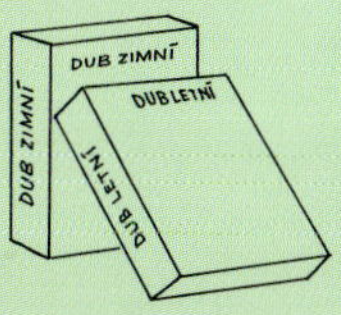

Größere Früchte und Rinde kommen in Schachteln.

Naturbeobachtungen

Naturbeobachtungen sind umso effektiver, je mehr man sich auf ein Themengebiet konzentriert. Man kann z.B. die Vogelbeobachtung eines bestimmten Standortes – im Garten oder am Teich – auswählen und alles Interessante sorgfältig aufzeichnen. Mit der Zeit lernt man nicht nur die Vögel der eigenen Heimat, ihre Nistgewohnheiten und ihr Verhalten kennen, sondern erkennt die natürlichen Veränderungen im Jahreslauf und lernt den Wert der Natur schätzen. Man kann sich auch auf bestimmte Pflanzen spezialisieren.

NATURSCHUTZ

Umweltschutz gehört zu den dringendsten Problemen unserer Zeit. Häufig entsteht jedoch der Eindruck, dass der Schutz der Natur erst in den letzten Jahrzehnten aktuell wurde. Das Wissen um den Zusammenhang unseres eigenen Lebens mit unserer Umwelt wird heutigen Generationen möglicherweise besonders bewusst gemacht. Aber schon viel früher, seit dem Altertum, sorgten sich die Menschen um das Schicksal der Natur.

Der griechische Philosoph Plato (4. Jh.–3. Jh. v. Chr.) forderte beispielsweise zur Aufforstung der Hügel von Attika auf, um die Wasserversorgung zu verbessern und Erosion zu verhindern. Erste Anzeichen eines Artenschutzes gab es im Mittelalter – Fürst Boguslaw Mazursky verbot Ende des 13. Jahrhunderts die Auerochsenjagd in Masuren. Dieser Schutz wurde später durch den polnischen König Wladislaw Jagiellowsky II. noch strenger. Ähnliche Maßnahmen wurden in Russland durchgeführt. Allerdings sollte damit in erster Linie erreicht werden, dass immer genügend interessante Tiere als Jagdbeute für die Adelshöfe zur Verfügung standen. Ähnliche Beweggründe hatten die Herrscher bei der Anlage von Wildgehegen.

Der Braunbär steht unter strengem Schutz, obwohl er in den nördlichen Ländern nicht selten vorkommt. Erfahrungen (z.B. aus dem slowakischen Teil der Karpaten) zeigen, dass Populationen von Bären (und anderen großen Raubtieren) bei regulierter Jagd auch prosperieren können.

Die Brachschwalbe ist ein untypischer Watvogel. Mit ihrem kurzen, weit aufsperrbaren Schnabel jagt sie im Sommer Insekten. Sie kommt auf trockenem, offenem Gelände vor, in kleineren Brutkolonien nah an Wasserquellen. Sie gehört zu den europaweit geschützten Arten und nistet von Südspanien über Griechenland bis in die südliche Ukraine.

Die zweite Hälfte des 19. Jahrhunderts brachte einen großen Fortschritt im Naturschutz. 1853 verlangten französische Maler, dass der Wald von Fontainebleau bei Paris gesetzlich geschützt werden sollte, und acht Jahre später entstand hier auf kaiserliches Dekret hin ein Naturschutzgebiet mit einer Fläche von 624 ha, welches als das erste in Europa gilt. Zu dieser Zeit stand allerdings der im Süden Tschechiens gelegene Urwald von Žofín schon mehr als 20 Jahre unter Schutz.

Zu Beginn des 20. Jahrhunderts entstand ein neues Bewusstsein für die ungünstigen Folgen menschlicher Eingriffe in die Natur. In den Jahren 1895 und 1902 fanden in Paris internationale Konferenzen zum Vogelschutz statt, 1913 folgte ein weiteres, dem gesamten Naturschutz gewidmetes Treffen. 1932 beschlossen Norwegen und Großbritannien Quoten für den Walfang, und 1937 unterschrieben in London neun Staaten die erste internationale Wal-Konvention. In Europa entstanden auch verschiedene Naturschutzvereine und Naturschutzverbände, wie z. B.: Deutscher Verein zum Schutz der Vogelwelt (Deutschland 1875), Royal Society for the Protection of Birds (Großbritannien 1889) oder die Vereniging tot Behoud van Natuurmonumenten in Nederland (Niederlande 1904). Nach dem Zweiten Weltkrieg zeigte sich, dass die Gründung einer Organisation, die die Anstrengungen der Naturschützer auf internationaler Ebene koordinierte, unerlässlich war. Nach zwei in der Schweiz durchgeführten Konferenzen (Basile 1946, Brunnen 1947) wurde 1948 unter der Schirmherrschaft der UNESCO die Internationale Union für den Schutz der Natur und der natürlichen Ressourcen *(International Union for Conservation of Nature and Natural Resources)* mit den Initialien IUCN gegründet. Mittlerweile wird sie als Weltnaturschutzunion *(World Conservation Union)* bezeichnet. Hauptsitz der einsatzfreudigen Organisation liegt am Genfer See in Gland. Das bekannte Emblem mit dem Pandabären und den Buchstaben WWF gehört dem Weltnaturschutzfond *(World Wildlife Fund)*. Im Unterschied zu der auf Regierungsebene arbeitenden IUCN wurde diese Organisation 1961 aus privaten Quellen als regierungsunabhängige Organisation gegründet. Ihre Zentrale hat sie ebenfalls in der Schweiz, in anderen Ländern gibt es Filialen. Gegenwärtig werden über 2000 Projekte in 116 Ländern unterstützt, Spendenbeiträge sind willkommen (weitere Informationen sind unter der Internetadresse www.worldwildlife.org zu finden).

Als eine ihrer ersten Aufgaben erstellte die IUCN eine Liste aller bedrohten Arten. Schon 1949 entstand deshalb eine Kommission zur Rettung der Arten (Survival Service Commission) mit dem vorrangigen Ziel, möglichst viele Informationen über bedrohte Tierarten und die seit 1600 ausgestorbenen Tierarten zu sammeln. Erster Vorsitzender wurde S. Boyle, der aber bald von dem britischen Zoologen und Maler Sir P. Scott abgelöst wurde.

DIE AUSGEROTTETEN TIERARTEN EUROPAS

Obwohl Europa zu den am längsten bewohnten und bevölkerungsreichsten Erdteilen gehört, hat es doch weit weniger ausgerottete Wirbeltierarten zu beklagen als die anderen Kontinente (knapp 1 % aller ausgerotteten Arten seit 1600). Während die Europäer im späten Mittelalter und zu Beginn der Moderne in Afrika, dem südlichen Asien, Australien und auf zahlreichen Inseln zum Untergang vieler natürlicher Bestände beitrugen, gelang es ihnen, auf dem eigenen Kontinent Maß zu halten, so dass nur drei Arten – das Wildpferd Tarpan (1887), der Auerochse (1627) und der Riesenalk (1844) – völlig ausgerottet wurden. Der Riesenalk wurde ausschließlich durch Bejagung und das Sammeln der Eier ausgerottet, bei den Tarpanen und Auerochsen wirkten sich auch die Entwaldung und der Verlust dieses Biotops ungünstig aus. Ihr Aussterben hätte sich vielleicht sogar verhindern lassen, wenn die Entwaldung Europas im Mittelalter in reduzierterem Umfang abgelaufen wäre.

Historische Dokumente belegen, dass das Verbreitungsgebiet des Auerochsen von der Ostsee und England bis nach Nordafrika und nach Transkaukasien reichte. In Südeuropa wurde der Auerochse schon in der Antike ausgerottet. Zwischen dem 10. und 12. Jh. verschwand er allmählich aus England, Frankreich und Mitteleuropa. Mitte des 16. Jahrhunderts wurden die ausgedehnten Urwälder des Baltikums und Nordpolens zu seinem letzten Zufluchtsort. Der Auerochse war durch einen mächtigen Hals, eine breite Stirn, einen tiefen Oberkörper, einen geraden Rücken und einen relativ langen Schwanz gekennzeichnet. Das einzige neuzeitliche Bild eines Auerochsen stammt von einem unbekannten Maler aus der Zeit um 1525. Er ist als „Augsburger Auerochse" bekannt, da der englische Zoologe H. Smith das Bild in einem Augsburger Antiquitätenladen fand.

Die Kommission aus anerkannten Fachleuten (z.B. J. Dorst aus Frankreich, B. Grzimek aus Deutschland oder dem Russen A.G. Banikow) begann zunächst mit einer Kategorisierung seltener Tiere. Alle Angaben über Lebensweise, Anzahl, Ausmaß der Bedrohung und Schutzmöglichkeiten für die meistbedrohten Arten wurden wie ein Mosaik zusammengesetzt und lieferten letztlich ein Gesamtbild der Situation. Heute, da es möglich ist, eine Datensammlung per Computer im Handumdrehen von einem Ende der Welt zum anderen zu senden, kann man sich kaum mehr vorstellen, mit welchem „Bienenfleiß" damals gearbeitet wurde.

Erst 1962 konnte die Kommission das erste Verzeichnis der weltweit meistbedrohten Tierarten vorlegen. Auf Vorschlag von P. Scott trug es die Bezeichnung Rote Liste *(Red Data Book)* – nach dem rot eingebundenen Katalog der Londoner Versicherungsgesellschaft Lloyd, in dem seit 1760 auf See verloren gegangene Schiffe verzeichnet sind.

Die früher häufig anzutreffende Kornrade ist zwar im gesamteuropäischen Maßstab nicht als gefährdete Art eingestuft, verschwand aber dennoch aus den Feldern unserer Umgebung.

Das grundlegende Prinzip der laufend revidierten und ergänzten Roten Listen beruht auf Kategorien mit unterschiedlichen Gefährdungsgraden. Eines der großen Probleme stellte die unklare Abgrenzung der Kategorien dar, denn die Beurteilung der Arten war zu einem bestimmten Maß recht subjektiv. Erst die letzte Version der Roten Liste aus den 1990er-Jahren brachte eine klare Lösung. Für die Einordnung in eine der acht Hauptkategorien (stark bedroht CE, bedroht EN, gefährdet VU, abhängig vom Schutz CD, gefährdungsanfällig SU, gering gefährdet LR, ohne ausreichende Daten DD und nicht eingestuft NE) müssen demnach konkrete Angaben über die Veränderungen eines Areals, die Anzahl der Arten usw. vorliegen. Für ausgestorbene Arten gibt es zwei Kategorien – ausgestorben oder ausgerottet (EX) und in der freien Natur ausgestorben oder ausgerottet (EW). Zum aktuellen Stand: www.redlist.org.

In der zweiten Hälfte des 20. Jahrhunderts avancierten die Verzeichnisse bedrohter Arten zum weltweiten Bestseller, v.a. aber in Europa, und nationale Rote Listen wurden erstellt.

Trotz des unbestrittenen Beitrags, den die Ära der Roten Listen geleistet hat (unter anderem weckte sie ein größeres Interesse der Öffentlichkeit an der Problematik bedrohter Arten), kann man doch auch nicht ihre Schattenseiten übersehen. Dazu gehört v.a. die Bevorzugung des Artenschutzes gegenüber dem viel wirksameren Gesamtschutz der Standorte, der allein die komplexe Erhaltung aller Bestandteile der biologischen Vielfalt (Biodiversifikation) gewährleisten kann. Der Schutz bestimmter Arten hat speziell bei größeren Wirbeltierarten oder bei auffälligen Pflanzenarten einen festen Platz im System der Schutzmaßnahmen, bei Kleinstlebewesen jedoch, speziell bei Wirbellosen (wie auch bei den meisten Pflanzen), ist er weniger wertvoll. Die Bedeutung des Schutzes einer bestimmten Käfer- oder Wasserkrebsart nimmt ab, wenn sie tatsächlich kaum erkannt wird. Die Existenz der meisten Arten ist eng mit ihrem Standort verbunden. Wenn dieser nicht mehr vorhanden ist oder seine spezifischen Bedingungen sich verändern, folgt auch eine Veränderung in der Artenzusammensetzung.

Erst in den letzten zwei bis drei Jahrzehnten wurde vornehmlich über den Schutz der Naturstandorte nachgedacht. Während man sich auf anderen Erdteilen um den Schutz ausgedehnter Ökosysteme oder Großlandschaften (Regenwälder, Savannen, Korallenbänke usw.) bemüht, konzentrieren sich im dicht besiedelten Europa diese Anstrengungen auf die mosaikartige Bildung natürlicher Biotope, die auch unter den Bedingungen einer vom Menschen stark geprägten und weithin beeinflussten Landschaft alles Wesentliche bewahren, was zur europäischen Natur gehört. Manchmal ist das im wörtlichen Sinn ein Kampf um jeden Tümpel, jedes Feuchtgebiet und jede kleine Sandfläche, die aber in Verbindung mit anderen Standorten eine Existenzgrundlage für häufige und manchmal auch für seltene Pflanzen und Tiere darstellen. In diesem Buch wird deshalb immer wieder auf die Bedeutung einzelner Areale der natürlichen Umwelt hingewiesen,

Das Purpurhuhn bewohnt die Tropen und Subtropen, in Europa nistet es vereinzelt an Süß- und Brackwasser in den Küstengebieten am südlichen Rand der Pyrenäen und auf Sardinien. Es hält sich in dichter Vegetation auf und gehört zu den geschützten Arten der europäischen Vogelwelt.

INTERNATIONALE VEREINBARUNGEN ZUM NATURSCHUTZ

Gegenwärtig sind verschiedene europäische Staaten in die sechs bedeutendsten weltweiten Vereinbarungen auf dem Gebiet des Naturschutzes eingebunden:

1. Abkommen über Feuchtgebiete von internationaler Bedeutung, insbesondere als Lebensraum für Wasser- und Watvögel, oder *Ramsar-Konvention* – siehe S. 114.
2. Das internationale Abkommen zum Schutz des Kultur- und Naturerbes der Welt (Welterbe-Konvention von 1972) soll die Bewahrung desselben (Naturgebilde, geologische und physio-geografische Erscheinungsformen, Naturstätten) sichern. Die Koordination übernimmt die UNESCO.
3. Die Vereinbarung über den internationalen Handel mit bedrohten Arten frei lebender Tiere und Pflanzen oder *Washingtoner Artenschutzabkommen* (1973) verbietet den internationalen Handel mit bedrohten Tier- und Pflanzenarten, einschließlich aller aus ihnen hergestellte Erzeugnisse.
4. Das Abkommen zur Erhaltung der wandernden, wild lebenden Tierarten oder *Bonner Konvention* (1979) zielt auf internationale Zusammenarbeit beim Schutz bedrohter Zugvogelarten und anderer Land- und Meereslebewesen.
5. Das Abkommen über die Erhaltung der europäischen wild lebenden Pflanzen und Tiere und ihrer natürlichen Lebensräume *Berner Konvention* (1979) legt besonderen Wert auf den Schutz wild wachsender Pflanzen und frei lebender Tiere, einschließlich ihrer natürlichen Verbreitungsgebiete.
6. Das Abkommen über den Schutz der Fledermäuse in Europa oder *Eurobat* (1991) konzentriert sich auf die Sicherstellung einer internationalen Zusammenarbeit beim Schutz der Fledermäuse.
7. Die Biodiversitäts-Konvention (1992) legt als primäres Ziel den Schutz der Artenvielfalt (Biodiversität) auf den folgenden drei Ebenen fest: genetische Vielfalt (innerhalb einzelner Arten), Artenvielfalt und Vielfalt der Ökosysteme einschließlich ihrer gegenseitigen Abhängigkeiten. Sie unterscheidet dabei den Naturschutz *in situ* (direkt am Ort) und *ex situ* (Schutzmaßnahmen außerhalb des natürlichen Verbreitungsgebietes, z.B. Zucht in Gefangenschaft).

Das Verbreitungsgebiet der Großen Egelschnecke wurde entscheidend durch die Menschen beeinflusst, die dieses Weichtier schon im Römischen Reich an viele Orte eingeschleppt haben. Die Große Egelschnecke ist eine beliebte Delikatesse und ist beispielhaft für Arten, die unter festgelegten Bedingungen auch weiterhin in freier Natur gesammelt werden dürfen.

um deren gegenseitige Beeinflussung und Abhängigkeit zu verdeutlichen. Naturschutzmaßnahmen unserer Zeit sind komplexe Bereiche auf wissenschaftlicher Grundlage. Wir können uns nicht mehr nur auf den Schutz einzelner Arten konzentrieren, sondern müssen unsere Kräfte auch zur Erneuerung des Gleichgewichts in Landschaften und Ökosystemen bündeln. Überdies rückt auch die aktive Tätigkeit immer mehr in den Vordergrund – die Natur kann nicht nur passiv geschützt werden, man muss ihr konkret helfen. Das kann die Auflösung von Monokulturen zugunsten einer artenreicheren Fauna sein, die Rückführung regulierter Wasserläufe *(Revitalisierung)* oder die Wiedereinführung verschwundener Lebewesen in die Natur. Nicht zuletzt ist auch die ökologische Bildung eine wichtige Aufgabe.

NATURSCHUTZ IN DER EU

Zu Beginn des 21. Jahrhunderts, als es zu einer wesentlichen Ausdehnung der Europäischen Union kam, gelangte auch der Naturschutz in den legislativen Rahmen der Europäischen Gemeinschaften. Grundlage dafür bilden zwei Hauptdokumente, von denen die Richtlinie zum Schutz wild lebender Vögel (02.04.1979) die älteste gültige Legislative der EG überhaupt ist und zeigt, dass dem Naturschutz hier große Aufmerksamkeit gewidmet wird. Der Schwerpunkt der Richtlinie liegt auf drei Anlagen: Die erste beinhaltet ein Verzeichnis der Vogelarten und -unterarten in vier Kategorien (vom Aussterben bedrohte Arten, gefährdete, seltene und besondere Aufmerksamkeit erfordernde Arten). Die übrigen beiden sind ein Verzeichnis der Arten und Unterarten, die unter bestimmten Bedingungen gejagt und auf den Markt gebracht werden dürfen. Die Richtlinie setzt voraus, dass Orte bestimmt werden, an denen in der Anlage I aufgeführte Arten auftreten, und dass ihnen dort ein verantwortungsbewusster Gebietsschutz zuteil wird, sodass ihre Populationen erhalten bleiben. Gleichzeitig wird auch die Begrenzung direkter Verluste (Einfangen, Zerstörung von Gelegen, Nestern usw.) vorausgesetzt.

Richtlinie über den Schutz wild lebender Vögel Nr. 79/409/EEC
Anlage I: 181 geschützte Arten und Unterarten (z.B. Rosa Pelikan, Kuba-Pelikan, Seeadler, Fischadler, Auerhahn, Großtrappe, Uhu, Schneeeule, Schwarzspecht, Ziegenmelker, Rotscheitellerche, Heidelerche, Blaukehlchen, Ortolan).

Anlage II: 77 geschützte Arten und Unterarten, die unter bestimmten Bedingungen bejagt werden dürfen (z.B. Saatgans, Graugans, Tafelente, Moorschneehuhn, Blesshuhn, Waldschnepfe, Ringeltaube, Höckerschwan, Sturmmöwe, Amsel, Elster).
Anlage III: 26 Vogelarten und -unterarten, die unter bestimmten Bedingungen auf den Markt gebracht werden dürfen (z.B. Stockente, Rothuhn, Fasan, Graugans, Tafelente, Reiherente, Auerhuhn, Bekassine, Waldschnepfe, Goldregenpfeifer).

Die Richtlinie über den Schutz der natürlichen Standorte, wild lebenden Tiere und wild wachsenden Pflanzen soll zur Erhaltung bzw. Erneuerung der biologischen Vielfalt beitragen. Sie enthält sechs Anlagen, von denen die erste und umfangreichste ein Verzeichnis der für einen besonderen Schutz vorgeschlagenen Standorte enthält (einschl. des offenen Meeres und der Meeresküste). Die Richtlinie schreibt den Mitgliedsstaaten vor, aus diesen Standorten ein untereinander verbundenes Netz von Schutzgebieten zu schaffen. Dies soll auch zum Schutz der in den Anlagen II und IV genannten Zielgruppen von Tier- und Pflanzenarten (System NATURA 2000) dienen.

Richtlinie über den Schutz natürlicher Standorte, wild lebender Tiere und wild wachsender Pflanzen Nr. 92/43/EEC
Anlage I: 253 Typen natürlicher Standorte, deren Schutz die Einrichtung besonderer Schutzgebiete erfordert (z.B. große, flache Buchten und Fjorde, Wanderdünen, Heidelandschaften, Alpenflüsse, pannonische Steppen, gemähte Bergwiesen, nicht öffentlich zugängliche Höhlen, beständige Gletscher, Fichten-Bergwälder).
Anlage II. 200 Tierarten und 434 Pflanzenarten, deren Schutz die Einrichtung besonderer Schutzgebiete erfordert (z.B. Pyrenäen-Desman, Großes Mausohr, Biber, Polarfuchs, Eurasischer Luchs und Pardelluchs, Großer Tümmler, Griechische u. Maurische Landschildkröte, Europäischer Blattfingergecko, Grottenolm, Rotbauch- und Gelbbauchunke, Europäischer Stör, Hundsbarbe, Eichenbock, Skabiosen-Scheckenfalter, Flussperlmuschel, Sibirischer Goldkolben, Marien-Frauenschuh).

Der Hummel-Ragwurz wächst im Mittelmeerraum und West- bzw. Mitteleuropa. Wie bei den meisten Orchideen ist sein Bestand gefährdet.

Anlage IV: mehr als 300 Tierarten und mehr als 60 Pflanzenarten, die strengen Schutz erfordern. Die genaue Anzahl der Arten ist nicht bekannt; in manchen Fällen sind ganze Gruppen aufgeführt, z.B. Fledermäuse und Wale, in vielen Anmerkungen überschneidet sich die Anlage IV mit der Anlage II (z.B. Algerischer Igel, Waldbirkenmaus, Europäischer Nerz, Mittelmeer-Mönchsrobbe, alle Arten von Meeresschildkröten, Johannisechse, Gewöhnliches Chamäleon, Gemeine Geburtshelferkröte, Springfrosch, Europäischer Stör, Breitrand, Apollofalter, Gemeine Alraune).

Anlage V: einige Dutzend Tier- und Pflanzenarten, die ein Gegenstand der Bewirtschaftung sein können (z.B. Goldschakal, Iltis, Steinbock, Teichfrosch, Seefrosch, Grasfrosch, Äsche, Barbe, Rote Edelkoralle, Blutegel, Rentierflechten, Weißmoos, Kleines Schneeglöckchen, Gelber Enzian und Stechginster).

Höckerschwäne gehören zu den jagdbaren Vögeln; in den letzten Jahrzehnten ist ihre Anzahl auch in West- und Mitteleuropa gestiegen. Häufig sieht man sie an ihren Überwinterungsplätzen, zu denen nicht gefrierende Flussabschnitte in Städten gehören.

Eine Strategie, die Gebiets- und Artenschutz kombiniert, ist sicher die beste Möglichkeit, sinnvolle Resultate zu erzielen. Ihre Durchführung wird jedoch bisher von einigen Problemen, speziell bei der Einhaltung des Zeitplans von NATURA 2000, begleitet (unvorhergesehene Schwierigkeiten bei Kartierung und Absteckung der geschützten Standorte). Wenig positiv wirkte sich auch die beträchtliche bürokratische Belastung und ihre Zentralisierung in den Organen der EU aus, die zu einer mangelnden Flexibilität bei der Durchführung notwendiger Änderungen führte. Komplikationen bringt auch das Streben nach Allgemeingültigkeit des Verzeichnisses in allen Mitgliedsstaaten (bzw. Beitrittskandidaten) mit sich, das v.a. aus der Sicht der westeuropäischen Staaten aufgestellt wurde. Ein Beispiel von vielen: Während die Anlage IV. der Richtlinie über die Standorte den Feldhamster als eine strengen Schutz erfordernde Art aufführt, vermehrt sich dieses Nagetier in Staaten Mitteleuropas stellenweise explosionsartig!

EUROPÄISCHE NATIONALPARKS

Obwohl Europa ein kleiner Erdteil ist, verfügt es über eine vielfältige Natur von Festlands- und Meeresbiotopen und Ökosystemen. Bedingt durch die hohe Bevölkerungsdichte und die lange Geschichte der menschlichen Zivilisation existieren hier jedoch so gut wie keine unberührten Naturräume mehr. Für den Erhalt der bestehenden Naturräume haben die zahlreichen Schutzgebiete große Bedeutung. Da ihre Entstehung in keiner Weise koordiniert war, entstand eine breite Skala groß- und kleinflächiger Reservationen mit unterschiedlicher Zielsetzung und diversen Schutzgraden. Auch die Konzeption der Nationalparks ist nicht einheitlich. Während es in manchen Ländern mehr oder weniger streng geschützte Reservate sind, dienen sie andernorts v.a. der Förderung des Tourismus. Sie unterscheiden sich auch durch ihre organisatorische Zuordnung zu verschiedenen Ressorts (Forstwirtschaft, Landwirtschaft oder Umwelt). Im Bemühen um eine weltweite Vereinheitlichung der Reservatskategorien erarbeitete die Welt-Naturschutz-Union (IUCN) eine allgemeingültige Definition der Schutzgebiete sowie deren grundlegende Klassifizierung nach Art der Verwaltung und Bewirtschaftung (des Managements): *Ein Schutzgebiet ist ein Areal von Land und/oder Meer, das v.a. dem Schutz und Erhalt der biologischen Vielfalt gewidmet ist, sowie den natürlichen und damit verbundenen kulturellen Ressourcen, und das durch gesetzliche oder andere effektive Maßnahmen verwaltet wird.*

Die vorgeschlagene Klassifikation von Schutzgebieten beinhaltet sechs Hauptkategorien:

Kategorie I – Strenges Naturreservat oder Wildnisgebiet: dient hauptsächlich Forschungszwecken und dem Schutz der ursprünglichen Natur.

Kategorie II – Nationalpark: dient – unter Ausschluss einer wirtschaftlichen Nutzung, die den Zielen des Schutzgebietes entgegensteht – dem Schutz von Ökosystemen und zur Erholung.

Kategorie III – Naturmonument: hat die Erhaltung einer bestimmten natürlichen Besonderheit (Höhlen, Krater, Sanddünen usw.) zum Ziel.

Kategorie IV – Biotop/Artenschutzgebiet: Der Schutzzweck wird hauptsächlich durch gezielte Eingriffe verfolgt (Mähen und Beweiden von Wiesen, Holzeinschlag in Wäldern usw.).

Kategorie V – Geschützte Landschaft: orientiert sich am Schutzziel für eine bestimmte Landschaft oder einen Meeresabschnitt und an den Erholungsmöglichkeiten. Es handelt sich ausschließlich um in langfristiger Wechselwirkung von Mensch und Natur entstandene Gebiete mit bedeutenden ästhetischen, ökologischen und kulturellen Reichtümern; auch Nationalparks gehören in mehreren Staaten zu dieser Kategorie.

Kategorie VI – Ressourcenschutzgebiet mit Management: will hauptsächlich eine nachhaltige Nutzung natürlicher Ökosysteme erreichen (z.B. Jagd, Fischfang, Beweidung, Forstwirtschaft).

ÜBERSICHT DER WICHTIGSTEN NATIONALPARKS IN EUROPA

In über 30 europäischen Staaten gibt es über 260 Nationalparks (NPs). Die meisten befinden sich in Finnland (30), Norwegen (20), Polen (17), Schweden (16), Rumänien (15). Im Folgenden werden die interessantesten, wichtigsten oder aus anderen Gründen sehenswerten NPs kurz vorgestellt.

ISLAND

Geschütztes Gebiet etwa 8,9 % der Fläche, 3 NPs

1 NP Skaftáfell (Fläche 1700 km², gegründet 1967) Der größte Park Islands umfasst das Gebiet um den höchsten isländischen Gletscher Öraefajökull mit vulkanischer, teils eisbedeckter Landschaft und natürlicher Vegetation (arktisch-alpine Tundra, schütterer Waldbewuchs). Jährlich bis zu 3000 mm Niederschlag als Regen oder Schnee. Vögel und Insekten sind die auffälligsten Vertreter der Fauna.

2 NP Thingvellir (Fläche 42 km², gegründet 1928) Der älteste und wichtigste Park Islands am größten isländischen See Thingvallavatn (Fläche fast 84 km², Tiefe 114 m) ist das Musterbeispiel einer Vulkanlandschaft. Die Oberfläche wird v.a. durch Lava und tektonische Begleiterscheinungen geprägt. Die Flora setzt sich aus Moosen, Beeren und Birken zusammen. Die Fauna ist ebenfalls artenarm.

NORWEGEN

Geschütztes Gebiet etwa 12,3 % der Fläche, 20 NPs

3 NP Børgefjell (Fläche 1087 km², gegründet 1963) Bergmassiv mit glazialem Relief, Schneefeldern und zahlreichen Seen in tiefen Tälern. Die Basisvegetation bilden in alpine Ökosysteme übergehende taigaartige Wälder mit Heidesträuchern. Hier leben Elch, Polarfuchs, seltener Luchs und Vielfraß. Vögel: z.B. Eisente und Falkenraubmöwe.

4 NP Dovrefjell (Fläche 265 km², gegründet 1974) Hochgebirgsmassiv des südnorwegischen Teils des Skandinavischen Gebirges mit reicher subalpiner und alpinen Flora. Moschusochsen und Rentiere.

5 NP Hardangervidda (Fläche 3422 km², gegründet 1981) Der NP befindet sich auf der ausgedehntesten skandinavischen Hochebene mit Granit- und Schieferuntergrund und ist durch tiefe Täler, steile Berge und zahlreiche Seen gekennzeichnet. Er ist das südlichste ständige Verbreitungsgebiet arktischer Arten (Polarfuchs, Schneeeule). Größte Population wilder Rentiere in Europa (18000).

A NP Jotunheimen Ausflugstipps siehe S. 31

6 NP Rondane (Fläche 572 km², gegründet 1962) Der älteste norwegische Nationalpark mit Hochgebirgsrelief und Vegetationsstufen von der Fichtentaiga im Vorgebirge bis zu alpinen Kahlflächen. Es gibt wild lebende Rentiere.

7 NP Sør-Spitzenberger (Fläche 4673 km², gegründet 1973) Der größte norwegische Nationalpark umfasst den südlichen Teil der Insel Spitzbergen, seine natürlichen Bedingungen entsprechen einer arktischen Wüste. Die Oberfläche wird von Gletschern und Felsgipfeln gebildet. Außer der üblichen nördlichen Fauna leben hier Flossenfüßer (Bartrobben, Ringelrobben, Walrösser), Eisbären und vereinzelt Rentiere. 22 Meeresvogelarten.

SCHWEDEN

Geschütztes Gebiet etwa 3,9 % der Fläche, 16 NPs

B NP Abisko siehe Ausflugstipps S. 25

8 NP Blå Jungfrun (Fläche 0,7 km², gegründet 1926) Einer der kleinsten NPs in Europa. Umfasst eine Insel vor der schwedischen Südostküste mit ungewöhnlichen Felsgebilden aus rotem Granit.

9 NP Muddus (Fläche 492 km², gegründet 1942) Liegt in Mittelschweden und schützt natürlichen Taigabewuchs (53 % der Fläche) mit Mooren, Sümpfen (45 %) und einer beispielhaften Tundra (2 %). Im Park nisten zahlreiche Wasservögel, es zeigen sich auch Elche, Braunbären und Luchse.

10 NP Padjelanta (Fläche 2010 km², gegründet 1962) Der größte schwedische Nationalpark mit einem gegliederten Bergrelief (steilen Kämmen und felsigen Gipfeln) mit kleineren Gletschern.

NP Retezat in Rumänien

Der interessante Landschaftscharakter wird durch Talseen und von arktischen Wiesen bedeckte Hochflächen abgerundet. Eine Besonderheit sind die Kalksteinvorsprünge mit einer gut erkennbaren, reichen Flora. Nistgebiet des Würgfalkens.
11 NP Sarek (Fläche 194 km², gegründet 1909) Einer der schönsten Parks Schwedens bedeckt die Hochgebirgslandschaft des Skandinavischen Gebirges mit vergletscherten Felsgipfeln und Seen, glazialem Relief und einer seltenen subalpinen und alpinen Flora und Fauna. Große Wolfsrudel.
C NP Skuleskogen siehe Ausflugstipps S. 31

FINNLAND

Geschütztes Gebiet etwa 2,4 % der Fläche, 30 NPs
12 NP Lemmenjoki (Fläche 2855 km², gegründet 1956) Der größte finnische Nationalpark; Bergbirkenwälder und Moore herrschen vor. Viele Rentiere, einige Braunbären und v.a. Unglückshäher.
13 NP Linnansaari (Fläche 53 km², gegründet 1956) Eine Gruppe von etwa 70 Inseln in einem ausgedehnten Seengebiet mit seltener Flora und einer endemischen Unterart der Ringelrobbe im Saimaa-See. Große Vielfalt an Wiesenbiotopen.
14 NP Pallas-Ounastunturi (Fläche 515 km², gegründet 1938) Einer der zwei ältesten finnischen Parks im Westteil Lapplands. Das Hauptgebiet wird durch eine Gruppe von Hochflächen und Einzelbergen mit Tundravegetation auf den Gipfeln gebildet, ansonsten überwiegen Fichten- und Kiefernwälder sowie Moore. Elche, Schneehasen, Moorschneehühner und Unglückshäher.
D NP Patvinsuo siehe Ausflugstipps S. 153
15 NP Petkeljärvi (Fläche 7 km², gegründet 1956) Beispiel einer typischen Landschaft im finnischen Karelien, mehr als ein Drittel der Parkfläche wird von einem Seenlabyrinth mit reicher Vogelfauna und zahlreichen Biber-, Elch- und Schneehasenpopulationen gebildet.
16 NP Pyhä-Häkki (Fläche 12 km², gegründet 1956) Das größte natürliche Taigagebiet in Finnland mit zahlreichen Seen, schon seit 1912 als Reservation geschützt. Bemerkenswert: häufiges Auftreten von Haselhühnern und Auerhühnern.
17 NP Pyhätunturi (Fläche 44 km², gegründet 1938) Der zweitälteste finnische Park in Lappland. Es handelt sich um ein frei stehendes Bergmassiv mit Felsgebilden, Schluchten und typischer Anordnung der Vegetationszonen; die Gipfelbereiche ermöglichen schöne Ausblicke. In der Flora und Fauna sind alle typischen Taigaarten vertreten.
E NP Urho Kekkonen siehe Ausflugstipps S. 25

DÄNEMARK

Geschütztes Gebiet etwa 32,4 % der Fläche (einschließlich Grönland), der einzige dänische Nationalpark wurde 1974 im Nordosten von Grönland gegründet (Fläche etwa 700000 km²). Auf dem eigentlichen Gebiet Dänemarks befinden sich aber mehr als 30 strenge Naturreservationen, v. a. wichtige Nistplätze von Wasservögeln.

GROSSBRITANNIEN

Geschütztes Gebiet etwa 19,3 % der Fläche, 11 NPs
18 NP Dartmoor (Fläche 954 km², gegründet 1951) Granitebene mit großen Mooren, Heidelandschaften und Überbleibseln von Eichenwäldern in Flusstälern sowie typischer Flora und Fauna.
19 NP Exmoor (Fläche 693 km², gegründet 1954) Ebene aus Devonsandstein und Ton an der Küste des Golfs von Bristol, zum Großteil von Heidewuchs und Laubwäldern bedeckt. Interessante Felsgebilde: Steile, über 400 m hohe Klippen als Brutplätze von Meeresvögeln (Trottellummen, Krabbentaucher, Eissturmvögel, Basstölpel u.a.).
20 NP Lake District (Fläche 2280 km², gegründet 1951) Der größte britische Park in der höchsten Gebirgslandschaft Nordwestenglands mit typisch strahlförmig angeordneten Tälern, zahlreichen Seen und von Gletschern modellierter Landschaft (Felskare, abgeschliffene Gipfel u.a.); Wiesen und Heidelandschaft dominieren, nur in den Tälern erhalten sich Überreste von Wald. Es nisten hier einige Dutzend Wanderfalkenpaare (größte Population weltweit).
21 NP Peak District (Fläche 1403 km², gegründet 1951) Der älteste britische Park erstreckt sich in den Gebirgsgebieten der südlichen Pennines. Er ist durch einen gegliederten geologischen Untergrund mit Sandern und Tonen (die Hänge sind mit Heideland und Mooren bedeckt) sowie Karbonkalkstein gekennzeichnet (Höhlen, Schlünde u.a. Karsterscheinungen). In der Fauna überwiegen Gebirgs- und nördliche Arten (Goldregenpfeifer, Sumpfohreule, Moorschneehuhn, Alpenstrandläufer).
22 NP Snowdonia (Fläche 2188 km², gegründet 1951) Der zweitgrößte Park in Großbritannien umschließt das höchste vulkanische Bergmassiv in Wales (höchster Berg Snowdon) mit überwiegend waldloser Vegetation und Überbleibseln der quartären Vereisung (Kare, Trogtäler, Seen). Am Fuß des Gebirges ist vereinzelt Laubbaumbewuchs erhalten.
23 NP Yorkshire Dales (Fläche 1769 km², gegründet 1954) Nimmt den Mittelteil des Bergrückens der Pennines mit einer Hochfläche und tiefen Tälern ein. Es handelt sich um die bedeutendste Karbonkalkstein-Karstlandschaft auf den Britischen Inseln mit zahlreichen Höhlen, Karstquellen, unterirdischen Wasserläufen, Erdfällen usw.

IRLAND

Geschütztes Gebiet etwa 0,4 % der Fläche, 5 NPs
24 NP Glenveagh (Fläche 100 km², gegründet 1975) Der größte irische Nationalpark im Derryveagh-Gebirge mit dem Gletschersee Lough Veagh, Mooren, Heidelandschaften, vereinzeltem Laubbaumbewuchs (Wintereiche, Moorbirke) und Rhododendren (im 19. Jh. eingeführt). Die Fauna wird von einer ausgesetzten Hirschpopulation dominiert.
25 NP Killarney (Fläche 78 km², gegründet 1932) Der älteste irische Park mit beachtlichem glazialem Charakter des Reliefs, einer Seenlandschaft und Überresten natürlicher Wälder. In der Flora sind einige seltene atlantische Arten und Mittelmeerarten vertreten. Hier lebt die einzige ursprüngliche Hirschpopulation auf Irland.

LETTLAND

Geschütztes Gebiet etwa 13 % der Fläche, 2 NPs
26 NP Gauja (Fläche 920 km², gegründet 1973) Die beliebteste Touristenregion Lettlands liegt im geologisch gegliederten Tal am Fluss Gauja. Seen, Sandsteinhöhlen und historische Denkmäler.
27 NP Kemeri (Fläche 68 km², gegründet 1997) Küstenebene mit mehreren Sanddünenreihen, die nach Nordwesten in eine mäßig gewellte Hügellandschaft mit erhaltenem Waldbewuchs übergeht. Lagunenseen an der Meeresküste und Gletscherseen im Binnenland. Hier leben Seeadler, Kraniche und zahlreiche Sumpfvögel, an vielen Stellen gibt es Biber, vereinzelt Elche und Wölfe.

ESTLAND

Geschütztes Gebiet etwa 7 % der Fläche, 4 NPs
28 Lahemaa NP (Fläche 1120 km², gegründet 1971) Der größte estnische Park ist eine interessante Mischung aus Felsklippen, dichten Wäldern (etwa 70 % des Gebietes) und vielen Seen, Flüssen und Wasserfällen. Ungefähr ein Drittel des Parks wird von der Ostseeküste mit zahlreichen Buchten eingenommen.
29 Vilsandijskij zapovědnik (Fläche 107 km², gegründet 1957) Das Reservat mit dem Statut eines Nationalparks nimmt den westlichen Teil der felsigen Insel Saaremaa in der Ostsee mit vorgelagerten Inselchen und Sanddünen ein. Die Flora ist artenarm, bei der Fauna überwiegen Meeresarten.

LITAUEN

Geschütztes Gebiet etwa 9,3 % der Fläche, 5 NPs
30 NP Aukstaitija (Fläche 406 km², gegründet 1974) Der älteste litauische Park mit ungefähr 100 durch ein Netz von Bächen und Flüsschen verbundenen Seen, von denen der größte der Dringis-See (721 ha) und der tiefste der Tauragnas-See (60,5 m) sind; 70 % des Parks sind Kiefernwälder (manche bis 200 Jahre alt). Es gibt Elche, an den Flussufern hat sich der Amerikanische Nerz angesiedelt.
31 NP Kursiu Nerija (Kurische Nehrung) (Fläche 180 km², gegründet 1991) Umfasst die Südhälfte der vor 5000–6000 Jahren entstandenen Küsten-Sandbarriere zwischen der Ostsee und der Kurischen Bucht (Länge 98 km und Breite 400 m bis 3,8 km). Sandstrände und bis zu 60 m hohe Dünen, auf denen Kiefernwälder angepflanzt wurden. Sie sollen die Bewegung der Dünen verhindern (im Mittelalter wurden 14 Dörfer verschüttet). Im Herbst fliegen 15 Mio. Zugvögel in dieses Gebiet.

WEISSRUSSLAND

Der Gesamtumfang der Schutzgebiete ist nicht bekannt, 3 NPs
32 NP Pripjatsky (Fläche 622 km², gegründet 1969) Ein Niederungsgebiet um den Fluss Pripjat, ca. 250 km vor Zusammenfluss mit dem Dnjepr. Kiefern- und Eichenwälder, häufig auch Moore.

POLEN

Geschütztes Gebiet etwa 7,1 % der Fläche, 17 NPs
33 NP Bieszczady (Fläche 270 km², gegründet 1973) Umfasst die höchsten Lagen des westlichen Bieszczady-Gebirges mit Bergbuchen- (85 %) und Tannenwäldern, an die typische Almhochebenen anknüpfen. Alle großen europäischen Raubtiere sind vertreten – Braunbär, Wolf, Luchs.
F NP Bialowieza siehe Ausflugstipps S. 42
34 NP Kampinoski (Fläche 343 km², gegründet 1959) Der größte polnische Park, in der weiteren Umgebung Warschaus. In der abwechslungsreichen Landschaft wechseln sich Sandgebiete mit Sümpfen, Mooren und Laub- und Mischwäldern ab. Das Gebiet ist auch durch eine hohe Elchpopulation bekannt, die zur Quelle der erneuten Verbreitung des Elches nach Mitteleuropa wurde.
G NP Riesengebirge Ausflugstipps siehe S. 75
35 NP Ojcowski (Fläche 19 km², gegründet 1956) Karstlandschaft mit Höhlen im Jurakalk und mit Resten natürlicher Buchen- und Tannen-Buchenwälder. Auf Felsvorsprüngen sind Waldsteppen mit einer reichen, wärmeliebenden Flora vorhanden. Viele Fledermausarten.
36 NP Wolinski (Fläche 48 km², gegründet 1960) Ein Park auf der Insel Wollin in der Ostsee mit

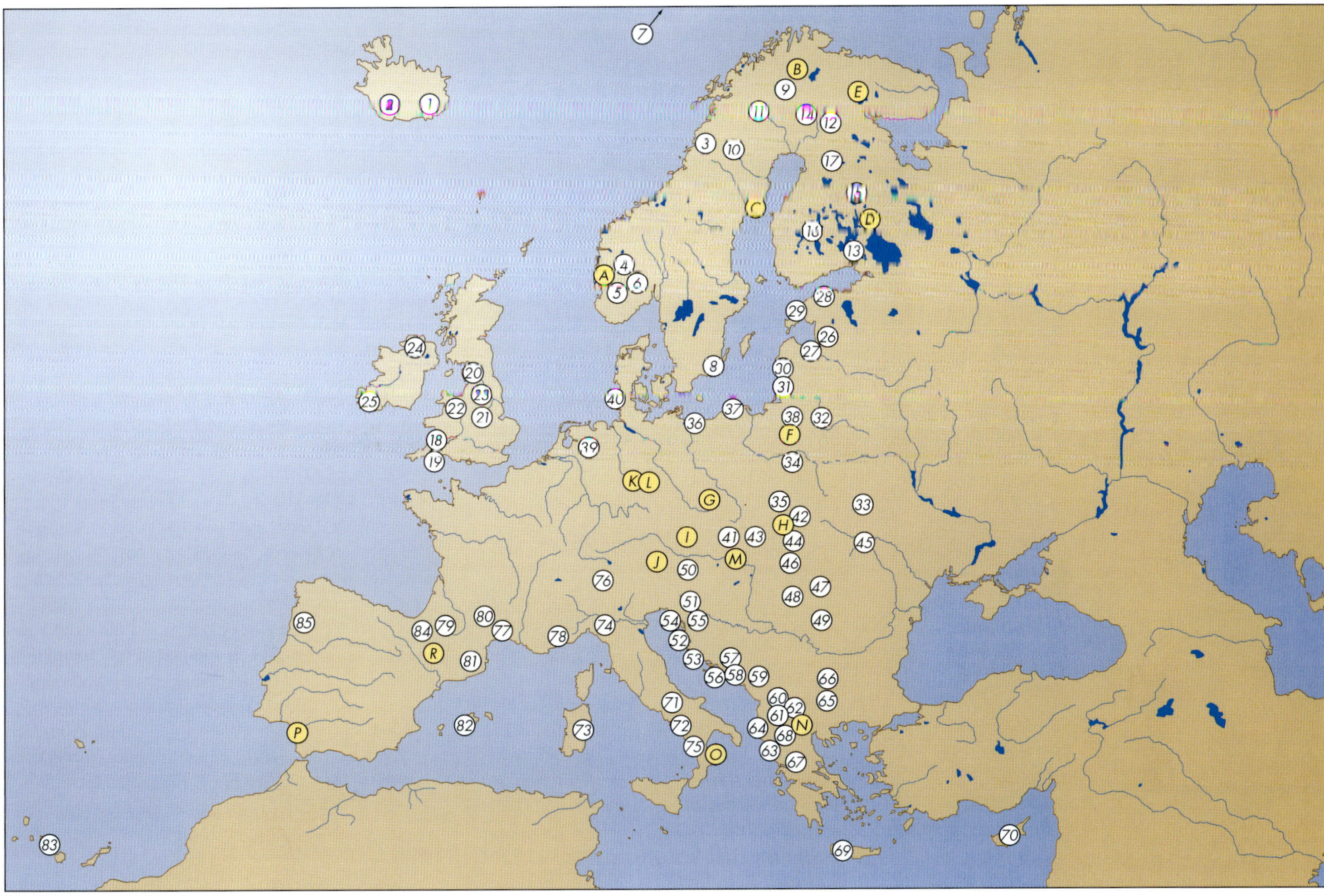

gegliedertem Relief, wo sich hohe Klippen mit Sandanschüttungen abwechseln. Weiter von der Küste entfernt sind viele kleine Seen und Sümpfe. Zahlreiche Vogelarten sind vertreten.

37 Slowinzischer NP (Fläche 180 km², gegründet 1967) Er schützt ein Seengebiet an der Ostseeküste mit Sanddünen und Nehrungen, Kiefernwäldern und Salzflächen und stellt eine wichtige Zwischenstation für Zugvögel dar, hier nisten z. B. Kranich, Fischadler, Seeadler und Sumpfohreule. In den Küstenwäldern gibt es viele Rothirsche.

38 NP Wigierski (Fläche 151 km², gegründet 1989) Der Name des Parks ist vom größten der 42 Seen abgeleitet, dem Gletschersee Wigra (Fläche 2178 ha, Tiefe 73 m). Verschiedene Waldarten (Kiefern, Fichten, Eichen, Erlen). Biber und Wölfe häufig.

H NP Tatra siehe Ausflugstipps S. 81

NIEDERLANDE

Geschütztes Gebiet etwa 9 % der Fläche, 8 NPs

39 NP De Hoge Veluwe (Fläche 54,5 km², gegründet 1935) und **NP Veluwezoom** (Fläche 47,2 km², gegründet 1930) Die zwei ältesten holländischen Nationalparks in einem Gebiet quartärer Vereisung mit typischer Moränenlandschaft, Sandaufschüttungen und Heidebewuchs. In kleinerem Umfang auch Moore und Inseln mit Laub- und Nadelwäldern.

DEUTSCHLAND

Geschütztes Gebiet etwa 13,9 % der Fläche, 10 NPs

40 NP Schleswig-Holsteinisches Wattenmeer (Fläche 4410 km², gegründet 1985) Der größte deutsche Nationalpark umfasst die Nordfriesischen Inseln mit dem davor gelegenen Wattenmeer (schlammiges Flachmeer) nördlich der Elbmündung mit zahlreichen niedrigen sandigen Inseln und Marschen (flachen Küsten mit fruchtbaren Böden). Die Küstenlänge beträgt ungefähr 400 km. Das Parkgebiet ist eine wichtige Nist- und Überwinterungsstätte für Wasservögel. Es leben dort auch Seehundkolonien.

I NP Bayerischer Wald siehe Ausflugstipps S. 63

J NP Berchtesgaden siehe Ausflugstipps S. 147

K NP Harz siehe Ausflugstipps S. 43

L NP Hochharz siehe Ausflugstipps S. 43

TSCHECHIEN

Geschütztes Gebiet etwa 15,6 % der Fläche, 4 NPs

G Riesengebirgs-NP siehe Ausflugstipps S. 75

41 NP Podyjí (Fläche 63 km², gegründet 1991) Der kleinste tschechische Nationalpark mit einem außerordentlichen Cañon des Flusses Dyje mit zahlreichen Mäandern, tiefen Tälern, Steinmeeren, Felswänden und einer bunten Flora und Fauna. Wärme- und kälteliebende Arten, z. B. viele Orchideenarten. Es gibt eine reiche Insektenfauna.

I NP Böhmerwald siehe Ausflugstipps S. 63

SLOWAKEI

Geschütztes Gebiet etwa 23 % der Fläche, 9 NPs

H NP Tatra siehe Ausflugstipps S. 81

42 NP Pieniny (Fläche 21 km², gegründet 1967) An der Grenze zwischen der Slowakei und Polen gelegen, wo der Fluss Dunajec ein Kalkstein-Durchbruchstal durchfließt. Zu den Naturschön heiten des Parks gehören außer dem Durchbruchstal Karsthöhlen und unzusammenhängende Tannenbuchen- und Fichtenwälder.

43 NP Malá Fatra (Fläche 226 km², gegründet 1988) Umfasst ein ca. 23 km langes und 13 km breites Gebirge mit gegliedertem Relief. Über 70 % des Gebietes bewaldet, Rest Wiesen, Moore u. a. Feuchtgebiete. Einige Pflanzenarten erreichen hier ihre nördliche Verbreitungsgrenze. In der Fauna sind typische Tiere der Karpaten wie Braunbär, Luchs, große Raubvögel und Eulen vertreten.

44 NP Niedere Tatra (Fläche 811 km², gegründet 1978) Der größte slowakische Park erstreckt sich über das zweithöchste Gebirge der Slowakei. Gut entwickelte Vegetationsstufen von den Wäldern am Bergfuß bis ins alpine Gelände. Außer Waldbewohnern auch Alpenmurmeltier und Gämse. Größtes Höhlensystem der Slowakei: Höhlensystem von Demänova (Länge etwa 33 km, Tiefe etwa 200 m).

UKRAINE

Geschütztes Gebiet fast 2 % der Fläche, 7 NPs

45 NP Karpaten (Fläche 503 km², gegründet 1980) Der NP schützt den höchsten Teil der ukrainischen Karpaten (das Tschornogory-Gebirge mit dem Berg Goverla). ¾ des Parks sind von zusammenhängenden, teils urwaldartigen Wäldern bedeckt (Buchen-, Buchen-Tannen-, Fichtenwälder), die in den höheren Lagen (mit zahlreichen Spuren der Gletschertätigkeit) durch subalpine und alpine Vegetation ersetzt werden. Typische Karpatenflora und -fauna.

UNGARN

Geschütztes Gebiet etwa 5,5 % der Fläche, 5 NPs

46 NP Bükk (Fläche 388 km², gegründet 1976) Umfasst die schönsten Gebiete des gleichnamigen, vorwiegend aus Kalkstein bestehenden Gebirges im Nordosten Ungarns mit mehr als 400 Höhlen, Karstquellen und anderen Karsterscheinungen. Die Vegetation wird hauptsächlich von Buchenwäldern und Steppen gebildet. Vertreter der Wirbeltierfauna sind Johannisechse und Pfeilnatter.

47 NP Hortobágy puszta (Fläche 531 km², gegründet 1973) Der älteste und bedeutendste ungarische Park. Er schützt die letzten Reste der Puszta mit Feuchtgebieten und Salzböden und der entsprechenden Steppen- und salzliebenden Flora und Fauna; ausgedehnte Feuchtgebiete, Teiche und tote Flussarme der Theiß ziehen Zugvögel an. Zu den Nistarten gehören z.B. Brachschwalbe, Triel, Seeregenpfeifer, Zwergsumpfhuhn, Teichrohrsänger. Viele Steppeniltisse. Die Züchtung ursprünglicher Haustierrassen (Rinder, Schafe, Schweine) wird vorangetrieben, auch Przewalski-Pferde.

48 NP Kiskunsag (Fläche 306 km², gegründet 1974) Der Park besteht aus sechs selbstständigen Teilen, die Gebiete in der Karpatenebene zwischen Donau und Theiß mit überwiegend trockenen, fast wüstenhaften Biotopen schützen. Einzigartig sind die zahlreichen Salzgebiete, Salzseen und Salzweiden mit der entsprechenden Flora und Fauna und einem hohen Anteil an Relikt- und endemischen Arten (z.B. Großtrappe, Wiesenotter, Taurische Eidechse und Gewöhnliche Nasenschrecke).

RUMÄNIEN

Geschütztes Gebiet etwa 2,4 % der Fläche, 16 NPs

49 NP Retezat (Fläche 544 km², gegründet 1930) Der älteste rumänische Park im gleichnamigen Gebirge der Südkarpaten mit Hochgebirgsrelief, gut entwickelten Vegetationsstufen und glazialen Elementen (Seen, Karen, Moränen). Im Krummholzgürtel gibt es einen charakteristischen Rhododendronbewuchs. Zahlreiche große Raubtiere und Raubvögel; Braunbär, Luchs, Wolf, Steinadler u.a.

ÖSTERREICH

Geschütztes Gebiet etwa 19 % der Fläche, 6 NPs

M NP Donau-Auen siehe Ausflugstipps S. 53

50 NP Hohe Tauern (Fläche 805 km², gegründet 1983) Einer der größten Nationalparks der Alpen umfasst Teile des höchsten österreichischen Gebirges Hohe Tauern, einschl. Großglockner (3798 m). Viele Seen, Wasserfälle, Kare und Gletscher (etwa 10 % der Fläche) und mit einer wertvollen subalpinen und alpinen Flora und Fauna.

SLOWENIEN

Geschütztes Gebiet etwa 4 % der Fläche, 1 NP

51 NP Triglav (Fläche 838 km², gegründet 1924) Der kleinste der Alpenparks im Gebiet der Julischen Alpen mit einem durch die Eiszeit und durch Karsterscheinungen geprägten Relief. Auf dem Kalksteingrund wächst eine reiche und seltene Hochgebirgsflora, hauptsächlich im Frühjahr und Frühsommer bietet das Blütenmeer einen unvergesslichen Eindruck; hier leben Auerhahn, Braunbär und Gämse. Versuche der Wiedereinbürgerung von Alpenmurmeltier und Steinbock.

KROATIEN

Geschütztes Gebiet etwa 7 % der Fläche, 7 NPs

52 NP Kornati (Fläche 224 km², gegründet 1980) Eine Gruppe von mehr als 100 winzigen Inselchen und Klippen im mittleren Dalmatien mit einer reichen Küstenfauna. Die Macchie ist vorherrschend.

53 NP Krka (Fläche 140 km², gegründet 1962) Der Park umfasst den etwa 75 km langen Cañon des Flusses Krka, mit sich stellenweise verbreiternden und ausgedehnten Seen. Vor der Mündung des Flusses in die Adria entstand ein System aus Kaskaden und Wasserfällen, deren höchster eine Fallhöhe von 48 m aufweist. Das Gebiet hat die typische Flora und Fauna der Mittelmeerregion, im Sommer ist das Wasserfallgebiet eine beliebte Touristenattraktion, die übrigen Teile des Parks sind ein streng geschütztes Naturreservat.

54 NP Paklenica (Fläche 36 km², gegründet 1949) Eine Bergkarstregion im südlichen Teil des Velebit-Gebirges mit bis zu 400 m tiefen Schluchten der Flüsse Große und Kleine Paklenica. Die Hälfte der Parkfläche ist von Buchen- und Kiefernwäldern bedeckt. Reiche endemische Flora. Im Park nisten u.a. Mönchsgeier, Steinadler, Felsenkleiber und Mauerläufer. Die Hornotter tritt auf.

55 NP Plitvicer Seen (Fläche 192 km², gegründet 1949) Der bekannteste kroatische Park. Es handelt sich um ein 8 km langes System von 16 in Stufen übereinander angeordneten, von bewaldeten Berghängen umgebenen Seen. Im unteren Teil des Seengebietes befinden sich auch 20 größere Höhlen. Die Waldvegetation entspricht dem Binnenlandtyp mit Buchenwäldern in den tieferen Lagen, die weiter oben in Tannen-Buchenwälder und Bergfichtenwälder übergehen. Trotz der hohen Besucheranzahl (mehr als 1 Mio. Besucher pro Jahr) leben hier Braunbären, Wölfe und Auerhähne.

56 NP Mljet (Fläche 31 km², gegründet 1960) Liegt auf der gleichnamigen, von allen dalmatinischen Inseln am stärksten bewaldeten Insel (Eichen- und Kiefernwälder bedecken bis 72 % der Fläche). Bedeutende Naturerscheinung: die Lagunen Großer See (1,45 km², 46 m tief) und Kleiner See (0,24 km², 30 m tief). Das sind mit Meerwasser gefüllte, tiefe Karsttäler, deren Wasserspiegel den Gezeiten nach schwankt. Vegetationsgrundlage bilden immergrüne Laubwälder. Einige Mönchsrobben und eine ausgesetzte Mungo-Population.

SERBIEN UND MONTENEGRO

Geschütztes Gebiet etwa 3,4 % der Fläche, 9 NPs

57 NP Durmitor (Fläche 320 km², gegründet 1952) Umfasst ein Bergmassiv in Montenegro mit ausgedehnten Hochflächen, dem Cañon des Flusses Tara und 16 Gletscherseen. Der gleichzeitige Einfluss von Berg- und Mittelmeerklima bildet hier außergewöhnlich günstige Bedingungen für die Entwicklung der Flora. Die sauberen Flüsse beherbergen eine reiche Fauna von Lachsfischen.

58 NP Lovčen (Fläche 24 km², gegründet 1952) Kalksteingebirge an der Küste mit regnerischem Klima, jedoch ohne größere Oberflächengewässer, der einzige Kalksee wächst allmählich zu. Die Vegetation ist stufenförmig angeordnet, in geringerem Umfang gibt es ungewöhnlich entwickelte und subalpine Buchenwälder. Mehrere Raubvogelarten, sporadisch zeigen sich auch Wolf und Wildkatze.

BOSNIEN UND HERZEGOWINA

Geschütztes Gebiet knapp 1 % der Fläche, 3 NPs

59 NP Sutjeska (Fläche 175 km², gegründet 1975) Cañonähnliches Tal des gleichnamigen Flusses am Westrand des Maglič-Gebirges, zum größten Teil noch mit natürlichen Wäldern bedeckt.

MAZEDONIEN

Geschütztes Gebiet etwa 7 % der Fläche, 3 NPs

60 NP Galičica (Fläche 227 km², gegründet 1958) Der Park liegt in einer Bergregion zwischen zwei großen Seen, dem Ohrid-See und dem Prespan-See. Ein botanisch interessantes Gebiet mit vielen endemischen Arten, deren Auftreten den außergewöhnlichen Klimabedingungen mit Einflüssen von Binnen- und Mittelmeerklima zu verdanken ist.

61 NP Mavrovo (Fläche 731 km², gegründet 1949) Größter mazedonischer Park, der einen Teil des Korab-Bergmassivs und des Bistra-Gebirges einnimmt. Es handelt sich um das Quellgebiet des Flusses Radika. Die Vegetation ist in typischen Stufen angeordnet, zur Fauna gehören große Raubtiere (Braunbär, Luchs, Wolf).

62 NP Pelister (Fläche 125 km², gegründet 1948) Der Park bedeckt die oberen Teile des Baba-Gebirges im südlichen Mazedonien, wo über der oberen Baumgrenze Gletscherseen und andere glaziale Formationen erhalten sind. Die Wälder in den unteren Lagen bieten vielen Vögeln Lebensraum.

ALBANIEN

Geschütztes Gebiet etwa 1,9 % der Fläche, 11 NPs

63 NP Divjake (Fläche 200 km², gegründet 1956) Das Kerngebiet des Parks besteht aus einem längeren Streifen niedriger Sanddünen und Sümpfe an der Adriaküste (Karavasta-Bucht). Die Karavasta-Bucht ist Teil einer Lagune an der Mündung des Shkumbi-Flusses. Das Gebiet ist teilweise von Kiefernwäldern bedeckt (Aleppokiefer und Pinienkiefer). Kleine Kolonie von Krauskopfpelikanen und Zwergseeschwalben. Selten auch Mönchsrobben.

64 NP Thetit (Fläche 27 km², gegründet 1956) Der größte albanische Park im Westteil der Nordalbanischen Alpen mit Überresten der eiszeitlichen Gletschertätigkeit. Oberhalb der Baumgrenze ersetzen Bergwiesen die Buchen- und Nadelwälder.

BULGARIEN

Geschütztes Gebiet etwa 1,2 % der Fläche, 10 NPs

65 NP Pirin (Fläche 400 km², gegründet 1963) Umfasst das zweithöchste gleichnamige bulgarische Gebirge mit Granitspitzen und Überresten einer Vergletscherung. Stellenweise Kalkstein. Ca. 60 % von Wäldern bedeckt (endemische Kiefernarten). Große Raubtiere, Gämsen und etliche Adlerarten.

66 NP Witoscha (Fläche 266 km², gegründet 1934) Der älteste bulgarische NP ragt oberhalb von Sofia empor. Untere Lagen vollständig bewaldet, oberhalb der Baumgrenze schließen sich Flächen mit Wacholderbewuchs, Moore und Steinmeere an.

GRIECHENLAND

Geschütztes Gebiet etwa 0,8 % der Fläche, 10 NPs

67 NP Parnassos (Fläche 35 km², gegründet 1938) Einer der beiden ältesten griechischen Parks umfasst die Kalksteinlandschaft des gleichnamigen Hochgebirgsmassivs mit tiefen Tälern, dichten Laub- und Nadelwäldern und einer reichen Geschichte (Delphi). Hier wachsen viele endemische Pflanzenarten. Bekannt ist der NP durch das Auftreten von Wolf, Goldschakal und Alpensteinhuhn.

68 NP Pindos (Fläche 33,5 km², gegründet 1966) Schützt die dünn besiedelten Gebiete des ausgedehnten griechischen Pindos-Gebirges mit den Tälern der Flüsse Valia, Calda und Aóos und den ursprünglichsten Naturlandschaften des Balkans. Das sind hauptsächlich ausgedehnte Kiefern- und Buchenwälder, in denen Bären, Wölfe u.a. Raubtiere leben. In den Gipfellagen der Berge gibt es Gämsen.

69 NP Samaria (Fläche 48,5 km², gegründet 1962) Bekannter Park an der Küste Kretas im Kalksteingebirge Levka Ori (Weiße Berge) mit einem durch den Tarreo und seine Zuflüsse (einschl. des 13 km langen Samaria- Cañon) geformten Relief. Das Gebiet ist reich an Quellen und Höhlen. In der bunten Flora sind Mittelmeer-, Balkan- und nordafrikanische Arten sowie eine winzige endemische Palme vertreten. Die Fauna wird von einer großen Bezoarziegen-Population dominiert, ebenso lebt hier eine örtliche Wildkatzen-Unterart, Goldschakale sowie Bartgeier und weitere Raubvögel.

N NP Vikos-Aóos siehe Ausflugstipps S. 195

ZYPERN

Geschütztes Gebiet etwa 1,3 % der Fläche, 1 NP

70 NP Troodos (Fläche 91 km², gegründet 1992) Park im höchsten gleichnamigen zyprischen Gebirge mit Bewuchs von endemischen Zypernzedern und einer zahlreichen Mufflonpopulation.

ITALIEN

Geschütztes Gebiet etwa 4,3 % der Fläche, 11 NPs

71 NP Abruzzen (Fläche 439 km², gegründet 1923) Im mittleren Apennin im Quellgebiet des Flusses Sangro gelegen. Die ursprünglichen Bergwälder stehen schon seit Mitte des 19. Jh. unter Schutz. Braunbär, Wolf und Gämse sind vertreten.

O NP Calabria siehe Ausflugstipps S. 37

72 NP Vesuv (Fläche 84 km², gegründet 1995) umschließt den Großteil des Vesuvgebietes. Hat zum Ziel, die interessanten geologischen und geomorphologischen Strukturen und die an den Lavagrund gebundene Flora und Fauna zu schützen.

73 NP Gennargentu (Fläche 739 km², gegründet 1998) Der Park auf Sardinien ist durch interessante Felsformationen, unterseeische Höhlen und ausgedehnten natürlichen Wald- und Macchiebewuchs gekennzeichnet. Große Mufflonpopulation und eine Reihe endemischer Arten (z. B. Tyrrhenischer Laubfrosch, Sardischer Scheibenzüngler).

74 NP Gran Paradiso (Fläche 730 km², gegründet 1922) Der älteste mit dem französischen NP de la Vanoise verbundene Park in den Grajischen Alpen. Er ist durch kleine Gletscher, Lärchen- und Fichtenwälder, Bergwiesen mit Hochgebirgsflora und zahlreich auftretende Steinböcke geprägt. Vertreten sind auch weitere Hochgebirgsarten (Gämse, Murmeltier, Steinadler u. a.).

75 NP Pollino (Fläche 1925 km², gegründet 1993) Der größte italienische Park umfasst das gleichnamige Massiv im südlichen Apennin, vorwiegend mit Dolomituntergrund, zahlreichen Höhlen und Resten von Vereisung. In tiefen und mittleren Lagen überwiegen Buchenwälder, auf den höchsten Gipfeln hält sich den größten Teil des Jahres über Schnee. Symbol des Parks ist die Schlangenhaut-Kiefer (ein Relikt der letzten Vereisung). Eine apenninische Wolfs-Unterart und mehrere Raubvogelarten (Steinadler, Wanderfalke u.a).

SCHWEIZ

Geschütztes Gebiet etwa 2,7 % der Fläche, 1 NP

76 Schweizer Nationalpark (Fläche 169 km², gegründet 1914) Der zweitälteste Park in Europa schützt die Hochgebirgsnatur im Einzugsgebiet des Inn-Oberlaufs. Ihn prägen ausgedehnte Nadelwälder und eine reiche Flora auf Kalksteingipfeln. Auch eine typische Hochgebirgsfauna (Murmeltier, Gämse, Steinbock und andere) ist vertreten.

FRANKREICH

Geschütztes Gebiet etwa 9,2 % der Fläche, 6 NPs

77 NP Cevennen (Fläche 912 km², gegründet 1970) Der einzige französische Park außerhalb des Hochgebirges schützt den von den Naturbedingungen her wertvollsten und dicht bewaldeten Teil des Cevennengebirges mit den Granitmassiven Mont Lózere und Mont Aigoual. Die Berghänge sind mit immergrünen Wäldern und mit Buchen-Tannenwäldern und subalpinen Wiesen bedeckt. Gut entwickelte alpine Vegetation. Türkenbundlilie, mehrere Orchideenarten, Mönchsgeier, Fischotter u. a. sind hier beheimatet.

78 NP de Mercantour (Fläche 685 km², gegründet 1960) Umfasst die Gipfelpartien der Seealpen an der Grenze zwischen Italien und Frankreich mit vielen abgeschlossenen Tälern und Hunderten von Gletscherseen; Flora und Fauna prägen eine einzigartige Mischung von nördlicher und Mittelmeerflora (z. B. Olivenbaum, Buche), nördliche und Mittelmeerfauna (z. B. Raufußkauz und Sperlingskauz) sowie viele endemische Pflanzenarten. Zahlreiche Gämsen- und Steinbockpopulationen.

79 NP Pyrenäen (Fläche 457 km², gegründet 1967) Umfasst einen Großteil der französischen Pyrenäen (Länge etwa 100 km) an der spanischen Grenze. Relativ ausgedehnte Buchen-Tannenwälder und Kiefernwälder, ein Hochgebirgsrelief in den höheren Lagen und eine reiche Wald- und Bergflora und -Fauna (z. B. Braunbären). Beachtenswert ist das Auftreten des Pyrenäen-Desman.

80 NP de la Vanoise (Fläche 528 km², gegründet 1963) Der älteste französische Park umfasst ein Hochgebirgsmassiv in den Westalpen im Quellgebiet der Isère. Gut entwickeltes, durch Gletscher geformtes Relief und Hochgebirgs-Vegetationsstufen. Größte Steinbockpopulation Frankreichs (ca. 2000), Gämsen (über 5000), Murmeltiere, Schneehasen, Moorschneehühner, Bartgeier. Auch in der Flora viele Glazialrelikte (z. B. Moosglöckchen).

SPANIEN

Geschütztes Gebiet etwa 7 % der Fläche, 11 NPs (davon 4 auf den Kanarischen Inseln und einer auf den Balearen)

NP de Aigües Tortes y Lago de San Mauricii (Fläche 105 km², gegründet 1955) Ein Gebiet eindrucksvoller granitener Felsengipfel und Gletscherseen in den Katalanischen Pyrenäen.

82 NP del Archipiélago de Cabrera (Fläche 18 km², gegründet 1991) Umfasst die größte unbewohnte Insel im Mittelmeer (Balearen). Schützt Trocken und Meeresbiotope, u. a. nisten hier auch der Eleonorenfalke und zahlreiche Meeresvogelarten.

83 NP de las Cañadas y Pico de Teide (Fläche 135 km², gegründet 1954) Auf Teneriffa gelegen, hat der NP den mächtigen Vulkankegel des Pico de Teide mit einem Durchmesser von 16 km zum Kernstück. Das Gebiet ist durch zahlreiche endemische Arten und Unterarten geprägt (z. B. *Kanarenmargerite, Kanarischer Besen-Schöterich*). Der auf der Nachbar-Kanareninsel La Palma gelegene NP de la Caldera de Taburienta wird ebenso vom Eruptionskrater eines Vulkans gebildet. Bis zu 2000 m Höhe tritt die Kanarische Kiefer auf.

P NP Coto de Doñana siehe Ausflugstipps S. 135

84 NP Covadonga (Fläche 169 km², gegründet 1918) Der älteste spanische Nationalpark befindet sich im Hochgebirgsmassiv Picos de Europa. Die Vegetation wird durch Eichen- und Buchenwälder, Bergwiesen und Heidelandschaften gebildet, der Kalkuntergrund der Gegend ist reich an Höhlen und anderen Karsterscheinungen.

R NP Ordesa y Monte Perdido siehe Ausflugstipps S. 81

PORTUGAL

Geschütztes Gebiet etwa 4,9 % der Fläche, 2 NPs

85 NP Peneda-Gerês (Fläche 703 km², gegründet 1971) Der Park erstreckt sich im Bereich der Sierra de Peneda. Die relativ ursprünglichen Buchen- und Kiefernwälder werden außer von gewöhnlichen Waldbewohnern auch von seltenen Arten, wie z. B. dem Goldstreifensalamander, der Iberischen Smaragdeidechse oder der Stülpnase bevölkert.

Kursiu Nerija, ein litauischer Nationalpark

REGISTER